EDUARD SPRANGER

Gesammelte Schriften

Herausgegeben von
Hans Walter Bähr   Otto Friedrich Bollnow   Walter Eisermann
Ludwig Englert   Andreas Flitner   Hermann Josef Meyer   Hans Wenke

I

Max Niemeyer Verlag
Tübingen

Quelle & Meyer Verlag
Heidelberg

EDUARD SPRANGER

Gesammelte Schriften

I

EDUARD SPRANGER

Geist der Erziehung

Herausgegeben von
Gottfried Bräuer und Andreas Flitner

Quelle & Meyer Verlag Heidelberg
1969

Erscheint mit Unterstützung durch die
Stiftung Volkswagenwerk, Hannover.

Satz und Druck: Druckhaus Darmstadt GmbH.

Inhaltsverzeichnis

Grundlegende Bildung, Berufsbildung, Allgemeinbildung

1918

Es gilt bei uns in Deutschland als ein feststehendes Evangelium, daß alle Erziehung mit der Allgemeinbildung anfangen müsse. So merkwürdig dieser Satz für den historisch unbefangenen Hörer klingt, so groß ist die reale Kraft, die er in der Gestaltung unsres Bildungswesens geübt hat. Denn auf ihn ist es zurückzuführen, daß unser Fachschulwesen nicht die freie Entfaltung gefunden hat, die ihm gemäß seiner Bedeutung für die Gegenwart zukäme. Es lohnt sich also zu prüfen, ob man mit dem Wort Allgemeinbildung immer einen festen Begriff verbunden hat und worin er besteht.

Man kann zunächst den Namen Bildung einengen auf das, was einer in der Form des Wissens und der rein intellektuellen Fähigkeiten besitzt. Dieser intellektualistische Bildungsbegriff gestattet zwei Ausprägungen: entweder ist wirklich an die Gesamtheit der Wissens*stoffe* gedacht; dann wäre der allgemein Gebildete derjenige, dessen Kopf eine Enzyklopädie im kleinen umfaßt, der von allem etwas, und zwar das Wichtigste weiß. Es ist das Ideal des 17. Jahrhunderts, wie es Comenius erstrebt, Leibniz verwirklicht hat. Oder man versteht unter Allgemeinbildung die formale Übung aller Erkenntnis*funktionen* – von den Sinnen aufwärts bis zum verwickelten Schlußverfahren –, durch deren Zusammenwirken das wissenschaftliche Weltbild unsrer Zeit erwächst. Dann bezöge sich die Allseitigkeit nur auf die dem Menschen innewohnenden intellektuellen *Kräfte*. Das Neue für einen so Ausgebildeten könnte nur noch von der Seite des Stoffes herkommen; die Auffassungsformen jedoch lägen in ihm bereit. In dieser Gestalt verliert die Allgemeinbildung zwar ihre Uferlosigkeit. Aber sie würde dafür in einer öden Geistesgymnastik bestehen, für die der Erkenntnisstoff zum bloßen Mittel herabsinkt. Und für die praktische Durchführung dieses Gedankens erhebt sich die Schwierigkeit, daß man keine Erkenntnisfunktion wahrhaft üben kann, ohne auf den konkreten Fall der Anwendung Bezug zu nehmen. Eine rein formale Bildung des Intellekts ist also unmöglich, gewisse Grundlinien des Erkenntnisinhalts müssen immer mitgegeben sein. Dadurch aber werden die Umrisse der nötigen und ausreichenden Allgemeinbildung sofort wieder unbestimmt.

Wollte man sich mit diesen intellektualistischen Formen der Bildung begnügen, so wäre dies nicht anders, als ob man ein gezeichnetes Bildnis des Menschen als Ersatz für ein körperliches Standbild gelten lassen wollte. Kein Erzieher der Gegenwart würde seine Aufgabe für erfüllt halten, wenn er nur auf den Vorstellungskreis oder die intellektuellen Auffassungsformen seines Zöglings eingewirkt hätte. Auch die vielen, die in langen intellektualistischen Erziehungsepochen versucht haben, sich darauf zu beschränken, haben doch – an ihrer Spitze Herbart – sich bemüht, an die Erkenntnisseite mittelbar alles anzuheften, was die grundlegenden Lebensbeziehungen des Menschen zu seiner Umgebung ausmacht. Von »Allgemeinbildung« im vollen Sinne aber kann erst die Rede sein, wo man den werdenden Geist in seiner Totalität auffaßt und in der Bildungsarbeit über seine bloß erkennenden Funktionen hinausgeht. In diesem Zusammenhang freilich wird niemand an die Allseitigkeit des Lebens*inhaltes* denken können. Vielmehr kommen hier wirklich nur die elementaren Kräfte und Leistungen in Betracht, aus denen sich dann nicht mehr bloß das Abbild der Wirklichkeit, sondern das ganze geistig-gesellschaftliche Leben selbst aufbaut. Diesen großen Gedanken haben Pestalozzi, Fichte und vor allem Fröbel zu Ende gedacht. Sie blieben nicht bei dem Menschen als einem Erkenntnisapparat stehen, sondern versetzten ihn mit ihrer Erziehung sofort in eine Lebenswirklichkeit, die für technisches Gestalten und ästhetisches Erleben, für soziale Einordnung und religiöse Werte Raum genug bot.

Unsre neueste Pädagogik hat bewußt an diese Grundsätze der klassischen deutschen Erziehungstheorie wieder angeknüpft. Und in der Tat: es muß eine unverlierbare Aufgabe bleiben, alle jene elementaren Akte des Auffassens, des Arbeitens und des Formens, des Liebens, des Gehorchens und der religiösen Andacht aufzusuchen, aus deren einfachen Motiven die Symphonie des geistigen Lebens zusammengewoben ist. Nur muß man sich die Frage vorlegen, ob diese Ganzheit des Erlebens und Gestaltens, die sich an der nächstliegenden Gegenstandswelt erprobt, wirklich als Allgemeinbildung bezeichnet werden darf. Hält man den Namen fest, so gibt es jedenfalls noch eine andre Allgemeinbildung, die statt am Anfang vielmehr am Ende des ganzen Bildungsweges liegt und die sich, soweit ein Menschengeist dafür überhaupt Raum hat, des unübersehbaren Lebensstoffes bemächtigt, über die enge Stätte des nächsten Wirkens und Erlebens hinauswächst und den Menschen auch mit ferneren Welten in Berührung setzt.

Jene erste Form der »Allgemeinbildung«, von der wir eben sprachen, hat ihren natürlichen Mittelpunkt in der heimatlichen Welt, vom Dorf beginnend bis zu der Gemeinsamkeit des geistigen Volksbesitzes in Wissen und Technik, Sitte und Staat, Kunst und Religiosität. Und weil jeder an ihr teilhaben muß, werden wir sie als *grundlegende Bildung* bezeichnen dürfen. *Sie* war in der Regel gemeint, wenn man behauptete, daß alle Erziehung mit der Allgemeinbildung anfangen müsse. Aber auch die zweite Form der Allgemeinbildung bedarf eines Zentrums. Sie bedarf seiner um so mehr, als sie an sich grundsätzlich unausschöpfbar ist. Man muß ihr von irgendeiner Seite nahekommen; man muß schon irgendwo feststehen, um diesen andrängenden Fluten gegenüber nicht den Halt zu verlieren. Wo man aber diesen Mittelpunkt zu suchen habe, darüber hat lange Unklarheit geherrscht. Ein großer Teil der Unwirksamkeit unsrer Bildungsbestrebungen von der Universität bis zu den Arbeiterkursen erklärt sich aus diesem Schwanken. Die Antwort aber, die hier allein gegeben werden kann, lautet: *Der Weg zu der höheren Allgemeinbildung führt über den Beruf und nur über den Beruf.*

Die grundlegende Bildung ist zunächst Sache der Volksschule. Ausgehend von der Heimat und der Kinderwelt, die, wie Pestalozzi sagen würde, die »Individuallage« des Zöglings auf dieser Stufe bestimmen, führt sie in deutsche Sprache, deutsche Geschichte, deutsches Können, kurz in deutsche Kultur ein, nicht nur durch Belebung der Vorstellungswelt, sondern auch durch schaffende Arbeit, ästhetische Anregung und durch ein Schulleben, das selbst in den Grenzen der jugendlichen Welt ein Abbild deutscher Art und Sitte gibt. An diesem Grundcharakter würde es nichts ändern, wenn eine Fremdsprache allgemein verbindlich eingeführt würde; denn auch sie nähme ihr Recht nur aus einer Beziehung her, die für die deutsche Kultur der Gegenwart entscheidend wäre. Abgesehen von den unvermeidlichen Schwankungen der Zeitrichtung ist das Bildungsideal der Volksschule in den Umrissen schon klar herausgearbeitet. Sie behält aber einen Mangel, der groß genug ist, ihre ganze Arbeit in Frage zu stellen: sie bricht zu früh ab; sie entläßt den Menschen in einem Alter, in dem die entscheidenden Seiten seines Inneren sich erst formen. Wenn man jemanden vor Abschluß der Pubertät aus der Schule nimmt, so ist das nichts anderes, als ob man den fünften Akt eines Dramas bei der Aufführung fortlassen wollte: niemand kann dann wissen, wie die Sache ausläuft, und alle Spannung war umsonst. Jedenfalls liegen die für den Menschen entscheidenden Wendungen, gemäß der natürlichen Entwicklungsrhythmik, erst hinter der Volksschulzeit.

Insofern ist die höhere Schule günstiger gestellt. Auch sie gibt nur eine grundlegende Bildung. Wie viel Unsegen hier der Glaube gestiftet hat, daß diese durchaus eine nach allen Seiten abgerundete *Allgemeinbildung* sein müsse, läßt sich in wenigen Worten nicht sagen. Sie ist dadurch um ihre besten Kräfte gebracht worden. Die zwölfjährige Dauer des ganzen Schulweges gestattet eine strenger wissenschaftliche Grundlage. Aber *Grundlage* bleibt auch die höhere Schule, und der gemeinsame geistige Volksbesitz bleibt der einheitliche Kern. Wenn sie daneben alte Sprachen treibt, so ist es deshalb, weil unsre Volkskultur, historisch betrachtet, keineswegs als ursprünglich gelten darf; wenn sie lebende fremde Sprachen aufnimmt, so geschieht es um der Stellung Deutschlands im Weltzusammenhange willen. Das Bildungsideal aber bleibt deutsch, und es bleibt grundlegend, weil es nur bis an den Punkt heranführt, *wo mit der selbständigen Berufswahl die persönliche Bildungsbahn erst beginnt.* Im Hinblick hierauf macht die höhere Schule eine eigentümliche Erfahrung: nur bei denjenigen Köpfen, die ausgesprochen wissenschaftlich veranlagt sind, gelingt es ihr noch nach der Pubertät, sie in der Welt des Allgemeinen und verhältnismäßig Lebensfernen festzuhalten, wie es aus dem Wesen einer so ausgedehnten Grundlegung folgt. Diese Naturen werden durch die Pubertät geradezu in einen halb theoretischen, halb ästhetischen Universalismus hinausgezogen, der sie befriedigt, bis auch sie ein Festes brauchen.[1] Die andern aber verlangen als Gegengewicht gegen die Gefühlsschwankungen der Pubertät und zur Stütze ihres werdenden Selbstgefühls geradezu die Bindung an einen scharf umrissenen Aufgabenkreis, der zu ihren wirklichen Lebensinteressen in unmittelbarer Beziehung steht. Mit andern Worten: der Spielraum des allgemeinen Bildungsdranges ist nicht bei allen Jugendlichen so weit, wie es die höhere Schule vorauszusetzen beliebt; daher die Tragik so manches Sekundaner- und Primanerschicksals! Wer diese Wendung (an die früher oder später jeder kommt) mit vollem Bewußtsein in sich durchlebt hat, der weiß, daß in dem geistigen Suchen des Heranreifenden alles nach einem festen Mittelpunkt schreit, daß er vor allem wissen will, wo er hingehört, und daß ihn die zu frühe Fülle der Gesichte nur verwirrt.

Von diesen Tatsachen aus erscheint eine mittlere Schulstufe zwischen der kurzen Grundlegung der Volksschule und der gewagt langen des höheren

[1] Der ästhetischen und der wissenschaftlichen Lebensform gehören denn auch alle die Faust- und Wilhelm-Meister-Naturen an, die den Weg zu sich selbst nie oder erst nach langen Umwegen finden.

Schulkursus in der Gestalt, wie sie Realschule (und Mittelschule) darstellen, nicht notwendig und nicht zweckmäßig. Sie nützen zwar das bildungsfähige Alter noch um ein Jahr länger aus und erfreuen sich so eines Vorzuges, den die Volksschule durchgängig haben sollte. Aber ob dieses eine Jahr den großen Unterschied rechtfertigt, der in den Berechtigungen der Realschule zum Ausdruck kommt, ist mehr als zweifelhaft. Man denke sich diese Berechtigungen fort, man denke sich auch die historisch ererbte »Furcht vor der Berufsschule« fort – würde dann die Realschule noch als eine glückliche Einrichtung angesehen werden? –

Es fragt sich nun freilich, was man unter einer *Berufsschule* versteht. Und hier liegen die wichtigsten Probleme. Verständigen wir uns zunächst über die Gründe, die die Berufsschule in der allgemeinen Achtung so herabgesetzt haben. Sie stammen aus der Zeit des deutschen Idealismus, als das deutsche Schulwesen seine im großen bis heute maßgebende Gliederung erhielt. Damals, vor mehr als 100 Jahren, als der Absolutismus von dem neu erwachenden Nationalbewußtsein überwunden wurde, galt es vor allem, den »Bürger« aus dem Beengenden seiner unmittelbaren wirtschaftlichen und politischen Verhältnisse zu lösen, sein Bewußtsein von den Standesschranken frei zu machen und ihn über den bloßen Nützlichkeitsgeist zu erheben. Selbst der Flug ins Weltbürgertum erschien zu diesem Zwecke erlaubt; denn unter Nation verstand man im 18. Jahrhundert noch das bloße Objekt des Staates, und unter »Nationalbildung« ausdrücklich eine rein praktische Erziehung im Dienste der ständischen Arbeitsteilung. Die Berufsschulen, die man kannte – Militärschulen, Kunstschulen (= technische Schulen) usw. – bemächtigten sich ihrer Zöglinge in einem ganz frühen Alter und begnügten sich damit, sie direkt für eine bestimmte, enge Funktion abzurichten. Kein Wunder, daß ein solcher Geist der Nützlichkeit den Schiller und Humboldt, Süvern und Schleiermacher als etwas durchaus Verwerfliches, ja geradezu als das Gegenteil der Bildung erschien, und daß sie den »Menschen«, den eben erst Rousseau wiederentdeckt und mit Betonung verkündet hatte, vor diesen Gefahren behüten wollten. Deshalb fiel die Frage der Berufsbildung aus ihren Interessen so gut wie ganz heraus.

Besonders deutlich kam diese Auffassung für die Stufe der Universität zur Geltung: die Führenden der Nation dürfen keine engen Köpfe sein; sie dürfen nicht bloß auf eine bestimmte Leistung abgerichtet werden, sondern müssen ihre besondere Aufgabe aus dem Ganzen der Wissenschaft heraus beurteilen. Nach dieser idealistischen Ansicht also sollte man gleichsam erst von der Philosophie zum Beruf kommen, und die Universität wurde eine allgemeinwissenschaftliche Anstalt, in der das Berufsprinzip im günstigsten Falle *neben* dem rein wissenschaftlichen Anerkennung fand. So viel Gutes in diesem Gedanken liegt, jedenfalls ist er die Ursache, daß im 19. Jahrhundert die Fachhochschulen fast alle *außerhalb* der Universität entstanden, was von einigen heute als ein Verlust empfunden wird. In dem Emporblühen der Technischen Hochschulen, der Handelshochschulen, der Landwirtschaftlichen und Tierärztlichen Hochschulen, der Forst- und Bergakademien liegt ein sichtbarer Sieg des Fachschulgedankens. Und auch die Universität hat doch insoweit den veränderten Zeiten Rechnung getragen, daß man nicht mehr von der Philosophie zu seinem Fach, sondern von dem Mittelpunkt des Fachstudiums aus zu den angrenzenden philosophischen Gebieten gelangt.

Aber wie dem auch sei: schon die Universität in ihrer bisherigen Gestalt lehrt, daß das Berufsstudium sehr wohl mit allgemeiner und idealer Bildung verbunden werden kann, die sich dann wie ein Kranz um den Mittelpunkt der eignen Lebensnotwendigkeit herumlagert. Diese *gesunde* Verbindung von individueller Bestimmung und universaler Ausweitung haben doch die Größten der Epoche vor 100 Jahren aus ihrer eigenen Bildungsarbeit heraus schon stark empfunden. *Pestalozzi* hat nie ein unbestimmtes Menschentum für das letzte Ziel erklärt, sondern jeden nur in den vollen Besitz seiner selbst bringen wollen, damit er in *seinem* Kreise wirke. Und Goethes Wilhelm Meister geht denselben, kampfreichen Weg von einer unbestimmten Universalität zur zielbewußten Individualität. Kerschensteiner knüpft an diese Bildungsphilosophie an, wenn er seinem neuesten Buche[2] die Worte Meisters als Motto voransetzt: »Narrenpossen sind eure allgemeine Bildung und alle Anstalten dazu. Daß der Mensch *etwas* ganz entschieden verstehe, vorzüglich leiste, wie nicht leicht ein anderer in der nächsten Umgebung, darauf kommt es an ...«

Es ist die Aufgabe unsrer Zeit, das Wort »Berufsbildung« wieder in seinem ganzen Gehalt zu verstehen. Nach der älteren Ansicht könnte es fast scheinen, als ob Beruf und Bildung sich gegenseitig ausschlössen wie Enge und Weite. Faßten wir die Berufsschulen so auf, daß sie nur ein ganz bestimmtes und begrenztes Können vermitteln – dann freilich wäre es recht, diese nun einmal unvermeidliche Dressur so weit wie möglich hinauszuschieben und auf das Mindestmaß zu begrenzen. Aber »Bildung« trägt immer ein Allgemeines in sich selbst. Wer für seinen Beruf »gebildet« wird, der wird zugleich zur Freiheit gegenüber allen Einzelleistungen in ihm erzogen, der lernt ihn in einem größeren Kulturzusammenhang auffassen und geistig über ihm stehen, statt von ihm verschlungen zu wer-

[2] Georg Kerschensteiner, Das Grundaxiom des Bildungsprozesses und seine Folgerungen für die Schulorganisation. Berlin 1917. (Deutsche Erziehung. H. 8.)

den. Deshalb kann und darf auch die Gliederung der Berufsschulen nicht zu weit gehen, sondern sie muß – gleich der Technischen Hochschule – verwandte Berufe zu größeren Berufskreisen zusammenfassen, in denen dann ein ganzes Gebiet der wirtschaftlichen Arbeit zum Ausdruck kommt.

Unsre Handelsschulen, technischen Bildungsanstalten, Bauschulen, Kunstgewerbeschulen und die Gesamtheit der Fachfortbildungsschulen sind Beispiele für das bereits Erreichte. Manches Gebiet aber, wie das Bankwesen oder das mittlere Beamtenfach, fällt ganz aus, weil man die »allgemeinbildenden« mittleren und höheren Schulen als genügende Vorbereitung ansieht und die eigentlichen Fachkenntnisse der praktischen Erfahrung überläßt. Ob dieser Weg sich immer als vorteilhaft erwiesen hat, ob z. B. der Bankbeamte ohne jede Berührung mit der Volkswirtschaftslehre durchkommt, ist mir allerdings zweifelhaft. Ganz gewiß aber sind die oben genannten Berufsschulen heute noch nicht das, was sie nach ihrer Bedeutung für das Ganze unsrer Kultur und nach dem inneren Wesen eines echten Bildungsganges sein sollten. Denn geleitet von dem Glaubenssatz, daß die »allgemeine Bildung« schon vorher abgetan sei, beschränken sie sich vielfach auf das engste Berufskönnen und überlassen im übrigen den Menschen dem Zufall einer zweifelhaften Selbstbildung. Auch hierin zeigt sich das Ungesunde der herrschenden unorganischen Trennung von Berufsbildung und Allgemeinbildung.

Eine Folge davon ist, daß noch heut wie vor 60 Jahren allein die drei Formen der höheren Schule und die Realschule als eigentlich gesellschaftlich vornehme Bildungsstätten gelten, zumal man allein auf ihnen die Berechtigung zum einjährigen Dienst erwirbt. Nehmen wir einmal an, daß diese Berechtigung in Zukunft auf Grund veränderter Bestimmungen über die Dauer und Art der Militärpflicht in Fortfall käme, dann wäre die Bahn frei für die Entwicklung der Fachschulen. Aber die praktische Wirkung würde erst eintreten, wenn die betreffenden Anstalten zu echten *Bildungsstätten* geworden wären. Solange dies nicht der Fall ist, wird die alte Anschauung auch nach Aufhebung des Berechtigungswesens weiterwirken.

Die Berufsschulen stehen daher an einem wichtigen Wendepunkte. Ihre Aufgabe kann dahin bestimmt werden, *daß sie sich künftig nicht bloß an äußeren Zielen, sondern nach dem inneren Wesen des Bildungsvorganges selbst organisieren müssen.*

Bisher genügen sie der einen Hauptforderung, daß der werdende Mensch nach den Jahren der Reife einen bestimmten Mittelpunkt für seine Arbeit finde, von dem aus er sein Wissen und Können wachsen sieht, der ihm eine Stellung in der Welt und mit dem eignen Nutzen zugleich einen gesellschaftlichen Wert in Aussicht stellt. In der neueren Pädagogik wird vielfach die Voraussetzung gemacht, daß der Beruf auf Grund von *Neigung* gewählt werde. Leider darf diese stark von innen heraus wirkende Bildungskraft nicht immer angenommen werden. Die gegenwärtig lebhaft im Gange befindlichen Bestrebungen, wenigstens *Begabung* und Beruf in Einklang zu bringen, werden um so günstiger wirken, wenn sie sich nicht nur mechanischer Methoden zur Prüfung der Berufseignung bedienen, sondern auch die ethische Seite, das Selber-Wählen, das Selber-Wollen und das persönliche Verantwortungsgefühl zu entwickeln suchen. Aber auch im ungünstigsten Fall darf ein Keim von Berufsinteresse vorausgesetzt werden, und wenn es auch nur auf der Erwägung ruhte, daß an den Beruf die Möglichkeit des »Fortkommens« gebunden ist. Dieser Hebel setzt alles übrige in Bewegung. Man darf seine Wirkungen nicht zu früh erwarten. *Vor* der Pubertät sollte unter keinen Umständen nach künftigen Berufen geschieden werden; das würde die grundlegende Bildung einseitig machen, abgesehen von der Unmöglichkeit, in dieser Zeit schon entschiedene Lebensinteressen festzustellen. Wohl aber sollte in der Volksschule Gelegenheit gegeben sein, alle Begabungsrichtungen in elementarer Form zu erproben: nicht nur die theoretischen, sondern auch die manuellen, technisch-konstruktiven, rednerischen und ästhetischen. Wenn Kerschensteiner[3] als Fundamentalsatz für die Organisation eines jeden Schultypus, gleichviel ob er zum Typus der Fachschule oder zum Typus der allgemeinen Schule gehört, die Regel aufgestellt hat: »Die Organisation jeder Schule hat in ihrer Lehrplangestaltung, also in der Auswahl, in der Anordnung und in der Betonung des Gewichtes ihrer Bildungsgüter der besonderen Gruppe von Individualitäten gerecht zu werden, für deren Bildung sie bestimmt ist«, so versteht auch er diesen Satz für die Volksschule nur in dem Sinne, daß auf dieser Stufe der grundlegenden Bildung keine wichtige und elementare Seite ganz ausfalle.[4] Nur dadurch kann sie ja *allgemeine* Volksschule sein oder werden. Für die auf diese Vorstufe aufgebauten Formen der Berufsbildung aber würde ich Kerschensteiners Axiom dahin erweitern, daß nun jede dieser Schulen entsprechend ihrem eigentümlichen Mittelpunkt einen bestimmten Bildungstypus zu entwickeln hat, der dem organischen *Gange* der inneren Bildung, nicht nur der gegebenen individuellen Seelenstruktur des Zöglings, kongruent ist. Jede Individualität bedarf ferner zu ihrer *Bildung* der »Gegengewichte«. Endlich treten zu der Veranlagung (dem inneren Beruf) die objektiven Forderungen der gesellschaftlichen Berufsleistung (des soziologischen Berufes) hinzu. Nehmen wir alles

---

[3] a.a.O., S. 41. [4] a.a.O., S. 40.

zusammen: die Art, wie sich Berufsbildung und Allgemeinbildung durchschlingen, gegenseitig tragen und beleben, vor allem, wie die allgemeinen Interessen aus der Eigenart des Berufskreises herauswachsen, das muß jede Schulgattung mit eigner Schöpferkraft entdecken und in Form eines *spezifischen Bildungsplanes* herausstellen.

Jede würde das Reich der allgemeinen Bildung auf ihre besondere Art erobern. Die alte Konzentrationsidee empfängt durch die Gruppierung aller Bildungsstoffe um die Berufsbildung einen neuen Sinn. Natürlich kann dann auch der rein wissenschaftlich-systematische Zusammenhang der Gegenstände nicht allein entscheidend sein. Vielmehr würde es darauf ankommen, wie sie mit einer besonderen Seite oder Richtung des Lebens in organische Beziehung gesetzt werden können.

Im Geschichtsunterricht treten dann einzelne Zeitabschnitte oder Persönlichkeiten stärker hervor, je nach der Bedeutung, die sie etwa im Zusammenhang der Handelsgeschichte hier, einer Geschichte der Technik dort beanspruchen können. Die deutsche Literatur greift, ohne das Klassische und als ästhetisch in sich selbst Ruhende aufzugeben, auch in Gebiete formvollendeter Fachliteratur hinüber. Die Geographie verbindet sich mit wirtschaftlichen und politischen Gesichtspunkten, in die die Materialienkunde und die Handelsbeziehungen jeweilig hineingewoben werden. Wenn man bisher neben die Berufskunde die Bürgerkunde als allgemeinbildendes Fach gestellt hat, so scheint mir noch ein weiteres wünschenswert, nämlich jenes Gebiet, das heute nicht unglücklich als *Lebenskunde* bezeichnet wird. Bisweilen freilich wird die Lebenskunde einseitig moralisch verstanden. Man darf aber nicht vergessen, daß jede lebendige Moral nur in Beziehung zu ganz bestimmten Kulturverhältnissen entwickelt werden kann, und daß es in einem höheren Sinne durchaus berechtigt ist, von einer besonderen kaufmännischen Moral und von einer Moral der technischen Arbeit zu reden. Der sittliche Gehalt der Arbeit hat ebensoviele Ausprägungen, als es Formen und Bedingungen der Arbeitsweise gibt.

Für die Oberstufe der höheren Schulen schwebt mir ein viersemestriger Lehrgang in »Vaterlandskunde« vor, der auf Grund elementarer geschichtlicher und geographischer Voraussetzungen der Reihe nach in die wirtschaftlichen, sozialen, rechtlichen und politischen Verhältnisse der Gegenwart unsres Landes einführt. In den Fachschulen werden diese Gesichtspunkte so ineinandergewoben werden müssen, daß sie je einer Stufe der Berufsausbildung parallel gehen.

Auf Einzelheiten zu kommen, ist hier nicht der Ort. Das allgemeine Ziel ist *Erweiterung des Gesichtskreises* von einem bestimmten Standpunkte aus. Der Mensch, der aus einer solchen Anstalt hervorgeht, soll in seinem Verhältnis zum Leben offen, vielseitig und doch seiner eigenen Aufgabe bewußt sein. Er soll, mit einem Worte, *nicht* bloßer Fachmann, sondern ein wirklich gebildeter Mensch sein. Dazu bedarf es freilich noch einer großen Erweiterung des Lehrplanes und der Lebensordnung an den deutschen Fachschulen; aber diese Veränderung ist durch die neuen Kulturverhältnisse und die Verschiebung der sozialen Ansichten unbedingt gefordert. Und in dem Ganzen liegt nicht etwa die Absage an die alte Humanitätsidee, sondern nur ihre Erfüllung mit einem zeitgemäßen Inhalt. Sie soll gleichsam einen festeren Mittelpunkt erhalten; das Moment der Individualität soll stärker hervortreten, damit wir nicht in der Universalität einer ungreifbaren und unerreichbaren Allgemeinbildung zerfließen. Aus dem Kern der Berufsbildung wächst der Mantel der Allgemeinbildung hervor, auf der wissenschaftlichen Hochschulstufe, aber auch auf allen anderen. Es gibt nur *einen* entschiedenen Gegensatz zum gebildeten Menschen: das ist nicht etwa der unliterarische (denn Bildung ist nicht ausschließlich literarische Bildung), sondern der bloße Spezialist, der mit uneröffneten Augen an seiner Scholle haftet und sich ewig im Kreise seiner engen Routine dreht. Dies zu verhüten, ist die Aufgabe der Berufsschulen im Zusammenhang des neuen Bildungswesens, das nicht mehr allein nach der sogenannten höheren Schule und der Universität orientiert ist. Deshalb stimme ich im Ergebnis völlig mit Kerschensteiner überein: »Selbst die beschränkteste ›Fachschule‹, sofern sie nur die immanenten Bildungswerte ihrer einseitig gewählten Bildungsgüter tatsächlich *erarbeiten* läßt, ist unweigerlich eine Erziehungsschule, eine richtige, wirkliche, wenn auch vielleicht einseitige Bildungsanstalt.«[5]

Der hier entwickelte Gedanke, daß sich an die grundlegende Bildung der Volksschule nach dem inneren Gesetz des Bildungsfortschrittes zunächst die Berufsbildung anschließt und daß erst aus dieser die eigentliche Allgemeinbildung erwächst, sofern der Mensch sie überhaupt erreichen kann, ist am frühesten bei der Pflichtfortbildungsschule zum Durchbruch gekommen. Seitdem *Pache* und *Kerschensteiner* gewagt haben, diese aus ganz neuen Kulturverhältnissen geborene Anstalt auch auf ein neues Prinzip zu stellen und sie beruflich aufzubauen, ist die Bahn frei geworden für die allgemeine Entwicklung des Fachschulwesens, die ein wichtiges Stück in dem modernen Plane des Aufstieges der Tüchtigen und der zweckmäßigen Gliederung des deutschen Bildungswesens bedeutet. Vielleicht erscheint, was hier gesagt wurde, heute als selbstverständlich. Es müssen aber zwei Folgerungen daraus gezogen werden, die gerade für die allgemeine

[5] a.a.O., S. 44.

Fortbildungsschule von Belang sind, weil diese nach ihrer geschichtlichen Herkunft und nach ihrer Stellung als Pflichtanstalt immer noch mit der Volksschule in die nächste Parallele gebracht wird. Sie beziehen sich auf den Religionsunterricht einerseits, die politische Erziehung andrerseits.

Man wird der Pflichtfortbildungsschule nur gerecht, wenn man ihre Aufgabe aus den besonderen Verhältnissen versteht, die die Großstadt und die industrielle Entwicklung geschaffen haben. Die Großstadt hat die alten Erziehungsmächte aufgelöst, die den einzelnen in kleineren Kreisen durch Sitte und öffentliches Urteil gebunden hielten. Der Jugendliche, der heute aus der Volksschule in das Leben entlassen wird, noch ehe sich sein innerer Mensch geformt und gefestigt hat, tritt in eine Welt hinaus, in der er inmitten der Masse ein fast unbekanntes Dasein führt. Und die maschinelle Produktionsform hat mit dem Handwerk zugleich die segensvollen Erziehungseinrichtungen verdrängt, die in den alten Formen der Zunft oder der Innung für den Lehrling getroffen waren. Der Lehrherr der Gegenwart, abgesehen von gewissen Zweigen des Handwerks, in denen sich die alte Überlieferung im stillen erhalten hat, besitzt in der überwiegenden Zahl der Fälle kein pädagogisches Wissen, ja nicht einmal ein pädagogisches Gewissen. Die moderne Fabrik hat gar keinen erziehlichen Geist in sich aufgenommen, und die Gewerkschaft hat bisher so stark im wirtschaftlichen und politischen Kampf drin gestanden, daß sie keine Zeit gehabt hat, sich auch als Erziehungseinrichtung auszubauen und zu einem geregelten Zusammenwirken mit der Fortbildungsschule zu gelangen. Die Folge für diese ist, daß sie mit ihren sechs Wochenstunden nicht nur Ersatz für die aufhörende Volksschulerziehung und den fehlenden öffentlichen Erziehungsgeist bieten soll, sondern zugleich bestimmt ist, die Meisterlehre zu ergänzen und all den verschiedenen Berufskreisen einen Bildungsgang zu geben, der eigentlich aus dem Schoße der Berufsorganisation selbst hervorgehen müßte. In der Tat eine Aufgabe von fast unerreichbarer Größe!

Dies alles ist nur möglich, wenn man die Verhältnisse ganz in ihrer eigenartigen Neuheit versteht und alles Fremde fern läßt, das aus der Tradition der Volksschule nur mechanisch herübergenommen ist. In die Volksschule gehört seit uralten Zeiten der Religionsunterricht. Aus der Fortbildungsschule hat man ihn ferngehalten in der richtigen Erwägung, daß nach der Einsegnung keinem mehr ein religiöser Einfluß von Staats wegen aufgenötigt werden darf. Dem Jugendlichen steht die Kirche offen; sie mag überdies Jugendpflegeeinrichtungen schaffen in dem ganzen Umfang und mit all der Kraft, die ihr zu Gebote steht. Sollte aber die Fortbildungsschule von ihren sechs Stunden zwei für den verbindlichen konfessionellen Religionsunterricht abgeben, so würde ihr ganzer, mühsam geschaffener Aufbau zerstört werden. Trotzdem wird der Versuch eines solchen Gesetzes nach dem Kriege gemacht werden. Es gilt daher gerüstet zu sein. Die Kirchen haben ihre Auseinandersetzung mit dem Geist der Gegenwart noch nicht so weit beendet, daß sie mit ihrer pädagogischen Einwirkung sich der eigentümlichen Lebensrealität anpassen könnten, die die Welt der Fortbildungsschüler ausmacht. Eine Religion aber, die von außen herangebracht wird, statt sich aus dem Zentrum der eignen Lebensbewegung zu entfalten, wäre ein Erziehungshemmnis, kein Erziehungsmittel. Der Pädagog kann dazu seine Hand nicht bieten, zumal der Zusammenhang dieser Bestrebungen mit politischen Absichten sichtbar genug ist und also dem eigensten Interesse der Religion durch ein solches Gesetz ebenso schlecht gedient wäre, wie der Fortbildungsschule.

Das andre, die Frage der politischen Erziehung, liegt in verwandter Richtung. Die Stellung der Sozialdemokratie zur Pflichtfortbildungsschule ist in den einzelnen Teilen Deutschlands sehr verschieden. Es gibt aber eine Auffassung, nach der die Fortbildungsschule der Sozialdemokratie durch *ihre* staatsbürgerliche Belehrung entgegenzuwirken hätte. Dies würde heißen, daß sie gegen die Ideale ankämpfen soll, die die Mehrzahl ihrer Zöglinge wie die tägliche Lebensluft umgibt. Wäre dies die Aufgabe der neuen Schulform, so wäre sie hoffnungslos. Es kommt hier gar nicht darauf an, wie man selbst zu den politischen Grundfragen steht. Soweit aber müssen wir inzwischen zum öffentlichen Leben erwacht sein, daß wir die politischen Parteien nicht in tugendhafte und lasterhafte einteilen, sondern in jeder von ihnen eine eigentümliche Staatsgesinnung anerkennen. Wie jede Partei den Staat von einer bestimmten Seite und in einer besonderen Perspektive sieht, so hat auch jede ihr echtes Staatsethos.[6] Die Sozialdemokratie hat den Beweis geliefert, daß sie aufbauende, gestaltende Arbeit am Staate zu leisten vermag. Freilich sind, wie nach Lessing die echten Freimaurer, so auch die echten Sozialisten *selten*, und wir haben neben dem positiven Sozialismus oft genug einen verneinenden kennen gelernt (wie denn jede Partei in sich etwas enthält, das der Einheit des Staates zur Gefahr werden kann, auch Konservatismus und Zentrum!). Wer eine Berufsgruppe zu einem wahren Ethos der Arbeit erziehen will, kann das politische Ethos, das mit diesem Beruf zusammenhängt, nicht bekämpfen. Er muß vielmehr bemüht sein, es zu veredeln und das für den Staat Positive aus ihm herauszuholen. Auch hier wiederholt sich also der Fort-

[6] Vgl. hierzu Eduard Sprangers Aufsatz: Vom inneren Frieden des deutschen Volkes. In: Internationale Monatsschrift für Wissenschaft, Kunst und Technik. Bd. 11, 1916/17. Sp. 129–156.

gang von der Berufsbildung zur Allgemeinbildung, nun aber in besonderer Anwendung auf die politische Erziehung. Die durch die Zugehörigkeit zu einem Beruf und einer Klasse gegebene Parteigesinnung muß geläutert und erweitert werden zu einer Staatsgesinnung. Wollte man die aus den realen Lebensverhältnissen geborene politische Gesinnung ausrotten, so würde man damit den wichtigsten und einzigen Hebel ausschalten, den man besitzt. Es kommt also darauf an, daß man ihn zu benutzen wisse, um jenes weitere Verstehen zu erzeugen, das den Staat trägt und bejaht. Denn wie es keine Allgemeinbildung gibt, die nicht zuletzt in einem begrenzten und persönlichen Lebensinteresse wurzelte und aus ihm seine Kraft zöge, so gibt es auch keine Staatsgesinnung, die nicht die überwiegende Farbe einer Partei an sich trüge. Wer die industriellen Arbeiter konservativ erziehen will, beweist, daß er von dem inneren Bildungsgesetz politischer Überzeugungen keine Vorstellung hat.

Was wir hier zu zeichnen versuchten, gipfelt darin, daß unsre Bildungseinrichtungen immer treuer anknüpfen müssen an den wirklichen psychologischen Gang, in dem der menschliche Geist sich formt, wie sie andrerseits immer mehr der Mannigfaltigkeit der Kulturleistungen, Begabungen und Individualitäten gerecht werden müssen. Es gibt eine Stufe, auf der der gemeinsame Volksbesitz in elementarer und für alle gleicher Form dargeboten wird: die Stufe der grundlegenden Bildung. Im folgenden Entwicklungsabschnitt aber muß unterschieden werden, und jedes Bildungsgebiet empfängt dann seine besondere Ausgestaltung, hat seine eigne Entwicklungsrhythmik, mit der kein Lehrplan willkürlich schalten darf, wenn wir Bildung von innen wollen, nicht aufgepfropfte Kultur. Wahrhaft assimiliert aber wird nur, was man zu seinem Lebenskern und Lebenskreis in Beziehung setzen kann. Das andre prallt wirkungslos ab, und keine Lehrkunst kann erreichen, was gegen das Gesetz des geistigen Wachstums ist.

Der gegenwärtige Stand der Geisteswissenschaften und die Schule

1922 (2. ergänzte Auflage 1925)

Aufruf an die Philologie
(An Stelle der Vorrede)

Konrad Burdach hat gezeigt, daß die Renaissance nicht aus dem stillen Wachsen und Reifen der mittelalterlichen Seele allein erklärt werden kann, sondern daß ihr eine ausdrückliche Wiedergeburtssehnsucht, der immer leidenschaftlichere, aus religiösen Tiefen aufsteigende Wille zu einem neuen Menschentum zugrunde lag. Auch der Neuhumanismus war ein Kind der Sehnsucht, aber in noch höherem Maße das Ergebnis einer bewußten Bildungsarbeit, zu der man die Alten wiederum herbeirief. Wir stehen heut zum dritten Male – wenn wir die wiederholten Renaissancen innerhalb des eigentlichen Mittelalters nicht mitzählen – an einer ähnlichen Stelle. Gläubig wie den Messias erwartet die junge Generation eine innerste Wiedergeburt. Es liegt schon in diesem Wort der Gedanke eines »ewigen Menschentums«; es liegt darin die stille Gewähr, daß »der neue Mensch« aus denselben unversieglichen Lebensquellen hervorgehen wird, aus denen das Größte und Reinste der früheren Menschheit geboren worden ist. Wie in der Natur nach schweren Zerstörungsprozessen an noch lebenskräftigen Organismen sich mit erhöhter Tätigkeit Heilstoffe und frische Substanzen bilden, so scheint auch in der geistig-moralischen Welt Gesundung von selbst aus geheimen Kräften aufzuquellen. Man fühlt es wachsen und werden, man fühlt es pulsieren, wo man die Hände unsrer Jugend faßt. Und der Tag wird kommen, wo es wie ein Sturmwind herausschlägt und über die erstaunte Welt dahinbraust.

Unsere heutige Philologie weiß von diesen Vorgängen durchschnittlich nichts. Ihre Hüter werden zu den erstaunten Erwachenden gehören, wenn sie nicht anfangen zu sehen, was ringsum gärt und ringt. Man kann einem Vortrag aus dem Wege gehen, wenn man in sich nichts findet, um ihn sich innerlich zu assimilieren. Aber man kann nicht um eine neue Weltepoche herumgehen. Und eine solche ist im Anbruch, wie tausend Zeichen untrüglich verkünden. Davon muß laut geredet werden, wenn es in den Studierstuben gehört werden soll.

Zunächst: Es ist kein positivistisches Zeitalter, dem wir entgegengehen. Nicht deshalb, weil uns die äußeren Hilfsmittel oder die Zeit zur inneren Sammlung und Reifung fehlen, die auf dem Boden materiellen Reichtums zur Verfügung standen. Sondern deshalb, weil die Menschen, die diese neue Zeit tragen werden, in ihrem geistigen Kern ganz anders gewachsen sein werden, als es bei einer *nur* forschenden und sammelnden Generation der Fall war. Vergegenwärtigen wir uns das Bild derjenigen Jugendkreise, in denen das geistige Ringen, die unfertige Sehnsucht der Gegenwart, nicht nur ihr technisches Wollen und Können, zum Ausdruck kommt. Der junge Mensch atmet und lebt heut mehr als zu allen Zeiten durch die Totalität seiner geistigen Organe. Und kein wahrer Humanist wird sich darüber beschweren dürfen, wenn der Trieb zur Ganzheit schon als natürlicher Grundtrieb in aller »Lebensregung und -bewegung« wirkt. Wie einst in den Tagen *Schellings* und der jungen Romantik predigt man das Evangelium einer »intellektualen Anschauung«, die sich heut bald als »Erleben«, bald als »Intuition«, bald als »kosmische Schau« verkleidet. Unzweifelhaft liegt darin ein ästhetischer Zug: man möchte sich einfühlen in das Leben der Dinge und Wesen, man möchte sie aus ihrer konkreten Lebendigkeit, gleichsam selbst im Mittelpunkte ihres Wachstums ruhend, begreifen. Die Totalkräfte der Phantasie werden herbeigerufen, um Welt und Seele zu durchdringen. Aber dieser Grundtrieb wurzelt noch tiefer: Er ist zugleich religiöse Sehnsucht: ein Zurücktasten aus künstlichen und mechanischen Verhältnissen in das ewig quellende Metaphysische. Das im Leben selbst offen zutage liegende Geheimnis, diese Mischung von Wirklichkeitssinn und Mystik, kennzeichnet das Grundgefühl einer Generation, die aus der Großstadt zurückstrebt in die atmende Natur, in Gemeinschaft, Volk, Ursprünglichkeit. Der Mensch, der sich selbst ein heiliges Wunder ist – wie könnte er sich messen mit den Methoden experimenteller Psychologie, oder vergangene Menschen ausgraben mit der Kleinforschung der Stelleninterpretation! Überall beobachten wir das Hingegebensein an den Lebensprozeß, der jeder Formulierung widerstrebt, an die Wahrheit, die in dem »singenden Blute« liegt, an die »schöne, wilde Seele«, die sich fürchtet, im Augenblick der Formung zu entfliehen, die den Körper sich ebenso als zugehörig fühlt, wie jedes andere Erlebnis ihrer selbst. Und endlich ein Letztes in dieser Mystik des Sichselbsterlebens: es liegt darin das Gefühl einer heiligen Reinheit des geschenkten Lebens und einer tiefen

Verantwortung vor dieser eignen »seligen Höhe«. Die Sittlichkeit, die so aus der Seele wächst, findet sich noch in keiner geprägten Formel wieder. Sie ist gleichsam noch ganz fließendes Leben, das seines Gesetzes sicher, aber nicht bewußt ist.

Menschen in solcher inneren Bewegtheit ihres Seins sind keine Forscher. Ein älteres Geschlecht, das sich in langem Mühen, durch Umgang mit Geschichte und Geisteswelt, im besten Fall eine reife Kunstform gegeben hat, mag es beklagen, daß so viel Arbeit nun abgebrochen werden soll, und daß die Reihen der entsagungsvoll Herbeitragenden sich nicht mehr füllen werden. Vielleicht wird die Naturwissenschaft diesen Mangel am schmerzlichsten spüren. Die Philologie aber dürfte hier nichts Wesensfremdes fühlen. Für sie kommt, recht verstanden, nicht die Zeit der Entsagung, sondern der Erfüllung. Denn »das eigentliche Studium der Menschheit ist der Mensch«. Mir scheint, als ob keine andere Wissenschaft ihrem lebendigen Ursprung nach so sehr dies zum lebendigen Ziel haben müßte: den Menschen zu erkennen in der Fülle seiner Gestalten: seines Suchens, seines Werdens und seiner vollendeten Formen. Alle Philologie – sie mag noch so sehr aus Sprachwissenschaft, aus Stilistik und Rhetorik, aus Poetik und Metrik, aus Literaturkunde und allgemeiner Geistesgeschichte zusammengewoben sein, hat ihr wahres Ziel im Humanismus. Dabei verstehe ich unter Humanismus in einem weitesten Sinne die geschichtlich vertiefte Forschung an dem Problem, was der Mensch im Totalgefüge seiner Kräfte ist, die Frage nach seinen Möglichkeiten, seinen Wirklichkeiten und seinen je erreichten Gipfeln. Dieser Humanismus ist es überhaupt erst, der das Vielerlei der Fragestellungen, die an sich den verschiedensten Wissenschaften entlehnt sind, zu einer Einheit bindet. Einer humanistischen Philologie kann es daher nicht unwillkommen sein, wenn auch die Gegenwart ihr einen neuen *Menschen*, einen *ganzen* Menschen entgegenführt. Denn ihre Bestimmung ist es, diesem werdenden Menschen den Spiegel alles Besten und alles Gefährlichen, alles Schöpferischen und alles Irrenden entgegenzuhalten, das in vergangener Kulturarbeit durch die ringende Seele der Menschheit gezogen ist. Sie allein könnte, ihrer Idee nach, diese Sehnsucht nach Fülle und Echtheit des Lebens stillen, die sich noch in keiner geschlossenen Philosophie, in keiner bekannten Religion, in keiner einzelnen Form überhaupt kristallisieren kann und will. Sie kann es aber nur, wenn sie durch alle noch so schwierigen und noch so wichtigen Vorarbeiten durchdringt bis zu dem Punkte, wo sich aus den vorbereitenden Einzelheiten der Forschung das Bild eines Menschen oder das Bild einer gesellschaftlichen Kulturlage formt. Und dies wiederum ist nur möglich, wenn schon in jedem Bruchteil der Fragestellung der Sinn für geistige

Kräfte und für das gesetzliche Zusammenspiel dieser Kräfte zu einem Ganzen wirksam ist. Ja, im Besitz solcher ordnenden Kategorien liegt die einzige Gewähr, daß nicht bloße schweifende Phantasie, sondern ein geklärtes Bewußtsein von der sich historisch entwickelnden Gliederung des Geisteslebens zur Geltung kommt. –

Damit berühre ich die Kehrseite der Entwicklung, in der wir stehen. Es ist Gefahr, daß sich über uns ein allgemeiner Nebel von mystischen Träumereien niederläßt, in dem alle festen Umrisse des Einzeldaseins und der Kultur verschwimmen. Es ist Gefahr, daß Gestalten der Vergangenheit zu einem bloßen Mittel herabsinken, an dem man sein Bedürfnis nach ästhetischer Selbstprojektion und Formenspielerei befriedigt. Eine bloß erotisch betriebene Wissenschaft vergißt zu leicht die erste Forderung, ohne deren Erfüllung Wissenschaft überhaupt nicht denkbar ist: nämlich Objektivität und strengen Wahrheitswillen. Mit ihnen aber würde die Wissenschaft auch das verlieren, was sie allein für das Leben schöpferisch und aufbauend macht: ihren Ursprung aus echtem Wirklichkeitssinn und aus dem Gesetz, das in der Sache wurzelt. Wissenschaft kann nicht legitimiert werden durch Schönheit oder bildende Kraft oder Erlösungswerte; sie muß zuerst echte, d. h. wahre Wissenschaft sein, wenn etwas *Echtes* aus ihr folgen soll.

Wir finden in der Jugend heut die Neigung, einen Menschen, der denkt, geringschätzig als einen »Intellektualisten« beiseite zu schieben. Dieser Neigung folgen, würde heißen, die klärende Arbeit der vorangegangenen Generationen wieder auszulöschen und im Meere einer gestaltlosen Begeisterung unterzutauchen. Es wäre der Selbstmord der Kultur, wenn die Wissenschaft hiergegen nicht mit aller ihr eigenen ethischen Kraft ankämpfen wollte. Nicht darum handelt es sich, das Geleistete zu verleugnen, sondern die angefangenen Linien bis zu ihrem Schnittpunkt zu Ende zu ziehen. Wir haben nicht Papyri gesammelt, Inschriften entziffert, Texte gereinigt, um das jetzt alles als wertlos über Bord zu werfen. Vielmehr heißt es jetzt erst, die Früchte dieser entsagungsvollen Bestellung der Felder zu ernten und aus ihnen geistige Nahrung zu ziehen. Das alles aber ist nur möglich, wenn in die zersplitterte Arbeit einheitliche Richtlinien aus einer geisteswissenschaftlichen Besinnung kommen. Die Einheit, die die Arbeit der Philologie zusammenhält, braucht nicht mühsam gesucht zu werden; sie liegt in der Struktur des fragenden Menschen, der hinter jedem Teilmoment das Ganze der erlebenden, schaffenden, nach Ausdruck ringenden Seele, und in dieser Seele wieder das Glied einer geschichtlich gewordenen Geisteswelt sieht. Der voll lebendige Mensch, der fremde menschliche Gestalten erkennen will, findet in sich selbst die entscheidenden Linien, in die er das werdende Bild des Vergangenen hineinzeichnet. Daraus erklärt es sich auch, daß alles echte philologisch-historische Verstehen eine befruchtende Wirkung auf die Gegenwart hat. Mögen wir, vom Willen zur reinsten Objektivität erfüllt, den Gegenstand auch zunächst weit von uns abrücken und in seiner unsagbaren Einzigartigkeit und Fremdheit hinzeichnen – irgendwie müssen wir ihn doch in uns hineinnehmen; und erst wo diese noch so verborgene Identität des fremden Geistes mit dem unsrigen aufblitzt, erst da entfaltet sich jenes geistige Medium, das die Vergangenheit trägt und zugleich uns trägt und deshalb in seinem letzten Bestande ewig ist.

Dieses Ziel haben schon die Neuhumanisten ihrer Beschäftigung mit den Griechen gestellt: Kenntnis der altertümlichen Menschheit (= Kenntnis des antiken Menschentums) bezeichnet *Wilhelm von Humboldt* als Aufgabe und Wert des Griechenstudiums; und *F. A. Wolf* hat sich diese seine Formulierung zu eigen gemacht. Sie ist die Formel jedes Humanismus. Denn jeder Humanismus strebt nach Eindringen in fremde Geistesformen und somit nach Berührung mit ihrer wirkenden, formenden Kraft. Aber ein Unterschied unseres Humanismus, den man den dritten nennen könnte gegenüber jenem zweiten, liegt in der Weite des Suchens und des Verstehens, das wir Modernen aufzubringen vermögen. Gewiß eine vielfach zerfließende Weite. Aber wir sehen Seiten des Seelenlebens, für die der deutsche Klassizismus noch kein Organ hatte. Unser suchendes Licht fällt in Tiefen, die damals gestaltlos schienen. Unsere Problematik enthüllt uns Irrationalitäten, die früher verborgen blieben. Und unser eigener Wertwille, der von einer ihm verwandten Kraft des Verstehens unterbaut ist, biegt in einem charakteristischen Verfahren historischer Deutung die Spitzen der Vergangenheit um, so daß die Geschichte ein neues Relief empfängt. Der Mensch von heute ist so unsäglich individualisiert, daß auch sein Interesse an den früheren Formen der Menschheit reicher geworden ist, als es in einer Epoche geschlossener Formen der Fall sein konnte. Mit einem Wort: wir steigen heut tiefer in die ganze Flut menschlicher Bewegungen und Gegenbewegungen hinab; wir baden uns im reichen Spiel der Wellen, ohne sogleich einer eindeutigen Strömung bewußt zu werden. Wir suchen das Menschliche in der Fülle seiner immer neuen und doch typisch verwandten Gestaltungen, weil wir in uns selbst so reiche Möglichkeiten finden, daß jeder noch so individuelle Ton ein Echo weckt.

Deshalb ist auch unser Interesse nicht auf die sog. klassischen Epochen beschränkt. Wir wollen den Lebensprozeß einer ganzen Kultur vor uns ausgebreitet sehen, und wir wissen, daß für jede ihrer Epochen in unserer weit umspannenden Seele etwas mitschwingt. Ja, wir denken hier überhaupt nicht nur an das Altertum, sondern an jede Kultur, die sich in literarischen Formen Ausdruck geschaffen hat. Alles Gesagte gilt also auch für die »neuere Philologie«. Und es gilt für sie um so mehr, als gerade sie noch nicht zu jenen geschlossenen Bildern gelangt ist, in denen ihr eigentliches Ziel zu suchen wäre. Denn eine »Weltkultur« wäre im höheren Sinne erst denkbar, wenn die geistig führenden Nationen ein Bewußtsein von den großen Nationalindividualitäten ausgebildet hätten, wenn auch hier das *Verstehen* gelänge, das den Kampf der Geister nicht aufhebt, sondern ihn erst fruchtbar macht. Für den Deutschen erreicht die germanische Philologie erst da ihre Bestimmung, wo sie – nicht *den* Deutschen –, aber die reichen Formen, deren *das* deutsche Wesen fähig ist, aus dem Spiel der neuen Volkscharaktere emportauchen und daraus die ganze Kraft des Eigenbewußtseins erwachsen ließe, das auch seine Grenzen kennt.

Schon darin spiegelt sich die Erweiterung, die der moderne Geist erfahren hat, daß ihm »humanistisch« nicht nur seltene, hohe Gipfel heißen, sondern alles, was zur Lebensgeschichte der Menschheit und zu ihrem Formenreichtum überhaupt einen Beitrag zu liefern vermag. Wo man auch das Leben packt, da ist es interessant. Aber natürlich bleibt es trotzdem bei dem Unterschied der Maße. Es gibt in jeder Kultur und in jedem Volk Epochen, Menschen, Einzelschöpfungen, in denen der Natur ein besonderer Wurf gelang. Von diesen Höhen strahlt ein heiteres Licht noch bis zu uns herüber und ihr Gehalt scheint auch für uns von befreiender Bedeutung, weil in ihm nicht nur wandelbare Motive des Daseins, sondern gleichsam ewige Grundakkorde anklingen.

Wissenswert ist alles, was in die Linie großer Entwicklungsreihen bestimmend hineingewirkt hat. Aber *bildend* sind nur die Höhepunkte dieser Kurven, weil nur in ihnen zugleich die Totalität und die Idealität des kulturschaffenden Geistes sichtbar geworden ist. Im Umgang mit ihnen *formt* sich der werdende Mensch, wie er in der wahllosen Mannigfaltigkeit der Gestalten sich spielend spiegelt. Denn nur wer mit dem Großen und Echten lange und tief verkehrt, wird selbst groß und echt.

Darin aber liegt der Dienst, den eine recht verstandene Philologie der Jugend zu leisten vermag, daß sie ihr die Fülle des Menschlich-Lebendigen zeigt, um sie zuletzt bei dem Größten und Edelsten verweilen zu lassen. Ich bekenne, daß ich mir keine Wissenschaft vom Menschen zu denken vermag, in der nicht der Eros aufbauend mitgewirkt hätte. Der Eros aber ist das Ahnungsvermögen für das aus dem Wert Geborene. Wer keinen Instinkt für die Höhe der Werte hat, der vermag auch nichts Bildendes aus sich zu produzieren. Ihm bleibt die Geschichte stumm, weil sein Sinn zu und sein Herz tot ist. Wer keinen Stufenbau in seinem Innern trägt, vermag auch den anderen nicht emporzuführen. Denn die Welt der Werte ist ein Stufenreich. Alles also kommt darauf an, daß der fruchtbare Punkt wieder gesucht werde, an dem die Wertsehnsucht der Jugend zusammenstimmt mit der Wertfülle eines gestalteten Menschentums. Beide verhalten sich zueinander wie das Mögliche zum Wirklichen, wie die δύναμις zur ἐνέργεια. Ohne diese besonnene Führung würde der Lebensdrang der Jugend in ziellosem Enthusiasmus verpuffen. Nur der sehend gewordene Enthusiasmus vermag heute noch eine verjüngte Welt aufzubauen. Die Bewegung der Jugend hat neue Formen des Erlebens und Zusammenlebens gezeugt. Neue Inhalte hat sie noch nicht gezeugt: die alten klassischen Gehalte sind die Sonne, die auch ihr leuchten muß, wenn sie in Zukunft einmal selbst und auf ihre Art schöpferisch werden will. –

Aber was sollen wir denn tun? – Wir sollen nicht fürder im Monographischen und Spezialistischen versinken. Das Material liegt bereit. Jetzt heißt es zusammenfügen. Bilder vergangener Persönlichkeiten müssen entstehen, gezeichnet mit der bildgebenden Porträtkunst, in der sich das Individuellste mit der Ahnung allgemeiner Bezüge durchdringt. Ganze Epochen müssen gezeichnet werden so, daß ihr bewegtes Leben in uns selbst einen Rhythmus auslöst. Linien sinnbestimmten Werdens müssen durch die Jahrhunderte hindurchgezogen werden, damit wir uns einer Biographie des abendländischen Geisteslebens nähern. Nirgends aber kommt es auf das Extensive an. Auch in dem Mikrokosmos einer scheinbar belanglosen Einzelheit können die Strahlen eines ganzen geistigen Universums aufgefangen werden. Der eine *Plato* spiegelt ein ganzes Athen, und in Athen bewegt sich eine Welt. In dem einen *Shakespeare* fließt Antike, Renaissance und nordisches Dämmerlicht zusammen. In *Rousseaus* Seele zittert die ganze Tragik der Kultur überhaupt. Und in *Herders* Reisetagebuch liegt der Stoff zu einer Geschlechterfolge von künftigen Jugendbewegungen.

Man höre auf, die *bloße* Geschichte der »Institutionen« oder die Genealogie der »Stoffe« oder gar die Schicksale der Texte zu schreiben. Dies alles wird erst historisch, wo es durch lebendige Seelen hindurchgeht, und in diesem Hindurchgehen erfährt es einen Bedeutungswandel, der nur aus dem Gefüge seelischer Kräfte heraus zu verstehen ist. Ein Aberglaube sind jene philosophischen Systeme, die der bloße kahle Logos aus dem Kopfe der Denker herausgetrieben haben soll. Auch in ihren Adern fließt Blut, und nur das Bluterfüllte kann noch Herzen in Wallung setzen. Man glaube nicht mehr an jene übernommene »Form«, die sich von außen über ein Kunstwerk legt; sondern man spüre jenen Tiefen nach, wo Form und Gehalt noch ungeteilt entspringen. Wir hängen nicht der einseitigen Lehre an, daß Wirtschaftsformen und Klassenkämpfe die ganze Geschichte bewegen. Aber unser Auge sei geschärft auch für diese realen Seiten geistiger Schöpferkraft. Denn nur, wer aus der Erde geboren ist, ist wurzelecht und wachstumsfähig. Vor allem aber dies eine: man fühle überall an den Erscheinungen des Lebens den letzten einheitlichen Sinn, aus dem sie hervorwachsen. Denn alles Ersehnte und Geschaffene der Menschheit ist nur ein Strahl, der, aus dem Schoß entscheidender Urerlebnisse entlassen, durch das Dunkel des Daseins huscht und wenigstens für einen Augenblick die tiefen Schatten lichtet. Alles Größte und alles Kleinste ist zuletzt aus der Andacht geboren; alles Größte und Kleinste ist zuletzt ein Schrei nach Erlösung.

Auch die Werte also, die die Philologie der Zukunft unserer Jugend zu bieten vermag, ordnen sich in einem Stufenbau. Als Wissenschaft gibt sie *Wahrheit*, und ohne den Geist der Objektivität wäre sie keine ethische Kraft im Leben. Als Wissenschaft aber von geformten Werten und vom Menschentum gibt sie *Bildung;* denn nur geformte Kraft kann wieder Geistesformen bilden. Als bildende Wissenschaft endlich führt sie den Menschen in jene Tiefen seines Inneren hinab, wo sein begrenztes Dasein in einem Gesamtsinn *Erlösung* findet und, von den dunklen Mächten in sich selbst befreit, den lichten, heiteren Höhen der Menschheit selig entgegenstrebt. Es ist der Punkt, an dem sich Sehnsucht und Erfüllung, Eros und Idee, an dem sich Jugend und reife Wahrheit die Hände reichen.[1]

[1] Zur Vorrede vgl. Konrad Burdach, Renaissance, Reformation, Humanismus. Berlin 1918. – Derselbe, Deutsche Renaissance. 2. Aufl. Berlin 1918. – Werner Jaeger, Philologie und Historie, Neue Jahrbücher. I. Abt. Bd. 37. 1916. Derselbe, Der Humanismus als Tradition und Erlebnis, in dem Sammelwerk: Vom Altertum zur Gegenwart. Hg. von F. Boll (u. a.). 2. Aufl. Leipzig 1921. Derselbe, Humanismus und Jugendbildung, Berlin 1921. – Eduard Spranger, Lebensformen. 4. Aufl. Halle 1924 (Schlußkapitel). Derselbe, Von der ewigen Renaissance. In: Spranger, Kultur und Erziehung. 2. Aufl. Leipzig 1923. Derselbe, Vom Neuhumanismus bis zur Gegenwart (in dem soeben zitierten Sammelwerk). Derselbe, Humanismus und Jugendpsychologie. Berlin 1922. – Wilhelm von Humboldt, Über das Studium des Altertums und des griechischen insbesondere. In: Humboldt, Gesammelte Schriften. Bd. I, Berlin 1903. – Friedrich August Wolf, Darstellung der Altertumswissenschaft. In: Wolf und Buttmann, Museum der Altertumswissenschaft I. Berlin 1807. – Neuerdings sind hinzugekommen: Ernst Troeltsch, Die Revolution der Wissenschaft. In: Schmollers Jahrbuch für Gesetzgebung, Verwaltung und Volkswirtschaft im Deutschen Reich. Bd. 45. Leipzig 1922. Eduard Spranger, Die Generationen und die Bedeutung des Klassischen in der Erziehung. In: Jugendführer und Jugendprobleme. Festschrift zu G. Kerschensteiners 70. Geburtstag. Hg. von A. Fischer und E. Spranger. Leipzig 1924. – Im Sinne des hier Angestrebten wirkt die Zweimonatsschrift Der Rufer. Hg. von H. Buddensieg. Lauenburg 1924.

Der gegenwärtige Stand der Geistesw ssenschaften und die Schule

Es gilt in Deutschland als gefährlich, wenn der Ursprung der Wissenschaft aus dem Leben und ihre Leistung für die Bedürfnisse des Lebens zu stark betont werden. Man sollte aber, ohne den berechtigten Gehalt dieses Standpunktes aufzugeben, umgekehrt auch einmal darauf achten, daß brennende Daseinsfragen, die von der zünftigen Wissenschaft dauernd umgangen werden, abseits vom strengen Wege der Forschung, durch Glauben und Aberglauben, durch Kunst- und Phantastik, durch Spekulation und Dilettantismus sich irgendwie ihre Lösung suchen. Die Gesamtlage der Geisteswissenschaften scheint mir heut dadurch gekennzeichnet, daß eine ungeheure Sehnsucht nach psychologischer Einsicht und Vertiefung die jüngere Generation erfüllt, daß aber die wissenschaftliche Psychologie selbst, abgesehen von einigen voraneilenden Versuchen, wenig zur Befriedigung dieser Sehnsucht nach Verständnis des Menschen getan hat. Sie stand und steht zum Teil heute noch unter dem Banne der naturwissenschaftlichen Epoche. Sie bevorzugt infolgedessen die Probleme, die aus dem Zusammenhang von Leib und Seele, und allgemeiner: aus der Zuordnung seelischer Erlebnisse zu Naturobjekten erwachsen, während das ganze große Gebiet der Verflechtung des Seelischen in die geistigen Objekte, d. h. in die Kultur, nicht einmal zu methodischem Bewußtsein erhoben wurde. So erklärt es sich, daß neben der Psychologie der Psychologen unter dem Namen Psychoanalyse eine neue Theorie des Seelischen entstand, die ein interessantes Zeichen dafür ist, daß selbst die Mediziner durch die bloße Beziehung auf das Physiologische nicht mehr befriedigt werden. So erklärt es sich, daß aus dem psychologisch nicht ausreichend gepflegten religiösen Bedürfnis eine Anthroposophie und allerhand psychologische Geheimlehren entstanden. So erklärt es sich endlich auch, daß ein Buch einen bei-

In der Grundauffassung berühre ich mich nahe mit den Ausführungen von Albert Dresdner, Der Erlebniswert des Altertums und das Gymnasium. In: Neues Leben im altsprachlichen Unterricht. 3 Preisarbeiten. Berlin 1918. Jedoch möchte ich übereinstimmend mit Werner Jaeger betonen, daß es nicht auf das Vielerlei des Erlebens ankommt, sondern auf Tiefe, Echtheit und Nachhall. Das Wort »Erlebnis« bedeutet heut vielfach eine impressionistische Stellung zum Leben – im Grunde bleibt alles ästhetisch. Man wird im folgenden sehen, daß ich ganz bestimmte Strukturen des Erlebens im Auge habe und das Wort nicht als Schlagwort brauche. – In dieser Hinsicht wirkten außerordentlich klärend die Ausführungen von Walther Kranz in der Pädagogischen Sektion der Jenaer Tagung (vgl. den Bericht). Nicht das ganze Altertum und nicht die ganze Kultur können wir in der Schule zum Erlebnis bringen, sondern nur einige Hauptgebiete. Diese aber sollen an die Erlebnis*wurzel* rühren.

spiellosen Erfolg erringen konnte, das selbst mehr Dichtung als Wissenschaft sein will: *Spenglers* ›Untergang des Abendlandes‹.[2]

Es wäre ein Irrtum, wenn man annähme, daß die zahllosen Leser dieses Werkes ausschließlich durch den Gegenstand gefesselt worden wären, den der Titel ausdrückt. Denn sehr bald hätte man ja wohl merken müssen, daß von diesem Problem im Text wenig oder gar nicht die Rede ist. Die Wirkung des Buches liegt vielmehr darin, daß es geisteswissenschaftliche Methoden anwendet, besser: einen künstlerischen Blick für das Geistige besitzt, der sich keineswegs in allen philologischen, historischen und geistesphilosophischen Werken unserer Tage findet. *Spengler* nennt dieses von ihm intuitiv geübte Verfahren eine *Morphologie der Kulturen.* Er selbst führt es auf *Goethe* zurück; man wird auch an *Schelling* und *Wilhelm v. Humboldts* zweite Periode erinnert. Nimmt man den Kern heraus, so handelt es sich um den Grundgedanken, daß Kulturen, genau so wie Naturorganismen, eine innere Struktur und Entwicklungsgesetzlichkeit besitzen, von denen aus ihr Leben, Sein und Sterben zu verstehen ist. Die eigentümliche Geistesart, die sich in einer Kultur auswirkt, führt *Spengler* auf eine eigentümliche *Seele* zurück, die freilich von ihm ins Metaphysische projiziert wird und fast die Rolle eines mystischen Prinzips spielt. Das Leben dieser Kulturseelen aber sucht er untereinander zu vergleichen und auf typische Entwicklungsstadien zu bringen. Er stellt Homologien fest, d. h. Erscheinungen, die sich kulturbiologisch entsprechen. Er verfolgt Metamorphosen, d. h. äußerlich verschiedene Offenbarungen derselben Kulturseele, die innerlich identisch sind. Und er gelangt schließlich zu sogenannten Gleichzeitigkeiten, d. h. genauer gesagt: zu begrifflich gedachten typischen Kulturepochen und Entwicklungsstufen.

Am strengen Maß der Einzelforschung gemessen, mußte *Spenglers* Werk scheitern, weil er mit allzu kühner Hand gleich die Morphologie ganzer Weltkulturen und ihrer Entwicklungen in großen Fresken malen wollte. Aber es ist eine schon lange wirksame Tendenz der geisteswissenschaftlichen Arbeit, die sich bei ihm energisch entladet, nämlich eben jene Sehnsucht nach einer Psychologie, die das geistige Sein der Menschen und der

---

[2] Oswald Spengler, Der Untergang des Abendlandes. 6. Aufl. München 1920. S. 139: »Geschichte wissenschaftlich behandeln wollen ist im letzten Grunde immer etwas Widerspruchsvolles ... über Geschichte soll man dichten.« Bekenntnis zu Goethe: S. 69. – Morphologie: S. 63, 70, 144. Organismen: S. 29. Homologien: S. 8, 159, 207, 474. – Eine eigenartige, etwas schnell konstruierte, aber durch einen Instinkt für Geistestypen gleichfalls außerordentlich anregende Parallele zu Spenglers Morphologie der Kultur gibt der Forschungsreisende Leo Frobenius in einer kleinen Schrift: Paideuma. Umrisse einer Kultur- und Seelenlehre. München 1921.

Kulturen wirklich durchleuchtet. Wie bei *Spengler* mindestens die Terminologie, so kleideten sich die frühesten Versuche aus der Mitte des 19. Jahrhunderts sachlich in die Form biologischer Analogien und waren insofern ebenfalls von naturwissenschaftlichen Vorbildern abhängig. Dieser Auffassung soll im folgenden keinesfalls das Wort geredet werden, wenn auch das Wort Struktur aus der Naturwissenschaft herübergenommen worden ist. Am Ende des Jahrhunderts strömen die Ideen der deutschen historischen Schule mit denen des französisch-englischen Positivismus in *Lamprechts* großer Geschichtskonstruktion zusammen, die leider nie nach ihrem großen und berechtigten Ziel, sondern immer nur nach den unzulänglichen philosophischen und historischen Mitteln ihrer Durchführung beurteilt worden ist.[3] Was *Lamprecht*, im Anschluß an *Jakob Burckhardt*, wollte: die Psychologisierung der Geschichte, bleibt zu Recht bestehen. Aber sein Verhängnis war, daß die Psychologie, die er brauchte, noch nicht vorhanden war. Entstand doch *Wundts* große ›Völkerpsychologie‹ erst gleichzeitig mit, ja zum Teil erst nach *Lamprechts* ›Deutscher Geschichte‹. Und es ist fraglich, ob *Wundts* Methoden sich auf höher entwickelte Kulturen hätten anwenden lassen. Im Sinne des ursprünglichen Entwurfes der Völkerpsychologie lag es jedenfalls, vorzüglich jene Kulturstufen zu studieren, auf denen die bewußte Einwirkung einzelner hervorragender Geister noch wenig zutage tritt, statt dessen aber aus der Verbindung und Wechselwirkung vieler gleichartiger Seelen im Volke gemeinsame geistige Erzeugnisse hervorgehen, deren Inbegriff den Gehalt einer aktuellen Volksseele ausmacht.[4] Die Entfaltung dieser überseelischen Gebilde scheint sich jedoch von den Grundgesetzen der »unmittelbaren Erfahrung«, die nach *Wundt* den Gegenstand der Individualpsychologie bildet, weiter zu entfernen, als der große Meister anzunehmen geneigt war.

Dies war es überhaupt, was sich jedem Versuch einer Psychologisierung der Geschichte gegenüberstellte: die Tatsache des objektiven Geistes, d. h. eines Inbegriffes von Seelenerzeugnissen, die sich von der Einzelseele weitgehend losgelöst haben und ein geschichtliches Leben für sich führen. Sie überdauern die Einzelseele, umfangen sie mit ihrer rückwirkenden Macht und lösen in ihr – solange sie wahrhaft lebendig sind – Werterlebnisse aus,

[3] Von Karl Lamprecht vgl. vor allem: Moderne Geschichtswissenschaft. 2. Aufl. Berlin 1909. – Über das Zusammenwirken von historischer Schule und Positivismus: E. Rothacker, Einleitung in die Geisteswissenschaften. Tübingen 1920, bes. S. 250.

[4] Das Grundsätzliche s. in der Einleitung zum 1. Bande von: Wilhelm Wundt, Völkerpsychologie. 1. Aufl. Leipzig 1900. Wilhelm Wundts Elemente der Völkerpsychologie, Leipzig 1912, lassen den Gedanken einer »Entwicklungspsychologie« stärker hervortreten. In der Einleitung des Hauptwerkes fehlt dieser Ausdruck.

wie sie selbst ursprünglich von einem Willen zum Wert geschaffen worden sind. Dieses Wechselspiel von Seele und Geist, in dessen unendlich komplizierter Entwicklung der Gehalt des historischen Lebens beschlossen liegt, brachte erst *Dilthey* zu einigem methodischen Bewußtsein. In ihm war die subjektivste Innerlichkeit stark genug, daß er dem Anteil des »Erlebens«, also der eigentlichen psychologischen Seite, gerecht zu werden vermochte; aber er besaß auch als geborener Historiker Anschauung der großen geistigen Objektivitäten genug, um sich den Blick für die überindividuellen Zusammenhänge zu wahren. Besonders in seinem Alter, nachdem *Hegel* noch einmal stark auf ihn gewirkt hatte, verwandelte sich ihm der Gedanke einer »beschreibenden und zergliedernden Psychologie« mehr und mehr in den einer *geisteswissenschaftlichen Strukturlehre*.[5] Unter diesem gemeinsamen Titel konnten sowohl die Probleme des subjektiven Geistes, also die Psychologie der Erlebnisformen, wie die des objektiven Geistes, d. h. die Analyse der überindividuellen Kultursysteme, zusammengefaßt werden. Und in gleicher Linie scheint sich auch die Entwicklung über ihn hinaus fortzusetzen. Denn auf die Sinnbeziehungen zwischen Seele und Kultur, zwischen subjektivem und objektivem Geist kommt es überall an. Eine geisteswissenschaftliche Psychologie ist nicht möglich ohne Kulturwissenschaften (Geisteswissenschaften), und diese wiederum können nicht ausgebaut werden ohne Rückgang auf die subjektiven Erlebnisweisen und die innere Struktur der zugehörigen Einzelseelen. Noch ehe hierüber volle methodische Klarheit erzielt war, bewegte sich die Arbeit der Geisteswissenschaften praktisch längst in dieser Richtung. Verbindet man *Diltheys* und *Schmollers* Ansätze mit einigen fruchtbaren Gesichtspunkten der Werttheorie von *Windelband, Rickert, Münsterberg*, nimmt man die Umbildungen der abstrakten klassischen Nationalökonomie hinzu, wie sie etwa bei *Friedrich v. Wieser*[6] und *Max Weber* vorliegen, denkt man endlich an *Wölfflins* ›Kunstgeschichtliche Grundbegriffe‹ und an *Otto Hintzes* ungeschriebene Verfassungsgeschichte, so ergibt sich ein Gesamtbild der geisteswissenschaftlichen Lage, dessen charakteristisches Merkmal man mit dem einen Worte *»Strukturforschung«* aussprechen könnte. Denn überall handelt es sich um die Aufgabe, entweder ruhende Strukturen von geistigen

---

[5] Wilhelm Dilthey, Der Aufbau der geschichtlichen Welt in den Geisteswissenschaften. Berlin 1910. (Abhandlung der Berliner Akademie der Wissenschaften.) – Ich zitiere aus meiner Gedächtnisrede auf ihn (Leipzig 1912, S. 20) die mündliche Äußerung: »Was ist Wille? Was ist Gefühl? *Struktur* ist alles.«

[6] Friedrich v. Wieser, Theorie der gesellschaftlichen Wirtschaft. In: Grundriß der Sozialökonomik. Bearb. von S. Altmann u. a., Bd. I. Tübingen 1914; ein außerordentlich bedeutungsvolles Werk auch für die allgemeine geisteswissenschaftliche Methode.

Personen und Kulturgebieten festzustellen, oder in Entwicklung befindliche Strukturen von gewissen Entwicklungsgesetzen aus zu begreifen.

Es ist meine Absicht, die so gegebene Problemlage im Überblick zu beleuchten. Sie ist im Prinzip die gleiche für die geschichtlichen wie für die systematischen Geisteswissenschaften. Sie beherrscht die Wirtschaftstheorie wie die Soziologie, die Religionswissenschaft wie die Ästhetik, schließlich auch Ethik und Pädagogik. Und wenn Philologie im weitesten Sinne die Wissenschaft ist, die literarische Zeugnisse als Geistesschöpfungen und als Abdruck von Geistesformen interpretiert, so ist sie nicht nur auf die Hilfe aller jener Wissenschaften angewiesen, sondern teilt mit ihnen die Einstellung des Blickes auf geistige Strukturen und strukturelle Entwicklungen. Aber ich möchte zugleich, gemäß der zweiten Interessenrichtung dieser Versammlung, auf einige Folgerungen hinweisen, die sich aus dieser Lage für das Bildungsproblem ergeben. Der Zusatz zu meinem Thema: ›und die Schule‹ ist genauer durch die doppelte Bezeichnung zu ersetzen: ›Folgerungen für die Lehrerbildung und für die Jugendbildung‹.

Die geisteswissenschaftlichen Fragen, die ich zu erörtern und nach ihren pädagogischen Konsequenzen zu beleuchten gedenke, sind wesentlich drei:

I. die *Strukturlehre* als neues Prinzip der geisteswissenschaftlichen Psychologie und der Geisteswissenschaften,

II. das *Verstehen* als die zugehörige allgemeine Methode der Auffassung und erkenntnismäßigen Formung solcher Geistesstrukturen,

III. die Frage nach dem wissenschaftlichen Recht *wertender* Stellungnahme und nach der objektiven *Werthöhe* geistige Mächte.

I. Zunächst also die Strukturlehre. Daß es im inneren Gefüge der geistigen Persönlichkeit Verschiedenheiten des Baues und der Funktionsweise gibt, hat jeder echte Historiker im Gefühl, auch ohne die verborgene Gesetzlichkeit dieser Strukturen formulieren zu können. Es ist derselbe neutrale Grundstoff des Lebens, der sich in dem einen zu politischen Taten formt, in dem anderen die Beschaulichkeit des Künstlers oder des Gelehrten auslöst, die den einen zum Erwerben und den anderen zur Andacht stimmt. Ich habe den Versuch gemacht, die durchaus ewigen Grundformen der Individualität in einer Anzahl von Idealtypen zu konstruieren, die ich als ›Lebensformen‹ bezeichnet habe.[7] Aber erst innerhalb jedes dieser Typen beginnen nun die feineren Differenzierungen, die es historisch und systematisch zu studieren gilt. Nimmt man z. B. an, daß die beiden größten

---

[7] Eduard Spranger, Lebensformen. Geisteswissenschaftliche Psychologie und Ethik der Persönlichkeit. 2., völlig umgearb. und erw. Aufl. Halle 1921. 4. Aufl. 1924.

Geister des griechischen Altertums, *Plato* und *Aristoteles*, beide den Mittelpunkt ihres geistigen Lebens in der θεωρία fanden, und ist man sich über die ganz eigentümliche Färbung dieses griechischen Begriffes klar geworden[8], so ist doch die Differenz, die zwischen ihren Schöpfungen bleibt, nicht bloß eine logische, in reinen Begriffen austragbare, auch nicht der Unterschied zweier Geschichtsepochen, sondern sie ist eine Differenz, die in den formenden Persönlichkeiten selber wurzelt und die jeder fühlt wie den Unterschied zwischen einer idealisierten Statue und der geprägten Form, die lebend sich entwickelt. So ist auch der Abstand zwischen *Kant* und *Herder* zuletzt der Unterschied zwischen den geistigen Organen, durch die sie sich der Welt bemächtigten, und jeder Begriffsstreit mußte hier ebenso unfruchtbar bleiben wie der zwischen der Ethik *Kants* und *Schillers*, weil in solchen Gegensätzen sich nicht wahr und falsch gegenübertreten, sondern eben zwei Menschen. Oder ein anderes Beispiel: *Freiheit* ist das Evangelium der vier großen Zeitgenossen *Kant, Schiller, Humboldt, Fichte*. Und doch ist sie für jeden von ihnen etwas durchaus Eigentümliches, dessen sich eine eindringende geisteswissenschaftliche Analyse bemächtigen müßte, wenn sie die mannigfachen ideologischen Wurzeln des politischen Liberalismus in Deutschland aufdecken wollte.[9] Was *Wölfflin* in der bildenden Kunst als Unterschiede der Darstellungsart bezeichnet, z. B. das Lineare und Malerische usw., hat seinen Ursprung nicht im Objekt oder in der Technik, sondern in Strukturverschiedenheiten des künstlerischen

---

[8] Die θεωρία ist nicht nur auf das gerichtet, was wir den Allgemeinbegriff nennen, sondern zugleich auf das Gestaltgebende und auf das Wertgebende. Sie ist also nach modernem Sprachgebrauch nicht bloß eine theoretische Einstellung, sondern zugleich eine ästhetische und eine religiöse. Schon durch diese eigentümliche Struktur des geistigen Lebensverhaltens ist es bedingt, daß für eine echte »Schau« das Wahre, das Gute und das Schöne ineinanderfallen, oder daß die Struktur der Welt zugleich als eine logische, ästhetische und wertdurchflutete aufgefaßt werden kann, wie später noch bei allen Neuplatonikern bis zu Fröbel hin. Das durch alle drei Gebiete hindurchgehende Gemeinsame ist der Gesichtspunkt des Maßes: das *Mathematische* und das *Kosmische*. – Vgl. Franz Boll, Vita contemplativa, Heidelberg 1922. Ferner Werner Jaeger, Aristoteles. Berlin 1923, S. 88. Daselbst auch die eingehende Analyse des Begriffes der φρόνησις.

[9] Um nur die rohesten Unterschiede hervorzuheben, die sich in der politisch-soziologischen Auswirkung zeigen: Bei Kant stehen die freien Wesen nebeneinander als gleiche Exemplare einer und derselben Vernunftgattung; bei Humboldt sind sie »interessante Individualitäten« von ästhetischem Charakter; bei *Schiller* durchaus Kampfnaturen, die ihr höheres Ideenrecht gegen die vorgefundene Ordnung durchsetzen; bei *Fichte* (2. Periode) ebenfalls Ideenträger, in denen sich die Urkraft göttlichen Lebens abgestuft offenbart.

Auffassens und Gestaltens, d. h. des künstlerischen Menschen selber.[10] So steht die unendliche Mannigfaltigkeit geistiger Bildungen nebeneinander *wie die tausend und aber tausend Gestaltungen der Pflanzenwelt.* Eine Orientierung ist hier wie dort nur möglich, wenn es gelingt, Typen aufzustellen, deren Bildungsgesetz man begreift, und die durch fortschreitende Individualisierung dem an sich unausschöpfbaren Einzelfall wenigstens angenähert werden können.

Mit anderen Worten: das, was man früher »Menschheit« nannte, das *Menschentum,* spaltet sich in eine Fülle von Bildungen. Der Begriff Mensch erscheint auch geistig in zahllosen Arten, die wir durch Typen (Durchschnittstypen) anschaulich-begrifflich erfassen; die Idee Mensch in individualisierten Idealen, die wir vereinfachend auf Idealtypen zurückführen

[10] Wölfflin, a.a.O. – Das umfangreiche Buch von Josef Strzygowski, Die Krisis der Geisteswissenschaften, vorgeführt am Beispiele der Forschung über bildende Kunst, Wien 1923, gehört methodisch einer älteren Richtung an: dem Positivismus, der möglichst im Sinne der Naturwissenschaften reine *Sachforschung* treiben möchte, und zwar in den drei Stufen: Kunde, Wesen, Entwicklung. Demgemäß wird hier versucht, streng vom objektiven Befunde des Kunstwerkes auszugehen. Vom Künstler ist, unter dem Titel »Wesen«, auf wenig mehr als 10 Seiten die Rede. Die Beschauerforschung wird ebenso bewußt in die zweite Linie gedrängt. Dieses Verfahren mag der bildenden Kunst gegenüber in gewissem Grade möglich sein. Hätte der Verfasser, wie der Titel erwarten ließe, auf den Gegenstand und das Verfahren der anderen Geisteswissenschaften einen genaueren Blick geworfen, so würde er die Grenzen seines Positivismus bemerkt haben: der sog. objektive Befund ist überall schon Leistung eines deutenden, hier auch eines ästhetisch deutenden Verfahrens. Die Unterscheidung des objektiv ästhetischen Sinnes und seiner mannigfachen subjektiv abweichenden Reflexe im Erleben des Künstlers wie der beschauenden Generationen ist allerdings eine wichtige Aufgabe der Kunstwissenschaft, die aber gar nicht in den Gesichtskreis von Strzygowski tritt. Die eigentlichen Motive seines Buches liegen im Kampf gegen herrschende Theorien der Kunst*geschichte,* vor allem gegen den sog. Humanismus. Hierüber maße ich mir kein Urteil an. Als Beitrag zur Methode der Geisteswissenschaften überhaupt steht das Buch außerhalb der gegenwärtigen Problemlage.
Genau den entgegengesetzten Grundstandpunkt vertritt das posthum herausgegebene tiefe Werk eines anderen Wiener Kunsthistorikers: Max Dvořák, Kunstgeschichte als Geistesgeschichte. München 1924. Hier wird das Kunstwerk (und mit ihm der schaffende Künstler) aus der geistigen Gesamtstruktur der Zeit verstanden. Das Verfahren Diltheys wird ausdrücklich übernommen. Von Wölfflin weicht die Absicht Dvořáks insofern ab, als es ihm nur um Epochaltypen, nicht um ewige Typen künstlerischen Ausdrucks zu tun ist. – Schon hier möchte ich bemerken (vgl. Anmerkung 15), daß auch das Kunstwerk niemals *nur* Ausdruck der schaffenden Seele des Künstlers ist, sondern daß sich zwischen ihn und sein Werk immer ein Stück objektiven Geistes, hier in der Gestalt von überlieferter Technik, herrschenden Stilen, vorgefundenen Ausdrucksmitteln und inhaltlichen Motiven, schiebt. Das tritt gerade in Dvořáks Darstellung überall zutage, obwohl er es nicht als generelles Prinzip formuliert.

müssen.[11] Die Aufgabe der geisteswissenschaftlichen Psychologie besteht also darin, Typen zu entwerfen, deren innere Struktur als *sinnvoll, gesetzlich und daher verständlich* erscheint. Ich kann hier nur andeuten, von welcher Seite aus diese gesetzlichen Zusammenhänge gewonnen werden: es ist, einfach gesprochen, das *Wertleben*, das den Menschen innerlich organisiert. »Sage mir, was dir wertvoll ist, und ich will dir sagen, wer du bist«, – könnte man ein altes Sprichwort variieren. Die Struktur einer Persönlichkeit beruht auf der Richtung und auf der Schichtung ihrer Wertdispositionen.[12] Eine bestimmte Richtung des Wertens, also auch des Erlebens und Schaffens, steht jeweilig an der Spitze. Die anderen sind untergeordnet, in mannigfach wechselnder Stärke und inhaltlicher Färbung. Werterleben, Wertwollen, Wertschaffen sind die Organe, durch deren Leistung für das einheitliche Lebensganze sich das Wesen der Persönlichkeit bestimmt; sie sind die Gelenke, in denen die Glieder des Geistes gegenüber den Sachgebieten und gegeneinander beweglich sind. Die Definition, in der wir den Grundbegriff der geisteswissenschaftlichen Psychologie aussprechen, könnte also lauten: »Unter der geistigen Seelenstruktur verstehen wir einen geschlossenen Zusammenhang von Erlebnis- und Leistungsdispositionen, der nach Wertrichtungen gegliedert ist, aber in der Beziehung auf

[11] Der Begriff des Idealtypus stammt von *Max Weber*. Vgl. hierüber die methodischen Vorbemerkungen zu seiner Schrift: Die Wirtschaft und die gesellschaftlichen Ordnungen und Mächte. Tübingen 1921. (Grundriß der Sozialökonomik. III, 1.); künftig kurz als seine »Soziologie« zitiert. – In der Verwertung des Begriffes weiche ich von *Weber* teilweise ab.

[12] Die ungemein wertvollen und tiefen Beiträge von *Max Scheler* zur geisteswissenschaftlichen Psychologie habe ich erst im Frühjahr 1922 eingehender kennengelernt. Sonst hätte ich schon in der 1. Auflage dieser Schrift auf sie verwiesen. In erster Linie kommt sein Buch: Der Formalismus in der Ethik und die materiale Wertethik. 2. Aufl. Halle 1921, in Betracht. Auch er geht von der fundamentalen Bedeutung des Sinnverstehens im Gegensatz zur bloß erklärenden Psychologie aus (a.a.O., S. 440 bis 495), und auch er gelangt von den Werten und ihrer Rangordnung aus zu sog. »reinen Wertpersontypen« (S. 607–620). Da die Werte für ihn ideale Gegenstände sind, die in emotionalen Akten intendiert und erkannt werden, wie ihre objektive und absolute Rangordnung in evidenten Akten des Vorziehens und Nachsetzens erfaßt wird, so steht er zur Geschichte und zu der Frage der Entwicklung seelischer Strukturen anders als ich. Seine Psychologie wird eben im Zusammenhang einer Ethik entwickelt, nicht an den historisch wandelbaren seelischen und objektiv-geistigen Strukturen der Geschichte. Gerade dieser Unterschied des Gesichtspunktes aber scheint mir methodisch sehr lehrreich.

eine erlebbare Werteinheit, d. h. im geistigen Ich, seinen Mittelpunkt hat.« [13]

Vielleicht ist es notwendig, wenigstens an *einem* Beispiel etwas näher durchzuführen, was hier gemeint ist. Für die eingehendere Begründung freilich muß ich auf mein Buch ›Lebensformen‹ verweisen; ich verbinde damit die Bitte, auch die dort entwickelten Kategorien nicht grob schematisch anzuwenden, sondern immer im Auge zu behalten, daß dahinter eine ausgebreitete Anschauung historischen Lebens liegt. Ohne diese hinzutretende Anschauung und ohne Anschmiegung an den historischen Befund droht die Gefahr eines spekulativen Mißbrauches, vor dem keine psychologische Begriffsbildung ganz gesichert ist.

Ich wähle *J. J. Rousseau.* Um die einzelnen Schritte zu verdeutlichen, nehme ich ihn zunächst aus seiner besonderen historischen Kulturlage heraus und achte ausschließlich auf den Typus seiner Grundstruktur. Es wäre unmöglich, ihn als einen gelehrten Schriftsteller anzusehen, der seine »Lehrmeinungen« in Gestalt einer begründeten begrifflichen Theorie aus sich herausgestellt hat. Vielmehr ist das Zentrum in ihm jene Sehnsucht, die ihn immer über das Gegebene hinaustreibt. In Paris ist es die Erinnerung an das ländliche Träumerleben von Les Charmettes, in der Eremitage eine gegenstandslose Liebessehnsucht, die den stillen Wald mit Phantasiegestalten seines Herzens belebt. Die ›Nouvelle Héloïse‹ ist daher sein Grundwerk, von dem aus man die anderen verstehen muß. Aus den Tiefen einer einsamen Seele steigen poetische Bilder empor. Und doch ist er auch wieder kein bloßer Dichter, denn in seiner idealisierenden Kraft lebt das Feuer einer religiösen Gewißheit; seine Ideale kommen aus Tiefen, die den Anspruch erheben, höhere Wirklichkeit zu sein und die vorgefundene Welt umzugestalten. – Ist er also ein Apostel, ein Prophet, ein religiöser Genius? – Dazu ist seine Idealwelt wieder zu wenig mit der letzten Innenschicht des Lebens verknüpft. Nirgends kommt er wirklich über seine arme Egoität hinaus. So liegt also sein geistiges Zentrum eigentümlich in der Mitte zwischen der metaphysischen und der Traumzone. Eine poetisch verklärte Religiosität, der ein Letztes fehlt, um ganz echt zu sein. Vielleicht ist gerade darauf sein seltsames Schwanken zwischen den Ausdrucksmitteln zurück-

[13] Soll der Ausdruck Struktur auch auf überindividuelle Kulturgebilde anwendbar sein, so muß seine Bedeutung dahin abgeändert werden: »Unter überindividueller Struktur verstehen wir ein in sich gegliedertes Ganzes von geistigen Wert- und Wirkungszusammenhängen, die zu einheitlichen Leistungen zusammengefaßt sind und ihrerseits als Glieder zu einem übergeordneten Leistungsganzen, der Kultur, in teleologischer Beziehung stehen.«

zuführen. Bald dichtet er Romane, die dann lehrhaft enden; bald ruft er die Mittel des Intellektes: allgemeine Begriffe, Beweise, Theorien herbei, die aber in seine Phantasieideale nur hineingewoben scheinen, jederzeit widerruflich sind und zuletzt in Romane münden. Wie er sich aber auch wende und was er schreibe – immer bleibt es Jean Jacques, gerade diese eine, eitle, einsame Subjektivität, die auch durch Weltprogramme noch hindurchschimmert. Es mag sein, daß er auch über Politik nachdenkt. Aber es wird ein Staatsroman mit religiösem Einschlag werden, nicht eine politische Schrift. Denn auch in diese Welt hat er sich nur »eingefühlt«, und sie wird für ihn wieder zum Ausläufer seiner subjektiven Sehnsucht. So kommt es, daß er eine demokratische *Theorie* gibt, fast mit spartanischen Zügen. Aber man fühlt überall die heroisch angenommene Geste des weisen Gesetzgebers hindurch und man ahnt, daß er in seinem eigenen Idealstaat nicht selig geworden wäre, wie er seine eigenen Kinder nicht zu erziehen vermochte. Überall fehlt eine letzte Wahrhaftigkeit; er träumt über sich selbst hinaus, aber er träumt doch nur. Und wenn er ganz *Rousseau* ist, wie in jenen ›Rêveries d'un promeneur solitaire‹, so träumt er ganz in sich selbst hinein. Seine ›Konfessionen‹ sind die Selbstbespiegelung einer Monade, nicht der Spiegel der Welt im Zentrum einer schöpferischen oder auch nur tätigen Seele. Deshalb verpufft alles literarisch. Und doch ist ihm die Literatur schon Entartung. Er lebt nie und nirgends für die anderen. Und doch wird aus *seinen* Schicksalen ein soziales Programm, das sich die Welt erobert.

Dieser Mensch nun in Frankreich vor der Revolution! Es ist, als ob alle Erlebnisse jener Zeit ihm nur negative Instanzen lieferten, an denen seine Schweizer Jugendträume sich zu Anklagen gegen die Außenwelt verdichten. Ohne es zu wissen und zu wollen aber redet er doch die Sprache dieser Zeit: das calvinistische Genf bleibt sein Mutterboden; später übernimmt er die englische Psychologie, die Formeln des Naturrechts, die Grundgedanken des Deismus, und durch alles dies drängt sich die stoische Lebenshaltung wie ein Selbstschutz vor der überströmenden Innerlichkeit hindurch. Wer kein Organ hat für die Struktur der Seelen, könnte alle jene begrifflichen Mittel für den Kern nehmen. Es wäre genauso falsch, als wollte man den jungen *Schleiermacher* mit *Schelling* verwechseln. Nicht auf die Begriffe als solche kommt es an, sondern auf die Funktion, die sie im Seelenganzen üben. Und bis in die letzte Lebendigkeit müßte eine Strukturanalyse zurückgehen, die gelernt hat, alles Seelische nur in seinen gegenseitigen Bezügen zu deuten.[14]

[14] Ein anderes sehr instruktives Beispiel solcher geisteswissenschaftlich-psychologischen Analyse einer historischen Persönlichkeit bietet die Darstellung von Franz v. Assisi

Darauf also beruht, allgemein gesprochen, die Aufgabe, daß man den Mittelpunkt finde, von dem die Organisation des Inneren ihren Ursprung nimmt. Bei weniger komplizierten Naturen liegen diese entscheidenden Züge deutlicher am Tage. Wer könnte zweifeln, daß *Luthers* Lebenszentrum in dem unendlichen Wert ruhte, den das Heil der Seele für ihn hatte? In *Melanchthons* Geist tritt der Wert der intellektuellen Selbstverständigung schon viel beherrschender hervor. Der Jesuit ist Politiker im religiösen Gewande. Den eigentümlichen Reiz der Seele *Ciceros* macht der Kampf zwischen politisch-rhetorischem Machtwillen und ästhetisch-gelehrter Selbstformung aus. Ist vom Stoiker die Rede, so müssen wir immer noch weiter fragen, ob ihn stärker die Weisheit der theoretischen Vernunft beherrscht oder der politische Wille der Selbstdisziplin oder eine religiös gefärbte Askese. Wenden wir uns zu neueren Zeiten, so zeigt uns der Pietist des 18. Jahrhunderts eine eigentümlich reflektierte Mischung von sündenbewußter Weltflucht mit französischer Galanterie und Pikanterie, der Rationalist eine Synthese von Wissensfanatismus mit utilitarisch-technischer Verständigkeit, während der Neuhumanist sich zum Guten, Wahren und Schönen zugleich bekennen möchte, dabei aber in der Frühzeit das Ästhetische moralisch, später die Moral ästhetisch deutet. Ich häufe die Beispiele, um zu zeigen, wie in der scheinbar unendlichen Fülle individueller Bildungen doch gewisse Grundtypen wiederkehren, wie aber auch diese wieder nach ihren besonderen Färbungen differenziert werden müssen. –

Bisher war nur von der Struktur der Einzelseelen – von den Formen der Persönlichkeit – die Rede. Aber man kann und muß den Begriff der Struktur erweitert auch anwenden auf jene überindividuellen Kulturgebilde, die – ursprünglich aus dem Schoß zusammenwirkender Einzelseelen entlassen –, nun auf die Einzelseelen als objektive Realitäten zurückwirken und die geistige Welt ausmachen, in deren historisches Gewebe jeder einzelne hineingeflochten ist. *Hegel* nannte dies den objektiven Geist. Wir sind, unter dem wachsenden Einfluß des Positivismus, geneigt, ihn noch weiter zu zerlegen, als es bei *Hegel* der Fall war. Der größte Strukturzusammenhang einer historischen Kultur gliedert sich für unsere wissenschaftliche Analyse in Staat, Gesellschaft und Recht, in Wissenschaft, Wirtschaft und Technik, in Kunst und Religion. Jedes dieser Gebiete hat seine immanente Struktur, die in abstrakter Darstellung herausgehoben werden kann. Sie verhalten sich aber zueinander nicht wie Teile, sondern wie Seiten einer geschlossenen Leistungseinheit. Denn jedes von ihnen »leistet« für das Ganze der Kultur etwas ganz Bestimmtes; jedes von ihnen ist aber auch

im Zusammenhang des Werkes von Max Scheler, Wesen und Formen der Sympathie. 2. Aufl. Bonn 1923, S. 103–110.

seinerseits durch das Ganze der Kultur so bestimmt, daß es erst voll verstanden werden kann, wenn man seine funktionalen Beziehungen zu jedem anderen Wert- oder Kulturgebiet herausgearbeitet hat.[15]

In diesem Sinne betrachtete schon *Jakob Burckhardt* die »sechs Bedingtheiten«, die sich ihm aus der paarweisen Zuordnung seiner drei Potenzen Staat, Kultur, Religion ergaben.[16] Weit allseitiger führten *Schmoller*[17] und *Dilthey* diese Methode fort, obwohl *Dilthey* immer deutlich empfand, daß die abstrakte Analyse des jeweiligen Zentralgebietes darüber nicht ganz versäumt werden dürfe. Stärker als bei *Schmoller* blieb auch in *F. v. Wiesers* und *Max Webers* Methode der Idealtypen das rein systematische Interesse der klassischen Nationalökonomie erhalten. Aber gerade *Max Weber* zog außerdem in großen, fruchtbaren Untersuchungen die Verbindungsfäden zwischen Wirtschaft einerseits, Religion und Gesellschaft andererseits, während *Troeltsch*, die Religion in den Mittelpunkt stellend,

---

[15] Das lesenswerte, gut geschriebene Buch von Hans Freyer, Die Theorie des objektiven Geistes, Leipzig 1923, scheint mir bei allem Bestreben, den Unterschied des objektiven Geistes von der subjektiven Erlebnisseite zu unterscheiden, doch noch zu stark von dem Gesichtspunkt der Psychologie beherrscht. – Abgesehen davon, daß nicht alles, was sich als sinnvoll von dem subjektiven Erlebniszusammenhang ablöst, objektiver Geist genannt zu werden verdient – vielmehr nur ein einzelner Akt der Objektivierung ist –, muß entschieden gegen mißverständliche Ausführungen Diltheys betont werden, daß das Verhältnis von objektivem Geist und Einzelsubjekt, selbst wenn das letztere als typischer Repräsentant einer historischen Epoche genommen wird, nicht unter der Kategorie des Ausdrucks allein gefaßt werden kann. Vielmehr beruht das entscheidende Wesen des historisch gewordenen objektiven Geistes oder der Kultur, wie schon Simmel richtig gesehen hat, gerade darauf, daß er unter Umständen als ein fremder, so nicht unmittelbar verständlicher und noch weniger unmittelbar gewollter Wirkungszusammenhang dem einzelnen Subjekt gegenübersteht, es als Milieu formt und mit fortreißt, ihm Forderungen stellt, ja es so lange vergewaltigen kann, als er weder verstanden noch mit dem jeweils gelebten und erstrebten Sinngehalt in neue Übereinstimmung versetzt worden ist. Diese Einsicht in das Eigenleben der geistigen Objektivitäten ist für die Kulturphilosophie entscheidend und begründet überhaupt erst den Unterschied zwischen Wissenschaft vom objektiven Geist (Kulturtheorie) und Wissenschaft vom subjektiven Geist (geisteswissenschaftlicher Psychologie). Daß die letztere nicht unabhängig vom Stand des objektiven Geistes und von seinem jeweils vorauszusetzenden Sinngehalt getrieben werden kann, habe ich sowohl im 1. Abschnitt meiner ›Lebensformen‹ wie im 1. Abschnitt meiner ›Psychologie des Jugendalters‹ auseinandergesetzt.

[16] Jakob Burckhardt, Weltgeschichtliche Betrachtungen. 2. Aufl. Leipzig 1910.

[17] Gustav Schmoller, Artikel: Volkswirtschaft, Volkswirtschaftslehre und -methode. In: Lexis, Handwörterbuch der Staatswissenschaften. Bd. 8. 3. Aufl. Jena 1911. Auch seine früheren Schriften, besonders die Auseinandersetzung mit *Menger*.

ihre Beziehungen zu Wirtschaft und Gesellschaftsbildung historisch-strukturell erforschte.[18]

Allgemein gesprochen: Wer heut irgendeine systematische Geisteswissenschaft treibt, wird sie unter dem Gesichtspunkt der Strukturanalyse treiben müssen. Und zwar so, daß *eine* spezifische Wertrichtung als die einheimische des betreffenden Gebietes festgehalten wird, dann aber die Unterordnung aller anderen Wertgebiete unter dieses methodisch herausgehobene in einer Art von Gedankenexperiment verfolgt wird. Daraus ergeben sich idealtypisch konstruierte Gebilde, die zwar niemals die Wirklichkeit selbst ausdrücken, aber an die Wirklichkeit als allgemeinbegriffliche Maßstäbe so angelegt werden, daß deren historische Eigentümlichkeit reiner heraustritt.[19]

Diese Strukturzusammenhänge können wir zum Unterschied von den früher erwähnten Typen der Individualität als überindividuelle Strukturen bezeichnen. Zwischen beiden: den individuellen Strukturen (oder Persönlichkeitstypen) und den überindividuellen Strukturen (oder Kulturgebietstypen) bestehen natürlich innere Beziehungen. Denn zuletzt ist es immer der lebendige Einzelmensch, in dem der Sinn der überindividuellen Kultur erlebt wird und zur Gestaltung drängt. Darauf einzugehen fehlt es hier an Raum.

Es ist nicht leicht, auch für diese Arbeitsrichtung Beispiele anzuführen. In der Regel wird nur die typische *Denkweise* einer Zeit zur Darstellung gebracht. Oder man konstruiert den typischen Menschen, der als der durchschnittliche Träger einer Geistesepoche gedacht werden kann. So hat *Jakob Burckhardt* den Renaissancemenschen geschildert und *Lamprecht* hat eine ganze »Geschichte der Seele« versucht, indem er alle großen Abwandlungen der deutschen Kultur aus der jeweiligen Entwicklungsstufe der inneren Seelenstruktur abzuleiten hoffte. Ohne diese subjektivistische Wendung hat *Dilthey* in seiner berühmten Abhandlung ›Auffassung und Analyse des Menschen im 15. und 16. Jahrhundert‹ die Bewußtseinslage einer ganzen

[18] Vgl. jetzt die großen Zusammenfassungen: Max Weber, Gesammelte Aufsätze zur Religionssoziologie. 3 Bde. Tübingen 1920/1. Ernst Troeltsch, Gesammelte Schriften. Bd. 1: Die Soziallehren der christlichen Kirchen und Gruppen. Anast. Neudruck. Tübingen 1919.

[19] Meine eigene Methode ist, wie man leicht erkennt, von dem Verfahren der klassischen Nationalökonomie stark beeinflußt, jedoch unter Verwertung der modernen idealtypischen Wendung. (*F. v. Wieser:* isolierend-idealisierende Methode.) In diesen Ansatz aber nehme ich die Verfahrensweisen der historischen Richtung auf, indem ich 1. das betrachtete Hauptgebiet mit allen anderen Kulturgebieten in Wertbeziehung setze, 2. die historischen Individualisierungen hinzudenke (totalisierende und konkretisierende Methode).

Kulturepoche herausgearbeitet.[20] Aber dies alles ist eigentlich nur indirekte Auffassung durch das Medium der philosophischen Geistesverfassung hindurch. Das Gefüge der objektiv kulturellen Momente selbst müßte dargestellt werden. Wir finden eine solche Aufgabe gelöst in der Analyse, die *Schmoller, Hintze* und ihre Schule für den absoluten Staat des 17. und 18. Jahrhunderts (zunächst Preußen) durchgeführt haben.[21] Hier sieht man, wie alle Kräfte ineinandergreifen. Die Spitze ist Machtpolitik. Ihr dient die Ausbildung einer stehenden Armee, die Erziehung des Beamtentums, die merkantilistische Steuer- und Wirtschaftspolitik. Aber in alle diese soziologischen Gebilde ist der Wissenschaftsgeist der Zeit hineingeflochten: Uniformität, Allgemeingültigkeit, rationale Gestaltung hier wie dort. Philosophischer Rationalismus und Staatsräson gehören zusammen. Die aufgeklärte philosophische Idee der Toleranz muß in den Dienst staatlicher Zentralisierung und wirtschaftlicher Interessen treten. Kirchenpolitik, Bildungswesen, Kunstpflege sind von der politischen Spitze her durchorganisiert. Macht durch Rationalität – das ist das Strukturprinzip dieser Epoche! Wie anders dann die Ideen und die Formen des politischen Liberalismus; wie ganz anders die Irrationalitäten der politischen Romantik mit ihrem historisch-organischen Bewußtsein![22] Aber auch in jenen absoluten Einheitsstaat wirkten natürlich schon ältere historische Schichten hinein, wie er jederzeit durch die Individualität der geographischen Lage bestimmt war. Diese Linien zu entwirren ist Aufgabe der kulturgeschichtlichen und soziologischen Analyse, die ohne einen reichen Bestand an Begriffen und Typen überhaupt nicht durchzuführen gewesen wäre.

Aus allen angeführten Beispielen geht hervor, daß wir uns heut, am Ende einer Epoche intensivster historischer Arbeit, selbstverständlich nicht mehr mit der Herausarbeitung von ganz allgemeinen ewigen Strukturzusammenhängen begnügen können, wie sie etwa *Kant* für das Gebiet der

---

[20] Wilhelm Dilthey, Gesammelte Schriften. Bd. 2. 2. Aufl. Leipzig 1921.

[21] Man vergleiche vor allem die darstellenden Einleitungen von Schmoller und Hintze in den Acta Borussica. – Ferner: Carl Brinckmann, Die bewegenden Kräfte in der deutschen Volksgeschichte. Leipzig 1922.

[22] Gerade die Romantik, in der sich unzweifelhaft ein ewiger Typus und ein relativ singulärer Epochaltypus durchdringen, bietet Anlaß zu den wichtigsten geisteswissenschaftlichen und geistespsychologischen Analysen. Man vgl. die tiefdringende Arbeit von Carl Schmitt-Dorotič, Politische Romantik. 1. Aufl. München 1919, 2. Aufl. München 1925. Ferner neuerdings: Kurt Borries, Die Romantik und die Geschichte, Studien zur romantischen Lebensform. Berlin 1925; und das Romantikheft im 2. Bande der Deutschen Vierteljahresschrift für Literaturwissenschaft und Geistesgeschichte. Halle 1924, deren Beiträge im allgemeinen dem in dieser Schrift vertretenen Wissenschaftstypus nahestehen.

Erkenntnis, *Adam Smith* für das der Ökonomik, die Naturrechtler für den Rechtsstaat, *Machiavelli* für die Politik zu geben versucht haben. Wir müssen diese Strukturen von Menschen und Kulturgebieten historisch individualisieren, nicht nur nach Kulturepochen, sondern auch national und lokal. Für diese Arbeit bedeutet die Geschichte zunächst nur die Fundgrube von Material. So hat etwa *Max Weber* in seiner soeben erschienenen Wirtschaftssoziologie aus der Fülle seiner historischen Anschauung einen erstaunlichen Reichtum von Typen entwickelt.[23]

Aber auch dabei können wir nicht stehenbleiben. Sonst erhalten wir lauter Querschnitte, die zueinander ohne Beziehung sind. Eigentlich geschichtliche Auffassung fordert die Herstellung von Längsschnitten und genetischen Reihen. Das heißt: wir müssen auch die *Entwicklung* von Strukturen studieren und uns durch Aufstellung von Entwicklungstypen ihrer zunächst noch verborgenen Gesetzlichkeit nähern. Dabei versteht es sich von selbst, daß Gesetze – also auch Entwicklungsgesetze – immer nur Gedankengebilde sind, die wir als vereinfachende rationale Maßstäbe an das Gewirr der Erscheinungen anlegen. Die Frage: »Gibt es historische Gesetze?« ist falsch gestellt. Man sollte besser fragen: »Was leisten die bisher versuchten Entwicklungsgesetze für Verständnis, Erklärung, Ableitung des realen Geschehens?« Schweben sie beziehungslos über den Tatsachen, oder sind sie geeignet, diese Tatsachen zu durchleuchten und zu ordnen?

Gewiß »gibt es« historische Gesetze. Aber in ihrer heutigen Gestalt leisten sie nur wenig für das Verständnis des Geschehens. Schon deshalb, weil man bisher überwiegend nach dem allgemeinen Entwicklungsprinzip der Geschichte gesucht hat, statt die Kultur in Teilstrukturen zu zerlegen, diese wieder nach Entwicklungsstufen zu individualisieren und erst zuletzt über den Teilgesetzlichkeiten eine allgemeinste, also auch leerste Formel zu konstruieren. Was die Philosophie des 19. Jahrhunderts für die allgemeine Entwicklungsformel geleistet hat, findet man heut in zwei großen Abhandlungen von *Troeltsch* eingehend beleuchtet. Auf der einen Seite steht die *Dynamik* des französisch-englischen Positivismus, die ihren berühmtesten Ausdruck in dem *Spencer*schen Entwicklungsgesetz gefunden hat; auf der anderen die *Dialektik Hegels* und seiner Schule. Beide ver-

[23] Mit Recht stellt Ernst Troeltsch in: Historische Zeitschrift. Bd. 122. München 1920, S. 417 ff. das völlige Fehlen des eigentlichen Entwicklungsbegriffes bei *Weber* fest: »Das wirkliche Eindringen in die innere Dynamik, Spannung und Rhythmik des Geschehens, in das Ineinander von Sein und Wert und dessen Wachstum, ist damit grundsätzlich ausgeschlossen.« – Zur Typenbildung in der Soziologie vgl. auch Max Scheler, Probleme einer Soziologie des Wissens, in dem Sammelwerk: Versuche zu einer Soziologie des Wissens. Hg. von M. Scheler, München 1924.

mögen der heutigen Problemlage nicht mehr gerecht zu werden, obwohl mir scheint, daß die *Spencer*sche Formel die fruchtbarere sein wird, sobald man sie mit Gesichtspunkten der Werttheorie und der Normwissenschaft in Verbindung bringt.[24]

Diese bisher ungeleistete Arbeit kann hier nicht nachgeholt werden. Es mag genügen, die sehr verschiedenen Fragestellungen zu unterscheiden, die in Zukunft beachtet werden müssen.

Auf der Seite der individuellen Strukturen handelt es sich um die Entwicklung der inneren Struktur des Menschen. Diese kann aber noch in doppeltem Sinne verstanden werden: als Entwicklung des *einzelnen* Menschen während seiner Lebensdauer, und als Entwicklung des menschlichen Seelenlebens *überhaupt* in der Generationenfolge der Geschichte. Beides wird heute, besonders von *Felix Krueger*, mit dem Namen *Entwicklungspsychologie* bezeichnet.[25] Zu dem ersten gehört die Psychologie des Kindes wie die – wenig angebaute – der späteren Lebensalter.[26] Wir müßten wissen, für Literaturästhetik z. B., in welchen Hauptzügen sich der Typus der Jugendlichkeit ausdrückt oder der Typus der reifen Jahre und des Greisenalters. Zu dem zweiten gehört jene erwähnte »Geschichte der menschlichen Seele«: also die Arbeiten von *Lamprecht, Breysig,* aber auch die von *Erwin Rohde, Max Müller, Burckhardt, Dilthey,* und *Wundts* Völkerpsychologie. – Auf der Seite der überindividuellen Strukturen handelt es sich zunächst um die begrifflich isolierte, *immanente* Entwicklung des Rechtes, der Kunst, der Wirtschaft, der Religion, der gesellschaftlichen und politischen Strukturen. Mehr als Ansätze und Versuche, zumal im Lager der Positivisten, sind hier nicht vorhanden. Um so bezeichnender ist es, daß der Glaube an eine typische Entwicklung der Gesamtkulturen heute schon die stille Voraussetzung von Geschichtschreibung und -periodisierung bildet. Man behauptet einen typischen Parallelismus der Kulturen und setzt ihn an die Stelle der alten Gliederung der Gesamtgeschichte in Altertum, Mittelalter und

---

[24] Ernst Troeltsch, Die Dynamik der Geschichte nach der Geschichtsphilosophie des Positivismus. Berlin 1919. (Philosophische Vorträge der Kant-Gesellschaft. Nr. 23.) – Über den Begriff einer historischen Dialektik. In: Historische Zeitschrift. Bd. 119 u. 120. München 1919. Dazu vgl. außerdem: Der historische Entwicklungsbegriff in der modernen Geistes- und Lebensphilosophie. In: Historische Zeitschrift. Bd. 122. München 1920. – Diese Aufsätze sind dann aufgegangen in das große Werk: Der Historismus und seine Probleme. Tübingen 1922. (Troeltsch, Gesammelte Schriften. Bd. 3.)

[25] Felix Krueger, Über Entwicklungspsychologie. Leipzig 1915.

[26] Seitdem ist 1924 meine ›Psychologie des Jugendalters‹ (4. Aufl. Leipzig 1925) erschienen. Für das Greisenalter vgl. als Beispiel aus der Kunstgeschichte: Albert Erich Brinckmann, Spätwerke großer Meister. Frankfurt a. M. 1925.

Neuzeit. Die Anregung findet sich wohl zuerst bei *Vico. Wilamowitz. Ed. Meyer, Dilthey, Lamprecht* und viele andere bis zu *Spengler* hin haben diesen Gedanken zur Herrschaft gebracht. Es wird jahrzehntelanger Arbeit bedürfen, um die geübte Praxis auf methodisch gesicherte Grundsätze zu bringen, wobei natürlich Korrekturen des heutigen Ansatzes bestimmt zu erwarten sind.[27]

Diese Andeutungen mögen genügen, um die Verzweigungen des geisteswissenschaftlichen Strukturproblems zu kennzeichnen. Noch einmal kurz zusammengefaßt: wir brauchen 1. systematische Typen der Persönlichkeitsstrukturen, 2. systematische Typen von Kulturgebietsstrukturen, 3. Entwicklungstypen der Persönlichkeit, 4. Entwicklungstypen der Kulturgebiete und der Gesamtkulturen. – Ein führender Historiker der Gegenwart wandte mir ein, daß solche Konstruktionen die Lebendigkeit und Singularität des geschichtlichen Lebens zerstören würden. Darauf muß erwidert werden: Es handelt sich nicht darum, die Geschichte durch Begriffe und Gesetze zu vergewaltigen, sondern darum, ihre nie ganz ausschöpfbare Eigenart auf dem Hintergrunde solcher gedanklichen Schemata noch schärfer und tiefer zu erfassen, wie man komplizierte Figuren gegen ein reguläres Netz abzeichnet. In Wahrheit trägt schon heute jeder verstehende Historiker solche Typen im stillen in sich. Sie methodisch zu verfeinern und zum Bewußtsein zu erheben, ist nötig, wenn wir die Linienführung des Historischen wahrhaft erfassen wollen. So treibt der bildende Künstler Anatomie, nicht um Skelette zu zeichnen, sondern um den lebendigen Körper richtiger und also zuletzt auch künstlerischer zu sehen.

Die geschilderte Einstellung der geisteswissenschaftlichen Arbeit ist nicht bloß aus einem gelehrten Interesse hervorgegangen, sondern aus der Seelenverfassung und dem lebendigen Erkenntnistrieb des modernen Menschen selber. Die Wissenschaft bietet daher der Lehrerbildung und dem Jugendunterricht nur die formulierte Antwort auf ein stilles Fragen. Es erfüllt heut unsere Jugend, die studierende wie die der Oberklassen, *ein Hunger nach Verständnis des Menschentums*, der Befriedigung verlangt. Begreiflich genug, da unsere eigene Kultur dem in sie Hineinwachsenden wie ein Labyrinth erscheinen muß. Der Ariadnefaden, der durch dieses Labyrinth führt, heißt *Geisteswissenschaft und Psychologie*. Aber nicht die Psychologie der Vorstellungen, Gefühle und Begehrungen, auch nicht die

[27] Näheres in: E. Spranger, Vom Neuhumanismus bis zur Gegenwart. In: Vom Altertum zur Gegenwart. 2. Aufl. Leipzig 1921, S. 75. – In mancher Hinsicht ähnliche Wege wie *Spengler*, aber unter entschiedener Hervorhebung des Phänomens hoher Spätkulturen, geht Friedrich Muckle in seinem Buch: Der Geist der jüdischen Kultur und das Abendland. Wien 1923.

der Zuordnung von Reiz und Empfindung oder von Nervenprozeß und Seelenvorgang, sondern eine Psychologie, die den Menschen verstehen lehrt, als ein Ganzes in sich und als Glied einer historisch besonderen und bereits sehr verwickelten Kultur. Diese Kultur ist für den, der heut in sie hineingeboren wird, zunächst wie ein versteinertes Gebilde. Er ahnt kaum noch, daß auch sie einmal aus wogendem, seelischem Leben emporgetaucht ist; und wo sie heut wieder in Seelisches zurückmündet, da erscheint sie fremd und kalt und ohne Beziehung auf ersehnten Wert. Ja mehr als dies: schon das rein beschauende Verstehen, das sich von Bejahung und Verneinung fernhält, will nicht mehr gelingen. Daher als charakteristische Erscheinung der heutigen Jugendbewegung, wenn man sie nur von ihrer *negativen* Seite betrachtet, das *Nichthineinwollen* in diesen Mechanismus. Diesem Nichtwollen liegt zum Teil ein Nichtkönnen zugrunde, und dem Nichtkönnen wieder ein Nicht-dafür-Gebildetsein. Gewiß wäre es verhängnisvoll, die Aufgabe der Erziehung so zu fassen, als ob sie einfach in die vorgefundene Kultur hineinzubilden hätte. Es hieße nichts anderes, als der Kultur selbst die Flügel zu beschneiden, die sie aufwärts tragen. Aber ein gegebener Zustand der Menschheit kann nur von solchen gebessert werden, die ihn kennen und verstehen. Man muß die Zusammenhänge überschauen, mit denen man den Kampf aufzunehmen hat. Und so ist denn das Kulturverstehen für den nicht minder wichtig, der diese Kultur ablehnt, als für den, der sie als echten Wert bejaht.

Auf den echten Wert aber kommt es zuletzt an. Es kommt darauf an, daß er aus der heutigen Menschheit geboren werde, mitten unter ihren Nöten und Lastern. Auch das *Ideal* kann nur aus dem Verstehen der Wirklichkeit gezeugt werden. Man kann und darf es nicht unverbunden neben oder über die Welt stellen, die unsere Füße täglich berühren.

Es hat vor 100 Jahren eine jugendliche Generation gegeben, für die das Griechentum, wie man es verstand, zugleich das Menschentum bedeutete.[28] Und es gibt auch heute noch stille Kreise, in denen diese Andacht lebendig ist. Aber sie gedeiht schwer im Anblick der Hochöfen und Häfen, der naturwissenschaftlichen Entdeckungen und der technischen Erfindungen, der Wirtschaftskämpfe und der gesteigerten sozialen Problematik. Man bedenke doch, welche Luft ein junger Mensch heut täglich atmet: es ist nicht die Luft des neuhumanistischen Klassizismus: seine ganze Seele ist, min-

[28] Die Lektüre von Jugenderinnerungen, die sich auf Anfang und Mitte des 19. Jahrhunderts beziehen, gibt davon einen überwältigenden Eindruck. Ich nenne, außer den allgemein bekannten, hier vor allem Felix Eberty, Jugenderinnerungen eines alten Berliners, Berlin 1878, und Isolde Kurz, Aus meinem Jugendland. Stuttgart 1918.

destens in der Großstadt, so mit anderen Erlebnissen überflutet, daß für dies große und hohe Erlebnis der Nährboden und vor allem *die innere Stille* fehlt. Ich folgere daraus nicht, daß das Griechentum für uns als Bildungsmittel abgetan sei; aber ich folgere – was sich ja heute von selbst versteht: daß es nicht das einzige sein kann –, und, *was sich nicht von selbst versteht, sondern hier erörtert werden muß*, daß da, wo es den Mittelpunkt bilden soll, der Zugang auf besonderen Wegen zu suchen ist. Griechentum ist nämlich nicht mehr einfach *das* Menschentum, sondern es ist *eine* Art des Menschentums, eine *hohe* – davon später –, eine Art aber, deren Besonderheit verstanden werden muß auf der Grundlage allmählich wachsender und geschulter Menschenkenntnis überhaupt. Die Brücke muß geschlagen werden von den Alltagsarten der Menschheit zu dieser Hochgestalt: das ist es, was ich Erziehung und Bildung an den Griechen nenne. *Von elementarer Menschenkenntnis zur Griechenkenntnis, nicht nur umgekehrt.*

Ich freue mich, in dieser Auffassung völlig mit dem Wiener Philologen und Pädagogen *Richard Meister* übereinzustimmen.[29] Er fordert, daß das Studium der Antike im Verein mit der Kultur des eigenen Volkes und durch Vergleichung mit ihr ein *allseitiger propädeutischer Kulturunterricht* werde: »Es soll uns den Menschen als geistiges, geschichtliches und kulturelles Wesen kennen lehren und zu Bewußtsein und tätigem Anteil an den Aufgaben der Kultur erziehen. Der so gewonnene Standpunkt ist keine einfache Rückkehr zum neuhumanistischen Bildungsziel, denn er vermeidet dessen Exklusivität, d. h. er behauptet nicht, alle Geistes- und Gemütskräfte durch die Bildung an der Antike allein allseits und harmonisch entfalten zu können. Er vermeidet weiterhin, der geschichtlichen Auffassung entsprechend, jeglichen Anspruch auf normative Geltung; er *ruht* vielmehr *durchaus auf dem Gedanken der Vergleichung*, nicht auf dem der Imitation oder Nachbildung, wie die früheren Formen des Humanismus.« Auf die Frage der Normativität kommen wir später zurück. Zunächst ist es wesentlich, daß ein Reichtum psychologischer Formen vorangestellt wird, für den der Neuhumanismus noch kein Organ hatte.

Und ich wiederhole: die Sehnsucht nach Einsicht in Menschenformen und Kulturzusammenhänge ist bei der jungen Generation die vorherrschende Sehnsucht, nicht mehr, wie noch vor kurzem, das naturwissen-

[29] Richard Meister, Die Bildungswerte der Antike und der Einheitsschulgedanke. Wien 1920. Derselbe, Lehrfächer und Wissenschaften. In der Zeitschrift: Jugendarbeit. I 8. Wien 1921.

schaftlich-technische Interesse.[30] Das gilt auch für die künftigen Lehrer, die bei uns studieren. Ebendeshalb aber wollen sie nicht bei dem festgehalten werden, was man *Philologie* im *engeren Sinne* nennen kann: bei der Struktur der Sprachen und der Entwicklung der Sprachen, bei der Kritik und Geschichte der Texte, bei der Geschichte der literarischen Stoffe. Gewiß, das alles ist nötig und darf uns nicht verlorengehen. Aber man vergesse nicht, daß die Andacht zum Unbedeutenden, die für *Grimm* zur Grundstimmung seines Forscherlebens werden konnte, nicht die Grundstimmung der heutigen erregten Welt mehr ist. Die Jugend von heute will Menschen, Völker, Zeiten, Kulturen kennenlernen. Sie strebt durch alle Vorarbeiten hindurch zu dem eigentlichen Ziel, gleichviel, ob es sich um die alte Philologie handelt oder um die neuere: zu der Erkenntnis von Geistesart und Geistesformung. Der *Ranke*sche Satz: »Das Menschliche ist immer wissenswürdig« beherrscht das Suchen unserer Jugend. Aber sie braucht dazu einen Leitfaden, und dieser kann nur liegen in der Durchleuchtung von Lebenszusammenhängen und Kulturzusammenhängen nach einfachen strukturellen Gesichtspunkten. Es genügt nicht die *Anschauung* des Menschlichen: man braucht ein *Wissen*. Diese bewegte Welt der Jahrhunderte, der Nationen, der Klassen, der Lebensalter, soll aufhören ein Chaos zu sein: es müssen *Formen* erkannt werden, *verständlich-gesetzliche Gebilde*, wie die organische Welt erst für den etwas zu sein beginnt, der *sehen* gelernt hat, d. h. für den, der Fragestellungen, Kategorien, Gesichtspunkte *mitbringt*.

Damit aber komme ich auf ein anderes, das strenggenommen sachlich früher ist und pädagogisch wichtiger als die Strukturlehre, die ich vorangestellt habe, um verständlicher zu sein. Ich sagte: man müsse auch auf diesem Gebiet erst *sehen* lernen. In der Tat ist es so. Aber das Sehen, das die Struktur des Geistigen zum Bewußtsein bringt, führt hier einen eigenen Namen. Wir nennen den Blick für den innerlich-notwendigen, für den sinnvollen Zusammenhang und also für die Struktureinheit geistiger Lebensgebilde das *Verstehen*. Von ihm soll an zweiter Stelle kürzer die Rede sein.

II. In den Naturwissenschaften sind seit 400 Jahren glänzende Resultate erzielt worden, nicht, wie manche glauben, durch bloßes Einsammeln von Erfahrungen, sondern durch die engste Verbindung von methodischer Be-

[30] Es scheint, als ob unter dem Einfluß der Radiotelegraphie, der Zeppelinerfolge und des Flettnerschiffes die augenblicklich (1925) noch auf der Schule befindliche Generation wieder sehr stark in die Technik zurücklenkte. Man beachte aber den Unterschied der Spontaneität in beiden Bewegungen!

sinnung mit empirischer Bewältigung der Tatsachen. Die Erkenntnistheorie hat sich immer als fruchtbar, ja als schöpferisch erwiesen, wo sie in Verbindung mit der positiven Forschung selbst geübt wurde. Erst ihre Loslösung von den Einzelwissenschaften und ihr spekulatives Leerlaufen hat in den letzten Jahrzehnten zu unfruchtbarem Gerede geführt und damit die Erkenntnistheorie selbst diskreditiert. Für die Naturwissenschaften wurde die Einsicht wesentlich, daß ihre Konstruktionselemente der Natur des erkennenden Geistes selbst entstammen. Etwas Analoges findet für die Geisteswissenschaften statt. Auch in ihnen stehen wir nicht den rohen Tatsachen gegenüber, sondern wir unterwerfen sie einer Formung und Ordnung, deren Maße im auffassenden Bewußtsein gelegen sind. Die Grundfunktion des auffassenden Bewußtseins aber ist hier *das Verstehen.* Wir nennen so die Deutung geistiger Erscheinungen durch Zurückführung auf sinnvolle Verknüpfungen, d. h. wertbestimmte Zusammenhänge.[31] Das Verstehen ist demgemäß kein bloßes passives Hinnehmen; es beruht auch nicht, wie ein Meister des Verstehens übertreibend gesagt hat, auf der »Auslöschung des Selbst«, sondern es hat ebenso seine Vorbegriffe und apriorischen Gesetze in sich, wie die Natur von der Wissenschaft in einen apriorischen Grundriß hineingezeichnet wird.

Dabei muß aber zweierlei beachtet werden: In der Regel denkt man sich den Vorgang so, als ob der Verstehende den Gegenständen seiner Interpretation einfach sein eigenes Innenleben unterschöbe: aus seinem subjektiven Erleben würden ihm die Ausdrucksformen und Verhaltungsweisen fremder Menschen erst anschaulich. Wäre es so, dann käme er niemals über sich und seine strukturelle Eigenart hinaus. In Wahrheit birgt dieses einfache Übertragen seiner selbst in den Gegenstand die wesentlichsten

[31] Aus der Literatur zum Problem des Verstehens nenne ich: Friedrich Schleiermacher, Hermeneutik und Kritik. Berlin 1838. (Schleiermacher, Sämtliche Werke. Abt. I, Bd. VII.) Georg Simmel, Die Probleme der Geschichtsphilosophie. 3. Aufl. Leipzig 1907. Max Weber, Über einige Kategorien der verstehenden Soziologie. In: Logos. Bd. 4. Tübingen 1913 und in der Einleitung zur Soziologie. Eduard Spranger, Zur Theorie des Verstehens und zur geisteswissenschaftlichen Psychologie. Festschrift für J. Volkelt. München 1918. Derselbe, Lebensformen. 2. Aufl. Halle 1921, S. 365 ff. Theodor Litt, Geschichte und Leben. Leipzig 1918. 2. Aufl. 1925. Derselbe, Individuum und Gemeinschaft. 2. Aufl. Leipzig 1924. S. 57 ff. – In mancher Hinsicht neue Gesichtspunkte enthält der 1. Abschnitt meiner ›Psychologie des Jugendalters‹. – Sehr früh hat die Bedeutung des Verstehens für die strafrechtliche Bestimmung des Tatbestandes erkannt Max Rumpf in seinem Buch: Der Strafrichter. I. Berlin 1912. – Die Bedeutung des Verstehens für die Religionswissenschaft entwickelte in zwei beachtenswerten Schriften Joachim Wach: Der Erlösungsgedanke und seine Deutung. Leipzig 1922, und: Religionswissenschaft. Prolegomena zu ihrer wissenschaftstheoretischen Grundlegung. Leipzig 1924.

Fehlerquellen. Es ist nicht anders, als wollte man das Bild der Natur aus bloßen Empfindungsdaten aufbauen. Hier wie dort sind vielmehr das Entscheidende die Strukturgesetzlichkeiten, die unsere Auffassung durchziehen und die uns selber zur Variierung unserer Erlebnisse zwingen. Haben wir so an Hand eines verfeinerten Strukturbewußtseins den Grundriß der fremden Innerlichkeit gezeichnet, dann mögen wir versuchen, das alles auch durch anschauliche Erinnerungsdaten aus unserem eigenen Leben zu illustrieren. Aber dieses Anschauliche allein würde uns nie in abweichende Geistesformen hineinführen. Es liegt mehr in der Richtung einer künstlerischen Phantasie, die auch hier nicht entbehrlich ist. Aber sie muß durch ein geklärtes Strukturbewußtsein gelenkt werden. In diesem liegt das Apriori des Verstehens. Es trägt die Sinnbeziehungen der Werte, wie sie im Individuum, in der objektiven Kultur und zwischen beiden walten, als ein Gesetz in sich selber. Diese Gleichgesetzigkeit, nicht inhaltliche Gleichartigkeit, ermöglicht das Verstehen. Sie bedeutet zugleich das entscheidende Auswahlprinzip, das an die unübersehbare Fülle des Gegebenen angelegt wird.

Der Sachverhalt aber kompliziert sich zweitens dadurch, daß das auffassende Subjekt selbst in einer Entwicklung drinsteht, nicht nur in einer persönlichen, sondern auch in der großen historischen. Die Gesamtstruktur des Geisteslebens ist in ihm nur so weit zum Bewußtsein durchgedrungen, als es selbst in der geistigen Entwicklung vorgedrungen ist. Vom Grade seiner Differenzierung, Reife und Bewußtheit hängt daher ab, wie es die geistige Welt sieht und wieviel es von ihr sieht. Schon deshalb ist alles geisteswissenschaftliche Erkennen immer an die Stufe gebunden, die das Leben der Gegenwart erreicht hat. Hierin liegt seine Grenze, aber auch seine ganze Lebendigkeit und seine immer neue Schöpferkraft. Mit anderen Worten: in den Geisteswissenschaften ist es der historisch bedingte Geist, der sich selber erkennt. Deshalb ist die Lage der Geisteswissenschaften jederzeit ein Symptom für die erreichte Entwicklungsstufe des Geistes. Dies war es wohl, was *Hegel* und seine Zeit meinten, wenn sie davon sprachen, daß der Geist zu sich selber komme oder zu sich selbst hindurchdringe. Man darf deshalb nicht verlangen, daß es im Verstehen eine restlose Objektivität oder Selbstentäußerung gebe. Aber auch bloße Subjektivität ist natürlich nicht zulässig. Sondern: was im Verstehen erfaßt wird, ist ein Drittes, eine Vermählung von Subjekt und Objekt, eine Synthese zweier Lebensgebilde, und eben auf diesem Aneignen beruht das innere Teilhaben an früherer und fremder Geistesart, das über Raum und Zeit Brücken schlägt.

Nun liegt, besonders für den Philologen, der Irrtum nahe, als ob alles

Verstehen sprachlicher Natur sei, weil Zeugnisse früheren Geisteslebens sich überwiegend durch das Medium der Sprache ausdrücken. Aber gerade hiergegen muß Einspruch erhoben werden. Es ist ein erheblicher Unterschied zwischen dem bloßen Sprachverstehen, das den Wortsinn einer Aussage erfaßt, und dem inhaltlichen Verstehen, das die gemeinten (ausgedrückten) Handlungen, Zustände, Motive, kurz: geistigen Zusammenhänge selbst in ihrer sinnvollen Verflechtung deutet. Eine genauere Analyse würde hier noch das Verstehen von Personen und das Verstehen von objektiven Kulturgebilden unterscheiden müssen; das letztere kann wieder sein: ein logisches Verstehen, ein technisches Verstehen, ein ästhetisches, ein religiöses usw. Es kommt also darauf an, daß der Auffassende sich zunächst einmal auf die allgemeine Sinnrichtung einstellt, die sein Gegenstand fordert, d. h. daß er Ästhetisches ästhetisch, Religiöses religiös zu deuten geneigt sei und nicht etwa alles auf die Ebene der reinen Erkenntnis übertrage. Erst als zweiter Akt tritt dann die anschauliche Illustration aus dem eigenen Erleben hinzu, die aber infolge falscher Angleichung leicht zu einer Fehlerquelle werden kann.

Wer *Luthers* Werk verstehen will, wird von vornherein nicht zweifeln, daß er ihn von der religiösen Seite aus zu deuten habe. Er kann aber Luthers Taten und Worten nicht einfach seine eigene Religiosität unterschieben, auch dann nicht, wenn er geneigt ist, diese selbst als »Luthertum« zu bezeichnen. Sondern er muß sich klar sein, daß *jede* religiöse Erlebnisweise durch die übrigen Seiten des Bewußtseins entscheidend bedingt ist, d. h. durch den Wissensstand des Erlebenden, durch seine ökonomische Lage, durch die umgebenden Macht- und Rechtsverhältnisse, durch die Gesellschaftsschichtung, endlich auch durch die verfügbaren Ausdrucksmittel. Der Auffassende besitzt das Gefüge aller dieser Kräfte in sich selbst. Aber er muß es so lange umdenken und organisch umformen, bis die Geistesstruktur herauskommt, die der Lage am Anfang des 16. Jahrhunderts entspricht. Natürlich kann er nicht verhindern, daß er dies alles gerade so sieht, wie ein Mensch des 20. Jahrhunderts es sehen muß: er kommt nie zu dem Luther an sich, sondern immer nur zu dem Luther, der gegen eine moderne Bewußtseinslage kontrastiert ist. Dieses Bild ist viel reicher, klarer und gegliederter, als das Bild etwa, das Luther von sich selbst in seinem Bewußtsein tragen konnte. Es ist ein Produkt geistiger, kategorialer Formung, nicht eine Photographie. Gerade darin jedoch liegt seine Gegenwart und seine Wirkungskraft.[32]

[32] Theodor Litt, Geschichte und Leben. 1. Aufl. Leipzig und Berlin 1918, S. 9: »Historisch verstanden wird also nicht nur die Gegenwart aus der Vergangenheit, sondern auch die Vergangenheit aus der Gegenwart; ja, was verstanden werden soll, ist im

Es ist hier nicht angebracht, die Theorie des Verstehens ausführlich zu entwickeln. Genug: die Auffassung geistiger Erscheinungen ist kein bloßes Abbilden. Vielmehr erwächst die geistig-geschichtliche Welt in unserem Bewußtsein als Produkt einer Auslese und Formung, die auf dem Grundverfahren sinnhaften Deutens beruht. In ihm selbst ist die Gesetzlichkeit der Strukturzusammenhänge schon wirksam, an denen die geistigen Objekte gemessen, aus denen sie innerlich aufgebaut werden. Entscheidend sind hierbei die Sinnrichtungen und Sinnverknüpfungen, nicht die anschaulichen Illustrationen aus der Phantasie. Jedoch ist alles Verstehen abhängig von der Entwicklungsstufe, die das Geistesleben im auffassenden Subjekte selbst erreicht hat. Daraus erklärt es sich, daß jede geistige Epoche, auch wenn sie nach voller Objektivität strebt, ihre eigene Geschichtsauffassung und ihr spezifisches System der Geisteswissenschaften hat. So erwächst im Verstehen ein *Drittes*, das über das bloße Subjekt und das reine Objekt hinausreichend das geistige Medium der betreffenden Zeit ausmacht: eine zu neuer Gegenwart erhobene Geschichte.

Hieraus ergeben sich nun wichtige Folgerungen für die Gestaltung des sprachlich-literarischen und des historischen Unterrichts. Es war eine epochemachende Tat, als Pestalozzi entdeckte, daß die äußere Anschauung nicht einfach ein passives Hinnehmen des sinnlich gegebenen Gegenstandes ist, sondern daß in ihr selbst aufbauende Elementarakte, Denkakte, enthalten sind, und daß »die Anschauung bilden« heißt: diese produktiven Akte zu voller Reife und Klarheit zu bringen. Aus dem Vielerlei unserer zufälligen sinnlichen Eindrücke wird erst dann eine geordnete Außenwelt, wenn wir in geistiger Tätigkeit Ordnungsformen in sie hineinlegen, die nicht bloß sinnlicher Art sind. Indem wir die Sinneseindrücke auf geometrische *Grundformen* beziehen, nach dem Gesetz der *Zahlen* messen, zuletzt mit festen sprachlichen *Namen* benennen, intellektualisieren wir das Gebiet der Anschauungen. Nur so wird es für uns eine erkennbare Welt. Folglich liegt in jenen elementaren Geistestätigkeiten der Anfang aller Wirklichkeitserkenntnis, und jede Elementarbildung hat sich auf diese Akte, nicht bloß auf die Rezeptivität der Sinne, zu richten.

Erst vor wenigen Jahren ist dieser fruchtbare Grundgedanke auf die Geisteswissenschaften übertragen worden, und ich zögere nicht, auch dies eine epochemachende Tat zu nennen. *Theodor Litt* hat darauf hingewiesen,

---

Grunde weder die eine noch die andere, sondern das Innere, das in beiden Erscheinung wird.« – S. 11: »Historisches Verstehen der Gegenwart ist nicht nur eine Synthese von Vergangenheit und Gegenwart, sondern ein vorwegnehmendes Deuten der Zukunft.«

daß wir den historischen Stoff nicht einfach hinnehmen, sondern die geschichtliche Welt im Verstehen *aufbauen*. Wer also historische Bildung erzeugen will, darf nicht vom fertigen *Stoff* ausgehen, sondern muß mit der Schulung der Elementarakte des Verstehens beginnen. Man kann dieses Prinzip von *Litt* noch allgemeiner so aussprechen: es gibt auch für die Auffassung des Geistigen eine *formale Bildung*, und zwar liegt diese in der planmäßigen Entwicklung der Kategorien und Kräfte des Verstehens. Auch hier kommt es auf die Grundakte an, nicht auf die zeitliche Nähe oder Ferne des Gegenstandes. »Wer die Kunst deutenden Verstehens an einem Philosophengespräch des klassischen Athen oder an einem Privatbrief des alten Rom in methodischer Strenge geübt hat, wird die gleiche auch gegenüber einer Ministerrede des modernen England in derselben Besonnenheit betätigen.«

Formale Bildung des Verstehens aber muß hier in weitem Sinne aufgefaßt werden. Es handelt sich nicht nur um das sprachliche Verstehen; die Anleitung dazu hat sich eher zu weit vorgedrängt, als daß sie gefehlt hätte. Es handelt sich aber auch nicht nur um das logische Verstehen, denn an formaler Verstandesbildung ist auch kein Mangel gewesen. Vielmehr positiv: es handelt sich um das inhaltliche, geistige Verstehen von Persönlichkeiten und Kulturobjektivationen in der vielseitigen Plastik des Lebens. Dazu muß der junge Geist ausgeweitet werden. Es genügt hier sowenig wie bei der äußeren Anschauung, daß man die komplexen Erscheinungen bloß der Auffassung darbiete. Sondern ihre Struktur, ihre geistigen Gelenke müssen herausgehoben werden. *Litt* hat in seinem geistvollen Buch ›Geschichte und Leben‹, auf das ich mich hier beziehe, besonders von der Anleitung zum *soziologischen* Verstehen gehandelt und dabei den Rückgang auf die Anschauung des Selbsterlebten sehr stark betont. Die soziologischen Verhältnisse der Schulklasse nimmt er zum Ausgangspunkt, um gesellschaftliche Erscheinungen überhaupt von den Elementen aus verstehen zu lehren. Aber sein Prinzip greift viel weiter, als er selbst ausgeführt hat. Ästhetisches Verstehen z. B. setzt eine Grundeinstellung voraus, die in ihren Elementarakten geschult werden muß. Leider tritt in der Schule allzuoft an Stelle dieser Bildung die bloße begriffsmäßige Analyse. Dasselbe gilt vom religiösen Verstehen. Es ist von der Wurzel an etwas anderes als intellektuelles Begreifen. Wir haben in der Prima die römischen Ackergesetze auswendig gelernt, ohne eine Ahnung zu haben, daß dahinter ökonomisch-soziale Probleme steckten und was das ist. Wir alle – ich rede von der Generation, die bis 1900 die Schule besuchte – sind wohl im grundlegenden, einfachsten Verstehen wirtschaftlicher Dinge nicht so schlecht, sondern so gar nicht geschult worden, daß uns alle Voraussetzungen für die

Auffassung gegenwärtiger Kulturverhältnisse fehlten, und vielen von uns vielleicht *noch* fehlen.

Man fürchte beileibe nicht, daß nun Wirtschaftslehre mit zwei Stunden in den Lehrplan eingefügt werden soll. Das hieße wieder, die Bedeutung der Stoffmenge im Bildungsverfahren zu überschätzen. Sondern *formale* Bildung ist gemeint, d. h. Öffnung der Augen, Belebung der Einstellung. Und dazu bietet der klassische, der neusprachliche und der historische Unterricht Gelegenheit genug. Auch ist bei dieser Forderung, daß man auf die elementaren Sinngebilde und die entsprechenden Elementarakte des Verstehens zurückgehen soll, keineswegs daran gedacht, daß nur eine öde Schematisierung des Verstehens nach Stufen oder »Gaben« stattfinden solle. Ich lege nur den Ton darauf, daß man nicht glauben möge, dieses Verstehen mache sich von selbst, nachdem die Schwierigkeiten des sprachlichen Verstehens überwunden seien; sondern dann fängt der eigentlich geistige Bildungsprozeß erst an. Der Bildungswert der Übung im sprachlichen Verstehen liegt unmittelbar nur auf logischem, genauer auf sprachlogischem und sprachpsychologischem Gebiet. Der Bildungswert der Geschichte – der alten und neuen – wie der Literaturen – der alten und neuen – liegt aber zuletzt in den inhaltlichen geistigen Zusammenhängen, die sie vermitteln, im Leben der Kunst, des Staates, der Religion, der Wirtschaft. Am sprachlichen Verstehen formt sich der Denker, der Gelehrte, der künftige Philolog; am inhaltlichen Verstehen außerdem noch der ganze Mensch. Denn im Verstehen weitet sich der Geist aus und wird sich seiner eigenen Maße und Gesetze bewußt. Und bis zu diesem Punkte wollen wir doch mit unseren humanistischen Bildungsmitteln, wo wir sie auch hernehmen, vordringen, d. h. bis zu den geistigen Formungen, an denen der Mensch sich gestaltet, bis zu den Kulturleistungen, die wieder Kulturverständnis und Kulturschaffen zu entbinden geeignet sind.

Wer z. B. aus eigener Anschauung nur das moderne Theater kennt, dem mag dadurch das Verständnis für den echten Sinn der Dramatik eher verschlossen als geöffnet sein. Irgendwo aber entspringt in der menschlichen Seele das ewige Grundmotiv handelnder Darstellung, anfangs geboren aus Religion und Kultus, verflochten mit Mythos, Tanz, Volksleben. Dieses Urmotiv gilt es, so herauszuheben, daß nun jede weitere konkrete Erfahrung bis in solche Tiefen hinabzittert. Alles, was uns täglich umgibt, ist der Gefahr des Selbstverständlichwerdens ausgesetzt. Das »Selbstverständliche« aber wird nicht mehr verstanden. Oder wer denkt heut noch, wenn er von Wissenschaft redet, an dieses heilige, strenge Suchen, an das Staunen und Fragen, das den ganzen Menschen durchschauert? Statt dessen gibt es ja ein Privatkolleg von vier Stunden, das auf nie gestellte Fragen die gleichgültigsten Antworten erteilt! An solchen Erscheinungen lernt man unendlich schwer den *Sinn* der Wissenschaft *verstehen*! Mit einem Wort: nicht die zeitlichen Ursprünge gilt es aufzusuchen – die sind oft dunkel und entstellt –, sondern die geistigen Urphänomene, aus denen eine bestimmte Erlebnisgattung mit metaphysischer Leidenschaftlichkeit herausbricht. Nicht ihre angebliche Einfachheit, auch nicht ihre zeitliche Priorität machen die antike Literatur zur Schule des Verstehens geeignet, sondern die *Echtheit*, die *Reinheit* und die *Tiefe*, aus der dort die Geistesschöpfungen hervorgehen.

Allerdings lassen sich dieser Frage gegenüber zwei verschiedene Grundstandpunkte denken. Wie man sieht, ist hier auf die Heraushebung eines Allgemeinen, in verschiedenen historischen Epochen Wiederkehrenden das Schwergewicht gelegt. Mir wurde aber von einer für mich verehrungswürdigen Seite eingewandt, dies führe dazu, die Eigenart der historischen Erscheinungen zu verkennen. Man müsse das Fremde in seiner ganzen Unerreichbarkeit, in seiner beinahe furchterregenden Andersartigkeit zeigen, nicht aber den entstellenden Versuch machen, es »nahezubringen«. Erst dann – so glaube ich im Sinne jenes Einwandes fortfahren zu dürfen – erst dann erfasse man die volle Individualität im Werdegang der Geistesformen, der an sich auch ganz andere denkbare Gebilde hätte hervorbringen können; erst dann erfasse man die Vorgeschichte auch des modernen Geistes als eine durchaus individuelle Biographie.

Ich erwidere hierauf ein Dreifaches: 1. Es scheint mir allerdings für den höchsten wissenschaftlichen Standpunkt notwendig, die Gegenstände so weit von uns abzurücken, wie es der Geist der Objektivität und das Einleben gerade in einen ganz fremden Lebensstil erfordert. Aber ich füge 2. hinzu: wie soll es zu dieser letzten Feinheit kommen, wenn noch nicht einmal die groben Umrisse richtig gezeichnet sind? Für die Stufe des Schulunterrichts handelt es sich unbedingt darum, die Organe des Verstehens erst einmal zu öffnen, damit überhaupt die einfachen Grundlinien geistigen Lebens heraustreten. Ehe die letzte Schwingung eines lyrischen Gedichtes herausgebracht werden kann, muß die lyrische Stimmung überhaupt erzeugt sein – kein selbstverständlicher Gedanke, da in der Schule so leicht alle Poesie »didaktisch« genommen wird. Oder: ehe man *Lessings* persönlichste tragische Altersweisheit ganz verstehen kann, muß man erst einmal die Parabel von den drei Ringen nach ihren theoretischen, moralischen und allgemein religiösen Grundlagen erfaßt haben. Genau genommen also handelt es sich nicht um zwei verschiedene Standpunkte, sondern um Grade und Stufen ein und derselben Aufgabe. 3. In einer letzten Hinsicht aber muß ich an der Behauptung jener typischen Grundzüge festhalten. Denn könnten wir nicht bei den historisch verschiedenen Geistesäußerungen die Zugehörigkeit zu feststehenden großen Sinnrichtungen voraussetzen, so bliebe uns die Erscheinung überhaupt unverständlich. Sie mag aber noch so singulär sein: in dem Augenblick, wo wir ihren Gehalt innerlich durchdringen, ist sie mit irgendeiner Seite *unseres* modernen Geistes zur Deckung gebracht, und der Punkt ist gefunden, wo eine Identität des Wesens zwischen dem vergangenen und dem heutigen Leben besteht.

Gerade auf diesem Heraustreten aus sich und dem Wieder-in-sich-Hineinnehmen, auf der Ausweitung und der Aneignung beruht die bildende Kraft des Verstehens. An solcher Geistesarbeit, die mehr ist als logisch richtiges Übersetzen und Interpretieren, wird man stark und groß. Man wird es um so mehr, je stärker die Urphänomene sind, mit denen man in Berührung kommt. Aber dieser Gesichtspunkt liegt schon nicht mehr in der bloßen Ebene des Verstehens, sondern er betrifft ein Werterlebnis, das in und mit dem Akt des Verstehens aufblitzt. Dies ist ein neues Moment, und vielleicht schon etwas, das man geneigt sein könnte, prinzipiell jenseits der Grenzen des Wissenschaftlichen anzusetzen.

III. Es bleibt mir somit ein dritter und eigentlich der belangvollste Punkt zu erörtern, nämlich die Frage, ob sich das Verfahren der Geisteswissenschaften, der historischen und systematischen, auf das *Verstehen* beschränkt, oder ob der Forscher selbst auch *Stellung nehmen* darf, ob er Werturteile aussprechen und über die Werthöhe der von ihm behandelten Objekte eine Meinung haben darf. In der Tat die ernsteste und schwerste Frage, die auch pädagogisch, wie wir sehen werden, von den wichtigsten Konsequenzen ist.

Sie ist bisher merkwürdigerweise nur auf dem Boden einer einzelnen Geisteswissenschaft ausdrücklich behandelt worden; aber sie besteht für alle und ist für alle gleich brennend. Im Jahre 1913 stellte der Ausschuß des »Vereins für Sozialpolitik« als Hauptthema zur Diskussion die schon vorher von vielen Wirtschaftstheoretikern gestreifte Frage nach der Zulässigkeit der *Werturteile in der Nationalökonomie.*[33] Damals vertrat *Max Weber* den Standpunkt, daß die Wissenschaft als solche keine Werturteile zu fällen habe. *Sombart* schloß sich ihm an, wie schon früher *Pohle* sich in

[33] Die eingeforderten Gutachten sind als Manuskript gedruckt unter dem Titel: Äußerungen zur Werturteilsdiskussion. 1913. Eine sehr vollständige Übersicht über die bisherige Literatur gibt Karl Eugen Nickel, Normative Wirtschaftswissenschaft. Berlin 1920. – Die beiden gegensätzlichen Standpunkte sind hier sehr gut und scharf entwickelt. Die eigene Lösung des Verfassers ist gänzlich verfehlt.

ähnlichem Sinne geäußert hatte. Auf dem entgegengesetzten Standpunkt stand *Schmoller* und der größere Teil der Schmollerschen Schule. Auch von mir lag ein Gutachten *für* die Berechtigung der Werturteile vor, an dessen Grundgedanken ich festhalte, wennschon ich inzwischen mancherlei gelernt zu haben glaube.[34] *Max Weber* hat seinen Standpunkt ausführlicher in einem Aufsatz im ›Logos‹ 1917: ›Der Sinn der »Wertfreiheit« der soziologischen und ökonomischen Wissenschaften‹ und zuletzt noch allgemeiner 1919 in seinem Münchner Vortrag *›Wissenschaft als Beruf‹* begründet. Ich knüpfe an seine Ausführungen an, denen ich zum großen Teil zustimmen kann, bis eben auf den entscheidenden letzten Punkt.

Auch *Max Weber* sieht in dem Verstehen oder der sinnhaften Deutung das Grundverfahren der Geisteswissenschaften. Die Geschichte habe die Aufgabe, das tatsächliche Geschehen – abgesehen von den Grenzen des unverstehbar Schicksalhaften – als ein sinnvolles tatsächliches Sichverhalten zu deuten. Die systematischen Geisteswissenschaften aber hätten allein über die technisch-zweckmäßigen Mittel für Ziele zu urteilen, über deren Wertgemäßheit und Bejahung die Wissenschaft selbst nicht mehr entscheiden könne. So setze z. B. die Wirtschaftswissenschaft den Zweck der Rentabilität voraus, ohne ihn selbst zu diskutieren. Sie erörtere nur die verschiedenen Wege, die kausalgesetzlich zu diesem Zweck hinführten, und die etwaigen ungewollten Nebenerfolge, die sich ebenso kausal bei dem einen oder anderen Wege ergäben. Bei dieser kausalen Erörterung des »Zweckrationalen« spiele die psychologische Deutung des Verhaltens eine sehr wichtige Rolle[35]; es sei auch notwendig, Typen solchen Verhaltens aufzustellen, um so zu allgemeinen Gesetzlichkeiten der Zusammenhänge zu gelangen. Oder mit einem noch konkreteren Beispiel: der Professor der Nationalökonomie hat in der Frage »Schutzzoll oder Freihandel« zwar 1. die beiden Wertstandpunkte zu *beschreiben*, die dem Ideal der gebundenen und dem der freien Wirtschaft zugrunde liegen, 2. Schutzzoll und Freihandel als technische Mittel zu diesem oder jenem Ziel nacheinander zu erörtern, 3. ihre (ungewollten) Nebenwirkungen zu ergründen. Er hat aber als *Gelehrter* nicht das Recht und auch gar keine wissenschaftlichen Maßstäbe, um den einen Wert (in diesem Fall einen ethisch-politischen) zu bejahen, den anderen zu verwerfen. Dies ist vielmehr nach *Weber* Sache »praktischer Wertungen«, es ist Sache des Glaubens und der persönlichen

[34] Über die Stellung der Werturteile in der Nationalökonomie, Schmollers Jahrbuch für Gesetzgebung, Verwaltung usw. Bd. 38. Leipzig 1914.

[35] Über die Einteilung der Handlungen in zweckrationale, wertrationale, affektuelle und traditionelle vergleiche Webers Soziologie. S. 12; Logos. Bd. 7. Tübingen 1917, S. 77: Wertungen betreffen nur den Rationalitätsgrad der Handlung.

politischen Ideale. In den Bereich der Wissenschaft gehören solche Werturteile nicht. Um auch ein Beispiel aus einem anderen Gebiet zu berühren: die Kunstwissenschaft kann nach dieser Auffassung zwar darüber urteilen, ob die technischen Mittel zu einem vorausgesetzten Kunstwollen mehr oder weniger angemessen (vollkommen, fortgeschritten) seien. Aber dies Kunstwollen selbst unterliegt keiner wissenschaftlichen Kritik: hier beginnt die Grenze und das Recht des unmittelbar Lebendigen. Und es gibt *viele* Götter, zu denen man beten kann.

Nehmen wir alle Aufgaben zusammen, die noch unter die Leistungsfähigkeit der Wissenschaft fallen, so sind es bei *Weber* folgende fünf: 1. die überhaupt in einer Frage möglichen Wertstandpunkte (Weltanschauungen) nebeneinander darzustellen und jede auf ihre innere Konsequenz (!) hin zu prüfen; 2. Tatsachen, vor allem auch »unbequeme Tatsachen«, sehen zu lehren; 3. technische Mittel zu vorausgesetzten Zwecken kausalgesetzlich abzuleiten; 4. auf ihre (unbeabsichtigten) Nebenerfolge hinzuweisen; 5. Arbeitsmethoden zu übermitteln. Ohne Zweifel ist das Mittelstück für diesen Positivismus der objektiven Möglichkeiten (Chancen) das Wesentliche: Wissenschaft soll Technik ermöglichen (savoir pour prévoir). Sie soll die »Entzauberung der Welt« bewirken, und zwar durch »Kenntnisse über die Technik, wie man das Leben, die äußeren Dinge sowohl wie das Handeln der Menschen, durch Berechnung beherrscht«. Worin man aber die geltenden Werte des Lebens sehe, von denen zuletzt die *Wahl* der Ziele abhängt, das ist nicht mehr Wissenschaft. Hier endet die Theorie, und es beginnen – »praktische Wertungen«.

Ich will zu diesem Ausdruck, der unverkennbar bei *Kant* in der Trennung des Theoretischen und des Praktischen (des Wissens und des Glaubens) vorgebildet ist, sogleich bemerken, daß ich ihn für irreführend halte. Denn es ist für die wissenschaftliche Zulässigkeit einer Wertung ganz gleich, ob sie zu Handlungen führt oder nicht; genug, daß sie als ein Urteil vollzogen wird, das die Setzung (Anerkennung) oder Nichtsetzung (Verwerfung) eines Wertes ausspricht. Urteile, in denen Werte als solche gesetzt werden, die auf Grund einer Wertungsgesetzlichkeit Anerkennung fordern, nennen wir Normen. Das Handeln nach diesen Normen liegt natürlich auf einem anderen Brett als die Anerkennung. Mehr als die Setzung von Normen in Gestalt von Urteilen wird gerade der Vertreter der Wissenschaft auch nicht für sich beanspruchen.

Was folgt nun aus dem *Weber*schen Standpunkt für die Behandlung der Geisteswissenschaften? Es folgt daraus zunächst für die Geschichtswissenschaft, daß sie nur die tatsächlichen Vorgänge zu verstehen, zu erzählen und kausal zu erklären hat, daß aber jedes Urteil über Niveauunterschiede im vergangenen Geistesleben unterbleiben muß. Daß uns das perikleische Zeitalter schöpferischer erscheint als das hellenistische, ist Sache des Gefühls und *bleibt* auch Sache persönlichen Gefühls. Daß *Goethe* ein Mann von anderem Ausmaß war als *Opitz*, geht den Historiker nichts an. Für ihn bleibt alles in dem gleichen Niveau von Erscheinungen, die wissenschaftlich erledigt sind, sobald sie verstanden sind. – Man kann nicht leugnen, daß dieser Standpunkt äußerlich mit der Wandlung übereinzustimmen scheint, die etwa in der klassischen Philologie seit dem Neuhumanismus stattgefunden hat. *Die* sog. Antike wird heut nicht mehr als eine Norm, als ein Ideal aufgefaßt, sondern als eine Kultur, deren Entwicklung viele sehr verschiedene Epochen umfaßt. Die sog. klassische Epoche gilt nicht mehr als absolute Höhe; der Hellenismus nicht mehr als Verfallszeit, sondern als eine andersartige historische Epoche. Gerade diese streng historische Einstellung, so könnte man sagen, habe ja *Wilamowitz* glänzend durchgeführt und ihre praktische Auswirkung durch sein ›Griechisches Lesebuch‹ ausdrücklich bekräftigt. Gewiß, man fühle oft genug, daß ihm Troer und Tyrer doch nicht ganz gleich gelten, daß er *Plato* für einen Gipfel hält und *Xenophon* für einen deus minor. Aber dies sei auch bei ihm nur Sache der persönlichen Gefühlsentscheidung, und nach Gründen dürfe man da weiter nicht fragen.

Betrachten wir andrerseits die Folgen des *Weber*schen Standpunktes für die systematischen Geisteswissenschaften, so scheint auch da zunächst alles zu stimmen. Allerdings: jede von ihnen setzt *eine* Wertklasse an die Spitze und fragt dann nach den gesetzlichen oder typischen Wegen, die damit zu ihrer technischen Verwirklichung gefordert sind. Aber das könnte nur ein methodischer Kunstgriff sein. Jede dieser Wissenschaften gibt, um mit *Kant* zu reden, nur hypothetische Imperative: Wenn du diesen ökonomischen Wert oder diesen ethischen Wert bejahst, so sind jenes die dazu verordneten Mittel und Wege. Aber ob du dies tust, ist Sache deiner persönlichen Lebensentscheidung. Bist du etwa Pazifist, so mußt du die und die wissenschaftlich feststellbaren Mittel ergreifen. Keine Wissenschaft jedoch kann dir vorschreiben, gerade dieses Ideal zu haben; die Wissenschaft würde dir auch erlauben, Imperialist zu sein. Bist du freilich Professor, so beschränke dich als solcher auf deine wissenschaftliche Amtspflicht. Die Prophetie und Demagogie (so sagt *Weber* für den Ausdruck der persönlichen Überzeugungen) erspare deinen Studenten, die in erster Linie etwas Positives lernen sollen. Außerhalb der Universität hast du Freiheit und kannst ebensogut für die ›Frankfurter Zeitung‹ schreiben, wie für die ›Deutsche Zeitung‹.

Dies alles scheint in schönster Ordnung. Vielleicht überkommt uns eine leise Wehmut, daß die Geisteswissenschaft, die in den Tagen von *Fichte, Humboldt, Hegel* ein Ethos haben durfte, nun nicht viel mehr ist als dort ein vom Verstehen verknüpfter Tatsachenbericht und hier eine Sammlung von technischen Regeln zu *etwaigem* Gebrauch, zunächst aber nur auf Vorrat. Doch dürfen solche Stimmungen nicht maßgeblich sein, wenn es Gründe gibt, die gegen sie sprechen. Ich will nicht verschweigen, daß auch ich in meinen Vorlesungen überwiegend so verfahre, daß ich die möglichen Wertstandpunkte in ihrer »inneren Konsequenz« so objektiv entwickle wie ich kann, meine persönliche Entscheidung aber ausdrücklich als solche kennzeichne. Die Gefahren, die darin liegen, wenn man als akademischer Lehrer nur seine Subjektivität aushaucht, verdienen die sorgsamste Beachtung. Nicht einmal der pädagogische Gesichtspunkt darf für die Behandlung der Gegenstände entscheidend sein. Man kommt sonst leicht zu einer Auffassung, wie sie etwa *Ernst Krieck*[36] vertritt, und die man als »pädagogischen Pragmatismus« bezeichnen könnte: Er macht den Wert der Wissenschaft von ihrer »volkserzieherischen Kraft« abhängig. »Wissen ist pragmatisch, ist vom Willen bedingt.« – »Was fruchtbar ist, ist wahr.« – *»Die echte Bildekraft ist der Maßstab für den Wert der Wissenschaft.«* Von ganz anderer Seite herkommend, aber doch in ähnlichem Sinne fragt *Erich v. Kahler*[37]: »Hier ist unser Leben. Es hat diese und jene hohen Bedürfnisse. Ist das, was sich Wissenschaft nennt, geeignet, diesen unseren Bedürfnissen zu genügen und in welchem Grade? Davon hängt die Berechtigung seiner Existenz oder wenigstens der Rang seiner Existenz für uns ab.« Ich verstehe und ehre die Motive solcher Äußerungen. Aber sie sind gänzlich abwegig. In demselben Augenblick, wo die Wissenschaft auf-

---

[36] Ernst Krieck, Die Revolution der Wissenschaft. Ein Kapitel über Volkserziehung. Jena 1920. Ebenso wie die in der nächsten Anmerkung genannte Schrift bringt diese den schärfsten Gegensatz zum Standpunkte Max Webers zum Ausdruck. S. 18: »Das Vorgeben völliger Objektivität, Wertfreiheit, Voraussetzungslosigkeit ist nur vornehm aufgemachte Schwächlichkeit, Verbergen der Impotenz, Verzicht auf Wirksamkeit.« Vgl. auch S. 32, 42. So entschieden ich den Grundstandpunkt *Kriecks* als wissenschaftzerstörend ablehnen muß, so sehr erkenne ich manchen Tiefblick in seiner Schrift an und verstehe ich das Erlebnis, aus dem sie hervorgegangen ist: den tragischen Widerspruch zwischen zwei wertbetonten Grundmotiven, nämlich »des reinen Erkenntnisstrebens mit dem Tatwillen, der erkennenden mit der erziehenden Funktion.« S. 52.

[37] Erich von Kahler, Der Beruf der Wissenschaft. Berlin 1920. – Wissenschaft ist Erfassen der Einheit und der Einzigkeit. Den Kern spricht wohl der Satz aus: »Wissen hieß uns für jedes organische Gebild, für jede lebendige Einheit das Innehaben seiner tiefsten Form und seines Lebensgesetzes um des eigenen gesamten Bedürfens und Handelns willen.« Allerdings, wie der Verfasser S. 63 selbst andeutet, eine Verwechslung der Kunst mit der Wissenschaft. Die berechtigten Motive glaube ich in meiner Vorrede berührt zu haben.

hört, zuerst nach der Wahrheit zu fragen, wo sie ein anderes »Bedürfnis« voranstellt als die Wahrheit, in demselben Augenblick hört die Wissenschaft überhaupt auf zu sein. Eine Pädagogik aber, die nicht von dem Willen beseelt ist, durch Wissenschaft in erster Linie Wahrheit zu geben, ist auch als Erziehungsmethode ein Schritt rückwärts. Wenn wir in der Wissenschaft Werturteile fällen, so müssen sie – das steht a priori fest – aus dem Geiste der Wahrheit heraus gefällt werden und nicht aus irgendeinem Bedürfnis nach Schönheit oder nach Gemeinschaft oder nach Erlösung.

Max Weber behält also durchaus recht, wenn er diesen Sinn für Objektivität voranstellt, und jeder Lehrer der Geisteswissenschaften sollte sich damit durchdringen, daß nicht nur die Wiedergabe seiner (politisch, ethisch, religiös usw. bedingten) Werturteile, sondern die Durchleuchtung der möglichen Grundstandpunkte überhaupt zu seinen wesentlichen Aufgaben gehört. Nur dadurch überwindet er übrigens auch den pädagogischen Mangel, ausschließlich für diejenigen zu sprechen, die ihm verwandt organisiert sind.

Es fragt sich nur, ob dies das letzte Wort ist. Zunächst muß das eine zugegeben werden, daß wir zur Zeit die ausgebaute Werttheorie oder Kulturphilosophie noch nicht besitzen, die uns ewige Maßstäbe oder auch nur zeitlich für die Gegenwart individualisierte Maßstäbe einer Rangordnung der Werte lieferte. Hier muß eine empfindliche Lücke im Bestande der heutigen Geisteswissenschaften festgestellt werden.[38] Aber aus dem Fehlen einer solchen Leistung folgt nicht, daß die Aufgabe selbst nicht bestünde. Ja, es kann an den Sätzen *Max Webers* selbst gezeigt werden, daß man über ihn hinausgehen muß.

Einen ersten Punkt freilich würde er nicht anerkennen. Für mich hingegen ist er von entscheidender Bedeutung. Es ist zwar zunächst nur ein methodischer Ansatz, wenn wir an die Spitze wirtschaftswissenschaftlicher Betrachtung den ökonomischen, an die Spitze politischer den politischen Wert setzen usw. Dort herrscht das Maximum des Nutzens als abstrakter

---

[38] Im Grunde handelt es sich hier um das Problem, an dem Ernst Troeltsch sein Leben lang gearbeitet hat, mit dem Ergebnis, daß wir Wertmaßstäbe nur an (wenn auch nicht aus) der historischen Anschauung des uns zugänglichen geistigen Gesamtprozesses entwickeln können (vgl. Der Historismus und seine Probleme). Auf genau dem entgegengesetzten Standpunkt steht Max Scheler (Der Formalismus in der Ethik und die materiale Wertethik) mit seinem beachtenswerten Versuch, eine absolute und ewige Rangordnung der Werte zu begründen. Freilich gelangt er dabei nur zu einer Abstufung der ewigen Wertwesenheiten, nicht der historisch verwirklichten Wertsynthesen. Denn den individuellen Gang der Geschichte aus dem Absoluten abzuleiten, geht über unser Vermögen, so oft es seit Hegel versucht sein mag.

Beziehungsmaßstab, hier das Maximum der Machtgewinnung. Was in den (historischen) Tatsachen davon abweicht, beurteilen wir durchaus *innerhalb* der betreffenden Wissenschaft als wertwidrig, und wir kritisieren damit nicht nur die gewählten Mittel, sondern oft genug die Nichtsetzung des Wertes selbst. So erklären wir Sätze und Rechnungen vergangener Zeiten für *falsch;* Programme von Staatsmännern für *politisch wertwidrig*; Kunstleistungen für *ästhetisch schwach*. In methodisch verwandter Weise setzen wir aber auch für gegebene Kulturlagen auf Grund unseres einfühlenden Verstehens ethische *Total*werte, an denen wir den Wertwillen der Epoche selbst, nicht bloß ihre zweckrationale Technik messen. Wir wagen es, ganze Epochen als solche des Verfalls zu bezeichnen. Kurz, wir beschränken uns nicht einmal als Historiker auf die bloß verstehende Funktion, sondern wir legen auch einen normativ-kritischen Maßstab an, und die Besonderheit des historisch *Verwirklichten* hebt sich gerade gegen diese Leitlinien im Bewußtsein des Forschers charakteristisch ab. Noch deutlicher ist das Verfahren in den systematischen Geisteswissenschaften: *Max Weber* selbst hat den Begriff des *Ideal*typus geprägt und das Verfahren praktisch angewandt. Aber er bestreitet, daß bei der Konstruktion von Idealtypen irgendwie der Maßstab der »Richtigkeit« oder der Normgemäßheit maßgeblich sei.[39] Deshalb wollen wir hierauf nicht das Hauptgewicht legen.

Ertragreicher aber sind zwei andere Erwägungen: die möglichen Wertstandpunkte sollen in ihrer *inneren Konsequenz* dargestellt werden. Was heißt das: konsequent werten? Liegt darin nicht die stillschweigende Voraussetzung, daß auch die Wertverfassung der Menschen eine *gesetzliche* Struktur hat? Und wenn die Wissenschaft diese noch nicht ergründet hat, so kann sie sie noch ergründen. Sie wird aber dabei notwendig von der bloßen Beschreibung zur Wertsetzung und zur Geltungsfrage übergehen müssen. Denn Vielheit der Wertstandpunkte bedeutet noch nicht ihre Zufälligkeit. Vielmehr folgt aus der Anerkennung verschieden konstruierter Menschentypen auch die Anerkennung, daß von verschiedenen Idealbildungen jede auf *ihrem* Boden streng normiert sein kann. – Jede Geisteswissenschaft hebt *ein* Wertgebiet abstrakt heraus. Aber über ihnen allen

---

[39] Logos Bd. 7, S. 82. – Soziologie § 3, 2. – Weit richtiger scheint mir Theodor Litt in: Die Kultur der Gegenwart. Berlin I, 6[3], Systematische Philosophie, Abschnitt Pädagogik, S. 281 ff. den Tatbestand des Verhältnisses von Sein und Wert zu beschreiben: »die Bestimmung des Sollens nicht unabhängig von der Erfassung des Seins, aber umgekehrt auch die Erfassung des Seins nicht unabhängig von der Bestimmung des Sollens«. – Ähnlich schon Wilhelm v. Humboldt, Gesammelte Schriften. Berlin 1903–18. Bd. II, S. 33 ff.

steht zuletzt das Problem der totalen Wertsetzung. Es ist kein anderes als – das ethische Problem, von dem sich zwar die Einzelwissenschaften dispensieren mögen, dem aber die wissenschaftliche Philosophie nicht aus dem Wege gehen kann. – Ferner: es soll »unbequeme Tatsachen« geben. Das kann doch nur heißen: unbequem für einen bereits dogmatisch eingenommenen Wertstandpunkt. Was sollte man nun aber von den »unbequemen Tatsachen«, die die Wissenschaft aufzeigt, lernen, wenn nicht dieses Tatsachenwissen irgendwie fähig wäre, durch sein Eingehen in die bereits vorhandene Wertstruktur des Betrachters diese umzubilden? Ich muß mich kurz fassen: Es ist das allgemeine Problem, ob wir durch Einsichten in Sachverhalte zu einer Veränderung unserer Wertsetzungen kommen können oder nicht; ob wir von unserem Wissen – zuletzt – eine ethische Umbildung erfahren können. Und diesen Satz bejahe ich allerdings. Ich fordere, daß es echtes, wahres, nicht aus bewußt voreingenommener Wertung geborenes Wissen sei. Ist es aber da, so liegt es in der Kraft der eingesehenen Wahrheit, in die Struktur unserer ganzen Persönlichkeit einzugreifen und ihr nachträglich (in gewissen strukturell bedingten Grenzen) eine andere Wertungsdisposition zu geben, als wir ursprünglich mitbrachten. Phänomenologisch gesprochen: Rein theoretische Urteile sind fähig, Wertungen zu »fundieren«. Veränderung der theoretischen Fundamente bedingt eine Veränderung der fundierten Werturteile.

Ob diese Wertungen nun noch ausdrücklich zur Wissenschaft gerechnet werden, ist eine rein terminologische Frage, die ich übrigens bejahe. Denn Wertsetzungen erheben sich nicht nur *über* den verstehenden Geisteswissenschaften, sondern sie treten schon in den Prozeß des Verstehens als Beziehungspunkte mit ein. Die Hauptsache aber bleibt: Alle jene geisteswissenschaftliche Arbeit, die historische und die isolierend-systematische, ist für die Gestaltung unseres Wertlebens nicht gleichgültig, sondern mit unseren wissenschaftlichen Einsichten bildet sich auch unser Wertbewußtsein um, läutern sich unsere Ideale, berichtigen sich unsere Normen. Je objektiver wir Wissenschaft zu treiben bemüht sind – und diese Objektivität ist freilich bei den Geisteswissenschaften durch die mitgebrachte Struktur der Persönlichkeit perspektivisch bedingt –, um so tiefer greift die Kenntnis der Tatsachen und Gesetze in unsere lebendige Wertverfassung ein, um so mehr *bildet* und *formt* uns die Wissenschaft.

Dies also ist der Punkt, an dem ich über *Max Weber* hinausgehe. Zwei Extreme sind gleich unerträglich: der Geisteswissenschaftler als ganz wertfreier Registrierapparat, und der Forscher *cum* ira et studio, der unter dem Namen Wissenschaft nur seine Subjektivität ausströmen läßt. Jener, der da forderte, daß ihm die Wissenschaft eine Julia machen solle, verlangte zuviel von ihr.[40] Aber für eine Geisteswissenschaft, die auf die Einstellung zum Leben *gar nicht* zurückwirkt, danken wir. Gewiß hat *Weber* recht, wenn er betont, daß die Werturteile aus einer grundsätzlich *anderen* Funktion als das Verstehen erwachsen, und die Methodenlehre soll beides auseinanderhalten. Aber beides wirkt doch im lebendigen Verhalten so stark zusammen, daß *W. v. Humboldt* behaupten konnte, man verstehe einen Menschen erst, wenn man ihn an *seinem* Ideal und am Menschheitsideal überhaupt messe. Mindestens also komme ich auf meine vermittelnde Formulierung von 1913 zurück. Will man Werturteile selbst nicht mehr wissenschaftlich nennen, so bleibt es dabei, daß Werturteile *auf Grund von* Wissenschaft erlaubt sein müssen. Und diese Werturteile sind von vornherein von anderem Schlage als die des Interessenvertreters oder des Parteimannes, des bloßen Lebenswillens oder des ethischen Instinktes: *Sie stammen aus einem objektiv gestimmten, geläuterten und vertieften Bewußtsein.* In ihnen aber offenbart sich die lebenformende Kraft der Geisteswissenschaft. Es ist unmöglich, ihren Faden vorher abzuschneiden, ehe sich diese zweite, *über* dem nachschaffenden Verstehen aufgebaute Funktion ausgewirkt hat. Wir treiben Geisteswissenschaft nicht nur, um zu verstehen, sondern auch, um uns an den erkannten *Formen* des Menschentums *zu formen,* um uns an Kultur*gebilden* zu *bilden,* an den Wertschöpfungen der Vergangenheit unsere eigene Schöpferkraft zu stärken und zu läutern. Der Universitätsprofessor zerfällt daher nicht in zwei Hälften: den erlaubten, öffentlich bezahlten Forscher und den verbotenen, privaten Propheten. Sondern er ist und sei ganzer Mensch, bei dem der Wert der Wahrhaftigkeit das *ganze* Wertleben durchdrungen habe, die ganze Persönlichkeit sehend, den ganzen Geist schöpferisch gemacht habe. So dachte *Fichte.* Die Inhaber einer »seltenen Wisserei« sind auch willkommen. Aber erst durch eine Zutat philosophischen Öles vollendet sich die Weihe. Ja, man muß sich klar darüber werden, daß schon in den Voraussetzungen jeder Wissenschaft Philosophie steckt, daß sie nicht erst nachträglich hineingebracht wird. Weltanschauung und Wissenschaft sind nicht völlig auseinanderzureißen.

Die Anwendung auf die pädagogischen Probleme ergibt sich von selbst. Geisteswissenschaft ist nicht nur die Kunst des Verstehens, sie ist auch Wertwissenschaft. In die Schule aber bringen wir sie nicht nur wegen ihres Tatsachengehaltes, sondern wegen ihrer geistformenden Kraft, und nach diesem Ziel muß daher die Auswahl mitbestimmt sein. Darauf beruht

---

[40] Romeo und Julia III, 3.

ein sehr folgenreicher Unterschied zwischen Universität und Schule.[41] Die wissenschaftliche Grundidee der Hochschule äußert sich darin, daß ihre Lehrer zuerst auf den Geist der Objektivität und Wahrheitsforschung verpflichtet sind. Auf dieser Grundlage mag ihnen (im Bunde mit ihrer persönlichen Anlage) die Weltanschauung erwachsen, die ihr kritisches Gewissen von ihnen fordert. Hingegen ausgesprochene Weltanschauungsprofessuren sind und bleiben eine Durchbrechung der echten Universitätsverfassung, auch wenn sie heut bei den Parteien beliebt zu sein scheinen. Sie sind aus dem Erziehungsgedanken, nicht aus dem reinen Wissenschaftsgedanken geboren. An der Universität soll Weltanschauung – der Idee nach – *Resultat* eines wissenschaftlich orientierten Selbsterziehungsprozesses sein, nicht *Voraussetzung*. Hingegen auf der Schule liegen die Dinge anders. Hier hat der Erziehungsgedanke ein Recht, und die Auswahl der Stoffe erfolgt nicht *rein* nach wissenschaftlichen Gesichtspunkten, sondern *zugleich* nach dem Gesichtspunkt ihrer normativen, wertbildenden Kraft. Damit kommt der gebundene Weltanschauungscharakter in jede Schule hinein, die von einem Bildungsideal aus organisiert ist.[42] Und jeder weiß, welche schweren pädagogischen Verantwortungen, welche organisatorischen Antinomien damit verbunden sind. Aber das hier in Frage kommende Alter ist zu jung, als daß man alles auf *Selbst*erarbeitung des Lebensstandpunktes ankommen lassen könnte. Auch hier wieder lassen sich zwei Extreme denken: Entweder wir verzichten in der Gestaltung der Schulen auf jede pädagogische Wertsynthese und versuchen *Max Webers* Positivismus der Tatsachendarbietung durchzuführen. Angenommen, diese Selbstentäußerung gelänge dem Lehrer, so würde die Jugend zu beklagen sein, die sich einem gleichförmigen Niveau angeblich gleich wertvoller Geistestatsachen gegenüber fände, ohne doch schon die Reife zu eigener Wahl zu besitzen. Eine solche frühe Isolierung der reinen Wissenschaftsfunktion ist gegen jeden biologischen Instinkt. In Wahrheit ist der Jugend der Schulen und selbst der der Universitäten heute schon der bloße positivistische Intellektualismus unerträglich, aus dem aller Ideengehalt und

[41] Auch das Volkshochschulproblem hat in dieser Frage seinen Mittelpunkt.

[42] Da wir heut das ganze Schulproblem nicht mehr von einem als normativ gesetzten Bildungsideal, sondern rein schul*technisch*, vom Standpunkte praktischer Zweckmäßigkeit: der möglichst leichten Übergänge und der gerade noch zulänglichen Begabungen aus, behandeln, ist diese Wahrheit für die meisten Zeitgenossen versunken. Sie brüten nur noch über dem Problem des pädagogischen Rangierbahnhofes mit grenzenloser Bewegungsfreiheit. Daß darin das tiefste, wenn auch vielfach unbemerkte Verfallszeichen unserer höheren Schule und ihrer Pädagogik liegt, muß eben in diesem Zusammenhange scharf betont werden: auch dies ist eben ein *Symptom der angestrebten Werturteilsfreiheit.*

alle Wertsynthese verflogen zu sein scheint. Sie bäumt sich gegen diesen Historismus und Psychologismus auf. Sie will nicht nur verstehen, sie will auch zu Höhen der Wertbildung emporsteigen. Sie will nicht nur vom Menschlichen Kenntnis nehmen, sondern sie will es in schöpferischen Hochgestalten vor sich sehen. Sie will »Großes erleben«.

Nun aber die andere Seite: Es ist unmöglich, den Gehalt unserer differenzierten Kultur in einer einzigen, für alle verbindlichen Weltanschauung zum Ausdruck zu bringen. Die Ideale *müssen* sich differenzieren mit der wachsenden Verschiedenheit der geistig-sozialen Schicht und der Seelenstrukturen, aus denen sie hervorgehen. Nie wieder werden wir zu jener Uniformität zurückkehren, an die der Rationalismus glaubte und die vielleicht in der Blütezeit des Neuhumanismus wenigstens für die führenden Schichten noch annähernd erreichbar war. Es gibt kein einheitliches Bildungsideal, sondern nur einen Kampf der Bildungsideale. Jede lebendige Weltanschauung aber strebt, sich als Bildungsideal zu setzen und die staatliche Schule zu erobern. Zumal in der heutigen, politisch erregten und zerklüfteten Zeit ist Gefahr, daß jede politische Partei *ihr* Lebens- und Staatsideal allgemeingültig setzen möchte. Wir beobachten heut, wie unter dem Einfluß dieser Strömungen z. B. die ganze Geschichtsauffassung umgedeutet werden soll, wie marxistische und idealistische, demokratische und aristokratische, nationale und internationale, jenseitige und weltliche Ideale miteinander ringen.

Es wäre der letzte Nagel zum Sarge unserer Nation, wenn auch die Lehrer Parteimänner würden. *Deshalb und gerade deshalb müssen sie Männer der Wissenschaft sein und bleiben.* Ihr persönlicher Standpunkt, der – schon vorgebildet in Herkunft, Geistesart und Entwicklungsgang – sich nicht auslöschen läßt, muß geläutert sein durch echte Geisteswissenschaft, d. h. durch umfassende Besinnung über die möglichen geistigen Strukturen und durch die Schule des Verstehens. Damit mündet unsere Erörterung wieder in das Strukturproblem ein. Denn es handelt sich jetzt um das Nebeneinanderstehen verschiedener Wertstrukturen. Wer durch wirkliche geisteswissenschaftliche Arbeit hindurchgegangen ist, wird natürlich nicht aufhören, er selbst zu sein. Aber er wird, um ein geeignetes Analogon aus der Astronomie herüberzunehmen, seine *persönliche Gleichung* kennen und seine Stellung im Ganzen des gegenwärtigen Geisteslebens richtig beurteilen. Das *Goethe*sche Wort: »Nur alle Menschen machen die Menschheit aus, wie alle Kräfte zusammengenommen die Welt« wird ihn bescheiden und duldsam machen, ohne ihn doch innerlich zu relativieren, d. h. des Glaubens an seine eigentümlichen Kräfte zu berauben.

Aber es handelt sich nicht nur um die Lehrer und um ihre *persönliche*

Wertstellung. Sie selbst sind eingegliedert in große historische Bildungszusammenhänge, die als geistige Mächte wirken und in dem nationalen Schulsystem organisiert sind. *Bilden* kann sich der Mensch nicht an dem, was erst sein soll, sondern nur an historisch gegebenen Formungen von Menschentum und Kultur, mag es auch sein letztes Ziel sein, *schaffend* über die erreichten Stufen hinauszuschreiten. Eine Revolution kann Staatsformen umwerfen, soziale Umschichtungen bewirken: neue geistige Bildungsmächte kann sie nicht von heute auf morgen erzeugen, sie kann höchstens neue Wurzeln in den alten historischen Grund hinabsenken.[43] Kenntnisse kann man sammeln auch an der Natur und der gesellschaftlichen Umgebung. Aber eine *Formung* des Menschentums in seinem Innern erlangt der Mensch nur durch historische Bildungsmächte, nur im geistigen Umgang mit bereits geprägtem Menschentum. Selbst wenn es möglich wäre, in der *Wissenschaft* den Gesichtspunkt der Wertunterschiede oder den des Geformten und des Ungeformten gänzlich auszuschalten: – für die *Bildung* des Menschen sind eben diese Wertungen entscheidend. Wir suchen aber heut nicht mehr die unbestimmte Humanität des sogenannten harmonischen Menschen, sondern wir durchleuchten die Geschichte nach ganz *bestimmten* Gestalten des Menschentums. Es dürfte und sollte keine Schulform existieren, die nicht in ihrem Hauptstamm und in ihren Verzweigungen *durch ganz bestimmte Bildungsgedanken* organisiert wäre. Leider kann man nicht sagen, daß es heut so sei. Deshalb bedarf es der Besinnung auf die geschichtlich begründeten Bildungsmächte, zu denen sich jeder einzelne Typus bekennt, und auf die Wertstruktur, die gerade in seinem Bildungsideal bejaht wird.

Solcher historischen Kulturgipfel, unter deren fortwirkender Kraft sich noch heute Menschen zu formen vermögen, kennen wir in der deutschen Zone des abendländischen Kulturkreises drei: das griechisch-römische Altertum; das Christentum mit seinen Fortwirkungen in der christlichen Antike und im germanischen Mittelalter; endlich den deutschen *Idealismus* der *Herder* und *Goethe*, *Kant* und *Fichte*, *Schiller* und *Humboldt*.[44] Zwischen diesen drei Bildungsmächten besteht Kampf von den Tagen an, wo sie zuerst aufeinandertrafen. Aber in ihrem Kampf liegt nichts Zerstörendes, sondern die ganze Lebendigkeit jener tiefen Kräfte und Erfahrungen, die, aus den Urquellen emporgestiegen, noch heute Licht und Sieg ausstrahlen. Solange es uns nicht gegeben ist, noch tiefer zu den »Müttern«

---

[43] Vgl. die ausgezeichnete Formulierung bei Theodor Litt, Geschichte und Leben. 1. Aufl., Leipzig 1918. S. 9.

[44] Vgl. Eduard Sprangers Beitrag zu der Kerschensteiner-Festschrift: Die Generationen und die Bedeutung des Klassischen in der Erziehung (in diesem Band S. 70 ff.).

hinabzusteigen, müssen diese Geisteswelten immer neu verstanden und angeeignet werden. Schon deshalb kann ihr Gegensatz nicht zerstörend sein, weil alle drei Kulturschöpfungen in die historischen Fundamente unseres deutschen Geisteslebens *unwiderruflich* eingeschmolzen sind. Es gibt keine höhere Schulform, die eine dieser drei Bildungsquellen ganz ignorieren könnte. Sie alle sind Vorbedingungen für das Selbstverständnis der Gegenwart.[45]

Das aber sollte sich auch von selbst verstehen, daß eine deutsche Schule immer die entscheidenden Kräfte aus dem deutschen Idealismus ziehen müßte. Auch unser Christentum ist heut ein humanistisches und ein deutsch empfundenes Christentum. Auch die griechisch-römische Welt ist *in der Schule* nur da zur Auseinandersetzung unseres eigenen Wesens mit dieser zugleich verwandten und höchst fremden Kultur. Endlich: Auch die Beschäftigung mit der neuen angelsächsischen und der neuen französischen Kultur bezweckt keine Selbstentäußerung, sondern eine Selbstklärung. Es muß ausgesprochen werden, daß der Gehalt der klassischen deutschen Epoche noch nirgends in Deutschland ganz Leben geworden ist. Das Werk der Männer, die ich nannte, ist unausgeschöpft. *Novalis – Hölderlin – Kleist*, die drei deutschen Gemüter, fast sind sie Neuentdeckungen zu nennen. Denn es gehört eine unsägliche Reife dazu, um diese hochentfaltete Bildungskultur, für die die Griechen und *Plato* und *Kant* und *Spinoza* und *Rousseau* schon »Voraussetzung« sind, wirklich in sich aufzunehmen. Die Aufgabe besteht, und die Wege dazu müssen gefunden werden, wenn die allgemeine Verflachung und Geistesenterbung nicht fortschreiten soll.[46]

---

[45] Der alte Hegelsche Gedanke, daß in der Gegenwart alle früheren Stufen des Geistes aufbewahrt seien, bestätigt sich hier in neuer Wendung. Vgl. Litt, a.a.O., S. 166: »Wenn die Antike unserem historischen Erkennen so zugänglich ist, daß wir ihr geistiges Wesen innerlich nachbilden können, wenn wir das Schaffen ihrer Künstler, das Denken ihrer Weltweisen, das Gestalten ihrer Staatslenker in seinem inneren Sinne und seiner Folgerichtigkeit verstehen können, so spürt eben das Stück Antike, das in jedem Gliede der europäischen Kulturgemeinschaft lebt, das seelisch Verwandte heraus, sobald es mit der Antike in Berührung tritt.«

[46] Als ich mein Buch über ›Wilhelm v. Humboldt und die Humanitätsidee‹ schrieb, geschah es in der stillen Überzeugung, man könne den Ertrag des Neuhumanismus, der in seiner eigenen Lebensauffassung ganz an das Griechentum gebunden blieb, nun gleichsam aus der Seelenstruktur der so Geformten abnehmen und als eine Kultur von eigenem Recht fortpflanzen. *Deshalb* stand mir Wilhelm v. Humboldts Theorie der Bildung im Mittelpunkte. Und gewiß, jene drei Momente des Bildungsprozesses: Individualität, Universalität und Totalität, die sich wie Mittelpunkt, Radien und Peripherie verhalten, bleiben mir das innere Gesetz jedes Bildungsstrebens. In diesem Rahmen gibt es viele Wege der Bildung. Aber wenn ich glaubte, daß wir uns von den Griechen ganz frei machen könnten, so ging es mir ähnlich wie

Aber ich muß sogleich hinzufügen, daß ich mir eine tiefere geistformende Bildung nicht denken kann, die sich auf die einheimischen Bildungsgüter ganz ausschließlich einengte. Nur in der Auseinandersetzung mit fremder Art gewinnt man die eigene Art. Und so kann ich nicht glauben, daß der ursprüngliche Grundgedanke des sogenannten Deutschen Gymnasiums ein fruchtbarer sei. *Alle unsere höheren Schultypen sind deutsche Gymnasien,* aber sie führen verschiedene Wege zum Deutschtum: das klassische Gymnasium den historischen Weg der Versenkung in die Antike; das Realgymnasium den Weg durch die neueren Kulturen (nicht bloß den Weg durch die neueren Sprachen!). In der Oberrealschule tritt die naturwissenschaftliche Seite am stärksten hervor. Um so mehr sollte sie das deutsche Bildungszentrum pflegen und im Sinne der kantischen Denkweise betonen, daß auch die Naturwissenschaft eine Schöpfung des Geistes ist, das heißt aber: den wissenschafts*geschichtlichen* Weg nicht aus dem Auge verlieren.

Wir alle wissen, daß Realgymnasium und Oberrealschule nicht mehr um einen Lehrplan, wohl aber noch um die geschlossene Weltanschauung und Bildungsidee ringen. Die können natürlich nur aus dem deutschen Idealismus gewonnen werden. Einer neuen vierten Schulform bedarf es dazu nicht. Aber auch das alte Gymnasium muß sich immer von neuem auf seine ehrwürdigen Bildungswerte besinnen, sie verstehend und kritisierend mit der neuen Zeit auseinandersetzen. Denn die Stelle, an der das Feuer der Vesta lebendig gehalten werden soll, ist die jeweilige Jugend.

Paulsen mit dem Ertrag seiner ›Geschichte des gelehrten Unterrichts‹: widerstrebend kam ich nicht los. Die Alten sind uns heute etwas anderes, als sie für *Humboldt* und *Herder* waren. Aber sie sind uns noch etwas. Und wenn es zum Schluß erlaubt ist, persönlich zu sprechen: Unglücklich würde ich mich schätzen, wenn ich dies nicht hätte. Ich möchte mir die Welt nicht denken ohne die Grundworte der christlichen Evangelien; nicht ohne das Zeugnis der deutschen gotischen Dome. Aber ich mag sie auch nicht denken ohne Sokrates und Plato; nicht, weil ich Philosoph von Beruf bin, sondern um dessentwillen, daß es solche Menschen gab und daß wir mit ihnen auf der gleichen Erde wandeln dürfen, der noch heute die Sonne Homers scheint. Es hilft nichts, wir kommen nicht los. Gewiß: wir Menschen von heute wollen ganz wir selber sein. Aber gerade wenn wir es *ganz* sein wollen, dann hilft es nichts, wir kommen nicht los:

O lieber Pan und ihr Götter, die ihr sonst hier zugegen seid, verleiht mir schön zu sein im Innern, und daß, was ich Äußeres habe, dem Innern befreundet sei. Für reich möge ich den Weisen halten, und solche Menge Goldes besitzen, wie ein anderer als der Mäßige gar nicht tragen und führen könnte. Bedürfen wir noch etwas anderes, o Phaidros? Ich für mich habe hinreichend gebetet.

Phaidros: Auch für mich bete dieses mit: denn Freunden ist alles gemeinsam.

Sie selbst trägt die Sehnsucht nach den Hochgestalten des Menschentums in sich als eigensten, tiefsten Lebenstrieb: sie *will* das Leben verstehen, sie *will* ihm historisch folgen; aber sie will auch bei seinen wertschöpferischen, ewigen Gipfeln bewundernd und andächtig verweilen. In dieser Jugend den Sinn zu entzünden für die Struktur der Geistesformen, für Tiefe und Weite des Verstehens, für die Bildungsmächte, die von einer *produktiv* verstandenen Vergangenheit ausstrahlend uns selber formen, das ist die gemeinsame Aufgabe aller Philologen und Schulmänner.

Die Generationen und die Bedeutung des Klassischen in der Erziehung

1924

Die Wahrheiten der Erziehung, wie alle Wahrheiten, die nicht nur auf der Folgerichtigkeit der Begriffe, sondern auf vertieftem Umgang mit dem Leben und auf der Besinnung über sein geheimes Kräftespiel beruhen, arbeiten sich nur sehr allmählich aus fortschreitendem Erfahren, Tun und Denken heraus. Sie sind selber, um einen Goetheschen Ausdruck anzuwenden: »Resultate des Lebens.« Der reife Meister denkt anders über sie als der begeisterte Anfänger. Stufe für Stufe will hier errungen werden, und vielleicht darf niemand von sich sagen, daß er die letzten Geheimnisse in voller Klarheit geschaut habe. Jedenfalls aber ist auch hier nur das ganz echt und zuverlässig, was auf Erlebtem und Durchkämpftem beruht.

Wer die pädagogischen Bewegungen der letzten zehn Jahre in Deutschland mit wachem Auge verfolgt hat, wird sich mit tiefer Besorgnis die Frage vorgelegt haben: Kann es in diesen Schwankungen weitergehen? Immer wieder »Schulreform«, immer wieder nach dem Neuen das Neueste, nach dem Dringenden das noch Dringendere. Wir wollen um jeden Preis modern sein. Aber indem wir es sind, quält uns die geheime Angst, daß der Moderne von heute notwendig übermorgen schon der Vorgestrige sein muß. Und so geht es fort, in ewiger Unrast. Das typische Bild einer Menschheit, die von der Zeit fortgespült wird und vergebens nach den Wurzeln greift, die am Flußufer einen wenigstens flüchtigen Halt zu gewähren scheinen. Wir treiben dahin, vom Dämon der Zeitangst besessen, und nirgends tut sich ein Überzeitliches, Festes, Beruhigendes für uns auf.

Seit langen Jahren lausche ich aufmerksam auf jede Wendung im Geiste der jungen Generation. Ich versuche, wie man es zu nennen pflegt, »jung zu bleiben«. Vielleicht darf ich hoffen, einiges von einem Geiste erfaßt zu haben, der schon nicht mehr der meinige ist, und den ich nur verstehen kann, wenn ich weit aus mir heraustrete, um denen zu dienen und zu helfen, auf denen heute die Hoffnung unseres Volkes beruht. Aber ich mache die Beobachtung, daß ich mit der Klärung meines Bildes immer um einige Monate hinter der Wirklichkeit zurückbleibe. Habe ich soeben meine Anschauungen an dem vielgestaltigen Wesen, das sich »der Freideutsche« nennt, orientiert, so muß ich bemerken, daß er längst nicht mehr dieselbe Gestalt hat, auf die er mein Verhalten noch vor wenigen Wochen verpflichten wollte. Und wäre er wirklich noch derselbe, so hätte er doch aufgehört, für die Jugend typisch zu sein. Die Allerneuesten sind inzwischen gekommen, politische Radikalisten im Gegensatz zu jenen unpolitischen Schwärmern. Werden sie noch am Ruder sein, wenn es mir gelungen ist, ihre wieder ganz andere »Mentalität« zu verstehen, um auf sie wirken und mit ihnen leben zu können?

Ich versuche mich zu retten, indem ich meiner eigenen geistigen Existenzform ein maßgebliches Recht zugestehe. Aber auch an mir sind diese Wandlungen nicht spurlos vorübergegangen. Denn eben mit dieser Erfahrung habe ich ein gutes Stück meiner Liberalität verloren. Es ist zunächst nur ein ethischer Selbstbehauptungstrieb, wenn ich stärker als vorher mich selbst als normativ setze. Täte ich es nicht, so müßte ich bis ans Ende meines Lebens der Jugend zuliebe immer wieder umlernen. Auf wie viele Generationen soll ich noch mit der gleichen leidenschaftlichen Intensität eingehen, um sogleich von der nächsten zu hören, ich sei doch nicht mehr fähig, sie zu verstehen, ich sei eigentlich schon längst unmodern? Und darf ich meiner selbst ganz sicher sein, wenn ich mich auf meinen heutigen Standpunkt ethisch und pädagogisch festlege? Vermutlich bringt mir das Leben noch manche neue Einsicht, die mich entscheidend umbildet. Sicher aber werde ich mit 60 Jahren wieder anders zur Jugend stehen als jetzt, wahrscheinlich weit liberaler als im Augenblick, wo ich aus starkem Gestaltungsdrang heraus das Eine, was not ist, für mich und andere absolut zu setzen geneigt bin.

Wäre dies das letzte, entscheidende Wort in der Erziehung, so müßte sie zwischen zwei variablen Größen, der jeweils reifen Generation und der werdenden Generation, hin und her fluktuieren. Man kann nicht leugnen, daß wir mit unseren Erziehungs- und Schulreformplänen jetzt auf diesem Strom dahintreiben. Die Folge ist, daß wir nicht wissen, was wir wollen. Die allgemeine Relativierung und Haltlosigkeit des ethischen Bewußtseins ist auch auf das pädagogische Gebiet übergeschlagen. Wer auf solchem Boden, der kein Boden ist, wer auf dieser schwimmenden Insel sitzt, kann von rechtswegen die Verantwortung zur Erziehung überhaupt nicht auf sich nehmen. Der erste, der das fühlt, ist die Jugend selbst; und so sind unsere vielgepriesenen Neuerungen und Experimente in der Erziehung großenteils Zeichen einer Ziellosigkeit, die das ganze »moderne« Dasein zerfrißt. Es kommt nichts dabei heraus, was dem Leben und der Kultur Halt gibt. Wir müssen umkehren, wenn überhaupt noch von Erziehung die Rede sein soll. –

Gehen wir dem Problem, das hier berührt wird, etwas näher auf den Grund, so sind in ihm Relativitäten verschiedenster Art zu einem Knäuel verflochten. – Die tiefsten Wurzeln des Erziehungsverhältnisses liegen in Zusammenhängen, die noch rein naturhaft sind: das Elternpaar, das auf Grund eines überindividuell-zweckmäßigen psychophysischen Zusammenhanges von leiblicher Organisation und seelischer Triebausstattung die Nachkommenschaft hervorgebracht hat, ist durch einen weiteren Zusammenhang physischer Bedürfnisse und psychischer Triebe mit ihr solange verflochten, bis die Hilfsbedürftigkeit der jungen Generation durch leiblich-seelisches Wachstum aufhört. Es ist ein interessanter Gegenstand psychologischer Forschung, wie viel noch nach diesem Zeitpunkte auf beiden Seiten von den seelischen Bändern bestehen bleibt, die bis dahin die enge Lebensverbindung beider getragen haben. Selbst bei den höchsten Tiergattungen scheint dies sehr wenig, ja beinahe nichts zu sein. Unter den Menschen ist es je nach den begleitenden realen Umständen und der Höhe der sittlichen Anschauungen von verschiedenem Umfange, und der Sinn dieser Gefühlsrichtung ist bei den Jungen immer von anderer Art als bei den Alten.

In diesem Lebenszusammenhang der Generationen, den ich den bloß biologischen nennen möchte, sind kulturelle Entwicklungsmöglichkeiten enthalten, die in dreifacher Hinsicht auf Relativitäten führen müssen. Zunächst ist in jedem höher entfalteten Kulturstadium die ältere Generation auch durch den Besitz von Kulturgütern der jungen Generation überlegen. Einsicht und Erfahrung, technisches Können, wirtschaftlicher Besitz, geistig gefestigter Standpunkt schließen sich zu einem Ganzen der Machtwirkung zusammen, die sich in krisenlosen Epochen gegenüber der Nachkommenschaft ganz naiv als unbedingte Erziehungsautorität auswirkt. Auf der anderen Seite machen sich stets, besonders aber in Zeiten der Kulturkrisis, zunehmende Widerstände geltend, die anfangs nur in der Form des vitalen Lebensrechtes auftreten, später auch mit dem Anspruch eines ethischen Rechtes auf Selbstdurchsetzung umkleidet werden. *Herman Nohl* hat in einem feinsinnigen Aufsatz die Verschiebungen in diesem Verhältnis der Generationen im Laufe unserer neueren Geistesgeschichte geschildert: dem einseitigen Elternrecht wird in einer langen Emanzipationsbewegung ein ebenso einseitiges Jugendrecht entgegengestellt; der Pädagogik vom Alter aus folgt eine Pädagogik von der Jugend aus.[1] Schon für diesen naturgegebenen, aber durch Kulturdifferenzierung zugespitzten ewigen Gegensatz der Generationen wird eine Synthese gefordert. Man sieht freilich nicht recht, wie das neutrale und höhere Dritte über beiden Ansprüchen anders zu gewinnen ist, als entweder durch Kampf oder durch völliges, freiwilliges Nachgeben von der einen Seite. Nach Nohl gehört es zum *Wesen* der Jugend, »daß sie sich nur im Durchgang durch einen fremden Willen entwickelt«. Aber wir sind doch etwas skeptisch gegen die Meinung geworden, daß dieser autorative Wille innerlich schon dadurch ausreichend legitimiert sei, weil er der ältere ist. Schon hier beginnt das Bedürfnis nach inhaltlichen, sachlichen Kriterien für den Anspruch auf die Form der Machtausübung, die sich in der Erziehung äußert, wenn nämlich diese faktische Erziehungsmacht sich als ein gültiges Erziehungsrecht erweisen soll.

Der Sachverhalt kompliziert sich zweitens dadurch, daß beide Generationen in sich keine konstanten geistigen Standpunkte verkörpern, sondern selbst tiefgreifenden Wandlungen unterworfen sind. Daß der junge Mensch in seinen Überzeugungen schwankt, bedarf keines Nachweises. Was er heute als Vergewaltigung ablehnt, wird ihm nach kurzer Zeit als ein Idealgehalt aufgehen, den er leidenschaftlich ersehnt und umgekehrt. Aber auch der aktive Erziehungsgeist der Erwachsenen ist etwas, das sich mit dem Lebensalter, den Erfahrungen und dem errungenen geistigen Gesamtstandpunkt ändert. Es ist eine bekannte Tatsache, daß Kinder, die von den Erstgeborenen durch einen Lebensabstand von etwa zehn Jahren getrennt sind, nach einem ganz anderen (ja meist entgegengesetzten) Grundstil erzogen werden, als die Erstlinge. Gleichviel, ob dieser Stil sachlich der richtigere ist oder nicht – die in der Mitte stehende Generation wird sich über dieses Schwanken unvermeidlich kritische Gedanken machen müssen.

Endlich die letzte Verwicklung: alles Erziehen ist in einen Strom historischer Ereignisse und Veränderungen eingebettet. Handelt es sich um Epochen starker Umwälzungen, geistiger Revolutionen, so kommen von der kulturellen Gesamtlage her immer neue Anforderungen und Leitmotive. Und mag das einzelne Haus davon noch einigermaßen durch Tradition oder ein wenig geistige Trägheit verschont bleiben, so wird das öffentliche Erziehungswesen um so stärker in den Kampf der Zeitströmungen und Parteien hineingezogen werden. Konservative und fortschrittliche, liberale und absolutistische, weltliche und überweltliche, praktisch-utilitarische und

[1] Herman Nohl, Das Verhältnis der Generationen in der Pädagogik. In: Pädagogische und politische Aufsätze. Jena 1919.

ideal-zweckfreie Orientierung, um nur die immer wiederkehrenden Hauptgegensätze zu nennen, lösen sich in raschem Wechsel ab. Heute gelangt dieser, morgen jener pädagogische Grundgedanke zur Herrschaft. Jeder ist geneigt, sich kraft des Rechtes, das das Lebendige hat, als absolut zu setzen. Weil aber seine Absolutheit nur bis morgen dauert, so macht sie sich selbst verdächtig. Die junge Generation fühlt, daß im Grunde *alles* steuerlos ist, und sie bedankt sich dafür, alle diese Heilswahrheiten an sich willenlos ausprobieren zu lassen. Sie ergreift selbst Partei, mit Vorliebe für das Radikale nach rechts oder nach links, und die Verwirrung wird dadurch nur noch größer. Schließlich kommt es dahin, daß die Jugend die Älteren erziehen zu müssen glaubt, und daß die Älteren, außer dem bloßen Machtargument, diesem Anspruch keine bessere Legitimation ihres Standpunktes, der ja im Grunde keiner ist, entgegenzusetzen wissen. –

Als Schicksalsgenossen einer großen Weltkatastrophe haben wir diese Erfahrungen bis auf den Grund durchgekostet. Es mag sein, daß die tiefsten Ursachen dieser Katastrophe selbst schon in dem geistigen Relativismus lagen, dem wir verfallen waren. Jedenfalls ist es das alte Gesicht des Relativismus, das uns auch aus diesen Nöten entgegenstarrt. Ehe wir nicht wieder wissen, in welcher Wahrheit wir selber ruhen sollen, ist es auch um die innere Gewißheit unseres Erziehungswillens schlecht bestellt. Man pflegt uns daher zu raten, wir sollten erst philosophisch die geistige Einheit und Absolutheit erarbeiten, ehe wir an die Lösung dieser Probleme gehen. Aber die Erziehung kann auf die Vollendung dieser Reife so wenig warten, wie das Leben sonst. So wenig wir mit dem Leben pausieren können, so wenig können wir mit der Erziehung pausieren.

Andere empfehlen uns daher, uns einfach an die gute alte Tradition zu halten. Aller Wechsel sei schon deshalb in der Erziehung verderblich, weil er Wechsel sei. Man kann nicht leugnen, daß gerade dies Gefühl mit einer eigentümlichen Kraft das Bewußtsein selbst der naivsten Elternschaft beherrscht; am liebsten sähe sie die Jugend ganz so erzogen, wie sie selbst den Weg ins Leben geführt worden ist, womöglich mit derselben Fibel, denselben Liedern, denselben ethischen Stoffen. Betont man diese Lehre so, daß das *gute* Alte gemeint ist, so wird sich dagegen nichts einwenden lassen; aber das *Alte,* bloß weil es alt ist, sollte so wenig maßgeblich sein, wie das Moderne, bloß weil es modern ist.

In dieser Wertschätzung stimmen wir im Grunde alle überein. Es bestehen nur Zweifel über den Weg der Realisierung. Die Relativität der Standpunkte aber, unter der wir heute leiden, liegt doch in allen Erziehungsverhältnissen zu allen Zeiten drin; sie ist nur uns besonders sichtbar geworden, weil sie für uns eine Schwankungsbreite von ungewöhnlicher

Größe angenommen hat. Kaum scheint es uns heute, in einer Zeit, in der Lehrpläne im Durchschnitt eine Lebensdauer von zehn bis fünfzehn Jahren haben, noch denkbar, daß eine kursächsische Schulordnung 193 Jahre, die *ratio studiorum* der Jesuiten gar 233 Jahre offiziell in Geltung geblieben ist.

Wenn aber wirklich diese Relativität im Wesen der Lebensverhältnisse und Kulturwandlungen liegt, die die Erziehung bedingen, so darf man annehmen, daß der sinnvolle Selbstgestaltungsprozeß alles Geistigen aus sich selbst schon im Laufe der Zeit die Gegenmittel erzeugt habe, die die Gefahren dieser Schwankungen vermindern, wenn sie sie auch nicht ganz ausschalten können. In der Tat ist gerade auf dem Bildungsgebiet ganz originär eine Idee erwachsen, die wir zu Unrecht nur als eine Kategorie der Literaturgeschichte führen, die aber dort gar nicht verstanden werden kann, weil die Geschichte rein als solche nichts mit dem Normativen zu tun hat. Wenn wir dem Historischen gegenüber vom »Vorbildlichen« und »Maßgeblichen« reden, so schwingt dabei unbewußt schon ein Bildungsinteresse mit. Der Begriff, den wir meinen, und dessen Wesen wir um der Pädagogik willen deutlich zu fassen bestrebt sein müssen, ist der *Begriff* des *Klassischen*. Denn dieser Begriff ist eine durchaus einheimische Kategorie der Bildungstheorie, und er gehört zu jenen sinnvollen Produkten des geistigen Lebens selbst, die wir nicht im voraus errechnen, sondern nur aus der ideellen Schöpferkraft der Geschichte ablesen können, wenn die Eule der Minerva in der Dämmerung ihren Flug beginnt.

Die jeweilige Jugend ist eine Hoffnung, kein Maßstab, die jeweilige Erziehergeneration ist eine Macht, aber deshalb noch keine Norm. Die Gehalte der Erziehung müssen besser beglaubigt, sie müssen »bewiesene Mächte« sein. Ausdrucksformen und Formen der Erziehungsgemeinschaft mögen wechseln – die *Gehalte* dürfen nicht von gestern sein und morgen veralten: sie müssen von *klassischem* Gepräge sein.[2]

Klassisch im weitesten Sinne nenne ich Darstellungen geistigen Menschentums, die kraft ihrer einfachen, typischen Struktur, kraft ihres überlegenen Wertgehaltes und kraft ihrer anschaulich-plastischen Form geeig-

[2] ›Der Judas wider sich selbst‹. Aus den nachgelassenen Papieren von Artur Zelvenkamp. Berlin 1922. Der Weiße Ritter. S. 13: »Es gibt uralte *bewiesene* Mächte: die griechische und römische Antike, das Christentum, die deutsche Literatur (aber erst nach ihrem Zusammenstoß mit der Antike), Shakespeare, die klassische Musik der Italiener und Deutschen, Frankreich *non liquet*, und es gibt junge und unbewiesene Kräfte, und das ist die jedesmalige Jugend. In jenen alten Mächten steckt eine Garantie, in der Jugend nur ein Versprechen.«

net sind, als dauernde Vorbilder in dem geistig-geschichtlichen Lebensstrom, der von ihnen ausgeht, zu wirken.

Die einzelnen Bestimmungen, die in diesem Satz enthalten sind, bedürfen einer näheren Ausführung.[3]

1. Klassisch können nur solche Geistesformen werden, die das Allgemein-Menschliche zur Darstellung bringen. Worin dieses Allgemein-Menschliche besteht, ist keineswegs eindeutig festgelegt. In der Aufklärungszeit z. B. hat man das Typisch-Menschliche durch eine (wechselnde) Anzahl von Grundaffekten definiert, die man sich durch eine zeitlose, denkende, regelgebende Vernunft gelenkt dachte. Heute wird man geneigt sein, über einer biologischen Ausstattung der Menschennatur mit Sinnen, Trieben und Instinkten eine begrenzte Anzahl geistiger Wertrichtungen anzusetzen, die in aller Mannigfaltigkeit geistiger Individualstrukturen wiederkehren.

Inhaltlich also steht das Allgemein-Menschliche keineswegs fest. Unser Satz gibt auch nur eine einschränkende Bedingung an: Gestaltungen des Geistes, die auf äußerst komplizierten, eigenartigen, so nicht wiederkehrenden Mischungen beruhen, mögen höchst interessant und für den Psychologen lehrreich sein: klassisch können sie nicht genannt werden, so wenig man in der bildenden Kunst eine barocke Linienführung als klassisch bezeichnen würde. Scharfes Hervortreten der seelisch-geistigen Hauptlinien gehört zum Klassischen, weil nur unter dieser Voraussetzung die Strukturverwandtschaft zwischen solchen Formen und den späteren Generationen unmittelbar auffindbar ist. Man würde auch in der Mathematik nicht mit den irregulärsten Raumgebilden, im Denken nicht mit den zusammengesetztesten Operationen anfangen. »Klassische Einfachheit und Regelmäßigkeit« ist ein uns geläufiger Ausdruck. Man könnte hier mit Rousseau von Simplizität, mit Goethe und Schiller auch von Naivität sprechen. Aber die »edle Einfalt« allein genügt nicht; es muß auch »stille *Größe*« hinzutreten.

2. Käme es beim Klassischen nur auf das Unkomplizierte und Primitive an, so müßten die frühesten Kulturstadien wegen ihrer relativen Durchsichtigkeit den höchsten Bildungswert haben. Wirklich ist bisweilen das Mißverständnis aufgetaucht, jedes Volk gelange an den Gebilden seiner

[3] Der erste, bewußt durchgeführte Versuch einer Wesensbestimmung des Klassischen und seiner Funktion in einer Theorie der Bildung liegt meines Wissens in Wilhelm v. Humboldts Jugendschrift aus dem Jahre 1793: ›Über das Studium des Altertums und des griechischen insbesondere‹ vor, allerdings mit einseitiger Orientierung an der spezifisch neuhumanistischen Griechenauffassung. (Humboldt, Gesammelte Schriften. Akademieausgabe Bd. I. Berlin 1903, S. 255 ff.)

Urzeit, z. B. an seiner Mythologie, zur höchsten Klarheit über sich selbst. Aber was kann dies für eine Klarheit sein, wenn sich nicht mit dem Sosein auch eine in der Erscheinung verwirklichte Idealität verbindet? Alles Menschliche, von der naturhaft-biologischen Organisation bis ins höchste Geistige hinein, strebt der Aufnahme echter, objektiver Werte in die subjektive Wesensgestaltung zu. Nach dem Grade dieses objektiven Wertgehaltes bemessen wir die Höhenlage der Geistesformen. Je reiner die Wertrichtungen, die in der Struktur des menschlichen Geistes angelegt sind, im Aufbau des Lebens hervortreten, je mehr die höheren, raum- und zeitüberwindenden Werte über die zeitlich bedingten herausgestaltet sind, je mehr ein gemeinsam gültiges Wertreich von echtem Gehalt auch die einzelnen Menschen durchseelt, um so mehr erhöht sich der bloße Typus Mensch zum Idealtypus und zuletzt zum Menschenideal. Die Philosophie kann dieses Verhältnis zur Rangordnung der Werte in doppelter Weise formulieren. Entweder nimmt sie platonisierend ein abgestuftes Reich ewiger Wertwesenheiten an, aus dem das geistige Auge des Menschen die Rangverhältnisse mit unbedingter Evidenz herausschaut und sich innerlich aneignet. Oder sie betrachtet die Wertstandpunkte als erkämpfte Schöpfungen des persönlichen und gemeinsamen Lebens, dessen Wertproduktivität dann natürlich von immanenten Gesetzen gültiger Wertbeziehungen durchwaltet sein muß. Beide Ansätze sind nur verschiedene Ausdrucksformen für die eine Tatsache, daß es Abstufungen im Reich der geistigen Werte gibt. Noch ehe wir uns der Gesetzlichkeit in diesem Reiche explizite bewußt werden, wirkt die höhere Stufe durch ihre bloße überlegene geistige Lebenskraft mit überwältigender Evidenz auf den Beschauer. Wir werden unmittelbar inne, daß Plato mehr ist als Xenophon, Dante mehr als Petrarca, Kant mehr als Spencer. Aber die Sicherheit dieses Blicks ist doch von den beiden Bedingungen abhängig, daß es sich um einfache Grundrichtungen des Menschentums handelt, die hier zur Idealität erhoben sind, und daß es sich nicht bloß um einseitige, sondern um *all*seitige Ausprägungen dieser allgemeinen Menschennatur handelt.

3. So tritt denn neben die Simplizität und die Idealität als dritte Bedingung des Klassischen die Totalität. Klassisch kann nur eine Geistesform heißen, in der keine Grundkraft verkümmert und vernachlässigt ist. Einseitige Bildungen, mögen sie noch so sehr in ihrer Wertregion das Ideal erreichen, können doch niemals im höchsten Sinne bildend wirken; denn es fehlt ihnen die Kraft, den ganzen Kreis des Menschentums auszufüllen. Das nur politische Genie ist für den reinen Politiker ein unvergleichlich lehrreiches Phänomen; nicht aber für den, der überhaupt leben zu lernen wünscht; denn in diesem Zusammenhang ist das Politische nur eine Seite.

Und ebenso steht es mit dem reinen Gelehrten. Im Sinne der Menschenbildung kann er nie klassisch heißen, weil seine Gelehrsamkeit nicht auf dem Grunde eines voll und reich entfalteten Menschentums, sondern nur auf spezialistischer Seelenkultur beruht.

Genügen nun diese drei Bestimmungen für die Sinnerfüllung des Klassischen? Offenbar nicht. Angenommen, ich machte den Versuch, mir aus den genannten Bedingungen den klassischen Menschen zu konstruieren. Ich müßte dann, kurz gesagt, *alle* Grundzüge, die in der menschlichen Geistesstruktur angelegt sind, in *einfacher* Klarheit, aber doch zu höchster *Vollendung* des Seins und der objektiven Leistungsfähigkeit entfaltet »denken«. Dieses Denken und Konstruieren führt nur auf ein Gerippe. Vermutlich würde uns die ganze Operation überhaupt nicht gelingen, wenn wir nicht auf gewisse anschauliche Beispiele hinblickten, die die Geschichte bietet: auf den Menschen Homers oder Platos oder der griechischen Tragödie; auf den Christen im reinsten und höchsten Sinne, auf Goethes dichterische Idealgestalten oder auf die Rousseaus oder Dostojewskis. Klassisch ist niemals das bloß Ausgedachte, sondern das unter den individuellen Bedingungen der Wirklichkeit selbst zur Wirklichkeit Gewordene und individuell Durchgeformte. Mit anderen Worten, zum Klassischen gehört auch die *anschaulich* hingestellte Form des Menschentums.

4. Indem wir das Geformte als eine Wesensseite des Klassischen bezeichnen, rühren wir ein ganzes Bündel weiterer Bedingungen an. Zunächst muß a) das Klassische mit seinem Emporstreben zur Idealität einmal Wirklichkeit gewesen sein. Das bedeutet aber, daß es ungeachtet aller Annäherung an das Allgemeinmenschliche irgendwo unter besonderen historischen und geographischen Umständen Gestalt gewonnen haben muß. Dieses Singuläre ist dann in seinen Formungsprozeß mit eingegangen. Ein solches Menschentum ist nicht bloß ausgedacht, es ist ausgeprobt und durchgelebt. Es hat seine Existenzmöglichkeit dadurch erwiesen, daß es unter besonderen Umständen einmal zur Blüte gelangen konnte und auf derselben Erde wandelte, auf der auch wir wandeln. Dieser Tatbeweis der Realisierungsmöglichkeit ist für die bildende Fortwirkung von entscheidender Bedeutung; denn Leben entzündet sich nicht so leicht an abstrakten Forderungen als an dargelebten Mustern, an idealen Realitäten, an plastischen Hochbildern. Darauf beruht z. B. die ungeheure religiöse Bedeutung des fleischgewordenen Christus, daß er die Gotteskindschaft unter den Bedingungen dieser Welt vorlebte und realisierte. Und in gemessenem Abstande: jede Lebensform, die Nachfolge heischt, muß in einer konkreten persönlichen Darstellung nicht nur ihre Lebensmöglichkeit, sondern auch ihre zündende, produktive Kraft erwiesen haben.

b) Verfolgen wir diesen Gedanken systematisch weiter, so ist alles Klassische nicht nur das Allgemeinmenschliche, sondern die Darstellung allgemeiner Lebensgesetze, Wertgesetze und Wertrangordnungsgesetze in einem anschaulichen, *hic et nunc* realisierten Lebensgebilde. Diese Art der Produktivität aber, die das Allgemeine am Konkreten erscheinen läßt, kann mit der ästhetischen Darstellung verglichen werden. Ja sie ist eigentlich das würdige und hohe Urbild zu dem phantasiemäßigen Abglanz, den die Kunst im engeren Sinne immer nur zu geben vermag. »Dargelebtes Leben« muß das Klassische sein, oder es bleibt eine Konstruktion, von der nicht einmal die Lebensfähigkeit erweisbar ist, geschweige denn die Lebenshöhe.

c) Die Analogie mit dem Kunstschaffen darf nicht mißverstanden werden. Im Grunde handelt es sich hier um jene Originalproduktivität des Lebens, von der alle Kunst nur Ausdruck ist. Es handelt sich um die Originalkunst, um das Bilden lebendiger Formen, statt bloßer Abbilder und Phantasieformen. Da wir aber von der Kunst her den Begriff der Form am besten kennen, gewinnen wir von dieser Analogie aus auch am besten den Zugang zum Verständnis des Satzes, der hier angereiht werden muß: Alles Klassische ist unter individuellen Bedingungen des Lebens, aber nach allgemeinen Gesetzen des Lebens erkämpfte *Formung* des Menschentums: Ineinandersein von Individuellem und Generellem, von anschaulichem Sein und waltendem Gesetz. Diese Vermählung des ganz Anschaulichen in der Allseitigkeit seiner Lebensbezüge mit dem immer geltenden Gesetz aber ist es, was wir *Form* im höchsten Sinne nennen. Und da diese gelebte Form den Drang hat, über sich selbst klar zu werden und sich zu vergegenständlichen, so wird sie sich nicht nur in individuellen und kollektiven Gestaltungen des Lebens selbst erschöpfen, sondern diese gleichsam noch einmal und konzentriert darstellen in Phantasieschöpfungen, die den Gehalt und das Gesetz des Gelebten in plastische Bilder zusammendrängen. Auf diesem Zusammenhang beruht es, daß das klassisch gelebte Leben uns doch am zugänglichsten wird in der Objektivierung, die ihm die übertragbarste und wirksamste Dauerform gibt, nämlich in seinen gleichzeitigen künstlerischen *Selbstmanifestierungen*. Aber wir dürfen nicht vergessen, daß dies im Grunde nur der farbige Abglanz ist, und daß das, was *ethisch* und *pädagogisch* allein gemeint sein kann, nicht dieses Bilderspiel, sondern das dahinter liegende gelebte Leben, die reale Lebensproduktivität ist. Wir müssen im Bildungsprozeß durch die abbildlichen Formen hindurchdringen zu den urbildlichen Formen des real gestalteten Lebens selber. Die Kunst ist nur das Medium, durch das wir in bequemer, eindrucksvoller Art das ursprünglich Produktive der Zeit erfassen, von der diese

Kunst nur ein Abdruck, ein Denkmal, eine Abbreviatur sein will. Andernfalls verfiele ein solcher Bildungsweg der Gefahr, ins Land des bloß Ästhetischen statt in das Land des heiligen Ernstes zu führen.

5. Endlich eine letzte Bestimmung. Solcher Ausformungen und Durchformungen des Menschentums unter individuellen Bedingungen, aber an Hand ewiger Lebensgesetze mag es in der Weltgeschichte des Geistes sehr viele geben. Im bildenden Sinne verbindlich und verpflichtend können doch nur solche Gestaltungen sein, in deren Ausstrahlungen der zu Bildende selbst sich findet. Es muß also auch ein genetisch-historischer Zusammenhang, eine Art Abstammungsverhältnis zu diesem Klassischen gegeben sein. Andernfalls mag zwar die Verwandschaft der allgemeinen Lebensgesetze noch zugänglich sein, nicht aber die Verwandtschaft individueller Umstände und historischer Schicksalsverbundenheit. Drücken wir uns bestimmter aus, so heißt dies, daß jedes Volk, das eine eigene Geistesgeschichte von genügender Ausweitung und Höhe besitzt, notwendigerweise auch seinen eigenen Klassizismus haben wird. Nur wenn es sich ganz an andere Völker angelehnt hat, oder wenn es ein Erbe von entscheidender Werthöhe angetreten hat, kann es in die Lage kommen, sich zu einem Klassizismus zu bekennen, der jenseits seiner eigenen nationalen Geistesentwicklung liegt. –

Vielleicht ist der geheimnisvolle Mittelpunkt all dieser Bestimmungen das Moment der *Form*. Aber das Geheimnisvolle schwindet vor einer näheren Betrachtung. Denn alle Gesetze des Lebendigen vom Organischen empor bis zum Geistigen sind Formgesetze. Alles Lebendige ist in Entwicklung begriffene Struktur, also ein Ganzes, in dem alle Seiten zu allen anderen in Wechselbeziehungen stehen und das durch eine gegliederte Fülle von Einzelleistungen eine einheitliche Gesamtleistung (den totalen Lebenssinn) realisiert. *Jede* physische und geistige Struktur ist daher Form. Sie ist es aber in betontem Sinne, wenn *alle* Seiten des Lebendigen entfaltet sind, wenn sie zur *Einheit* zusammenwirken, und wenn diese gegliederte Einheit einen besonders hohen Wertgehalt darstellt. Eine solche Form des Lebens verdient klassische Form zu heißen. Sie verdient es um so mehr, wenn dieses ihr Sein sich in abbildlichen Formen objektiviert. Solche Projektionen der zugrunde liegenden Wesensform können *Werke* der verschiedensten Art sein. Alles, was Menschen von dieser Art schaffen, wird in totaler Weise »durchseelt« sein. Am freiesten und reinsten aber spricht sich ein solches geformtes ideales Seelenwesen in der Kunst aus. Und darauf beruht der Primat der Kunst unter den bildenden Kräften und im Bildungsprozeß. Durch das Medium geformten Kunstschaffens hindurch teilt sich dem Empfangenden unmerklich etwas von der Form der schaffenden Seele mit.

Demgemäß scheint der Begriff des Klassischen primär in der Kunst heimisch zu sein. Wirklich haben wir uns gewöhnt, ihn vorwiegend auf dieses Gebiet anzuwenden. Unsere Menschenbildung trägt daher überwiegend den Typus der ästhetischen Erziehung. Strenggenommen aber liegt in dieser Tatsache ein Hinweis, daß es für *unsere* Kulturepoche jedenfalls noch nicht gelungen ist, den *ganzen* Gehalt des Menschenwesens in *einer* klassischen Gesamtform zusammenzudrängen. Bei den alten Völkern scheint dies anders gewesen zu sein, und darauf nicht zum wenigsten beruht unsere an Neid grenzende Sehnsucht nach ihrer idealen Lebensform. Die schweren Spannungen, die im Leben der neueren Völker drinliegen, kündigen sich schon dadurch an, daß wir nicht *eine* klassische Form des Lebens anerkennen, sondern im Grunde drei.

Die erste ist der religiöse Klassizismus: anknüpfend an die Gestalt Christi, deren unendlicher religiöser Reichtum und unerreichbare religiöse Höhe auch durch die Fülle der Deutungen nicht ganz ausgeschöpft werden kann, die sich an seinem Leben und von Gott durchfluteten Sein entzündet haben. Die zweite ist das Ideal der schönen Lebensgestaltung im Diesseits, die »Humanität« neben jener »Divinität«. Sie hat für uns ihre Ausprägung in der Bewegung des deutschen Geistes empfangen, die wir ausdrücklich als Klassizismus und Idealismus zu bezeichnen pflegen, die aber ihrerseits durch das Anschauen des Antik-Klassischen tief befruchtet worden ist. Die dritte klassische Lebensform endlich ist das Politisch-Klassische, das in Deutschland durch den altpreußischen Staatsgedanken, erweitert durch das freie persönliche Pflichtethos, verkörpert ist. Diese letzte Form ist am wenigsten in das allgemeine Bewußtsein eingedrungen, während das Religiös-Klassische auch die in seinen Bann gezwungen hat, die gar kein Bewußtsein davon mehr haben.

In dieser Dreiteilung des Klassischen für den Deutschen kommt die ganze Problematik seines Bildungslebens zum schärfsten Ausdruck. Indem er versucht, sich allen drei Geistesmächten gleichzeitig verehrend hinzugeben, muß er eine Antinomik in sich verarbeiten, die ein günstigeres Schicksal ihm erspart hätte, wenn nämlich die historische Geistesbewegung diese drei Ideale selbst schon zur vollen Synthese gebracht hätte.

Gewiß ist der ästhetische Klassizismus vom Christentum nicht unberührt; aber er geht doch auch eigene Wege, die zwar nicht irreligiös sind, wohl aber von jenem rein religiösen Ideal entschieden abweichen. Ebenso ist der deutsche Klassizismus nicht absolut unpolitisch; aber er hat doch nur an der besonderen liberalen Form des politischen Ideals tieferen Anteil, und die *ganze* Weihe des Staatsgedankens steht unausgeglichen neben ihm. So kommt es, daß wir in Deutschland unausgesetzt mit drei verschiedenen Bildungsmächten arbeiten, daß wir drei Götter bekennen, ohne daß sie uns als eine unmittelbar leicht faßliche *Dreieinigkeit* gegenüberständen.

Es hat nur einen Mann in Deutschland gegeben, der auf seine besondere Art den genialen Versuch gemacht hat, diese drei Ideale zur Synthese zu bringen: *Hegel*. Auf ihn finden wir uns daher mit unseren Bildungsproblemen ebenso wie mit unseren ethischen Problemen überhaupt in einem höchsten Sinne hingewiesen. Dieser gewaltige Gipfel unseres Geisteslebens ist noch nicht entfernt von uns verarbeitet. Ja, wir haben nicht einmal getan, was man von uns erwarten könnte, um jedes der drei einseitigen Ideale auf uns wirken zu lassen. Um das christliche zwar haben wir mit vollem Ernst gerungen. Aber es war nicht mehr möglich, das katholische Christentum mit dem Christentum der individuellen sittlichen Lebensgestaltung und der entschiedenen Diesseitsbeziehung ganz auszusöhnen. Wie wenig uns der volle Gehalt des deutschen ästhetischen Klassizismus aufgegangen ist, ahnen die meisten eben deshalb nicht, weil sie den dahinter liegenden Gehalt an Ethos und Weltanschauung nicht ahnen. Und politisch sind wir überhaupt ganz unfertig geblieben, obwohl die Form, die auf diesem Gebiet dem deutschen Geist angemessen ist, in Gestalten wie Friedrich dem Großen, Kant, Fichte und Hegel wie eine gewaltige Predigt vor uns liegt.

Das Ergebnis dieser Betrachtungen ist betrübend, ja fast tragisch. Denn es bedeutet, daß wir selbst beim Rückzug auf das Klassische zu keiner ganz eindeutigen Festlegung der Fixsterne unseres Bildungshimmels gelangen. Man kann sogar fragen, durch welche Zeichen sich denn das Klassische unter diesen Umständen für uns überhaupt als vorbildliches Leben ankündigt.

Sicher ist, daß es nicht *a priori* allein errechnet werden kann. Denn seine Wirkung auf uns beruht ja gerade darauf, daß es uns durch sein reales Möglichsein und Dasein eine Werthöhe und Form *offenbart*, die wir ohne diese Gestaltungen aus eigener Vernunft und Kraft nicht einmal ahnen würden. Aber es ist doch auch hier wie bei jeder Offenbarung: sie spricht nur zu dem, in dessen Seele auf diese Kundgebung ein innerlich Präformiertes antwortet. Sie kann nur Vorgebildetes erwecken, nicht absolut Neues pflanzen. Vermöge dieser Verkettung überwältigt uns die Offenbarung des Klassischen, zugleich aber ist sie doch nur Bestätigung innerster Ahnung und Sehnsucht.

Wie aber, wenn wider Erwarten die innere Stimme, die zu diesen Schöpfungen ja sagt, *nicht* anklingt?

An dieser Stelle endet nun die Liberalität, die ein echter Erziehungsgeist noch zu verantworten vermag. Wollte man die Jugend selbst entscheiden lassen, was sie für klassisch hält, so würde sie vielleicht Götter dritten und vierten Ranges, die sie versteht, auf den Thron erheben. Es ist der Bankrott aller Erziehung, wenn man die Jugend fragt, in welchem Geiste sie erzogen werden will. Und dieser Bankrott kann nur einer Generation begegnen, die selbst mit Nietzsche sagen muß: »Weh mir, das Ziel habe ich verloren, also auch den Weg!« Wer selber keinen unbedingten Wertglauben, keine sicher ruhende Gewißheit hat, kann nicht erziehen. Deshalb auch die auffallende Neigung unserer modernsten Pädagogik, der Jugend nichts anderes mitzugeben als »Probleme«. Sokrates durfte es wagen, nur Fragen zu stellen, weil der Geist, aus dem heraus er, scheinbar unwissend, Fragen stellte, doch der Geist der unbedingtesten Gewißheit war. Wer aber nur aufwühlt, ohne führen zu können, der ist nicht, was der Erzieher sein sollte, Erwecker zu höherem Leben, sondern bloß ein Geist der Aufregung und Verwirrung. Es muß noch einmal gesagt werden: die Jugend fühlt mit sicherem Instinkt, welcher Grad der Gewißheit hinter der Erziehung steckt, die man ihr anbietet. Bekennen wir doch ehrlich, daß die Mehrzahl unserer Erzieher zwar Beamtenqualifikation besaß, nicht aber die hohe Geistesqualifikation, die erst den wahren Erzieher macht. Vielleicht waren unsere Universitäten vielfach zu stolz dazu, neben der strengen Wissenschaft auch jenen menschlichen Formgedanken zu pflegen, der ein echter Bildungsgedanke zu heißen verdient. Ist es aber so, dann müssen wir mit aller Kraft heran an diese Aufgabe, ohne die weder die gebildete Minorität, die nach Bismarck für das Schicksal eines Volkes entscheidend ist, erwachsen kann, noch die Bildung der breiten Masse des Volkes, über die unsere Universitäten überhaupt noch niemals nachgedacht haben. Nachdenken sollen sie darüber; durchführen müssen es andere.

Von der Spitze bis zur Basis ist unser ganzes nationales Bildungsleben unerweckt, zielblind, also tatenlos und unfruchtbar. Mögen wir wieder anfangen, die Stimme Schillers und Humboldts, Pestalozzis und Fichtes, Hegels und Nietzsches, Paulsens und Kerschensteiners zu hören. Keiner von ihnen führt uns den Weg bis zu Ende. Jeder aber sagt uns: Hier liegt eine große nationale und persönliche Lebensangelegenheit, von der sich niemand ohne Verkümmerung des Besten in seiner Seele und im Volke dispensieren kann.

Wir sind selbst nicht tief genug in das Klassische eingetaucht. Deshalb blieb uns das Geheimnis echter Bildung verschlossen. Hätten wir es ganz tief an uns erfahren, so würden wir auch nicht nach Legitimationen des Klassischen fragen, die außerhalb seiner lebenweckenden Wirkung liegen.

Das Klassische ist nicht rational zu beweisen – kein ethischer Standpunkt kann bewiesen werden; es kündigt sich als klassisch dadurch an, daß es nicht totzukriegen ist, wie auch der Geist der Zeiten sich wandele. Diese Beweise des Geistes und der Kraft, zu deren Verständnis freilich schon selbst einige Reife vorausgesetzt wird, sind die Selbsterweisungen des geformten Normativen, die in der Kunst jedem unbefangenen Beschauer genügen; sollte die Originalform des Lebens statt dessen einer begrifflichen Deduktion bedürfen?

Vermutlich wendet man ein, daß unser Weg zum Klassischen deshalb verfehlt sei, weil jede Zeit ihre eigenen Aufgaben habe und weil er die große Bewegung des Geistes auf vergangene Ideale stillstellen wolle. Dieser Vorwurf bestünde zu Recht, wenn es die höchste Aufgabe der Erziehung wäre, genau auf die besondere Situation vorzubereiten, die durch die jeweilige historische Kultur gegeben ist. Das ist ja der Sinn des endlosen Geschreis nach »Schulreform«: Anpassung an den jeweils letzten Zustand, unmittelbare praktische Vorbereitung für das Leben von heute. Aber ein solcher Bildungsgedanke verdient den Namen der Bildung nicht. Wenn im jungen Menschen nicht ein Überschuß über das, was er unmittelbar brauchen und verbrauchen kann, erweckt wird, so verzehrt er sich im Getriebe des Tages. Das bloß praktisch Erforderliche kann jederzeit nebenbei mit abgemacht werden. Abrichtung und Dressur sind das Gegenteil der Bildung. Die echte Bildung muß gegenüber allen besonderen und einzelnen Aufgaben des Daseins innerlich frei und souverän machen. Deshalb muß sie, wo sie auch ihren besonderen historischen Anknüpfungspunkt suche, immer »humanistisch«, d. h. auf die Totalität der Menschenkräfte gerichtet sein. Sie muß jenen idealen Überschuß über die Forderung des Tages erzeugen, der allein zur freien, ethischen Lebensgestaltung führt. Jede Schulform, die nur aus dem Tagesbedürfnis heraus konstruiert ist, wirkt banausisch, weil sie nicht innerlich freimacht. Es kann jemand weit abseits vom Heute gebildet sein und doch vermöge der Totalität seiner Menschenkräfte in dem Augenblick, wo er diesem Heute gegenübertritt, die höchste freie Anpassungsfähigkeit beweisen. Wer aber nichts kann und ist, als was die besondere Situation von ihm fordert, der bleibt der Sklave des Lebens, statt ihm zu gebieten und es mit einem höheren Gehalt zu durchseelen.

Die Forderungen der besonderen historischen Geisteslage kommen durch eine geheime Teleologie der Geistesorganisation von selbst zur Geltung. Denn der jeweils moderne Geist, der in der Erziehergeneration wie in der Jugend wirksam ist, tritt mit dem Klassischen in eine lebendige Wechselbeziehung. Was wir von diesem Klassischen verstehen, was wir uns aneignen, was wir geistig in uns aktualisieren können, ist wesentlich durch den Anteil mitbestimmt, den wir in diesen Prozeß geistiger Befruchtung hineingeben. So wird das Klassische immer neu auf die Gegenwart bezogen, und indem die Gegenwart auf ihre besondere Art, ehrfürchtig, in objektiver Geisteshaltung, aber doch Leben suchend, sich das Klassische zu eigen macht, empfängt sie selbst einen geheimen Anteil an klassischer Formung und klassischer Höhe. Diese Ideale sind also nicht starr, sondern sie sind Lebenspender, und zwar um so mehr, je lebendiger die Generation ist, die sich mit ihnen auseinandersetzt. Der Geist der Antike ist in schwachen Generationen immer nur Tradition, Fessel, Schablone gewesen. In starken und selbst schöpferischen wurde er zum Erlebnis, zur Neugestaltung und – in den Fällen höchster Vollendung: *wieder zum Klassischen.*[4] Was von jedem Propheten und jedem Schriftsteller gilt, daß er nämlich, entsprechend dem aufnehmenden Organ, jedem Empfänger seiner Botschaft eine besondere Seite zuwendet, das gilt auch von dem geformten Geisteskomplex des Klassischen, der in der Regel nicht nur in einer Person, sondern in der geistigen Produktivität einer ganzen Epoche auftritt: In der individuell aneignenden und verstehenden Kraft liegt die Bildungskraft, die die neue Generation in den Bildungsvorgang hineinzugeben vermag. Ist sie selbst eine Form, wenn auch zunächst nur δυνάμει, so wird sie nicht darüber klagen, daß ihr nur Rohstoff gegeben werde. Verdächtig sind immer die Generationen, die das Verlangen stellen, daß man ihnen mit dem geordneten Unterricht auch gleich eine *fertige* Totalform *gebe*; als ob dies nicht die höchste Ehre bedeutete, die man einer jungen Welt erweisen kann, daß man ihr das Große darbiete in der Erwartung, sie werde ihre *besondere* geistige Stellung dazu schon aus eigenen Kräften zu finden wissen.

Kehren wir zum Ausgangspunkt zurück. Wir sagten: das Klassische erhebe sich im Laufe des Kultur- und Bildungsganges, den ein geistig reiches Volk durchmißt, auf einer bestimmten Stufe der Entwicklung von selbst. Von diesem Augenblick an ist es da, und es kann nicht mehr ignoriert werden. Je mehr künstliche Anstrengungen gemacht werden, um diese einmal geborenen Formen herumzukommen und um jeden Preis original zu sein, um so krasser tritt nur das Epigonenhafte auf. Über das Klassische kommt man, wenn überhaupt, nur dadurch hinaus, daß man ganz und tief durch seine Form hindurchgeht. Aber diese letzten Weihen lassen sich nicht wollen und nicht organisieren. Die Hauptsache ist, daß überhaupt etwas da ist, was sich über den Wandel der Zeiten erhebt. Die

[4] Vgl. Werner Jaeger, Der Humanismus als Tradition und Erlebnis. In: Vom Altertum zur Gegenwart. Hg. von F. Boll u. a. 2. Aufl. Leipzig 1921.

wechselnden Standpunkte einer in sich selbst noch nicht ausgereiften Erziehergeneration, die vom Zufall besonderer Schicksale umhergetrieben wird, können nicht für das Bildungsleben eines ganzen Volkes normativ werden. Wir haben das Unerhörte erlebt, daß jeder Landeslehrerverein neue Bildungsideale für das Volk machen wollte. Bildungsgüter und Bildungsformen können nicht von heute auf morgen durch Vereinsbeschlüsse gemacht werden. Sie sind der Ertrag der tiefsten geistigen Arbeit eines Volkes, der Sieg des stillen Ringens seiner größten Geister. Was nicht aus diesen Quellen der Wahrhaftigkeit und Produktivität geschöpft wird, lebt auch nur von heute auf morgen. – Noch weniger kann das Bildungsbedürfnis, die unklare Sehnsucht der Jugend allein die Normen der Bildung bestimmen. Gewiß sollen jugendliches Seelenleben und jugendliches Lebensrecht in der Erziehung aufs tiefste beachtet werden.[5] Aber um die letzten Gipfel der Bildung kann die Jugend nicht befragt werden. Denn könnte sie darauf Antwort geben, so bedürfte sie der Bildung nicht mehr. Niemand kann die Resultate des Lebens vorwegnehmen, ehe er die letzte ihm beschiedene Reife gelebt hat. Also kann auch die zu erziehende Generation nicht die Normen der Bildung bestimmen.

Sondern darin liegt die Würde des Klassischen in der Erziehung, daß es als ein höheres drittes über *beiden* schwebt: über den Erziehern und den Zöglingen, und daß es beide verpflichtet, einer Höhe nachzueifern, die in beiden noch nicht erreicht ist, sondern ihnen die Maße ihres Strebens aufrichten soll. Immer ist die Erziehung verflacht und entartet, wenn eine von beiden Parteien sich, ihre Wesensart der anderen allein aufdrängen will: wenn die Jugend dem Alter gebietet oder die gerade lebende Erziehergeneration sich für den letzten Maßstab hält. An beiden Extremen ist unsere Erziehung in der letzten Zeit gescheitert. Es waren unerprobte Mächte, die man in die Schule hineinführen wollte, oder die alten Mächte waren von den Erziehern selbst nicht angeeignet, waren in ihrem eigenen Blut und Leben nicht echt geworden. Die Jugend hat darauf reagiert, indem sie für ihre eigene Unerprobtheit das gleiche Lebensrecht verlangte, und es waren nicht die unehrlichsten Erzieher, die ihr nachgaben, weil sie das Gefühl hatten, es sei um ihre höhere Legitimation sehr schlecht bestellt. Trachten wir also danach, daß wir wieder Lehrer bekommen, in denen das heilige Feuer der Vesta glüht. Wer nicht ein Bildungsideal *bekennt*, wer sich in seinem Dienste nicht geradezu als *Priester* fühlt, ist zum Erzieher nicht berufen.

Wo aber bleibt die heilige Geistesfreiheit, die Scheu vor dem jungen

[5] Meine ›Psychologie des Jugendalters‹, 2. Aufl. Leipzig 1924 möchte diese Wege bereiten helfen.

Leben, wenn es sich diesem Prozeß einer Kulturformung nicht unterwerfen *will?* – Jedes an seiner Stelle! Leben und Gemeinschaft in der Schule sei jugendlich heiter; das Maß und die Forderung sei ernst, der Gedanke der Pflicht unerbittlich. Wahrhaft klassische Gehalte können nicht anfragen, ob sie beliebt werden. Sie sind aufgerichtet als Heiligtümer, zu denen man gebetet haben muß, wenn man frei werden will. Die Schule bleibt Autorität. Jugend braucht immer Autorität; es sei nur eine echte, innerlich beglaubigte. Will man dies nicht, so suche man nicht etwa neue Formen der Erziehung, sondern man schaffe sie überhaupt ab. Das allein wäre konsequent. Der größte Künstler kann es nicht entbehren, noch kurz vor der eigenen Reife und Befreiung durch eine Meisterlehre hindurchgegangen zu sein. Beethoven hat noch als Mann Ensembles aus dem ›Don Juan‹ abgeschrieben, nur um sich mit der Meisterschaft dieses Könnens zu erfüllen. Wir alle brauchen noch nach der Schule, selbst nach der Hochschule, eine echte Meisterlehre, wenn wir in uns selbst ganz vollendet werden sollen. Wer zu früh aus der Zucht entläuft, wird im besten Falle ein geschickter Könner, nie ein Meister.

Verachtet mir die Meister nicht
Und ehrt mir ihre Kunst!

Nicht oft genug kann in unseren Tagen das Wort eines Mannes zitiert werden, der für sich als reifer Geist das Recht in Anspruch nahm, ein Befreier der Menschheit, ein Errichter neuer Wertetafeln, ja ein Umwerter aller Werte zu werden. Von der Schule aber sagt Nietzsche:

»Ich sehe durchaus nicht ab, wie einer es wieder gutmachen kann, der versäumt hat, zur rechten Zeit in eine *gute Schule* zu gehen. Ein solcher kennt sich nicht; er geht durchs Leben, ohne gehen gelernt zu haben; der schlaffe Muskel verrät sich bei jedem Schritt noch. ... Das Wünschenswerteste bleibt unter allen Umständen eine harte Disziplin *zur rechten Zeit,* d. h. in jenem Alter noch, wo es stolz macht, viel von sich verlangt zu sehen. Denn dies unterscheidet die harte Schule als gute Schule von jeder anderen: daß viel verlangt wird; daß streng verlangt wird; daß das Gute, das Ausgezeichnete selbst als normal verlangt wird; daß das Lob selten ist, daß die Indulgenz fehlt; daß der Tadel scharf, sachlich, ohne Rücksicht auf Talent und Herkunft laut wird. Eine solche Schule hat man in jedem Betracht nötig: das gilt vom Leiblichsten wie vom Geistigsten: es wäre verhängnisvoll, hier trennen zu wollen! Die gleiche Disziplin macht den Militär und den Gelehrten tüchtig; und näher besehen, es gibt keinen tüchtigen Gelehrten, der nicht die Instinkte eines tüchtigen Militärs im Leibe hat. Befehlen können und wieder auf eine stolze Weise gehorchen; in Reih und Glied stehen, aber fähig jederzeit, auch zu führen; die Gefahr dem Behagen vorziehen; das Erlaubte und Unerlaubte nicht in einer Krämerwage wiegen; dem Mesquinen, Schlauen, Parasitischen mehr feind sein, als dem Bösen. – Was *lernt* man in eine harten Schule? *Gehorchen* und *befehlen.*«[6]

Die Maße, denen der deutsche Geist zu gehorchen hat, sind aufgerichtet in der Dreiheit, von der wir sprachen: Christliche Reinheit der Seele, preußische Einheit von Pflicht und Freiheit, Goethesche Fülle und Form. »Wir haben nichts, womit wir das vergleichen.« Jede deutsche Schule, wie sie sich auch nenne, welchen Zweig des Wissens und der Arbeit sie auch sonst bevorzuge, muß in dieser Dreieinigkeit ihren Mittelpunkt haben. Nicht nur so, daß in die Größe oder in die Schönheit dieser Weltanschauung die Jugend eingehüllt werde mit hohen Worten oder mit dem bloßenden wallenden Mantel der Begeisterung; sondern daß darum gerungen werde in täglicher Arbeit und heißem Bemühen. Nichts Kleines sei zu klein, wenn an ihm Strenge und Sorgfalt des Denkens, wenn an ihm arbeiten, wenn an ihm Zucht gelernt werden kann. In der Jugend kommt es auf die elementaren Kräfte, auf ihre exakte und treue Funktion an. Gipfel können nicht erflogen werden, sie wollen Stufe für Stufe erstiegen sein.

Endlich ein letzter Gesichtspunkt: Jede höhere Bildung beruht darauf, daß man einmal weit aus sich herausgetreten sei, um sich dann in einem vertieften Sinne wiederzufinden und zu besitzen. Wollte ein Volk sich nur mit seinen eigenen vergangenen Gipfeln beschäftigen, so würde es niemals zu irgendeiner Freiheit gegenüber sich selbst kommen. Es gibt in jeder Individualität, also auch in jeder Volksindividualität, Kräfte, die von selbst in eine bestimmte Richtung drängen. Der Nationalcharakter setzt sich wie eine geheime Naturkraft unbewußt immer wieder durch. Aber damit er ganz zu seiner höchsten möglichen Vollendung komme, muß er sich mit einem Fremden, mit einer Struktur, die anders ist, mit einem Geiste, der nicht er selbst ist, berührt und auseinandergesetzt haben. Dies ist der Grund, weshalb wir bei dem einheimischen Klassischen im höheren Bildungsprozeß nicht stehen bleiben können. Es arbeitet sich erst ganz heraus, wenn es zu anderen, noch verständlichen Formen der Klassizität in lebendige Beziehung tritt. Dies andere Klassische könnte gefunden werden bei den neueren Völkern, die sich neben uns auf ihre eigentümliche geistige Art entwickelt haben. Aber da ihr Lebensgang dem unsrigen verwandt ist, ja sich mit ihm beständig gekreuzt und durchdrungen hat, so wird es die Bildung noch tiefer befruchten, wenn wir in den Zusammenhang einer ganz anderen Kultur hineingreifen, die allen modernen einheitlich zugrunde liegt. Die griechisch-römische Kultur hat an den neueren Völkern

[6] Friedrich Nietzsche, Der Wille zur Macht. 4. Buch, Nr. 912. (W. W. Taschenausgabe) Bd. 10, S. 140.

diese Bildungsfunktion immer wieder geübt. Ihre klassischen Gipfel stehen zu uns in dem dreifachen Verhältnis, daß sie genetisch eine Epoche bedeuten, die wir immer wieder auf unsere Art beerbt haben, daß sie einer bereits abgeschlossenen und der unsrigen in wesentlichen Zügen parallel verlaufenen Kultur angehören, und daß sie in vielem unerreichte Muster darstellen, an denen unsere Besten das geworden sind, als was wir sie verehren. Ja es ist so – man mag es beklagen oder nicht –, daß unser eigener Klassizismus, der für uns immer im Mittelpunkt stehen muß, nicht einmal bis in die Tiefe verständlich ist ohne ein Teilhaben an den Formen, die Hellas und Rom geschaffen haben, ohne erneute Auseinandersetzung mit der Welt, an der alle größten Geister der neueren Zeit von Dante an ihre eigentliche Wiedergeburt fanden. Wir können daher nicht aufhören, in diese Schule zu gehen, solange unsere Meisterschaft diese schöne und heilige Einheit nicht überboten hat. Mühsam zwar muß durch das Medium von fremden Sprachen erarbeitet werden, was wir dort suchen, wenn wir es in seiner ganzen feingeschliffenen Individualität erfassen wollen. Aber dieser Weg ist noch nicht das Ziel. Das Ziel ist die Berührung mit dem griechischen Geiste selbst, damit wir der wallenden Mystik unserer eigenen Seele, die ohne Zweifel die tiefere der beiden Welten ist, doch zugleich etwas von den Maßen geben, zu denen der Grieche sich emporgerungen hat, etwas von jener Einfachheit, Höhe und Form, die der Deutsche nie aus sich selber zu finden scheint. Was Form sei, haben uns die Griechen vorgelebt. Deshalb ist der Begriff des Klassischen, noch mehr: deshalb ist das Klassische als lebendige Wirklichkeit bei ihnen geboren worden.

Und das ist es doch, was unsere Erziehung braucht: Maße. Der Gedanke des Maßes, das die ganze Welt als einen Kosmos durchwaltet und auch der wogenden Bewegtheit der Einzelseele allein den ethischen Rhythmus gibt, muß wieder über uns stehen, damit der unaufhaltsame Fluß der neuen Zeit uns nicht fortspüle. Nicht das Amerikanische kann uns Richtschnur sein: der Fortschritt in Technik und Erwerb, in Massenkultur und Nützlichkeit. Sondern darauf kommt es an, daß die Seele in sich selbst einen Halt finde, damit *sie* das Leben gestalte, nicht vom Leben mit seinen immer wechselnden Forderungen zerrieben werde. Die Ehrfurcht vor diesem, das über uns ist, muß wieder eine Ehrfurcht werden vor einem, das in uns ist. Glauben wir aber an solche Mächte der Ordnung, der Form, der Idealität, des Selbstwertes, so besteht kein Streit mehr, ob die Jugend recht hat oder die jeweils reife Generation. Sondern über dem natürlichen Wechsel des Lebensgefühls und der Standpunkte ruht dann ein Himmel von festen Maßen, an dessen Gestirnen der Seefahrer sich zu jeder Zeit orientieren kann: *ohne den Glauben an ein Klassisches gibt es keine Erziehung.*

Die wissenschaftlichen Grundlagen der Schulverfassungslehre und Schulpolitik

1928

Einleitung

Das Problem der wissenschaftlichen Grundlagen der Politik, speziell der Schulpolitik

Der Glaube, daß irgendwo Politik aus wissenschaftlichen Grundsätzen oder theoretischer Systematik heraus gemacht werde, ist eine gelehrte Verirrung. Selbst der Anteil von Ideologien, d. h. formulierten gedanklichen Leitlinien, am politischen Handeln pflegt von denen überschätzt zu werden, die als bloße Zuschauer der Politik darauf angewiesen sind, sich über sie Gedanken zu machen. Die neuerdings vielfach, besonders aus Lehrerkreisen geäußerte Meinung, die Erziehungswissenschaft könne mit ihren Mitteln für bestimmte Maßnahmen der Schulorganisation, Schulgesetzgebung und Schulpolitik eindeutige wissenschaftliche Begründungen geben, muß aus dem doppelten Grunde falsch sein, weil die Pädagogik von sich aus allein natürlich weder Fragen der Staatslehre noch der Rechtswissenschaft entscheiden kann, und weil selbst die praktische Politik nicht einfach die Anwendung einer vorauszusetzenden theoretischen Politik ist. Wenn häufig gesagt wird, Politik sei Kunst, so ist dies zwar bei strenger Begriffsdeutung nicht viel besser als der Satz, Politik sei Wissenschaft. Aber richtig daran ist wenigstens das Negative, daß der Politiker sowenig wie der Künstler »aus der Theorie heraus« gestaltet.

Trotzdem ist nicht zu leugnen, daß wissenschaftliche Einsichten unter den Voraussetzungen der praktischen Politik irgendeine Rolle spielen. Sie sind nicht das entscheidende Agens, selbst wenn man über die Seinserkenntnis hinaus eine wissenschaftliche Rechtfertigung der Wertsetzung und Wertbildung für möglich hält, sondern sie treten in den Prozeß der politischen Motivation, Zielsetzung und Mittelauswahl nur mit ein. Am sinnfälligsten ist das letzte: die von Einsicht gelenkte Wahl der Mittel, die auf Grund gesetzlicher Wirkungszusammenhänge die Erreichung eines vorausgesetzten Zieles in der Wirklichkeit verbürgt, falls keine »unvorhergesehenen Umstände« eintreten. Aber dieser positivistische Wissenschaftsbegriff, der eigentlich nur eine technische Funktion der Wissenschaft (nämlich die Rationalisierung der Mittelwahl) kennt, ist offenbar viel zu eng, um für das Gebiet der Geisteswissenschaften auszureichen. Wissenschaft ist hier noch etwas anderes als diejenige Form von Kausalerkenntnis, die die Vorausberechnung des tatsächlichen Geschehens und damit in gewissem Grade die planmäßige Lenkung des Geschehens ermöglicht. Die geisteswissenschaftliche Besinnung greift über den positivistischen Wissenschaftstypus einer theoretisch fundierten gesellschaftlichen Technik hinaus. Die theoretische Grundlage der Politik ganz allgemein ist nicht bloße Kausalerkenntnis, ist aber auch nicht bloße Wertsetzungskritik, und steht somit zum konkreten Handeln in einem viel komplizierteren Verhältnis, als es das hergebrachte Schema: Wissenschaft ist entweder Einsicht in die gesetzlichen Kausalzusammenhänge der zweckgerichteten Mittel oder normativ begründete Wertkritik, zum Ausdruck bringt.

Die Absicht der folgenden Ausführungen ist demgemäß von zwei Seiten her bestimmt: sie sollen an einem Sonderbeispiel das Verhältnis von Theorie und Praxis auf dem Gebiet geistig-gesellschaftlicher Zusammenhänge zur Anschauung bringen. Zugleich aber soll, veranlaßt durch jene Hoffnungen auf eine anscheinend wissenschaftlich begründbare praktische Schulpolitik, der problematische Wissenschaftscharakter einer Reihe von Versuchen erörtert werden, die bisher noch gar keine feste Gestalt angenommen haben. Unter den unbestimmten Namen der Schulverfassungslehre, Schulverwaltungslehre, Theorie der Schulorganisation oder ganz allgemein Schulpolitik, bestehen Ansätze zu einer Wissenschaft, über deren Grundsätze und Methoden noch völlige Unklarheit herrscht. Die Frage ist berechtigt, wo diese Versuche eigentlich einzuordnen sind, wie sie weitergebildet werden können und was sie möglicherweise als klärende Voraussetzungen für die Motivation der Praxis zu leisten vermögen. Es handelt sich dabei inhaltlich um Probleme, die in der Preußischen Akademie der Wissenschaften seit dem Freiherrn *von Zedlitz* (1777) und *Schleiermacher* (1814) keine Beachtung mehr gefunden haben.[1]

[1] Vgl. Karl Abraham Freiherr von Zedlitz, Sur l'instruction publique etc. Premier Mémoire 1777. – Die später noch einmal zu berührende Abhandlung von Friedrich Schleiermacher, Über den Beruf des Staates zur Erziehung, gelesen in der Plenarsitzung der Kgl. Akademie der Wissenschaften am 22. Dezember 1814, deren Titel offenkundig an Friedrich Carl von Savignys berühmte Schrift: Vom Beruf unsrer

I.

Überblick über die Entwicklung der schulpolitischen Literatur in Deutschland seit der Reformationszeit

Den Werdegang dieser Wissensgebiete in der Neuzeit, zunächst auf deutschem Boden, kann ich einleitend nur kurz streifen, obwohl er nicht ohne geistesgeschichtliches Interesse ist.[2] Drei Literaturzweige kommen dafür in Betracht: zunächst die an den verschiedensten Stellen kodifizierte Rechtsmaterie selbst; sodann die Schriften der Staats- und Rechtslehrer; schließlich die Betrachtungen der Pädagogen, der Philosophen und der publizistischen Tagesschriftsteller.

1. Das eigentliche Schulrecht, einschließlich der Schulverfassungs- und Schulverwaltungsordnungen, ist bekanntlich in der Reformationszeit eng mit dem (der Hauptsache nach neu entstehenden) landeskirchlichen Recht verschmolzen. Daneben spielt gerade auf diesem Gebiet ein territorial verschiedenes Gewohnheitsrecht eine große Rolle. Vieles, was späterhin zu zwingenden Rechtsregeln verdichtet wird, erscheint anfangs noch in der Form der kirchlichen Vermahnung. Von Luthers ›Sendschreiben an die Ratsherren deutscher Städte‹ (1524) bis zu Ratkes ungedruckter Regentenamtslehre (1631)[3] besteht ein historischer Zusammenhang, dessen man sich im 17. Jahrhundert bereits bewußt war. Staatlich gesichertes und

Zeit für Gesetzgebung und Rechtswissenschaft. Heidelberg 1814, anknüpft, ist in den Schriften der Akademie nicht erschienen und wird auch von Adolf von Harnack, Geschichte der Akademie der Wissenschaften Bd. II. Berlin 1835, S. 849 nicht erwähnt. Gedruckt ist sie in Schleiermachers Sämtl. Werken Abt. III, Bd. I und in Schleiermachers Werken, Auswahl in 4 Bänden, hg. von O. Braun und J. Bauer, Leipzig o. J., Bd. I S. 495 ff. – Vgl. Günther Holstein, Die Staatsphilosophie Schleiermachers. Bonn und Leipzig 1923, S. 173 ff. Anmerkung von 1963: Schleiermachers Abhandlung ›Über den Beruf des Staates zur Erziehung‹ von 1814 ist jetzt auch zu finden in: Friedrich Schleiermacher, Pädagogische Schriften. Unter Mitwirkung von Theodor Schulze hg. von Erich Weniger. Düsseldorf und München 1957, Bd. II, S. 153–169.

[2] Zum Folgenden verweise ich allgemein auf die bekannten Geschichten der Pädagogik, die aber diese Seite kaum berühren, auf die Ansätze in den historischen Abschnitten von Lorenz v. Stein und auf die wertvollen Aufsätze von Wilhelm Kahl, Zur Geschichte der Schulaufsicht. Leipzig 1913. – Einen ersten unzulänglichen Versuch zusammenhängender Darstellung (bis 1848) habe ich unternommen in der Aufsatzfolge: Der Zusammenhang von Politik und Pädagogik in der Neuzeit. Umrisse zu einer Geschichte der deutschen Schulgesetzgebung und Schulverfassung. In der Zeitschrift: Die deutsche Schule Bd. 18–20. Leipzig 1914–1916. Daselbst weitere Literaturangaben. Wichtige *Quellen* enthalten für Preußen die Bände 46, 48, 50, 56 und 58 der Monumenta Germaniae Paedagogica.

[3] Über sie vgl. Kahl, a.a.O., S. 30 ff.

gefordertes Recht enthalten im 16. Jahrhundert vor allem die Kirchenordnungen und, wo die Konsistorialverfassung besteht, die Konsistorialordnungen. Um die Mitte des 17. Jahrhunderts beginnen die Schulgesetze und Schulverordnungen ganz allmählich, sich von der engen Verknüpfung mit dem inneren Kirchenregiment loszulösen. Der Staat erblickt nun in der Schule immer mehr ein Instrument, das weltliche Heil seiner selbst und seiner Untertanen neben ihrem ewigen Heil zu fördern. Die landesherrlichen Edikte, Reglements und Kabinettsorders aber, die z. B. in Brandenburg-Preußen im 18. Jahrhundert für die Schule erlassen werden, sind staatsrechtlich betrachtet noch von sehr ungleicher Natur. Gerade an ihnen kann man studieren, wie langsam sich der moderne Begriff des öffentlichen Rechtes an den Umwandlungen der rechtlich-politischen Wirklichkeit selbst herausbildet. Z. T. ruhen sie auf patrimonialen Rechten, z. T. sind sie konfessionell, z. T. territorial beschränkt. Die Unfertigkeit des staatlichen Behördenwesens tritt überall erschwerend hinzu. Ein wirkliches Staatsgesetz auch für das hier betrachtete Gebiet ist zuerst das Preußische Allgemeine Landrecht von 1794, das auf der zentralistischen Staatsidee der Aufklärung ruht, aber neben den überlieferten Landesrechten nur subsidiäre Geltung haben sollte: ein ausgesprochen künstliches und gelehrtes Recht. Als *Süvern* 1817, offenbar zur Erfüllung des ALR Teil II Titel 12, § 1, mit dem Versuch beginnt, die wesentlichsten Bestimmungen für das Schulwesen in einem Schulgesetz für Preußen zusammenzufassen, blickt er auf die bisherigen Ansätze der Schulgesetzgebung zurück und findet lauter Fragmente, nirgends ein Ganzes.[4] Nachdem andere Staaten mit dem Erlaß von Volksschulgesetzen vorangegangen waren, wird in Preußen seit der oktroyierten Verfassung von 1848 ein Gesamtschulgesetz grundsätzlich gefordert. Die Gesetzgebung ist aber in Preußen über ein ganz kleines Bruchstück von 1906 trotz unablässiger Bemühungen nicht hinausgekommen. Die Reichsverfassung von 1919 hat von vornherein nur ein ganz spezielles, wennschon politisch besonders wichtiges Gebiet einer künftigen grundsätzlichen Gesetzgebung unterstellt, nämlich die religiösen und weltanschaulichen Verhältnisse der Volksschule. Das geltende Schulrecht beruht auch in den Ländern, in denen es zu einem Schulgesetz gekommen ist, noch auf einer Fülle von Einzelgesetzen und -verordnungen, und natürlich treten diese nicht alle ausdrücklich unter dem Titel »Schule« auf, sondern das für die Schule maßgebliche Recht ist mannigfach über das allgemeine

[4] Vgl. Johann Wilhelm Süverns Promemoria von 1817. In: Die Gesetzgebung auf dem Gebiete des Unterrichtswesens in Preußen. Vom Jahre 1817–1868. Aktenstücke mit Erläuterungen. Berlin 1869, und Gunnar Thiele (Hg.), Süverns Unterrichtsgesetzentwurf vom Jahre 1819. Leipzig 1913.

Staatsrecht, das Verwaltungsrecht, das Beamtenrecht, das Strafrecht, das bürgerliche Recht verstreut. Wenn sich neuerdings, gemäß dem *Hegel*schen Satze vom *Recht* des Kindes auf Erziehung, der die alte religiös und rechtlich gefaßte *Pflicht* zur Kindererziehung überbot, ein eigentümlich neues Objekt der Rechtsregelung unter dem populären Namen »Jugendrecht« herausgebildet zu haben scheint, so darf man nicht vergessen, daß es sich dabei um die bloße Zusammenfügung und Weiterbildung von Gesetzen handelt, die juristisch, d. h. gesetzgeberisch und rechtstheoretisch, den allerverschiedensten Provinzen der Rechtsordnung angehören. Wie das kulturelle Gebiet »Handel« nicht nur im Handelsrecht auftritt, sondern auch im inneren Staatsrecht, Völkerrecht, Strafrecht, bürgerlichen Recht usw., so ist das Kind und der Jugendliche kein Phänomen, das als solches rechtsgliedernd wirkt, sondern die juristische Begriffs- und Normenbildung umspannt es gemäß *ihren* eigentümlichen Kategorien von den verschiedensten Seiten her. Das gleiche gilt vom Schulrecht. – Handbücher, die für den Gebrauch der Schulverwaltungsbehörden bestimmt sind, machen den Versuch, diese zersplitterte Rechtsmaterie wenigstens unter praktischen Gesichtspunkten zu sammeln. Zwei wichtige große Beispiele für Preußen sind hier zu nennen: *Ludwig v. Rönnes* Werk: ›Das Unterrichtswesen des preußischen Staates‹ [5] und *Schneider* und *von Bremen*, ›Das Volksschulwesen im preußischen Staate‹.[6]

2. Von seiten der de lege lata interpretierenden und de lege ferenda diskutierenden Staats- und Rechtswissenschaft ist das Gebiet der Schulverwaltung und Schulpolitik begreiflicherweise fast nur im Zusammenhang der ganzen Staatsverfassung und Staatsverwaltung behandelt worden. Die philosophisch fundierten Systeme des Naturrechts vom 16. bis 18. Jahrhundert bieten dafür eine auffallend geringe Ausbeute. Weit mehr enthalten die platonisierenden Staatsromane von der ›Utopia‹ selbst bis zu *Campanella, Andreae, Baco* usw.[7] Das erste Handbuch der Staatsverwaltung, das auf dem Boden der staatlichen Wirklichkeit steht, und das zugleich für unser Problem eine zentrale Bedeutung besitzt, ist *Veit Ludwig*

[5] Ludwig von Rönne, Das Unterrichtswesen des preußischen Staates. 2 Bde. (ein Teil seiner ›Verfassung und Verwaltung des Preußischen Staates‹) Berlin 1855.

[6] Schneider, K. und C. von Bremen, Das Volksschulwesen im Preußischen Staate. 3 Bde. Berlin 1886 f.

[7] Neben *Platos* ungeheure Nachwirkung tritt auch der Einfluß von *Xenophons* Kyroupaidia, der sich in zahlreichen Büchern über Fürstenerziehung auswirkt. Natürlich spiegeln diese Fürstenspiegel auch immer die allgemeine Lage von Politik und Erziehung.

v. Seckendorffs ›Teutscher Fürstenstaat‹.[8] Im Anschluß an das landesfürstliche Kirchenregiment wird hier in Teil II cap. 14 die Verwaltung der Schulen behandelt.

Der Titel lautet vollständiger: ›Teutscher Fürsten-Stat oder gründliche und kurtze Beschreibung, welcher gestalt Fürstenthümer, Graff- und Herrschafften im H. Römischen Reich Teutscher Nation ... beschaffen zu seyn ... pflegen.‹ – Der 1. deskriptive Teil handelt »Von einem Land und Fürstentumb insgemein und materialiter«. (Den konkreten Hintergrund bildet bekanntlich das Herzogtum Gotha unter Herzog Ernst dem Frommen mit seinem höchst modern entwickelten Schulwesen.) Der 2. umfangreichste Teil betrifft die (öffentlichen) Landeshoheiten und führt den Titel »Von der Regierung und Verfassung eines Lands und Fürstenthumbs in geist- und weltlichem Stande«, während der 3., hier weniger interessierende Teil auf die eignen Güter (Domänen), Einkünfte, Vorzüge und Regalien des Landesherrn eingeht. – Kapitel 1–10 des 2. Teiles behandeln überwiegend das *weltliche* Landesregiment, wobei sich als Hauptpunkte der Landeshoheit *Macht*, *Wohlfahrt*, *oberste Gerichtsbarkeit* und *Strafgewalt* herausarbeiten. Kapitel 11–15 enthalten die Grundsätze für das *geistliche* Landesregiment. Der Doppelcharakter der Landeshoheit als weltlich-theokratisch tritt also beherrschender hervor als der fürstlich-ständische Dualismus, der besonders in Kapitel 4 berührt wird. – In Kapitel 14 ist »von Bestellung, Ordnung und Beschaffenheit der Schulen, hoher und niedern« die Rede. Der unterste Grad der Schulen – die ländlichen – dienen zu Pflanzung Christlicher Lehre und etlicher gemeiner Geschicklichkeiten. Den zweiten und dritten Grad bilden die Stadtschulen und die Landschulen (= Landesschulen oder Gymnasien); den vierten Grad die hohen Schulen oder Universitäten, die es schon im heidnischen Altertum gegeben habe. (Ihr Vorschlagsrecht bei Wiederbesetzung erledigter Professuren wird ausdrücklich erwähnt.) – Die Schulen und das Schulregiment werden, »weil die Unterrichtung in Christlicher Lehre dero erstes und wichtigstes Stück ist, billich vor Werckstädte und Vorbereitungsoerter der Christlichen Kirchen geachtet, auch deren Verordnung und Bestellung vor eine Verrichtung des Geistlichen Regimentes gehalten, dabey gleichwol auff den fernern Zweck, nemlich die Unterrichtung in andern nutzlichen Dingen und Wissenschafften auch mit gesehen«.

Seit *V. L. v. Seckendorffs* ›Fürstenstaat‹ kehrt das Schulwesen, je mehr sich das Landesregiment säkularisiert, in den Werken der Kameralistik und in den Handbüchern der Polizeiwissenschaft meist unter den Titeln ›Unterrichtspolizei‹ oder allgemeiner: ›Kulturpolizei‹ wieder.[9] Im Hin-

[8] Ludwig v. Seckendorff, Teutscher Fürstenstaat. Frankfurt 1656.

[9] Vgl. Eduard Sprangers Artikel ›Kulturpolitik‹ in Paul Herres Politischem Handwörterbuch. Leipzig 1923.

blick auf die Förderung prinzipieller Gedankenbildung darf man es als einen günstigen Umstand bezeichnen, daß die territoriale Zersplitterung des alten deutschen Reiches und die konfessionellen Abgrenzungen vom Augsburger Religionsfrieden bis zum Westfälischen Frieden mit dem Kirchenwesen zugleich das Schulwesen zu einer Angelegenheit der *Landes*hoheiten machten. Dadurch ergab sich gleichsam von selbst ein Antrieb zu vergleichender Betrachtung. Die beiden letzten Werke, die von dem Boden des alten Reichsrechtes aus auf diese Fragen eingingen, sind wohl *Günther Heinrich v. Bergs* ›Handbuch des teutschen Polizeirechts‹ [10] und *Nicolaus Thaddaeus Gönners* ›Teutsches Staatsrecht‹.[11] Auch der Anteil der deutschen Merkantilisten seit *Johann Joachim Becher* muß hier erwähnt werden. Alle aber bleiben bei gleichsam gelegentlichen Erwägungen stehen und sind für uns nur insofern interessant, als sie einzelne Zeittendenzen oder Begrenztheiten des zeitgenössischen Gesichtskreises spiegeln. Im 19. Jahrhundert treten die allgemeinen Darstellungen der Politik (von *Dahlmann* bis *Treitschke*) und einzelne Artikel in den großen Staatslexika hinzu. Aktuelle Grundfragen der Schulpolitik werden jeweils in Gelegenheitsschriften von Juristen erörtert. Besonderes Interesse verdienen hier die Schriften des Verfassungshistorikers und Verwaltungsjuristen *Rudolf von Gneist*, so vor allem die Kontroverse zwischen *Gneist* und *Bierling* über das Recht der Simultanschule und Konfessionsschule in Preußen. Die rechtliche und kulturelle Gesamtstellung des Bildungswesens im Staat aber hat – in dem von *Seckendorff* angebahnten Grundstil – zuerst der Hegelianer *Lorenz v. Stein* in seiner ›Verwaltungslehre‹ (seit 1865) behandelt. Dieses Werk also muß, trotz aller seiner Unvollkommenheiten, als das Grundwerk unseres Problemgebietes betrachtet werden. Vermöge seiner philosophischen Haltung reicht es über die juristische Literatur im engeren Sinne weit hinaus. Es wird daher von ihm im folgenden gesondert die Rede sein.

3. Der Anteil der pädagogischen Literatur an der Frage Schule und Staat ist natürlich besonders groß. Schon die Reformpädagogen des 17. Jahrhunderts um *Ratke* und *Comenius* sind fast sämtlich politisch interessiert. Es ist ja die Geburtszeit der eigentlich staatlichen Kulturpolitik. In der 2. Hälfte des 18. Jahrhunderts bildet sich allenthalben, nicht nur in den monarchischen Gebieten deutscher Zunge, eine Nationalerziehungsliteratur heraus, die einen erstaunlichen Umfang erreicht. In Frankreich geht *Caradeuc de la Chalotais* (1763) voran. In Preußen stehen *Basedow*

---

[10] Heinrich v. Berg, Handbuch des teutschen Polizeirechts. Hannover 1799 ff.

[11] Nicolaus Thaddaeus Gönner, Teutsches Staatsrecht. Landshut 1804.

und der Freiherr *v. Zedlitz* an der Spitze. Weiter gehören in diesen Zusammenhang, um nur die Fülle der Namen anzudeuten: *Resewitz, v. Rochow, Trapp, Zöllner, Stephani, Voss, Poelitz,* in der Schweiz *Iselin, Pestalozzi, v. Fellenberg, v. Bonstetten* und viele andere. Allmählich wird die ständische Gliederung dieser Nationalerziehung überwunden durch den Gedanken allgemeiner Menschenerziehung im Staat, bis in *Fichte* und *Pestalozzi* der Gedanke Gestalt gewinnt, daß allgemeine Menschenbildung das Wesen der Nationalbildung ausmache und diese das Fundament der Staatserziehung sei. *Arndt* und *Jahn* gehen ähnliche Wege; ebenso *Jachmann, Passow* und *Süvern.* Dazwischen liegen die Stürme der französischen Revolution, in der alle Grundprobleme der modernen Schulpolitik zuerst diskutiert werden. Kaum ein großer Pädagoge konnte von jetzt ab an diesen Fragen vorübergehen. *Pestalozzi, Fröbel, Schleiermacher, Harnisch, Diesterweg, Herbart, Waitz* stellen ihre Pädagogik irgendwie in den Zusammenhang der staatlichen Wirklichkeit hinein. Mit dem Revolutionsjahr 1848 erreichen diese Auseinandersetzungen einen neuen Gipfelpunkt. In Deutschland sind für die starke staatliche Zentralisierung außer den Hegelianern nur einige radikale Demokraten eingetreten. Auch die offizielle Sozialdemokratie vertritt in ihrer Schulpolitik die einheitliche Staatsschule mit besonderer Energie. Im allgemeinen aber überwiegt die liberale Linie, der *W. v. Humboldt,* z. T. *Schleiermacher, Herbart, Karl Mager* und *F. W. Dörpfeld* angehören, allerdings in einem sehr verschiedenen Sinne, wie später noch auszuführen ist. Ein Teil der Genannten entwickelt die Pädagogik aus philosophischen Voraussetzungen. In diesem Zusammenhang werden dann die prinzipiellen Beziehungen zwischen Staat und Schule, auch von Staat und Hochschule, erörtert. – Neben ihnen aber steht die Fülle von Publizisten, die mit Broschüren und Zeitungsaufsätzen in irgendeine aktuelle Frage der Schulpolitik eingreifen und dabei naturgemäß genötigt sind, gelegentlich auch an das Grundsätzliche zu rühren. Der Kulturkampf [12] und der *v. Zedlitz*sche Unterrichtsgesetzentwurf (1892) [13] in Preußen boten in den letzten Jahrzehnten dazu hervorragenden Anlaß.

Trotz dieser umfangreichen Literatur zum Thema Schulpolitik ist es zu einer wirklich umfassenden wissenschaftlichen Behandlung des ganzen Fragenkomplexes nicht gekommen. Der Grund hierfür kann nicht im

[12] Vgl. die Darstellung bei Joseph Heß, Der Kampf um die Schule in Preußen. Köln 1912.

[13] Vgl. u. a. Victor Rintelen, Der Volksschulgesetzentwurf des Ministers Grafen v. Zedlitz-Trützschler. Frankfurt a. M. 1893, und Rudolf v. Gneist, Die staatsrechtlichen Fragen des preußischen Volksschulgesetzes. Berlin 1892.

Mangel an Interesse liegen. Denn der Gegenstand ist sowohl für den modernen Staat, der immer mehr die Bedeutung der Kulturpolitik im weitesten Sinne erkennt, wie für die innere Gestaltung des Bildungswesens ungeheuer wichtig. Aber die Schwierigkeit der Sache hat bisher ihre Entfaltung gehindert. Der Philosoph, der Historiker, der Staatsmann, der Pädagog, der Jurist – jeder sieht sie doch nur von einer Seite aus, zu schweigen von den gegensätzlichen Auffassungen der politischen Parteien. Über den Parteien mag allenfalls der Philosoph stehen, der daran das Ewig-Gültige *sucht*, und der Jurist, sofern er sich auf die Auslegung des positiv geltenden Rechts beschränkt. Der Glaube an den zweiten Teil dieses Satzes ist aber schon durch den Fall *Gneist-Bierling* einigermaßen erschüttert. Die Stellung *R. v. Gneists* zum Allgemeinen Landrecht ist doch nicht frei von weltanschaulichen Vorentscheidungen, die gerade bei einem Historiker überraschen müssen. Und nicht minder fraglich ist es, wieweit die Philosophie Weltanschauungen *rein* wissenschaftlich zu begründen vermag. Dieses Problem wird im folgenden noch eine eingehende Erörterung finden.

Im Rahmen dieser historischen Übersicht ist es nur noch von Interesse, diejenigen schulpolitischen Theorien des 19. Jahrhunderts zu berühren, die den Versuch einer allseitigen wissenschaftlichen Grundlegung gemacht haben. Wenn man die Schriften ausscheidet, die einfach Forderungen an die Gestaltung der schulpolitischen Wirklichkeit gestellt haben, so bleiben nur zwei Versuche übrig, das Schulproblem wissenschaftlich zu bewältigen: *Karl Magers* ›Deutsche Scholastik‹ und *Lorenz v. Steins* ›Verwaltungslehre‹.

Karl Mager berichtet in seiner Zeitschrift ›Pädagogische Revue‹ von einer umfangreichen Schrift unter dem Titel ›Deutsche Scholastik‹, »welche die liberale Lehre von der Verfassung des öffentlichen Schulwesens in Deutschland im Gegensatze zur absolutistischen, radikalen, bürokratischen, hierarchischen und anarchischen darlegen sollte«.[14] Er teilt Bruchstücke daraus mit, die die große Anlage des Ganzen ahnen lassen, aber doch kaum ein schweres Bedauern darüber wecken können, daß das vollständige Manuskript nicht erhalten zu sein scheint. *Mager* hat bekanntlich eine Schwenkung von *Hegel* zu *Herbart* vollzogen. Aber in seiner Denkweise machen sich die Schattenseiten der *Hegel*schen Spekulation bemerkbar, insofern er ohne ausreichende empirische Grundlage konstruiert. Allerdings ist auch schon ein Stück »Gesellschaftslehre« hineingemischt. Daraus entsteht nun ein recht verworrenes Gewebe von geschichtsphilosophischen

---

[14] Pädagogische Revue. Bd. 19. 1848. S. 539.

Reflexionen, von naturrechtlichen Resten, von idealtypischen Konstruktionen, die unseren Anforderungen an staatsrechtliche Begriffsbildung nicht mehr genügen können,[15] von historischen Beispielen und von liberaler Weltanschauung, die doch wieder mit den geschichtlichen Mächten auf der mittleren Linie paktiert. Denn die Autonomie der Schule – als Analogie etwa zu einer sich selbst regierenden Geistlichkeitskirche – wird aus guten Gründen abgelehnt und nunmehr die Provinzialgemeinde (als größter Kreis der bürgerlichen Gesellschaft) an Stelle des Staates zum Schulherrn gemacht. Im einzelnen ist vieles gut gesehen, z. T. sogar richtig vorausgesehen. Dem Ganzen fehlen vor allem die Vorarbeiten, die diesem temperamentvollen Bekenntnis von 1848 einen eigentlich wissenschaftlichen Rahmen hätten geben können. Aber die Absicht des Versuchs ist hoch zu bewerten, und sie liegt nicht zu weit von dem ab, was *Lorenz v. Stein* 20 Jahre später im 5. Bande seiner ›Verwaltungslehre‹ wieder aufgenommen hat.

Lorenz v. Stein ist der erste, der den Versuch gemacht hat, über die Dogmatik des geltenden Verwaltungs*rechtes* hinaus ein umfassendes System der Verwaltungs*lehre* auszuführen. Er geht dabei von *Hegel* aus, nimmt aber bekanntlich starke französisch-soziologische Einflüsse in sich auf. Obwohl er gleichzeitig der erste ist, der in Deutschland ausdrücklich eine ›Gesellschaftslehre‹ (1856) geschrieben hat, wäre es doch falsch, die scharfe Trennung von Rechtssoziologie und positiver Rechtsdogmatik, wie sie moderne Juristen vornehmen, in ihn hineinzudeuten.[16]

> Er hat sich ungeheure Mühe gegeben, das, was nicht Recht ist, von dem eigentlichen Recht, und das Wissen über diese Kräfte von der Rechtswissenschaft abzusondern. Als einen charakteristischen Ausdruck dieses seines Bemühens wird man besonders die Vorträge ›Gegenwart und Zukunft der Rechts- und Staatswissenschaft Deutschlands‹ aus dem Jahre 1876 betrachten dürfen. Vor allem die Tatsache, »daß das Recht wechselt«, war es, die ihn über die immanente Rechtsbetrachtung hinausdrängte. Zugleich aber blieb er als

[15] Schwerlich wird man etwa den Begriff Canaillokratie als Ausdruck für eine Staatsform anerkennen können. – Vgl. die Leipziger Dissertation von Hugo Zimmermann, Magers Gesellschafts- und Schulverfassungslehre. Weida i. Th. 1912.

[16] 1858 folgte dann Heinrich v. Treitschkes Gesellschaftswissenschaft, Neudruck Halle 1927. – Über die moderne Abgrenzung vgl. besonders Hermann Kantorowicz, Rechtswissenschaft und Soziologie. In: Verhandlungen des 1. deutschen Soziologentages. Tübingen 1911, und derselbe, Der Aufbau der Soziologie. In der Erinnerungsgabe für Max Weber. München 1923 I. S. 93 ff. Das Buch von Paul Vogel, Hegels Gesellschaftsbegriff und seine geschichtliche Fortbildung durch Lorenz v. Stein, Marx, Engels und Lassalle. Berlin 1925, interessiert sich mehr für die volkswirtschaftliche Seite und schöpft die Quellen nicht ganz aus.

Dialektiker bei der Überzeugung, daß das Recht selbst ewig dasselbe ist. Dieses Ewige am Recht fand er – hierin von *Kant* und *Fichte* dauernd beeinflußt – in der Heiligkeit und Unverletzlichkeit der Persönlichkeit oder in der Abgrenzung der persönlichen Einflußsphären gegeneinander. Hingegen das den Wechsel der Rechtsform Hervorbringende nannte er: die »Lebensverhältnisse«, »das wirkliche Leben«, den Inhalt des Rechts, »der selbst kein Recht ist, wohl aber ein Recht fordert und erzeugt«.[17] So kam er zu den Sätzen: »alles Recht ist bedingt und erzeugt *durch* das Lebensverhältnis«[18] und »das Recht an sich hat gar keine Geschichte«, nur das Leben.[19] Entsprechend hat die eigentliche Rechtsphilosophie das Ewige Recht zum Gegenstande. Aber dieser Teil der Philosophie ist unterbaut von Wissenschaften, die er wechselnd benennt. Im wesentlichen handelt es sich um die »Lebensbegriffe«, die die Volkswirtschaftslehre, die Gesellschaftswissenschaft und die Staatswissenschaft behandeln. Die erstgenannte interessiert uns hier weniger. Die Gesellschaftslehre nimmt drei gesellschaftliche Grundkreise an: das Geschlechtsverhältnis, das ständische und das staatsbürgerliche, denen drei Formen und zugleich drei Stufen der Gesellschaftsbildung entsprechen: die Geschlechtergesellschaft, die ständische und die Klassengesellschaft. Der Staat ist die höhere Persönlichkeit, die – in der Form der *Tat* – den Gegensatz der Klasseninteressen in sich aufheben soll.

In diesen drei Lebensverhältnissen sind die rechtserzeugenden Kräfte umschrieben. Denn auch »der Staat ist ein Lebensbegriff wie ein anderer und soll zum Rechtsbegriffe werden«.[20] Ebenso aber wirken schon die wirtschaftlichen und sozialen Verhältnisse rechtserzeugend.

Heben wir das Wesentliche heraus, so wird hier in vorsichtiger Analyse der Versuch gemacht, *rechtserzeugende Lebensverhältnisse* von der jeweiligen Gestalt des geltenden Rechtes zu unterscheiden. Mit anderen Worten: *Hegels* »bürgerliche Gesellschaft« wird hier näher untersucht und historisch ausgestaltet. Es werden zugleich die in ihr wirkenden sittlichen Kräfte als die »höhere Gesittung« betont und in ihr eine neue Quelle historisch wechselnden Rechts*inhaltes* gefunden. –

Diese Gedanken kündigen sich schon ein Jahrzehnt vorher in der Konzeption der ›Verwaltungslehre‹ an. Aber *Lorenz v. Stein* geht eigentlich nie so weit, das Recht *nur* als die funktionell variable Resultante der jeweils gegebenen Lebensverhältnisse anzusehen, sondern er denkt Lebensverhältnisse und Rechtsverhältnisse in inniger Durchdringung, ebenso wie Lebensbegriffe und Rechtsbegriffe wechselseitig voneinander abhängig sind.

Sehr vorsichtig, ja zaghaft unterscheidet er demgemäß die Verwaltungs*lehre* von der Wissenschaft des Verwaltungs*rechts*. Die Verwaltungslehre könnte man modern als ein Stück »Allgemeiner Staatslehre« bezeichnen. Darauf deutet auch der Untertitel des allgemeinen Teiles: »Die Lehre von der voll-

[17] Lorenz von Stein, Gegenwart und Zukunft der Rechts- und Staatswissenschaft Deutschlands. Stuttgart 1876. S. 90 ff.

[18] a.a.O., S. 98. [19] a.a.O., S. 100. [20] a.a.O., S. 119.

ziehenden Gewalt, ihr Recht und ihr Organimus«. Durchweg ist außerdem das Ziel einer *vergleichenden* Wissenschaft ins Auge gefaßt. Die Rechtszustände in England, Frankreich, Deutschland usw. werden nebeneinandergestellt.

Der heutige Leser hat den Eindruck einer unsagbaren begrifflichen Quälerei, die doch zu keinem festen Ergebnis gelangt. Abgesehen von vielen Widersprüchen und Unbestimmtheiten im einzelnen fallen die erheblichen Wandlungen auf, die der Standpunkt von der ersten bis zur letzten Fassung durchgemacht hat. Die erste liegt vor in der 7 Hauptteile und viele Unterabteilungen umfassenden ›Verwaltungslehre‹, die seit 1865 zu erscheinen begann, die letzte in der 3. Auflage des ›Handbuchs der Verwaltungslehre‹, in 3 Bänden 1888. Wir vergleichen kurz die beiden Grundstandpunkte.

1. Das besondere Problem der Verwaltungslehre wird gewonnen durch eine Weiterbildung der französischen Lehre von der Gewaltenteilung im Staat, in die die deutsche Lehre von den staatlichen Hoheitsrechten, wie sie die alte Polizeiwissenschaft entwickelt hatte, mit hineinzuarbeiten war. Eine Sonderstellung über der Gewaltenteilung erhält bei *Lorenz v. Stein* das Staatsoberhaupt, das die Einheit des Staates repräsentieren soll und deshalb notwendig alle Gewalten in sich vereinigt. Der Staat selbst eben ist höhere Persönlichkeit, also eine geistige Einheit(deren Ich in jenem Staatsoberhaupt gegeben ist), und zugleich Organismus, d. h. ein gegliedertes System von Organen. An der Staatspersönlichkeit sind zu unterscheiden ihr Wille und ihre Tat. Der Wille drückt sich aus in der Verfassung und in der Gesetzgebung. Die Tat bekundet sich in der Vollziehung. Diese letztere kann abstrakt genommen werden als prinzipielle Vollziehung. Das ist die *Regierung* oder die *Verwaltung im weitesten Sinne.* Nimmt man sie konkret, so kommt man auf die *Verwaltung im eigentlichen Sinne,* die nach den verschiedenen Gebieten der Staatstätigkeit gegliedert ist. Hier findet wieder eine Unterteilung statt in Finanz- oder Wirtschaftsverwaltung, Rechtspflege und sog. innere Verwaltung. Die innere Verwaltung betrifft den Zustand und die Entwicklung der einzelnen, die dem Staat angehören. Unter den Sondergebieten der inneren Verwaltung erscheint nun unter anderem auch das Bildungswesen, das in 2, später (in der 2. Aufl.) in 3 Bänden behandelt und durch eine groß angelegte Geschichte des Bildungswesens bis zum Beginn des 19. Jahrhunderts unterbaut wird. – Die ganze Systematik ist durchaus unklar. Überall spürt man das Ringen mit einem unendlichen Stoff, dessen Bewältigung weit über die Kräfte eines einzelnen hinausging.

2. In der kürzeren Fassung von 1888 ist die Gliederung etwas schärfer.[21] Deutlich machen sich hier Einflüsse der modernen Biologie bemerkbar. Die Trennung des geltenden Rechtes von seinen geistig-gesellschaftlichen Voraussetzungen und seinen kulturellen Inhalten wird ebenfalls schärfer. Aber die Bezeichnungen dafür schwanken sehr unbestimmt: bald ist von der Natur

[21] Lorenz von Stein, Handbuch der Verwaltungslehre. 3. Aufl. Bd. 1–3. Stuttgart 1888.

der Dinge[22], bald von dem »wirklichen Leben«[23], bald von der Gesittung[24] die Rede. – Die Verwaltung selbst wird auch hier noch als *die tätig werdende Verfassung* bezeichnet.[25] Die Verwaltung ist der arbeitende Staat.[26] Sie hat ihren allgemeinen Teil, der unter dem Titel: »Idee der Verwaltung« behandelt wird. Sie wird philosophisch zuletzt auf die einheitliche, im Staat wie in dem einzelnen lebende Idee der arbeitenden Gottheit bezogen.[27] Der besondere Teil wird (nach den zugehörigen Wissenschaften) als das System der Staatswissenschaften bezeichnet. Ihr wichtigster Teil ist wieder die innere Verwaltung. Sieht man von den verwickelten philosophischen Begründungen ab, so scheint es, daß die eigentliche Gliederung der Staatsverwaltung nach den bestehenden wichtigsten Ministerien erfolgt sei, nämlich in auswärtige Angelegenheiten, Heerwesen, Finanzen, Justiz und Inneres. Das Ministerium des Inneren müßte dann nach den Fachministerien gegliedert werden. Aber hier setzt nun das Hauptinteresse des Autors ein. Er unterscheidet als Gegenstände der inneren Verwaltung das persönliche Leben, das wirtschaftliche Leben und das gesellschaftliche Leben. – Das Bildungswesen, allgemeiner: das geistige Leben, erscheint als zweites Gebiet des persönlichen Lebens.

Man erkennt schon aus dieser Übersicht, daß von einer eigentlichen Wissenschaft der Verwaltungslehre mit festen Begriffen und Methoden noch nicht die Rede sein kann. Trotz aller philosophischen Bemühungen wird das Wichtigste doch aus den vorgefundenen Tatsachen der Verfassung und Gesetzgebung, der Behördenorganisation und Verwaltung aufgegriffen. Man muß sich erinnern, daß um die Zeit, als *Lorenz v. Stein* mit diesen Versuchen beschäftigt war, eben erst durch *Gneist*, *Nitzsch*, *Schmoller* und ihre Schüler eine Verfassungsgeschichte und Verwaltungsgeschichte entstand. Ihre Erweiterung zu einer vergleichenden Verfassungs- und Verwaltungsgeschichte, um die jetzt die Arbeit geht, wird allerdings erst gelingen, wenn eine gewisse Begriffssystematik, d. h. gewisse idealtypische Begriffe für das moderne europäische Verfassungsleben ausgebildet sind. Dieser Aufgabe nähern sich u. a. die Bestrebungen von *Max Weber* und *Troeltsch*, ohne doch schon bis an die neuzeitlichen Bildungen ganz heranzugelangen. Hier muß auf die in Aussicht gestellte vergleichende Verfassungsgeschichte von *Otto Hintze* verwiesen werden. Auch für die Geschichte des Bildungswesens im besonderen fand *Lorenz v. Stein* so gut wie keine Vorarbeiten vor; und er selbst spricht 1868 in der Vorrede zum 5. Teil der großen Verwaltungslehre, mit dem das Bildungswesen beginnt, diesen Hemmungsfaktor für seine Arbeit ganz deutlich aus: »Wir haben namentlich in neuester Zeit sehr schöne Arbeiten über Englands und Frankreichs Bildungswesen; aber wir haben keine *Vergleichung* derselben, weil eben das feste System, das tertium comparationis, fehlt.«[28]

---

[22] a.a.O., S. 19 f. [23] a.a.O., S. 29. [24] a.a.O., S. 33. [25] a.a.O., S. 5.
[26] a.a.O., S. 22. [27] a.a.O., S. 31.
[28] Lorenz v. Stein, Die Verwaltungslehre. Stuttgart 1865–68. Teil 5, S. VI.

3. Der Versuch des Juristen, dieses System aus eigner Arbeit aufzurichten, mußte notwendig wiederum mißglücken. Wir erwähnen kurz die Hauptbegriffe, die er 1868 im 5. Bande der ›Verwaltungslehre‹ aufstellt und die ihren Ursprung aus *Hegel* nicht verleugnen.

Bildung als Zustand ist ein geistiges inneres Leben des Menschen, in welchem er die äußere Welt in seinem Geiste in sich trägt und das geistige Dasein der Dinge, eine unsichtbare Welt der Begriffe und Kräfte entwickelt, vermöge deren er die wirkliche sich zum Verständnis bringt und sie seinen Zwecken unterwerfen kann.[29] Sie ist zugleich ein lebendiger Prozeß, der sich in der Wechselwirkung der Gemeinschaft vollzieht. Der dadurch erzeugte Zustand einer Zeit oder eines Volkes ist ihre Gesittung oder ihre Zivilisation. Sie spiegelt sich in dem Bildungswesen der betreffenden Gesellschaft.

Nach diesen Voraussetzungen kann es keine Bildung eines einzelnen geben. »Wenn es die Aufgabe der *Pädagogik* ist, ... zu verstehen, wie dieser große Prozeß im einzelnen Menschen lebt und wirkt, so ist es andrerseits die Aufgabe der *Verwaltungslehre*, den zweiten Faktor derselben, die menschliche Gemeinschaft in ihrer großen, den Volksgeist umfassenden Tätigkeit des Gebens und Empfangens der geistigen Güter zur Anschauung zu bringen.«[30]

Die drei Grundformen der Bildung sind Elementarbildung, Berufsbildung und allgemeine Bildung. Die erste beruht auf den psychologischen Gesetzen der geistigen Bildung selbst, die zweite auf dem bestimmten einzelnen Lebenszweck, die dritte auf dem an sich freien und unendlichen Wesen der Persönlichkeit. – Eine echt *Hegel*sche Trias.

Das Bildungswesen ist Produkt eines historischen Prozesses; nicht der Staat setzt es, sondern es erzeugt sich durch die innewohnende Kraft des geistigen Lebens und seiner Bedürfnisse ... durch das Wesen der Bildung selbst.[31] Es ist nicht so sehr das Erzeugnis, sondern vielmehr das sich selbst erzeugende *Objekt* der Verwaltung der geistigen Welt. Die drei wesentlichen Momente dieses Entwicklungsprozesses sind: 1. die Entstehung eines außerhalb der Familie bestehenden selbständigen Bildungswesens; 2. die Arbeitsteilung in diesen Bildungsanstalten; 3. das System der Bildungsanstalten, das der formale Ausdruck der Gesittung einer Zeit und eines Volkes ist: der Bildungsorganismus. »Der *wirkliche* Bildungsorganismus aber, die konkrete *Gestalt* der bildenden Arbeit aller für jeden einzelnen und jedes einzelnen für alle entsteht erst da, wo der Bildungsprozeß selbst im Ganzen wie im Einzelnen Gegenstand des öffentlichen Wollens und damit ein Teil des Verwaltungsrechts wird.«[32] Im Anschluß hieran beklagt *Lorenz v. Stein* mit Recht, daß die moderne Pädagogik den Sinn für den Zusammenhang des *ganzen* Bildungswesens, auch seiner nicht schulischen Formen, verloren habe.

In dem Augenblick nun, wo der Staatswille zu dem an sich frei wachsenden Bildungswesen hinzutritt, entfaltet sich ein *Bildungsrecht*. »Während daher das Bildungswesen an sich durch die Natur der Bildung sich erklärt, wird

---

[29] a.a.O., S. 1. [30] a.a.O., S. 3. [31] a.a.O., S. 8. [32] a.a.O., S. 10.

das *öffentliche Recht* desselben nur durch das Wesen des *Staats* verständlich.«[33] Die in aller Verwaltung tätige Staatsidee spezialisiert sich hier in der Richtung, daß sie in das selbsttätige Bildungswesen des Volkes eingreift. An dieser Stelle also finden wir Gesellschaft und Staat einmal in ihren Wirkungsformen deutlich geschieden. Es ist das die Nachwirkung des geistigen Liberalismus in Deutschland, den die *Hegel*sche Staatsphilosophie niemals ganz zu erdrücken vermocht hat. Zwar faßt *Lorenz v. Stein* auch hier das Verhältnis von Gesellschaft und Staat als eine gegenseitige Durchdringung: »Beide sind in der Wirklichkeit untrennbar verschmolzen; nur die Wissenschaft vermag sie zu scheiden.«[34] Indem er nun aber dem eigentümlichen Wirken der gesellschaftlichen Kräfte für sich folgt, hofft er die großen Faktoren zu erfassen, aus denen das positive Recht »hervorgeht«. Jede Gesellschaftsordnung hat ihre Gestalt und ihr Recht des Bildungswesens. Die Klassenunterschiede und Berufsarten bestimmen die Gliederung der Bildungsanstalten. Der Staat jedoch wirkt in dieses Kräftespiel auf doppelte Art hinein: *negativ*, indem er bestrebt ist, die Unterschiede im Volksbildungswesen zu bekämpfen; *positiv* »in dem organisierten Versuch, allen Klassen der Gesellschaft, und zwar ohne Rücksicht sowohl auf *Stand als auf Besitz*, jede Art und jeden Grad der Bildung zugänglich zu machen.«[35] So gelangt das Prinzip des Staates mit seiner freien und allgemeinen Bildung gegenüber der Gesellschaft und ihrem Klassenbildungswesen zur Geltung.

Bis zu diesem letzten Satz interessiert uns *Lorenz v. Steins* Theorie des Bildungsrechts und Bildungswesens. Er geht dann zu historischen, beschreibenden und rechtsdogmatischen Darstellungen, z. T. vergleichenden Charakters, über, die für uns nicht mehr von großem Wert sein können. Aber in jenem Satz spricht er die letzte Norm aus, unter die er die staatliche Verwaltung des Bildungslebens stellt. Offenbar ist diese Norm nicht aus der ewigen Staatsidee selbst ableitbar. Sondern sie ist Ausdruck der zeitbestimmten sozialen Staatsauffassung, die bei *Lorenz v. Stein* auch sonst früher zutage tritt als bei andern deutschen Staatslehrern.[36] Immerhin: es ist der deutsche Staat in der zweiten Hälfte des 19. Jahrhunderts, der hier gemeint ist. Auf den absolutistischen Staat des 18. Jahrhunderts würde jene Norm nicht zutreffen, falls man nicht historische Auffassung und philosophische Systematik unerträglich vermengen will.

4. Ganz kurz sei auch hier auf die Abweichungen der letzten Fassung, also der 3. Auflage des Handbuches der Verwaltungslehre (1888), hingewiesen. Vor allem fällt auf, daß man hier jenen Normativsatz der ausgleichenden Vereinheitlichung vergebens sucht. Ferner tritt hier die Bedeutung der Religion

[33] a.a.O., S. 12. [34] a.a.O., S. 20. [35] a.a.O., S. 21.

[36] Vgl. Lorenz von Stein, Gegenwart und Zukunft der Rechts- und Staatswissenschaft Deutschlands. Stuttgart 1876, S. 144, über die Verwaltung: »Die ewig sich erneuernde Tatsache der Ungleichheit wird ihr Lebensgebiet, und in diesem ist ihr rechtbildendes Element das Prinzip, die Bedingungen der Entwicklung zur Gleichheit zu geben ...«

für die ganze Seite der Erziehung im Unterschied von der Seite des Unterrichts zum erstenmal stark betont hervor. Endlich wird hier ganz deutlich ausgesprochen, daß es darauf ankomme: »die Begriffe von Bildung und Bildungswesen zu selbständigen, und zwar aus philosophischen oder soziologischen zu festen *verwaltungsrechtlichen Begriffen* zu erheben«[37], daß es aber auch umgekehrt mit der Kenntnis des positiven Bildungsrechts nicht getan sei, »sondern daß es (das Bildungsrecht), wie alles Recht, die Konsequenz des Wesens desjenigen ist, wofür es gilt«.[38] Der »Charakter« des Bildungswesens jeder Epoche und seine weltgeschichtliche Bedeutung kann nur philosophisch erfaßt werden.

Das geistige Leben ist zwar auch ohne den Staat da, aber es kommt der wichtige Augenblick, wo der Staat erkennt, daß dies Leben es ist, das ihn selbst mit seinem Geiste erfüllt. Auch dann hat er noch – darin meldet sich wieder die liberale Theorie – nur die *Bedingungen* der individuellen Bildung herzustellen, ohne in die letztere direkt hineinzugreifen.[39] Dies Miteinander von Staatsordnung und freier geistiger Bewegung ist ein wesentliches Stück der Geistesentfaltung. »Wer vermöchte diesen wunderbaren Lebensprozeß für ganz Europa in seinen tausendfachen Formen und Kämpfen jemals ganz zur Anschauung zu bringen, und wer wird ihm gegenüber noch glauben, daß man ihn mit der Kenntnis des bloß positiven Rechts auch nur annähernd erschöpfen könne?«[40]

Die Bedeutung der ›Verwaltungslehre‹ von *Lorenz v. Stein* kann man verschieden beurteilen. Von der einen Seite gesehen wäre sie die bloße Fortbildung der alten Polizeiwissenschaft auf den schweren Fundamenten der *Hegel*schen Rechtsphilosophie, die ja den geistigen Kulturgehalt – zusammengedrängt in die *»Gesittung der bürgerlichen Gesellschaft«* – von vornherein mit zu umspannen versucht. Auf der andern Seite aber bedeutet sie das Ringen des deutschen Idealismus mit Gesichtspunkten der positivistischen Soziologie Frankreichs, und die dadurch ein wenig modifizierte, auch der älteren deutschen Rechtswissenschaft nicht fehlende Einsicht, daß *in der Form des Rechtes* kulturelle Lebensverhältnisse sich entfalten und wirken, die gleichsam das positive Recht vor sich hertreiben. Falsch wäre es, wie wir sehen werden, diese Betrachtungsweise so zu wenden, als ob historisch ein vorrechtlicher Gesellschaftszustand auffindbar wäre, aus dem man die besondere Gestalt des Rechtes ableiten könnte. Vielmehr ist das gesellschaftliche Leben, wo man es auch packt, immer schon in Rechtsformen gefaßt, und die außerrechtliche Betrachtung hat bloß den Wert einer wissenschaftlichen Isolierung, die aber als abstrakt immer nur vorläufig ist, ja im Grunde falsch genannt werden muß. –

---

[37] Handbuch der Verwaltungslehre. 3. Aufl. 1888. II. S. 118.

[38] a.a.O., II. S. 121. [39] a.a.O., II. S. 138. [40] a.a.O., II. S. 142.

In einem gleich umfassenden Sinne ist das Problem der Schulpolitik und Schulverwaltung nach *Lorenz v. Stein* nie wieder in Angriff genommen worden. Es sind zwar in neuester Zeit mannigfache Versuche einer soziologischen Bildungsgeschichte und soziologischen Pädagogik gemacht worden, aber immer mit viel engeren Kategorien, als sie hier bereits vorlagen.[41] Neuerdings hat *Kerschensteiner* eine Theorie der Bildungsorganisation angekündigt, die eine Ergänzung zu seiner kulturphilosophischen ›Theorie der Bildung‹ bedeuten wird.[42] Aber es ist kaum anzunehmen, daß die vergleichend historische Grundlegung so breit ausfallen wird, wie sie *Lorenz v. Stein* mindestens angestrebt hat.

So großen Vorzügen aber steht der Mangel gegenüber, den schließlich jede *allseitig* orientierte Theorie haben muß: die eigentlichen Strukturverhältnisse, die zwischen Staat und Schule walten können, kommen begrifflich nicht scharf heraus. Es bleibt beim Hinundherwenden des Gegenstandes, ohne daß jene feste Systematik entsteht, die *Stein* selbst gesucht hat.

Und weiter wiederholt sich hier das Schicksal, das die Geisteswissenschaft bisher noch nirgends überwunden hat: man kann keine *wissenschaftliche* Geschichte schreiben ohne eine durchgebildetes, systematisches Begriffsgefüge, man kann keine Systematik aufbauen ohne historische Empirie. Alle Einsicht bleibt auf beiden Seiten fragmentarisch und widerruflich. Der einzige Trost in dieser Lage, der auch für die folgenden Ausführungen maßgeblich ist, besteht darin, daß sich mit der historischen Entwicklung selbst die Herausarbeitung mindestens *der* Systembegriffe vollzieht, die für das Verständnis und die bewußte Gestaltung einer Bildungsepoche unentbehrlich sind. Solchen systematischen Erörterungen wenden wir uns nunmehr zu.

---

[41] Vgl. z. B. Paul Barth, Die Geschichte der Erziehung in soziologischer und geistesgeschichtlicher Beleuchtung. 1. Aufl. Leipzig 1911, 2. Aufl. 1916. Die drei Stufen der Gesellschaft: Geschlechterverband, ständische und Klassengesellschaft, kehren hier im wesentlichen wieder.

[42] Georg Kerschensteiner, Theorie der Bildung, Leipzig 1926, S. V. Anmerkung von 1963: Erst nach dem Tode von Kerschensteiner ist ein Teil des geplanten Werkes ›Theorie der Bildungsorganisation‹ erschienen. Marie Kerschensteiner, seine zweite Gattin, hat in dem Vorwort dazu vom Oktober 1932 die Grundsätze mitgeteilt, nach denen sie die hinterlassene Handschrift druckfertig gemacht hat. Das Titelblatt lautet: Theorie der Bildungsorganisation von Georg Kerschensteiner. Mit einem Bildnis und einer Handschriftenprobe. 1933 Leipzig und Berlin. Verlag und Druck von B. G. Teubner.

II.

Allgemeinste wissenschaftliche Grundlegung

Der Name Schulpolitik teilt mit dem Stammwort Politik die Verworrenheit der Bedeutung. Man nennt Politik einmal die Wissenschaft vom Wesen und Handeln des Staates, andererseits das Handeln des Staates selbst. Im ersten Fall meint man eine Theorie vom Bau und den Funktionen des Staates überhaupt, im zweiten die praktische Staatskunst, die dann wieder ihre besondere »Kunst*lehre*« entwickeln mag. Aber nicht *alles* Handeln des Staates bzw. in bezug auf den Staat pflegen wir heut Politik zu nennen, sondern wir denken bei diesem Wort nur an die Handlungen von Staatsorganen oder Privatleuten, die auf Machtgewinnung und Machterhaltung des Staates oder im Staat gerichtet sind. Im Rechtsstaat sind die durch Gesetz *gebundenen* Akte und die Akte der Rechtsprechung als solche keine politischen Akte. Auch die Maßnahmen der Regierung selbst können nur soweit politisch genannt werden, als sie in dem durch das öffentliche Recht frei gelassenen Spielraum [43] auf jene Machtbetätigung und Wesensrealisierung des Staates hinzielen.

Schulpolitik ist nun derjenige Teil der praktischen Politik, der auf die Stellung der Schule oder allgemeiner: »des Bildungswesens« im Staate gerichtet ist, wobei der Sprachgebrauch wiederum keinen Unterschied macht, ob diese Politik von verantwortlichen Staatsmännern oder von Gruppen im Staat oder von einzelnen Staatsbürgern gemacht wird. Die Theorie dieser Kunst ist es wohl nicht allein, nach der wir fragen, wenn wir von den wissenschaftlichen Grundlagen der Schulpolitik sprechen. Jedenfalls nicht in dem Sinne, daß uns die technischen Mittel interessieren, die man anwenden muß, wenn man in den Machtkämpfen der Schulpolitik Erfolg haben will. Eher schon in dem Sinne, daß wir nach den Zielen fragen, die man sich in der praktischen Schulpolitik unter kulturethischen Gesichtspunkten setzen *soll*. Dies wäre die höchste Frage, die auf diesem Gebiet gestellt werden kann, wie überall die Wertsetzungsfrage die höchste und gewagteste Frage für das wissenschaftliche Denken ist. Aber um diese Frage zu lösen, müssen wir zunächst die Stellung der Schule im Staat und die gegenseitige Stellung von Staat und Schule zueinander erörtern, vielleicht zuerst historisch und beschreibend, dann vergleichend, immer aber auch irgendwie *prinzipiell*, d. h. strukturtheoretisch. Der Versuch einer

[43] Oder im »Vorraum« dieses Rechtes, insofern sie neue Rechtssetzung erzeugen sollen (= Rechtspolitik). Genaueres über diese verwickelte Frage bei Rudolf Smend, Die politische Gewalt im Verfassungsstaat und das Problem der Staatsform. Tübingen 1923.

wissenschaftlichen Begründung der Schulpolitik führt somit unvermeidlich in die Theorie der Schulorganisation und der Schulverwaltung zurück. Anders ausgedrückt: die Theorie der Schulpolitik setzt die Schulverfassungslehre und Schulverwaltungslehre voraus.

Hiermit aber kommen wir in den alten Streit hinein, ob es so etwas wie eine Verwaltungs*lehre* überhaupt geben kann, und ob das Wissenschaftliche an ihr nicht eigentlich nur die Theorie des geltenden staatlichen Verwaltungs*rechtes* ist. Dieser allgemeine Streit würde also in unserem besonderen Fall dahin gehen: Gibt es eine allgemeine Theorie der Schulorganisation und Schulverwaltungslehre oder nur eine Dogmatik des geltenden Schulverfassungs- und Schulverwaltungsrechtes?

Selbstverständlich setzt diese Fragestellung eine Kulturlage voraus, in der es eine Staatshoheit über die Schule gibt. Schon bei *Lorenz v. Stein* haben wir gesehen, daß erst in einer bestimmten historischen Epoche die Schule zur Staatsangelegenheit wird. Eine *ganz* allgemeine Theorie der Schulorganisation, Schulverfassung und Schulverwaltung – man könnte sie einen Zweig der »Soziologie der Schule« nennen [44] – müßte viel weiter ausgreifen und eine Fülle anderer gesellschaftlicher Gebilde in den Kreis ihrer Betrachtung ziehen. Von dieser historischen Bedingtheit der Begriffe Schulpolitik, (staatliche) Schulverfassung und (staatliches) Schulrecht wird noch eingehend die Rede sein. Hier nehmen wir die Bindung der Schule an den Staat und durch den Staat als einen in Deutschland seit Jahrhunderten gegebenen Tatbestand.

Befragen wir dann zunächst die hierher gehörige deutsche Literatur, so ist folgendes festzustellen: 1. Abgesehen von den schlichten Schulgesetz- und Schulverordnungssammlungen enthalten die Werke unter dem Titel: ›Preußisches Schulrecht‹ oder ähnlich von *Rönne* bis zu *Schneider* und *v. Bremen, Petersilie, Kretzschmar, Kaestner* u. a. immer ein Maß von allgemeinen Einleitungen, historischen Rückblicken, grundsätzlichen Erwägungen und Randbetrachtungen, deren wissenschaftlicher Charakter vorläufig höchst zweifelhaft ist.[45] 2. Umgekehrt kommen die bloß philosophischen oder pädagogischen oder soziologischen Theorien der Schulorganisation nicht um die Notwendigkeit herum, irgendwie auf geltendes

[44] Vgl. z. B. Max Scheler, Die Wissensformen und die Gesellschaft. Leipzig 1926.

[45] Alwin Petersilie, Das öffentliche Unterrichtswesen im Deutschen Reich und in den übrigen europäischen Kulturländern. 2 Bde. Leipzig 1897. – Fr. Kretzschmar, Handbuch des preußischen Schulrechts. Leipzig 1899. – Paul Kaestner, Schulverwaltungsrecht mit Disziplinarrecht für höhere Schulen und Lehrerbildungsanstalten. Leipzig 1916. – Walter Riesenbürger, Die rechtlichen Grundlagen des mittleren und höheren Schulwesens in Preußen seit 1918 und die damit zusammenhängenden Probleme der Schulpolitik. Langensalza 1927.

Schulrecht Bezug zu nehmen. – Beides also scheint nicht voneinander trennbar zu sein.

Die allgemeine Neigung geht nun dahin, die Probleme der Schulpolitik so zu behandeln, als ob es sich dabei nur um neu zu erzeugendes Schulrecht handle, gleichsam, als ob ein solches Recht noch nicht sei, sondern aus dem Schoße des gesellschaftlichen Geisteslebens jetzt ab ovo gemacht werden müsse. Die Wahl dieses Standpunktes hängt damit zusammen, daß heute die schulpolitischen Diskussionen besonders dann einsetzen, wenn die parlamentarische Gesetzgebungsmaschine angekurbelt werden soll. Und manche glauben, man könne hier sozusagen voraussetzungslos denken und voraussetzungslos fordern.

Es ist ein leider vielfach vergessenes Verdienst der deutschen *Hegel*schen Schule, besonders auch der Verwaltungslehre von *Lorenz v. Stein*, daß sie diese allzu abstrakte Trennung von Soziologie (= Theorie des Gesellschafts- und Geisteslebens) und Theorie der Rechtsbildung noch nicht gekannt hat. In der Tat ist es so, daß beides für jede Schnittlinie der Betrachtung immer in inniger Wechselwirkung gedacht werden muß. *Hegel*, wie auch die Vertreter der historischen Rechtsschule, nehmen bei allen Unterschieden im einzelnen gemeinsam an, daß jede (nationale) Kultur in einer bestimmten Epoche ein geistiges Ganzes, ein sinnerfülltes Totalgebilde sei, an dem man zwar abstrakt »Momente« unterscheiden könne, jedoch nicht so, als ob etwa das Recht als einseitig abhängige Variable der an sich selbständigen Bewegung des Geistes- und Gesellschaftslebens nur *folge*. Vielmehr findet immer auch das Umgekehrte statt: Das (heute vom Staat verwaltete) Recht bestimmt auch die gesellschaftliche Geistesbewegung. Der Sinn und die wirkende Funktion jedes »Momentes« kann nur in Wechselbeziehung zu allen anderen Momenten verstanden werden. Es mag eine bequeme Anschauung sein, daß das Recht immer nur von der sonstigen Kultur vorwärtsgeschoben werde. Aber das einmal geltende Recht bewegt auch die Kultur. Und in diesem Sachverhalt liegt die Schwierigkeit jeder geisteswissenschaftlichen Betrachtung, die die Totalität des Geisteslebens erfassen will: sie müßte eigentlich von allen Seiten zugleich herkommen und nach allen Seiten zugleich ausstrahlen.

Demgemäß müssen wir an einer staatlich zentrierten Kultur folgende vier Seiten oder Momente als für sich unselbständig oder bloß abstrakt herausheben, und zwar so, daß wir von jedem für sich ausgehen können, von jedem aus aber immer im Kreise zu allen anderen geführt werden:

1. Die kulturellen Inhalte, die, von einer vielgegliederten Gesellschaft getragen im Schoß des Staates leben und die wir kurz als das historisch gegebene Geistesleben im engeren Sinne bezeichnen wollen;

2. die auf Verwirklichung eines spezifischen Wertgehaltes gerichtete gemeinsame Zwecktätigkeit, die aus diesem Geistesleben heraus geboren wird und die zu bewußt gewollter Organbildung, zur arbeitsteiligen Organisation führt: in unserem Fall sind dies die Bildungsanstalten und die ihren Aufgaben dienenden Organe;

3. die Rechtsregeln, die mit dem organisierten Geistesleben entstehen, die aber heut nur so weit als volles Recht angesehen werden, wie sie durch die souveräne Macht des Staates garantiert und mit dem Charakter der positiven Rechtsverbindlichkeit ausgestattet werden;

4. die geistigen Strömungen oder kulturellen Ideale, die sich wieder auf der Basis der so gegebenen rechtlich geregelten Organisationsformen erheben und Zukunftsforderungen kulturethischer oder speziell politischer Art bedeuten.

Demgemäß gibt es auch vier einseitige und für sich unselbständige *Betrachtungs*weisen oder wissenschaftliche Denkrichtungen gegenüber dem ganzen Gefüge des Staatslebens:

1. die Analyse der geistigen und gesellschaftlichen Kraftverteilung, die das Staatsleben trägt: wir wollen dies *allgemeine historisch-geisteswissenschaftliche Kulturanalyse* nennen;

2. die Theorie der Organisationsformen, die noch vom geltenden positiven Recht absieht: dies wäre die *Analyse der spezifisch gerichteten gesellschaftlichen Zweckinstitutionen;*

3. die Dogmatik des sie weithin formenden und sie beherrschenden positiven Rechtes, hinter dem die garantierende Staatsmacht steht. Hier handelt es sich um *Darstellung des geltenden positiven Rechtes.*

4. die Betrachtung der *Forderungskomplexe*, die, auf allen diesen Schichten ruhend, nun eine neue geistige Bewegung einleiten und speziell neue Rechtsforderungen einschließen.

Für unseren besonderen Fall würden die Stichworte folgendermaßen lauten:

1. Analyse des pädagogischen Lebens und des allgemeinen Geisteslebens einer Zeit in ihren gegenseitigen sinnvollen Beziehungen;

2. speziell: Darstellung der gegebenen Schulorganisationsformen und der zugehörigen Organe in ihrer Bestimmtheit durch den spezifischen Wertgehalt des pädagogischen Zweckes;

3. noch spezieller: Heraushebung des ganzen, für das Gebiet der Schule bedeutsamen geltenden Rechtes, das in unserer Epoche bis auf verschwindende Ausnahmen staatlich gesetztes, ja staatlich gewolltes Recht ist;

4. Erfassung der auf diesen Grundlagen ruhenden Forderungen an die

Gestaltung des Verhältnisses von Staat und Schule, zuerst nur im Sinne einer beschreibenden Feststellung, dann im Sinne einer normativen Kritik.

Es sei wiederholt, daß man mit jedem dieser Momente anfangen kann. Man braucht nicht auszugehen von der kulturellen Gesamtlage. Man kann auch einsetzen mit der Darstellung der einfach bestehenden Schulorganisation, oder mit der Dogmatik des Schulrechtes, oder mit den programmatischen und normativen schulpolitischen Forderungen der Zeit. Immer aber muß man, zum Verständnis des ganzen Gefüges, die übrigen Faktoren hinzunehmen, immer muß man den ganzen Kreis durchlaufen. Man kann alle diese Zusammenhänge auch historisch für vergangene Epochen studieren. Man kann dabei vergleichend verfahren und etwa fragen, weshalb in England der staatliche Schulzwang so spät auftritt, weshalb bei uns das College verkümmert ist, weshalb die schulpolitische Auseinandersetzung mit der katholischen Kirche in Frankreich anders verlaufen ist als bei uns. Aber das aktuelle Hauptinteresse und die letzte Sinnbeziehung dieser Arbeit liegt doch darauf, die Forderung der konkreten Gegenwart, ihre Motive und ihr normatives, d. h. echte Gültigkeit beanspruchendes Recht über das positiv geltende Recht hinaus sicherzustellen.

Diese normativen Forderungen haben nur dann einen Sinn, wenn man voraussetzt, daß das ganze verwickelte Gewebe von Kulturlage, Zweckorganisationen, jeweils geltendem Recht und kulturethischem Zukunftsideal ein Ganzes bildet, in dem jedes Moment auf jedes andere sinnvoll strukturell bezogen ist. Die Hegelianer würden sagen: man müsse hinter diesen Erscheinungsformen die einheitliche Idee suchen, die das Ganze organisiert. In unserem Falle wäre es die innere Verbindung der konkreten Idee des Staates und der ebenso konkreten Idee der Schule. Eignen wir uns für einen Augenblick diese Grundanschauung und diese Ausdrucksweise an, so ist zunächst ganz unentschieden, ob die Elemente dieser beiden Ideen sozusagen eine restlose chemische Verbindung miteinander eingehen, oder ob sie zwar zum Teil verschmelzen, zum Teil aber sich fliehen, so daß eine Spannung zwischen beiden bleibt, deren höherer Ausgleich dann das schulpolitische Hauptproblem wäre.

Genauer müßten wir sagen: problematisch ist schon die Einheit und Ganzheit des historisch-gesellschaftlichen Geisteslebens, problematisch selbst die einheitliche Idee der Gliederung der Schulformen und Schulbehörden, problematisch die widerspruchslose Einheit der darauf bezüglichen Bestimmungen des positiven Rechtes, problematisch zuletzt die Vereinbarkeit der höchsten Erziehungsidee und der vollendeten Staatsidee in der Form, in der beide heut konkret lebendig sind.

In alledem aber liegt die Aufgabe der gesuchten Wissenschaft. Angenommen nun, diese gesuchte Wissenschaft habe einige ihrer Grundbegriffe bereits ausgebildet; sie habe dabei auch einen gewissen Bestand zeitüberlegener Grundkategorien bewußt erobert, die über die gerade jetzt und gerade bei uns gegebene Gegenwartsstruktur hinausreichen; dann kann sie sich auf dieser Grundlage folgende Teilaufgaben stellen: 1. sie kann, von diesen Kategorien geleitet, die historische Entwicklung des Verhältnisses von Staat und Schule bei diesem oder jenem Volk verfolgen; 2. sie kann, von den gleichen Kategorien geleitet, vergleichend verfahren, z. B. die verschiedene historische Struktur des Verhältnisses von Staat und Schule in England, Frankreich und Amerika beleuchten. Und es ist gewiß, daß diese Verbindung von deduktiver Fragestellung und induktiver Beobachtung klärend auf ihre Grundkategorien zurückwirken muß; 3. sie kann den gegenwärtigen Stand der beiden Mächte in einem Lande beschreibend (statistisch im alten Sinne) erfassen. Aber alles dies wäre, der Hoffnung nach, Vorbereitung und Grundlage für die höchste Leistung: nämlich die Begründung der Forderungen für das, was in diesem bestimmten Land werden *soll*, speziell, was in ihm Gesetz werden soll. Denn daran haftet ja das Interesse des praktischen Lebens, zu dem die Wissenschaft zwar nicht einfach in dienendem Verhältnis stehen soll, mit dessen Sinn und Bewegung sie aber auch nicht in völligen Widerspruch geraten darf.

Mit einem Wort: Was *soll* heute und hier gewollt werden, im Sinne einer totalen Kulturethik, von der das vorliegende Sonderproblem ja nur ein Ausschnitt, aber gewiß kein zufälliger und unwichtiger Ausschnitt ist?

1. Indem wir die Frage *so* stellen, behalten wir jedoch jene Grundthese der *Hegel*schen Philosophie im Bewußtsein, nämlich den Satz, daß in Fragen des Geisteslebens nichts als absolut erstes und Selbständiges, sondern jeder Kulturfaktor nur als unselbständiges Moment *an* einem geistigen Ganzen genommen werden darf. Jedes bedingt jedes andere, jedes ist von jedem anderen abhängig und wirkt darauf. Gleichviel, ob es hier je zu einem vollen Gleichgewichtssystem kommt, oder ob tragische Antinomien bleiben – auch der Kampf ist eine Art des Verbundenseins und Aufeinanderangewiesenseins.

2. Ebenso haben wir ein zweites Prinzip mit *Hegel* gemeinsam: die Überzeugung, daß die Struktur der Gegenwart nur aus dem historischen Werdegang und seinen politischen wie pädagogischen Strukturwandlungen ganz zu verstehen ist. Diese Geschichte erzeugt eine Schichtung. Nichts Früheres ist ganz verschwunden, sondern alles lebt irgendwie fort, ist in diesem Sinne »aufgehoben«, bleibt also »Moment« der Gegenwart und wird doch ebenso notwendig von Neuem überbaut.

3. Also ist die Gegenwart eines Volkes und seines geistig-gesellschaft-

lich-staatlichen Ganzen immer ein Konkretes, höchst Individuelles. Aber dies Individuelle wäre uns nicht verständlich und nicht zugänglich, wenn es nicht zugleich Darstellung von ewigen und allgemeinen Sinnzusammenhängen wäre, die wir schon mit der Fragestellung und den Interpretationskategorien voraussetzen. Jedoch ist nichts schwerer, als eben dies Ewige, Konstante und Allgemeingültige bewußt herauszustellen. Und für diese Absicht gilt der wichtigste, 4. Satz:

4. Das Denken über geistige (kulturelle) Probleme ist niemals ein Zusehen bloß von außen; niemals steht das erkennende Subjekt mit starren Kategorien ausgestattet den geistigen Gegenständen einfach gegenüber, sondern dieses Denken entwickelt sich *mit der Sache und an der Sache*. Deutlicher gesprochen: Mit dem Werden eines neuen Kulturzustandes entfaltet sich an ihm und mit ihm auch die Besinnung über diese Gestaltungen. Man kann sie nicht vorausberechnen, man kann auch die nächste Zukunftsgestalt nicht in die Luft hineinkonstruieren; sondern jede geisteswissenschaftliche Theorie ist unterbaut von einer bereits gewordenen Gestalt des Geistes. Jede einzelne Geisteswissenschaft ruht auf der Voraussetzung und der Struktur des Geisteslebens selber, das sie zur Besinnung zu erheben versucht. Das wissenschaftliche Denken selber steht, trotz seiner Ewigkeitsmomente, mit drin in dem Prozeß, wird von ihm getragen, empfängt von ihm die volle Gliederung seiner Kategorien und stellt folglich die Forderung an den Denkenden, daß er diese ganze »Substanz« des Volksgeistes und Zeitgeistes in sich trage, wenn er etwas aussagen will, das nicht bloß konstruiert, sondern von dem ethischen Gehalt des Geistes unterbaut ist.[46]

Deshalb ist *alle* Geisteswissenschaft, nicht bloß die politische, in den Kampf der gegenwärtigen Geistesformen hineingestellt. Sie steht nicht außer diesem Kampf, obwohl ihre Ewigkeitstendenz sie in anderer Hinsicht auch wieder über ihn stellt, freilich dann auf Kosten der aktiven Stoßkraft, zu der zwar immer viel geistiger Instinkt, aber auch glückliche Unreflektiertheit gehört.

III.

Die Nachwirkung des Naturrechts in der bisherigen Behandlung der Schulpolitik

Ein großer Teil der schulpolitischen Literatur, vor allem die Publizistik in Broschüren, Zeitungen und Zeitschriften, denkt über die wissenschaft-

[46] Der schlicht, aber produktiv Handelnde hat diese konkrete Geistesgestalt in sich, ohne die Form der Reflexion, mindestens partiell oder perspektivisch. Er ist unbefangener, unmittelbarer, aber auch teilweise blinder, nur instinktiv getriebener Geist.

liche Behandlung des Verhältnisses von Staat und Schule ganz anders. Weithin herrscht noch der *naturrechtliche Typus* des Denkens, dessen Wert gegenüber einer bloß historischen Auffassung darin besteht, daß er verpflichtende Normen aufstellen will, der aber im übrigen das Problem zu einfach und deshalb falsch sieht.[47]

In drei Zügen erblicke ich den Einfluß naturrechtlicher Denkgewöhnungen auf unser Problemgebiet: 1. in der Annahme, es gebe eine für alle Staaten, Zeiten und Gegenden richtige, weil aus der Vernunft selber folgende Gestalt des Verhältnisses von Staat und Schule; 2. in der Fiktion, von einer Art von rechtlich unbestimmter Lage ausgehen und das Schulrecht als ein eben völlig neu werdendes in Gedanken erzeugen zu können; 3. in der isolierten Konstruktion eines organisierten Kulturgebietes aus seiner spezifischen Idee, z. B. des Staates aus den Grundmotiven des Staatsvertrages, der Schule aus der Idee einer »reinen Bildung« usw. – In der dritten Richtung liegt, wie wir sehen werden, neben dem unhistorisch Rationalistischen doch auch ein teilweise berechtigtes Motiv.

1. Die an erster Stelle genannte Auffassung darf in wissenschaftlichen Kreisen als am meisten überwunden gelten. Wer glaubt heut im Ernst noch daran, daß alle Länder und Zeiten die gleiche Schulorganisation haben könnten oder sollten? Auch der kühnste Rationalist hat schließlich eingesehen, daß die Schuleinrichtungen und -gesetze auf einer bestimmten, historisch bedingten kulturellen Gesamtlage draufsitzen und daß ihre Richtigkeit nicht darin besteht, überall richtig zu sein, sondern in richtigem Strukturverhältnis zu diesem Kultur- und Staatsganzen samt seiner Bewegung zu stehen. Trotzdem hört man noch gelegentlich den Satz, etwa die religionslose Schule oder die sog. Simultanschule sei die allein richtige Form der Staatsschule. Das berühmteste Beispiel für eine im Grunde noch naturrechtliche Auffassung des Verhältnisses von Staat und Schule ist *W.*

[47] Günther Holstein hat in seinem später noch zu verwertenden Aufsatz über Elternrecht, Reichsverfassung und Schulverwaltungssystem (Archiv für öffentliches Recht. N. F. Bd. 12. 1927, S. 202) sieben Bedeutungen des Begriffes Naturrecht auseinandergelegt. Durch meine Ausführungen im Text werden diese möglichen Deutungen noch erweitert. Punkt 1 oben entspricht Nr. 3 und 4 bei *Holstein*, Punkt 2 ungefähr Nr. 1 und 2. Nr. 5 scheint dem später zu erörternden »elastischen Naturrecht« nahezukommen. Nr. 6 (der individualistische Ausgangspunkt) wird später S. 154 noch berührt. Nr. 7 betrifft das Ganze der *historischen* Erscheinungen, die als Naturrecht bezeichnet worden sind. – Mein 3. Gesichtspunkt wird von *G. Holstein* nicht erwähnt, ist auch bis zum 18. Jahrhundert in der naturrechtlichen Denkweise nicht zu finden, bedeutet aber eine wichtige und – wie mir scheint – auch im historisch gerichteten Denktypus nicht ganz zu entbehrende Weiterbildung naturrechtlicher Motive im 19. und 20. Jahrhundert.

v. Humboldts Jugendschrift: ›Ideen zu einem Versuch, die Grenzen der Wirksamkeit des Staates zu bestimmen‹ (1792). Wir verstehen heut, wie diese angeblich überzeitliche Begrenzung der Staatsaufgaben mit der damaligen Gesamtlage zusammenhängt. Der Verfasser selbst aber meinte, die Grenzen der Staatszwecke aus ewig gültigen Sätzen deduzieren zu können. Zwar bemerken wir schon ein gewisses Schwanken[48] gegenüber der alten Lehre vom Staatsvertrag; wir finden ausdrücklich bemerkt, daß nicht die Theorie der Politik und der Finanzwissenschaften, sondern nur die allgemeine Theorie des Rechtes »ewig und, wie die Natur des Menschen im ganzen selbst, unveränderlich ist, die anderen aber mannigfache Modifikationen erlauben«.[49] So viel jedoch steht ideell fest, »daß die Menschen empfänglich genug für die Freiheit sind, welche die Theorie allemal lehrt«.[50] Entsprechend glaubt *Humboldt* auch an die ewige Gültigkeit seines Ergebnisses: »Öffentliche Erziehung scheint mir ganz außerhalb der Schranken zu liegen, in welchen der Staat seine Wirksamkeit haben muß.«[51] Wenn er sich zum Schluß (wie schon 1791) Gedanken über die Anwendung seiner Theorie auf die Wirklichkeit macht, so kommen dabei zwar Ansätze eines historischen Bewußtseins zum Vorschein, jedoch bleibt auch hier der alte naturrechtliche Gedanke im Vordergrund, daß es sich eigentlich nur darum handle, die ungetrübte Vernunft in die getrübte Lage der Dinge hineinzuarbeiten.

Interessant ist es, damit zu vergleichen, in welchem Sinne sich 22 Jahre später *Schleiermacher*, dem *Humboldts* Jugendabhandlung höchstens aus einigen Bruchstücken bekannt sein konnte, der aber Mitarbeiter seiner praktischen Schulpolitik war, in unserer Akademie ›Über den Beruf des Staates zur Erziehung‹ geäußert hat.[52] Eine durchaus allgemeingültige Antwort auf dies Problem hält *Schleiermacher* von vornherein für unmöglich. Trotz seiner bekannten Methode, die Kulturgebiete als ewige Grundrichtungen der Durchdringung von Natur und Vernunft zu konstruieren, versucht er bereits eine Art von historischer Typenbildung. Seine starke liberale Ader hindert ihn nicht, die Berechtigung öffentlicher Erziehung für bestimmte Epochen zuzugeben. »Dieses also ist meine Antwort auf die Frage: Wie kommt der Staat rechtmäßigerweise dazu, einen tätigen Anteil an der Erziehung des Volkes zu nehmen? Dann nämlich und nur dann,

[48] Vgl. Wilhelm v. Humboldts Gesammelte Schriften. Hg. von der Kgl. Preuß. Akad. d. Wissenschaften. Werke Bd. 1, Berlin 1903, S. 131, 211. Mehr historisches Bewußtsein spricht aus S. 142 und aus den beiden unmittelbar vorher im Anschluß an die französische Revolution entstandenen Aufsätzen, besonders S. 78 und 80.

[49] a.a.O., S. 231. [50] a.a.O., S. 243. [51] a.a.O., S. 146.

[52] Vgl. hier S. 91, Anmerkung 1.

wenn es darauf ankommt, eine höhere Potenz der Gemeinschaft und des Bewußtseins derselben zu stiften.«

Im Laufe des 19. Jahrhunderts ist noch eine Fülle rein abstrakter schulpolitischer Theorien aufgestellt worden, denen der Sinn für die Wandelbarkeit und die strukturellen Verschiebungen zwischen den beteiligten Kulturmächten fehlt. Auch *Dörpfelds* Schrift ›Die freie Schulgemeinde und ihre Anstalten auf dem Boden der freien Kirche im freien Staate‹ stellt den Satz, daß das Recht auf Privaterziehung den Eltern gewahrt bleiben müsse, als eine Ewigkeitsforderung auf, obwohl doch gerade dieses Programm in dem schulpolitisch sehr eigentümlichen Boden der Grafschaft Berg seine eigentliche Wurzel hat.[53]

2. Naturrechtlich ist auch das mit dem geschilderten verwandte Verfahren, den gegebenen Zustand gleichsam als rechtlich noch unbestimmt zu betrachten und so – aus einer Art von schulpolitischem Naturzustand heraus – neue Gesetzesforderungen aufzustellen. Da aber das geltende Schulrecht im weitesten Sinne mit zu den Kräften gehört, die die Lage der Gegenwart bestimmen und die mögliche Zukunftsbewegung erheblich eingrenzen, so handelt es sich bei solchen Erörterungen de lege ferenda meist um reine Luftkonstruktionen, die nicht an der Wirklichkeit geschult sind, also auch nicht Wirklichkeit gestalten können. Eine solche Gedankenkonstruktion im geschichtslosen Raum wäre es etwa, wenn jemand heut, in einer Zeit der höchstgesteigerten Individualrechte im Staate, die Eltern von der Entscheidung über die religiöse Erziehung ihrer Kinder ausschließen wollte; ebenso aber, wenn jemand das große Gebäude staatlicher Erziehungseinrichtungen durch die Forderung nach Rückkehr zur Privatschule über den Haufen werfen wollte. Man kann in diesen Fragen nicht von einem unbestimmten Urzustande aus Politik treiben, sondern nur auf der Basis einer gegebenen geistig-gesellschaftlichen Kräfteverteilung und einer bereits wirkenden Staats-, Rechts- und Gesellschaftsordnung. Dies trifft auch die unveräußerlichen individuellen Menschenrechte, deren ewige

---

[53] Friedrich Wilhelm Dörpfeld, Die freie Schulgemeinde und ihre Anstalten auf dem Boden der freien Kirche im freien Staate. Gütersloh 1863. Vgl. besonders S. 8 u. S. 12: »Summa: die Familie ist die für alle Zeiten und Kulturzustände von Gott gegründete und nach Seiner Weisheit eingerichtete *Normal-Erziehungsanstalt* für die Jugend.« S. 74: »Das *Recht* auf Privat-Erziehung muß den Eltern ewig gewahrt bleiben, damit nicht jede zeitweilig zur Herrschaft kommende Gewalt ohne Widerspruch die Jugend auf Bahnen fortschleife, vor denen dem Wachenden und Sehenden Grauen anwandelt.« – Über Dörpfeld vgl. die ebenfalls stark naturrechtlich verfahrende Schrift von Ernst Schmidt, Friedrich Wilhelm Dörpfelds Schulverfassung in ihrer Bedeutung für die Gegenwart. (Päd. Magazin. H. 784.) Langensalza 1920.

Geltung man im naturrechtlichen Zusammenhang behauptet und die auf unserem Gebiet in verschiedenen Formen (z. B. als Freiheit der Gewissensbetätigung oder als Lehrfreiheit) eine Rolle spielen. Auf primitiven Stufen der Gesellschaftsbildung würden sie niemandem in den Sinn kommen. Sie sind *konkrete* Ideen, hinter denen in unserem Fall die ganze antik-christliche Geistesentwicklung liegt. Als Angehörige einer individualistischen Zeit und eines Rechtsstaates, der gewisse Personalrechte respektiert, sehen wir die gesamte frühere und die künftige Entwicklung im Lichte dieser Norm. Aber solche Normen selbst sind einmal aus der Geistesbewegung geboren, in ihr erkämpft worden. Deshalb kann man sie von dem Ganzen der geistig-gesellschaftlichen Lage nicht isolieren, sondern muß sie immer sinngemäß auf dieses Ganze bezogen denken.

3. Zu den Eigentümlichkeiten der naturrechtlichen Denkweise gehört endlich die Konstruktion der Kulturorganisationen aus ihrer *reinen Idee*. Nicht nur »der« Staat wird so, isoliert von allen anderen gesellschaftlichen Mächten, aus einem ursprünglichen Rechts- und Sicherheitswillen gedanklich erzeugt, sondern entsprechend: die Wirtschaft aus dem reinen, meist individuellen, ökonomischen Erwerbstrieb, die Kirche aus dem reinen Prinzip der Frömmigkeit, die Universität aus der reinen Wissenschaftsidee. In unserem Fall würde eine solche Einstellung dazu führen: *die reine pädagogische Idee* als die Kraft anzusehen, die die Schule formt, hingegen alle staatlichen, religiösen, beruflichen Kräfte nur als Fremdmächte aufzufassen, die das gesunde Wachstum des reinen Erziehungsorganismus stören. – Ohne Zweifel sind solche abstrakten Betrachtungsweisen nicht ohne Wert. Sie dienen dazu, gleichsam durch ein System regulärer Hilfslinien, die verschiedenartigen Grundmotive des Kulturlebens gedanklich auseinander zu halten. Aber die einzige normativ entscheidende Fundierung für die Schulpolitik kann damit nicht gewonnen werden. Denn der Sinn der Schulverfassungslehre ist nicht, reine Wesensschau zu sein, sondern Grundlage zu werden für das Verständnis und die Gestaltung der schulpolitischen *Wirklichkeit*, und diese ist realiter immer in die Gesamtkultur verflochten. Der tatsächliche Zusammenhang der gegebenen Gesamtkultur aber ist nicht zu verstehen, wenn man sie nur als Spiegelung abstrakter Denkgebilde ansieht, sondern es kommt gerade darauf an, diese vielfältige Verschränkung der Kräfte, diese organischen Verwachsungen und diese seltsame Kreuzung oder vieldeutige Kombination der Motive sehen zu lernen, die eben die Kultur als Geistes*leben* ausmachen. Da ist weder reine Staatsomnipotenz noch reiner Liberalismus, weder reine Herrschaft der Wissenschaft noch reiner Nützlichkeitsgeist, weder reiner Sozialismus noch Individualismus – sondern alle diese Stichworte bezeichnen im günstigen Falle

Momente am ruhenden Kulturganzen oder Teiltendenzen in ihrer Bewegung oder miteinander kämpfende Mächte.

In welchem Sinne von einer Eigengesetzlichkeit oder Autonomie des Schulwesens im Ganzen der Kultur und damit auch im Staate die Rede sein kann, bleibt trotzdem eine ernst zu nehmende Frage. Ihre Beantwortung aber kann erst dann fruchtbar werden, wenn wir uns klar geworden sind, daß das Problem selber aus einer bestimmten Stufe der Geisteslage entspringt und daß es eine gewisse Differenzierung des Kulturgefüges schon voraussetzt. Wir werden also auf die Frage nach der »Autonomie des Erziehungsgebietes« später zurückkommen.[54]

Zunächst ergibt sich aus dieser Kritik des rein abstrakten, zeitlos gültig gedachten Naturrechtes als methodisch sehr wichtige Folgerung: Wir können der Begriffe zur Erfassung des historisch-geistigen Lebens gewiß nicht entbehren. Aber in ihrer starren Eindeutigkeit nützen sie uns wenig; wir müssen sie, wie *Hegel* es tat, in die Dynamik des Gesamtgeschehens hineindenken, sie von da aus individualisieren, mit konkretem Inhalt füllen und zuletzt so weit erweichen, daß sie sich der geschichtlichen Bewegung und der Gegenwartswelle einigermaßen anschmiegen. –

An zwei Hauptbeispielen erläutere ich diese allgemeine These. Es scheint, als ob die grundsätzlichste schulpolitische Entscheidung durch die beiden extremen Forderungen eingegrenzt wäre: Staatsmonopol für das Schulwesen oder Unterrichtsfreiheit (liberté d'enseignement). Von vornherein wird jeder zugeben, daß man heut nicht in einem dieser beiden Endpunkte, sondern nur irgendwo in der Mitte zwischen ihnen seine Stellung nehmen kann. Man nennt das dann meist sehr unglücklich ein »Kompromiß«. In folgerichtiger Ausdehnung dieser Ansicht müßte man die ganze geistige Wirklichkeit, die *niemals* reine Darstellung eines gedanklichen Prinzips ist, ebenso wie die ganze Kunst, die das Allgemeine immer nur *am* Konkreten darstellt, als Kompromisse tadeln. Überdies ist nachzuweisen, daß keiner jener Begriffe, die sich wie Maximum und Minimum gegenüberstehen, einen bestimmt angebbaren Inhalt hat.

Was heißt Staatsmonopol auf das Bildungswesen? Es kann bedeuten: 1. Nur der Staat darf Schulen *errichten* (unter Ausschluß der Privatschule). 2. Der Staat behält sich die *Aufsicht* über *alle* Schulen vor, wer sie auch gegründet habe. Entweder besteht diese Aufsicht nur in Arbeits- und Leistungskontrolle, oder auch in Lehrplannormierung, Zielsetzung, Lehrerprüfung und Schülerprüfung. 3. Der Staat *zwingt* alle Kinder in bestimmtem Lebensalter zum Besuch seiner Schulen oder nur zum Besuch von

[54] Vgl. 5. Abschnitt.

Schulen überhaupt oder zum Nachweis eines gleichwertigen Ersatzes. 4. Der Staat trägt alle Schulkosten, d. h. er allein unterhält die Schulen und bietet sie gratis oder gegen Entgelt dar; er bestätigt die Lehrer unter gewissen normierten Bedingungen; er erteilt die Berechtigungszeugnisse. – Vom härtesten spartanisch-platonisch-Fichteschen System bis zu fast unmerklich geübtem Einfluß und maßvoller Kontrolle sind hier die verschiedensten Schattierungen denkbar, die man zwar auf gewisse Haupttypen (wie staatliche Schulgründung, Schulaufsicht, Schulpflicht, Schulunterhaltung) bringen, niemals aber ganz von der konkreten geschichtlichen Umgebung loslösen kann. – Ist so schon der Sinn des Staatsmonopols sehr verschieden weit auszulegen, so ist auch *die Schule* etwas sehr Verschiedenes. In der Regel ist doch nur eine Art von Mindestschule als Pflichtschule festgelegt. Es fragt sich dann, wie weit sie reicht – sachlich und zeitlich. Umfaßt sie nur eine allgemeine Elementarbildung oder auch die Kindergärten, die Fachschulen bis zur Kochschule und zur Tanzschule, die Hochschulen, die Religionsschulen, die Schulen der Weisheit usw.?

Je nach dem Rahmen, der hier gespannt wird, ist die Staatlichkeit des Unterrichts etwas sehr Verschiedenes. Man pflegt zu sagen, im griechischen Altertum und auch im römischen sei erst spät der Prozeß der Verstaatlichung des Unterrichtswesens eingetreten. Man muß der konkreten Darstellung in *Barbagallos* Buch[55] folgen, um überhaupt zu verstehen, in welchem Umfang und in welchem Sinne das römische Kaiserreich ein staatlich gefördertes Bildungswesen kannte. – Die Staatsschule der von *Napoleon* 1808 gegründeten Université impériale ist ganz etwas anderes als die preußische Staatsschule der *Humboldt*schen Reform von 1809 und des *Süvern*schen Unterrichtsgesetzentwurfes von 1819. Selbst der Wortlaut der positiven Gesetze und Verordnungen allein gibt von diesen Schattierungen kein ganz vollständiges Bild. Das tatsächliche Herkommen und der historisch gewordene Stand der Dinge behalten ihr eigenes Gewicht.

Noch deutlicher wird das Schwankende des allgemeinen Prinzips an der Vieldeutigkeit des anderen Begriffs: der liberté d'enseignement. Schon der Name weist auf die Herkunft aus den schulpolitischen Erörterungen der großen französischen Revolution hin. Aber es ist von vornherein klar, daß

[55] Corrado Barbagallo, Lo stato e l'istruzione pubblica nell'Impero Romano. (Biblioteca di filologia classica III.) Catania 1911. – Vgl. bes. S. 381–385. – S. 382: »Ma tanta operosità non riguarda tutte le forme dell'antico insegnamento; l'istruzione elementare rimane ancora estranea a ogni iniziativa dello Stato, e le cattedre, che questo curò e raccolse, quali sedi di insegnamenti ufficiali, corrisposero invece alle sole contemplate dal nostro insegnamento superiore e dal nostro insegnamento medio di secondo grado«.

Unterrichtsfreiheit in Frankreich, wo der Absolutismus noch kein großes staatliches Schulwesen ausgebildet hatte, etwas anderes bedeuten mußte als in Preußen, wo die staatliche Gründung, Aufsicht und Normierung von den Landschulen bis zu den Universitäten am Ende des 18. Jahrhunderts schon weit fortgeschritten war. Wenn *W. v. Humboldt* den Grundsatz der Unterrichtsfreiheit vertritt, so muß damit etwas anderes gemeint sein als bei *Mirabeau l'aîné,* den er zitiert und der allerdings auch das preußische Regierungssystem genau studiert hatte. *Émile Bourgeois* hat in seiner geistreichen, wennschon nicht ganz tendenzfreien, sondern weltlich-demokratisch gerichteten Studie ›La liberté d'enseignement. Histoire et doctrine‹ (Paris 1902) die historisch wechselnde Bedeutung des liberalen Schulprogramms so eindrucksvoll geschildert, daß sein Buch am besten die hier bekämpfte Gefahr einer unhistorischen Begriffsbildung illustriert. Ich folge seiner Darstellung in einigen Hauptzügen. In der Constituante, wie bei ihrem Theoretiker *Mirabeau,* erwächst die Anerkennung der Unterrichtsfreiheit aus der praktischen Notwendigkeit, durch freie Konkurrenz die Schulgründungen und das Unterrichtspersonal zunächst zu vermehren. Der Einfluß der ökonomischen Theorien tritt in der Formulierung *Mirabeaus* ganz deutlich zutage: »Enseigner c'est un genre de commerce. – L'enseignement est une marchandise comme les autres que le vendeur s'efforce de faire valoir, et que l'acheteur juge et tâche d'obtenir au plus bas prix.« Eine Spitze gegen die nationale Staatserziehung liegt darin nicht, vielmehr ist der gemeinsame Nutzen für diese Forderung der stille Hauptgesichtspunkt. Anders bei *Condorcet* und in der Législative. Hier erscheint die Unterrichtsfreiheit als notwendige Konsequenz aus dem Menschenrecht der Gewissensfreiheit, die den Vätern wie den Lehrenden erhalten bleiben muß. »L'indépendance de l'instruction fait en quelque sorte partie des droits de l'espèce humaine.« Aber man weiß, daß *Condorcet* auch damit ein streng demokratisches Programm allgemeiner Nationalerziehung verband. Gesetzlich festgelegt erscheint die liberté d'enseignement zuerst unter dem Konvent in dem Dekret vom 19. Dezember 1793. Artikel I ›L'enseignement est libre‹ wird aber in Artikel II an eine gewisse öffentliche Kontrolle gebunden. Das Motiv ist wiederum kein grundsätzlicher Wille, den Unterricht von Staatseinflüssen fernzuhalten, sondern die Unmöglichkeit für den Staat, sogleich die ungeheuren Kosten für ein voll ausgebautes Volksschulwesen aufzubringen. Aus dem gleichen Grunde blühen unter dem Direktorium die alten geistlichen Unterrichtsanstalten wieder auf, zumal sie ein besseres Lehrpersonal zur Verfügung hatten, als der Staat oder »die private Industrie« sie aufbringen konnten. Wir überspringen die Zeit Napoleons, in der schließlich das staatliche Unterrichtsmonopol mit einem autokratischen System siegt. Es folgt dann die große neue Wendung des Prinzips der liberté d'enseignement in den Tagen von Lamennais, der die royalistisch und klerikal gewordene Universität bekämpft. Das liberale Prinzip wird jetzt zu einem Kampfmittel der römisch-katholischen Partei gegen die Staatsschulen. »Une immense liberté est indispensable, pour que les vérités qui sauveront le monde se développent comme elles le doivent.«

Im systematischen Teil seines Buches ergänzt *Émile Bourgeois* die Analyse der Vieldeutigkeit, in der die liberté d'enseignement historisch auftritt, durch die Beleuchtung der sachlichen Vieldeutigkeit des Wortes enseigner selbst. Soviel Arten der Überzeugung, soviel Arten des Unterrichtes. Lehre kann sein: religiöse, wissenschaftliche und politische Lehre. Die erste dient nach ihm der Ausbreitung eines religiösen Glaubens, die zweite der Mitteilung selbständig gefundener Wahrheiten, die dritte – in Preßfreiheit wie lebendiger Rede – der Werbung für die politischen Ansichten einer Partei. Alle drei müssen frei sein, gemäß den natürlichen Urrechten der Gewissens- oder Glaubensfreiheit, der Freiheit von Forschung und Lehre, und der freien politischen Meinungsäußerung (foi, science, opinion). Aber keine als solche gibt ein Recht auf die Schule oder begründet in diesem Sinne eine liberté d'enseignement. Denn der religiöse Einfluß gehört in Seminare, der wissenschaftliche in die Forschungsstätten der Universität, der politische in die politischen Versammlungen. Die Schule hingegen ist eine Veranstaltung der Gesellschaft zur Überlieferung (transmission) von anerkannten wissenschaftlichen Wahrheiten. Daß sie mit dem Stande der Wissenschaft in Übereinstimmung bleibt, wird durch die Vorbildung und Prüfung der Lehrer gewährleistet, die aber der Staat für die eigentümliche gesellschaftlich-nationale Zweckfunktion der Schule anstellt.

Hinter dieser scheinbar klaren Einteilung verbergen sich doch große Schwierigkeiten. Wenn *Bourgeois* den religiösen Gesellschaften vorwirft, daß sie gern Gewissensfreiheit fordern, aber bei ihren »Gläubigen« die Denkfreiheit unterdrücken, so scheint er die Autonomie des Denkens gegen die Autorität der Glaubenslehre in Schutz zu nehmen. Die Schule aber, die er meint, verfährt ja auch überwiegend autoritativ.[56] Sie steht wohl im Dienste einer anderen Autorität als die Glaubensschule; aber eine Welt-

[56] In der Tat würde der Einwand, daß eine bestimmt gefärbte religiöse Erziehung die Gewissensfreiheit und somit ein Menschenrecht des Kindes beeinträchtige, ebenso auch den wissenschaftlichen Unterricht eines frühen Alters treffen: denn sehr vieles muß auch in ihm zunächst ohne Möglichkeit persönlicher und verantwortlicher Nachprüfung hingenommen werden. Wie nicht nur die Tat, sondern auch das Nichttun eine sittliche Verantwortung in sich enthält, so ist Erziehen wie scheinbares Nichterziehen immer eine Beeinflussung des Werdenden.

anschauung, nämlich die nationale und die positivistisch wissenschaftliche im Sinne von *Condorcet,* »predigt« auch sie. Und so löst das Buch die schweren Antinomien, die zwischen Staat und Wissenschaft und Religion bzw. Religionsgesellschaft bestehen, nicht etwa durch partielle Anerkennung *jeder* Anspruchssphäre, sondern durch die *Bevorzugung* der nationalen Einheitsidee vor jeder anderen Überzeugung in der Schule, die ausschließlich dem direkten Weltanschauungsinteresse des Staates dienen soll. – Aber diese Probleme werden uns später beschäftigen. Zunächst handelt es sich nur um die Feststellung, daß das in der naturrechtlichen Denkepoche entstandene Prinzip der liberté d'enseignement keinen durchaus eindeutigen Inhalt hat.[57] –

Das Prinzip der Unterrichtsfreiheit in Deutschland ist nicht minder vieldeutig. In *Wilhelm v. Humboldts* Jugendschrift ist das Motiv der Abneigung gegen die Staatsschule ein aristokratisch-ästhetisches Selbstbildungsideal; an die Selbstverwaltung des Bildungswesens durch die Nation etwa im Sinne der späteren *Stein*schen Verwaltungsreform ist noch kaum gedacht. Der dem Staat gegenübergestellte »Nationalverein«[58] bleibt noch völlig im Dunkeln. Ganz anders behandelt *Humboldt* 1809 als praktischer Staatsmann das gleiche Problem, aber auch hier noch mit offenbarem Mißtrauen gegen die Fähigkeit des Staates, das geistige Leben eigentlich zu fördern. *Süverns* Unterrichtsgesetzentwurf läßt Privatschulen auf Grund staatlicher Erlaubnis zu, sofern sie in der Minderzahl bleiben, und widmet ihnen den zweiten, wesentlich kürzeren Teil des Gesetzes. Die vom Allgemeinen Landrecht geforderte Staatsaufsicht aber bleibt selbstverständlich bestehen. In den Systemen und Wörterbüchern der Politik vom liberalen Standpunkt bemerkt man allenthalben einige Schwierigkeiten, die Tatsache des staatlichen Schulzwanges mit dem Grundsatz der Freiheit in Einklang zu bringen. Noch prinzipieller ist – von *Fichte* an – das Ringen zwischen dem demokratischen Gedanken der Staatserziehung und den gleichzeitigen Freiheitstendenzen.[59] Die preußische Verfassung von 1850 baut die liberté d'enseignement dem Prinzip der Staatsschule schlecht und recht ein, wenn sie sich dem Grundsatz nicht entziehen kann: »§ 22: Unterricht zu erteilen und Erziehungsanstalten zu gründen und zu leiten, steht jedem frei, wenn er seine sittliche, wissenschaftliche und technische

[57] Zu der historischen Seite des Problems vgl. auch Louis Grimaud, Histoire de la liberté d'enseignement en France depuis la chute de l'ancien régime jusqu'à nos jours. Paris 1898.

[58] Humboldt, a.a.O., S. 131, 236.

[59] Vgl. hierüber die endgültig klärende Darstellung von Nico Wallner, Fichte als politischer Denker. Halle 1926.

Befähigung den betreffenden Staatsbehörden nachgewiesen hat.« Die Verwertung dieses Paragraphen und des § 24 durch die katholischen Schulorden spielt im Kulturkampf eine große Rolle. Die streng demokratische Weimarer Reichsverfassung von 1919 schränkt die Zulässigkeit der Privatschule noch weiter ein. Aber die Privatschule als Einzelgründung ist ja gar nicht der einzige Fall, der mit der liberté d'enseignement gemeint sein kann. Wenn *Dörpfeld* von der freien Schule auf dem Boden der freien Kirche im freien Staat spricht, so meint er das Urrecht der Familie, eigene Schulgenossenschaften zu gründen, gleichsam einen Aufbau des Schulwesens von unten statt von oben. Die Familienvereinigung soll hier Hauptträger sein, wie bei *Karl Mager* die Provinzialgemeinde. An eine völlige Ausschaltung des Staats aber haben beide nicht denken können. Die Autonomie der Schule im Staat bekundet sich dann nur in der Selbstverwaltung und Selbsterhaltung der Schulen. In diesen Zusammenhang gehört ferner die Idee einer Schulsynode, die aus der Schweiz stammt und schon durch den Namen eine Parallelsetzung der Schulautonomie mit der Kirchenautonomie andeutet.[60] Schließlich aber könnte liberté d'enseignement auch die freie Wahl des Schulweges, den Kampf gegen normierte Berechtigungen, den Grundsatz »freie Bahn dem Tüchtigen«, die Lehrfreiheit und Lernfreiheit der Hochschulen und was nicht noch alles bedeuten. Mit dem Grundsatz als solchem, ohne historische Konkretisierung, ist also keine Norm gegeben, die für die Gestaltung der schulpolitischen Wirklichkeit irgend etwas Bestimmtes festlegte. Vielmehr empfängt sie einen greifbaren Sinn erst durch den Inbegriff der schulpolitischen Lage, *gegen* die sie sich richtet. Solche »Lebensbegriffe«, wie *Lorenz v. Stein* sagen würde, stehen eben mit der lebendigen Struktur des Geistes, aus der sie erwachsen, in einer unlösbaren Beziehung. Für sich genommen schweben sie in der Luft.

Was wir an den Begriffen »Schulmonopol des Staates« und »liberté d'enseignement« erläutert haben, hätten wir ebensogut an der Wandelbarkeit des Begriffs »Einheitsschule« oder »Gemeinschaft« oder »Humanismus«, ja zuletzt an den Kardinalbegriffen »Freiheit und Gleichheit« selbst darstellen können. Für sich genommen – abstrakt im Sinne *Hegels* – sind sie inhaltsleer. Aus dieser Feststellung lassen sich sehr wichtige allgemein geisteswissenschaftliche Einsichten gewinnen, nämlich, daß derartige programmatisch gemeinte Komplexbegriffe 1. auf einer nur als historische Individualität erfaßbaren Basis ruhen; 2. daß sie ihren konkreten Inhalt nicht einfach aus sich selbst, sondern zugleich aus dem empfangen, *was sie*

[60] Vgl. Eduard Sprangers Aufsätze in der Deutschen Schule §§ 20 und 21.

sich gegenüber haben. Dies meinte wohl auch *Hegel,* wenn er behauptete, daß jedes Moment geistiger Wirklichkeit selbst ein konkreter Begriff sei, niemals nur abstrakter Allgemeinbegriff, zugleich aber ein in sich Unselbständiges, das erst durch Hinzunahme seiner Antithese wieder Sinn und Leben erhalte. Liberalismus hat begrifflich und sachlich gar keinen Sinn ohne irgendeine ihm gegenüberstehende nicht-liberale Macht. Individualismus ist sehr Verschiedenes, je nachdem, ob ihm gegenübersteht die Bindung durch Tradition und Sitte oder durch Liebe oder durch religiös-kirchliche Weltanschauung oder durch den absolutistischen Staat oder durch sozialistische Organisation oder durch Gemeinschaftsgeist oder durch Massenströmung usw.

Es genügt nicht, die betreffenden Begriffe feiner zu differenzieren, obwohl auch dies für eine brauchbare Idealtypik notwendig ist; sondern sie müssen ausdrücklich als epochal bedingte Begriffe genommen werden, gleichsam mitbestimmt durch das Ganze ihrer historischen Epoche. Die Urideen, in denen sich die Einzelgebiete des Geistes konstituieren, mögen von jeder konkreten Zeitlage unabhängig gedacht werden. Zur gestaltenden Kraft in der Wirklichkeit des historischen Geisteslebens aber werden sie immer nur als *konkrete Ideen.*

Jedenfalls – um zu unserm besonderen Gegenstande zurückzukehren: die wissenschaftlichen Grundlagen einer konkreten Schulpolitik können nicht in einer idealtypischen Begriffsbildung gefunden werden, die völlig überhistorische Formen setzt; sie müssen auf dem Verständnis und der denkenden Erfassung der gesamten konkreten Zeitlage ruhen. Für dieses singulär gerichtete Verstehen bedeutet das vergleichende Verfahren mit Hilfe einer idealtypischen Systematik eine nützliche Vorarbeit. Aber immer dient sie nur dazu, das Konkrete sich von dem Hintergrund typischer Konstruktionen um so deutlicher abheben zu lassen.

IV.

Normative Fragestellung unter Berücksichtigung konkret-historischer Geisteslagen

Die Wendung vom rational-konstruktiven, naturrechtlichen Standpunkt zur Berücksichtigung historischer Totalität und Singularität kann nun aber nicht den Verzicht auf jede Normsetzung und die relativistische Verzweiflung einer nur rückwärts gewandten Wissenschaft bedeuten. Wir stehen vor dem Problem, mit dem *Troeltsch* sein Leben lang gerungen hat, und über das im Grunde doch schon *Hegel* einen ersten Sieg davongetragen hat, wenn er Historisches und Rationales ineinander zu denken wagte. Allerdings könnte man *Hegel* so deuten, als ob er *jedes* Fordern künftiger Geistesgestaltung im Denken als ein wirkungsloses »Meinen« verwerfe. Aber vermutlich bekämpfte er doch nur die abstrakten Normkonstruktionen, die nicht in der Geisteslage und ihren »konkreten Ideen« wurzeln. Schon 1865 ruft *Lorenz v. Stein* aus: »Merkwürdig genug, daß selbst *Hegel* nicht zu der Frage kam, ob neben dem, was wirklich ist, auch das, was wirklich wird, vernünftig ist.«[61] Vielleicht werden wir geneigt sein, noch anders zu formulieren: nämlich, daß das, was aus dem Wirklichen wahrhaft werden *soll* (und nicht bloß »faule Existenz« ist), ebenfalls notwendig vernünftig sein muß. Es wäre zu erörtern, ob nicht *Hegel* genau das gleiche *gemeint* hat, da ja der Geist für ihn eben immer wieder sich selbst setzende substantielle Freiheit ist: die historische Geisteslage kann man nicht durch *beliebige* Idealsetzungen weiterbilden. »Es ist ebenso töricht, zu wähnen, irgendeine Philosophie gehe über ihre gegenwärtige Welt hinaus, als: ein Individuum überspringe seine Zeit, springe über Rhodus hinaus.«[62]

Nicht, daß das Naturrecht Normen setzte, war sein Fehler, sondern daß es diese Normen inhaltlich zeitüberlegen zu formulieren hoffte. Seine eigenen zeitgeschichtlichen Wandlungen beweisen ja, daß die Umbildung der Kulturlage selbst immer wieder neue Normsetzungen hervortrieb. So war die Gesamtbewegung des Naturrechts klüger als jedes einzelne Naturrecht, und wir müssen uns mit dem *Gedanken eines historisch-elastisch gewordenen Naturrechts* befreunden. Anders ausgedrückt: für jede historisch-individuelle Geistesstufe, als Totalität gefaßt, gilt eine ebenso historisch-individuelle Normativität, und sie eben ist es, die zugleich *mit tiefer wissenschaftlicher Besinnung wie mit vernünftiger, d. h. aber ethisch-verantwortlicher Freiheit* ergriffen werden muß.[63]

Dabei machen wir allerdings wieder jene Voraussetzung, deren Richtigkeit nicht bewiesen werden kann, nämlich, daß die Mannigfaltigkeit der geistig-gesellschaftlichen Kräfte einer Epoche, zunächst einer durch nationale Individualität bestimmten Kultur, eine in sich zusammenhängende

[61] Lorenz v. Stein, Die Verwaltungslehre Bd. I. Stuttgart 1865. S. 7.

[62] Rechtsphilosophie, Vorrede.

[63] Neuerdings möchte eine stark religiös fundierte Philosophie *nur* die Dialektik der Gegenwartsentscheidung, die den lebendigen Anspruch des anderen Menschen aufnimmt und aushält, als volle Wirklichkeit gelten lassen. Alles andere sei »bloß erinnerte« Kultur; Geschichtliches liege jenseits der eigentlichen Wirklichkeit. Ich möchte aber wissen, was dann von Anspruch und Gegenanspruch übrigbleibt, wenn man alle Erinnerung streicht, abgesehen davon, daß der psychologische Begriff Erinnerung eine sehr unangemessene Bezeichnung für die *Geistesmächte* ist, die durch die lebenden Menschen als Geistträger hindurchwirken und in ihre ethischen Entscheidungen miteintreten. Vgl. die Schriften von *Eberhard Grisebach.*

Struktur bildet. Diese latente Einheit kann durch gegensätzliche Bewegungen gefährdet werden. Darum bleibt doch die Voraussetzung, daß sie, eben als Gegensätze, einem ursprünglichen Ganzen entstammen, und daß es Aufgabe sei, sie zu irgendeinem *höheren* Ganzen zurückzuführen. Sollte man aber diese Voraussetzung im allgemeinsten Sinne etwa bestreiten, so bleibt sie für den Staat bestehen, der kein Staat wäre, wenn er nicht die höhere Willenseinheit von Gegenbewegungen und sich bekämpfenden Gegensätzen wieder zustande brächte. Alles in der Kultur mag hoffnungslos auseinanderstreben, z. B. die Weltanschauungen und die Bildungsideale: der Staat mindestens, wenn er leben soll, muß eine organisierte Synthese finden, die niemals kahle Uniformität, sondern immer nur die erkämpfte Einheit von Spannungen und Gegenbewegungen in *einem* Macht- und Rechtskörper bedeuten wird.

Für die *staatliche* Schulpolitik steht diese Aufgabe schon deshalb außer Zweifel, weil der Staat am Bildungsleben nur so weit ein *direktes* Interesse haben kann, als er mit seinen Bildungseinrichtungen vorwiegend das bezweckt, was *seine* einheitliche Kraftentfaltung, *seine* in Rechtsformen gefaßte Macht bejaht.

Im Gegensatz zu *Hegel* werden wir heute zugeben, daß die kulturellen und geistigen Kräfte auch über den Rahmen des Staates überschießen können, daß der Staat nicht der allerletzte der Kulturwerte ist und daß folglich Erziehung nicht einfach gleich staatlicher Erziehung gesetzt werden kann. Aber unser Thema: »Schulpolitik« kann doch sinngemäß nur so verstanden werden, daß es sich um die Stellung der Schule *im Staate* handelt. Folglich meinen wir, was nicht selbstverständlich ist, die mögliche und normative Gestalt der *Staats*schule, neben der allerhand freie religiöse und humanistische und utilitarische Bildungsstätten sonst bestehen mögen.

Angenommen nun, wir hätten die historische Geisteslage im ganzen und den deutschen Volks- und Staatscharakter im besonderen einigermaßen erfaßt – eine Aufgabe, die sehr viel geschichtsphilosophische und historische Einzelbesinnung voraussetzt –, so spitzt sich alles auf die Hauptfrage zu: Wie soll unter kulturethischen Gesichtspunkten das zukünftige Verhältnis von Staat und Schule gestaltet werden?

Wo sitzt dann der eigentliche Kern dieses normativen Problems?

Es muß zunächst gesagt werden, wo er nicht zu suchen ist.

1. Ohne Zweifel ist es für die praktische Politik und Staatsverwaltung sehr wichtig, zu erwägen, was der Staat finanziell möglich machen kann. Aber es wäre ein subalterner Standpunkt, dies in den Vordergrund zu rücken. Denn machte man damit Ernst, so wäre eben die billigste Schuleinrichtung für die Staatsfinanzen schlechtweg die beste.

2. Ebensowenig kann die tatsächlich gegebene *Macht*verteilung innerhalb der staatlich geordneten Gesellschaft maßgeblich sein. Tatsachen allein fundieren keine Normen. Es ist zwar im gegenwärtigen Staat so, daß technisch seine Willensbildung durch Majoritätsabstimmung erfolgt. Aber es ist schon zweifelhaft, ob die zahlenmäßige Stärke der Parteien mit ihrer realen Staatsmacht übereinstimmt. Und das ist jedenfalls ganz falsch, daß der in der Abstimmung errungene Sieg ein unwiderlegliches Gottesgericht über die Vernünftigkeit, Richtigkeit und Sittlichkeit des so Beschlossenen und zum Gesetz Erhobenen sei.

3. Es bleibt ein Unterschied zwischen der hic et nunc gegebenen Machtverteilung und dem *echten und gerechten Ideal*, an dem wir seit Plato doch auch die normative Verbindlichkeit des Staates messen. Entsprechend ist ein Unterschied zwischen dem durch *bloße* Machtentscheidung hergestellten Verhältnis von Staat und Schule und der kulturethisch geforderten Gestaltung dieses Verhältnisses. Um diese letztere zunächst gedanklich zu finden, müßte man nicht nur aus der Totalität der Geisteslage heraus denken, sondern den *normativen Geist* seiner Epoche in voller Reinheit in sich tragen. Hiermit aber kommen wir an Grenzen der Wissenschaft. Denn diese allseitige und das absolute Maß in sich tragende Geistigkeit ist keinem Lebenden erreichbar.

Schon ein Blick auf die konkreten Bildungsideale unserer Zeit wie jeder Zeit lehrt, daß sie gespalten sind. Jedes für sich steht in dem Kampf der Geistesmächte mit drin, nimmt zu ihm *von einer Seite aus* Stellung. Insofern andrerseits diese Stellungnahme auf die letzten ethischen Grundüberzeugungen zurückgeht wie auf das Ganze des Weltsinnes (seinem erlebten Reflex nach) gerichtet ist, nennen wir sie charakteristisch »Weltanschauung«. Echte Erziehungs- und Bildungsideale wurzeln, weil sie einen Absolutheitsanspruch erheben, in totalen Weltanschauungen. Der Kampf der konkreten Bildungsideale ist also ein spezieller Ausdruck für den Kampf von Weltanschauungen.

Im gegenwärtigen deutschen Bildungsleben stehen sich, um von feineren Schattierungen abzusehen, rivalisierend gegenüber: die katholische Grundauffassung, die altprotestantische, die sich an einem formulierten Bekenntnis überweltlich offenbarter Wahrheiten orientiert, und die beiden aus der Aufklärung hervorgegangenen Bildungsideale: das humanistisch-idealistische und das soziologisch-positivistische. Von den beiden letzten fühlt sich das erstgenannte einem freien, also protestantischen Christentum historisch und inhaltlich verbunden, während das zweite gemäß der positivistischen Überzeugung, daß Religion heute durch Wissenschaft zu ersetzen sei, religiöse Motive auch dann ablehnt, wenn sie in einer mehr mit der *Welt* verketteten Form auftreten.

Wie will man *wissenschaftlich* zwischen diesen letzten Stellungnahmen zur Bildungsfrage entscheiden, wenn doch die beiden ersten ausdrücklich alle Wissenschaft als Richter über ihren Gehalt ablehnen? Gerade das Zutrauen zur weltlichen Vernunft als dem maßgeblichen Regulator des Geisteslebens ist ja selbst ein Standpunkt, der erst auf der historischen Grundlage der Gewissensfreiheit und Denkfreiheit möglich geworden ist. In diesem Kampfe jedenfalls ist die richtende Vernunft selbst Partei. Und vielleicht würde man auf die Durchführung des Prozesses überhaupt verzichten, wenn nicht das Zusammenwirken und Zusammenleben dieser Weltanschauungen und der zu ihnen gehörigen Bildungsideale in der übergreifenden Form gemeinsamer staatlicher Willensbildung eine einfach praktische Aufgabe wäre, die gelöst werden *muß*. Mindestens müssen, *vom Staat aus gesehen*, jene weltanschaulichen Ansprüche so gegeneinander abgewogen werden, daß ihre Träger in *einem* Staate miteinander leben können. Wird diese Synthese nicht gefunden, so ist damit unverkennbar eine Gefährdung für den Staat selbst gegeben, besonders von denjenigen Weltanschauungen aus, die sich weigern, die Idee des einheitlichen (z. B. nationalen) Staates als letzten Maßstab in Dingen der Bildungsorganisation anzuerkennen.[64]

In das Problem sind also der Staat, die Weltanschauungsgruppen und die Wissenschaft gleichmäßig verwickelt. Es ist für den Staat eine Frage von zentraler Wichtigkeit, ob etwa durch eine Erweiterung und Erhöhung der Wissenschaft dieser Streit doch noch eine von allen Teilen anzuerkennende, verbindliche Lösung finden kann.

Vermag die Wissenschaft dies zu leisten, oder gelangen wir hier an Grenzen des wissenschaftlichen Bereiches? Es wird, mit anderen Worten, von der Wissenschaft, die sich zunächst über die vorfindbaren Richtungen besonnen hat, eine *Stellungnahme* verlangt, eine Entscheidung, die auf dem Grenzpunkte des Überganges vom Gewordenen und Seienden zur verantwortlichen Tat und zur Zukunftsgestaltung liegt.

Die Antwort auf diese Frage ist sehr einfach, auch ohne daß wir lange Voruntersuchungen über das Wesen der Wissenschaft anstellen.

1. Wissenschaft ist immer *objektive* Betrachtung mit dem Ziel allgemeingültiger Urteile über einen Sachverhalt. Auch fremde Weltanschau-

[64] Dieser Fall tritt z. B. oft bei deutschen Schulen in kleinen nationalistisch gerichteten Fremdstaaten ein: Die Kultur- und Bildungsidee, der die deutsche Schule dient, fügt sich nur widerstrebend jenem Staatsgedanken ein, auch wenn kein eigentlich religiöser Gegensatz zum Staatsvolk vorliegt.

ungen, vorgefundene Weltanschauungen können einer wissenschaftlichen Betrachtung unterworfen werden. Man ordnet sie dann in ihre historische und gesellschaftliche Umgebung ein, wobei freilich die in ihnen stattfindende eigentliche Stellungnahme immer ein Unableitbares, schlechtweg erstes, immer *Freiheit* bleibt. Wer sich so mit einer fremden Weltanschauung theoretisch beschäftigt, stellt sich deshalb in ihr eigenstes Zentrum doch nicht hinein. Er hat sie nicht, er kann sie nicht haben, da er ja nur betrachtet, nicht Stellung nimmt. Höchstens können Motive der fremden Weltanschauung seine geistige Person peripherisch berühren, so daß nun in ihm ein Prozeß beginnt, der allmählich nicht nur sein Wissen und Erkennen, sondern auch seine persönliche Stellungnahme zu letzten Wertfragen umbildet. Aber zwischen Betrachtung und weltanschaulicher *Entscheidung* bleibt trotzdem ein Wesensunterschied.

2. Weltanschauliche Stellungnahme und Entscheidung kann also durch Theorie und Wissenschaft unterbaut werden, sie kann aber nie in einfaches Erkennen, in theoretische Evidenzen aufgelöst werden. Das wichtigste und nächstliegende Beispiel hierfür ist die Stellungnahme zum weltanschaulichen Wert der Wissenschaft selbst. Es ist eine Wertentscheidung, kein beweisbarer Standpunkt, wenn man alle Wertfragen und Weltanschauungsfragen von dem Urteil der Wissenschaft abhängig macht. Das Bekenntnis zur *wissenschaftlichen* Weltanschauung bleibt ein Bekenntnis, eine wesenhafte Stellungnahme zum Wertreich. Und wie weit dann die Wissenschaft dieses Bekenntnis durchzuführen vermag, d. h. eine Weltansicht in allgemeingültigen Urteilen aufzubauen vermag, ist eine weitere Frage.[65] Zunächst lehrt die einfache Betrachtung der Welt um uns herum, daß die ursprünglichen Stellungnahmen und Wertentscheidungen inhaltlich verschieden sind.

Daraus folgt für die wissenschaftlichen Grundlagen der Schulpolitik:

1. Die tatsächlich vorfindbaren und miteinander kämpfenden Weltan-

[65] Für das Gebiet ethischer Entscheidungen haben den Versuch einer inhaltlichen wissenschaftlichen Begründung *Max Scheler* und *Nicolai Hartmann* mit ihrer »materialen Wertethik« am weitesten getrieben. Meines Erachtens haben sie damit nur die Unmöglichkeit des Versuchten bewiesen. Denn wenn man ihnen selbst zugibt, daß die von ihnen aufgestellten Wertaxiome und Vorzugsregeln als solche »evident« seien, so sind doch auch sie nur formal. Je mehr sie aber an die historisch-persönliche Singularität der ethischen Situation heranstreben, tritt an Stelle der formulierbaren ethischen Wertevidenz das ganz konkrete, persönliche Gewissen, mit seinem Wagnis und seinem Kampf, die gelebt werden müssen, nicht demonstriert werden können. Sehr gut ist diese Kritik durchgeführt worden von Friedrich Delekat, Sinn und Grenzen bewußter Erziehung, Leipzig 1927. Vgl. meine Anzeige in der Deutschen Literaturzeitung. Berlin 1928 Nr. 1.

schauungen und ihre schulpolitische Auswirkung lassen sich betrachtend darstellen, beschreiben, auf ihre innere (typische) Struktur und werthafte Konsequenz hin verstehend analysieren. Soviel leistet die Wissenschaft für die Schulpolitik wie für jede praktische Politik.

2. Was aber werden *soll*, ist nicht auf dem Wege der Betrachtung allein zu gewinnen, sondern nur durch verantwortliche Entscheidung und freie Tat. In diese Gewissensentscheidung treten jene Wissensmomente klärend und orientierend mit ein, aber *das Wissen allein macht kein Gewissen.*[66]

Wir können diesen fundamentalen Sachverhalt auch von anderer Seite her beleuchten: Wer zu Fragen der ethischen Weltgestaltung Stellung nehmen will, kann sich nicht außerhalb der aktuellen Geistesbewegung stellen und ihr gleichsam nur zuschauen. Er steht außerdem immer in ihr drin, wird von ihr motiviert und getragen. Das durchaus Ursprüngliche des Geistes äußert sich in jeder bewußten Individualität darin, daß die Entscheidung über das Seinsollende unter möglichst vorurteilsfreier Berücksichtigung dieser geistigen Gegebenheiten immer aus der sittlich-verantwortungsvollen *Freiheit* heraus gefällt wird. Gehen diese Entscheidungen innerhalb einer Gesellschaft über dieselbe Frage in verschiedener Richtung, so bedeuten *diese* Spannungen eben die notwendige sittliche Dialektik des Geisteslebens. Man kann sie auch *nach* den Entscheidungen wieder betrachten. Aber dann ist der sittlich bedeutsame Moment vorüber, und es herrscht wieder die bloße Theorie, die niemals mit dem ethischen Akt identisch werden kann und darf.

Damit sind die Grenzen dessen, was die Wissenschaft für die Schulpolitik zu leisten vermag, gekennzeichnet. Sie führt gleichsam immer nur an den Moment der sittlichen Entscheidung heran. Sie liefert dafür Einsichten, die im Kampf der Motivationen eine Rolle spielen. Sie schildert die Zeitlage und die in ihr ringenden Kräfte. Diese Aufgabe wollen wir in den folgenden Betrachtungen noch kurz skizzieren. Aber die sittliche Entscheidung selbst nimmt uns die Wissenschaft nicht ab. Hier wird jeder auf sein Gewissen zurückverwiesen. Die konkrete sittliche Norm wird durchgekämpft, nicht aus einem System deduziert.

[66] Hierin steht *Hegels* kühnerer Wissenschaftsbegriff anders. Vgl. Rechtsphilosophie. Hg. von Georg Lasson. Leipzig 1911. S. 319: »Der Mensch ist als Gewissen von den Zwecken der Besonderheit nicht mehr gefesselt, und dieses ist somit ein hoher Standpunkt, ein Standpunkt der modernen Welt, welche erst zu diesem Bewußtsein, zu diesem Untergange in sich gekommen ist. Die vorangegangenen sinnlicheren Zeiten haben ein Äußerliches und Gegebenes vor sich, sei es Religion oder Recht; aber das Gewissen weiß sich selbst als das Denken, und daß dieses mein Denken das allein für mich Verpflichtende ist.«

V.

Das Problem der Autonomie des Bildungslebens

Unser bisheriges Ergebnis lautet: es gibt keine konkreten wissenschaftlich ableitbaren Normen der Schulpolitik, sowenig es eine auf rein wissenschaftlichen, evidenten Normen aufbauende konkrete Ethik gibt. Die Wissenschaft kann nur die Situation klären, innerhalb deren sich das verantwortungsbewußte Stellungnehmen und Handeln vollzieht. Sie kann den Blick für die Faktoren und ihre Eigengesetzlichkeit erweitern, die in die Erwägung des Möglichen und des als objektiv wertvoll Gesollten eingestellt werden müssen. Oder, wie ich es schon vor 14 Jahren in einem ganz anderen Zusammenhang ausgeführt habe: Nicht wertsetzende Urteile *als* Erkenntnis, sondern Werturteile *auf Grund von Erkenntnis* sind der Boden, auf den wir uns zu stellen haben.[67] Es gibt keine wissenschaftlich beweisbaren Wertsetzungen, aber es gibt Wertsetzungen auf Grund von wissenschaftlichen Einsichten, und diese Einsichten erstrecken sich nicht nur auf den Bereich kausalen Geschehens, sondern *auch auf die Struktur der Wertarten, Wertgegenstände und Werterlebnisse* wie auf die Struktur der besonderen historischen Kulturlage, aus der heraus gehandelt werden soll.

Sollte nun diese Klärung der schulpolitischen Situation, etwa der gegenwärtigen deutschen, in *vollem* Umfange erfolgen, so wäre dazu notwendig ein geschichtliches Verständnis der gesamten gegenwärtigen Kulturlage und eine geschichtsphilosophische *Deutung* ihres weltgeschicht-

---

[67] Die Stellung der Werturteile in der Nationalökonomie. In: Schmollers Jahrbuch für Gesetzgebung, Verwaltung und Volkswirtschaft im Deutschen Reich. Bd. 38. Leipzig 1913. Max Weber in seinem Aufsatz: Der Sinn der Wertfreiheit der soziologischen und ökonomischen Wissenschaften (jetzt in: Max Weber, Gesammelte Aufsätze zur Wissenschaftslehre. Tübingen 1922. S. 451), bemerkt dazu nicht mit Unrecht, daß der (für eine aktuelle Diskussion schnell hingeworfene) Aufsatz nicht zur Klarheit gediehen sei. Seit jenen Anfängen hat *Max Weber* bekanntlich zu dem Problem eingehend Stellung genommen und *seinen* Standpunkt zu zweifelloser Klarheit, aber doch wohl nicht zur Richtigkeit gebracht. Denn sein Wissenschaftsbegriff reduziert sich (übrigens z. T. gegen seine eigene Praxis) auf eine im Dienste der sozialen *Technik* stehende Einsicht in Kausalitäten und Handlungschancen, die dem eigentümlichen Wesen geisteswissenschaftlich-historischer Erkenntnis durchaus nicht gemäß ist. Die Geisteswissenschaft verengt sich hier zur bloßen Technologie, zur Mittelerkenntnis, und reicht allenfalls in eine Typologie der Weltanschauungen hinüber. Vgl. auch meine Bemerkungen zu dieser Frage in meiner Schrift: Der gegenwärtige Stand der Geisteswissenschaften und die Schule. 2. Aufl. Leipzig 1925. Wertsetzung ist keineswegs *nur* Sache der Prophetie. Sie fällt anders aus, wenn sie wissenschaftliche Besinnung zur Grundlage hat, als wenn sie nur aus der Partikularität der leidenschaftlichen oder parteimäßigen Stellungnahme erfolgt.

lichen Sinnes. Die letztere wird schon immer in ethische Stellungnahme und Entscheidung übergehen.

Zerlegen wir diese historische Kulturlage in die dabei beteiligten Einzelmomente, so kämen für unseren Zweck folgende Hauptfaktoren in Betracht, die jedoch immer in ihrer durchgängigen Wechselbeziehung, ja gegenseitigen Durchdringung und ideellen Einheit gesehen werden müßten:

1. Die sogenannten allgemeinen Kulturfaktoren. Diese Blickrichtung wird heute in der Regel nicht sehr glücklich als »soziologisch« bezeichnet.[68] Sie betrifft aber nicht nur die Gesellschaftsformen, sondern auch die konkrete Gestalt der Kulturinhalte. Dahin gehören unter anderem: die nationale Wirtschaftslage und ihre Gesamtstruktur, die der allgemeinen Weltlage eingegliedert ist; die gesellschaftliche Schichtung und Gliederung des Staatsvolkes; der Staat und seine außenpolitische wie innenpolitische Bestimmtheit; der Stand der Wissenschaft; das literarisch-ästhetische Geistesleben und die in ihm zutage tretende eigentümlich nationale Geistesart; schließlich die letzten religiösen und weltanschaulichen Motive, die in all den genannten Gebieten als Agentien wirken und in deren Kampf sich zuletzt die gegensätzliche Bewegung in der Volkskultur zusammendrängt. Als Kirchen organisiert, wirken sie auch direkt in die politische Machtverteilung hinein, wie das gleiche von allen anderen Verbänden mit einem kulturell wichtigen Wertgehalt gilt. – Dies alles ist nur auf historischer Basis tiefer zu verstehen.

2. Die spezifisch pädagogische Gesamtlage. Hierhin gehören der Stand der Familienerziehung und Schulerziehung; die Gliederung des Schulwesens in viele Zweige mit sehr verschiedener pädagogischer Bestimmung; die Lehrer und die Lehrerbildung, ihre Standesorganisationen und ihr Standesbewußtsein. Die herrschenden Methoden der Erziehung und des Unterrichts. Die innere Technik und Organisation des Schulbetriebes. Zuletzt die lebendig wirksamen Bildungsideale, in deren Kampf sich, wie bei den Weltanschauungen, wiederum das Gesamtleben dieses Gebietes zusammendrängt.

3. Das geltende Schul- und Erziehungs*recht.* Es ist in seiner Geltung und in seinen Grundlinien vom Ganzen der Staatsverfassung her bestimmt; zugleich aber wirken alle Zweige der Gesetzgebung, des öffentlichen wie des bürgerlichen Rechtes, irgendwie in die Erziehungssphäre hinein. Das grundlegende Schul- und Erziehungsrecht (Schulverfassungsrecht) grenzt

[68] Meine Stellung zu den verschiedenen Begriffen von Soziologie habe ich ausgeführt in dem Aufsatz: Die Soziologie in der Erinnerungsgabe für Max Weber. In: Schmollers Jahrbuch. Bd. 49. Leipzig 1926.

zunächst die Rechte der verschiedenen Erziehungsträger gegeneinander ab. Es regelt die verwickelte Konkurrenz zwischen den staatlichen Organen (den zentralen wie den untergeordneten einschließlich der Selbstverwaltungskörper), den Religionsgesellschaften bzw. Weltanschauungsgruppen, den Eltern bzw. Erziehungsberechtigten überhaupt, den Lehrern als Beamten wie als sittlich-freien Persönlichkeiten. Es läßt vielleicht der Schule aller Stufen, mindestens aber der wissenschaftlichen Stufe, irgendein Maß von Eigenwirkungsrecht, von Schulautonomie. Endlich arbeitet sich in der neuesten Zeit immer deutlicher eine Eigensphäre für das Kindesrecht selbst, für die »*Menschenrechte* des Kindes«, heraus. Das Recht auf Erzogenwerden und seine eigentümliche Gestaltung tritt neben die Pflicht und das Recht zum Erziehen.[69]

Diese Aufzählung ist sehr unvollständig. Es fällt aber eins an ihr auf, nämlich daß – gleichsam zwischen der Gesamtkultur und der auf das Erziehungsgebiet bezüglichen staatlichen Rechtsordnung – eben dieses Erziehungsgebiet als ein Wirkungszusammenhang von eigner Art und eignem Sinn herausgehoben wird. Dieser Sachverhalt scheint auf Prinzipien hinzuweisen, die die »pädagogische Provinz« als eine besondere Region im Geistesleben konstituieren. Und wenn wir auch nicht mehr der naturrechtlichen Denkweise folgen können, aus diesen gestaltgebenden Prinzipien eine inhaltlich *ewige* Ordnung des Erziehungsgebietes abzuleiten, so ist doch die Möglichkeit nicht ausgeschlossen, etwa im Sinne des »elastischen Naturrechtes« auf der Basis der historisch gegebenen singulären Kulturlage daraus gewisse Leitlinien zu gewinnen, die für eine sach- und sinngemäße Schulpolitik normativ werden könnten.

Der Gedankengang, der hier befolgt wird, kann als ein Gegenstück zu den bekannten Untersuchungen über die »Selbständigkeit der Religion« angesehen werden, die auch dann ihren Sinn nicht verlieren, wenn sie statt auf die »natürliche Religion« auf die historische Religion (das Christentum) angewandt werden. Wenn man aber diese Koordinierung der Religion zu anderen Kulturgebieten beanstandet, so können z. B. die Bestrebungen, die *Kunst* als eine Eigensphäre des Geistes zu erweisen (bis zu dem extremen Grundsatz l'art pour l'art) als Vergleichsfall herangezogen werden. Im Zusammenhang des Neukantianismus hat man diese »Grundlegungen« vielfach in eine Erweiterung des Apriori über das Erkenntnisgebiet hinaus gekleidet, indem man von dem religiösen Apriori, dem ästhetischen Apriori oder dem Rechtsapriori sprach. Wir wollen eine solche Betrachtung vorsichtiger unter dem Titel der *Autonomie* unseres Gebietes

[69] Vgl. schon Hegel, Rechtsphilosophie § 174 und den Zusatz zu diesem Paragraphen aus den Vorlesungen.

durchführen. Man hat diese Bezeichnung wohl auch deswegen gewählt, weil »Autonomie« von vornherein nicht nur ein terminus der Kulturphilosophie Kantischer Richtung, sondern zugleich des öffentliches Rechtes ist. Die Frage lautet, ob dieser Gleichklang nur ein Zufall ist, oder ob sich dahinter, wie so oft, eine seherische Weisheit der Sprache verbirgt. Vielleicht nämlich wird eben deshalb in unsrer Epoche eine Freiheitssphäre für die Schule im Staate gefordert, weil sie als organisierte Stätte der Erziehung unter einem sachlichen Eigengesetz steht, das vom staatlichen Recht, speziell vom Staatsrecht, anerkannt werden muß. Und im besonderen kann man die sog. Autonomie der Hochschule zum Anlaß nehmen, den Gedankengang einmal für das ganze Bildungsgebiet weiterzuverfolgen.

Allerdings kann die Frage, ob es eine Autonomie, d. h. eine Eigengesetzlichkeit des Bildungsgebietes gibt und in welchem Sinne sie aufzufassen ist, in vollem Umfang nur auf dem konkreten historischen Boden protestantischer Grundüberzeugungen aufgeworfen werden. Die katholische Religion, grundsätzlich verwaltet durch die katholische Kirche, bekennt sich so entschieden zur absoluten Autorität, daß für *volle* Autonomie irgendeines Lebensgebietes von vornherein kein Raum ist. An der Spitze ihres Wertsystems steht die Autorität der überweltlichen (nicht bloß, wie viele katholische Autoren schreiben: übernatürlichen) Offenbarung, und sie wieder findet ihre unbedingt maßgebliche Lehr- und Kultusorganisation in der Autorität der von Gott eingesetzten Kirche. Bleibt hier überhaupt irgendein Platz für Autonomie, so kann diese nicht an der Spitze der Wertordnung gesucht werden, sondern nur in den niederen, weltlichen Schichten, an der Grenze etwa zu dem Religiös-Indifferenten hin. Da es aber etwas religiös völlig Indifferentes im Geisteszusammenhange kaum gibt, so hat Autonomie hier beinahe den Sinn des (von Gott oder der Kirche) *Zugelassenen,* keineswegs aber den Sinn des kraft eigener Würde, eigenen Wertgehaltes, eigener Vernünftigkeit und eigener Wesensstruktur Sichselbstsetzenden.[70]

»Autonomie« ist ein Begriff, der aus dem Glauben an die Selbstherrlichkeit der Vernunft entstanden ist. Er bedarf, wenn wir ihn vom Boden der Wissenschaft aus mit einem möglichen Sinn ausstatten, jedenfalls einer Klärung dieses seines Sinnes. Von vornherein sind dann drei Bedeutungen auseinanderzuhalten: Autonomie im theoretischen, Autonomie im ethischen und Autonomie im juristisch-organisatorischen Sinne.

---

[70] Vgl. z. B. Joseph Schröteler S. J., Um die Grundfrage des Schulkampfes. Freiburg 1928. S. 24: »Von einer Beherrschung der profanen Kultur durch die Religion in dem Sinne, daß die profane Kultur ihren Eigenwert und ihre Eigengesetzlichkeit verliert, kann keine Rede sein.«

Von Autonomie in theoretischer Bedeutung sprechen wir dann, wenn ein Kulturgebiet und die ihm zugehörige sinnvolle Betätigung in isolierender Betrachtung auf ein spezifisches Aufbaugesetz oder eine ihm eigentümliche Sinnrichtung zurückgeführt werden kann. Autonomie im ethischen Sinne heißt freie Selbstbejahung des Sittengesetzes. Von Autonomie im juristischen Sinne ist dann die Rede, wenn auf Grund solcher Sachverhalte (vielleicht auch ohne eine solche Grundlage) einem Kulturgebiet rechtlich eine eigene Organisation zuteil wird, die von übergeordneten Instanzen ganz oder relativ unabhängig gestaltet ist und arbeitet. Insbesondere versteht man im letzten Falle unter Autonomie das vom Staat (als souveräner Macht- und Rechtsordnung) gewährleistete Recht auf *Selbstverwaltung*; dann gehört Autonomie zu den Kategorien des öffentlichen Rechtes. Im ersten Fall ist sie ein rein philosophischer Systembegriff. Als solchen wollen wir die Autonomie des Bildungswesens zunächst betrachten.

A. In der *Wirklichkeit* der Kultur oder des Geisteslebens ist kein Gebiet gegen die anderen völlig isoliert. Vielmehr greifen sie alle zu einem vielverwobenen Sinn- und Wirkungszusammenhang ineinander. Realiter gibt es z. B. keine isolierte Wirtschaft, sondern alles Wirtschaftsleben ist mit der Staats- und Rechtsordnung, mit der Gliederung und Schichtung der Gesellschaft, mit dem Stande der Wissenschaft und Technik, mit religiösen oder »Weltanschauungsmotiven« eng verflochten. Ebensowenig gibt es eine isolierte Wissenschaft. Denn alle Forschung und Lehre ist kulturell eingelagert in Gesellschaftsformen, die wieder durch Staat und Recht bestimmt sind, in das System gesellschaftlicher und individueller Bedürfnisse, in weltanschauliche Grundeinstellungen usw.[71] Die Isolierung erfolgt zunächst nur in *Gedanken*. Und zwar liegt das Recht zu einer solchen ideellen Verselbständigung nicht einfach darin, daß das eine Gebiet in dieser oder jener Hinsicht von den anderen verschieden ist, sondern erst darin, daß ihm ein eigentümlicher spezifischer Sinn zukommt und daß diese besondere Sinnrichtung die *Grund*struktur des betreffenden überindividuellen Gebildes und seiner Auswirkungen zentral bestimmt. So hat etwa die Wirtschaft (als objektives Gebilde genommen) ihren spezifischen Sinn, der sich von der Technik oder der Gesellschaft scharf unterscheidet, und demgemäß das individuelle oder kollektive wirtschaftliche Tun seine spezifische Sinnrichtung. Analog ist es bei der Wissenschaft oder bei der Kunst.

---

[71] Max Scheler, Die Wissensformen und die Gesellschaft. Leipzig 1926, behandelt die Totalität dieser Kulturrelationen auf verschiedenen historischen Stufen, nicht *nur* eine Soziologie des Wissens im Sinne der zugehörigen Gesellschaftsformen.

Die Frage ist, ob dem *Erziehungsgebiet*[72] in gleicher Weise, d. h. in gedanklich isolierender Reflexion, Autonomie zugeschrieben werden kann. Der Sachverhalt liegt hier offenbar viel komplizierter als bei den meisten anderen Gebieten. Handelte es sich nur um Wissensbildung (Unterricht), so hätte das Bildungsgebiet an der ideellen Autonomie des Wissens indirekt Anteil. Die Eigengesetzlichkeit der Wahrheit (und entsprechend des Wahrheit-Erkennens) ist hier als entscheidendes Aufbaugesetz beteiligt. Aber nicht danach fragen wir, sondern ob eben die Hineinbildung des Wissens in sich entwickelnde und wahrheitsuchende Menschenseelen einen autonomen Charakter hat. Allgemein gesprochen: die Autonomie der Lebens- und Sachgebiete, *für* die und in deren Sinn erzogen wird, greift in das ganze Erziehungsgebiet über. Eben deshalb kann von einer *vollen* Autonomie des Erziehungsgebietes selbst bei isolierender Betrachtung nicht die Rede sein. Denn die Erziehung wird notwendig weithin *beherrscht* von dem Eigenrecht der Wissenschaft in der Wissensbildung, der Kunst in der Kunsterziehung, der Technik in der Schulung der technischen Fertigkeiten, der religiösen Sinngehalte in der religiösen Erziehung.

Trotzdem gehen Erziehung und Bildung nicht einfach in den Sondergebieten auf, denen sie ihre Inhalte entnehmen. Sondern es bleibt ein spezifischer Rest, der allerdings keinen angebbaren Sinn hätte, wenn nicht jene eigentümlichen Sinngebiete vorausgesetzt würden und mitgedacht würden. Insofern kann hier nur von einer *sekundären Autonomie* die Rede sein.

Der gleiche Gedankengang läßt sich auch so formulieren: Wir nennen ein Geistesgebiet autonom, wenn in seinem Gesamtbestande eine spezifische Wertart (ein spezifisches, jedoch nicht hypostasierbares) Wertwesen intendiert wird oder wenn es durch eine spezifische Wertidee konstituiert wird.[73] Das ist bei der Wissenschaft, der Kunst, der Wirtschaft, der Religion offenbar, wenn auch in sehr verschiedener Weise, der Fall. Nähme man diese Wertideen aus der Erziehung fort, so bliebe auch für sie selbst *nichts* übrig. Das Eigentümliche, das sie aufzuweisen hat, besteht gleichsam nur in einer neuen Wendung, die alle jene Wertrichtungen im Zusammenhang der Erziehung empfangen. Sie werden nämlich hier so gedacht, daß sie in der Einheit einer sich geistig entfaltenden Seele Leben

---

[72] Erziehung bedeutet hier den weitesten Begriff, der die Gesinnungsbildung, die Bildung als geschlossene persönliche Wesensformung und die Schule als eine besondere organisatorische Veranstaltung für Erziehung und Bildung mit umfaßt.

[73] Vgl. Georg Kerschensteiner, Theorie der Bildung. Leipzig 1926. S. 23: »Der Bildungswert ist wie der Wahrheits-, Schönheits- und Sittlichkeitswert ein unbedingt geltender Wert.«

gewinnen sollen. Und diese Idee einer von Werten geleiteten, einheitlich-persönlichen Wesensformung könnte man dann die *spezifische Bildungsidee* nennen. Sie fordert zugleich und zuletzt die sittlich wertgemäße Einstellung *(Gesinnung)* der Person. Aber auch die *Autonomie des Ethischen*, die in der freien Gewissensentscheidung gemäß einer gesollten Wertordnung zutage tritt, hat keine primäre Autonomie. Denn das Sittliche selbst verlöre seinen Sinn, wenn nicht Wertgebiete und Wertmotive vorausgesetzt würden, *zwischen* denen gemäß einem spezifischen Ranggebungsgesetz die Entscheidung stattfinden soll.

Die Autonomie der am Sittlichen (an der Idee des Guten) orientierten Erziehung ist also insofern eine sekundäre Autonomie, als die isolierte Darstellung des ethisch-pädagogischen Gebietes, fern von allen primären Wertinhalten, nicht einmal in der gedanklichen Konstruktion gelingt. Vielmehr: wie schon das Sittliche Totalentscheidung ist zwischen vorausgesetzten konkurrierenden Wertgebungsforderungen, so ist die Erziehung ihrem Sinne nach gerichtet auf Totalformung des einzelnen Menschen, der in sich einem (erlebten oder ideal zugemuteten) Ranggesetz der Motivationen gehorchen *soll.*

Schon an dieser Stelle also können wir behaupten, daß die Bildungsidee, mit der die ethische Totalgestalt des Menschen gemeint ist, nicht in derselben Art autonom *gedacht* werden kann, wie man sich eine *reine* Erkenntnis, *reine* Kunst, *reine* Wirtschaft doch wenigstens abstrakt denken kann. Oder anders: der Totalitätscharakter des ethisch-pädagogischen Gebietes schließt schon die isolierte gedankliche Konstruktion des betreffenden Gebietes, ohne alle Rücksicht auf die anderen Wertgebiete und ihre spezifischen Forderungen, aus.

B. Man wird aber bemerkt haben, daß im Zusammenhang dieser Erörterungen das Wort »Autonomie« selbst eine Veränderung erfahren hat. Wenn wir nämlich von der Autonomie im Sittlichen sprachen, so bedeutete ja dies nicht mehr bloß die Isolierbarkeit des Aufbaugesetzes und der Wertart (wie bei den abstrakt geschiedenen Sondergebieten des Geistes), sondern es hieß plötzlich: *gesinnungsmäßig* freie Überzeugung aus der *inneren* Zustimmung des persönlichen Gewissens heraus. Dies ist eine ganz andere Autonomie als die *gedanklich* festzuhaltende spezifische Sinnrichtung eines Gebietes. Es ist jetzt von freier innerer *Gewissens*zustimmung zu Wertforderungen, von Personalität in dieser Entscheidung, von Selbständigkeit der Gesinnung die Rede. Wenn Erziehung bis an diesen Kern der persönlichen Wesensformung vordringen soll, so ist *damit* ihr Eigengesetz ausgesprochen: sie erfolgt durch sittlich selbständige Personen und hat die Entfaltung sittlich selbständiger Personen zum Eigenziel. Ihr eigentümlicher Sinn ist also da verletzt, wo nur von außen aufgenötigt und angebildet wird, wo dressiert wird statt gebildet, gezüchtet statt erzogen, wo der Gesinnungsdruck statt der Gesinnungsechtheit herrscht.

Daraus ergibt sich ein Resultat von großer Tragweite.

Freilich könnte man bei theoretisch-philosophischer Analyse die Autonomie des Erziehungsgebietes in gewissen Eigentümlichkeiten und Bedingungen des pädagogischen Tuns finden, die *so* und in *dieser* Kombination oder Struktur auf keinem anderen Gebiet eine Rolle spielen. Der Bildungsvorgang unterscheidet sich natürlich von jeder anderen Kulturarbeit. Wo die Erziehungs- und Bildungsidee herrscht, wird auf jeden Kulturinhalt ein neuer Akzent gesetzt. Denn es handelt sich ja darum, in dem persönlichen seelisch-geistigen Entwicklungsgange die persönliche Totaleinstellung auf den echten höheren und höchsten Wert zu entbinden. Unter diesem Gesichtspunkt werden die allgemeinen wertbestimmten Kulturgüter zu *Bildungs*gütern, die erziehende Persönlichkeit, die auch sonst vieles ist, zum Menschen*bildner*, der junge Mensch, auf den sich seine Arbeit richtet, zum *bildsamen Zögling*, die Gesellschaftsformen zu spezifischen, vielleicht geradezu organisierten *Bildungs*gemeinschaften. Und da die ganze Erziehungsarbeit auf eine sich entfaltende Seele hinzielt, so könnte man versucht sein, in den *psychologischen* Bedingungen und Gesetzen diejenige Autonomie, d. h. Eigengesetzlichkeit zu finden, die das ganze Gebiet beherrscht. Tatsächlich haben ja pädagogische »Fachmänner« sich demgemäß vielfach auf ihre besondere pädagogisch-psychologische Einstellung, etwa auf Jugendkunde als auf ihr Eigenwissen und ihr Eigenrecht zurückgezogen. Die heute vielfach gehörte Formel »Pädagogik vom Kinde aus« ist nicht nur eine rein methodische Wendung, sondern entspringt dem instinktiven Suchen nach einer eigentümlichen *Norm*, die das Erziehungsgebiet beherrscht. Selbstverständlich kann ein bloßer psychologischer Befund als solcher niemals zur Norm werden. Aber selbst wenn man den Satz dahin einschränkt, daß die Berücksichtigung der kindlichen (oder entwicklungsmäßig bestimmten) Wesensstufe des Menschen als Teilnorm im Bildungswerk maßgeblich sei, liegt der eigentliche Sinn des Satzes doch viel tiefer, als die meisten ahnen, die ihn aussprechen. Er ist ein *ethisch*-pädagogisches Prinzip und bedeutet die Grundforderung, nichts Unechtes und Uneignes in die werdende Seele hineinzutragen, sondern sie gemäß ihrer eignen Wahrheit (im Sinne von Echtheit und Eigenheit) zu bilden. Mit einem Wort: das scheinbar bloß psychologische Prinzip ist gar kein bloß psychologisches, sondern ein *ethisch*-pädagogisches. Die Autonomie des Erziehungssinnes darf sich nicht nur auf die von der Psychologie formulierten *Bedingungen* der Erziehung berufen.

Und somit steht fest: die Umwandlung von Kulturgütern in Bildungsgüter, von Menschen überhaupt in Bildner und Bildsame, von Gesellschaftsformen in Bildungsgemeinschaften bedeutet noch nicht den Punkt, in dem die Autonomie der Erziehung wurzelt. Er ist überhaupt nicht so zu finden, daß man dies Erziehungsgebiet den übrigen Einzelgebieten des Geistes nebenordnet, sondern nur durch diejenige *Über*ordnung, die die Erziehung sinnverwandt unmittelbar neben das *ethische* Gebiet rückt. Wie das Eigengesetz des Sittlichen in der persönlichen Echtheit der Stellungnahme zu *allen* gesonderten Wertansprüchen und ihrem Wertrange liegt, so finden wir die Autonomie der Erziehung in dem *sittlichen* Geiste, der – im Gegensatz etwa zu äußeren Machtwirkungen oder flüchtigen Determinationen – die freie wesenhafte innere Zustimmung des Zöglings zu seinem konkreten Sittengesetz im weitesten Sinne erwecken will. Denn selbst eine autoritativ nahegebrachte sittliche Grundhaltung wirkt pädagogisch *nur* dann, aber auch *nur* dann, wenn sie in dem erziehenden Träger echt, d. h. selbstbejaht ist, und wenn sie in genau der gleichen Weise, also nicht nur passiv hingenommen, im Zögling zum Leben erweckt wird. Autonomie ist *hier* also soviel wie pädagogisch gewirkte sittliche Zustimmung zu nahegebrachten Wertgehalten.

Erziehungs- und Bildungsarbeit ist diejenige Form bewußter Kulturtätigkeit, die auf eigene sittliche Wesensformung des sich entfaltenden Geistes gerichtet ist. Ihre Autonomie liegt nicht in der Isolierbarkeit gegen die übrigen Kulturinhalte. Die hat nicht einmal *Rousseau* gewollt. Sondern gerade sein Beispiel zeigt eindrucksvoll, daß sie allein in der Echtheit der sittlichen Stellungnahme auf beiden Seiten liegen kann und demgemäß in der Gesinnungsfreiheit, die weder den Erzieher noch den Zögling irgendeinem sittlich nicht motivierten Druck unterwirft. Alle Erziehung, die diesen Namen im idealen Sinne verdienen will – und wir befinden uns ja hier auf dem Boden einer zunächst rein gedanklichen *idealen* Konstruktion –, ruht auf dem Gesetz der freien inneren Zustimmung auf beiden Seiten.

Negativ könnte man dies Ergebnis dadurch bestätigen, daß zwar alle Wertgebiete der Kultur in die Erziehung hineinwirken müssen, daß sie aber nur dann pädagogisch wirken, wenn sie es tun unter Schonung der bereits gebildeten oder sich bildenden persönlichen Gesinnungshaltung. Speziell: nicht der Staat ist *der Idee nach* von der Erziehung fernzuhalten, sondern der Gesinnungsdruck des Staates als bloßer Machtorganisation; nicht die Wissenschaft natürlich, wohl aber alles nur dogmatische, nicht innerlich eingesehene und bejahte Wissen; nicht die Religion, sondern die bloß äußerlich gemeinte und zugemutete Religion; nicht die Welt der Interessen und des Nutzsuchens überhaupt, wohl aber die Herrschaft von

Interessen, zu denen die Seelen nicht von ihrem höheren sittlichen Selbst aus »Ja« sagen können.

Vor allem aber folgt, und eben dies scheint der klassische Anwalt der Autonomie der Pädagogik, *Rousseau*, gemeint zu haben: Wo auch Erziehung in Formen gesellschaftlicher Einrichtungen stattfindet, da fordert es die *Idee* der Erziehung, die Bildungsidee selber, daß diese Institutionen die Überzeugungsfreiheit nicht knechten. Andernfalls entsteht etwas »Erziehungsähnliches«, wird aber nicht der eigentliche und ewige *Sinn* der Erziehung realisiert.

C. Von der theoretischen Analyse, die den selbständigen ideellen Sinn eines Kulturgebietes festzustellen sucht, und von der Selbstheit der inneren Zustimmung zu den Gehalten, die zwischen Erzieher und Zögling wirksam werden sollen, unterscheidet sich toto coelo ein Drittes: die Gewährung einer autonomen Organisation in der kulturellen Wirklichkeit von seiten des Staates. In der organisierten *wirklichen* Gesellschaft überschneiden sich natürlich die Gebiete in der seltsamsten Art. Vielfach sind die gegebenen Organisationsformen kaum noch *historisch* zu klären. Man erkennt keine Strukturen; höchstens könnte von Stapelungen und Konglomeraten die Rede sein. Ansätze einer solchen, sagen wir: »liberalen« Autonomie des Bildungswesens, können überhaupt erst in hochdifferenzierten Kulturen auftreten. Sind aber Epochen starker staatlicher Zentralisierung des Kulturganzen vorangegangen, so erscheint diese im Namen der »Idee« geforderte Autonomie doch, ebenso wie die individuellen Menschenrechte, keineswegs in der selbstgewissen Gestalt eines *ursprünglichen* Rechtes (denn gerade in den *zeitlichen* Ursprüngen ist ja von beiden am wenigsten die Rede), sondern allenfalls als ein vom Staat zögernd und spärlich zugelassenes Recht. Die ganze Betrachtungsweise, das dürfen wir uns nicht verhehlen, ist aus dem oben kritisierten naturrechtlichen Denktypus erwachsen. Und dieser Typus selbst ist nicht, wie er behauptet, einfach Ausfluß der »ewigen Wahrheit«, sondern Resultat einer bestimmten, bei uns von griechisch-römischen Kulturformen her nachwirkenden Geistesstufe. In ihr wie in allem Geistigen ist die errungene Einsicht in ewige Sachgesetzlichkeiten eigentümlich verschlungen mit Zeitkonstellationen und demgemäß mit Zeitforderungen.

Man braucht nur einmal versuchsweise die Forderung zu formulieren: »Das Bildungswesen hätte zu allen Zeiten eine in sich selbständige Organisation haben *sollen*«, um einzusehen, daß ein solcher Gedanke beziehungslos über der historischen Wirklichkeit des Kulturlebens schwebt. Was sollte dies heißen auch nur für traditionalistisch-agrarisch primitive Verhältnisse, in denen alle Erziehungsformen organisch dem Gesamtleben eingegliedert sind nach dem Prinzip »cela se fait«? M. a. W. die konkrete Idee selbst wird in und mit dem Geistesprozeß erst geboren. Dies entnehmen wir schon daraus, daß sie eben doch nur *für bestimmte Verhältnisse gilt.*

Tatsächlich kann noch heute der Fall eintreten, daß dem Staat an eigentlicher Erziehung nichts liegt, sondern nur an der äußeren Durchsetzung seines Macht- und Einheitwillens. Dasselbe kann von seiten der Kirche geschehen – obwohl es ihrer *spezifischen* Wirkungsart noch weniger gemäß sein wird. Mindestens der Staat kommt gelegentlich an die kritische Grenze, wo es einfach um seinen Bestand geht, selbst auf Kosten von Freiheit und Wahrheit und Achtung vor der persönlichen Gesinnung. Meist wird sich dann dieser Machtwille immer noch als Erziehungswille verkleiden; aber demokratische wie monarchische Staaten haben unter dieser Devise oft genug den »reinen Sinn« der Erziehung entstellt. Überhaupt: dieser in der Theorie herausgestellte reine Sinn kann nirgends voll gelebt werden; denn er stößt immer wieder an den Sinn anderer geistiger Arbeitsgebiete, die auch ein partielles sittliches Recht haben. Und eben in der Durchkämpfung dieser Konflikte besteht die Bewegung der sittlichen Welt.

Wir verbleiben also durchaus auf dem Boden der *isolierenden* gedanklichen (und somit *naturrechtlichen*) Konstruktion, wenn wir uns die Frage vorlegen, wie etwa die Organisation des Erziehungsgebietes gestaltet sein *müßte*, um jener ideal geforderten spezifischen Selbständigkeit des Erziehungssinnes zu entsprechen. Soll hier überhaupt etwas Konkretes und nicht nur leere Allgemeinheiten gesagt werden, so müssen wir diese Frage auf dem Boden der bei uns in Deutschland gegebenen Gegenwartslage stellen. Und diese sehr platonisch-theoretische Betrachtung hätte dann doch vielleicht den Wert, uns gewisse *Richtlinien* für die Weiterentwicklung zu zeigen. Freilich werden wir sogleich sehen, daß wir auch dabei wieder auf die Weltanschauungen als letzte Grundentscheidungen stoßen, über deren Spruch wir wissenschaftlich nicht hinauszukommen vermögen.

Liegt nämlich der Sinn der Erziehung darin, daß in der sich entfaltenden Seele die freie sittliche Stellungnahme entbunden werde, so heißt dies, daß als letzte geistige Kräfte hier Gesinnung auf Gesinnung wirken sollen. Man könnte radikalisierend, wie es geschehen ist, sogar sagen: eben weil ganz freie Bejahung angestrebt werde, müsse *jeder* Einfluß pädagogischer Art fernbleiben. »Entwicklung von innen heraus statt Führung und Bildung.« Aber das würde nicht etwa zur Aufhebung der Beeinflussung überhaupt führen, sondern nur zu der der planmäßigen, und der Bildungsvorgang, der immer mit dem Entwicklungsvorgang verbunden ist, würde damit nur den ungekannten und ungenannten Milieueinflüssen ausgeliefert, deren Zufälligkeit und Zweideutigkeit ja gerade durch bewußte Erziehung überboten werden *soll*.

Es bleibt also der Kern der Erziehung, daß Gesinnung auf Gesinnung wirkt. Hierbei aber ist auf seiten des Zöglings die Gesinnung nur anlagemäßig da, nicht entfaltet. Es entsteht folglich die ewige Antinomie aller Erziehung, daß sie durch eine Gesinnung, die bereits reif ist und Stellung genommen hat, auf die werdende Gesinnung einwirkt, die dabei jedoch frei bleiben soll und ebenso frei Stellung nehmen soll. Diese Antinomie löst man nicht dadurch, daß die Träger der Erziehung, sagen wir konkret: Eltern und Lehrer, sich ihrer Gesinnung begeben, sondern daß sie sie mit *der* Ehrfurcht wirken lassen, die der jungen Seele nichts aufzwingt, sondern sie zu ihrer eigensten Vollendung kommen lassen will. Da dies aber nicht durch Nichtstun geschehen kann, da selbst *Rousseaus* sogenannte negative Erziehung sehr positiv ausfiel, so bleibt nichts anderes als der *Glaube*, daß echte Gesinnung irgendwie auch echte Gesinnung wirken werde, und die Umkehrung dieses Satzes, nämlich daß unechte, nur zum Schein getragene Gesinnung niemals echte Gesinnung wirken kann.

Erziehen können demgemäß nur Gesinnungsgemeinschaften, nicht einfach beauftragte und angestellte Personen. Und dies heißt wieder, daß Erziehung im vollen Sinne, zum Unterschied von bloßer Kenntnisübermittlung, nur auf dem Boden einer zunächst als gemeinsam gesetzten Weltanschauung möglich ist. Selbst die neutralste Bildungsgemeinschaft, die deutsche Universität, muß ein gewisses Maß gemeinsamer Weltanschauung, den Willen zum Dienst an der *Wahrheit*, voraussetzen.

Die Erfahrung bestätigt diese Sätze dadurch, daß wirklich tiefgreifende Erziehung nur da stattfindet, wo die Gemeinsamkeit des Lebens das Höchste und das Schlichteste zugleich umfaßt, wo man bis in die Tiefen hinein gemeinsam mit einer gemeinsamen Lebensanschauung lebt und wirkt. Und da dies heut nur noch in engsten Kreisen der Fall zu sein pflegt, so sind – mindestens heut – die engen Kreise die stärksten Erziehungsmächte. Natürlich ist auch der Fall nicht selten, daß eine Art von Kontrastwirkung eintritt: der junge Mensch entwickelt sich aus der Erziehungsgemeinschaft, die ihn umfängt, hinaus. War aber der Erziehungswille echt und ehrlich, z. B. in der Familie, so wird auch der Gegensatz echt und ehrlich sein, und dies Band der Echtheit wird dann in der Form gegenseitiger Ehrfurcht bei auseinandergehender Wertentscheidung bestehen bleiben. Oberflächliche oder gar unechte Gesinnungshaltung aber wird Gegenwehr *ohne* dieses Moment der Ehrfurcht zur Folge haben.

Nehmen wir nun an, der gegebene Staat trete selbst als direkter Erziehungsträger mit auf. Diejenigen, die in seinem Namen erziehen, müssen dann selbstverständlich von Staatsgesinnung erfüllt sein. Und in dem Maße, als diese echt und frei ist, wird sie auch Staatsgesinnung wiederum entbinden. Es ist aber *nicht* denkbar, daß diese vom Staat beauftragten Personen *nur* eine auf den Staat bezogene Gesinnung leben oder daß sich *alles*, was sie an sittlicher Gesinnung und Weltanschauung in sich tragen, in ihre Staatsgesinnung zusammendränge. Denn der Staat ist ein zwar besonders *mächtiger* Kulturfaktor, keineswegs aber die einzige oder auch nur die innerlichste sittliche Geistesmacht.

Folglich besteht die Möglichkeit, daß Staatsgesinnung und totale sittliche Gesinnung in Konflikt miteinander geraten. Für den Staat bedeutet dies die schwerste innere Gefährdung seiner Macht, denn er ruht, zumal heut, auf der freien sittlichen Zustimmung seiner Bürger. Schon *rein als Staat* also muß er seine Willensbildung so gestalten, daß sie die sittliche Totalgesinnung seiner Bürger so wenig wie möglich einengt. Darin liegt geradezu das größte Problem der Willensbildung (volonté générale) im modernen Rechtsstaat, daß sie die Gegensätze der sittlich-religiösen Standpunkte, allgemeiner Weltanschauungen, in sich aufnimmt und sie möglichst nebeneinander in der Sphäre staatlicher Tätigkeit zur Geltung kommen läßt. Die Spannungen und Konflikte, die damit notwendig gesetzt sind, können nicht ausgelöscht werden; denn sie sind die Bewegung der sittlichen Kräfte im Staate selbst. Zugleich liegt hier der Grund, weshalb von einer gewissen Stufe der sittlichen Entwicklung an kein Staat ohne innere *liberale* Prinzipien der ethischen Forderung gemäß genannt werden kann. – Noch mehr aber muß der Staat in seiner Eigenschaft als *Erziehungsträger* diesen echten Überzeugungen Raum lassen. Andernfalls übt er statt echter Erziehung nur Machtwirkungen unter dem Schein der Erziehung. Und diese Unechtheit der Erziehung würde sich im Resultat notwendig gegen ihn kehren.[74] Er könnte die gegensätzlichen Weltanschauungen nur dann durch Erziehung normalisieren, wenn er wirklich der Gott auf Erden wäre, und wenn wirklich im Bekenntnis zu ihm sich *alles* sittlich Belangvolle oder auch nur das höchste Sittliche zusammendrängte. Wer diese Gesinnung hegt, muß sich doch darüber klar sein, daß es große historisch gewordene und heute noch voll lebendige Geistesmächte gibt, deren sittlicher Gehalt sich keineswegs auf die Staatsgesinnung reduzieren läßt. Im Grunde ist es schon durch die durchaus überindividuelle Einstellung und Wirkungsweise des Staates ausgeschlossen, daß er an das Intimste der individuellen Überzeugungen und Heiligtümer heranreicht. Nicht einmal unterrichten kann der Staat, wenn er sich nicht willig dem Eigengesetz des

[74] Man vergegenwärtige sich als Beispiel etwa die staatliche Gesinnungszüchtung im System von Sowjetrußland.

Wissens fügt. Seelen total bilden kann er noch weniger; denn an die Seele kommt er nicht als Staat, sondern nur durch lebendige Menschen heran. Diese mögen ihm mit aller Treue dienen, im Falle der Gefahr bis zur Aufopferung des Lebens. Aber sie haben notwendig und gottlob in sich sittliche Bezirke, in denen sie ethisch mehr als Staatsbeauftragte und Staatsbejaher sind.

Diese vom Staat nicht erfaßten Bezirke sittlicher Gesinnung können beim Katholiken ausgefüllt sein durch die innerlich überzeugte, freie Zustimmung zur Lehre und Sittlichkeit der Kirche, die die göttliche Offenbarung verwaltet. Beim Protestanten ist das Bekenntnis von anderer Art. Mindestens bei dem freien Protestantismus ist es heute das Ruhen in der Echtheit und Wahrheit des von Gott erleuchteten Gewissens. Dieses Gewissen aber gestattet keine andere (z. B. formelhafte) Bindung als das ehrlichste, eigenste Ringen um Reinheit der Seele vor Gott. Und eben damit glaube ich die tiefsten Gründe auszusprechen, weshalb der protestantische Lehrer die Leitung oder Beaufsichtigung seiner Erziehungsarbeit auch durch die Kirche, der er sich zurechnet, entschieden ablehnt. Dahinter liegt mehr als der Kampf zweier Stände, die sich in der geistesgeschichtlichen Entwicklung der letzten 150 Jahre funktionell differenziert haben. Man könnte den tiefsten Gegensatz dahin aussprechen, daß der Lehrer mit selbständigem Gewissen zwar die Aufsicht eines technischen Beamten, eines sog. Fachmannes, hinnehmen kann, nicht aber die Aufsicht und Leitung durch einen anderen Gesinnungsträger. Er fühlt, daß damit seinem eigenen Erziehungswerk die Flügel beschnitten werden, ja daß ihm damit die Wurzel der Echtheit und Ehrlichkeit und höheren Verantwortlichkeit abgeschnitten wird. –

Welche Folgerungen sich aus den Grenzen der Staatswirkung für eine autonome Organisation der Schulverwaltung ergeben, soll an dieser Stelle nicht ausgeführt werden; denn hiermit würden wir das Gebiet weltanschaulich bedingter Gegenwartspolitik betreten.[75] Nur andeutend sei hinzugefügt, daß die Schule der Zukunft eben aus diesen Gründen eine größere Freiheit *im* Staate (der doch heute verfassungsmäßig *Parteien*staat ist) genießen muß, als sie die Vertreter der Staatsschulidee im allgemeinen fordern. Sie fordern sie nicht, weil die Angst vor den Eingriffen der Kirche sie einer anderen, scheinbar liberaleren Macht in die Arme treibt. Daß aber auch diese Macht in der Erziehung deformierend wirken kann, wenn sie ihren Wirkungsbereich überspannt, ist um so mehr zu befürchten,

[75] Vgl. jedoch – im Sinne eines Beispiels möglicher Durchführung – meine Thesen über Schulleitung und Schulverwaltung in dem Werk: Die Reichsschulkonferenz 1920. Leipzig 1921. S. 271 ff.

als ein Staat mit wechselnder Parteiregierung auch wechselnde Weltanschauungen bevorzugt. Die Schule braucht deshalb nicht aufzuhören, Staatsschule zu sein und Staatserziehung in vollem Sinne zu leisten. Aber von einer Aufsaugung sittlicher und weltanschaulicher Stellungnahme durch den bestehenden Staat kann heute keine Rede mehr sein. Nicht einmal die echte Staatsidee, die doch unter Umständen gegen den Staat verteidigt werden muß, deckt sich einfach mit dem Gesamtsinn der Erziehungsidee. Je deutlicher man einsieht, daß der *Sinn* der Erziehung (gemäß der gekennzeichneten differenzierten Bildungsidee) autonom ist, um so mehr wird man die Staatsschule nicht nur auf der Hochschulstufe, sondern auf allen Stufen mit Selbstverwaltungsformen ausstatten, die die Erziehung auch gegenüber dem einseitigen Gesinnungsdruck staatlicher Machtträger sichern. Für den überzeugten Katholiken sind diese Dinge heute durch sein Verhältnis zum Staat grundsätzlich problematisch. Für den überzeugten Protestanten werden sie deshalb so schwer sichtbar, weil er die Kirche noch nicht hat, die dem protestantischen Prinzip persönlicher Frömmigkeit und Gesinnung gemäß ist. So verfällt er leicht dem Dogma des Staates, weil er die Bindung durch ein religiöses statutarisches Dogma nicht ohne Grund noch mehr fürchtet.

VI.

Zur kulturtheoretischen Analyse der Schulartikel der Reichsverfassung von 1919

Von den drei Faktoren, die im vorigen Abschnitt aufgezählt wurden: allgemeine Kulturlage, pädagogische Lage und geltendes staatliches Schulrecht, ist offenbar der letzte am sichersten greifbar. Aber das geltende Recht ist wieder einer doppelten Ausdeutung fähig. Entweder ist sie rein rechtsdogmatisch und betrifft dann die unmittelbare Auslegung und *positiv rechtmäßige* Anwendung der hingehörigen Rechtsnormen samt allen daraus positiv juristisch herleitbaren Rechtsfolgen. Oder sie ist kulturgeschichtlich und kulturtheoretisch; dann greift sie weit über das positive Recht in den großen Geisteszusammenhang hinaus, aus dem das Gesetz erwachsen ist, – oder besser: den es von einer bestimmten Seite her umschließt und für dessen Regelung in Kampf und Frieden es gilt.

Im Sinne eines Beispiels kann man etwa aus den Artikeln 142–150 der deutschen Reichsverfassung von 1919 die darunter- und dahinterliegenden Kulturkräfte ablesen, die sich auf pädagogischem Gebiete treffen. Die rein demokratische Willensbildung im heutigen Staate, die das persönliche Willensmoment fast ganz ausschließt, gestattet eine solche kulturtheoretische

Analyse in besonders hohem Maße. Indem wir diesen Versuch machen, ziehen wir zugleich einige Bestimmungen des Reichsschulgesetzentwurfes von 1927 heran, soweit sie die Absicht der Verfassung zu beleuchten geeignet sind.

A. Schon die Tatsache, daß die Grundgestalt des nationalen Schulwesens in der *Verfassung* verankert ist, versteht sich nicht von selbst, sondern deutet auf eine eigentümliche Geschichte des Schulwesens in Deutschland hin, deren Ergebnis durch die Reichsverfassung stärker bejaht wird als etwa durch die preußische Verfassung von 1850. Auch wenn private Schulen (als Ersatz für öffentliche Schulen) nicht so stark eingeschränkt würden, wie es der Fall ist, wäre das Schulwesen durch den betreffenden Abschnitt der Verfassung doch mit der Gesamtstruktur des Staates aufs engste verflochten. Die Schulorganisation wird so zu einem *wesentlichen* Objekt der staatlichen Willensbildung. Bekanntlich ist gerade dieser Teil der Verfassung das Resultat eines mühseligen Kompromisses zwischen den Parteien.[76] Aber wie dies auch sein mag: was nunmehr Gesetz ist, orientiert sich einerseits an einer hindurchleuchtenden *Idee von sozialer Gerechtigkeit im Bildungsrecht.* Diese sozial bestimmte eigentümliche Idee von Einheitsschule kommt vor allem zum Ausdruck in der Bestimmung, daß nicht die wirtschaftliche und nicht die gesellschaftliche Stellung der Eltern für die Aufnahme eines Kindes in die Schule maßgeblich sein dürfe, und daß als Erziehungsbeihilfen für den Zugang Minderbemittelter zu den mittleren und höheren Schulen öffentliche Mittel bereitzustellen seien. Faktisch ist damit *leider* und bekanntlich noch keine Gleichheit der Bildungsmöglichkeiten gewährleistet. Andererseits sichert sich der Staat seine *Macht* über die Schule schon durch die Verfassung. Aber es ist charakteristisch, wofür und in welchem Umfang er diese Macht *verfassungsmäßig* festlegen zu müssen meint. Die Forderung eines besonderen Reichsschulgesetzes tritt auf 1. nur für den Bereich der Volksschule (auch dies ist nicht selbstverständlich) und 2. für die Volksschule, soweit es sich um ihre Bestimmtheit durch Bekenntnis oder Weltanschauung handelt. Offenbar wird damit implicite anerkannt, daß Bekenntnisse und Weltanschauungen als große geistige Kulturmächte zugleich sehr wesentliche *politische* Mächte darstellen. Formal juristisch erwächst die Aufgabe, die Begriffe Bekenntnis und Weltanschauung zu definieren, und zwar nicht einfach kulturhistorisch oder kulturpsychologisch, sondern so, daß sie als bestimmte Größen, die Rechtsfolgen nach sich ziehen, in den Zusammenhang juristischer Normen ein-

[76] Vgl. Karl Bälz, Die Entstehung der Bestimmungen der Reichsverfassung über Bildung und Schule (der sog. Schulkompromiß). (Staatsanzeiger für Württemberg. Nr. 14. Beilage.) Stuttgart 1920.

gestellt werden können. In der Tat hat der Schulgesetzentwurf von 1925 daraus die Konsequenz gezogen, in seinen beiden ersten Paragraphen zunächst Bekenntnis und Weltanschauung zu definieren.[77] Jedoch beschränken sich diese Definitionen darauf, den juristischen Begriff auf solche Religions- oder Weltanschauungsgesellschaften einzuengen, welche die Rechte einer Körperschaft des öffentlichen Rechts besitzen. Tiefer in die Materie gehen die begründenden Ausführungen des Entwurfes von 1927, wenn sie feststellen, daß der in Artikel 137 der Reichsverfassung angewandte Begriff von Weltanschauung enger sei, als ihn der Sprachgebrauch sonst kenne, und wenn sie Weltanschauung in dieser engeren Bedeutung definieren als »irgendeine von positiver Religion freie oder auch irreligiöse Lehre, die das Weltganze zu begreifen und die Stellung des Menschen auf philosophischer Grundlage zu bewerten versucht«.[78] Damit aber wird m. E. wieder zu stark der intellektuelle oder wissenschaftliche Charakter der Weltanschauung betont; sie kann ja auch in einer unmittelbar wertenden Stellungnahme zum Weltganzen bestehen, ohne es in philosophischer Reflexion begreifen zu wollen. Wenn ein Reichsgesetz den Rahmen so weit spannt, so ist allerdings die Gefahr der Zersplitterung der weltlichen Schulen nach unvoraussehbar vielen und verschiedenen Weltanschauungsgruppen gegeben. Die Bedingung, daß sie die Rechte einer Körperschaft des öffentlichen Rechtes erwerben müssen, bedeutet eine rein technisch-juristische Schutzwehr. Und sie wieder kehrt den eigentlich kulturellen Sachverhalt beinahe um: denn eine Religions- und Weltanschauungsgesellschaft wird nicht dadurch kulturell und staatlich bedeutsam, daß sie Korporation des öffentlichen Rechtes ist, sondern umgekehrt: die historisch gewordenen Kirchen und Religionsgesellschaften haben diese öffentlichen Rechte deshalb erhalten, weil sie an dem geschichtlichen Werdegang des deutschen Staates bzw. Reiches geistig einen ungemein großen Anteil gehabt haben und noch jetzt Entscheidendes bedeuten. Dieser Bedeutung kommt unter den sonstigen (nichtreligiösen) Weltanschauungen nur eine Geistesrichtung einigermaßen gleich, nämlich die modernen positivistischen Gruppen, die überzeugt sind, daß Religion unter den heutigen Kulturverhältnissen durch *Wissenschaft* zu ersetzen sei, und daß *alle* Angelegenheiten der Gesellschaft und des Menschen auf wissenschaftlichem Wege, d. h. durch Soziologie, eventuell durch Sozialethik, zu regeln seien.[79] Insofern diese Weltanschau-

[77] Vgl. Walter Landé, Aktenstücke zum Reichsvolksschulgesetz. Leipzig 1928. S. 46.

[78] a. a. O., S. 85. – § 6 des Reichsgesetzes über die religiöse Kindererziehung vom 15. Juli 1921 spricht von »nicht bekenntnismäßiger Weltanschauung« und meint damit offenbar alle, die sich nicht selbst einer Religionsgemeinschaft zurechnen.

[79] Im Hintergrunde liegt die berühmte geschichtsphilosophische Konstruktion des Posi-

ung ausdrücklich nur *Welt*anschauung sein will, d. h. sich streng auf den immanenten Erfahrungszusammenhang beschränkt, ist sie der *weltliche* Wertstandpunkt κατ' ἐξοχήν. So will vor allem der Marxismus, wenn er auch nicht rein positivistischen Ursprungs ist, doch entschieden *wissenschaftlich* begründete Überzeugungen geben. Dieser politischen Richtung würde also die rein weltliche und rein wissenschaftliche Schule genau entsprechen. Allerdings ist diese Weltlichkeit ständig im Begriff, wieder in metaphysische Gedankenbildungen oder sogar freie weltliche Religiosität umzukippen, so daß aus der weltlich-wissenschaftlichen Geisteshaltung leicht wieder Weltanschauungen von individuellerer Färbung und sektenhaftem Charakter hervorgehen können. Aber diese Tendenzen des modernen Geisteslebens sind doch noch ganz ungeformt, kaum greifbar und deshalb auch vom staatlichen Recht noch nicht normierbar.

Übrigens ist auch der Begriff Bekenntnis nicht ohne Schwierigkeiten. Man versteht darunter in erster Linie eine kirchlich festgelegte und für verbindlich erklärte Glaubens*formel*. Gerade auf protestantischem Boden erscheint das Bekenntnis aber auch in wesentlich anderer Gestalt, nämlich als die ganz *persönliche* innere Hinwendung zu religiösen Gewißheiten, die in keiner dogmatischen Formel ausgesprochen werden können. Die Problematik der protestantischen Kirche liegt wesentlich darin, daß sie bei der ersten Form nicht stehen bleiben, in der zweiten aber nicht *beliebig* fortschreiten kann. Juristisch kommt direkt nur eine dritte Bedeutung in Betracht: nämlich die in rechtsgültiger Form abgegebene Zugehörigkeits*erklärung* zu einer Bekenntnisgemeinschaft von innerer Überzeugtheit, woran sich dann bestimmte Rechtsfolgen knüpfen. Aber natürlich ist die ganze komplizierte Situation der protestantischen Kirche in ihrem Innern dadurch nicht beseitigt, sondern gerade in ihr, so scheint mir, liegt ganz wesentlich die Unlösbarkeit der Aufgabe, die religiösen Verhältnisse der Volksschule reichsgesetzlich zu regeln.

Die größte Schwierigkeit aber ist noch nicht berührt. Sie wird durch eine grundsätzlich falsche Anschauung verdeckt, die sich im 17. Jahrhundert angebahnt hat, im 18. und 19. zur Blüte kam und die eben jetzt zu einer ungeheuren Krisis der Staatsentwicklung führt, wenn auch nur wenige sie schon sehen.

Es wird in der Regel so dargestellt, als ob der Staat dem Streit der Weltanschauungen in seinem Innern nur zusehe, selbst aber weltanschauungslos sei. Er brauche nur Toleranz und Parität zu üben, wie er es seit dem

tivismus: das sog. Dreistadiengesetz, nach dem theologische, metaphysische und positiv-wissenschaftliche Weltauffassung im Sinne eines eindeutigen Fortschrittes aufeinander folgen.

Westfälischen Frieden gelernt habe, so werde schon irgendein Ausgleich gefunden werden. »Der Staat hat kein Bekenntnis«, das ist fable convenue. – Natürlich hat er es nicht, wenn man die Bekenntnisfähigkeit an eine *persönliche* Stellungnahme bindet.[80] Denn der Staat bleibt ein überpersönliches Gebilde, mögen ihn die Juristen auch als Persönlichkeit (eben im juristischen Sinne) »konstruieren«. Er hat auch deshalb kein Bekenntnis religiöser Art, weil er sich mit keiner der Religionsüberzeugungen und -gesellschaften in seinem Innern *identifiziert*. Daß er sich mit einer protestantischen Kirche, solange eine Staatskirche bestand, sehr eng verbunden hat, ist nicht zu leugnen. Aber auch dies scheint überwunden, seitdem in der Reichsverfassung der Satz steht: »Es besteht keine Staatskirche«. Doch von hier an teilt sich nun der weitere Gedankengang.

1. nämlich ist festzustellen, daß der Staat in dem Augenblick, in dem er sich als Souverän *über* die Bekenntnisse stellte, selbst einen weltanschaulich bedeutsamen Akt vollzog. Denn mag man tausendmal behaupten, daß er ja eben die Gewissen nicht binde und nur äußern Gehorsam verlange – nicht einmal die Kunst juristischer Unterscheidungen hat diese Grenze sicher bestimmen können. Eine Institution, die souverän sein will und unter Umständen von ihren Angehörigen das Opfer des Lebens verlangt, ist nicht weltanschauungslos, sondern »bekennt« sich eben zu der Betonung weltlicher Werte, die sich seit der Aufklärung herausgearbeitet haben. Der Staat in seiner modernen Gestalt ist nur denkbar im Zusammenhang der großen Säkularisierungsbewegung, die sich gleichmäßig auf dem Gebiet der Lebensanschauung wie der Organisationsformen vollzogen hat, und die bekanntlich keineswegs auf vorwiegend protestantische Länder beschränkt ist. Er hat die Tendenz, sich zum weltlichen Gott auf Erden zu machen, mehr und mehr entfaltet. Und überall da, wo man ihn unter Festhaltung einer stark religiös bedingten Metaphysik als die Darstellung des Göttlichen in der Welt ansah, wie es *Fichte* zeitweise und *Hegel* als den Gipfel seines Systems gelehrt hat, war ein entschiedenes »Bekenntnis« zu ihm möglich. Es wurde unterstützt durch die Glut der nationalen Bewegung, für die die Nation die »Verflößung« des Göttlichen in die weltlich-metaphysisch verstandene Lebenseinheit des Volkstums war. Solange diese nationale Einheit echt und stark war, solange ferner in der Form der konstitutionellen Monarchie die *Einheit* und *Konstanz* des Staates gegenüber allen wechselnden politischen Tendenzen in seinem Schoße eine sichtbare und heilig gehaltene Symbolik fand, so lange hatte der Staat wirklich

[80] So z. B. Paul Hinschius, Allgemeine Darstellung der Verhältnisse von Staat und Kirche. In: Handbuch des öffentlichen Rechts der Gegenwart. Bd. I, 1. Freiburg 1883. S. 240.

einen Weltanschauungswert, der mit den älteren (kirchlichen) Glaubens- und Überzeugungsgemeinschaften erfolgreich in Wettbewerb treten konnte. – Aber nunmehr entstand die letzte Komplikation:

2. Der Staat mit rein demokratisch-parlamentarischer Willensbildung, der genötigt ist, an die Stelle metaphysisch verwurzelter Volkseinheit die Technik einer Willensbildung zu setzen, die (trotz aller formalen und ideologischen Vorbehalte) praktisch einfach auf Errechnung der Majorität beruht, hat in der Tat nicht mehr diesen Charakter der Absolutheit, den etwa noch *Hegel* dem Staat als objektivem Geist mit substantiellem Gehalte zuschreiben konnte. Vielmehr ist sein Wille – die gesuchte latente volonté générale, d. h. der echte und gerechte Staatswille – eben doch nur das jeweils wechselnde Produkt von sehr verschiedenen Weltanschauungsrichtungen. Denn mindestens in Deutschland sind die Parteien weltanschaulich fundiert. Jede hat einen grundsätzlich *andern* Staatsgedanken, während in den meisten Ländern sonst vorausgesetzt werden darf, daß die politischen Parteien bei allen Differenzen über die politische *Methode* nur Schattierungen einer im Grunde einheitlichen Richtung auf *denselben* Staat darstellen.

Mit diesem Strukturmangel unseres Staates muß zur Zeit gerechnet werden. Er bedeutet, kurz ausgedrückt, daß unser Staat selbst *verschiedene* Weltanschauungen hat. Er kann daher gar nicht anders, als auf das Nebeneinanderbestehen dieser Weltanschauungen bedacht sein und sie soviel wie möglich auf den gemeinsamen Staatszweck und die gemeinsame, im Staat zusammengefaßte, rechtlich geregelte Volksmacht hinlenken.

Auf vielen Gebieten, z. B. in der Wirtschaftspolitik, mögen sich die Differenzen der Weltanschauungen einigermaßen ausgleichen lassen. In der Erziehung, als einem auf Gesinnung beruhenden und auf Gesinnung wirkenden Tun, können sie nicht zurückgedrängt werden, ohne daß die Erziehung unecht wird.

Dieser komplizierte Sachverhalt hat sich mit überraschender Deutlichkeit in den schnell hingeworfenen Paragraphen der Reichsverfassung über die Schule ausgedrückt.

a) Sofern an der demokratischen Willensbildung des Staates das *rein* weltliche, selbst metaphysikfreie Motiv beteiligt ist, folgt daraus folgerichtig eine *rein weltliche Staatsschule*, die christlich-religiöse Kräfte bewußt ausscheidet und alles auf die sittliche Erziehung des Menschen für die innerweltlichen Staats- und Gesellschaftszwecke abstellt.

b) Sofern bei dieser demokratischen Willensbildung auch diejenigen Weltanschauungsgruppen beteiligt sind, die auf dem Boden bestimmter historisch bedeutsamer Ausprägungen der christlichen Religion stehen, also die in den modernen Staat hineingemauerten christlichen Fundamente bewußt festhalten, ergibt sich die Konfessionsschule – nicht als Kirchenschule, sondern als *Staatsschule mit Berücksichtigung der Konfession.*

c) Sofern der Aufklärungsgedanke einer allgemein christlichen Kultur nachwirkt, die nur im Bezirk des »eigentlich« Religiösen zu verschiedenen Überzeugungen zugespitzt ist, gelangt man zur *christlichen Simultanschule.* Für den streng weltlich Gerichteten enthält sie ein untragbares Maß von religiösem Einschlag. Es gibt daher eine weitergehende Form der Simultanschule, in der für die sog. »Profanfächer« der Zusammenhang mit dem Christlichen aufgelöst ist, weil sie als reine Wissensfächer angesehen werden. In diesem Fall steht dann der konfessionell getrennte Religionsunterricht ohne inneren Zusammenhang neben dem »wissenschaftlichen« Unterricht. (Ich schlage hierfür den Ausdruck *wissenschaftliche Simultanschule* vor.) Welche Fächer dieser völligen wissenschaftlichen Neutralisierung zugänglich sind, ist ein Streitpunkt, dessen Tragweite erst klar werden wird, wenn einmal die Eigentümlichkeit geisteswissenschaftlichen Denkens stärker herausgearbeitet sein wird.

Es gehört zur Tragik der protestantischen Kirche, daß sie über ihre Zugehörigkeit zur Konfessionsschule oder zur christlichen Simultanschule oder zur wissenschaftlichen Simultanschule selbst noch nicht zur Klarheit gelangt ist. Vor allem hat sie bis heute nicht entschieden Stellung genommen zum deutschen Idealismus und der aus ihm folgenden humanistisch-personalen Bildungsidee. Sehr echte und starke Protestanten zählen sich zu dieser Gruppe. Sie – im Gegensatz zu konsequenten Katholiken – können durchaus für die christliche Simultanschule stimmen. Sie könnten vielleicht sogar bis zur wissenschaftlichen Simultanschule mitgehen. Aber sie wissen bis heut nicht, wo ihre Kirche steht. An der inneren Unfertigkeit des deutschen Protestantismus scheitert selbst die elastische Lösung des Schulgesetzes, die für Deutschland allein in Betracht kommen kann.

Liest man unter diesen Gesichtspunkten noch einmal die Artikel 142 bis 150 der Reichsverfassung, so erscheint ihre Unklarheit verzeihlich. Kein Gesetz kann Probleme lösen, die im Geistesleben sonst noch nicht zum Austrag gelangt sind. Weiter ist klar, daß von der abstrakten Idee des Nationalstaates aus die Simultanschule als beste Lösung angesehen werden muß. Aber es ist nicht so, daß Weltanschauungen juristisch eingeebnet werden können. Wo sie mit ganzer Kraft und Echtheit wirken, da sind sie nicht etwa, wie viele glauben, fremdartige Zutaten zur pädagogischen Idee, sondern geradezu ihr Kern und ihr Herz. Die neue Zeit kennt – über wirtschaftliche und soziale Gegensätze hinaus – wieder den ganzen Ernst *letzter* Entscheidungen. Der Staat selbst führe schlecht dabei, wenn man forderte, daß hier »jeder dem andern ein bißchen entgegenkommen sollte«. So kann man vielleicht vom Boden der Standespolitik aus argumentieren und wünschen. Luther auf dem Reichstag zu Worms aber fühlte sich vor anderen Gerichten.

Vor allem aber kann der Staat gegen *die* Weltanschauungen nicht gleichgültig sein, die ihn selbst mit aufgebaut haben, die also bleibend in ihn hineingebaut sind. Seine Verpflichtung, den Weltanschauungen in der Schulerziehung Rechnung zu tragen, erstreckt sich *zunächst* nur auf diese großen historischen Geistesmächte, die damit von vornherein auch politische Mächte sind. Formal-juristisch kommt dieser Sachverhalt darin zum Ausdruck, daß der Staat das Recht auf Berücksichtigung ihres Bekenntnisses oder ihrer Weltanschauung nur solchen Gesellschaften gibt, die er zuvor als Körperschaften des öffentlichen Rechts anerkannt hat.

Welche er so anerkennt und daß er sie anerkennt, ist aber dadurch bedingt, daß sie historische Mächte bedeuten, die ihn selbst geformt haben und deren Geist in ihm noch heut verweltlicht, aber lebendig weiterwirkt. *Im demokratisch gebildeten Staatswillen selbst also lebt die dialektische Spannung verschieden gerichteter Weltanschauungen, und diese Spannung ist aus ihm nicht fortzubringen, solange rein weltliche und christlich-religiöse Weltanschauungen im allgemeinen Geistesleben unsrer Zeit miteinander ringen.* Die Schulkämpfe, die jetzt geführt werden, sind im Grunde der nachträgliche Kampf über die Frage, *in welchem Maße* die Trennung von Kirche und Staat erfolgen könne. Denn die rechtliche Proklamation dieser Trennung erfolgte 1919 durch einen Federzug. Aber ein juristischer Federzug beseitigt die geistigen Mächte selbst, in die er regelnd eingreifen will, und die durchaus *politische* Fortwirkung dieser Mächte keineswegs. Hier ist der sichtbare Fall der Inkongruenz von positiver Rechtsnorm und wirklicher Kulturkraftverteilung gegeben. Es ist nur eine Rettung der formal-juristischen Konsequenz, wenn z. B. auch anderen Religionsgesellschaften als den katholischen, protestantischen und jüdischen in geeigneten Fällen auf Antrag die Rechte einer öffentlich-rechtlichen Korporation gewährt werden sollen. Als historische Mächte im Volksleben werden sie deshalb nicht wirken. Schulpolitische Kraft in der demokratischen Willensbildung werden sie deshalb allein noch nicht entfalten.

B. In engem Zusammenhang mit der Tatsache, daß der moderne deutsche Staat in seiner Willensbildung eine höhere, wennschon noch sehr schwankende Synthese verschiedener Weltanschauungsrichtungen bewirken muß, steht die Rolle, die § 146 Absatz 2 der Reichsverfassung den »Erziehungsberechtigten« zuweist. Auch dieser Punkt hat ein hohes geistesgeschichtliches und kulturpolitisches Interesse. Erst während der Entstehung dieser Abhandlung werden mir die tiefdringenden Ausführungen bekannt, die *Günther Holstein* neuerdings diesem Problem gewidmet hat.[81] Ich bin dadurch einer eingehenden Erörterung um so mehr enthoben, als ich für die juristische Seite nicht sachkundig sein kann, *Holstein* aber jener neuen Richtung angehört, die sich selbst als geisteswissenschaftliche Jurisprudenz bezeichnet.

Das politische und staatsrechtliche Problem, das die Verfassung durch Anrufung des Willens der Erziehungsberechtigten löst, hätte – gemäß den abstrakt bestehenden Möglichkeiten – auch anders gelöst werden können. Man hätte das Recht auf Mitbestimmung des religiösen oder weltanschaulichen Charakters der Volksschulen den Religions- bzw. Weltanschauungsgesellschaften selbst geben können. Die Folge wäre die Auflösung der Staatsschule und die Rückkehr zur Kirchenschule (bzw. der Fortgang zur freien Weltanschauungsschule) gewesen. Man hätte die politischen Gemeinden (oder die politischen *Schul*gemeinden, wo sie sich mit der politischen Gemeinde selbst nicht decken) mit der Abstimmung über diese Fragen beauftragen können. Die Folge wäre die Belastung der Kommunalpolitik mit Entscheidungen gewesen, die ihren sonstigen Aufgaben gegenüber zu prinzipiell und schwer wären. Man hat die Erziehungsberechtigten dazu berufen. – Warum gerade sie?

Zunächst muß festgestellt werden, daß die Erziehungsberechtigten weder faktisch noch juristisch-normativ mit den Eltern identisch sind. Schon aus diesem Grunde ist es falsch – und das scheint mir auch *Günther Holstein* zu meinen –, die Funktion der Erziehungsberechtigten in der Schule mit den seit Oktober 1918 in Preußen begründeten »Elternbeiräten« in Zusammenhang zu bringen. Bei den Elternbeiräten handelt es sich im wesentlichen um eine Mitwirkung an der inneren Erziehungsaufgabe bereits bestehender Schulen, und eben um die Eltern, nicht um Vormünder usw. Den »Erziehungsberechtigten« aber wird durch § 146, 2 der R. V. tatsächlich vom Staat ein Recht öffentlichen Charakters zugestanden, und der ethische Sinn oder die Voraussetzung dieser Rechtsverleihung liegt offenbar darin, daß solche juristischen Personen herangezogen werden sollen, von deren Verhalten man das Verantwortungsbewußtsein für den Geist der Erziehung der von ihnen vertretenen Kinder *so* erwarten darf, als ob sie *für* diese und in *ihrem* Sinne ein Bekenntnis ablegten.[82]

---

[81] Elternrecht, Reichsverfassung und Schulverwaltungssystem. Tübingen 1927. (Archiv für öffentliches Recht. Neue Folge, Bd. XII, 2.)

[82] Daher fordert denn auch der Gesetzentwurf von 1927 nicht, daß die Erziehungs-

Sehen wir aber von dem Unterschied, der zwischen Erziehungsberechtigten und Eltern im juristischen Sinne besteht, ab und legen wir den häufigsten Fall zugrunde, daß es sich nämlich um Elternrechte handelt, so tritt damit keineswegs ein neues Motiv in die Regelung des staatlichen Schulwesens ein. Neu ist allenfalls der Ausdruck »Erziehungsberechtigte«, wo man vollständiger von Erziehungsverpflichteten und -berechtigten reden sollte. Niemals ist, wenigstens in Deutschland, der Gedanke der Staatserziehung praktisch so überspannt worden, daß man dabei die Eltern ganz ausgeschlossen hätte. Immer haben die Eltern rechtlich als wesentliche Mitträger der vom Staat gewollten Erziehung gegolten. Der staatliche Unterrichtszwang z. B. schließt in Preußen von Anfang an die Einschulungspflicht der Eltern ein, falls sie nicht nach ALR II, Titel 2 § 74/5 und Titel 11 § 7 für häuslichen Ersatz angemessene Sorge tragen. Diese Paragraphen bilden überhaupt die Ergänzung zu dem berühmten Satz des ALR Teil II, Titel 12 über die Schulen als Veranstaltungen des *Staates*. Auffallen kann höchstens, daß dieses Elternrecht auch in einer Epoche noch stark betont wird, in der die allgemeine sittliche Bedeutung der Familie unzweifelhaft zurückgegangen ist und ihr Interesse an Weltanschauungsfragen schwächer als je zu sein scheint. Es ist aber auch denkbar, daß sich hierin gerade jetzt starke Wandlungen vollziehen, und niemand kann verkennen, daß das Weltanschauungsringen in unseren Tagen wieder außerordentlich tief geworden ist, gleichviel ob man an die kirchlich gebundenen Bekenntnisse, die freieren religiösen Bekenntnisse oder die ganz weltlich gerichteten Stellungnahmen denkt.

Historisch ist das Elternrecht an der Erziehung uralt. Es ist ein römischrechtliches Motiv, ein christlich-ethisches Motiv, das dem Katholizismus und dem Protestantismus gemeinsam ist, endlich auch ein Motiv des modernen philosophischen Naturrechts. Gerade in der Epoche des aufgeklärten Absolutismus hat das so verwurzelte Recht gegenüber den zunehmenden Erziehungsansprüchen des Staates seine Kraft behalten.

Schon das einflußreichste deutsche Naturrecht, das von *Christian Wolff*, läßt die Gesellschaft und dann den Staat nicht, wie die meisten französischen Naturrechtstheorien, aus abstrakten Individuen, sondern aus »Häusern« als den einfachsten Gesellschaften hervorgehen. Ihre Häupter, die patres familias, sind es, die den Gesellschaftsvertrag und den Staatsvertrag

---

berechtigten selbst der Religions- oder Weltanschauungsgesellschaft angehören, für die sie stimmen.

um des gemeinen Besten willen schließen.[83] »Die Absicht des Hauses dabei aber kann keine andere sein, als daß durch die gemeinschaftlichen Kräfte derer, welche Glieder der einfachen Gesellschaften sind, die Wohlfahrt der einfachen Gesellschaften desto besser befördert werde.« Aus Häusern oder Familien besteht das Volk; das Volk begründet den Staat um der gemeinen Wohlfahrt, d. h. des hinlänglichen Lebensunterhalts, der Ruhe und Sicherheit willen. – Als dann der wirkliche preußische Staat unter *Zedlitz* und unter dem Einfluß der neuen Nationalerziehungsliteratur zu dem Gedanken staatlich zentralisierter öffentlicher Erziehung überging, der bald darauf im Allgemeinen Landrecht seine Krönung gefunden hat, wurde die Frage nach den Grenzen des Staatsrechtes und des Elternrechtes in der Erziehung praktisch brennend. Im Jahre der Begründung des Oberschulkollegiums, 1787, stellte unsere Akademie die Preisfrage: »Quels sont dans l'état de nature les fondements et les bornes de l'autorité des parents sur les enfants ... Jusqu'à quel point les loix peuvent-elles étendre ou limiter cette autorité?« Über die Bearbeitungen, die zeitgeschichtlich sehr interessant sind, hat neuerdings *Aloys Fischer* berichtet.[84] In der großen Linie der deutschen Pädagogik wird trotz aller Einflüsse *Fichtes* immer wieder gerade der Familiengeist als die Urkraft aller Erziehung gefeiert. *Pestalozzi* sieht das Geheimnis der Nationalerziehung, für die er sein Leben lang gewirkt hat, gerade in der Erhaltung der Wohnstubenkraft, und die öffentliche Schule hat er im Grunde nur als ein notwendiges Übel in einer industrialisierten Gesellschaft betrachtet.[85] Auch *Fröbels* Absichten, so stark sie von *Fichte* berührt sind, kann man als »familienhafte Nationalerziehung« charakterisieren. *Schleiermachers* ausgleichender Sinn hätte niemals eine bloße Staatserziehung geduldet. *Herbart* war ihr im Grunde abgeneigt. *Dörpfelds* Eintreten für die Familie als Hauptträgerin der Erziehung haben wir bereits erwähnt. Es wäre wertvoll, diese umfassende »Philosophie der Familie«, die seit 150 Jahren im deutschen Denken ihrer fortschreitenden Zerstörung entgegenarbeitet, einmal zusammenhängend zu behandeln. Auch *W. H. Riehls* Schrift über die Familie von 1854 wäre hier einzuordnen.

Entsprechend hat keiner der preußischen Unterrichtsgesetzentwürfe aus dem 19. Jahrhundert das Elternrecht an der Erziehung ganz ausgeschaltet oder ungebührlich beschränkt, nicht einmal der *Süvern*sche, der im Grunde

---

[83] Christian Wolff, Grundsätze des Natur- und Völkerrechts. Halle 1754. § 965.

[84] Aloys Fischer, Das Elternrecht an der Schule in Vergangenheit und Gegenwart. In: Die Deutsche Schule. Bd. 28, 1924, bes. S. 246.

[85] Vgl. besonders die Stelle in: Johann Heinrich Pestalozzi, Sämtliche Werke. Hg. von L. W. Seyffarth. Bd. XI. Liegnitz 1902. S. 179.

Fichtes Nationalerziehungsidee in die Wirklichkeit übertragen wollte Kurz: es kann keine Rede davon sein, daß die Beteiligung der Eltern an der Erziehung etwas Neues wäre.

Nur dies könnte als neu angesehen werden, daß den Eltern ein Mitbestimmungsrecht an dem religiösen oder weltanschaulichen Charakter der Schule, die ihre Kinder besuchen, eingeräumt wird. In der Tat scheint dieses Problem in Preußen erst seit der Verfassung von 1850 brennend geworden zu sein. Die Verfassung von 1848 überwies den religiösen Unterricht ganz den Religionsgemeinschaften (§ 21). 1850 wurde der Grundsatz aufgestellt »Bei der Einrichtung der öffentlichen Volksschulen sind die konfessionellen Verhältnisse möglichst zu berücksichtigen« (§ 24). Wie dieses Prinzip durchzuführen sei, gleichviel ob bei bestehenden oder bei neu einzurichtenden Volksschulen, war schon damals ein Hauptproblem der immer wieder versuchten gesetzlichen Regelung des preußischen Schulwesens. Und schon damals blieb kein anderer Weg als der Appell an den Elternwillen, nur daß man ihn damals nicht in dem (zum Zweck solcher Willenskundgebung konstituierten) Verband der Erziehungsberechtigten fand, sondern – mit deutlich naturrechtlicher Ausdrucksweise: bei den »Hausvätern«, die gegebenenfalls ihre Willensmeinung in einer besonderen Verhandlung der politischen Schulgemeinde kundgeben sollten. So lautet § 12, Ziffer 2 des *Ladenberg*schen Gesetzentwurfes von 1850 im Hinblick auf konfessionell gemischte Gemeinden:

> »Für die in der Minderzahl befindliche Konfession, welche noch keine eigene Schule besitzt, ist die bürgerliche Gemeinde verpflichtet, eine besondere Schule einzurichten, wenn die im Orts-, Schul- oder Gemeindebezirk vorhandene Schülerzahl der gedachten Konfession wenigstens 60 beträgt und wenn das Verlangen auf Errichtung einer solchen von der Mehrzahl der der betreffenden Konfession angehörigen Hausväter in einer von dem Gemeindevorstand zu veranlassenden Verhandlung gestellt wird.«[86]

Der Reichsgesetzentwurf von 1927 verfährt insofern anders, als er die Erziehungsberechtigten, die Kinder in einer Volksschule haben, für den

---

[86] Die Gesetzgebung auf dem Gebiete des Unterrichtswesens in Preußen. Berlin 1869. S. 164. – Der *Bethmann-Hollweg*sche Entwurf von 1862 (daselbst S. 204) hat eine ganz ähnliche Bestimmung: »Für diejenigen Angehörigen einer Konfession, welche noch keine eigene Schule besitzen, ist im Schulbezirk auf Kosten der zu derselben gehörenden Gemeinden eine besondere öffentliche Volksschule einzurichten, wenn wenigstens 40 schulpflichtige Kinder dieser Konfession angehören und die Mehrzahl der Hausväter dieser Konfession in einer dem Gemeindevorstand abzugebenden protokollarischen Erklärung darauf anträgt.« Allerdings wird in den Motiven (S. 235) die von *Dörpfeld* gegebene Begründung der Schulgemeinde als einer Assoziation von Hausvätern *neben* der bürgerlichen Gemeinde ausdrücklich abgelehnt.

Fall der weltanschaulichen Umwandlung der Schule oder der Abspaltung einer neuen Schule als einen eigenen Abstimmungskörper konstituiert und die Zulässigkeit des Antrages an 40 Stimmen bindet, wobei die Zahl der Stimmen, die der einzelne Erziehungsberechtigte hat, sich nach der Zahl der Kinder richtet, die er in die Schule schickt.

Die Normierung der öffentlichen Rechte, die den Eltern oder den Erziehungsträgern gegenüber dem Weltanschauungscharakter der Schule verfassungsmäßig zugebilligt werden, ist aber einer sehr verschiedenen Sinninterpretation fähig. Das elterliche Erziehungsrecht und die elterliche Erziehungspflicht, die § 120 der Reichsverfassung aufstellt, zugleich aber der staatlichen Überwachung unterwirft, ist zunächst eine Grundnorm, deren Formulierung unverkennbar auf naturrechtliche Ursprünge hinweist und deren juristische Tragweite *Günther Holstein* eingehend erörtert hat. Legt man wirklich auf den Ursprung aus naturrechtlichen Gedankengängen entscheidendes Gewicht, so begründet der betreffende Artikel ein *individuelles* Urrecht oder *Menschen*recht der Eltern auf die Erziehung ihrer Kinder. Betont man dabei den weltanschaulichen Grundcharakter dieser Erziehung, so rückt jenes Urrecht oder Menschenrecht in unmittelbare Nähe der persönlichen *Gewissensfreiheit*, die sich nicht zuletzt in ihren äußeren Rechtsfolgen dahin erstreckt, die Kinder nicht in anderen Überzeugungen erziehen zu müssen, als man selbst bekennt und daher im sittlichen Verhalten auswirken läßt.[87] Beide Interpretationen sind aber so individualistisch, daß eine nichtindividualistische Staats- und Weltanschauung sich kaum bei ihnen beruhigen kann.

Wie man das Recht der freien Meinungsäußerung doppelt verstehen kann: nämlich als ein bloß individuelles Recht oder als ein Recht, an dem die staatliche Rechtsgenossenschaft als Ganzes ein sittliches, daher verfassungsmäßig zu schützendes Interesse hat[88], so liegt es auch hier: der Schutz der individuellen Erziehungswillensrichtung mag in einer liberalen Staatsordnung um der einzelnen willen durchgeführt werden. Der Staat wird durch solche Gewährung subjektiver öffentlicher Rechte unvermeidlich geschwächt. Eine höhere Staatsauffassung ist denkbar, die von dem Gedanken geleitet ist, daß weltanschauliche Stellungnahmen – wie überall,

---

[87] Daß die neue Reichsgesetzgebung darauf entschiedenes Gewicht legt, beweist die Tatsache, daß außer dem Grundschulgesetz, das einen sozialen Gedanken verwirklichen sollte, zuerst die Frage der religiösen Kindererziehung geregelt wurde. Vgl. Das Reichsgesetz über die religiöse Kindererziehung vom 15. Juli 1921, erläutert von Theodor Engelmann. München 1922.

[88] Vgl. Rudolf Smend in: Das Recht der freien Meinungsäußerung. (Veröffentlichungen der Vereinigung deutscher Staatsrechtslehrer. Heft 4.) Berlin 1926, besonders S. 63.

so auch in der Erziehung – überindividuelle Bedeutung haben, also auch dem Sinn des Staates gegenüber nicht gleichgültig sein können. Ob jemand der Wahrheit im wissenschaftlichen Sinne dient oder nicht, ist wirklich mehr als sein Privatinteresse; es berührt die gemeinsame Substanz des Volks- und Staatslebens. Entsprechend ist es mehr als bloßer Schutz individualistischer Interessen *gegen* den Staat, wenn die Erziehungsrechte hinsichtlich ihres freien weltanschaulichen Charakters *im* Staat sichergestellt werden. Denn allerdings handelt es sich hier nicht nur um Reservatrechte des Individuums, sondern um Stellungnahme zu der Frage, in welchem Sinne der Staatsbürger die Weiterentwicklung der Volksüberzeugungen und der im Staate selbst verkörperten Weltanschauung bejaht. So ist hier das Individuum, wie in allem Geistesleben, beides: Diener, Träger oder Durchgangspunkt großer geistiger Mächte und doch zugleich *verantwortlicher* Richter über alles, was durch seine Seele hindurch wieder in das große Ganze des Staats- und Volkslebens hineinwirken soll.

Wendet man ein, daß ja diese Gesinnungs- und Gewissensfreiheit der Erziehungsverpflichteten von allen möglichen politischen Stoßtrupps zu fremdartigen Zwecken mißbraucht werden könne, so erhebt man damit einen Einwand gegen das Prinzip demokratischer Willensbildung des Staates *überhaupt*, nicht aber gegen seine Ausdehnung auf diese zentral wichtigen Fragen. Denn es wird doch wohl niemand im Ernst behaupten, daß zwar in Sachen der Steuergesetzgebung, der Arbeitsverträge und der Lohntarife demokratisch verfahren werden solle, autokratisch aber in Sachen der Überzeugung, wie ich meine Kinder weltanschaulich geführt wissen möchte. Insofern also ist die Mitbestimmung über den weltanschaulichen Charakter staatlich angeordneter Erziehung keineswegs eine letzte Spitze des Individualismus im Staate, sondern im Gegenteil die *Bedingung*, unter der allein das, was im Menschen ewiger und überindividueller Herkunft ist, zur Auswirkung im gemeinsamen Werk am Staate, wie er sein soll, gelangen kann.

Nur bis zu dieser Stelle tragen wissenschaftliche Erwägungen, wofern man nämlich die Überschau über die großen Typen verschiedener Weltanschauungen mit in den Bereich der Wissenschaft einbezieht, die an dieser Grenze schon nicht mehr Einzelwissenschaft, sondern Philosophie ist. *Welche* Weltanschauung man aber aus letzter Gesinnungs- und Werteinstellung heraus bejaht, liegt jenseits der Wissenschaft. Insofern ist diese ganze Auseinandersetzung weder ein Plädoyer für die Konfessionsschule noch für die weltliche Schule, sowenig sie mit der Tatsache, daß sie von der geltenden Verfassung ausgeht, für oder gegen den kulturethischen Wert dieser Verfassung Stellung nimmt oder ein Reichsschulgesetz überhaupt als unbedingt wünschenswert bestätigt. Nur die geistigen Faktoren, die in der gegebenen Lage für diese oder jene Entscheidung überhaupt berücksichtigt werden müssen, sind aufgezeigt worden, und an ihnen kann kein Sehender vorübergehen. Andrerseits aber konnte gerade deshalb diese Auseinandersetzung auch kein Plädoyer für die Alleinberechtigung der Simultanschule, der christlichen oder der rein wissenschaftlichen, werden. Denn auch hinter dieser Forderung steht nur *ein* bestimmtes, geistesgeschichtlich gewordenes, daher einseitiges Wertsystem, dem partielle Berechtigung nicht abgesprochen werden kann, das aber sofort berechtigte sittlich-weltanschauliche Gegenkräfte aufruft, sobald es sich absolut setzen will.

Wenn die Rede von der weltanschaulichen Neutralität des Staates einen Sinn hat, so kann dieser kein anderer sein, als daß eben auch der Staat sich heute auf den Boden stellen muß, die Mannigfaltigkeit in ihm gebundener eigentümlicher Weltanschauungen anzuerkennen. Betätigung der Gewissensfreiheit im Staat ist nicht nur *meiner* Gewissensfreiheit, sondern auch dem Gewissen der *anderen* zugebilligt. Und eben hierin liegt die unendliche Schwierigkeit der organisatorisch-legislativen Aufgabe, die der moderne Staat zu lösen hat, daß er geordnete Formen finden muß, in denen diese lebendige Dialektik der geistigen Mächte auf seine höchsten sittlichen Zwecke für das Volksleben hingelenkt werden kann. Aber um diesen Weltanschauungskampf kommen wir nicht herum. Er ist das stärkste Agens der neuen Zeit, die wieder über bloße praktische Zweckmäßigkeiten hinaus für die großen Grundentscheidungen religiöser Art ein Recht fordert. Es hilft nichts, sich vor diesen Urentscheidungen allein hinter die nationalstaatliche Idee zurückzuziehen. Denn gerade sie ist ja heute weltanschaulich nicht mehr unbestritten. Der Geisteskampf muß ausgefochten werden. Und an der Schwelle dieser Grundentscheidungen endet die Urteilsfähigkeit der Wissenschaft.

Denn praktisch hängt die Gestaltung des Verhältnisses zwischen Schule und Staat von den Machtverhältnissen innerhalb der bestehenden parlamentarischen Demokratie ab. Ethisch aber hängt sie davon ab, ob der Staat in seiner Schule den Weltanschauungsrichtungen ausreichenden Spielraum läßt, oder ob er sich der überlebten rationalistischen Tradition hingibt, es könne jemals wieder zu einer Uniformität der Weltanschauungen, womöglich gar *durch* eine rein staatlich-weltliche Erziehung kommen. In allen anderen Beziehungen hat der Staat lernen müssen, ja selbst angeordnet, daß in der Erziehung individualisiert werden soll. So kann er die tiefgehende Individualisierung der Grundstandpunkte in dem Geistesleben, das er umschließt, nicht übersehen. Für seine eigene Macht und

Existenz ist es unumgänglich, daß die *Staats*schule bestehen bleibe. Sie kann es nur, wenn er die weltanschaulichen Unterschiede achtet, zugleich aber ihre Kraft so weit wie möglich auf das gemeinsame Staatsinteresse hinlenkt und in sein Kulturgebäude mit einbaut. Es ist nicht Sache der Wissenschaft, die Gesetzgebungswege im einzelnen zu erörtern, auf denen dies Ziel am besten erreicht werden kann. Sie muß sich damit begnügen, die Kräfte aufzuzeigen, die heute zwischen Staat und Schule spielen. Eine Politik, die die Gravitationsverhältnisse der sittlichen Mächte ignorieren will, ist ebenso schlecht wie eine Politik, die sich über die rein politischen Machtkonstellationen täuscht. Die gewaltige Aufgabe des modernen Staates besteht darin, sich als gemeinsame Macht- und Rechtshülle über die immer schärfer werdenden geistigen und gesellschaftlichen Gegensätze hinüberzuwölben. Er kann nur sein, was *Hegel* wußte und wollte: Das ἓν διαφέρον ἑαυτῷ: Die höhere Einheit des Verschiedenen, in der sich die Mannigfaltigkeit wertbestimmter Kräfte zusammenfaßt, um das Leben und den sittlichen Kulturbesitz des Volkes zu sichern.

Schluß:

Die Aufstellung kulturtheoretischer Strukturtypen und der Anteil wissenschaftlicher Besinnung an der Bildung von Kulturidealen

Mit den Erörterungen des letzten Abschnittes sollte ein Beispiel dafür gegeben werden, wie sich im geltenden positiven Recht Geisteskräfte und Geisteskämpfe der Gegenwart spiegeln. Man kann sie niemals in ihrer momentanen Aktualität, sondern immer nur auf geistesgeschichtlichem Hintergrunde verstehen. Aber die Geschichte wandelt unaufhörlich alles Bestehende, und schon das Nebeneinanderbestehende der Gegenwart legt Zeugnis ab von der verschiedenen Lebensgeschichte der Völker und Staaten. Wer in überschauender wissenschaftlicher Besinnung an diesem Werden und dieser Ausbildung eigentümlicher Kulturgestalten teilhat, ist nicht immer der Berufenste zum Handeln und zum Wagnis der Tat, zu der vielleicht auch etwas von glücklicher Begrenztheit des Wissens bei geschärftester Verantwortung des Gewissens gehört. Aber die Arbeit des Geistes, die sich in dem theoretisch Suchenden vollzieht, hat auch ihre wesentliche Funktion für das Ganze des geistigen Prozesses. Denn in ihm entfalten sich unter der Leitidee der Wahrheit jene grundlegenden begrifflichen Formulierungen und Kategorien, mit denen die Zukunftgestalter zu Felde ziehen. Auch das Gebiet, das wir in den vorangehenden Erörterungen behandelt haben, ist nicht mit rein abstrakten Begriffseinteilungen zu bemeistern. Vielmehr bilden sich die entscheidenden Gesichtspunkte und Begriffe, wie *Hegel* tief erkannt hat, an und mit den konkreten Gestaltungen der objektiv-geistigen Wirklichkeit heraus. Und die Aufgabe der Wissenschaft liegt darin, von der jeweils erreichten Stufe aus in historischer Überschau die strukturellen Verhältnisse oder Aufbaugesetzlichkeiten zu ergründen, die allgemeines Geistesleben, Erziehung, Schulorganisation und Staat zu einem sinnbestimmten, also verständlichen Ganzen verknüpfen. Es kommt nicht nur darauf an, diese singulären Gebilde hier und dort aus allgemeinen Sinnrichtungen zu verstehen, sondern auch darauf, Struktur*typen* zu bilden, mit ihrer Hilfe die verschiedenen Kulturindividualitäten zu *vergleichen* und durch diese Vergleichung endlich die *Besonderheit* der hier und dort gegebenen Gestaltungen noch tiefer zu verstehen.[89] Die typenbildende und vergleichende Arbeit auf dem Gebiet der Schulverfassungsformen und der Beziehungen von Staat und Schule ist noch ganz in den Anfängen. Weiter kommen wir in diesen Dingen theoretisch nur dann, wenn wir auf Grund historischer Einsichten die modernen Kulturen vergleichend darauf hin betrachten, wie sie das Verhältnis von Staat und Schule gestaltet haben. Indem wir dann die bei uns entwickelten Formen immer mehr in ihrer Eigentümlichkeit verstehen, entfaltet sich – wie beim Einzelmenschen – ein sicheres Bewußtsein dafür, daß unser nationaler Werdegang uns nicht Beliebiges zu wollen gestattet, sondern nur, zu *wollen*, was wir *sollen*, weil wir nach unserer Volks- und Staatseigenart gerade das *geworden* sind, was wir in der letzten national gemeinsamen Tiefe *sind* und also sein *müssen*.

[89] Für ein Sondergebiet hat solche Grundtypen Ernst Troeltsch in seiner Rede: Die Trennung von Staat und Kirche, der staatliche Religionsunterricht und die theologischen Fakultäten, Tübingen 1907 entwickelt. Seine Zukunftsfolgerungen allerdings eignen sich nur als Gegenbeispiel, weil sie nicht aus der Struktur der Geisteslage, sondern aus abstrakter Begriffseinteilung gewonnen werden.

Pestalozzis »Nachforschungen«
Eine Analyse
1935

Meine Wahrheit ist Volkswahrheit,
und mein Irrtum ist Volksirrtum.
Pestalozzi

Zwei Schriften Pestalozzis darf man in besonderem Sinne als seine »Konfessionen« bezeichnen: die kleine Meditation: ›Die Abendstunde eines Einsiedlers‹ (1780) und das große Werk: ›Meine Nachforschungen über den Gang der Natur in der Entwicklung des Menschengeschlechts‹ (1797). Im Gegensatz zu Rousseaus ›Confessions‹ bedeuten sie keinen Rückblick auf sein Leben, sondern sie sind eingehüllte Keime, in denen er eine ganze künftige Schaffensperiode vorahnend vorwegnimmt; und sie sind nicht nur eine Beschäftigung mit dem eigenen Selbst, sondern umspannen den Menschen überhaupt und das Gefüge des Menschenlebens überhaupt. Das schwere Ringen um Klarheit, der Kampf mit einer bereits vorgebildeten, aber auch auf eigne Art umgebildeten Begriffssprache machen insbesondere die ›Nachforschungen‹ zu einem der schwierigsten Werke des achtzehnten Jahrhunderts. Es ist vielleicht noch niemals in seinem inneren Zusammenhang und seiner Absicht ausreichend interpretiert worden. Pestalozzi selbst gesteht 1801, daß niemand das Buch, an dem er mit unglaublicher Mühseligkeit drei Jahre lang geschrieben habe, verstanden hätte. Die meisten hielten es für einen Galimathias. Und ein bedeutender Mann sagte ihm mit schweizerischer Traulichkeit: »Aber nicht wahr, Pestalozzi, Sie fühlen doch jetzt selber, daß Sie damals, als Sie dieses Buch schrieben, nicht recht wußten, was Sie wollten?« Wenn Pestalozzi ferner am Schluß des Werkes selbst behauptet, er habe sich bei der Abfassung »in einem gänzlichen Mangel des Gebrauchs aller Zeitmittel der wissenschaftlichen

Ausbildung« befunden [1], so ist dies nicht so aufzufassen, als ob er von der Literatur seiner Zeit über gesellschaftliche und politische, ethische und geschichtsphilosophische Probleme keine Kenntnis genommen habe. Wir wissen jetzt aus den ›Bemerkungen zu gelesenen Schriften‹, die in Bd. IX bis XI der neuen Kritischen Ausgabe auszugsweise mitgeteilt worden sind, daß er gerade in den Jahren, die der eigentlichen Niederschrift der ›Nachforschungen‹ vorangingen, ungeheuer viel gelesen und sogar auf seine Art exzerpiert hat. Er ist auch von der zeitgenössischen Philosophie nicht völlig unberührt geblieben. Vielmehr ist seit *Karl v. Raumer* wiederholt bemerkt worden, daß die Aussprachen, die Pestalozzi im Spätjahr 1793 mit Fichte in Richterswil gehabt hat, einen entscheidenden Einfluß auf ihn ausgeübt haben müssen.[2] Er selbst bezeugt in einem Brief an Emanuel v. Fellenberg vom 15. November 1793, daß Fichte ihn veranlaßt habe, die ›Philosophie meiner Politik‹ der Veröffentlichung der Abhandlung ›Ja oder Nein‹ vorangehen zu lassen.[3] Aber Pestalozzi war im selbständigen Gebrauch der strengeren philosophischen Terminologie wenig geübt. Und was er teils von Fichte selbst, teils durch Fichte und andere zeitgenössische Kantanhänger indirekt von Kants ethischen Gedankengängen aufgenommen hat, bedeutete zunächst ein neues und fremdes Element im Blute des einsamen Denkers, das er – seit 1793 durch die Ereignisse der Französischen Revolution innerlich schwer erschüttert – erst mühsam mit seinen älteren Anschauungen in Verbindung setzen mußte.[4] Hatte er doch bis 1792 an die Möglichkeit der Erneuerung alter gesunder patriarchalischer Zustände inbrünstig geglaubt und eine Theorie der organischen Lebenskreise des Menschen ausgebildet, die von dem schroffen ethischen Dualismus Kants himmelweit entfernt war. Es wird sich zeigen, daß auch noch ein anderer Einfluß ihn 1793 aufs tiefste gepackt hat. Dies alles geistesgeschichtlich richtig zu deuten und es in Pestalozzis Entwicklung psychologisch richtig einzuordnen, ist eine ungemein schwierige Aufgabe.

In der vorliegenden Studie habe ich mir ein vorläufiges, viel bescheideneres Ziel gesetzt. Es ist vor allem notwendig, einmal eine sorgfältige, vom Text selbst ausgehende philologische Analyse des Werkes zu liefern. Weder der Entwicklungsgang Pestalozzis noch die geistesgeschichtlichen Hintergründe sollen hier in vollem Umfang aufgerollt werden. Ich zergliedere nur den Aufbau der Schrift und versuche, aus ihm allein den inneren Zu-

[1] XII, 163.
[2] Vgl. Herbert Schönebaum, Pestalozzi, Kampf und Klärung. Erfurt 1931. S. 78–82.
[3] Johann Heinrich Pestalozzi, Sämtliche Briefe. Bd. III, Zürich 1949, S. 303.
[4] Vgl. Arthur Stein, Pestalozzi und die Kantische Philosophie. Tübingen 1927.

sammenhang der Gedanken abzuleiten. Dabei halte ich mich ausschließlich an die von Pestalozzi veröffentlichte Fassung.[5]

Dieser begrenzten Zielsetzung entsprechend, verzichte ich also auf den Rückgang in die Entstehungsgeschichte der Schrift, die seit *Hunziker*[6] und *Seyffarth* besonders durch die tiefgehende Quellenerforschung von *Walter Feilchenfeld* und *Herbert Schönebaum*[7] in helleres Licht gerückt worden ist. Ebenso unterlasse ich Auseinandersetzungen mit der sachlichen Interpretation des Werkes durch andere Autoren. In neuester Zeit haben vor allem *Paul Wernle*[8], *Friedrich Delekat*[9] und *Theodor Litt*[10] wichtige Gesichtspunkte geltend gemacht; ich berühre mich mit ihnen in vielem, und zwar am nächsten mit der Auffassung von *Wernle*. Aber ich habe meinen Weg unabhängig von ihnen gesucht.[11] Soweit es möglich ist, versuche ich, Pestalozzis Gedankengang aus seiner eigenen Fassung zu verstehen. Sie wirkt beim ersten Anblick verworren, erschließt sich jedoch bei immer wiederholter, aufmerksamer Durcharbeitung als durchaus überlegt. Demgemäß liegt das Hauptergebnis meiner Untersuchung in der beigefügten Inhaltstabelle, die man bei der Lektüre wie eine Landkarte dauernd im Auge behalten muß. Endlich ist einleitend zu bemerken, daß ich nicht jeder Verzweigung oder Verbiegung des Gedankenganges folge, weil zunächst einmal die Hauptlinien herausgearbeitet werden mußten.

Allgemeiner Teil

Der Titel des Werkes ›Meine Nachforschungen über den Gang der Natur in der Entwicklung des Menschengeschlechts‹ läßt eine geschichtsphilosophische Abhandlung erwarten. In den Vorstudien aber tauchen schon früh andere Benennungen auf, die dem Inhalt besser entsprechen; so z. B. in

[5] Abweichungen der Fassung von 1821 in der Cotta-Ausgabe Bd. 7 berücksichtige ich für meine Zwecke nicht. Ebenso verzichte ich im allgemeinen auf Verbesserungen des manchmal vermutlich fehlerhaften Originaltextes.

[6] In seiner Neuausgabe der ›Nachforschungen‹. Zürich 1885.

[7] Herbert Schönebaum: 1. Der junge Pestalozzi (1746–1782). Leipzig 1927. 2. Pestalozzi, Kampf und Klärung (1782–1797). Erfurt 1931. Zwei weitere Bände sind 1937 und 1942 gefolgt; 1954 ein zusammenfassendes Werk.

[8] Paul Wernle, Pestalozzi und die Religion. Tübingen 1927.

[9] Friedrich Delekat, Johann Heinrich Pestalozzi. Der Mensch, der Philosoph und der Erzieher. 2. Aufl. Leipzig 1928.

[10] Theodor Litt zuerst in: Protestantisches Geschichtsbewußtsein. Leipzig 1939; ferner: Der lebendige Pestalozzi. Heidelberg 1952.

[11] Dabei bin ich zu weitgehender Übereinstimmung mit der Auffassung gelangt, die Stein a.a.O., S. 110–150 und S. 176–197 besonders über das Verhältnis Pestalozzis zu Nicolovius und Fichte entwickelt.

den ›Bemerkungen zu gelesenen Büchern‹, die die Kritische Ausgabe den Jahren 1785/86 zuweist, der Name ›Mein Buch über den Menschen‹ [12] und im Anschluß an eine zufällige Begegnung mit dem Titel von Kants ›Prolegomena‹ die Notiz: »Prolegomena zu jeder künftigen Abhandlung über Gesetzgebung und menschliche Erziehung, die als Grundlage soll angesehen werden.«[13]

Handelte es sich wirklich um eine Geschichtsphilosophie, etwa im Stile Herders, so müßte man die drei »Zustände« (wie wir künftig den tierischen, den gesellschaftlichen und den sittlichen Zustand kurz nennen wollen) als drei aufeinanderfolgende Stadien der Mensch*heit* ansehen. Das ungeheuer vieldeutige Lieblingswort des 18. Jahrhunderts »Natur« würde hier nur heißen »Gesetzlichkeit überhaupt«. In der Tat liegt *auch* ein solcher Fortschrittsgedanke vor, besonders dann, wenn Pestalozzi an die Französische Revolution als an eine Krisenzeit zwischen dem gescheiterten ancien régime und dem kommenden Neuen denkt.

Aber dieses Buch, das nach dem Menschen fragt, ist ja nicht nur eine Philosophie der Geschichte der Mensch*heit*, sondern auch eine Anthropologie. Die üblichen Grundbegriffe jedes Naturrechtes »Naturzustand und gesellschaftlicher Zustand« (status naturalis et civilis), an die Pestalozzi anknüpft, werden bezeichnenderweise auch für die psychologische Charakteristik des Einzelmenschen verwandt. In ihm bedeuten sie nicht nur Stadien, die nacheinander verlaufen, sondern Wesens*schichten*, die immer da sind und miteinander kämpfen. Dann ist auch der im Gegensatz zum üblichen Naturrecht hinzugefügte *dritte* Zustand nur eine Wesensschicht, die durchbrechen und wieder gefährdet werden kann. Darin besteht eben die unlösbare Problematik der menschlichen Natur, daß diese drei Motive immer in ihr miteinander ringen: »Der Mensch ist ein hohes Wunder im chaotischen Dunkel der unerforschten Natur.« [14] – »So war es im Anfang, und so ist es immer.« [15]

Endlich aber können die drei Zustände auch als eine Fortschrittslinie innerhalb des *einzelnen* Menschen aufgefaßt werden. Dies ist der Fall in dem Abschnitt II B 3a.[16] Die drei Zustände entsprechen dem Typus des menschlichen Kindes-, Jünglings- und Mannesalters; die drei Denkweisen der kindlichen Wahrheit, der Lehrlingswahrheit und der *Meisterwahrheit*.

---

[12] IX, 356.

[13] a.a.O., S. 391; vgl. auch S. 433: ›Das eigentliche Problem meines Buches‹. Die früheste Erwähnung steht wohl in dem Brief an Zinzendorf vom 10. Dezember 1785. (Pestalozzi, Sämtliche Briefe. Bd. III, Zürich 1949, S. 228.)

[14] S. 47. [15] S. 9. [16] S. 105–108.

Pestalozzi selbst hat diesen »Gang des Lebens«[17] durchgemacht. Er will nur aussprechen, wie sich *seiner* Individualität mit ihrem Erfahrungsgange das Bild des Menschen und des Lebens darstellt. Die Auffindung des dritten Zustandes, der milieu-unabhängigen sittlichen Kraft im Menschen, ist *seine* Meisterwahrheit.

Das ganze Buch ist also eine seltsame Mischung von geschichtsphilosophischen, naturrechtlichen und anthropologischen Gedankengängen. Von Rousseau und dem gesamten Naturrecht aber unterscheidet es sich durch die Entgegenstellung eines dritten gegen die üblichen zwei Zustände: den Naturzustand und den gesellschaftlich-staatlichen Zustand. Man muß zunächst genau darauf achten, wann der dritte Begriff in Pestalozzis Entwicklung erstmalig auftritt. In ›Lienhard und Gertrud‹, in der ›Philosophie meines Leutnants‹[18], zu der der inhaltlich parallele Brief an Zinzendorf vom 10. Dezember 1785[19] heranzuziehen ist, finden sich nur die zwei herkömmlichen Grundbegriffe des Naturrechts. Das gleiche gilt von der entsprechenden Stelle des 1792 erschienenen 3. Teiles der 2. Bearbeitung von ›Lienhard und Gertrud‹.[20] Auffällig ist es, daß in dem ›Fragment über den Stand der Natur und der Gesellschaft‹, das die Kritische Ausgabe in das Jahr 1783 setzt, schon stark betont wird, der gesellschaftliche Zustand sei kein direkt sittlicher Zustand: »Das Recht der Gesellschaft ist nicht moralisch, es ist bloß Zaun der Macht gegen das Ausschweifen des Tiers.«[21] Bekanntlich erscheinen dann die drei Zustände zum erstenmal nebeneinander aufgezählt in dem Titel eines kleinen Fragmentes aus dem Jahr 1794: ›Darzwischenkunft des Menschengefühls im Streit einiger Meinungen über das tierische, das gesellschaftliche und das sittliche Recht unserer Natur‹, das wohl als Vorrede zu den ›Nachforschungen‹ gelten könnte.[22]

Man muß aber auch genau darauf achten, wann und wie in den ›Nachforschungen‹ selbst der dritte Zustand eingeführt wird. Im ganzen ersten Teil scheint er noch verschwiegen zu werden. Gleich auf der zweiten Seite gibt Pestalozzi selbst eine Disposition des ganzen ersten Teiles, ohne einen Ausblick auf künftige Teile hinzuzufügen, so daß man auf den Gedanken kommen könnte, es liege hier noch eine ältere Schicht der Behandlung des Themas vor, die es bei den ersten zwei Zuständen überhaupt bewenden ließ. Aber bei genauem Hinsehen bemerkt man, *daß der dritte Zustand*

[17] S. 6. [18] III, 329 ff.
[19] Pestalozzi, Sämtliche Briefe. Bd. III, Zürich 1949, S. 228.
[20] IV, 388 ff., vgl. auch 434 f.
[21] IX, 214 passim.
[22] X, 249.

der Sache nach in zwei auffallenden Zusammenhängen schon hindurchschimmert. I A 2 d der Abschnitt ›Staatsrecht‹ beginnt mit einer seltsamen Vorahnung, die sich in der vollständigen Mitteilung des – allerdings veränderten – Goetheschen Gedichtes ›Edel sei der Mensch‹ ausspricht. Hier ist die Rede von sittlichen Eigenschaften, die den Menschen von allen uns bekannten Wesen unterscheiden. Noch auffallender ist es, daß der Abschnitt I B c β *Religion* (!) zum erstenmal von der sittlichen Kraft des Menschen redet, *gegen* seine Natur zu wollen und seinem Instinkt das *entgegen*zustellen, was er *soll.*[23] Also der Kantische Autonomiegedanke unter dem Titel ›Religion‹! Dieser Befund veranlaßt uns, dem Aufbau des ganzen Werkes nachzugehen, und zwar zunächst nur im Hinblick auf die Hauptteile und ihre Verknüpfung.

Es ist ganz deutlich, daß wir drei Hauptteile zu unterscheiden haben: I. Erstes Ins-Auge-Fassen des Gegenstandes. II. Das Wesentliche des Buches. III. Übereinstimmung des neuen Gesichtspunktes mit denen des ersten Teiles. Das Entscheidende steht also in dem Mittelteil. Schon der flüchtige Leser erkennt, daß die Überschriften der Abschnitte des ersten Teiles im dritten Teil mit geringfügigen Änderungen wiederkehren.

Der *I. Teil* behandelt, wie wir sahen, mit Ausnahme des Abschnittes ›Religion‹ den Menschen im vorsittlichen Zustand. Merkwürdigerweise aber wird hier nicht eingeteilt in den Naturzustand und den gesellschaftlichen Zustand, sondern ein psychologischer Gesichtspunkt drängt sich vor: die beiden Grundtriebe des Menschen, wie sie schon Shaftesbury[24] in der ›Untersuchung über die Tugend‹ als Ausgangspunkt gewählt hatte: der selbstische und der wohlwollende Trieb. Pestalozzi behandelt die Seite der Selbstsucht in einer langen Reihe von Abschnitten, die er selbst in der erwähnten Übersicht[25] so aufzählt, als ob sie inhaltlich auseinander hervorgingen. In der Durchführung legt er darauf weniger Gewicht. Die Titel bezeichnen soziologische Begriffe, von denen im besonderen Teil noch die Rede sein wird. Obwohl es sich schon hier um totale gesellschaftliche Lebensverhältnisse handelt, werden sie mit bewußter Betonung einseitig auf das psychologische Motiv der Selbstsucht zurückgeführt. Bei sorgfältigem Lesen bemerkt man, daß mindestens die ersten Abschnitte immer mit der Feststellung beginnen, die betreffende Erscheinung gehe von der *»Selbstsorge«* des Menschen aus. – Die Seite des Wohlwollens aber wird gesondert herausgehoben. Wir haben sie in der Druckanordnung der Tabelle in die rechte Spalte gesetzt. In drei Hauptstufen steigt das tierische Wohlwollen

[23] XII, 39 f.
[24] Vgl. Pestalozzis Auszüge aus Shaftesbury in: IX, 324 ff., besonders 331.
[25] S. 7.

über die mit Treue verbundene Liebe zur Religion auf. Weil aber die Religion durch ihr Ahnungsvermögen schon das Diesseits (»das Kot« dieser Welt[26]) überschreitet, lassen wir in der Tabelle den Abschnitt I B c β rechts weiter vorwärts reichen als die große Aufzählung links. Hierzu ist terminologisch zu bemerken, daß auch bei Pestalozzi wie bei Kant das Wort »Natur« manchmal den Gegensatz bildet zu »Übernatur«, Transzendenz. In dieser Bedeutung schließt also Natur außer dem »Naturzustand« auch den *bloß* gesellschaftlichen Zustand ein.

Dem I. Teil ist ein Schlußabschnitt angehängt unter dem Titel ›Bild des Menschen, wie es sich meiner Individualität vor Augen stellt‹. (I C[27]) Er enthält außer der Zusammenfassung ein eschatologisches Gesicht von der »nahen Auflösung der Staaten des alternden Weltteils« – also Untergangsstimmung. Zeitgeschichtlich ist diese Schau zu deuten auf die Krisis der Französischen Revolution. Man muß sich erinnern, daß Pestalozzi erst 1792 (in einem Brief an Emanuel v. Fellenberg vom 19. November) endgültig von der Hoffnung Abschied genommen hatte, man könnte die alten patriarchalischen Verhältnisse zwischen Regierung und Untertanen durch die Mittel, die in den beiden Fassungen von ›Lienhard und Gertrud‹ entwickelt waren, wiederherstellen. Die Revolution zeigt, daß die Staaten neuerdings in Gefahr sind, ohne allen sittlichen Geist zu bleiben. Den Anmaßungen der Krone treten nun die Anmaßungen des Pöbels entgegen. Es ist die Erscheinung des Sansculottismus, die Pestalozzi so tief beunruhigt hat.[28] Wir erinnern uns aber auch, daß er in der Schrift ›Über Sanscullotismus und Christentum‹ aus dem Jahre 1794 von dem urchristlichen Sansculottismus (d. h. Gleichheitsbewegung) gesprochen und das sittliche, freiwillige »Lucklassen« in den bürgerlichen Ansprüchen als ein Heilmittel für die zerrüttete Welt hingestellt hatte.

Der *II. Teil* gliedert sich in drei Abschnitte: Übergang (A), Erste Darlegung (B) und Resultate (C).

Abschnitt A enthält zunächst den Kerngedanken, in dem sich Pestalozzis entscheidende Wandlung ausspricht. »Soviel sah ich bald: die Umstände machen den Menschen, aber ich sah ebensobald: der Mensch macht die Umstände, er hat eine Kraft in sich selbst, selbige vielfältig nach seinem Willen zu lenken.«[29] Die erste Hälfte des Satzes ist der Leitsatz aus Pestalozzis erster Entwicklungsperiode: die Lehre von der Individuallage (den ›tierisch nahen Gegenständen‹) und der Milieupädagogik im Sinne des Romans ›Lienhard und Gertrud‹. Die zweite Hälfte enthält das Neue der zweiten Periode: die sittliche Selbständigkeit des Menschen und die

[26] 41. [27] IC S. 44–57. [28] 25. 51. 54. 63. 98. 536. [29] 57.

damit anbrechende Pädagogik der Selbsttätigkeit.[30] Aber die sittliche Freiheit, die nun entschieden hervortritt, macht (ähnlich, wie es Fichte gleichzeitig ausführte) den gesellschaftlichen *Zwang* nicht einfach überflüssig. Denn der Mensch selbst ist »untreu am gesellschaftlichen Recht«. Hier bedeutet gesellschaftliches Recht nicht das positiv geltende Recht, das meistens nur die Ansprüche der Macht und den immer fortdauernden tierischen Egoismus verhüllt, sondern das wahre, von der selbständigen Sittlichkeit her diktierte Recht, für das Pestalozzi auch die Formel »*Wahrheit und Recht*« anzuwenden pflegt. Der eingeschaltete Dialog zeigt, daß die Menschen sehr oft diesem wahren Rechte freiwillig untreu werden: die Menschen, nämlich: Monarchen, Proletarier, Patrizier, Edelleute, Amtmänner, Erwerbsmenschen, Gelehrte und Geistliche. Sie alle kranken daran, daß sie sich »aus Wahrheit und Recht nichts machen«.[31]

Abschnitt B bringt nun die ausführliche Behandlung der drei Zustände, von denen die ersten beiden ja in der Darstellung von Teil I gar nicht auseinandergehalten worden waren. Aber keiner von ihnen wird in seiner »Reinheit« allein entwickelt, *sondern:* die beiden ersten in ihrer Bestimmtheit vom sittlichen her, und der dritte in seiner Fundiertheit von den anderen her. Im einzelnen: der Naturstand (B 1) beginnt mit einem kurzen Augenblick der »Unverdorbenheit«. Sie bedeutet für Pestalozzi die Herrschaft des harmlosen Wohlwollens, das man sich in behaglichen Zuständen gestatten darf. Auch wenn diese paradiesische Zeit der Unschuld dahin ist, reden wir noch vom Naturmenschen. Wir meinen dann aber den unverbesserlichen Egoisten, der die Harmonie seines Wesens im Sinne Shaftesbury's schon verloren hat und auch im gesellschaftlichen Zustand (status civilis) schlecht gezügelt fortlebt. Pestalozzi geht also vom Bild des *Rousseau*schen Naturzustandes sofort über zu einem Naturzustand im Sinne von *Hobbes:* einem mangelhaft verhüllten Krieg aller gegen alle trotz der Herrschaft der positiven Gesetze. Wichtig ist die Darlegung seines Begriffes vom *Naturrecht.*[32] Diese *Idee* – es ist kein vorfindbares Faktum des ersten Zustandes – stammt eigentlich aus dem dritten Zustand, aus den echten sittlichen Begriffen von Wahrheit und Recht. »Das Gefühl des Unrechtleidens ist der Boden, aus dem der Begriff des Rechts im menschlichen Geist ent-

---

[30] Dieser Gedanke klingt in ›Lienhard und Gertrud‹ nur ein einziges Mal vor, als der Pfarrer »die Sprache der Verzweiflung« redet: III, 312. – Die Stelle ist auch in der zweiten Fassung (von 1790/92) erhalten: IV, 368. – Beide Male die charakteristische Wendung: »Du bist erzogen, hilf dir selbst!«

[31] 62; dieser Gedanke wird am Schluß von III, S. 157 unter der Überschrift: »Wahrheit und Recht« wieder aufgenommen.

[32] S. 73 ff.

keimt.«[33] »Nur als sittliches Wesen vermag ich mich selbst durch meinen Willen dahin zu erheben, lieber Unrecht zu leiden, als Unrecht zu tun.«[34]

Der gesellschaftliche Zustand (B 2) ist, wie wir noch näher ausführen werden, *an sich* nur die Fortdauer des Naturzustandes unter anderen Ordnungsformen. Schon hier beginnt gesellschaftliche Erziehung. Sie ist eine künstliche Lenkung des Egoismus in möglichst unschädliche Bahnen. Aber diese bewirkt unvermeidlich eine »Verstümmelung« der natürlichen Kräfte des Menschen. Die Absage an den Patriarchalismus der ersten Periode ist hierbei ganz deutlich.[35] Das ganze ancien régime war zu einem Zustand der Rechtlosigkeit geworden. Die Gesellschaft *kann* veredelt werden durch *echtes*, aus der Sittlichkeit stammendes Recht. Aber das gesellschaftliche (Pestalozzi meint damit auch das *staatliche*) Leben als solches wird *nie* rein sittlich werden können. Es empfängt gleichsam nur einen Abglanz vom Sittlichen. »Der gesellschaftliche Zustand vollendet mich nicht.«[36] Denn: Sittlichkeit ist ja nicht unter zweien, sie ist ganz Sache der innersten Person. Hierin liegt nicht nur Kants Gedanke der sittlichen Autonomie, sondern auch das ganze Mißtrauen gegen den Staat als ein sittliches Institut überhaupt, das für das letzte Jahrzehnt des 18. Jahrhunderts kennzeichnend ist. Wir kennen es von Kant und E. Ch. Trapp[37], von Humboldt und Fichte mindestens in ihrer ersten Periode, und aus Schillers Bemühungen, durch ästhetische Erziehung den Notstaat erst in einen Vernunftstaat zu verwandeln. Pestalozzi geht im ›Zusatz‹ zu diesem Abschnitt[38] unter solchen Gesichtspunkten auf die Frage der *Freiheit* ein: »Wirkliche Freiheit« gibt es nur im unverdorbenen Naturzustand. »Bürgerliche Freiheit« führt nicht mehr zur inneren Harmonie des Menschen; sie ist nur ein mehr oder weniger gelungener Kompromiß selbstsüchtiger Strebungen (»Spielraum«). Dabei sind gesetzlich gesicherte Privilegien immer noch besser als fürstliche Omnipotenz oder Sansculottismus (Pöbelherrschaft). – Von der »sittlichen Freiheit« ist in diesem Zusatz noch nicht die Rede.

Der sittliche Zustand (B 3) wird zunächst für sich selbst betrachtet. Aber es ist für den *ganzen* Gedankengang wichtig, daß auch diese Abstraktion nicht festgehalten wird. Was sich gegen sie erhebt, ist nicht mehr und nicht weniger als Pestalozzis ganze erste Periode, die Lebensanschauung also, die er in der ›Abendstunde eines Einsiedlers‹ 1780 entwickelt und bis 1792 krampfhaft festgehalten hatte. Wer Pestalozzis spätere Schriften kennt, weiß, daß es auch dort vielfach so ist: Unter der Decke des neuen Autono-

[33] 75. [34] 76. [35] 80. [36] 95.

[37] Allgemeine Revision des gesamten Schul- und Erziehungswesens. Hg. von J. H. Campe. Teil XVI. Hamburg 1792.

[38] 99–105.

miegedankens bleibt die ganze Lehre von den konzentrischen Lebenskreisen erhalten: den drei äußeren: Familie, Beruf, Staat; dem inneren: nämlich den regulierenden Trieben der unverbildeten menschlichen Natur; und dem Zentrum: Gott im Innersten dieser Natur. In der methodischen Hauptschrift: ›Wie Gertrud ihre Kinder lehrt‹ kann man die beiden Strömungen abschnittweise so deutlich unterscheiden, wie manchmal nach der Vereinigung großer Flüsse ihr verschiedenfarbiges Wasser noch meilenweit getrennt bleibt. Man muß also auf diesen »Knick« in dem Abschnitt über den sittlichen Zustand besonders aufmerksam sein. Er erfolgt[39] bei den Worten: »Aber ich soll derselben so wenig los werden usw.« Natürlich liegt *schon darin* eine wesentliche Differenz zwischen Pestalozzi und Kant, der den Trieben und den Weltumständen nicht den mindesten Einfluß auf die Sittlichkeit verstatten wollte. Die Analyse des Begriffes Sittlichkeit im Sinne Pestalozzis bleibt ebenso dem besonderen Teil vorbehalten wie die genauere Erörterung des neuen religiösen Motivs in Pestalozzi, das weder auf Kant noch auf Fichte zurückgeführt werden kann. Der hier in Rede stehende Abschnitt selbst setzt[40] mit Formulierungen ein, die besonders stark an Kants Ethik anklingen. Es folgt die erwähnte Stufenordnung von der Wahrheit des Kindes und des Lehrlings zur Meisterwahrheit. Aber: »Ohne die Täuschung meiner Kinderjahre und ohne die Rechtlosigkeit meiner Lehrlingsjahre mangelte mir ⟨*d. h. würde mir mangeln*⟩ der Drang, die Anstrengung und die Kraft zur Treue, ohne die der Mensch zu keiner Selbständigkeit in der Wahrheit und in dem Recht sich zu erheben vermag.«[41]

Jetzt also erfolgt die Umkehr: in der Luft der *reinen* Pflicht, des *trieblosen* kategorischen Imperativs kann der Mensch nicht leben: »*Reine* Sittlichkeit streitet gegen die Wahrheit meiner Natur, in welcher die tierischen, die gesellschaftlichen und die sittlichen Kräfte nicht getrennt, sondern innigst miteinander verwoben erscheinen.«[42] Ich bleibe doch immer total lebendiger Mensch in besonderen Umständen. Auch sie haben an mir geformt.[43] Insbesondere sind es jene Umstände, die Pestalozzi seltsam die »tierisch nahen Gegenstände« nennt. Er meint damit dasselbe, was er früher die Individuallage und die Realverbindungen der menschlichen Natur genannt hat, also die nächsten besonderen Lebensbezüge (das Milieu). Sie sind »Einlenkungsmittel zur Sittlichkeit«, d. h. sie sind psychologisch wirksame Hilfsmittel, die innere Selbständigkeit im Menschen zu erwecken. Auf diese Verwurzelung auch der Pflicht in den nahen Lebenskreisen legt Pestalozzi so starkes Gewicht, daß er in der Durchführung

[39] S. 109. [40] S. 105. [41] 108. [42] 109 f. [43] Vgl. S. 57!

dieses Teiles zum ersten Male wieder ganz warm wird: er ist in seiner alten Linie und findet doch die Brücke zur neuen. Wir wollen künftig diese Verknüpfung des Naturhaften mit dem Sittlichen, des Triebhaften mit der Freiheit, des Milieugegebenen mit der inneren Selbständigkeit als Pestalozzis *Kontinuitätsprinzip* bezeichnen. Es ist durchaus unkantisch, aber ebenso zentral für Pestalozzi. Denn nur dadurch findet er von den kahlen Höhen der autonomen Menschenwürde zurück in seine Welt, die Welt der – Liebe.

Abschnitt C formuliert die Resultate des Mittelteiles. An der Spitze steht der sehr philosophisch anmutende Satz, der ebensogut von Fichte oder Schiller stammen könnte: »Ich werde selbst Welt, und die Welt wird durch mich Welt; ich, ungesondert von ihr, bin ein Werk der Welt – sie, ungesondert von mir, ist mein Werk.«[44] Diese Wendung nimmt nicht nur den Satz von der Wechselwirkung zwischen Milieu und Selbstheit[45] wieder auf, sondern enthält das ganze Grundprinzip der Pestalozzischen Elementarmethode tiefer, als es Pestalozzi damals selbst ahnen konnte.[46] Bei der künftigen Aufzählung der drei Zustände erscheint nunmehr für den zweiten, bisher »gesellschaftlich« genannten Zustand regelmäßig die Wendung: Ich als Werk meines Geschlechtes.[47] Kant und Schiller brauchen in gleicher Absicht den Ausdruck »Gattung«. Er enthält in seiner fruchtbaren Unbestimmtheit dreierlei: a) die Naturgebundenheit des Menschen, b) das allgemeine begriffliche Wesen Mensch, c) die Kollektivität, den gesellschaftlichen Menschen, den Menschen als Gruppenglied (hierfür sagt Pestalozzi später – 1815 – »Kollektive Existenz«). – Ebenfalls neu ist das Auftreten des terminus *»Gewissen«* für die Kennzeichnung des Menschen im dritten Zustand, im Gegensatz zum Instinktwesen Mensch. War es im gesellschaftlichen Zustand nicht möglich, den Menschen ohne »Verstümmelung« seiner selbst dem Interessengeflecht einzuordnen, so führt nun das Gewissen zu einer höheren Harmonie als der behaglichen Unschuld des Naturzustandes: »Nur als Werk meiner selbst vermag ich die Harmonie meiner selbst mit mir selbst wieder herzustellen.«[48] Und doch: es ist bei diesem widersprüchlichen Wesen Mensch, in dem Kierkegaard später das Paradoxe in höchster Form gefunden hat[49], eine zweifelhafte Sache mit der Harmonie. Er bleibt im Grunde ein *»Mitteldung«*. Es ist vielleicht kein

[44] 122. [45] 57.

[46] Vgl. hierzu 133 und V, 400.

[47] Der Zusatz beim ersten Auftauchen S. 122: »als Werk der Welt« klingt sehr nach Fichte.

[48] 124.

[49] Hegel hatte dafür den schlichten Ausdruck: »Ich bin der Kampf«.

Zufall, daß Pestalozzi nicht mehr, wie in der ›Abendstunde‹, von dem Menschen in seiner Hütte redet, oder nur von dem Naturmenschen unter seinem Laubdach, sondern vorzugsweise von dem Menschen in seiner »Höhle«. Das erinnert ein wenig an Platos Höhlengleichnis: der Mensch lebt weder im Dunkel noch im Sonnenlicht. Er lebt in der Höhle, im Reich der Schatten: »Ich erscheine im gesellschaftlichen Zustand als solchem immer als ein verwirrtes, verdorbenes Mittelding zwischen meiner tierischen Schuldlosigkeit und meiner sittlichen Reinheit.«[50]

Dieser Gedanke leitet über zum III. Teil, der die Gesichtspunkte des ersten wieder aufnimmt. Das Rätsel des Menschen ist nun im Zentrum gepackt: der Mensch in der Gesellschaft und im Staat ist unter höheren Gesichtspunkten immer ein Doppelwesen: er hat teil an der Natur und am Sittengesetz. Er unterliegt immer dem Werk der Natur, er kann aber auch das Recht seines Geschlechtes – das heißt: Wahrheit und Recht, wahres Recht, anerkennen.[51] *Autonomie und Heteronomie durchkreuzen sich!* So hieß es schon im Anfang des II. Teiles: »Der Mensch ist durch seinen Willen sehend, aber auch durch seinen Willen blind. Er ist durch seinen Willen frei und durch seinen Willen Sklave. Er ist durch seinen Willen redlich und durch seinen Willen ein Schurke.«[52]

Es wäre sehr einfach, wenn man sagen dürfte, daß dieser neue Gesichtspunkt alles erschöpfte, was im *III. Teil* zu den Gegenständen des I. Teiles hinzutritt. Dann wäre nämlich nur behauptet, daß der zweite, der gesellschaftliche Zustand, im Lichte dieser Zwiespältigkeit des Menschen zu zerlegen sei. Er hat ein *Janusgesicht* zum Naturzustand hin (allerdings dem verdorbenen, dem Naturzustand im Sinne von Hobbes) und zum sittlichen Zustand hin. In der Tat zeigt die monotone Zweiteilung des zweiten Zustandes mit der immer wiederkehrenden Formel: »a) dem Werk der Natur unterliegend, b) das (echte, wahre) Recht meines Geschlechts anerkennend«, daß Pestalozzi gerade diese Problematik alles gesellschaftlich-staatlichen Zustandes betonen will. Andrerseits aber muß es auffallen, daß er den ersten Teil genau an der Stelle wieder aufnimmt, wo er ihn über die erdgebundene Natur hinausgeführt hatte, nämlich unter dem Titel *›Religion‹*, nicht Sittlichkeit. Der III. Teil wird denn auch nicht nur durch den Hinweis auf das »Schwanken« des Menschen im Mittelstande der Gesellschaft eingeleitet, und nicht nur durch den Hinweis auf das Gewissen (die Sonne des *selbständigen* Gewissens), sondern durch eine ausdrückliche

[50] 127. [51] 128 letzter Satz. [52] 62.

Wiederholung aus dem Abschnitt ›Religion‹ im ersten Teil.[53] *Das ist inhaltlich von größtem Belang!* Die Überwindung des bloß Naturhaften im Natur- und Gesellschaftsstande ist nicht bloß der sittlichen Erhebung, sondern ebensosehr der religiösen zu danken. Religion ist nicht mehr, wie bei dem Leutnant in ›Lienhard und Gertrud‹, bloßes weltbezogenes Erziehungsmittel, sondern Aufschwung über die tierische Natur. Dies ergibt sich ganz klar daraus, daß an der Spitze des III. Teiles von dem Menschen gesagt wird: »Er rettet sich nur durch eine Gemütsstimmung, die mit derjenigen, auf welcher das Wesen der Religion ruht, die nämliche ist, von der Gefahr, im gesellschaftlichen Zustand gegen das Verderben seiner tierischen Natur wesentlich kraftlos zu erscheinen.«[54] Wir werden sehen, daß die Stellung der Religion zuletzt doch über die Funktion hinausgeht, die ihr im I. Teil zugeschrieben wurde: »tierische Einlenkung in das Gebiet der Sittlichkeit«[55], »sinnliche Handbietung« für Wahrheit und Recht[56] zu sein. Sie wird nun ganz Frucht der Sittlichkeit; sie wird zugleich ganz Sache der einsamen Individualität. Sie bewegt sich bewußt in der Richtung auf das Christentum, das wesensgemäß *über* den Nationen und Staaten ist: Als sinnliche »Einlenkung« ist sie nur Aberglaube.[57] »Das Christentum ist ganz Sittlichkeit; darum auch ganz die Sache der Individualität des einzelnen Menschen. Es ist auf keine Weise das Werk meines Geschlechtes, auf keine Weise eine Staatsreligion oder ein Staatsmittel zu irgend einem Gewaltzweck.«[58]

Mit diesem Zitat rühren wir schon an das letzte Glied der Kette, die im III. Teil ebenso wie im ersten abgewickelt wird. (III A a bis r und B a bis c). In der Tabelle sind die kleinen Abweichungen durch den Zusatz »(neu!)« gekennzeichnet. Der Abschnitt ›Recht‹ (= I A 1 i) ist jetzt (als III A d) ein paar Stellen weiter nach vorn gerückt. Es tritt dann aber noch einmal ein kurzer Abschnitt III A n mit der Überschrift ›Gesetzliches Recht‹ auf. Im ersten Abschnitt ›Recht‹ (III A d) ist vorzugsweise an das Recht des Eigentums gedacht, welch letzteres als *Faktum* (nicht als Recht!) aus dem Naturstand herrührt und nur (teils gesellschaftlich, teils sittlich) sanktioniert wird. Im späteren Abschnitt ›Gesetzliches Recht‹ ist der *Gesetzes*staat überhaupt gemeint, und es wird nur der uns schon bekannte Gedanke[59] in Erinnerung gebracht, daß die *Zwangsordnung* für die Menschenart unentbehrlich und also auch unentbehrliche Voraussetzung der sittlichen Einstellung sei. Zwischen den Adel und die Krone wird unter dem Titel ›Handlung‹ ein Abschnitt über den Kaufmannsstand eingefügt,

[53] 130. [54] 130. [55] 40. [56] 41 f.
[57] 152, 157. [58] 157. [59] Vgl. 57 ff.

während im I. Teil der tiers état merkwürdigerweise nur unter dem Strich in der Rolle des Geldeigentümers berührt wurde.[60] Der Abschnitt III A q ›der Aufruhr ist nie recht‹ entspricht dem Abschnitt I A 2 b ›Tyrannei‹. Er beleuchtet dieselbe Sache nur von der Seite her, die der Tyrannei widerstrebt. Das sittliche Verwerfungsurteil über die gewaltsame Revolution wurde schon im ersten Teil ausgesprochen. Nunmehr rückt es sogar in den Titel. Der emporkommende ethische und volkspädagogische Liberalismus von Pestalozzi bis Diesterweg sucht bewußt nach einer sittlichen Erziehung, die vor der Wiederholung revolutionärer Ausbrüche schützt.[61]

Wenn der zusammenfassende Schlußabschnitt C von Teil III die Überschrift trägt: ›Wahrheit und Recht‹, so wissen wir nun, daß dies Pestalozzis Bezeichnung für die *sittliche* Idee des Naturrechts, für das *echte* gesellschaftliche Recht ist.[62] Demgemäß ist der Hauptsatz dieses Abschnitts: »Das sittliche Recht ist mir Wahrheit, wenn ich mich selbst als Individuum und getrennt von meinem Geschlecht fähig und bestimmt glaube, das Recht meiner selbst, das nicht in meiner Natur ⟨*d. h. tierisch-gesellschaftlichen Natur*⟩ liegt, von dem ich aber fühle, daß ich es durch meinen Willen in meine Natur hinein zu bringen vermag, wirklich in dieselbe hinein zu bringen.«[63]

›Das endliche Resultat meines Buches‹[64] lenkt, abgesehen von den üblichen ermüdenden Wiederholungen in den Hauptgedanken der ›Abendstunde‹ zurück: Ich finde die zum Leben nötige Wahrheit in meinem Innersten. Aber diese Quelle der Gewißheit ist nun durch die Aufnahme des Kantischen Autonomiegedankens über die gleichmäßige Fläche des sonstigen Lebens hinausgehoben. Auch Pestalozzi gelangt zu der grundlegenden Ansicht von der *Zweischichtigkeit des menschlichen Wesens*, die Kant vertritt: der Mensch ist zugleich Sinnenwesen und Vernunftwesen. Jedoch wird die Härte dieses Dualismus sogleich wieder durch die Erinnerung an das Kontinuitätsprinzip gemildert: »Die Sittlichkeit ist beim Individuum innigst mit seiner tierischen Natur und seinen gesellschaftlichen Verhältnissen verbunden.«[65] Das ganze Werk klingt in ein Selbstbekenntnis aus, das zu denken gibt. Der Mann, von dem Pestalozzi da redet, steht keinem Ethos ferner als der Kantischen Lehre von der durch den kategorischen Imperativ, diese Stimme aus einer anderen Welt, abgenötigten Sittlichkeit. Auch Pestalozzi fühlt in sich die Stimme einer anderen Welt. In diesem

[60] 24. 517.
[61] Vgl. XI, Oratio pro domo, S. 82, 85.
[62] 86. Nach seiner strengeren Terminologie müßte Pestalozzi überall statt »gesellschaftliches Recht« sagen: »gesetzliches Recht«.
[63] 159. [64] 161–166. [65] 165.

Sinne jedoch bekennt er von sich: »Liebe war seine Natur und Treu seine innigste Neigung. Aber er war kein Werk der Welt, er paßte in keine Ecke derselben.«[66]

Eine vollständige Texterklärung, die stellenweise trotz der versuchten Herausarbeitung der großen Linien noch die größte Mühe verursachen würde, ist hier nicht beabsichtigt. Es sollen nur drei weitere Fragen erörtert werden: 1. Der innere Zusammenhang der soziologischen Begriffe, die im I. Teil von I A 1 a bis 1 und I A 2 a bis d als Überschriften auftreten. 2. Der Sinn der sittlichen Selbständigkeit (Autonomie) bei Pestalozzi. 3. Das Verhältnis von Religion und Sittlichkeit, wie es sich ihm auf der Entwicklungsstufe der ›Nachforschungen‹ darstellt.

1. Man lese die vorausdeutende Aufzählung der soziologischen Grundbegriffe.[67] Sie macht den Eindruck, als solle hier im Stil von Ferguson's ›Essay on civil society‹ oder vielmehr von Rousseaus zweitem Discours eine Geschichte der menschlichen Gesellschaft nach naturrechtlicher Denkweise erzählt werden. Dabei scheinen die ersten drei Begriffe »Wissen, Erwerb, Besitzstand« dem noch isolierten Individuum zuzugehören. Erst der Besitzstand leitet über zum »gesellschaftlichen Zustand«.[68] Auffällig ist dann der Einschnitt *vor* den Worten: »Alle diese Verhältnisse« – nämlich Macht, Ehre, Unterwerfung, Beherrschung, Adel (plus Dienststand = Feudalsystem) und Krone – »rufen einen gesetzlichen Rechtszustand herbei.« Hier ist offenbar ein Unterschied gemacht zwischen dem »gesellschaftlichen Recht« und dem »gesetzlichen Rechtszustand«. Das kann aber nicht so gemeint sein, als habe es im Feudalsystem überhaupt noch kein Recht gegeben, als wären das *nur* soziologische Schichtungsverhältnisse, ohne alles positive Recht. Dem widerspricht ja schon die Formulierung der Überschriften III A 1 i und l. Was ist also das Neue, das mit dem Abschnitt ›Freiheit‹ beginnt? – Ich sehe keine andere Lösung, als daß alles Vorangehende auf das ancien régime zu beziehen ist, das nunmehr Folgende aber auf die Gegenwartslage, nämlich auf die Französische Revolution. Hier erhebt sich gebieterisch die Forderung »bürgerlicher Freiheit«. Der letzte Satz des Abschnitts ›Kronrecht‹ unterstützt diese Deutung. Der ewige Trieb nach Naturfreiheit ist durch die Verhärtung und zunehmende Rechtlosigkeit des alten Regierungssystems zu einer ungeheuren Macht

[66] 166. [67] S. 7 f.

[68] In Wahrheit führt Pestalozzi diese Trennung gar nicht durch. Er sondert hier weder den vorgesellschaftlichen vom gesellschaftlichen Zustand noch den unverdorbenen vom verdorbenen Zustand, sondern er beginnt sogleich mit der *Vereinigung,* die das »tierische Verderben« einschließt.

geworden. Er verdichtet sich in dem Ruf nach bürgerlicher Freiheit und dem naturrechtlich fundierten Gedanken eines *Gesetzes*staates.[69] Unterdrückung des bürgerlichen Rechts ist »Tyrannei«. Der Widerstand dagegen führt zum »Aufruhr«; so wenig er gebilligt wird: er schützt doch vor bürgerlicher Erschlaffung. Nun erhebt sich das beglückende Gesicht eines wirklichen »Staatsrechtes«, vielsagend eingeleitet durch das Goethesche Gedicht vom Edelsinn des Menschen. Aber diese Vision – im alternden Weltteil vor der nahen Auflösung der Staaten – ist noch trügerisch. Alle Wonne des Lebens scheitert an den öffentlichen Einrichtungen des gesellschaftlichen Zustandes.[70]

Denn dies ist Pestalozzis immer wiederholte Grundthese: in *jedem* bloß gesellschaftlichen Zustand, solange er noch nicht vom Sittlichen her veredelt wird, dauert das Verderben des Naturzustandes fort, also *der* Naturzustand, wie Hobbes ihn geschildert hatte, als latenter Krieg aller gegen alle: »Der gesellschaftliche Zustand ist in seinem Wesen eine Fortsetzung des Kriegs aller gegen alle, der im Verderben des Naturzustands anfängt und im gesellschaftlichen nur die Form ändert, aber um deswillen nicht mit weniger Leidenschaft geführt wird; im Gegenteil, der Mensch führt ihn in diesem Zustand mit der ganzen Schiefheit und Härte seiner verstümmelten und unbefriedigten Natur.«[71] »Alle seine gesellschaftlichen Angewöhnungen vermögen es nicht, die Neigungen seiner ursprünglichen bloß tierischen Entwickelung in ihm auszulöschen.«[72] Zwar liegt ein stillschweigender Vertrag allem gesellschaftlichen Zusammenleben zugrunde.[73] Aber er ist noch nicht aus dem *echten* Naturrecht, aus dem Sinn für Wahrheit und Recht, geboren, sondern er verhüllt nur die unbezähmbaren Ansprüche des »Tiermenschen«, indem er sie auf geordnete und weniger gefährliche Formen bringt. Das Verderben des Naturzustandes dauert trotzdem fort: die selbstsüchtige Gier und die gesetzlose Macht. Der Adel z. B. hat sein gutes Recht als Grundeigentümer und ist so für den Staat unentbehrlich. Er hat jedoch Machtansprüche erhoben, die gar nicht mehr mit dem Grundbesitz zusammenhängen.[74] Es gibt ferner eine Plutokratie: der Besitzstand, vom Boden losgemacht, flattert wie ein verscheuchter Vogel auf ihm herum.[75] Pestalozzi schildert schon sehr gut die Wirtschaftspsychologie des aufkommenden Hochkapitalismus.[76] Während er

[69] Bekanntlich hat Fichte später (in den ›Grundzügen des gegenwärtigen Zeitalters‹ 1804/05) die Zeitwende so charakterisiert: sie bedeute den Übergang von der »Gleichheit des Rechts« zur »Gleichheit der Rechte«.

[70] 33. [71] 79.

[72] 91; vgl. ferner als gleichsinnig S. 44 f. 61, 62 ff., 65, 90–93. 96 Anm.

[73] 13. 109. [74] 25 f. [75] 24. [76] 10.

früher das Eigentum als den Quell aller sittlichen Ordnung bezeichnet hatte[77], läßt er jetzt, ähnlich wie Rousseau im zweiten Discours, mit dem Eigentum alles Übel anfangen.[78] Der Egoismus des Menschen ist eben die stärkste Kraft seiner Natur; gesellschaftliche Ordnung schafft Verhältnisse, die ihm nur tausend neue Lockungen geben.

Man versteht nun noch besser, weshalb im ganzen ersten Teil die Linie des Wohlwollens (I B) aus dem Gange der gesellschaftlichen Entwicklung herausgesetzt ist und die Gesellschaft ganz und gar unter dem psychologischen Titel Selbstsucht (I A) behandelt wird. Wohlwollen in Harmonie mit dem Egoismus herrschte nur in dem flüchtigen Moment des unverdorbenen Naturzustandes[79]; der gesellschaftliche Zustand aber ist auf dem verdorbenen errichtet. Infolgedessen scheint auch in den gesellschaftlichen Verhältnissen das Wohlwollen offiziell außer Funktion gesetzt[80], wie der Mensch überhaupt seinen sicheren Instinkt verloren hat. Diese pessimistische Menschenbeurteilung widerspricht allen früheren Hoffnungen Pestalozzis auf Wiederbelebung des alten patriarchalischen Geistes; sie ist aber seit dem zweiten Teil von ›Lienhard und Gertrud‹ spürbar in ständigem Wachsen. Es gibt zwar in der Gesellschaft bei den oberen Ständen, die im Überfluß leben, noch einen Schatten von Wohlwollen. Aber er ist vergleichbar der Gutmütigkeit bei den Südländern, die die Natur verwöhnt: »Das Wohlwollen der Paläste ist daher im allgemeinen nichts anderes als die Wirkung einer solchen Südseeluft und einer solchen Südseefülle.«[81] Man wird hierbei an Kant erinnert, der die Geringwertigkeit gutartiger Triebregungen in sittlicher Hinsicht immer wieder betont hat.

Es hat aber noch einen anderen Grund, wenn die Linie des Wohlwollens aus der Linie der gesellschaftlichen Entwicklung herausgesetzt ist. Man spürt beim Lesen der Abschnitte I B a bis c, daß aus dem tierischen Wohlwollen in stufenförmiger Veredlung doch das Höchste hervorgeht, dessen der Mensch fähig ist: *treue* Liebe und die Religion der Liebe. Nur darf dies nicht mit den Bändern und Bindungen verwechselt werden, auf denen Staat und Gesellschaft ruhen. Sie sind ganz anders konstruiert. Insbesondere ist die Macht für den Autor der ›Nachforschungen‹ beinahe gleichbedeutend mit gesellschaftlichem Unrecht.[82] Er weiß auch, daß der Egoismus im Menschen eine Art von Unterwerfungstrieb erzeugt: »Ob er will oder nicht, er muß zu dem Starken sagen: Sei du mein Schild, zu dem

[77] z. B. IX, 207 ff., 225, 229.
[78] 10; vgl. jedoch 25.
[79] 46, 71. [80] 80 f., 95 f., 128. [81] 35 f., 37.
[82] Gemessen am echten Recht; vgl. die fortgesetzten Antithesen von gesellschaftlichem, d. h. hier »gesetzlichem« Recht und Macht S. 85–93.

Listigen: Sei du mein Führer, und zu dem Reichen: Sei du mein Erhalter.«[83] Aber darin liegt nichts mehr von dem alten Glauben an den Segen patriarchalischer Verhältnisse, an Vatersinn und Kindersinn als Grundpfeiler des Staates. Die innere Kraft der Liebe wird jedoch wie der Phönix aus der Asche schöner erstehen, und auch für Pestalozzi wird es heißen: »Prächtiger baue sie wieder, in deinem Busen baue sie auf! Neuen Lebenslauf beginne, mit hellem Sinne, und neue Lieder tönen darauf.«

2. Die neue Wendung in Pestalozzis ethischem Denken, der Durchbruch zu seiner »Meisterwahrheit«, wird in der Regel mit einem indirekten, wohl vorzugsweise durch Fichte vermittelten Einfluß der Kantischen Ethik in Verbindung gebracht.[84] Ein solcher Einfluß ist nicht zu leugnen. Er bekundet sich durch Wendungen, die ganz nahe an Kants Ausdrucksweise anklingen. Dies ist besonders dann der Fall, wenn schon sprachlich das Moment des *Sollens* im Sittlichen betont wird. Allerdings geschieht dies verhältnismäßig selten: »Ich vervollkommne mich selbst, wenn ich mir das, was ich soll, zum Gesetz dessen mache, was ich will.«[85] Sonst tritt das Wort Sollen nur im III. Teil als häufige Formel auf, nämlich immer in Antithese zu dem Unterliegen gegenüber dem Tierhaften im gesellschaftlichen Menschen. Ebenso selten ist das Wort »Pflicht«.[86] Aber es ist doch unverkennbar, daß beim ersten starken Einsetzen des neuen Gesichtspunktes (I B c β) ganz klar hervorgehoben wird: die dem Menschen eigentümliche Kraft wende sich *gegen* seine Natur, wie nach Kant das Sinnenwesen im Menschen durch sein Vernunftwesen *niedergeschlagen* wird.[87]

Mit Kant stimmen weiter überein zahlreiche Stellen, in denen *Autonomie und Heteronomie* (ohne daß die Worte je vorkämen) einander entgegengesetzt werden[88], in denen die *Freiheit des Willens* als spezifisch sittliche Freiheit erscheint[89] und in denen die *Erhabenheit*, die *Würde* des Sittlichen im Sinne der früher erwähnten *Zweischichtentheorie* gefeiert wird.[90] Dies alles hat man längst beachtet, und es bedarf in diesem Zusammenhange keines neuen Nachweises. Vielmehr kommt es darauf an, zu zeigen, daß Autonomie, Sollen und Gesetz doch etwas ganz anderes

---

[83] 49.

[84] Vgl. jedoch Arthur Stein, Pestalozzi und die Kantische Philosophie. Tübingen 1927, über die Kantianer in Pestalozzis schweizerischer Umgebung.

[85] 39, 105. [86] 98. [87] 39 f., auch 109 f., 124, 127, 541.

[88] 27 f., 39, 44 f., 62 f., 66 f., 105, 130 f.

[89] 98, 125 f. [90] 99, 125 f.

werden mußten, indem sie vom Boden Kantischer und Fichtescher Denkweise in die Persönlichkeit Pestalozzis verpflanzt wurden.[91]

Der Ausdruck nämlich, dessen sich Pestalozzi am häufigsten bedient, um die Eigenart des Sittlichen zu bezeichnen, ist der Hinweis auf die darin enthaltene *Kraft der inneren Veredlung*.[92] Der Gedanke wird also gleich stark pädagogisch gewandt, freilich im Sinne der Selbsterziehung[93], der Selbstwiederherstellung[94], der »Arbeit an unserm verschütteten Selbst«[95] und der Wiedergewinnung der Harmonie mit uns selbst auf einer höheren Stufe, nachdem die natürliche Harmonie von Wohlwollen und Selbstsucht endgültig verloren ist.[96] Alles dies aber erinnert auch an die Formel, mit der Pestalozzi das Wesen des Christentums zu umschreiben pflegt: es sei die Erhebung des Geistes über das Fleisch. In der Tat: es handelt sich bei unserem Denker um eine aus religiösen Tiefen aufquellende Erneuerung, um Wiedergeburt, um vita nuova.[97] »Die Göttin, die in meiner Natur thronte, ehe das gesellschaftliche Recht auf der Welt war, lacht seines vermessenen Tuns.«[98] »Die Natur hat ihr Werk ganz getan, also tue auch du das deine. Erkenne dich selbst und baue das Werk deiner Veredlung auf inniges Bewußtsein deiner tierischen Natur ⟨*Kontinuitätsprinzip!*⟩, aber auch mit vollem Bewußtsein deiner innern Kraft, mitten in den Banden des Fleisches göttlich zu leben. Wer du auch bist, du wirst auf diesem Wege Mittel finden, deine Natur mit dir selbst in Übereinstimmung zu bringen.«[99]

Es ist ferner zu beachten, daß dieses aus der Tiefe Aufquellende immer dem *Innersten* des Menschen zugeschrieben wird. Es ist ganz Sache der einsamen Individualität. Es entstammt noch immer jener mystischen Selbsterfahrung, in der schon die ›Abendstunde‹ den Regulator alles Lebens gefunden hatte; nur wird es jetzt, wie erwähnt, herausgehoben aus dem irdischen Lebenslauf und ihm zunächst als ein Unvergleichbares entgegengestellt. Für die Auffassung vom Sittlichen bedeutet dies, daß es nicht als ein bloßes *Ergebnis* des Zusammenlebens angesehen wird, sondern als sein Prius, sein sachliches Apriori. Die Belegstellen dafür sind berühmt: »Diese Kraft ist im Innersten meiner Natur selbständig; ihr Wesen

[91] Wieweit Fichtes damalige Denkweise in ihrer spezifischen Richtung auf Pestalozzi gewirkt haben kann, ist im einzelnen noch nicht untersucht, eine gewisse Verwahrung dagegen findet sich auf der ersten Seite (6).

[92] Zuerst schon 8, ferner z. B. 52, 67, 123, 125 f. und passim.

[93] 52. [94] 99. [95] 112*. [96] 124 u. ö.

[97] 99, 112. [98] 99.

[99] 125; der Zusatz aus der Cotta-Ausgabe, der S. 541 mitgeteilt ist, bedient sich noch ausgeprägterer religiöser Wendungen.

ist auf keine Weise eine Folge irgend einer andern Kraft meiner Natur. Sie ist, weil ich bin, und ich bin, weil sie ist.«[100] »Die Sittlichkeit ist ganz individuell, sie besteht nicht unter zweien. Kein Mensch kann für mich fühlen: Ich bin. Kein Mensch kann für mich fühlen: Ich bin sittlich.«[101] »Ist es wahr, daß Wahrheit und Recht das ausschließende Eigentum dieser Gemütsstimmung sind? Wahr, daß sie ganz ausschließend die Sache des Individuums ist, daß Sittlichkeit unter zweien, als Sache dieser zweien, nicht zu bestehen vermag?«[102] Für diese Wiedergeburt aus metaphysischen Tiefen nimmt Pestalozzi Kants ähnlich verwurzelte Denkweise an: die Lehre von dem Gesetz, das man sich selbst gibt, von der Autonomie. Aber daß dies nur ein Adoptivkind, kein leibliches Kind Pestalozzis ist, ergibt sich aus der mehrfach betonten Tatsache, daß davon zuerst unter dem Titel ›Religion‹ (I B c) die Rede ist. Woher entkeimt nun die Religion? – Sie stammt doch aus dem tierischen Wohlwollen, das sich zur Liebe veredelt; aus der Liebe, die sich zum »Göttersinn der Treue« erhöht; aus tierischen Ursprüngen, die auch schon religiös aussehen, aber noch am Glücksstreben haften. Pestalozzi redet die Religion an: »Wenn ich dich in der Hülle deines *Entstehens* für tierisch erkläre, so setze ich das *Ziel* deiner Vollendung gar nicht in die Grenzen der Hülle deines Entstehens. Ich achte das Innere deines Wesens für göttlich... Verdunkle ich damit der Sonne Licht, wenn ich sage, alle Wärme der Erde entkeimt aus dem Boden dieser Erde? Oder wenn ich sage, der Säugling müsse nach tierischen Gesetzen entwöhnt werden, behaupte ich damit, es gebe gar kein sittliches Gesetz in meiner Natur?«[103]

Das Kontinuitätsprinzip wird also auch auf die Religion angewandt. Das ist ganz und gar unkantisch. Gelegentlich scheint es nun so, als ob die Religion nichts als »Einlenkung« zur strengen Sittlichkeit sei: »tierische Einlenkung in das Gebiet der Sittlichkeit«[104], Gottesfurcht nur »sinnliche Handbietung« für Recht und Wahrheit.[105] »Die Religion ist die höchste meiner Natur mögliche Kraft dieser Einlenkung.«[106] Und gewiß bleibt Pestalozzis Religion stark moralistisch orientiert. »Die Religion muß die Sache der Sittlichkeit sein.«[107] »Das Christentum ist ganz Sittlichkeit; darum auch ganz die Sache der Individualität des einzelnen Menschen. Es ist auf keine Weise das Werk meines Geschlechtes, auf keine Weise eine Staatsreligion oder ein Staatsmittel zu irgendeinem Gewaltszweck.«[108]

Trotzdem: die Komposition des ganzen Werkes zeigt, daß es in der Religion *und* Sittlichkeit, nicht in der bloßen, autonom auf sich ruhenden

[100] 105. [101] 106. [102] 165. [103] 38 f.
[104] 40. [105] 41. [106] 118. [107] 155.
[108] 157, vgl. auch 55.

Sittlichkeit sein Zentrum hat.[109] Der erste Teil gipfelt in der Religion (I B c α); der dritte Teil knüpft sogleich an diesen Abschnitt wieder an[110] und schließt mit dem selbständigen Aufschwung zur Religion: »Göttlich ist die Religion einem jeden Menschen nur insoweit, als sie in ihm selbst ein Werk seiner selbst ist.«[111] Sie ist aber nicht nur eine Religion des Gewissens[112]; sondern eine Religion der *Liebe*, nicht der triebhaften Liebe, sondern einer Liebe, die – nicht von dieser Welt ist. Diesen Gedanken formuliert Pestalozzi wieder paradox und wenig glücklich mit dem adoptierten Autonomieprinzip: auch deine Liebe sei ein Werk deiner selbst![113]

Für uns klingt es ungeheuerlich – Wernle nennt es einen »grotesken Einfall«, wenn dem Menschen gesagt wird, die Liebe oder gar die Religion solle ganz und gar das Werk seiner selbst sein. Man wird daraus schließen müssen, daß dieses Selbstsein, diese Selbstheit nur der Ausdruck für etwas ist, das der Welt als »das ganz andere« gegenübersteht. Rein zeitgeschichtlich erinnert er an das »Intelligible« im Sinne Kants, wenn nicht gar an das Fichtesche Ur-Ich. Sachlich aber bedeutet er etwas wesentlich anderes. Der ganze Gedankengang vollendet sich erst, wenn wir ihn zum Schluß von Zusammenhängen her beleuchten, die in unsrer Schrift selbst nur fragmentarisch sichtbar werden.

3. »Nenne es Abtötung, nenne es Wiedergeburt, dieses kühne Wagstück deiner Natur, diesen Salto mortale außer dich selbst, insofern du nur sinnliche Natur bist. Es ist die höchste Anstrengung deines ganzen Wesens, den Geist herrschen zu machen über das Fleisch, eine in meiner Natur lebende bessere Kraft, die selbst mein tierisches Wesen entflammt gegen mich selbst und meine Hand aufhebt zu einem unbegreiflichen Kampf.«[114]

Der Ausdruck Salto mortale weist in eine ganz andere geistige Gegend, als wir sie bisher beachtet haben. Wir haben es nicht mehr mit Kant zu tun, sondern mit *Fr. Heinrich Jacobi* und seinem Kreis, zu dem Pestalozzi durch seinen jungen Freund Nicolovius Beziehungen gewonnen hatte. Die Rede vom Salto mortale war berühmt geworden durch das Gespräch, das F. H. Jacobi mit Lessing kurz vor seinem Tode gehabt hatte. Jacobi hatte Lessing erklärt, er rette sich gegenüber den zwingenden Verstandesgründen der Spinozistischen Immanenzphilosophie durch einen Sprung ins Transzendente: »Ich helfe mir durch einen Salto mortale aus der Sache.«[115] Wenn Pestalozzi die Religion nicht nur als Askese, nicht nur als Wiedergeburt, sondern als einen Kopfsprung bezeichnet, so will auch er damit an-

---

[109] Man beachte die Pfeile auf der rechten Seite der Tabelle.

[110] 129. [111] 156. [112] 123, 129 f.

[113] 150 f. [114] 39.

[115] Friedrich Heinrich Jacobi, Gesammelte Werke. Bd. IV, 1. Leipzig 1819. S. 59 u. 74.

deuten, daß sie weit über das Hier und Jetzt hinausführe. Sie ist für ihn Traumkraft, Ahnungsvermögen, kühnstes Wagstück der menschlichen Natur. Sie hüllt sich in das Gewand der Phantasie. Und die Phantasie muß freilich ihre Bilder vom Sinnlichen borgen. Pestalozzi nimmt Feuerbach vorweg: »Wo immer dein Geist, ehe er vom innern Wesen der Religion geheiligt ist, an irgend einem Bild deiner Traumkraft verweilt, da findest du im Bild deines Gottes das Bild deiner selbst.«[116] Aber der innerste Kern der Religion ist göttlich, ist nicht menschlich und nicht von dieser Welt. Wenn sie auch an die sinnliche Gebundenheit des Menschen anknüpft: sie stammt aus dem Seelengrunde, in dem der Mensch mit einer höheren Ordnung zusammenhängt. Sie äußert sich als tätige Kraft, als Aufschwung, als überwindende Liebe. *Das* unterscheidet den Menschen von allen Wesen, die wir kennen.

Es ist bekannt, daß Pestalozzi im Jahre 1791 mit Nicolovius in Zürich zuerst zusammengetroffen war und schnell mit dem viel Jüngeren eine Freundschaft geschlossen hatte. Der Freund Hamanns, Jacobis und des Grafen Stolberg erkannte sofort, wo damals das religiöse Zentrum Pestalozzis lag. Vermutlich hat dieser ihm zur Kennzeichnung seines religiösen Standpunktes selbst das wichtige Wort aus ›Lienhard und Gertrud‹ zitiert: »Gott ist... nur durch die Menschen der Gott der Menschen.«[117] Gerade an diesen Standpunkt einer immanent gerichteten Humanitätsreligion müssen sich die Gespräche zwischen den beiden angeschlossen haben; dachte man darüber doch in Pempelfort ganz anders. Wir wissen von diesen Auseinandersetzungen so wenig wie von den Gesprächen mit Fichte in Richterswil 1793. Aber das geradezu schwärmerische Freundschaftsgefühl, das Pestalozzi seitdem für Nicolovius hegte, wäre schwerlich zu verstehen, wenn er ihm nicht seelisch etwas Wesentliches zu verdanken gehabt hätte. Vielleicht ging der Austausch auch um den Supranaturalisten Lavater, von dem sich Pestalozzi zunehmend entfernt hatte. Umgekehrt muß Pestalozzi Anlaß gehabt haben, in Nicolovius einen möglichen Erben und Fortführer seiner Ideen zu erblicken. Genug, sie fanden sich und wechselten seitdem Briefe, die 1808, als Nicolovius preußischer Staatsrat geworden war, in seinem Eintreten für die Ausbreitung der Pestalozzischen Methode in Preußen eine späte, entscheidende Frucht zeitigen sollten. Die uns erhaltenen Briefe geben uns z. T. tiefe Einblicke in Pe-

[116] 43.
[117] IV, 334, 427. Die Stelle lautet gleich mit der in der 1. Ausgabe von ›Lienhard und Gertrud‹. Seyff. Bd. 4, 459.

stalozzis Gemütsstimmung zwischen 1791 und 1794.[118] Dies alles zu analysieren, ist hier kein Raum. Es ist aber sehr wahrscheinlich – und darauf kommt es für unsern Zusammenhang allein an –, daß durch Anregungen von Nicolovius sich langsam eine Wendung in Pestalozzi zu einer stärkeren Betonung des transzendenten Ursprungs und der transzendenten Gegenstandsbezogenheit der Religion angebahnt habe.

Über seine Arbeit an den ›Nachforschungen‹ berichtet Pestalozzi schon in seinem Brief vom 12. Dezember 1791 an Nicolovius. Aber noch überwiegt das Interesse an der zweiten Fassung des Romans, der in eine Nationalerziehungsdenkschrift umgewandelt ist und mit den stärksten Hoffnungen auf eine Wirksamkeit in Wien verbunden ist. Später heftet Pestalozzi seine enttäuschten »Träume« ausdrücklich an Nicolovius, und so kommt es zu dem berühmten Bekenntnisbrief vom 1. Oktober 1793, der für Pestalozzis religiöse Entwicklung von entscheidender Bedeutung ist.[119]

Wir haben hier nicht die Möglichkeit, ihn aus Pestalozzis Gesamtentwicklung heraus zu beleuchten. Ich kann nur Ergebnisse andeuten, die mir aus meinen Studien darüber erwachsen sind: der Kern des Briefes ist diese zögernde, noch halb widerstrebende Wendung zur Transzendenz: Bis 1792 hat sich Pestalozzi mit den religiösen Anschauungen identifiziert, die der Leutnant in ›Lienhard und Gertrud‹ äußert. Für diesen ist Religion eine hohe, aber sehr menschliche Sache: ein großes Volkserziehungsmittel, das dem Diesseits verhaftet bleibt. Das Diesseits aber heißt bei Pestalozzi: »Das Kot dieser Welt«. Durch dieses Kot hat er sich durcharbeiten müssen. »Aber ich verlor wahrlich die wesentliche Kraft, die die wahre Gottesverehrung dem Stillen, Edlen erteilt.« »Die Art der Wahrheit, der ich mich also widmete ... ist also nicht das höchste Ziel der inneren reinsten Veredlung des Menschen, es ist vielmehr bloß seine gute Bildung für die Bedürfnisse des Erdenlebens.« *Nunmehr* erblickt er im Christentum »die reinste und edelste Modifikation der Lehre von der Erhebung des Geistes über das Fleisch«. Sie aber bedeutet, *»durch innere Entwicklung der reinsten Gefühle der Liebe zur Herrschaft der Vernunft über die Sinne zu gelangen«*. Nicht viele sind zu diesem Christentum fähig.

Dieser Gedanke interpretiert stärker als irgend etwas die letzte religiös-

---

[118] Vgl. Alfred Nicolovius, Denkschrift auf G. H. L. Nicolovius. Bonn 1841, S. 27, 32 f., 53 ff.; dazu: Pestalozziblätter V, S. 49 ff., VI, S. 81 ff., XVII, S. 10 ff. (Pest. an Nic. 12. Dezember 1791) und 35 ff. – Die in Betracht kommenden Briefe finden sich jetzt auch in: Pestalozzi: Sämtliche Briefe. Bd. III. Zürich 1949.

[119] Pestalozziblätter VI, 86 ff. und August Israel, Pestalozzi-Bibliographie. Bd. I. Berlin 1903 (Monumenta Germaniae Paedagogica. Bd. 25). S. 6 ff., dort in zwei Fassungen. – Pestalozzi, Sämtliche Briefe. Bd. III, S. 299.

sittliche Absicht der ›Nachforschungen‹. Aber damals – 1793 – ist Pestalozzi gleichsam noch auf dem Wege. Die Wiedergeburt, das neue Leben, ist noch in schwerem Ringen: »Es ist mir oft nicht anders als – ich wüßte selbst nicht, was ich tue und wohin ich gehe ... So stehe ich ferne von der Vollendung meiner selbst und kenne die Höhen nicht, von denen mir ahnet, daß die vollendete Menschheit zu ihnen hinanzuklimmen vermag.«

Auch F. H. Jacobi hat in einem Schreiben an Pestalozzi vom 24. März 1794 in die Auseinandersetzung zwischen Nicolovius und Pestalozzi eingegriffen und dabei auf den Brief des Letzteren vom 1. Oktober 1793 Bezug genommen.[120] Er ist Zeugnis einer tiefen inneren Umwälzung. Zum Überfluß steht noch das Schlußwort da: »Ich bin nun in Richterswil.« Dort fand die wichtige Begegnung mit Fichte statt. Wir dürfen also sagen: Pestalozzis Gemüt war durch die Auseinandersetzung mit Nicolovius schon tief religiös aufgewühlt, als Fichtes philosophische Anregungen ihn trafen.

Man beachte, wie durch alle Wendungen, deren sich Pestalozzi gegenüber Nicolovius bedient, der Gedanke der inneren Veredlung und Erhöhung hindurchklingt, den wir als den Sinn der scheinbar nur von Kant und Fichte entlehnten Autonomie herausgestellt haben.

Auch in den ›Nachforschungen‹ ist von dem Kot der Welt wiederholt die Rede, d. h. von dem Diesseits und seinen unabänderlichen Ordnungen: dem »Gang der Natur«. Und es ist immer noch so, wie 1793, daß dem Mahnwort: »Schwing dich über die Natur« in Pestalozzi etwas antwortet, das sich an die Erde klammert. *Reine* Sittlichkeit, *reine* Wendung zur jenseitigen Welt ist dem Menschen nach seiner Wesensstruktur eben nicht möglich. Das Kontinuitätsprinzip verhindert den absoluten Salto mortale, die Flucht ins Jenseits und die ungehemmten Aussichten in die Ewigkeit. Das bleibt bis in den ›Schwanengesang‹ hinein Pestalozzis religiöses Bekenntnis: die Welt behält ihr Eigengesetz, die Liebe kann es nur überbieten, veredeln, ja zuletzt unter dem höchsten Gesichtspunkt *widerlegen*.[121] So muß man das widerstrebende Wort in dem großen Brief von 1793 verstehen: »Ich glaube, das Christentum sei das Salz der Erde – aber so hoch ich dieses Salz auch schätze, so glaube ich dennoch, daß Gold und Stein und Tand und Perlen ihren Wert unabhängend von diesem Salz haben ... ich glaube nämlich, alles Kot der Welt hat seine Ordnung und sein Recht unabhängend von dem Christentum.« Jesus hat unendlich weit über diese Verhaftung ans Irdische hinausführen wollen.[122] »Darum haben wir auch noch kein Christentum und werden und sollen als Nationen keins haben.

[120] Vgl. Arthur Stein, a.a.O., S. 121 ff.
[121] Seyff. XII, 399 f.
[122] 15.

Die Nationalreligionen ... diese Christen*tümer* sind nicht die Lehre Jesu.«[123]

Nationalreligion bedeutet damals noch so viel wie Staatsreligion; auch Nationalerziehung heißt vor dem Durchdringen der Revolutionsgedanken einfach Staatserziehung. Pestalozzi mißachtet noch immer nicht den Erziehungswert einer staatlich sanktionierten Religion; aber er hat sich zu einem höheren Standpunkt durchgerungen: zu einer Auffassung vom Christentum als dem reinsten Ausdruck der Sittlichkeit des Menschen.[124]

Aber was bedeutet nun dieses mit der höchsten Sittlichkeit zusammenfallende Christentum Pestalozzis, wenn wir es losgelöst von seinen eigenen Formeln betrachten?

Es bedeutet zunächst, daß Pestalozzi hier über sein Hauptthema hinausgeführt wird: über das Studium der gesellschaftlichen Moral oder kollektiven Moral in jene Einsamkeit des persönlichen Gewissens, in dem sich die echte Sittlichkeit immer neu erzeugt und entzündet. Das stammt nicht aus den Bedürfnissen der gesellschaftlichen Ordnung, sondern hat seinen eigenen, »ganz anderen« Ursprung. Auf diesen Punkt, der dem Fluß historisch-politischen Geschehens enthoben ist, hatte ja auch die Bergpredigt allein hingewiesen: auf die Reinheit des Herzens, auf die Echtheit der Gesinnung. Pestalozzi nennt in unserer Schrift die Bergpredigt nie; aber sie wirkt in ihm. Denselben Punkt hatte auf seine Art auch Kant gemeint, wenn er in den rationalen Formeln seiner Zeit immer wieder den *reinen* Willen, das *reine* Gesetz aus allen Verwachsungen mit dem naturhaften Triebleben heraushob. Die »Meisterwahrheit« kreist um dieses Höchste, Innerste, Reinste, das erkennbar wird nicht am Getriebensein, sondern am Sollen.[125]

Aber das ist nur die eine Seite des Christentums, das Pestalozzi meint. So stark kann er das Überirdische nicht vom Irdischen loslösen. Denn es gibt doch auch einen Punkt im Naturhaften, aus dem diese selbständige Kraft im Menschen emporzuwachsen scheint: die unendliche Liebe, die sich aus »tierischen« Vorformen immer mehr zu ihrer reinen Gestalt veredelt. Dieser Weg war Pestalozzis eigentümlicher Weg, der Gang, den – die Natur (!) unwiderruflich in ihm genommen hatte. Man verfolge die Linie in der Tabelle unter III B! Vatersinn und Muttersinn haben an diesem überirdischen Glanz schon ihren Anteil. Aus dieser Hülle sind doch

[123] 157.

[124] Zu der Frage der Staatsreligion bei Pestalozzi vgl. die in großem Rahmen durchgeführten tiefen Betrachtungen bei Delekat, a.a.O., S. 227, 238 ff., 255. Ferner Wernle, a.a.O., S. 79, 89.

[125] Vgl. Wernle, a.a.O., S. 78. Delekat, a.a.O., S. 210.

allein die höchsten Kräfte zu entwickeln, die das widerspruchsvolle, naturgebundene Leben des Menschen emporheben. Pestalozzi fühlte das in sich selbst als sein göttliches Teil, um dessen Erhaltung er die Gottheit bat. In diesem Gedanken liegt die Kontinuität von der ›Abendstunde‹ zu den ›Nachforschungen‹, die dem Autor in der Zeit seiner inneren Umwälzungen 1793–1797 vielleicht selbst noch nicht ganz bewußt war. –

So also muß man Pestalozzi sehen: widerspruchsvoll, zwischen dem Ewigen und dem Irdischen hin- und hergerissen –, wie den Menschen überhaupt. Kant und der Kreis Nicolovius-Jacobi wollen ihn seiner Sorge um das Diesseits entheben. Er aber muß immer wieder zurück in das Diesseits, an dem sich seine unendliche Liebe entzündet hat und zu dem sie zurückstrebt. Das kühnste Wagstück der Menschennatur ist zwar eine Traumkraft, d. h. Phantasie. Das reine, erdentrückte Wollen ist aber doch gehemmt durch das menschliche Wesen als Naturwesen und als gesellschaftliches Wesen. *Pestalozzi* möchte wohl mit in diese reinen Höhen. Aber das Kot der Welt hindert ihn: d. h. ein warmer Wirklichkeitssinn und die sich *herniederbeugende* Liebe. Er kannt nicht tatenlos auf die Gnade, die von oben kommt, vertrauen; er möchte dem gefesselten Menschen heraushelfen zum Licht und zum Göttlichen seiner Natur. Aber er sorgt für *den* Menschen, der im Bereich seines Geschlechtes, d. h. der Gattung und der Gesellschaft, zu leben hat, für den Menschen als »Werk seines Geschlechts«: »Ist es wahr, daß ich als solches schwankend stehe zwischen dem Werk meiner Natur und dem Werk meiner selbst? Ist es wahr, daß ich als solches keinen festen Standpunkt finde, weder für meine tierische Befriedigung noch für meine sittliche Veredlung?«[126] Man könnte dies mit einem modernen Ausdruck Pestalozzis existentielle Denkweise nennen.

Kant hat die Menschen gelehrt, über sich selbst hinaus zu wollen. Jacobi hat sie gelehrt, über sich selbst hinaus zu ahnen und zu glauben. Pestalozzi konnte sie nur eins lehren: über sich selbst hinaus zu lieben, indem er sittliche und religiöse Transzendenz zusammengriff und gewaltig ins Diesseits zurückbog. *Deshalb* ruft er an unvermuteter Stelle seiner ›Philosophie der Politik‹ den fernverwandten Aristokraten Goethe herbei, der das Göttergleiche und das Menschenbild in eines zusammenschaut:

Edel sei der Mensch,
    Hilfreich und gut,
    Denn das allein

[126] 164.

Unterscheidet ihn
Von allen Wesen,
Die wir kennen.

Heil den unbekannten
Höhern Wesen,
Die wir ahnen,
Sein Beispiel lehr' uns
Jene glauben.[127]

[127] 31, 132.

Macht und Grenzen des Einflusses der Erziehung auf die Zukunft

1950

Ein altes französisches Buch, das übrigens von dem deutschen Mystiker Jakob Böhme beeinflußt ist, beginnt mit den Worten: »Man kann den Menschen nicht ohne Herzeleid ansehen.«[1] Es ist derselbe Ton, in dem auch heute wieder der Mensch von sich redet. Ja ist es nicht eigentlich die ewige Melodie des Menschenlebens: die leise Traurigkeit, *unter* der erst das erglänzt, was man das fröhliche Herz nennt – um nun mit Ernst Wiecherts letztem Roman zu sprechen? Das Dasein ist ewig hingespannt auf eine Zukunft, die eine bessere sein soll und deren Gestaltung man doch nie ganz beherrschen wird; ein ewiges Jagen nach Sicherung der Existenz, die doch nie erreicht sein wird.

Wir kennen die Sorge der Väter um eine gute Erziehung ihrer Kinder. Dies ist die Form, in der das begrenzte Einzelleben am stärksten über sich hinausgreift, um noch ein Stück Zukunft in die Hand zu bekommen. Aber die Erfahrung lehrt: auch die besterzogenen Söhne mißraten. Andere Mächte sind stärker als der treue Erziehungswille. Es ist mehr eine Frage des Temperamentes als der Einsicht, ob man zum Erziehungsoptimismus oder zum Erziehungspessimismus neigt. Denn Zuverlässiges darüber, was die Erziehung vermag, wissen wir nicht. Mir ist es immer aufgefallen, daß die Historiker der Pädagogik zwar sorgsam darüber berichten, welche Erziehungsideale ein großer Pädagog oder eine ganze Epoche aufgestellt hat; daß sie aber niemals untersucht haben, in welchem Grade das Gewollte erreicht worden ist. Fast möchte man daraus schließen, daß es für die Menschen selbstverständliche Pflicht ist, sich um die Erziehung der kommenden Generation zu bemühen. Ob die Saat aufgeht, wird kaum geprüft. Ist die Erziehung mißlungen, so ist es ohnehin zu spät. Denn schon

[1] Louis Claude de St.-Martin, Des erreurs et de la vérité. Lyon 1775. Deutsch unter dem Titel ›Irrtümer und Wahrheit‹ von Matthias Claudius. Breslau 1782.

wendet sich das Leben wieder neuen Zielen zu – und so ins Unbestimmte weiter. Was aber heißt das überhaupt: eine Erziehung sei gelungen oder mißlungen? –

Für uns heute erscheinen diese Probleme in vergrößerten Dimensionen. Denn ganz Europa sieht seine Zukunft aufs schwerste bedroht. Es geht nicht mehr um das Schicksal der Familien, ja nicht um das Schicksal eines Volkes, sondern um die Zukunft eines Erdteiles überhaupt. Man kann es fast als ein historisches Gesetz aussprechen: auf jede große gesellschaftliche und politische Revolution folgt unmittelbar eine Welle, die geradezu als Erziehungsfuror zu bezeichnen ist. Der neue bessere Mensch soll schleunigst produziert werden. Wir haben es erlebt und wir erleben es noch, daß totalitäre Staaten ihre Jugend durch sog. Erziehung in ihr System hineinpressen wollen. So glauben sie, schon in der zweiten und dritten Generation den Menschentypus erzeugen zu können, der ihrer Ideologie gemäß ist. Auf der anderen Seite war unmittelbar nach dem letzten Kriege mit ähnlicher Zuversicht die Rede von Umerziehung – reeducation – eines ganzen Volkes. Beide Male waltete eine pädagogische Zuversicht, die kaum größer gedacht werden kann. Es wird der Kern meiner Ausführungen sein, zu zeigen, daß wir uns gerade vor dieser Art von Erziehungsfanatismus zu hüten haben. Es wird zu zeigen sein, daß die Methoden, mit denen Mussolini, Hitler und Stalin gearbeitet haben bzw. noch arbeiten, genau auf das Gegenteil von dem hinführen, was Dauer gewährleisten kann – aber auch, daß *unser* Erziehungsvorhaben viel schwerer ist als jenes, *so* schwer, daß wir schon angesichts dieser Erziehungsprobleme an der Verwirklichung unseres Zukunftsbildes verzagen könnten. Es ist wichtig, sich solche tiefgehenden Schwierigkeiten ganz klar zu machen.

I.

Zu diesem Zweck muß ich Sie zunächst bitten, an einer kurzen und sehr vereinfachten philosophischen Überlegung teilzunehmen, bei der wir versuchen, ein verwickeltes Lebensgewebe einigermaßen zu entwirren. Ich frage: in welchen geistigen Grundhaltungen kann der Mensch überhaupt sich auf das Zukünftige einstellen? Wir tun es unablässig, aber wir sind uns nicht immer bewußt, daß sich dabei ganz verschiedene Leitmotive dialektisch ineinander schlingen. Nämlich: Von *einigen* Faktoren des Zukünftigen wissen wir, daß sie ganz unabhängig von unserem Wollen in bestimmter Weise kommen werden – unabänderlich und unentrinnbar. Auf andere Faktoren aber richtet sich unser *Wollen;* dies Wollen hat nur Sinn, wenn die betreffenden Zukunftsgehalte einigermaßen in unserer

Macht stehn. Der Schritt vom ersten zum zweiten bedeutet eine Verengerung des Feldes. Der Umkreis dessen, was wir als unabänderlich erwarten müssen, ist sehr viel größer als der Bereich des unserem Wollen Verfügbaren. Endlich folgt ein dritter engster Kreis: Einiges von dem, was wir wollen, unterliegt der ganz neuen Akzentsetzung, daß es *gesollt* oder *nicht gesollt* ist, gefordert oder gar verboten. Und erst damit bekommen wir die Leitsterne zu Gesicht, von denen die sittliche Gestalt unserer Zukunft abhängt.

In ganz einfacher Form könnte ich sagen: es gibt drei Grundkategorien, unter denen wir uns auf die Zukunft einstellen: das *Müssen*, das *Wollen* und das *Sollen*. Sie sind aber so miteinander verwoben, daß wir nichts wollen könnten, wenn wir nicht wüßten, daß anderes nach unabänderlichen Gesetzen ablaufen *muß*: daß es kein Sollen gäbe, wenn wir nicht von uns aus schon etwas wollten, und daß selbst das Geforderte und Gesollte erst realisierbar wird durch Kausalgesetze, die kein Wollen abzuändern vermag.

Verweilen wir – um der Klarheit willen – noch einen Augenblick bei jedem der Faktoren für sich, obwohl wir das nur in sehr abstrakten Betrachtungen tun können.

1. Jeder von uns weiß, daß viele Zukunftsinhalte, die uns betreffen (und nur von solchen ist hier die Rede) kommen werden, ohne daß unser Wollen daran viel ändern kann. Die Natur verfolgt ihre gesetzlich geordnete Bahn. Die Sonne wird aufgehen und wird untergehen Tag für Tag. Die Tage runden sich zum Jahr. Es wird ein Jahr kommen und ein Tag, an dem wir sterben *müssen*. In der kurzen Spanne unseres Lebens *müssen* wir ungefragt den biologischen Gesetzen des Daseins folgen: den Vererbungsgesetzen, dem Entwicklungsgesetz der Lebensalter, den Existenzgesetzen der Ernährung, Daseinsschützung, Fortpflanzung. Die Namen, mit denen wir diese Sphäre des Müssens bezeichnen, sind mannigfaltig. Wir nennen sie Natur, Schicksal, Verhängnis, in anderer Beleuchtung wieder Zufall. Es gibt ein inneres Müssen, wie es ein äußeres (leibliches) Müssen gibt. Sehr wesentlich aber ist die Unterscheidung eines verdeckten und eines offenbaren Müssens. Das erste waltet in unserem Leben, ohne daß wir die Zusammenhänge eingesehen haben. Das zweite ist verbunden mit der *Einsicht*, daß hier Gesetze gelten. Und gerade dieser letzte Bereich ist für den modernen Menschen sehr wichtig geworden. Er umfaßt Geschehnisse, die wir klar voraussehen, im günstigen Falle sogar voraus*berechnen* können. Das gibt uns Handhaben, einzugreifen. Welche Macht dieser Drang nach dem Vorausberechnen für das Bewußtsein des Menschen von heute hat, lehrt uns die Vorherrschaft des exakt-physikalischen Denkens in un-

serer Gegenwartskultur. Es greift dann über auf Gebiete, in denen es nicht zuständig ist. Auch im Erziehungsdenken wird es uns nachher begegnen.

2. Der aufgeklärte Mensch weiß, daß es für ihn keinen Sinn hat, da zu wollen, wo er bedingungslos muß. Ja selbst das stille Wünschen schweigt zuletzt vor dem stumpfen Müssen:

Dem harten Muß bequemt sich Will' und Grille.
So sind wir scheinfrei denn, nach manchen Jahren
Nur enger dran, als wir am Anfang waren.

Um so mehr verlegt sich – mindestens beim Abendländer – die ganze Lebensenergie auf diejenigen begrenzten Felder, in denen wir mit Erfolg wollen können. Sinnvoll wollen können wir aber auch nur unter strenger Beachtung der unabänderlichen Geschehensgesetze. Parendo vincimus. Das großartigste Beispiel dieser Vermählung von Wollen und Müssen ist die abendländische Technik. Sie ist die paradoxe Verwachsung des Systems strenger Notwendigkeiten mit einem titanischen Wollen und Gestaltungsdrang. Er schaltet sich hinter das geordnete Getriebe und benutzt es. Wir alle sind von solchem technischen Denken infiziert.

3. Das Rätselhafteste aber ist das dritte: das Bewußtsein der Verpflichtung, das eine Zukünftige zu wollen und das andere nicht zu wollen. Ich berücksichtige hier nur die innere, nicht die von außen diktierte Verpflichtung. Wir nennen dieses Urphänomen die *Normativität* im Geistesleben. Wer sich sonst keine Gedanken darüber gemacht haben sollte, kennt es als Gewissensregung. Das Gewissen umrankt die Schwelle der Gegenwart gleichsam nach vorwärts warnend und abratend, nach rückwärts quälend, beißend, verfolgend. Ich sagte, daß diese Stimmen des Sollens und Nichtsollens etwas Rätselhaftes seien. Die Philosophie hat mannigfach versucht, ihre Herkunft zu begreifen – entweder aus der praktischen Vernunft oder aus dem ewigen Reich der Werte oder aus dem Willen Gottes. Wahrhaft »begriffen« wurde dabei eigentlich nichts. Kein Wunder daher, daß andere philosophische Richtungen bemüht waren, das Phänomen wegzudeuten, es für eine Illusion zu erklären, deren Ursprung in einem leicht durchschaubaren psychologisch-soziologischen Mechanismus liege. Die moderne Tiefenpsychologie betreibt ja durchweg das Werk der Desillusionierung – eine Sache, die ebenso viel wert ist wie das Wort. Und immer wieder lautet der Refrain: »Fürchtet euch nicht! Es liegt nichts dahinter – es sei denn das Tier, das an seinen Instinkten krank geworden ist.«

Diesem Trost gegenüber stelle ich die Behauptung auf: Daran, ob man ein den Menschen von oben her Verpflichtendes anerkennt oder ob man es nicht anerkennt, scheiden sich die Geister überhaupt. Für Kant wurde das Sollensgesetz zum Zentrum seiner Philosophie. Bei Fichte finden wir den

Ausspruch: »Der eigentliche Unterscheidungsgrund – ⟨für zwei Menschenarten⟩ – liegt darin, ob man ein absolut Erstes und Ursprüngliches im Menschen selber, an Freiheit, an unendliche Verbesserlichkeit ... unseres Geschlechtes glaube, oder ob man an alles dieses nicht glaube, ja wohl deutlich einzusehen ... meine, daß das Gegenteil von diesem allem stattfinde.« Beide aber, Kant und Fichte, verstanden es so, daß der Mensch erst da ganz und gar Mensch werde, wo ihm das Bewußtsein der Verpflichtung nicht als etwas Äußeres, von Autoritäten Übernommenes gilt, sondern als sein eigenstes Wesen, also als eine Verpflichtung vor dem tiefsten Selbst, das eben darin seine Begegnung mit Gott erfährt.

II.

Kehren wir nach diesem philosophischen Zwischenspiel zu dem Thema Erziehung zurück. Das Intermezzo war notwendig, weil wir ohne die getroffenen Unterscheidungen bei einem verwaschenen Sprachgebrauch stehen bleiben würden – als ob, wenn das Wort Erziehung fällt, alle ohne weiteres das Gleiche darunter verstünden. Nun ist es zwar richtig, daß alle Erziehung eine Einstellung auf die Zukunft ist und daß die Erzieher, die Erwachsenen, stellvertretend für die Werdenden ihnen den Zukunftswillen so lange abnehmen, als sie noch nicht in dem Alter sind, selbst auf die rechte Art zu wollen. Der Wille steht in der Mitte zwischen dem einen Extrem des Wollenmüssens und dem anderen des Wollensollens. Je nachdem, ob man der einen oder der anderen Seite entscheidende Bedeutung beimißt, ergeben sich zwei absolut verschiedene Stile der Erziehung, die ich jetzt charakterisieren muß.

A) Der erste Typus ist unter das Leitwort zu fassen: *Ich werde dir, dem Menschen der Zukunft, einen Willen machen.* Ich werde dich pädagogisch so behandeln, daß du in bestimmter Weise wollen *mußt,* daß dein Wollen schließlich im Meer des Notwendigen versinkt. Wir werden diesen Typus am reinsten da finden, wo man den Versuch macht, den Gang des Menschen in die Zukunft *überhaupt* unter der bloßen Kategorie des Müssens zu sehen. Das ist der Fall – wenn wir wieder das größte Beispiel wählen – in der marxistischen Weltanschauung. Sie hat ihre ungeheure Macht über die Gemüter darin, daß sie einen zur sog. Wissenschaft erhobenen Fatalismus predigt.[2] Auch aus anderen Erscheinungen der Geschichte wissen wir, was es für die Schwäche der Menschen bedeutet, ihr eigenes Wollen so ansehen zu dürfen, als ob es nur eine unwesentliche Zugabe zu dem wäre,

[2] Es ist mir bekannt, daß Marx *selbst* die Epoche der Notwendigkeit nur als »Vorgeschichte« ansah, auf die zuletzt das Reich der Freiheit folgen werde.

was ohnehin geschehen muß. Aber der amor fati (die Liebe zum Schicksal), der eine tief religiöse Haltung sein kann, steht nun im Marxismus unter besonderen Zeichen. Die Unterwerfung unter das Schicksal ist hier mit einem erhöhten Sicherheitsgefühl verbunden, weil das halb kausale, halb dialektische Denken hinzutritt, das seinen Triumph feiern soll in der Möglichkeit des Vorausberechnens von zukünftigem Geschehen. Gibt es eine Wissenschaft, die genau weiß, aus Gründen weiß, wie die Geschichte weiter gehen *muß* – welche Entlastung des Menschen von eigenen Entschlüssen, welche Entlastung des Gewissens, welche Eindeutigkeit dessen, was man *soll!* Denn man kann nun vernünftiger Weise gar nichts anderes sollen, als das, was man ohnehin *muß*. Ich wiederhole: Dahinter liegt ursprünglich eine tiefe religiöse Überzeugung, wie wir sie von Spinoza, von Hegel, zum Teil auch von Goethe her kennen: alles menschliche, partikulare Wollen findet seine Stütze, seine Ruhe, seine Rechtfertigung, indem man sich freiwillig hineinstimmt in den unabänderlichen Willen Gottes. Und etwas von diesem frommen Quietismus mag auch noch in der Seele des russischen Volkes nachhallen. Nur ist es heute in einen Rahmen gespannt, der einen ganz anderen, sehr pragmatischen Ursprung hat. Er ist zugleich *politischer* und *technischer* Herkunft.

Auch dem Politiker muß an der Kunst des Vorausberechnens viel gelegen sein. Kann er den Menschen zu einem bloßen Instrument im Geflecht seiner Ziele machen, dann gelingt ihm in der moralischen Welt das gleiche, was dem Physiker hinsichtlich der Natur gelungen ist: er kann ihre Bewegungen in erheblichem Umfang lenken und beherrschen. Von Machiavelli bis heute hat der bloße Machtmensch die Neigung, sich den Menschen so vorzustellen, daß er durch eine begrenzte Zahl sehr einfacher Motive unfehlbar in Bewegung gesetzt werden kann, durch Hunger und Liebe, durch Hoffnung auf Belohnungen und Furcht vor Strafen. Sollte der Mensch in Wahrheit nicht so sein, so würde der reine Politiker sich doch bemühen, etwas Derartiges aus ihm zu *machen*. Der Mensch von heute ist in der Tat nicht der einfache Mechanismus, wie er Machiavelli, Hobbes und anderen vorgeschwebt hat. Er möchte doch die Überzeugung haben können, daß er aus einer Weltanschauung und aus Ideen heraus lebt. Aber die Kraft, sich das selbst zu erringen, ist bei dem Menschen der großen Masse gering. Also wird es der Politiker verstehen müssen, diesem Menschen *eine Ideologie zu machen*, die den leer gewordenen Platz eines aus tiefster Seele erwachsenen Glaubens einnimmt. Damit beginnt nun das Spiel, das wir schon aus der Erziehungskunst der altgriechischen Sophisten kennen. Politisch kommt es mehr an auf das Überreden als das Überzeugen, welch letzteres ein existentiell-persönliches Verhältnis zur Wahrheit wachrufen will. Auch andere als die Sophisten haben Suggestion mit Erziehung verwechselt – ich erinnere nur an den edelgesinnten Philosophen Jean-Marie Guyau –, obwohl es zum ABC des pädagogischen Wissens gehören sollte, daß echte Erziehung den Willen freimacht, während alle Suggestion ihn gerade unfrei macht. Die Methode der Suggestion, durchgeführt mit dem ganzen modernen Apparat der Massenversammlungen, der Presse, des Rundfunks, des Films, ja des Terrors nennen wir Propaganda. Alle totalitären Staaten, nicht nur die Sowjetunion, kennen – wenigstens für die Massen – keinen Unterschied zwischen Propaganda und Staatserziehung. Sie haben nicht viel Zeit, sich um feinere Züge der menschlichen Innerlichkeit zu kümmern. Die Hauptsache ist, daß in der zweiten und dritten Generation der Menschentypus bereits herangezüchtet sei, der gleichsam nahtlos in das System paßt. Und er *wird* herangebildet werden, dieser fügsame Mensch, wenn man nur dafür sorgt, daß er in seiner Jugend und in seinem ganzen Leben nichts hört, nichts liest, nichts tut, als was ein diktatorischer Wille ihm vorschreibt. Das bloß *äußere* Müssen wird sich dann bald in ein *inneres* Müssen verwandeln, d. h. in ein Nicht-mehr-anders-denken-können.

In der Ideologie des Marxismus wird dieses politische System noch unterstützt durch die zentrale Stellung, die in ihm das technische Denken einnimmt. Ist nämlich die gesamte geschichtliche Entwicklung einseitig abhängig von dem Fortschritt der technischen Produktionsmittel, ist der Einzelmensch und die Gesellschaft selbst nichts anderes als der unselbständige Anhang, Widerschein dieser alles tragenden und aus sich selbst bewegten Substanz, dann ist eigentlich schon apriori entschieden, daß der Mensch in diesen Prozeß nur eingegliedert sein kann wie ein Rad in die Maschine. Sollte er noch der Täuschung leben, daß es auf sein ethisches Wollen irgendwie ankomme, so wird er belehrt, daß diese Regungen nur belanglose Glanzlichter sind, die auf der Oberfläche spielen. In Wirklichkeit ist er nur technisches Mittel in einem Prozeß, der über ihn hinweggeht, gewiß auch *durch* ihn hindurchgeht, aber doch niemals so, daß er ihm nennenswert widerstreben könnte.

Man unterschätze die ungeheure Kraft nicht, die eine aus solcher Ideologie geborene Erziehungspraxis hat! Es kommen nämlich viele für sie förderliche Faktoren hinzu. Auch wir können es nicht leugnen, daß der abendländische Kulturprozeß sich längst der Steuerung durch gutgesinnte Einzelne entzogen hat. Dies Bewußtsein deutete sich schon an, als Hegel von der List der überindividuellen Vernunft sprach, die den Einzelnen, auch die sog. große Persönlichkeit, für ihre Zwecke eine Zeitlang benutzt und dann wieder wegwirft. Diese anonyme Macht des Überindividuellen bleibt im Marxismus erhalten, nur projiziert auf den wirtschaftlich-technischen Prozeß und die zugehörigen Kollektiva. Außerdem aber wirkt in dieser Ideologie unterirdisch noch ein anderes Motiv fort, das aus dem Positivismus stammt und auch außerhalb der totalitären Systeme weit verbreitet ist. In Frankreich können wir es ein Jahrhundert lang verfolgen, wie sich das Programm einer »technique sociale« immer klarer herausarbeitet, nämlich einer planmäßigen Lenkung der Gesellschaft, bei der es nur darauf ankommt, daß man in den Menschen Motive setzt und verwertet, durch die sie in ein – meinetwegen friedliches und moralisches – Ganzes eingegliedert werden. Diese Technik mag nicht ganz so sicher funktionieren wie die Lenkung von Naturkräften; der Denkstil ist völlig der gleiche. Es bleib denn auch nicht aus, daß man unter Erziehung überhaupt eine Technik der Menschenführung verstand und die wissenschaftliche Psychologie darin die gleiche Rolle spielen ließ wie die Mechanik in der naturbeherrschenden Technik. Dieser unheilvollste aller Irrtümer, von dem noch weiter zu reden sein wird, beherrscht gegenwärtig weite Kreise, besonders auch in Amerika.

Aber das alles mochten bloße Gedanken sein, die man sich machte. Das Schlimmste war doch, daß man sich bei einem Blick auf die gesellschaftliche Wirklichkeit überzeugen konnte: der moderne Mensch, besonders der unter wirtschaftlichem Druck stehende Mensch, war ja tatsächlich so geworden, wie ihn die Theorie schilderte: ein bloßer Durchgangspunkt von Kultureinflüssen – Meinungen, Genüssen, Fremdeinwirkungen. Er war nicht mehr, was er sein sollte: ein Mittelpunkt ethischer Entscheidungen, Verantwortungen und geistiger Innenkräfte überhaupt.

Gewiß könnte man hier noch manche Spielarten unterscheiden. Genug: Hitlerismus und Stalinismus haben uns bereits das Phänomen als Realität gezeigt, das ich *den systemgebundenen Menschen* nenne. Aufmerksame Beobachter versichern, daß Menschen, die lange unter einem solchen System gelebt haben, in der Tat von ihm durch und durch geformt worden sind. Sie können gar nicht mehr anders sein und denken und handeln. Fiele das System weg, so wären sie hilflos, als sei ihnen der Hort der Geborgenheit genommen und als könnten sie nicht mehr gehen. Die tragischste Folge ist: sie *wollen* es auch gar nicht mehr. Denn alles, was ihnen sonst noch zu leben möglich wäre, ist bereits an der Wurzel erstorben.

Da haben wir es also: das Beispiel einer gewaltig formenden Macht, die sich Erziehung nennt. Und wir hätten Anlaß, sehr positiv über die Möglichkeiten der Erziehung zu denken, wenn dieser Stil von Einfügung in den technischen Prozeß, von Suggestion und Propaganda schon Erziehung im echten und wahren Sinne genannt werden dürfte.

B. Aber erinnern wir uns unserer vereinfachenden philosophischen

Überlegungen! Erziehung ist stellvertretender Vorgriff in die Zukunft. Drei Hauptmöglichkeiten der Einstellung auf das Zukünftige traten hervor: das Erwartenmüssen, das planende Wollen, das verantwortliche Sollen. Was sich bisher Erziehung nannte, hatte zum Ziel die Verwandlung des Wollens in ein völlig determiniertes Müssen. Nur ein so verwandeltes Wollen unterliegt der Vorausberechenbarkeit. Und unsere Zeit ist durch und durch erfüllt von der Leidenschaft des Vorausberechnens. Es wäre ein ganz anderer Typus von Erziehung, wenn das Schwergewicht dahin verlegt würde, *das Wollen dem ethischen Sollen zu unterstellen.* Vielleicht klänge es vertrauter, wenn ich sagte: der zweite Typus der Erziehung ist darauf gerichtet, dem freien Menschen herauszuhelfen. Nun ist aber das Wort Freiheit so vieldeutig, daß man besser tut, es sparsam zu verwenden. Auch ist es fruchtbarer, gleich möglichst konkret von dem Erziehungsideal zu sprechen, das dem alteuropäischen Denken entspricht und in dessen Namen man gegen das osteuropäische protestiert. Der Versuch ist nicht leicht. Denn im Nein ist man sich einig. Aber das Positive ist kaum je auf einen klaren Ausdruck gebracht worden. – Häufiger hat man erzählt, wie es zu diesem Menschenideal gekommen ist, und bei solchen Erzählungen war immer der politische Knotenpunkt die Erklärung der Menschenrechte. Die aber waren zerstückte Forderungen an das öffentliche Recht. Es muß doch dahinter ein totales Menschenbild gelegen haben. Auf dessen Kern kommt es jetzt an.

Unzweifelhaft ist es von individualistischer Prägung. Nichts hassen die totalitären Systeme so sehr wie den Individualismus, den sie freilich nur in der vielfarbig schillernden Form des politischen Liberalismus kennen. Die Wurzel liegt aber viel tiefer, und die müssen wir gleichsam ausgraben.

Die Seele des Menschen ist ein Bereich von ganz eigener Art. Sie ist *nicht* als ein homogenes Gebilde in die Natur verwoben. Die Seele ist daher keineswegs bloßes Glied in der Kette des Kausalzusammenhanges, auf den die Techniker sich allein stützen möchten. Sie ist der Ort eines ganz intimen Erlebens, in dem allein die *Werte* des Daseins erfahren werden und die Ansprüche der verschiedenen Werte gegeneinander abgewogen werden. Nur in der schweigenden Innerlichkeit tut sich so etwas auf wie der Sinn des Lebens, die Forderung nach einem höheren Leben und die sollensgemäße Verpflichtung zu diesem höheren, erst eigentlich menschlichen Leben. Wenn eine Erweiterung des Sprachgebrauches gestattet ist, so ist das Innere des Menschen für ihn Offenbarungsquelle. *Jede* Offenbarung, auch die einmalige Offenbarung des Christentums, muß dieses Organ mindestens geöffnet finden und geht durch es hindurch. Bildlich gesagt: hier erschließt sich eine ganz andere Dimension des Lebens als der bloße leiblich-vitale Daseinsbezug in Raum und Zeit. Das Zeitalter gewaltigster Entdeckungen blühte nicht, als Amerika und Australien entdeckt wurden, sondern als der Mensch in der schweigenden Stille seines Inneren das für ihn Entscheidende fand. Dieser Weg in die Tiefe (statt in die Horizontale und in die Breite) ist schon in Urzeiten geöffnet gewesen. Schon das magische Denken enthielt Vertiefung in die Subjektivität. Aber es gab auch Höhepunkte des Entdeckertums, und wer könnte nur die wichtigsten nennen? Als Sokrates forderte, daß der Mensch vor allem für seine Seele sorgen solle, als Plato wagte, von den Schicksalen der vom Leibe getrennten Seelen Mythen zu erzählen, als der späte Stoiker sich in tapferer Resignation auf die Burg seines Innern zurückzog, da kam die *Tiefe* zum Vorschein, die der Orient nie ganz verloren hat. Diese innersten Gesichte hat dann Jesus Christus auf übernatürliche Art gedeutet, so daß alles Frühere zum Vorspiel herabsank und das neue Licht alle Folgezeit überglänzte. Der unendliche Wert der einzelnen Menschenseele war nun dadurch gewährleistet, daß sie in ihrer Einsamkeit unmittelbaren Bezug auf Gott haben durfte. – Die Lehre Augustins von den beiden Staaten wurde Grundlage des christlichen Europa. Der weltbezogene Staat der Natur und der Macht konnte fortan nicht das Letzte sein. Er wurde überboten durch den jenseitsbezogenen Staat der Gnade. Die Kirche des Abendlandes blieb Verwalterin dieser höheren Domäne. In Zeiten der Gefährdung erstanden immer wieder Spiritualisten, Mystiker, die Verkünder des »sola fide«, die Pietisten, schließlich noch die deutschen Idealisten, die das Innere des Geistes auf eine sehr tiefe Art »auszulegen« wagten.

Das sind nur flüchtige Andeutungen, stellvertretend für eine Geistesgeschichte des Abendlandes, die hier nicht verfolgt werden kann. Sie erinnern an unser antik-humanistisches Erbe und an die christlichen Wurzeln unserer europäischen Kultur. Sie müßten ganz besonders erinnern an die höchst fruchtbare *Spannung* zwischen dem Christlichen und dem Humanistischen, die bis in die Gegenwart fortdauert. Die dualistisch-dialektische Einheit von Staat und Kirche, zeitweise überwölbt vom Heiligen Römischen Reich, ist und bleibt das Charakteristische des Abendlandes. Diese Vergangenheit ist in *dem* Sinn für uns Schicksal geworden, daß wir dauernd zwischen zwei Welten zu leben haben und den Anspruch beider aushalten *sollen*. Denn jene inner-seelischen Offenbarungen, von denen ich sprach, kommen sowohl aus dem Transzendenten wie aus der Begegnung mit dieser räumlich-zeitlichen Welt und aus dem Schicksal unserer Leiblichkeit, das niemand ganz wegdeuten kann. Kurz: die Erschließungen unseres Innern sind unser kostbarster Besitz. Kant hat in seiner aufgeklärten Art diese Zweiweltentheorie noch einmal auf einfache Linien gebracht. Bei Hegel wird man sie komplizierter wiederfinden als den steten Kampf von Subjektivität und Objektivität, die aber in der ewigen Gottheit von vornherein aufgehoben sind. Und die heute stark unterstrichene Erklärung der Menschenrechte ist eigentlich nur der juristisch-politische Ausdruck dafür, daß die Sphäre des Müssens ewig untergeordnet bleiben soll der Sphäre des Metaphysischen, mit der wir mindestens durch die Erfahrung des ethischen Sollens untrennbar verbunden sind. Fichte sagt das Tiefste in dem kurzen Wort: »Das Gewissen ist der Strahl, an dem wir von dem Unendlichen ausgehen.« Das ist eine mögliche Formel für den abendländischen Menschen, neben der gleichsinnige aus theologischem und philosophischem Zusammenhang stehen. Ursprünglich religiös aber ist der philosophische wie der theologische Ausdruck.

Bekennt man sich zu diesem Menschenbilde, so wird *Erziehung* etwas völlig anderes als in jenem ersten Zusammenhang. Dort war sie sozialtechnisch gemeint. Daher bestanden ihre theoretischen Grundlagen in den Ablaufsgesetzlichkeiten, die die Soziologie und die Psychologie erkannt zu haben glaubten. Nunmehr rückt in den Mittelpunkt der von innen heraus selbständig stellungnehmende Mensch. Für ihn kommt es darauf an, daß er auf die Stimmen in seinem Inneren hinhört und die Bindungen heilig hält, die ihn dort umfangen. Bindung aber heißt auf lateinisch religio. Damit ist nicht nur die wesentliche Struktur des abendländischen Menschen ausgesprochen, sondern auch das zentrale Ordnungsproblem, mit dem Europa zu ringen hat. Der westliche Mensch unterliegt *zwei* Bindungen – einer äußerlich-politischen und einer innerlich-religiösen. Diese Spannung muß ausgehalten werden, oder das Eigentümliche des Abendlandes geht zugrunde. Die beiden Extreme wären: die absolut weltflüchtige Kirche und der völlig verweltlichte Staat. Die Wirklichkeit zeigt nur Mittelformen: in jedem Staat etwas von Schutz der religiösen Sphäre der Person, in jeder Kirche etwas von weltlichem Regiment. Es gibt da keine absolute Lösung; das Wichtigste ist, daß die Spannung selbst immer lebendig bleibt. Europa würde ebenso zugrunde gehen, wenn es sich mit lauter Anachoretenklöstern bedeckte, wie wenn in Massenorganisationen der letzte Funke von Gottbezogenheit der Einzelseele erstürbe. –

Mit dieser Problematik hat es nun auch die Erziehung zu tun. Die erste Anforderung an sie besteht darin, daß sie überhaupt um diese Verpflichtung *weiß*. Ich kann leider nicht sagen: Alle, die im Abendlande eine Erziehungsverantwortung tragen, sind sich jener europäischen Geistesstruktur bewußt. Viele im Abendland erziehen bereits im östlichen Geiste, ebenfalls ohne es zu merken. Wenn man nämlich Erziehung als eine Technik auffaßt, dann werden die Seelenvorgänge zu einem bloßen System von

Mitteln. Die Psychologie liefert dann die Ablaufsgesetze, nach denen die Seele funktionieren *muß*, und man rühmt sich, ein Erziehungswissen zu besitzen, das ein ebenso funktionssicheres Tun bewirkt, wie man in der materiellen Technik den Erfolg exakt vorausberechnen kann. Es mag selten erkannt worden sein; aber da liegen die pädagogischen Wurzeln unseres Elends. Sie reichen weit bis in das 19. Jahrhundert zurück. In Deutschland fing es damit an, daß Herbart eine mathematisierte Psychologie schaffen wollte, und es gipfelte darin, daß man die Pädagogik zur Psychotechnik machte.

Was ist denn nun Erziehung *eigentlich*? Sie ist ein sehr komplexes Verhalten, das einerseits für jede Altersphase, andererseits für jede Wesensschicht des werdenden Menschen eine besondere Gestalt annehmen muß. Aber drei Hauptseiten treten deutlich hervor. Sie ist 1. Entwicklungshilfe, die die Griechen τροφή (Aufzucht) nannten. Als solche ist die Erziehung stark biologisch bedingt. Der Leib fordert seine Pflege, und auch das seelische Leben, das sich ja auf eine geheimnisvolle Weise von innen entfaltet, muß zunächst entwicklungstreu gepflegt werden. Jedoch ist schon dies keine Technik, sondern eben »Pflege« eines Lebendigen, also lateinisch cultura. 2. Zweitens gehört zur Erziehung das Überliefern, das Tradieren von Kulturbesitz, der bereits von der Menschheit erarbeitet worden ist und nun auf einem planmäßig verkürzten Wege auswahlweise weitergegeben wird. Die Philosophie hat dieses Verfahren sorgsam analysiert, worauf ich hier nicht eingehen kann. Das wichtigste Ergebnis ist: ein einfaches Überliefern von Kulturgütern, z. B. ein bloßes Hineinfüllen von Kenntnissen in ein angeblich passives Seelengefäß, gibt es gar nicht. Sondern schon hier muß innere Aktivität der sich entfaltenden Seele mitwirken, entgegenkommend oder abwehrend. Welch unheilvoller Irrtum Herbarts, daß man dem Zögling auch nur einen »Gedankenkreis« *machen* könne! Keine Aneignung des Gebotenen ohne innere Aktivität. 3. Damit aber ist das Dritte und Schwerste schon angedeutet: wie kommt man an diese stellungnehmende Innerlichkeit heran? Diejenigen haben nicht Unrecht, die das Erwachen des Inneren für ein so großes Geheimnis halten, daß man es nur der Gnade zuschreiben kann. Wenn aber Wachheit das Ziel ist, vor allem ein waches Gewissen, das sich vor höheren Mächten gebunden weiß, so wird man das erzieherische Bestreben, das hierauf gerichtet ist, als ein *Erwecken* bezeichnen dürfen. Der Anklang an den religiösen Begriff »Erweckung« ist beabsichtigt. Bis zu dieser Tiefe sind nur wenige vorgedrungen. Der erste war Sokrates, den Kierkegaard als den größten weltlichen Pädagogen Christus gegenübergestellt hat. Pestalozzis Genialität beruht darauf, daß er in seiner zweiten Periode diese Methode des Erweckens von innen heraus leidenschaftlich gesucht hat. Er hat jedenfalls das Wichtigste gesehen: daß ein solches Werk der Aktivierung nur im Medium einer Liebe geschehen kann, die höher ist als diese Welt. Auch Fichte ist bis in diese metaphysischen Geheimnisse durchgestoßen, und auch für ihn begann das höhere Leben mit dem Durchbruch der Liebe zum göttlichen Leben. Welch völlig anderes Bild zeigt sich hier gegenüber dem der Erziehung als einer funktionssicheren, auf Ablaufsgesetzen ruhenden Technik!

Es mag genügen, darauf hingewiesen zu haben, daß sich in der Erziehung so ungleiche Faktoren wie *Entwicklungshilfe*, *Tradieren* und *Erwekken* zu einer Einheit verschlingen. Es kommt ja hier nicht darauf an, das Wesen der Erziehung darzustellen. Wohl aber geht es hier um die Wirkung. Denn unsere Hauptfrage bleibt die: *Welche Macht* für die Gestaltung der Zukunft dürfen wir der Erziehung zuschreiben? Und die Zukunft mag so unerkennbar, so unvorausberechenbar sein, wie sie will: das eine ist klar, daß wir ihr mit der ethischen Verpflichtung entgegengehen, Europa zu retten. Europa aber steht und fällt mit dem europäischen Menschen, wie ich ihn geschildert habe. Es ist ein anderer Mensch als der systemgebundene Mensch der totalitären Staaten. Es ist aber auch ein entschieden anderer Mensch als der bloß technische Mensch. Verhängnisvoll ist der Glaube, Europa werde vor der östlichen Gefahr durch seine überlegene Technik gerettet werden können. Die Aufsaugung des inneren Menschen durch die nach außen gewandte Technik ist ja gerade die Fehlentwicklung unserer abendländischen Kultur, die es endlich zu erkennen gilt. Verengt sich der Mensch weiter so einseitig, so ist der europäische Mensch des persönlichen Gewissens und der sittlichen Verantwortung gar nicht mehr da, und es bleibt nichts übrig, was erhalten zu werden verdiente.

III.

Wir haben uns so weit über zwei Grundtypen der Erziehung verständigt, daß wir die Hauptbegriffe besitzen, um uns ganz klar darüber zu werden, wie *schwer* das ist, was wir vorhaben. Es kommt darauf an, einen Menschentypus zu erhalten, der offenbar in unserer Kultur längst im Rückgang begriffen ist. Und nicht: ihn zu erhalten – denn wie wollte man das machen? –, sondern ihn neu zum Leben zu erwecken. Die vielgehörte Rede vom europäischen Kulturerbe nützt nichts; es gibt im Geistigen keinen passiv erwerbbaren Erbanspruch. Auch Idealsetzungen in bloß historischen Wortprägungen, wie z. B. »der antik-christliche Humanitätsgedanke«, helfen uns nicht viel. Wir müssen erkennen, wie schwer es ist, sich der Eigenbewegung eines übermächtig gewordenen Kulturprozesses entgegenzuwerfen und vom *Müssen* wieder zum Bewußtsein dessen zu erwachen, was eigentlich sein *sollte* und wofür wir Verantwortung tragen. Das fordert in der Tat eine Erweckung und eine Wiedergeburt.

Ich zähle zunächst die Schwierigkeiten auf, die uns begegnen. Sie können fast sämtlich in das eine Wort zusammengedrängt werden: »Der Massenmensch scheint unentrinnbar im Anzuge.« Der Massenmensch ist aber nicht nur der sonst vernünftige Staatsbürger in einer politischen Massenversammlung. Er ist keine Situationserscheinung, sondern ein fest gewordener Menschentypus, der allenthalben gelebt wird, aber sein Leben nicht mehr führt.

Der moderne Kulturmensch, mindestens der Stadtbewohner, kann kein Innenleben mehr entfalten; die spezialisierten, oft bewundernswert intelligenten Leistungen, die ihm von einer differenzierten Kultur her aufgetragen sind, ziehen ihn ständig nach außen. Von außen wird ihm jede Stunde diktiert, was er zu tun hat. Das Getriebe ist ein großer Automatismus. Was könnte der Einzelne tun, um ihn in eine andere Bahn zu lenken? Die schlimmere Folge ist, daß der so umklammerte Mensch auch kein Innenleben mehr führen *will*. Er betäubt sich unablässig, um nicht den Blick in eine Seele tun zu müssen, die sich als leer geworden erweist. Rundfunk, Kino, Kaffeehausmusik, Sportleidenschaft, Kreuzworträtsel, Totospiel leisten ihm bei seiner Flucht vor sich selbst Hilfe.

Auf der anderen Seite erwächst eine zweite Gefahr, auf die Max Scheler schon nach dem ersten Weltkrieg hingewiesen hat: es gibt in der deutschen Intelligenzschicht immer noch Leute, die Einkehr in ihre Tiefe halten und – wie man sagt: ein geistiges Leben führen. Diese hüten jedoch ihren Innenbezirk wie eine Privatissime-Angelegenheit. Sie sind Einsiedler mitten im Weltgetriebe und ziehen sich vor der Berührung mit der gesellschaftlichen Realität so weit wie möglich zurück. Insbesondere sind sie nicht geneigt, sich mit der Politik einzulassen, was zur Folge hat, daß sie diese weniger gewissenhaften Händen überlassen. Hier bleibt also die vertiefte Innerlichkeit abgeschieden von den Aufgaben der Welt. Das ist eine spezifisch deutsche Haltung. Die entseelte Welt treibt dann in ihrer Bahn automatisch weiter. Die Kultur wird nicht mehr getragen von »Persönlichkeiten«, sondern von Funktionären oder Managern. In idealistischen Büchern aber bleibt zu lesen, daß für das Abendland die Persönlichkeit das höchste Gut sei und daß unsere Kultur eine Persönlichkeitskultur sei.

Wenn der Mensch jedoch an dem Überdruck dieser Kultur zugrunde geht, was ist dann noch der Unterschied zwischen dem östlichen und dem westlichen System? Die soziale Frage ist seit den Weltkriegen keineswegs nur die Industriearbeiterfrage. Aber selbst wenn wir annehmen dürften, daß der Arbeiter bei uns wirtschaftlich schon angemessen versorgt und gesichert sei – selbst dann bleibt es ein wesensmäßiger Schaden des maschinentechnischen Industriezeitalters, daß zahllose Menschen an der Art ihrer Arbeit keine Freude mehr empfinden, weil sie nicht ihre Seele in sie hineinlegen können. Niemand lebt vom Brot allein. Wie wir dieses Übel wieder wegbringen, darüber haben schon viele nachgedacht, aber keinem ist die Lösung wirklich gelungen, auch deshalb nicht, weil diejenigen, denen geholfen werden soll, schon zu stumpf sind, um von der gebotenen Hilfe Gebrauch zu machen.

Es ist nicht möglich, aber auch kaum nötig, daß ich in diesem Kulturgemälde fortfahre. Jeder kennt die Lage und leidet selbst unter ihr. Wir alle werden gelebt. Äußere Anforderungen ersticken das, was die Seele fordert. Unser Thema bleibt: Kann die Erziehung an dieser Kultur und dem von ihr geformten Menschentum etwas bessern? Kann sie von sich aus Zukunft gestalten? Hat sie einen nennenswerten Einfluß auf die Zukunft? Ist es nicht vielmehr so, daß nur *in* einer Kultur gemäß ihren schon gegebenen Maßstäben erzogen werden kann? Haben wir irgendein Beispiel dafür, daß allein durch die Macht der Erziehung eine neue Kultur oder auch nur eine wesentliche Kulturverjüngung hervorgebracht worden wäre? Ich verhalte mich skeptisch. Allenfalls könnte man sagen, daß Rousseau – obwohl nur Literat und nicht Erzieher – doch eine Verinnerlichung der Menschen in der von ihm beeinflußten Periode bewirkt habe. Aber damals gab es noch wenig Technik, wenig Industrie, wenig Großstädte, kurz wenig Kulturroutine. Das ist wohl klar: ein wesentlicher Umschwung kann nicht von der Erziehung erwartet werden, sondern nur durch eine radikale religiös-ethische Verwandlung, eine Verwandlung, die tief genug geht, um alle realen Kulturwiderstände zu überwinden, die ganze geprägte Kultur von innen heraus sittlich zu veredeln. Dann mag die Erziehung in diesem Geiste *nach*folgen und von ihm beflügelt das Ihrige tun. – Freilich, Max Scheler hat behauptet, der Geist von sich aus könne gar keine bewegende Kraft entfalten, so fest er in seiner eigenen Giltigkeit ruhe; er könne nur wirken, wenn ihm die triebhaften Tendenzen der Menschennatur in glücklicher Konkordanz zu Hilfe kämen. Ist es so? Oder müssen wir gerade danach mit aller Inbrunst streben, daß der Geist, der sittliche Geist, wieder zu einer *Kraft* werde, die die Welt bewegt?

Es sind noch nicht alle Schwierigkeiten erwähnt. Wir erziehen auch für eine politische Gestalt der Zukunft. In der gegenwärtigen Situation Europas kann kein Zweifel daran sein, daß größere politische Gebilde erforderlich sind als die alten Nationalstaaten. Aber je mehr wir das Individuum kultivieren, um so mehr kultivieren wir auch die Individualität, die Eigenart. Das heißt: wenn jeder Einzelne als wesentlich gilt und auf die Innerlichkeit des Einzelnen Rücksicht genommen wird, so muß man mit einer ungeheuren Differenzierung der Menschen rechnen. Die Gesichte, die sich in der Einsamkeit des Inneren erschließen, bekommen alle den Wert von kostbaren religiösen Gütern. Auch das Gewissen variiert dann und redet in jedem seine eigene Sprache. Auf diesem Boden einen alle weltanschaulichen Varietäten überwölbenden Staat zu errichten, wird zu einer fast unlösbaren Aufgabe. Man weiß in Europa, daß Hobbes seinen radikalen Herrschaftsstaat gerade der religiösen Zersplitterung entgegengestellt hat. Hegel betonte, daß der Staat auf das subjektive Gewissen keine Rücksicht nehmen könne, schon weil er dessen Echtheit nicht nachzuprüfen vermöge. Die Diktatoren seit 1918 haben sich alle damit gerechtfertigt, daß der moderne Individualismus ins Grenzenlose gewuchert sei, daß kein Staat mehr möglich sei, wenn man nicht die Triebe der Individualitätsansprüche beschneide und die Menschen wieder »organisierbar« mache. Ein purer Zufall ist es nicht, daß in *allen* Ländern heute solche autoritären Mächte und Gleichschaltungsbestrebungen auftauchen. –

Es war notwendig, uns ganz rückhaltlos über unsere kritische Lage auszusprechen und uns einzugestehen, daß es an sich schon schwierig ist – kurz gesagt –, die Freiheit des abendländischen Menschen zu retten, und daß es fraglich ist, ob die Erziehung dazu einen entscheidenden Beitrag liefern kann, zumal wenn noch dazu überall der Ruf nach Nivellierung der Bildung ertönt. Ich prüfe mich, ob ich mit tröstlicheren Aspekten schließen kann. Aber es dürfte kein billiger Trost sein.

Ein billiger Trost ist es sicher, daß gegenwärtig die Angst vor dem Verlust der persönlichen Freiheit Mächte miteinander verbindet, die noch vor kurzem schärfste Gegner waren. Denn die Angst führt niemals zu Dauerschöpfungen. Auch den Hinweis auf die gemeinsame europäische Geistestradition, auf unsere gemeinsame Abstammung gleichsam aus *einem* guten Hause, darf man nicht überbewerten. Es ist schön, daß es das in der Welt der Bildung gibt, und wir wollen es mit Ehrfurcht pflegen. Aber wir reden hier von der *Zukunft*, nicht von der Vergangenheit, und nicht nur *wir* tun es, das ganze Weltgespräch geht um die Zukunft. Die Zukunft ist immer gleich dem verschleierten Bild zu Saïs. Ganz können wir ihm den Schleier nie abnehmen. Aber wir können *den* Schleier abtun, der noch vor unseren eigenen Augen hängt, indem wir uns schonungslos selbst prüfen. Gestehen wir uns ein: so wie wir heute als Individuen und Völker und Staaten geartet sind, werden wir Europa *nicht* retten. Diese Einsicht ist schon viel wert. Wir müssen uns gründlichst verwandeln. Nur als Verwandelte aber werden wir auch gute Erzieher sein, die eine voll verantwortungsbewußte Jugend der Zukunft heranbilden.

Nach welcher Richtung aber sollen wir uns verwandeln?

Ich will Ihnen ein paar Worte vorlesen, die ich neulich in einem Buche fand: »Es rettet Europa nichts und kann Europa nichts retten als ein entschlossenes Zurücktreten ⟨Zurückkehren⟩ zu den Grundsätzen, die in dem Grad mit der menschlichen Natur *übereinstimmen*, wie diejenigen, die über sein Verderben entschieden, von dieser Natur *abweichen*.« – »Das Wesen unserer Sittlichkeit, folglich auch das Wesen aller Mittel ihrer Entwicklung, beruht auf der Erhaltung der Kraft und Reinheit unserer *inneren Anschauung*. Die Welt kennt sie nicht mehr; die Moralsysteme unserer Zeit sind, sowie die Religion unserer Zeit, auf den Sand leerer Worte und Meinungen gebaut, die das Heiligtum der *inneren Anschauung* auf keine Weise mehr als unerschütterlich *ewiges Fundament* ihrer äußeren Erscheinung rein und hehr in sich tragen.«

Hier ist von der Rettung Europas die Rede. Stammen diese Worte aus dem Jahre 1950? – Nein. – Sie sind geschrieben im Jahre 1802, und diese Klage um den Verlust der Innerlichkeit, die allen äußeren Gegebenheiten erst Sinn, Farbe und Wärme verleiht, stammt aus Pestalozzis Pariser Denkschrift. Sie ist in dieser Hinsicht ebenso zeitgemäß wie eine andere Schrift Pestalozzis, die er 1815 nach dem Ende der großen Napoleonischen Kriege an sein »Zeitalter« gerichtet hat und in der er das Thema vielstimmig durchführt: »Ohne eine höhere Ansicht des Lebens veredelt sich die Menschennatur durch keine Art von bürgerlicher Verfassung, durch keine Art von Konstituierung ihrer selbst als Masse, durch keine Art ihrer kollektiven Existenz als *solcher*.« Es handelte sich also schon damals um dieselben Dinge wie heute. Folglich wird von uns auch gar nicht erwartet, daß wir uns in Gott weiß was für ungewöhnliche Gestalten verwandeln, sondern nur dies, daß wir sehr einfache Wahrheiten endlich einmal *hören*.

Das Erste nämlich, was nottut, ist die Erhaltung, oder wie man sich wohl heute schon ausdrücken muß: die Wiederherstellung der Familie. Der radikale Kollektivismus möchte sie als überalterte Institution abtun; ein gemäßigter Sozialismus nennt sie wohlmeinend in seinem Reformprogramm. Aber damit allein wäre wenig geholfen, wenn nun wieder unzerstückte Familien in gesunde Wohnungen einzögen, die mit den nötigen Möbeln ausgestattet sind, einem Huhn im Kochtopf und einem Rundfunkapparat. Die Familie ruht ganz und gar auf den Kräften der Frau. Daß ihre fleißigen, abgearbeiteten und abgehärmten Hände noch da sind, das wollen wir schon glauben. Wir brauchen aber ihr ganzes, noch nicht von Leiden zerrissenes Herz, ihre Gabe, in sich selbst hinabzulauschen, dort eine große

Stille zu hören und aus dieser Stille den Ihrigen das Tiefere des Daseins zu deuten. Wenn nicht alle Wände gleichsam widerleuchten von den warmen und liebreichen Gefühlen, die nur eine Frau und Mutter innerlich aufbringt, so ist der gesündeste Neubau nicht viel wert. Also wird *doch* wohl eine Verwandlung stattfinden müssen. Denn all die Kulturkulissen, die seit 150 Jahren die Möglichkeiten eines echten Innenlebens selbst bei der Frau zerstört haben, sind nicht so leicht abgebaut. Und sie können ja auch gar nicht abgebaut, sondern müssen umgebaut werden, damit der Mensch in uns nicht erdrückt werde, wenn sie einmal einstürzen.

Das Zweite hängt damit eng zusammen und ist auch von Pestalozzi rechtzeitig gesehen worden. In seinen Tagen, als die große Industrie anfing, frühlingshaft emporzuschießen, hat man, berauscht vom neuen Glanze, nicht daran gedacht, daß die allgemeine Umgestaltung der Kultur von der Schichtung der Gesellschaft an bis zur Technisierung und Kollektivierung alles Lebens als Gegengewicht einen großen moralschöpferischen Schwung erfordert hätte. Der aber ist im ganzen 19. Jahrhundert ausgeblieben, weil man in dieser späten Aufklärungszeit gar nicht mehr verstand, was eine gesunde Volksmoral eigentlich ist und leistet. Man war »erfinderisch« in allen äußeren Dingen der Naturbeherrschung, der Nützlichkeiten und des Komforts. Man war aber nicht mehr »schöpferisch« im Aufbau eines gehaltvollen Menschenlebens und neuer sittlicher Ordnungen, die gegen die Gefahren der veränderten Lebensform einigermaßen abschirmten. So hat der technisch-wirtschaftliche Geist das Ethos erdrückt und der Geist der seelenlosen Organisation die nie entbehrlichen Kräfte der Liebe. Solche Versäumnisse wieder gut zu machen, ist keine Kleinigkeit. Es wird in der Tat einer gründlichen Verwandlung von innen heraus bedürfen, wenn es dazu nicht schon zu spät ist.

Das Dritte aber ist neu und tritt erst in unseren Tagen in unsern Horizont. Das 19. Jahrhundert stand noch unter dem Zeichen, den Bau der Nationalstaaten auf dem alten Kontinent zu vollenden. Ganze Ströme von heiliger Begeisterung und ebenso von exklusiver Leidenschaft sind in die ses Werk hineingeflossen. Es soll auch jetzt keinem Volke die Freude an seiner von der Geschichte geprägten Eigenart genommen werden. Aber die Dimensionen dieses Ideals sind zu klein geworden, als daß es in einer zusammengeschrumpften Welt noch das höchste maßgebende sein könnte. Man redet schon allenthalben vom Superstaat. Dies ist nun eine Aufgabe für durchaus produktives *Rechts*denken. Hier wird dem europäischen Geist eine Leistung zugemutet, die nicht weniger als den Eintritt in eine von Grund auf andere Weltepoche bedeutet. Wenn auch das Recht nicht unmittelbar gleich Sittlichkeit ist, so kann es doch immer nur aus Kräften sittlicher Gesinnung geboren werden, und es wirkt dann auch wieder sittlich bildend auf das Gesamtleben zurück. Die geistige Elite, die so etwas vollbringen könnte, ist heute noch gar nicht da. Die Erziehung ist damit vor die größte Forderung gestellt, die sich denken läßt. Wird sie diese schwerste Probe, vor die sie die *Zukunfts*aufgaben stellen, bestehen? Denn man wird doch wohl nicht meinen, das Erforderliche sei schon getan, nachdem wir im Westen in die Demokratie mit Freiheit und Gleichheit und verbürgten Menschenrechten gleichsam »zurückgefallen« sind. Das sind ja alles noch ungeformte Kräftemassen, mit denen unberufene Hände ein sehr gefährliches Spiel treiben können und tatsächlich schon wieder treiben. Wo sind überhaupt die Menschen, die schon mit voller Klarheit verstehen, worauf es ankommt; wo die Lehrer und Erzieher, die nicht bloß »Schule halten« wollen, sondern den schwerfällig gewordenen Geist verjüngt in die Zukunft hinein bewegen? –

Es sind also wirklich tiefgehende Verwandlungen, die von uns in Westeuropa verlangt werden und die wir zunächst an uns selbst vollziehen *sollen*. Was gehört dazu alles an Überwindungen! Und doch sind es wieder sehr alte Tugenden, die nur am neuen Lebensstoff bewährt werden müssen: die Kraft der Selbstbeherrschung, der Verträglichkeit, der Toleranz, der Gerechtigkeit; Bezwingung des Neides auf brüchige, von Haus zu Haus vergänglich wandernde Güter; selbstlose Hilfsbereitschaft, feinste Kultur des Gewissens, Ehrfurcht vor dem Göttlichen in jedem Menschenwesen und in jeder Menschenart; Starkwerden im Geist jener Liebe, die zuletzt nicht von *dieser* Welt ist! Die Liste des Wünschenswerten könnte noch viel länger werden. Es geht um eine Reinigung der Lebensgestaltung auf allen Gebieten der Kultur. Aber seien wir kurz und fassen wir doch alles zusammen: es geht um die gründliche Revision des Verhältnisses der Kulturmenschheit zu Gott, in dessen Namen wir alles bekennen, was gut ist und heilend und heilig.

Grundstile der Erziehung

1951

In der Erziehungswelt ist viel Streit dadurch entstanden, daß man von dem stillen Glauben ausging, es gebe nur *einen* absolut richtigen Weg zu dem vorausgesetzten Ziel. Den noch härteren Dogmatismus, daß für alle Zeiten und für alle Menschen das gleiche Hochbild vom Menschen verpflichtend sei, wollen wir aus dem Spiel lassen. Denn seitdem wir historisch zu denken gelernt haben, wissen wir, daß sich die seelisch-geistige Gestalt des Kulturmenschen aus tiefliegenden Gründen von Epoche zu Epoche wandeln muß, und seitdem wir psychologisch zu sehen begonnen haben, steht es fest, daß nicht aus jeder Natur der gleiche Charakter und die gleiche Leistung herausgeholt werden *können*. Mit dieser Einsicht braucht nicht die Gefahr des Relativismus verbunden zu sein. Denn die Fülle des Lebensgrundes, die leibliche und geistige Gestalten aus sich entläßt, kann sich nicht in *einer* individuellen »Bildung« erschöpfen. Gestalt und Gestaltverwandlung ist ein Urgesetz des Lebens,

Und umzuschaffen das Geschaffne,
Damit sich's nicht zum Starren waffne,
Wirkt ewiges lebend'ges Tun.

Das Bildungsideal, das aus dem historischen Leben des Geistes geboren wird und an dem sich eine erziehende Generation orientiert, kann trotzdem seine tiefe innere Notwendigkeit haben und verfällt keineswegs der Beliebigkeit. Angenommen, ein solches Ziel der Erziehungsbemühungen stehe fest, so bleibt doch hinsichtlich der Wege, die man wählt, in gewissen Grenzen Freiheit. In diesem Spielraum liegen die Erscheinungen, die ich »Erziehungsstile« nenne.

Stil heißt ursprünglich Griffel und bedeutet zunächst die Schreibart eines Schriftstellers, späterhin auch die persönliche, halb unbewußte, halb ausdrücklich kultivierte Gestaltungsart eines schaffenden Künstlers überhaupt. Gleichsam an seiner »Handschrift« erkennt man seine Eigenart.

Der Begriff des Stils hat daher bei der Entdeckung und Bewertung der Individualität eine große Rolle gespielt. Vor allem an Cicero verehrte die Renaissance das interessante Menschentum, das sich über das Typische erhoben hat und allem – dem Lebensvollzug wie dem Schaffen – seine eigentümliche Prägung aufdrückt. Etwas anderes hat Goethe in seiner hochklassischen Epoche unter Stil verstanden, nämlich gerade das Zusammenklingen der persönlichen Schöpfung mit der geheimen Urgesetzlichkeit der Welt. »Wie die *einfache Nachahmung* auf dem ruhigen Dasein und einer liebevollen Gegenwart beruht, die *Manier* eine Erscheinung mit einem leichten fähigen Gemüt ergreift, so ruht der *Stil* auf den tiefsten Grundfesten der Erkenntnis, auf dem Wesen der Dinge, insofern es uns erlaubt ist, es in sichtbaren und greiflichen Gestalten zu erkennen.« (1788) Goethe setzt also *seinen* Stil, wie er sich gerade nach der Italienischen Reise herausgebildet, diese Ausgewogenheit zwischen dem Gesetz der Objekte und dem Gesetz der schöpferischen Seele, einfach mit Stil überhaupt gleich. Aber auch er erkennt doch in den angeführten Worten andere Möglichkeiten künstlerischer Behandlung an. Nur wählt er dafür den etwas abwertenden Ausdruck »Manier«.

Es scheint mir nicht glücklich, die Eigenart ganzer Kulturen auf verschiedene »Kulturstile« zurückzuführen. Denn Kulturen unterliegen noch ganz anderen Gesetzen als einer gleichsam künstlerischen Stilgebung. Jeder Stil setzt schon Sachzusammenhänge mit eigener Geordnetheit voraus und prägt ihnen nur zusätzlich den Stempel einer originalen Persönlichkeit auf.

Bei der Verwendung von Worten sind wir einigermaßen frei, wenn nur deutlich erklärt wird, wie sie in dem betreffenden Gedankenzusammenhang gemeint sind. Ich rede im folgenden von »Grundstilen der Erziehung«. Darunter verstehe ich im Unterschied zu den soeben gekennzeichneten Bedeutungen von »Stil« nicht den Anteil der ganz persönlichen Eigenart an dem Aufbau des Erziehungswerkes. Einen solchen Stil, der sich von der besonderen Natur der Erzieherpersönlichkeit herschreibt, gibt es natürlich auch. Hier aber soll es sich handeln um *Grundmöglichkeiten* des pädagogischen Vorgehens, zwischen denen man wählen kann, ohne daß man es von vornherein falsch macht.

»Grundstile der Erziehung« heißt also etwas anderes als die historisch gegebenen Erziehungsbewegungen oder Erziehungsrichtungen. Diese bedürfen einer ganz konkreten Darstellung und einer vielseitigen Herleitung aus dem Geist ihrer Zeit. So unterscheiden wir in der Geschichte der Pädagogik etwa Pietismus, Philanthropismus, Herbartianismus usw. Hingegen Stile der Erziehung bedeuten Möglichkeiten der Erziehungsgestaltung, die grundsätzlich zu *allen* Zeiten offen stehen. Für welche von ihnen man sich in einer bestimmten Epoche entscheidet, das ist natürlich mitbedingt durch die gegebene Gesamtlage und den Geist der Zeit. Aber man versteht das Gewicht solcher Entscheidungen besser, wenn man sich vorher in Gedanken die hauptsächlichen Spielarten klar gemacht hat, die überhaupt auftreten *können.*

Also sind jene Grundstile eigentlich Gedankenkonstruktionen. Sie stellen in der Regel zwei polar entgegengesetzte Haupttypen auf. Da diese »reinen Fälle« in der Wirklichkeit nicht vorkommen und nicht einfach generalisierend aus der Wirklichkeit abgelesen sind, haben sie den Charakter von Idealtypen. *Typen* sind noch halb anschaulich unterbaute Gedankenbildungen, die man aus der Formenfülle der Welt empirisch gewonnen hat, gleichsam als Niederschläge der Erfahrung, die das Formverwandte heraushebt und einander zuordnet. *Idealtypen* sind auch noch halb anschaulich; jedoch sind sie zugleich in Gedanken aus einem frei gesetzten *Prinzip* der Formbildung apriori entworfen. Sie dienen rein methodischen Zwecken und haben mit dem ethischen Ideal oder anderen Wertbeurteilungen der Sache selbst nichts zu tun. Sie sind ideal im Sinne von *gedanklicher* Isolierung, und sie sind *konstruiert* als äußerste reine Fälle, die nur als methodische Hilfsmittel zur schärferen Herausarbeitung wirklich vorkommender Fälle dienen.

Wenn es gelingt, zwei einander polar entgegengesetzte reine Fälle (Urphänomene) zu entwerfen, so hat dies den Vorteil, daß man sozusagen gleitend von dem einen zum anderen Extrem übergehen kann, indem man dem einen Prinzip immer mehr von dem anderen Prinzip beimischt. Auch dadurch nähert man sich den je verwirklichten Gebilden und vermag sie nun – gleichsam durch Abzeichnung gegen reguläre Figuren – in ihrer Eigenart noch schärfer zu charakterisieren. Dies Verfahren ist in den verschiedensten Geisteswissenschaften schon einheimisch. Schleiermacher z. B. wendet gern eine Maximum- und Minimum-Methode an. In der deskriptiven Pädagogik ist etwas Derartiges noch kaum versucht worden.

Ich verweile nicht länger bei so abstrakten Erwägungen, sondern wende mich zu der Durchführung, aus der man besser verstehen wird, was gemeint ist. Man fingiere also den Fall, daß man vor aller historischen Gebundenheit ganz frei das Programm einer Erziehung entwerfen könne – ein Fall, der bekanntlich niemals vorkommt. Dann hat man zwischen idealtypischen Möglichkeiten zu wählen, von denen keine ganz verfehlt ist, jede aber auch die Nachteile ihres eigentümlichen Ausgangspunktes mit sich bringt.

I

Es gibt einen *weltnahen* und einen *isolierenden* Stil der Erziehung. Man kann der Meinung sein, daß an der Wirklichkeit des reifen Kulturlebens selbst erzogen werden müsse; man kann aber auch Zurückgezogenheit fordern. Der direkte Weg scheint der ältere zu sein; denn in einfachen Kulturen macht man keine besonderen Veranstaltungen für die Bildung der Jugend. Der Bauernsohn wächst ganz von selbst, mit kleinen Hilfsleistungen früh anfangend, in den Beruf des Vaters hinein; auch der Zunftlehrling erhält keine theoretische Vorschulung, sondern lernt, was er braucht, in der Werkstatt an der fortlaufenden Arbeit selbst. Gleichwohl deuten Anzeichen daraufhin, daß man schon in ganz primitiven Verhältnissen die Erziehung reiferer Altersstufen mit den Stätten des Kultus in Verbindung gebracht hat. Der Pubertätsweihe geht bei manchen Stämmen ein Aufenthalt in der Wildnis voran. Es ist natürlich schwer zu sagen, was eine solche Sitte in den Zeiten magischen Denkens eigentlich bedeutet hat. Aber auch auf höheren Kulturstufen finden wir die Unterrichts- und Erziehungsmaßnahmen ebenso oft mit den Tempeln verbunden wie mit den Männerhäusern, und zwar schon *vor* der Zeit, in der die Priester als die einzigen Schreibkundigen des Stammes auch die bevorzugten Bildungsträger wurden.

In der Tat: es sind von vornherein zwei ganz verschiedene Erziehungsentwürfe denkbar. Entweder bringt man die Jugend von früh auf unmittelbar an die wichtigen Lebensverrichtungen heran, an die Arbeit, an die Beratungen, an die Kriegführung. Oder man hält eine gewisse Schonzeit für notwendig, sei es aus Rücksicht auf die physischen Kräfte, sei es für die Bildung des Gemüts, dessen »dämonische« Umwälzungen in der Pubertät nicht unbemerkt geblieben sein mögen.

Deutlicher wird uns die Alternative in den Kulturepochen, die bereits die Einrichtung kennen, die wir Schule nennen. Das Wort Schule kommt bekanntlich vom griechischen σχολή her, das als schola ins Lateinische übernommen worden ist. Es wird in der Regel mit »Muße« übersetzt. Vielleicht wurde so auch die Bank genannt, auf der man sich in den Gymnasien nach den Leibesübungen ausruhte. Das einheimische römische Wort für Schule, ludus, darf nicht mit »Spiel« in unserem Sinne übertragen werden. Vielmehr handelte es sich um kultische Spiele, um Feste, wie bei der in Griechenland wichtigen Ausbildung der Chöre (der singenden Reigentänzer). Wortgeschichtliche Untersuchungen wären hierzu noch erwünscht. Sicher ist, daß zur Zeit Ciceros das Wort schola bereits Schule in unserem Sinne bedeutet.

Nun ist kein Zweifel, daß die Schule eine Veranstaltung ist, die die Jugend vor der frühzeitigen Berührung mit dem realen Leben behütet. Sie vermittelt Kenntnisse, die erst später tatsächlich angewandt werden, und sie schafft eine Art von sturmgeschützter Stille, einen Schonbereich. Überall, wo Schule ist, treffen wir schon auf den isolierenden Stil. Er tritt im christlichen Mittelalter ganz deutlich hervor, weil die Schulen da fast ausnahmslos an die Klöster angeschlossen waren. Die Palastschule Karls des Großen etwa blieb eine vereinzelte Einrichtung. Die Bauern als Stand kannten keine Schule, und der Stand der Ritter ebensowenig. Bei ihnen ging es unmittelbar in die Realität hinein. Wer aber eine Schule besuchen wollte, mußte in die Lehre der Kleriker gehen, also in die Klöster. Der europäischen Schule ist etwas von diesem klösterlichen Geist bis in die Neuzeit verblieben. Deshalb mußte immer wieder daran erinnert werden: Non scholae, sed vitae discimus. In diesem Wort liegt schon das Bewußtsein einer nicht ungefährlichen Kluft zwischen Schule und Leben.

Bei Pflanzern, die in der Wildnis eine neue Kultur schaffen wollen, in Kolonien überhaupt, die weithin von Traditionen gelöst sind, hat die Schule keinen Sinn. Wenn auch die Bürger der Vereinigten Staaten von Amerika später Schulen einrichten mußten, so sieht man es ihnen doch heute noch an, daß sie viel unmittelbarer lebensverbunden sind, als auf dem alten Kontinent. Sie sind nicht aus den stillen Klosterhallen hervorgegangen. Gleichwohl: Wo Schule ist, da ist Schonzeit. Es mag eine sehr asketische Zucht in ihren Räumen herrschen; der erst spät erwachte Sinn für die Seelenlage der Jugend, der man eine *Ausweiche*möglichkeit vor dem vollen Druck der reifen Kultur geben muß, mag noch fast ganz fehlen: es ist doch immer eine Mauer gebaut um die Stätten der Bildung, und diese behält etwas von der Klostermauer.

Die Motive für ein und dieselbe Kultureinrichtung wechseln mit den Zeiten. Es kann eine Epoche kommen, in der man befürchtet, daß von der wirklichen Kultur ein Gifthauch auf die Jugend ausgehe, vor dem man sie bewahren müsse, solange sie noch nicht in echten Werten fest geworden ist. Dann beginnt man, sogar *gegen* die bestehende Kultur zu erziehen. Vielleicht spielte dieses Motiv schon in den ältesten Zeiten der christlichen Klosterschulen mit: um sie herum herrschte eine kriegerische Barbarei, der man von gesicherten Inseln des Geistes aus entgegenwirken mußte. Der klassische Fall des mißtrauischen Rückzuges in die Einsamkeit, in die Isolierung, bleibt doch Rousseaus Erziehungsprogramm im ›Émile‹. Man mag behaupten, daß es bei Rousseau selbst mehr eine literarische Geste war als tief gemeinter Ernst; aber es entstand im Weiterwirken daraus ein sehr wesentlicher Erziehungsgedanke, nämlich der, daß Erziehung mehr zu leisten habe als nur die sinngemäße Einfügung in die gegebene Kultur. Das heißt aber, daß man die *Idee* der echten Kultur höher stellt als die reibungslose *Anpassung* an das, was die betreffende Epoche Kultur nennt.

Auch davon ist der Erziehung in Europa immer etwas geblieben. Die Amerikaner hatten diesen Kunstgriff nicht nötig. Denn um sie herum gab es lange noch die wirklichen »Indianer«, die in Europa – bis heute – zu einem Knabenspielsymbol wurden. Hatte der Rückzug in die Stille – gleichviel ob sie Idealwelt oder Knabentraumwelt bedeutete – einmal begonnen, so konnte die Gefahr einer romantischen Wirklichkeitsferne nicht ganz ausbleiben. Die Schule wurde mehr und mehr zu einer ad usum Delphini konstruierten Nebenwelt. Man konnte ihr den Mangel an Realitätssinn vorwerfen, den Kampf gegen Windmühlen, statt der Erziehung zur Bewährung an der ebenfalls bildenden harten Realität. Als ich 1928 das Schlagwort oder den Warnruf aufbrachte »Die Verschulung Deutschlands«, bewog mich dazu die Beobachtung, daß man im alten Abendland mechanisch für alle möglichen Lebensleistungen Schulen gründete, Stätten der grauen Theorie, auch für solche Gebiete, in die man besser an der konkreten Wirklichkeit selbst hineinwachsen würde. Das Echo aus Amerika war damals sehr stark, wohl aus der Erinnerung an den eigenen alten Pioniergeist heraus. Denn inzwischen war Nordamerika selbst auf der Bahn der Schulgründungen auch für praktische Dinge aufs äußerste vorgeschritten. Dabei blieb allerdings die Theorie viel stärker anwendungsbezogen als bei uns. Man kann an solchen Erscheinungen studieren, wie stark alles Schulwesen in die geistesgeschichtliche Gesamtentwicklung eingebettet ist, und daß der wohlgemeinte Ratschlag »Macht es wie wir!« außerordentlich naiv ist.[1]

Die Antithese von lebensnahem und inselhaft-isolierendem Stil erläutere ich nun an charakteristischen Beispielen aus unserem Kulturkreise, von solchen ausgehend, die uns noch sichtbar vor Augen stehen. Das berühmte Goethewort:

> Es bildet ein Talent sich in der Stille,
> Sich ein Charakter in dem Strom der Welt

scheint zu unserem Problem schon so Stellung zu nehmen, daß für die Ausbildung des gelehrten und künstlerischen Geistes die zurückgezogene Stille besser geeignet ist, für Willensqualitäten jedoch die unmittelbare Berührung mit dem Kampf des Lebens. Aber ein vorschnelles Urteil ver-

---

[1] In Manila fand ich an einer Universität das Schild: »Fakultät für Korbflechten.« (Department for basket making.)

bietet sich durch die Beobachtung, daß die halb klösterliche Tradition der englischen Public Schools ausgezeichnete Resultate der Charakterformung aufzuweisen hat, während die frühe Begegnung mit der Welt und ihrer Routine oft die schwersten Charakterschädigungen mit sich bringt. Unsere Alternative gilt folglich sowohl für die Seite des Unterrichts – der intellektuellen Ausbildung und Kenntnisvermittlung – wie für die Willensbildung und sittliche Festigung. Beides ist an sich auf beiden Wegen möglich, obwohl unsere ausgesprochene Wissenskultur einen nur gelegentlichen Erwerb von *Kenntnissen* als einen unsicheren und zeitraubenden Weg erscheinen läßt.

Wenn die »Schule« durchweg unter dem Gesichtspunkt einer *neben* das Weltgetriebe gestellten Einrichtung betrachtet werden kann, so steigert sich dieser Sachverhalt beim humanistischen Gymnasium durch die Bildungsgüter, auf denen es aufbaut. Denn hier erfolgt die Bildung sogar vorwiegend am nachwirkenden Gehalt einer vergangenen Kultur, und – um gleich den Gegensatz zum noch Lebenden scharf zu betonen – im Bereich von zwei »toten Sprachen«. Daß man der griechisch-römischen Kultur diese Stellung im europäischen Bildungswesen weit über das Mittelalter hinaus zugewiesen hat, beruht wesentlich auf drei Motiven: 1. es handelt sich um eine unbestritten produktive und hohe Kultur; 2. diese ist in entscheidenden Beziehungen die historische Basis unserer christlich-europäischen Kultur; 3. die »Antike« ist in *dem* Sinne eine abgeschlossene Kultur, daß ihre Kämpfe nicht mehr akut sind, sondern als erledigt gelten können. Also hat sich die griechisch-römische Kultur für die Neuzeit überwiegend in ein gewaltiges Reservoir von Bildungsgütern verwandelt, die vermöge ihrer tiefgehenden Aneignung durch uns und doch gleichsam als *Modell* einer *anderen* Kultur reichen Übungsstoff für diejenigen darbietet, die einmal in unserer Gegenwart eine geistig führende Rolle spielen sollen. Der Grundgedanke, einen pädagogischen Schonbereich neben den lauten Auseinandersetzungen der akuten Realität zu schaffen, ist ganz unverkennbar. Eine solche stille Insel der Bildung kann allerdings nicht in der Hauptverkehrsstraße einer modernen Großstadt liegen, und die Schüler können nicht auf Motorrädern angesaust kommen.

Im Laufe der Jahrhunderte hat der spezifische Akzent des Bildungswertes, den man den klassischen Stoffen beilegte, mannigfach gewechselt. Darüber ist vielleicht der eigentliche Kerngedanke den Beteiligten fast aus dem Bewußtsein entschwunden, nämlich der, den jungen Geist durch Umgang mit einem fremden und doch verwandten Geist gegen das Minderwertige immun zu machen und ihn für seine Lebensgestaltung aufzustacheln zu einem Wettbewerb mit höchsten Meisterleistungen. Wer künftig Kulturverantwortung tragen soll, muß kulturmächtig und nicht kulturhörig sein. Eine solche Bildung erfordert lange Zeit und intensive Arbeit. Sie kann nur in der Zurückgezogenheit gedeihen. Nirgends ist dieses Programm wirkungsvoller ausgesprochen worden, als in dem berühmten neunten Briefe Schillers ›über die ästhetische Erziehung des Menschen‹: »Eine wohltätige Gottheit reiße den Jüngling beizeiten von seiner Mutter Brust, nähre ihn mit der Milch eines besseren Alters und lasse ihn unter fernem griechischen Himmel zur Mündigkeit reifen. Wenn er dann Mann geworden ist, so kehre er, eine fremde (!) Gestalt, in sein Jahrhundert zurück, aber nicht, um es mit seiner Erscheinung zu erfreuen, sondern furchtbar, wie Agamemnons Sohn, um es zu reinigen.« So, als ein Kathartikon des Geschmackes und des Ethos, hat auch der junge Nietzsche das humanistische Gymnasium verstanden: »Anstalten der Bildung« sind anderswo angesiedelt als »Anstalten der Lebensnot«. Und nur so hat das Gymnasium einen echten Sinn. Traut man sich nicht mehr zu, diesen Sinn zu erfüllen, so unterlasse man den ganzen Versuch. Denn wenn man immer mehr moderne Flitter auf das Kleid des Gymnasiums aufsetzt, wird es zu einer Halbheit, die nach beiden Seiten hin versagt.

Goethe hat, angeregt durch Fellenbergs Gründungen in Hofwyl, das Bild einer »Pädagogischen Provinz« entworfen. Schon in dem Worte »Provinz« ist angedeutet, daß es sich um eine Insel der Bildung, abseits vom realen Getriebe der Welt, handelt. Dieses dichterische Vorbild hat, abgesehen von der Schule in Abbotsholme, auf unsere modernen Landerziehungsheime eingewirkt. Hermann Lietz hat sie immer wieder damit motiviert, daß unserer heutigen Familie die eigentliche Erziehungsfähigkeit abhanden gekommen sei. Insofern die Heime auf die Wiedergewinnung der Bodenverbundenheit dringen, ist in ihnen ein Rousseauischer Zug erhalten. Es liegt in ihnen ein Motiv von »Kultursezession«, wie er auch in der gleichzeitig aufbrechenden Jugendbewegung zum Ausdruck kam. In ihr sprach man von »Waldverwandtschaft«. Das weist auf Jugendromantik und veredeltes Indianertum hin: zugleich liegt darin eine – freilich ohnmächtige – Absage an die aufgeklärte, durch und durch rationalisierte Kultur unserer Tage.

Der deutschen Universität hat man immer ihre Lebensfremdheit vorgeworfen. Das Problem ist zu groß, um es hier nebenbei zu erörtern. Aber so viel ist klar, daß echte Wissenschaft immer nur in gesammelter Stille getrieben werden kann, zumal dann, wenn die Wissenschaft nicht nur dem unmittelbaren Gebrauch und Verbrauch dienen soll, sondern gleichsam auf Vorrat produziert wird. Das ist nun einmal bewußter deutscher »Stil«, in den man nicht beliebig viel vom amerikanischen Stil infiltrieren kann. –

Aber lassen wir nun die Gegenseite zu Worte kommen! Die Klagen über die Weltferne der deutschen Schule hören nicht auf. Sie stammen aus einer anderen Grundkonzeption vom Stil der Bildung. Nach ihr kann die Jugend nicht nahe genug an die Lebenswirklichkeit herangeführt werden. Schon daß die Bildungsgüter der Schule einseitig literarischer Art sind, gilt als ein Mangel. Wir sahen allerdings: »Schule« als solche steht schon im Gegensatz zum »Leben«, wie der bloße Sprachgebrauch bestätigt. In den Realanstalten (Realgymnasien und Oberrealschulen) hat man den Forderungen der Gegenwart und dem Nützlich-Anwendbaren schon weitgehende Konzessionen gemacht. Sie sind nicht nur Abspaltungen vom humanistischen Gymnasium, sondern beruhen auf einer grundsätzlich anderen Idee. Von unserer Betrachtungsart aus zeigt sich, daß man sich über den Stilwechsel nicht ganz klar gewesen ist und infolgedessen nicht nur zu einem »gemischten«, sondern vielfach zu einem »unreinen Stil« gelangt ist. Hingegen folgt die Fülle moderner Fach- und Berufsschulen ganz ehrlich dem Prinzip der *Lebensnähe*. Man könnte sie auch »Ad-hoc-Schulen« nennen. Immerhin bleiben auch sie Schulen, obwohl sie fast sämtlich zu dem Typus der Lehrwerkstätten hindrängen. Wo diese bereits zu Bestandteilen der großen Industriewerke selbst geworden sind, da zeigt sich klar das Prinzip, es könne eigentlich nur in unmittelbarer Nähe zur realen Arbeitswelt wirksam erzogen werden. Die Kenntnisse freilich bedürfen auch da eines geordneten *Schul*betriebes.

»Der Weltmann« als ausdrückliches Bildungsziel trat in früheren Zeiten deutlicher zutage als heute, ganz besonders beim Adel. Es ist bekannt, daß Fürstenhäuser und Territorialadel es im 17. und noch im 18. Jahrhundert notwendig fanden, Anstalten mit einem für sie geeigneten besonderen Bildungstyp zu errichten: die Ritterakademien (Adelsakademien). Die damaligen, dem konfessionellen Prinzip und einer scholastischen Dogmatik verfallenen Universitäten leisteten zu wenig für die Politik der neuen höfischen Welt, für die Bedürfnisse des Hof-, Offiziers- und Beamtenadels. In solchen Akademien findet man denn auch Französisch im Vorrange vor Latein, gegenwartsbezogene Lehrstoffe bis zum Zeitungskolleg hin, und viele Leibesübungen, teils militärischer, teils gesellschaftlicher Art. Der Renaissancebegriff der »guten Gesellschaft« breitet sich erst damals in den europäischen Ländern diesseits der Alpen aus. (Galanthomme, gentleman, Hofmann, Cavalier.) In Tübingen kann man es verfolgen, wie das Collegium illustre dort (gegründet 1594) für einen langen Zeitraum die Universität überflügelt. Im Grunde aber waren auch diese Akademien ein Notbehelf. Denn für die »gute Gesellschaft« kann man eigentlich nur in dieser Gesellschaft selbst durch einen »Hofmeister« erzogen werden, auf

Reisen, durch Besuche von Höfen und berühmten Persönlichkeiten, kurz durch Weltkenntnis, wie sie etwa Lord Chesterfield in seinen Briefen seinem Sohn empfahl. Als Lessing von St. Afra kam, empfand er schmerzlich, was ihm die alte Fürstenschule nicht mitgegeben hatte.

In den Demokratien der Gegenwart gibt es nominell keine Rangabstufungen mehr. Aber es gibt noch »Zirkel«, zu denen man Zutritt haben muß, es gibt noch immer Männer von Welt und Spießbürger. Von der ersten Gruppe hört man selten, daß sie ihrer Schule besonders viel verdanken. Man erinnere sich, wie kurz Bismarck im ersten Satz seiner ›Gedanken und Erinnerungen‹ die auf dem Gymnasium verbrachte Zeit abtut. Die alten Korporationen an den deutschen Universitäten strebten zum Teil eine weltoffene Bildung an, verwechselten aber vielfach bloße Umgangsformen mit dem Sinn für politische und soziale Realitäten. Die Nachwirkungen des »Cortegiano« waren nur spärlich nach Deutschland gedrungen, vermutlich, weil da ein ganz anderer Grundstil der Erziehung vorgezeichnet war, nämlich der, der immer mit klösterlichen Traditionen belastet war. Ob eigene »Hochschulen für Politik« mehr Weltkenntnis und politischen Realitätssinn verbreiten werden als die Universitäten, bleibt abzuwarten. Eigentlich schult man das Organ für Politisches auf keiner Art von Schule oder Hochschule, sondern nur am Getriebe der Welt selber. Das Schwimmen kann man nur im Wasser lernen.

Ich habe den ersten Stilgegensatz an willkürlich herausgegriffenen Beispielen anschaulich zu machen versucht. Den »reinen Fall« des einen oder des anderen Poles findet man natürlich nirgends verwirklicht. Die historischen Erziehungsformen liegen immer in der Mitte, bald dem einen, bald dem anderen Extrem näher. Nehmen wir an, für ihre Entstehung seien nicht Traditionen und unbewußt drängende Kulturnotwendigkeiten maßgebend, sondern es bestehe eine freie Wahl; dann wird sie sich an drei Gesichtspunkten orientieren müssen.

Der erste Maßstab ist die gegebene Kulturlage, wofür man wohl auch »Zeitgeist« sagen kann. Es ist ein fundamentaler Unterschied, ob man *mit* dem Zeitgeist erziehen will oder ob man sich verpflichtet fühlt, *gegen* ihn zu erziehen. Auch darüber hat Schiller in den Aesthetischen Briefen (Nr. 9) ein herrliches Wort gesprochen. Arbeitet man gegen den Zeitgeist, so muß man isolieren. Junge Kulturen, die noch keine Last von Tradition mit sich führen, werden mit wenig »künstlicher« Schulung auskommen und noch sehr lebensnah erziehen können. Altgewordene Kulturen werden ihrer Jugend viel Reisegepäck mitgeben müssen, das sich nicht so »gelegentlich« erwerben läßt.

Als zweiter Gesichtspunkt kommt der psychologische in Betracht. Sobald sich eine große Differenz zwischen der reifen, rationalisierten Kultur und der natürlichen Seelenlage der Jugend herausgebildet hat, wird man für einen Schonbereich und für Ausweichemöglichkeiten vor dem zu frühen Ernstkampf des Lebens sorgen müssen. Aber selbst die Schule kann dann zu einer harten Last für die Jugend werden. Sie bietet zu wenig Gelegenheit, den Tatendrang zu befriedigen. Sie verdammt unvermeidlich zu überwiegend passiver Hingabe an die Fülle der Tradition, und schon in der Bezeichnung »tote Sprachen« kann ein Schrecknis liegen. Da zeigen sich Kulturantinomien, die mindestens auf späterer Stufe nicht mehr zu vermeiden sind.

Unter dem ethischen Gesichtspunkt schließlich wiederholen sich die bei dem ersten bereits erwähnten Momente in schärferer Beleuchtung. Pestalozzi empfand es als großes Resultat, daß er in seiner Altersperiode den scholastischen Betrieb seiner Elementarmethode überwunden hatte. Er rief befreit aus »Das Leben bildet!« Aber er wußte sicher, daß das Leben auch *ver*bilden kann und daß deshalb jede Erziehung eine Auslese zwischen den Mächten treffen muß, die man zur bildenden Einwirkung zulassen darf, und denen, die man abschirmen muß. Goethes »Pädagogische Provinz« ist ein weise erwogenes Zulassungs- und Abschirmungssystem. Pestalozzi, dem niederen Volk nahe verbunden, mußte sich mehr durch »das Kot der Welt« hindurcharbeiten. Beide aber konnten ja nicht die Absicht haben, einfach für das Leben und Lebenkönnen zu erziehen. Vielmehr kam es ihnen ebenso wie Fichte auf »das höhere Leben« an. Schafft man keine »Modellinstitutionen«, in denen sich durch pädagogische Kunst dies höhere Leben anschaulich darstellt, so müssen wenigstens echte und hohe Vorbilder in der sittlichen Realität zur Verfügung stehen. In einer gealterten Kultur scheinen sie sich immer spärlicher zu zeigen, und es kann doch nicht dem Zufall überlassen bleiben, ob ein junger Mensch sie findet. Die »Maxime des Behütens« (Schleiermacher) wird daher immer wichtiger werden und folglich der Stil der Isolierung stärker hervortreten müssen. Insbesondere denjenigen, die das »Modern-sein« ohne weiteres für ein hohes Wertprädikat halten, muß man in Erinnerung bringen, daß in jeder neuen Gegenwart Gutes und Schlechtes kaum entwirrbar durcheinanderliegt. Das Beste der Tradition, das Zeitüberlegene, muß also zur Wirkung gebracht werden. Denjenigen aber, die den Schulsack der Tradition überlasten, muß man zurufen: »Non scholae, sed vitae discimus.« Den richtigen Weg in der Mitte zu finden, ist die schwere Aufgabe, die dem denkenden und verantwortlichen Erzieher gestellt ist.

II

In sehr viel größere Tiefen reicht die Polarität hinab, die ich mit den Stichworten: *freier und gebundener Erziehungsstil* bezeichne. Die Benennung: liberaler und autoritärer Typus würde zu sehr an politische Systeme erinnern. Ganz autoritativ oder gar absolutistisch kann *gar keine* Erziehung sein, weil ihr dann ein Moment, das wesenskonstituierend ist, fehlte, nämlich die Aufnahme des pädagogisch Zugemuteten in die eigene Willensbildung des Zöglings. Restlos liberal im Sinne des laissez faire, laissez aller kann sie aber auch nicht sein, weil dies eben Wildwachsenlassen bedeuten würde und nicht Erziehen = Entwicklungshilfe. Der Gegensatz wurzelt also in einem Zusammenhang des geistigen Lebens, der echt antinomisch ist und sich einer vollen rationalen Aufhellung widersetzt. Über solche Verwicklungen des Lebens hat Schleiermacher in seiner stark dialektisch aufgebauten Pädagogik besonders Tiefes gesagt. Es ist uns heute nur deshalb schwer zugänglich, weil unsere Denk- und Ausdrucksweise sich von der spekulativen Philosophie weit entfernt hat, in der gleichsam gedankliche »Prinzipien« Kämpfe miteinander aufführen.

Man könnte geneigt sein, jene Polarität durch Hinzunahme des Entwicklungsgesichtspunktes abzuschwächen: sie erledige sich ziemlich einfach dadurch, daß dem frühen Kindheitsalter ein Maximum von Autorität und ein Minimum von Freiheit angemessen sei; am Ende der ganzen Erziehung müsse aber das umgekehrte Verhältnis erreicht sein. Äußerungen dieser Art sind bei Schleiermacher mannigfach zu finden. Aber er hat sehr viel kompliziertere Hintergründe geahnt. Wir haben seine reife Weisheit bis heute keineswegs ausgeschöpft.

Vor allem weiß er darum, daß eigentlich von dem wichtigen Augenblick an, wo überhaupt davon die Rede sein kann, daß der Zögling die auf ihn gerichtete Erziehungsabsicht »annimmt«, immer schon eine Stufe von Freiheit in dem jungen Wesen wachgeworden sein muß. Denn was nicht frei von innen her bejaht wird, kann gar nicht der Erziehung als Resultat zugerechnet werden. Es ist Ergebnis bloßer Disziplin. Auch Herbart hat aus guten Gründen die »Regierung« als ein nur äußeres Hilfsmittel oder als eine Vorform von der echten »Zucht« unterschieden. Wenn also ausnahmslos auf Freiheit = Selbstzustimmung gerechnet werden muß, dann dürfen wir das Problem nicht so oberflächlich fassen, als ob es nur um den Stil der *Disziplin* ginge. Sie mag hier liberaler, dort strenger geübt werden. Schleiermachers pädagogische Grundstile – »Unterstützung und Gegenwirkung« – greifen jedoch in letzte weltanschauliche Einstellungen hinab. Ist nämlich der Mensch grundsätzlich als »gut« anzusehen, so wird es darauf ankommen, das aus seinem Inneren aufsteigende Wollen pädagogisch zu *unterstützen*. Ist er als »schlecht« anzusehen, so bedarf es entschiedener *Gegenwirkung*. Das dritte Verfahren, »*Behütung*«, aber entspräche dem Gesichtspunkt der Isolierung, von dem im vorigen Abschnitt die Rede war. Unterstützung also erwächst aus einem optimistischen Menschenbild, und Gegenwirkung aus einer mehr pessimistischen Haltung. Sind im Menschen jene beiden Urtendenzen gemischt, so werden beide pädagogischen Methoden je nach der konkreten Situation zur Geltung kommen müssen.

Trotzdem wäre es lehrreich, in idealtypischer Konstruktion zu verfolgen, was bei einseitiger Setzung des einen oder des anderen Prinzips für den Aufbau der Erziehung folgt. Dann ordnen wir den beiden hier gemeinten Grundstilen der Erziehung nicht weniger zu als zwei Grundauffassungen vom Menschen, zwei Bildungsideale und offenbar auch zwei Erziehernaturen.

Dies alles ist so sehr mit Metaphysik geladen, daß wir gut tun, die Alternative sogleich an einem Erziehungsproblem zu illustrieren, das auch dem einfachsten Erziehergemüt begegnen muß. In der sog. ersten Trotzperiode, die um das dritte Lebensjahr des Kindes auftritt, regt sich bei ihm zuerst ein etwas länger durchhaltendes Wollen. Die Natur in ihm legt es, wie bei allen wichtigen Neubildungen in der Entwicklung des Individuums, so an, daß das Kind zunächst einmal mit seiner eben entdeckten Fähigkeit experimentiert. In diesem Stadium kann der Erzieher zwischen zwei Wegen wählen: er kann entweder autoritativ durchgreifend den keimenden Willen *brechen*, oder er kann ihm seinen freien Lauf lassen, überzeugt, daß er damit etwas sehr Wertvolles schone und daß sich später alles schon ins Rechte stellen werde. Diese beiden Möglichkeiten entsprechen dem Aufkeimen zweier Erziehungsstile. Der vorhin erwähnte Versuch des Erziehers, zwischen Scylla und Charybdis hindurchzulavieren, gewährleistet nicht ohne weiteres das Finden der richtigen Mitte. Es *kann* darin jene gefährliche Unentschiedenheit liegen, die sich bald milde, bald streng zeigt, damit aber alles verdirbt; sie ist als Stillosigkeit zu tadeln. Die richtige Mitte ist eben etwas ganz anderes als bloße Mischung oder planloser Wechsel.

Kurz, es ergeben sich die zwei antithetischen Sätze:

1. Erziehung ist nur im Element der Freiheitsgewährung möglich, die zur Selbstbeherrschung führt.

2. Erziehung ist nur möglich im Geiste der Strenge, die erst zur echten Freiheit reifen läßt.

Beides hat seinen guten Sinn, und beides ist zu allen Zeiten versucht worden, übrigens nicht nur im Bereich der Gesinnungs- und Charakterbildung, sondern auch in der Planung des Unterrichts. –

Wenn ich auch für diese Stildualität historische Beispiele heranziehe, so können sie leider nicht bis ins Letzte analysiert werden. Dies wäre eigentlich notwendig, weil der Begriff der Freiheit so vieldeutig ist, daß mit ihm ein unehrliches Spiel getrieben werden kann. Freiheitssinn kann bald zu einem bequemen Libertinismus führen, der keinem etwas zumutet, angeblich um Menschenrechte zu schonen; bald sind Ordnung und Straffung des Menschen in der Richtung auf echte Wertgehalte gemeint, die eben nur »frei« von innen heraus erfaßt werden können. Dazwischen gibt es noch zahllose Nuancen. Die Freiheit, »die ich meine«, soll der zweiten Bedeutung entsprechen, d. h. sie soll eine Freiheit sein, die verpflichtet. Gerade bei neuen Erziehungsreformern hat man statt dessen oft einen spielerischen und weichlichen Freiheitsgedanken gefunden, der die Diskussion nicht lohnt, weil in derartigen Einstellungen der Sinn der Erziehung von vornherein verfehlt ist.

An den Anfang stelle ich ein Modell von besonders großen Dimensionen, damit man verstehe, worauf es ankommt. Die »öffentliche« Erziehung des jungen Deutschen im 19. Jahrhundert, dessen Bildungsgang bis zu den höchsten Stufen führte, endete in zwei Spitzen, die zueinander in merkwürdigem Kontrast standen: in der Universität und im Heeresdienst. Die deutsche Universität in ihrer klassischen Grundgestalt ist gleichsam das fleischgewordene System der Freiheit; die Wehrmacht – und nicht nur die deutsche – verkörpert den Erziehungsstil der stärksten Gebundenheit. Hier sind einmal beinahe »reine Fälle« verwirklicht. Der junge Mann, der beides an sich erfuhr, machte einen pädagogischen Temperaturwechsel durch, wie er stärker nicht gedacht werden kann.

Die deutsche Universität ruht, was man nie vergessen sollte, auf der Voraussetzung, daß ihre Besucher das »Zeugnis der Reife« besitzen. Manche glauben, dies sei nur ein Patent, das einen gewissen, nicht unerheblichen Stand von Kenntnissen bezeuge; aber »Reifsein« bedeutet mehr, nämlich, daß man fähig sei, die eigne Lebensführung verantwortlich selbst in die Hand zu nehmen. Demgemäß findet auf der Universität weder eine Kontrolle der Lebensführung noch eine Beaufsichtigung des wissenschaftlichen Studiums statt. Während andere Hochschulsysteme einen festgelegten Lehrplan für jeden Studienzweig kennen und am Ende jedes Semesters oder terms durch Prüfungen feststellen, ob man diese »Kurse« mit Erfolg durchgemacht habe, gibt es bei uns in einem Studiengang von acht Semestern allenfalls *eine* Zwischenprüfung. Der Neuling, der auf die Universität kommt – bei den Fachhochschulen ist es schon anders –, findet sich zunächst wie in einem Labyrinth verloren. Er weiß nicht, wie er es anfangen soll. Seit nicht allzulanger Zeit gibt es allerdings einige Studienpläne. Sie sind aber nicht bindend, sondern nur ein Rat für die Schwachen, und dem ursprünglichen Geist der deutschen Universität sind sie eigentlich fremd. Er trat am deutlichsten in der Philosophischen Fakultät zutage, die früher auch die Naturwissenschaften und (oft) die wirtschaftlichen Staatswissenschaften mit umfaßte.

Diese Einrichtung der Universität beruhte nicht auf Gleichgültigkeit gegen die pädagogische und didaktische Seite des Studiums, sondern es lag darin ein bewußter Erziehungs*stil*. Der Einzelne sollte sich selbst durchbeißen, an seinen Irrtümern lernen, den nicht geringen Versuchungen völliger Freiheit hinsichtlich der Lebensgestaltung ausgesetzt sein. Wer dieser Probe nicht standhielt, mochte Schiffbruch leiden oder am Wege liegen bleiben. Er hatte gezeigt, daß er sich selbst nicht zu führen verstand und also auch für eine höhere Führungsaufgabe in der Kultur nicht in Betracht kam. Akademische Freiheit bedeutete keineswegs das Recht zu jedem beliebigen Schlendrian, sondern Verpflichtung zu freier Selbstzucht. Wie der Student das machte, war *seine* Sache. Denn allerdings sollte mit diesem System auch der jeweiligen Individualität und dem noch jugendlichen Lebensrhythmus Spielraum gegeben werden.

Schon von der *Sache* her forderte die Armee einen ganz anderen Erziehungsstil. Sie war eine Erziehungseinrichtung für den Ernstfall, den Krieg. Dazu gehörte, daß man den eigenen Willen aufgab und sich einem größeren Willensganzen unterordnete. Es spielten auch psychologische Motive mit: für den Kriegsdienst muß jeder so eingeschliffen werden, daß er im entscheidenden Augenblick nicht der Angst verfällt; er muß die volle Beherrschung seines eigenen Körpers erlangen; gewisse Leistungen müssen so mechanisiert werden, daß sie die Aufmerksamkeit von der Hauptsache, der Kampfhandlung, nicht mehr ablenken, und dergleichen Dinge mehr, über die man in den Exerzierreglements nachlesen mag.

Das alles ist gewiß *zweck*bedingt und eignet sich nicht unmittelbar für die Übertragung in Friedensbetätigungen. Aber die Wehrmacht war zugegebenermaßen doch auch ein wertvolles Stück allgemeiner Volkserziehung. Das haben die »Gedienten« hinterher meist willig anerkannt. Es war eine Erziehung *durch* den Dienst für den Dienst am Ganzen. Insbesondere der künftige Offizier mußte von der Pike an dienen, um später sachverständig und selbstbeherrscht zu führen. Es ist eine uralte Erziehungsweisheit überhaupt: die schwere Kunst des Befehlens lernt man nur im Hindurchgehen durch Einordnung und durch selbstloses Dienen. Die höheren Rangstufen des Militärs stellten einen hervorragenden Bildungstypus von eigener Art dar: absolute Herrschaft über sich selbst, vielseitiges Wissen, eine herrliche Präzision der Sprache.

Wenn ich diese alten Einrichtungen, die Universität und das Heer, rühme, so verteidige ich nicht bekannte Mißbräuche, die damit verbunden waren. Der Aufbau solcher Erziehungssysteme ist eine schwere Sache, und es spielen Menschlichkeiten hinein, die auch zu Unmenschlichkeiten ausarten können. Der alte Unteroffizierstypus, durch einfache Leute vertreten, war weniger geglückt; denn es wird dem jungen Mann aus dem Volke nicht leicht, wenn er Macht über andere bekommt, jene Mäßigung zu üben, durch die das Herrschen erst heilsam wird. Dem Typus des jungen Leutnants hafteten ähnliche und andere, gesellschaftsbedingte Mängel an. Aber es handelt sich hier ja nicht um Kritik möglicher Auswüchse, sondern um die Schilderung zweier fundamental verschiedener Erziehungsstile, von denen jeder etwas für sich hat, der freie wie der gebundene. Auch in der deutschen Universität fehlte es nicht an Mißbräuchen. Jedes einseitige Prinzip hat Schattenseiten, die von ihm nicht abtrennbar sind. Jedes paßt in einen anderen Lebenszusammenhang. Eine Armee im Stile der Universität ist nicht einmal zu denken. Auch künftig wird man den sog. Drill nicht ganz entbehren können, im Interesse der Betroffenen selbst. Nur darf er nicht Selbstzweck werden; denn er ist ja nach oben hin in dem Sinne offen, daß er den Menschen zur Herrschaft über sich selbst, einer wichtigen Voraussetzung aller Freiheit, führen will. Aber auch eine Hochschule im militärischen Stil ist nicht denkbar, trotz der Hohen Karlsschule des Württembergischen Herzogs, der übrigens nicht Dichter ausbilden wollte. –

Das Modell des zweiten Stilgegensatzes in der Erziehung, von dem ich ausgegangen bin, ist gleichsam ein Beispiel im Großen und Groben. Überträgt man es auf Verhältnisse des breiten bürgerlichen Lebens, so wird man auf beiden Seiten Abstriche machen müssen. Es werden sich auch Zwischenformen ergeben; nur leuchtet ein, daß man nicht unvermittelt aus einem Stil in den anderen verfallen darf, aus dem strengen, gebundenen, in den liberalen. Dies aber ist bekanntlich die Manier vieler Eltern. Verfehlteres ist kaum möglich. Die gesunde Mittellinie zu finden, ist Sache der höchsten Erziehungskunst, für die keine Regeln aufgestellt werden können.

Ins Bürgerliche übertragen finden wir unseren Gegensatz bei Goethe, in ›Wilhelm Meisters Lehrjahren‹, und zwar als ausdrücklichen Diskussionsgegenstand. Der junge Wilhelm Meister kämpft sich auf seinem Bildungswege ganz allein durch, ohne maßgebendes Vorbild, zunächst nur geleitet von stehen gebliebenen Bildern und Wünschen seiner Pubertätszeit. Am Ende der ersten Periode, nachdem er die Illusion seiner Theaterleidenschaft erkannt hat, muß er gestehen: »Leider hab ich nichts zu erzählen als Irrtümer auf Irrtümer, Verirrungen auf Verirrungen« (VII, 6). Aber gerade dies will der Dichter darstellen, daß solche Irrtümer, denen man sich eine Zeitlang frei überläßt, *produktiv* werden können. Er macht daraus ein Erziehungsprogramm und legt es dem Abbé bei, einem Mitgliede der geheimen Gesellschaft vom Turm, die sich der Erziehung wertvoller Individualitäten zur Humanität widmet, aber nur dann aus dem Hintergrunde eingreift, wenn Gefahr im Verzuge ist. »Nicht vor Irrtum zu bewahren, ist Pflicht des Menschenerziehers, sondern den Irrenden zu leiten, ja ihn seinen Irrtum aus vollen Bechern ausschlürfen zu lassen, das ist Weisheit der Lehrer...« (VII, 9). »Ein Kind, ein junger Mensch, die auf ihrem eigenen Wege irre gehn, sind mir lieber als manche, die auf fremdem Wege recht wandeln. Finden jene, entweder durch sich selbst oder durch Anleitung, den rechten Weg, das ist den, der ihrer Natur gemäß ist, so werden sie ihn nie verlassen, anstatt daß diese jeden Augenblick in Gefahr sind, ein fremdes Joch abzuschütteln und sich einer unbedingten Freiheit zu ergeben« (VIII, 3). Ein guter Mensch in seinem dunklen Drange...

Hingegen Natalie, die Erzieherin junger Mädchen, bekennt sich mehr zur Maxime des Behütens: »Wer nicht im Augenblick hilft, scheint mir nie zu helfen, wer nicht im Augenblick Rat gibt, nie zu raten. Ebenso nötig scheint es mir, gewisse Gesetze auszusprechen und den Kindern einzuschärfen, die dem Leben einen gewissen Halt geben. Ja ich möchte beinahe behaupten: es sei besser, nach Regeln zu irren, als zu irren, wenn uns die Willkür unserer Natur hin und her treibt; und wie ich die Menschen sehe, scheint mir in ihrer Natur immer eine Lücke zu bleiben, die nur durch ein entschieden ausgesprochenes Gesetz ausgefüllt werden kann« (VIII, 3).

Hier ist die ganze Antithese deutlich ausgesprochen. Sie kommt schließlich darauf hinaus, ob man der menschlichen Natur zutrauen darf, daß sie von selbst nach dem Rechten drängt, oder ob man sie pressen und prägen muß, wenn sie nicht in Gefahr kommen soll, echte Freiheit und Willkür zu verwechseln. Es ist das alte Lied von »Autorität und Freiheit«, das aber in vielen Variationen gesungen werden kann. Denn was ist Autorität? Wodurch ist sie in letzter Instanz legitimiert? Und was ist Freiheit?

Gehen wir noch weiter ins 18. Jahrhundert zurück, so finden wir bei August Hermann Francke den gebundenen Stil in sehr reiner Verwirklichung. Der Wille des Kindes muß gebrochen werden; denn vom Christentum aus gesehen, ist er von Anfang an ein durch die Erbsünde verderbter Wille. Rousseau jedoch vertritt den optimistischen Standpunkt, aus der menschlichen Natur könne nur Reines und Gutes kommen, wenn man sie vor Schädigung von außen, von der verderbten Kultur her, behüte. Dabei gelangt er allerdings nicht zu einem eigentlichen System der Freiheitsgewährung, sondern nur zu einer sehr künstlichen Verschleierung der Autorität des Erziehers; ganz ohne sie geht es nun einmal in der Erziehung nicht. Wer den Zögling *ganz* frei läßt, erzieht ihn nicht mehr. Wer ihn restlos bindet, erzieht auch nicht mehr. Denn alle äußeren Bindungen müssen schließlich innere Bindungen werden. Erst das ist eigentliche Freiheit. Diese schwierige Dialektik hat Theodor Litt in seinem Buch ›Führen oder Wachsenlassen?‹ meisterhaft durchgeführt.

In der liberalen Reformbewegung der Pädagogik unseres Jahrhunderts wird allzu oft der richtige Freiheitsgedanke verfehlt. Die Folge ist »Unordnung und frühes Leid«. Die ungesunde Anbetung des Kindes kommt zum Teil daher, daß die ältere Generation selbst nicht die feste Lebensorientierung hat, ohne die man nicht Autorität sein kann. Nun soll alles aus dem Kinde selbst hervorkommen; die Abdankung aller Erziehung! Wer im Geiste der Freiheit erziehen will, muß zunächst einmal wissen, was Freiheit heißt. Das ist in der gefährdeten Lage von Westeuropa zentral wichtig. Gemeint sein kann nur die Freiheit der Selbstbeherrschung und der Verantwortung. Dieser Freiheit muß man erst *heraushelfen*. Man kann sie nicht einfach voraussetzen. Und dazu gehört ein sicheres Ergreifen all der kleinen Regungen, in denen sich dies höchste sittliche Gut des Menschen schon auf frühen Stufen andeutet. Erziehung im Geiste der Freiheit ist am wenigsten für pädagogische Dilettanten geeignet. –

Nahe verwandt mit dem Gegensatz von freiem und gebundenem Erziehungsstil ist der Unterschied von individualitätsbezogener und uniformer Erziehung. Wenn man der Individualität des Kindes Spielraum läßt, so ist dies eine Art von Freiheitsgewährung. Aber wieder muß sogleich darauf hingewiesen werden, daß die Eigenart des Zöglings hier nicht seine Zufälligkeit und Laune bedeuten kann, sondern nur das positiv Wertvolle, das in seinen Anlagen enthalten sein mag, in sittlicher wie intellektueller Hinsicht. Dies herauszuholen und zu stärken, kann als eine Pflicht des Erziehers gelten. Andererseits ist es auch ein vertretbarer Standpunkt, die Anforderungen an jeden Zögling müßten gleich sein, und die Individualität müsse selbst zusehen, wie sie sich durch dies allgemein Verbindliche hindurchkämpfe. Ob es sich im konkreten Falle um den einen oder den anderen Typus handelt, kann man oft schon von außen erkennen. Denn es gibt Staaten und Anstalten, in denen die Jugend uniformiert auftritt, ohne daß immer ein militärischer Bezug damit gesetzt wäre. »Der Uniform sind wir durchaus abgeneigt«, heißt es in der ›Pädagogischen Provinz‹; aber in den ›Wahlverwandtschaften‹ findet sich, wenigstens für die Knaben, eine entgegengesetzte Äußerung. Also hält Goethe beide Stile für möglich.

Kants kategorischer Imperativ soll nur als formales Prinzip aufgefaßt werden. Er engt aber den möglichen Inhalt schon insofern ein, als für alle die gleichen Pflichten gelten sollen, weil alle Menschen als Vernunftwesen gleich zu denken sind. Für Schillers ästhetische Erziehung spielt die Individualität deshalb keine sehr stark hervortretende Rolle, weil er vor allem auf Totalität drängt. Aber die eigentlichen klassischen Anwälte der Schonung, ja der entschiedenen Förderung persönlicher Eigenart sind Herder und W. v. Humboldt, Schleiermacher und Jean Paul. Auch zu diesem Thema enthält Schleiermachers Pädagogik die tiefsinnigsten Gedanken.

Es handelt sich aber um eine echte Alternative. Denn auch für das pädagogische Verfahren, das keine Rücksichtnahme auf die »Mixturen« (wie A. H. Francke sagte) gelten lassen will, lassen sich beachtenswerte Gründe anführen. Bei der öffentlichen Schulerziehung ist es schon sehr fraglich, ob man das Eigentümliche jeder Natur ausreichend erkennt, noch fraglicher, wie man ihm in der Praxis gerecht werden kann. Alles Individualisieren bringt leicht den Schein von Bevorzugungen mit sich. Alle sollen am gleichen Maß gemessen werden; das liegt schon im Begriff des Maßstabes. Eine uniforme Erziehung braucht nicht einmal mit Geringschätzung des Einmalig-Persönlichen verbunden zu sein. Sie kann, wie erwähnt, den Standpunkt einnehmen, daß eine wirklich starke Individualität sich von selbst an dem dargebotenen gleichförmigen Material und gegenüber den allgemeinen Normen der Lebensgestaltung durchsetzen werde.

Neuerdings wird gerade auf dem Gebiet des *Unterrichts*, auch unter amerikanischem Einfluß, eine stärkere Berücksichtigung der individuellen Interessen gefordert, als es bisher in Deutschland üblich war. Gewiß wird dadurch der Arbeitseifer beflügelt. Aber es läßt sich auch mancherlei dagegen sagen: die Gefahr zu frühen Spezialistentums liegt nahe; je verschiedener die Wissensbestände werden, um so weiter spaltet sich der Geist des Volkes auf, der einen starken gemeinsamen Kern enthalten sollte, und um so schwieriger wird das gegenseitige Sichverstehen.

Kurz: auch in bezug auf Individualität und Uniformität der Erziehung, diesen wichtigen Spezialfall des freien und gebundenen Stiles, besteht ein Spielraum für freie Wahl. Wofür man sich in einer ganzen Epoche oder im einzelnen Fall entscheidet, hängt von Faktoren ab, die nicht auf allgemeine Regeln gebracht werden können. Wiederum werden zu berücksichtigen sein die jeweils gegebene Kulturlage (der Zeitgeist), psychologische Erwägungen und ethische Forderungen. Zur Zeit der Hochblüte des politischen Liberalismus in Deutschland – also in der Ära Humboldt-

Schleiermacher-Süvern – gab man naturgemäß auch in der Erziehung viel Freiheit und glaubte an den Segen der freigelassenen Individualität, allerdings noch im Rahmen des gleichfalls herrschenden Ideals, daß *in* der Individualität Universalität und Totalität anzustreben sei. Aber bald darauf – in der Ära Johannes Schulze-Hegel – schlug der Wind schon wieder um; man stellte streng normierte und für alle gleiche Forderungen auf. Psychologisch spricht für den freien Erziehungsstil, daß er die Selbständigkeit des jungen Menschen beflügelt und also mehr aus ihm herausholt, als ein gebundenes und uniformes Verfahren. Auch liegt in den Erziehern selbst schon eine vorwiegende Tendenz zur einen oder anderen Seite. Sie wollen entweder Menschen machen nach ihrem Bilde oder jeden in seiner eigenen Natur weiterführen. Von der ethischen Forderung her gesehen aber erhebt sich ein schweres Problem. Denn auf diesem Boden darf es keine Beliebigkeit geben, auch nicht die des Erziehers, und die Grenzen, in denen die freie Individualität von selbst nur ethisch Wertvolles produziert, sind schwer zu bestimmen.

Im gegenwärtigen Zeitpunkt könnte es so scheinen, als ob der Gedanke der freien Persönlichkeit, der für die moderne Demokratie wesentlich ist, von selbst auf Freiheit im höchsten Grade hindränge. Aber Erziehung zur Freiheit braucht noch nicht zusammenzufallen mit Lockerung pädagogischer Bindungen. Im Gegenteil: man könnte sagen, daß gerade dann, wenn im reifen Leben echte Freiheit und nicht Willkür herrschen soll, die Erziehung zunächst einmal ein Medium schaffen müsse, in dem der Charakter *fest* wird. Es ist ja eine bekannte Erziehungserfahrung, daß es für einen jungen Menschen heilsamer ist, mit einer festen Weltanschauung, die auf ihn Einfluß nehmen will, zu ringen, als in einer formlosen geistigen Welt herumzuflottieren. Selbst wenn er sich nachher *gegen* diese Zumutungen entscheidet, hat er viel gewonnen, nämlich sich selbst als Resultat eines tapfer durchgehaltenen Kampfes. So ergibt sich zum Schluß wieder die paradoxe Antinomie, daß man zur Freiheit gerade durch gebundene Erziehung gelangen kann, in zu früh gewährter Freiheit aber gerade die Freiheit verfehlen kann, die eben immer auch Selbstbindung bedeutet.

III

An Gewicht den beiden ersten nicht ganz gleichwertig ist das dritte Stilpaar; ich bezeichne es als *vorgreifende und entwicklungstreue Erziehung.*

Das damit angedeutete Problem hat in älteren Zeiten nicht viel Kopfschmerzen verursacht. Die Jugend mußte irgendwie Anschluß an die jeweils gegebenen Kulturverhältnisse finden. Man war nicht sentimental, wenn ihr damit eine Bürde auferlegt wurde, die vom Genuß des Jungseins nicht mehr viel übrig ließ. Die Entdeckung der Entwicklungspsychologie geht nicht sehr weit hinter Rousseau zurück. Im Schulleben hatte sich durch eine lange Erfahrung herausgestellt, was auf jeder Stufe ungefähr bewältigt werden könnte. Und wenn sich heute jemand über unmäßige Anforderungen im Lateinunterricht etwa der sächsischen Fürstenschulen wundern sollte, so müßte man ihn daran erinnern, daß im Religionsunterricht seit dem Jahrhundert der Reformation Gegenstände »gelernt« werden mußten, die noch viel weiter über die jugendliche Erlebnis- und Verständnisfähigkeit hinausgingen. Das alles gehört zur Tapferkeit der alten Zeiten. Man kann nicht einmal sagen, daß im frühen Mittelalter die Spannung zwischen der Seelenlage der Jugend und den maßgebenden Kulturgehalten geringer gewesen sei als nach der Aufklärung, durch die die Entwicklung ein stetig beschleunigtes Tempo annahm. Denn für die Klosterknaben germanischen Stammes in jener Zeit waren die septem artes liberales ohne *jeglichen* Bezug zu ihrer Welt, eine Importware, die allenfalls dadurch Eingang fand, daß sie mit der ebenso fremdartigen Religion in naher Verbindung stand.

Bemerkenswert ist es, daß die Rücksichtnahme auf den leiblich-seelischen Entwicklungsrhythmus der Kinder erst zu dem Zeitpunkt schärfer hervortrat, als man an dem Wertgehalt der weit fortgeschrittenen Kultur zu zweifeln begann; Rousseau ist hierfür entscheidender Wendepunkt. Lohnte sie all diese Opfer an Lebenskraft und Lebensfreude? Erst unter diesem Gesichtspunkt wird das dritte Problem eigentlich interessant. Denn es handelte sich jetzt nicht mehr bloß um die richtige didaktische Dosierung und um Verständnis für den langsamen religiös-sittlichen Reifungsprozeß. Vielmehr lag hinter dem Streit über verfrühende und »entwikkelnd nachgehende« Erziehung die stille Frage: Wer hat denn nun eigentlich das *höhere Recht*, die Jugend mit ihrem Anspruch auf Schonung ihrer Vitalität, oder die reife Generation als angebliche Vertreterin unabdingbarer, schon früh zu erfüllender Kulturforderungen? Hier also greift auch diese Polarität ins Weltanschauliche hinab.

Formulieren wir sie nach ihren extremsten Fällen, so stehen sich – allerdings erst seit dem Beginn des 20. Jahrhunderts – die Parole »Alles vom Kinde aus« und die andere: »Möglichst frühe geistige Reife zur Mitarbeit an der Kultur« gegenüber. Die erste freilich war so übersteigert, daß sie nur in fanatischen Reformergehirnen Platz greifen konnte. Das hat dann zu allerhand Lächerlichkeiten geführt. Beachtenswerter aber war, daß um die gleiche Zeit die Jugend selbst als Partei auftrat. Die ursprüngliche Jugendbewegung war ein Emanzipationsversuch der jüngeren Altersklassen, der doch wohl nicht nur von der Beschwerde über zu viel Schularbeiten hervorgerufen wurde, sondern von einem dunkel empfundenen Zweifel an den Werten der sog. reifen Kultur genährt wurde. Die Folge war ein merkliches Retardieren der Forderungen in der Schulwirklichkeit. Auf der anderen Seite jedoch erhob sich die Klage, daß nicht mehr genug gelernt werde und daß der homo ludens nun bis in allzu späte Jahre das Heft an sich gerissen habe.

Der Streit bezog sich also einerseits auf das Gebiet des Unterrichts. Der fortschreitenden Psychologisierung der Didaktik stellte Ottomar Wichmann in einem umfangreichen Buch das »Gesetz der Sache« und das Prinzip der »Mehrdarbietung« entgegen.[2] Dafür lassen sich überzeugende Argumente anführen. Zweifler werden einwenden, daß Kenntnisse in den humanistischen Fächern, die noch nicht von eigener Erlebnisfähigkeit erfüllt und getragen sind, wenig Wert haben. Die Replik aber lautet, daß das Verständnis schon im späteren Leben hinterdreinkommen werde, und daß auch das seinen Segen haben werde, ganz besonders mit Bezug auf den Religionsunterricht.

Schon hierin tritt zutage, daß das Problem andererseits über den bloßen Bezirk des Unterrichts hinausreicht und das Tempo der menschlichen Entwicklung überhaupt betrifft. Die Welle der Jugendbewegung, das Langejung-bleiben-wollen, ist schon wieder erheblich abgeflaut. Man muß heute schon wieder daran erinnern, daß eine voll durchlebte Pubertät mit all ihren Stürmen für den Reichtum der ganzen künftigen Persönlichkeitsentfaltung von ungeheurer Bedeutung ist. Durch die Forderung einer »Schonzeit« für dieses Lebensalter hängt das Problem mit den früher behandelten Stilen, nämlich dem isolierenden und liberalen, innerlich zusammen. Es wird niemand leugnen können, daß durch den zu frühen Abschluß der Volksschule eine Schädigung des ganzen Volkslebens bewirkt wird: genau im Moment des Erwachens zu sich selber wird der junge Mensch aus der Geborgenheit des Schullebens und aus der wohlgeordneten Erziehungswelt herausgerissen. Harte wirtschaftliche Notwendigkeiten durchkreuzen hier das, was pädagogisch allein richtig wäre. Insofern liegt an diesem Punkte gar nicht die Möglichkeit vor, den einen oder den anderen Weg zu wählen. Pädagogisch wäre hier nur das entwicklungstreue Verfahren zu rechtfertigen.

Das Problem hat aber noch eine tiefere Dimension, die schon mit dem Hinweis auf die Kulturkritik Rousseaus angedeutet wurde. Die Alternative erstreckt sich nämlich auch auf *die* Frage, ob denn wirklich nur für die

---

[2] Ottomar Wichmann, Eigengesetz und bildender Wert der Lehrfächer. Halle 1930.

jeweils *bestehende* Kultur und ihre Inhalte erzogen werde, oder ob nicht vielmehr eine allgemeinere und freiere *Fähigkeit*, echte Kultur, Kultur überhaupt zu tragen, erweckt werden solle. Denn nicht alles, was eine konkrete Kultur enthält und fordert, ist schon »echte« Kultur. Das kann natürlich nicht so gemeint sein, als ob die Jugend als solche zur Weltreform berufen werden solle. Aber sie gebiert nach einem geheimnisvollen geistigen Lebensgesetz immer wieder die Ideale in reiner Gestalt aus ihren inneren Tiefen. Infolgedessen ist sie unbestechlicher als das zu Kompromissen gedrängte oder geneigte Alter. Es ist vielleicht die höchste Kunst der Erziehung, alle Bildungsstoffe so darzubieten, daß sich daran die Flamme des Ideals entzündet, während der Stoff selbst nur die gleichsam gelegentliche Ansatzstelle dazu liefert.

Wenn man diesen Weg zu gehen versucht, so ist das eine durchaus sinngemäße Anknüpfung an den jugendlichen Entwicklungsrhythmus. Die Gefahr der Verfrühung mindert sich; ganz kann sie unter unseren Verhältnissen nicht vermieden werden. Aber es gehören günstige Umstände dazu und, was mehr bedeutet, ein genialer Meister der Mäeutik.

Bei der dritten Stilalternative neigt sich also die Waage mehr zugunsten der entwickelnd-nachgehenden Erziehung, die eigentlich erst bei Fröbel als klar gesehene Forderung aufleuchtet. Aber es schadet nichts, wenn das Kind merkt, daß es Dinge gibt, die es mit seinem Erleben, Verstehen und Lernen noch nicht ganz bewältigen kann. Ohnehin neigt der junge Mensch dazu, sich souverän über die Dinge zu stellen, an denen schwere Gewichte haften. Es liegt darin eine Art von Selbstschutz gegen die Überflutung mit Problematik, die den Werdenden erdrücken könnte.

> Dem Werdenden ist nichts recht zu machen;
> Der Fertige wird eher dankbar sein.

Und so besteht denn auch in dem dritten Falle für den Erzieher die Möglichkeit einer Wahl zwischen zwei Stilen, bei der er zugleich der Besonderheit der Situation wie dem eindeutigen Ernst seiner Verpflichtung weise gerecht werden muß.

Diese ganze Lehre von den möglichen Grundstilen der Erziehung wird den Technikern unter den Pädagogen als eine trostlose Ratlosigkeit erscheinen. Die Existentialisten hingegen werden sie als eine Bestätigung ihres Standpunktes ansehen, daß auf die Entscheidung in der konkreten Situation alles ankommt und daß sie niemals durch allgemeine Regeln im voraus gedeckt sein kann. Aber auch ihnen ist zu sagen, daß vertiefte Lebenserfahrung doch ein Wort mitspricht, freilich eine Erfahrung, die nicht einfach geistlose Empirie ist, sondern den Charakter wie das Urteil aufwühlt und umformt. Der Sokratiker unter den Pädagogen wird das Hindurchgehen durch die Ratlosigkeit für den Erzieher als das eigentliche Bad der Wiedergeburt bewerten. Auch für ihn gilt der Gedanke vom produktiven Irrtum, von dessen entdeckerischer Wirkung die Rede war. Freilich nur dann, wenn er sich von vornherein unter höheren und höchsten Bindungen weiß. Die Bereitschaft, jedes voreilige pädagogische Dogma wieder fortzuwerfen, wenn es der Geist der Wahrheit und der sittlichen Wachheit fordert, macht erst den Meister auf diesem schwierigsten aller Gebiete aus.

Wie steht es aber mit der Erlangung solchen Meistertums? – »Und ihr sollt euch nicht lassen Meister nennen; denn einer ist euer Meister, Christus.« (Matth. 23, 10.)

Erziehung zur Menschlichkeit

1953

Erziehung zur Menschlichkeit ist jetzt in ganz Europa das Thema zahlloser Gespräche. Offenbar deshalb, weil uns bekannte Zeiterscheinungen die Gefahr nahe vor Augen gerückt haben, daß der moderne Kulturmensch trotz seiner glänzenden Zivilisation zur Unmenschlichkeit herabsinken könnte. Jene Erörterungen aber leiden fast alle darunter, daß es sehr schwer ist, genau anzugeben, worin Humanität oder Menschlichkeit eigentlich besteht. Es ist jedenfalls nicht so, wie sich Rousseau die Aufgabe noch vorgestellt hat, daß man irgendwo fern vom Gifthauch der Kultur erst den »reinen Menschen« bilden könnte, um ihn dann nachträglich in die wirkliche Welt der Lebensaufgaben und Kämpfe hineinzusetzen. Das echte Menschentum kann sich nur mitten in dieser Welt entwickeln und an ihr bewähren. Menschlichkeit ist keine Eigenschaft, die von der Lebensverbundenheit mit der Kultur einer Zeit und mit einem Volke isoliert werden könnte. Vielmehr habe ich den unsterblichen Pestalozzi auf meiner Seite, wenn ich sage: Der Mensch kann nur in *seinen* Lebenskreisen und in sich allmählich erweiternden Lebenskreisen gebildet werden, von der Familie an über Schule und Beruf bis zu den großen Ganzheiten: Volk, Staat, Menschheit. Ebenso habe ich Goethe auf meiner Seite, der in den ›Wanderjahren‹ den weltkundigen Jarno-Montanus aussprechen läßt: »Den besten Unterricht zieht man aus vollständiger Umgebung.«[1] Ich fürchte: Wir vergessen bei unseren eifrigen Diskussionen über Humanität zu leicht, daß es so etwas wie eine allgemeine gleiche Menschlichkeit gar nicht gibt, sondern immer nur ein erhöhtes Menschentum im Kostüm einer Epoche, in der Bindung an eine bestimmte Gesellschaftslage und an die Forderungen eines Berufes, mit dem man ringt und an dem man wächst.

[1] Johann Wolfgang von Goethe, Sämtliche Werke. Cottasche Jubiläumsausgabe. Stuttgart, Berlin 1902–07. Bd. 19. S. 38.

Insbesondere warne ich davor, Menschlichkeit mit farbloser Internationalität gleichzusetzen.

Trotzdem bleibt es berechtigt, zu behaupten, daß wahres Menschentum eine wertvolle Beschaffenheit gerade auch der *Innenwelt* fordert. Es genügt nicht, durch Entfaltung der Denkkraft und durch Unterricht den Horizont der äußeren Welt zu erweitern. Die Erziehung muß sehr tief in die Innerlichkeit vordringen, wenn sie die Kräfte wecken will, die den jungen Menschen befähigen, echte Kultur mitzutragen, das heißt zugleich zu *er*tragen und sie in sittlichem Sinne weiterzubilden. Die gegenwärtige Pädagogik weiß sehr viel von den äußeren Verflechtungen und Bezügen, in die der Werdende hineingebildet werden muß. Sie weiß wenig von dem inneren Seelengefüge, das reif werden müßte, damit unsere Zivilisation so etwas wie ihre verlorene Seele wiederfinden könnte. Nur von diesem Teil der Aufgabe will ich heute reden. Die Bereiche des jungen Menschen, an die man sich in ihrem Dienste wenden muß, nenne ich die *Sphäre seiner Intimität*. Ich könnte auch sagen: Es geht mir um das *Dadrinnen*, um die Tiefen des Selbst, in denen sich das innere Schicksal entscheidet, das immer dem äußeren Schicksal vorgeordnet ist; denn von der Innerlichkeit hängt ab, *wie* auftreffende Geschicke aufgenommen und verarbeitet werden. Von diesem Gebiet fehlt uns meistens die Landkarte. Ich halte es aber wiederum mit Goethe, dessen Worte ich als ein Motto meiner Ausführungen voranstellen möchte:

In reiner Brust allein ruht alles Heil:
Denn immerfort, bei allem, was geschah,
Blieb uns ein Gott im Innersten so nah;
Wo Erd und Himmel sich im Gruße segnen,
Dem Staunenden als Herrlichstes begegnen.[2]

I

Machen wir uns zunächst einige psychologische Tatsachen klar. Es ist der Vorzug des Menschen vor dem Tier, daß er über die Dinge, die ihn umgeben, nachdenken kann und sie zu einer Welt zusammendenken kann. Erstaunlicher ist es, daß er auch über sich selbst nachdenken kann, wobei er eine Innenwelt in sich entdeckt. Aber diese letztere Gabe ist im frühen Kindesalter noch nicht da. Das eigentliche Kind *hat* einfach Erlebnisse, die in seinem Ich wie in einem Punkt zusammenhängen. Jedoch es reflektiert im allgemeinen noch nicht über seine Erlebnisse und über dieses Ich. Deshalb nennen wir es naiv. Einen wichtigen Einschnitt wird es bedeuten,

---

[2] a.a.O., Bd. 9. S. 292 f.

wenn sich in oder besser über diesem Ich = Ego ein zweites auftut, das dem ersten zusieht und von vornherein den Charakter einer höheren Instanz trägt. Wir wollen es, obwohl der Sprachgebrauch schwankt, im folgenden das *Selbst* nennen. Mit diesem Spaltungsvorgang im Inneren erwacht eigentlich erst der Mensch im Menschen. Erst jetzt eröffnet sich der Weg, auf dem man zur Menschlichkeit erziehen kann. Jene anderen Erziehungsformen: die Hineinbildung in die Lebensgemeinschaften und die Aktivierung einfacher Denkakte, mögen schon früher im Gange sein: Ehe die Innenwelt sich wie eine Blüte aufschließt, bleibt unentschieden, ob sie zum Heil oder Unheil dienen.

Früher hat man gemeint, das Atom sei das Einfachste, was es in der Welt gibt. Für die neueste Physik ist es ein höchst kompliziertes Gebilde geworden: ein Sonnensystem im kleinen. Man sollte sich erinnern – denn diese Einsicht ist nicht neu, sondern nur vielfach verschüttet –, daß das Ich des Menschen ebenfalls mehr ist als ein Punkt, der für alles Erleben und Begehren das einheitliche Bezugszentrum bedeutet. Es gibt ein höheres Ich, das mit dem niederen Gespräche führen kann und dessen Gesamthorizont sehr viel weiter ist als der des orts- und zeitgebundenen Ego. Dieses Selbst begründet erst die Menschlichkeit. Es kann höhere geistige Zusammenhänge aufschließen, so daß man es einen Quell der inneren Offenbarung nennen darf. Es kann die Rolle eines inneren Regulators spielen, der das Leben in der richtigen Bahn steuert. Aber beides nur, wenn es in der Zeit seines Erwachens sinngemäß gepflegt wird. Und an dieser Stelle, so behaupte ich, wurzelt die wahre und tiefere Erziehung zur Menschlichkeit.

Nur noch zwei Bemerkungen zu dieser Landkartenfrage. 1. Man könnte versucht sein, den Entfaltungsvorgang des Inneren auf die einfache Formel zu bringen: In der ersten Trotzperiode – um das dritte Lebensjahr – erwache das einfache Ich als Subjekt länger durchgehaltener Willensregungen; in der Pubertätszeit bilde sich das zweite Ich, das reflektierende Ich, das Selbst – als eine Art von Überbau und Kontrollinstanz. Aber die Erfahrung bestätigt nicht, daß es genau mit dem Einsetzen der physisch-sexuellen Reifung beginnt. Oft tritt es sehr viel früher auf, besonders bei Naturen, die man dann »innerlich« nennt. Ich besitze eine ganze Sammlung von Schilderungen dieses Erwachens zu sich selbst. Sie enthält natürlich nur die Fälle, in denen der Vorgang ruckartig, plötzlich eintritt, so daß er deutlich bemerkt und behalten wird. Er kann sich jedoch auch ganz kontinuierlich und unmerkbar vollziehen. Das einfache kindliche Ich kann pädagogisch nur beeinflußt werden durch eine feinsinnige Gefühls- und Triebregulierung, wie sie mit eigentümlicher Genialität dem Instinkte mütterlicher Frauen gelingt. Ist aber das Selbst einmal hervorgetreten, dann hilft kein autoritäres Führen von außen mehr. Dann muß diese Seite des jungen Menschen so stark gemacht werden, daß der Führungsstab in seinen Innenbereich verlegt wird. Sieht man das nicht ein, so weiß man auch nicht, was echte Erziehung zur Menschlichkeit für Anforderungen stellt.

Ferner: 2. Jetzt kommt alles darauf an, daß das neue Phänomen, diese Zitadelle der künftigen Menschlichkeit, richtig gedeutet wird. Deutet man es verkehrt, so nimmt man dem Neuen seine ausgezeichnete Würde und seine Kraft. Es liegt nämlich irgendwo in der Mitte zwischen dem geheimnisvollen Göttlichen und dem Menschen, der sich selbst auch ein Geheimnis ist. Was da alles spielt, ist in einem neuen Roman, der den Titel führt ›Größer als des Menschen Herz‹, sehr feinsinnig geschildert unter der Kapitelüberschrift ›Wer bin ich?‹.[3] Da zeigt sich auch, wie diese ausgezeichnete Stelle falsch besetzt werden kann, so daß sie zu einem Orte der Verhärtung, der berechnenden Machtsucht, des potenzierten Egoismus werden kann. Fehldeutungen sind also gefährlich. Wo Menschlichkeit aufkeimen sollte, kann dann Unmenschlichkeit wuchern. Mir scheint, daß wir alle unsere psychoanalytischen Systeme sorgfältig daraufhin revidieren müßten, ob sie ihr sogenanntes Überich richtig auslegen. Aber *hier* kann das nicht geschehen. Vielmehr soll nun in einem zweiten, längeren und belangvolleren Teile erwogen werden, welche pädagogischen Verhaltungsweisen geeignet sind, das erwachende Selbst zur echten Menschlichkeit emporzuläutern.

II

1. Das erste, noch vorbereitende Verfahren ist Anleitung zur Selbstbesinnung. An sich ist jeder normale junge Mensch in der entscheidenden Entwicklungsepoche, die, wie gesagt, nicht mit einer allgemeingültigen Zahl von Lebensjahren bezeichnet werden kann, geneigt, sich mit sich selbst zu beschäftigen und insgeheim Gespräche mit sich zu führen. Man ist sich eben »sehr interessant«. Diese Tendenz wird nur gestört durch die ungeheure Betriebsamkeit unsrer Tage, die nach dem Zweiten Weltkrieg noch erschreckend zugenommen hat. Der Mensch muß in seiner Krisenzeit auch einmal mit sich allein sein können. Der geeignete Hintergrund dafür ist die Natur, die erst für den reiferen Jugendlichen gleichsam zu sprechen an-

[3] Vincenz Erath, Größer als des Menschen Herz. Tübingen 1951: Allerdings ist dort mehr in die Perspektive eines 11jährigen Kindes hineingelegt, als in ihr enthalten sein kann.

fängt. Er sucht ja überall nach einem Spiegel, in dem er sein Inneres erblicken könnte. Auch die Bücher, die er aus Neigung liest, dienen diesem sehr subjektiv begrenzten Zweck. Da bilden sich, wie es Hebbel in dem Gedicht ›An die Jünglinge‹ schildert, verschwiegene Ideale. Sie sind dem Blühen der Seele vergleichbar. Kommt es jetzt nicht zum Knospen, so kommt es niemals dazu. Das Massenmenschentum greift deshalb so stark um sich, weil die meisten Menschen gar keine seelische Pubertät mehr durchgemacht haben. Man läßt keine von der Natur gewollte Entwicklungsstufe ungestraft aus.

Die höchste Kunst in der Anleitung zur Selbstbesinnung bedeutet das Verfahren des Sokrates. Er verwandelt mögliche stille Selbstgespräche in laute Gespräche. Immer geht es um die Frage, was das Gute eigentlich sei. Sie kann einfacher so formuliert werden: »Was willst du *eigentlich*, und wer bist du *eigentlich*?« In der Innerlichkeit der jungen Leute ist alles noch labyrinthisch verworren. Daß sie sich, über das Wesen einer Tugend befragt, stets in *logische* Widersprüche verwickeln, ist nur das Außenwerk. Die tiefere Intention ist, zu zeigen, daß sie mit sich selbst in *ethischen* Widersprüchen befangen sind. Sie haben noch nicht die sittliche Substanz in sich, auf Grund deren man echte Aussagen über das Gute machen könnte. Aber einfach von außen *geben* kann man ihnen diesen Kern der Menschlichkeit nicht. Auch Sokrates kann seine jungen Freunde nur mit einem elektrischen Schlag in Stutzen versetzen. Die nachfolgende Ratlosigkeit ist notwendiges Durchgangsstadium. Der positive Aufbau vollzieht sich dann im günstigen Falle durch das im stillen selbst gesprochene Wort: »Es werde!« – Und Hebbel fügt in jenem Gedicht hinzu:

Leben heißt tief einsam sein.
In die spröde Knospe drängt
sich kein Tropfen Taus hinein,
eh sie *innre* Glut zersprengt.

An dem Verfahren des Sokrates mag manches zeitbedingt gewesen sein. Nun wohl: Man denke darüber nach, wie wir es heute zu machen hätten. – Als ungeeignet für alle Altersstufen werden jetzt die sogenannten moralischen Geschichten verurteilt. Vielleicht nur deshalb, weil wir sie ausschließlich in der grob auftragenden Form der Aufklärungszeit kennen. Die Japaner haben viel tiefere. Aber eigentlich ist es so, daß für den jugendlichen Leser jede Erzählung zu einer moralisch bedeutsamen Geschichte wird. Denn er identifiziert sich viel heißer mit den Helden, als wir es tun. Es muß nur dafür gesorgt werden, daß die Ereignisse aus einer echten sittlichen Wertperspektive dargestellt sind. Das fühlt der Werdende mit seiner ursprünglichen Tendenz zur Reinheit sicher heraus. Unmoralische Geschichten sind nicht diejenigen, in denen gefährliche Einzelsituationen vorkommen, sondern die, in denen überhaupt keine ernste Wertorientierung vorliegt. Diese setzen das aufwärtsringende Wertbewußtsein außer Funktion. Deshalb sind sie verwerflich, ebenso wie viele moderne Filme, die eine Fülle menschlicher Leidenschaften aufwühlen, aber die regulierenden Mächte des Innern nicht gleichzeitig aufzubieten bestrebt sind.

Mindestens im Bereich evangelischer Religiosität fehlt heute ganz die Anregung zu Meditationen, d. h. also zu innerer Sammlung, zur Auseinandersetzung mit sich selbst und mit dem göttlichen Funken »da drinnen«, den man nur wahrnimmt, wenn man ins Innere zu blicken gelernt hat. Darin ist das ganze Abendland schwach. Der Mittlere und Ferne Osten legen viel stärkeres Gewicht auf die ausdrückliche Pflege des metaphysischen Ich. In gehaltvoll packenden Bildern führen alte Legenden aus, wie tief man in sich hinabsteigen muß, um es zu finden. Der japanische Zenbuddhismus wird allmählich auch bei uns näher bekannt.[4] Ich halte das für heilsam. Denn wie will man zur Menschlichkeit erziehen, wenn man nicht immer wieder die Aufmerksamkeit dahin lenkt, daß der Mensch ein Heiligtum in sich trägt, in das er die Wurzeln seiner Existenz hinabsenken kann?

2. Mit dem Wissen um sich selbst ist ein Tatbestand verbunden, der einen zweiten Weg zur Pflege des tieferen Selbst eröffnet: Jeder muß zur *Selbstachtung* und zur *Selbstkritik* erzogen werden. Mit anderen Worten: Wer nichts auf sich selbst hält, ist von vornherein für höhere Menschlichkeit verloren. Man könnte den kategorischen Imperativ formulieren: »Ehre dich selbst!« Damit sind wir in der Nähe von Kants Gedanken über Menschenwürde und von Goethe, der seine drei Ehrfurchten zusammenströmen läßt in der Ehrfurcht des Menschen vor sich selbst. Dies scheint eine sehr tiefe und folglich späte Geisteshaltung zu sein. Wie kommt der Mensch überhaupt zum Ehrbegriff?

Die verbreitete Ansicht ist, daß Ehrgefühl erst aus dem Zusammenleben von Menschen entsteht und daß also Ehre etwas ist, was dem Einzelnen von den Gemeinschaften verliehen wird, in denen er existiert und sich auswirkt. Die Gesellschaft stelle den Wertkodex auf, nach dem sie Ehre verleiht und Ehre entzieht. Daran ist so viel richtig, daß dem Heranwachsenden am Lob und Tadel seiner Umgebung verständlich gemacht wird, was es heißt, sich selber Ehre zu verdienen oder sie zu verscherzen. Päd-

---

[4] Meditationsbuddhismus; vgl. Karlfried Graf von Dürckheim, Japan und die Kultur der Stille. München 1950.

agogisch also wird man mit dem autoritär begründeten Ehrbewußtsein beginnen müssen. Sieht man aber näher zu, so bemerkt man, daß schon das ganz kleine Kind sich selbst als etwas fühlt, das nicht durch Minderung seines Selbstwertes von außen verletzt werden darf. Die Anekdote von Rousseau darüber ist bekannt. Ja selbst ein rassiger Hund nimmt Schläge übel. Er fürchtet nicht nur den Schmerz. Darin bekundet sich, daß das Lebendige wirklich so etwas wie ein metaphysisches Urrecht empfindet. Die »Menschenrechte« insbesondere sind keine späte Erfindung des liberalen Staatsrechtes. Deshalb verdirbt jede Prügelmethode, bei der man denkt, mit dem Unverständigen könne man sich auf keine andere Art verständigen, von vornherein das Wichtigste, was man gern anbauen möchte, nämlich das Ehrgefühl, das Gefühl unverletzlicher Würde, das für die Menschlichkeit grundlegend ist. Es mag schwer sein, ohne Schläge auszukommen. Aber darüber sei man sich klar: Wer geschlagen wird, schlägt irgendwann einmal zurück. Man hat ihn selbst mit der Brutalität, d. h. wörtlich: mit der Tierheit, bekannt gemacht. Es ist also der Sache nach umgekehrt als im pädagogischen Verfahren: Ein Ursinn für Ehre muß im Menschen *vorausgesetzt* werden, und ohne diesen Keim von Selbstachtung käme es auch nicht zu gesellschaftlichen Ehrbegriffen.

Die Selbstbesinnung, von der zuerst die Rede war, hätte kein praktisches Resultat, wenn sie nicht zur Selbstkritik führte. Bei ehrlicher Selbstkritik müßte eigentlich jeder sich klein fühlen, nicht bloß der Werdende. Denn sogar dem eigenen Ideal von sich bleibt man immer etwas schuldig; erst recht, wenn man sich ernstlich vor Gott stellt. Diese Einstellung aber wird oft erstickt, dadurch, daß man das gesunde Ehrgefühl zu krankhaftem Ehrgeiz emporwuchern läßt. Es ist nicht auszudenken, wieviel Schaden Menschheit und Menschlichkeit durch übersteigerten Ehrgeiz erlitten haben. Die Fahrtrinne zwischen den berühmten aristotelischen Extremen ist hier schmal: Ohne einen Funken von Ehrgeiz kommt niemand nach oben; »er liebt sich bald die unbedingte Ruh«. Der Erzieher müßte in solchen Fällen genau wissen, was hier »nach oben« heißt. Die Adlersche Psychoanalyse hat große Verdienste um die Aufdeckung der verborgenen Seelendynamik im Geltungsstreben und im Willen zur Macht. Jedoch über das, was »oben« ist, täuscht sie sich gründlich, wenn sie meint, man müsse sein egoistisches und aggressives Ego nur an irgendein »Wir« hingeben. Das Wir ist von Natur nicht besser als das Ich. Auch eine Räuberbande hat ein Wir-Bewußtsein. Es kommt auf die Läuterung der Triebe und Motive an, die sich durchsetzen wollen. Wann ist Selbstbejahung sittlich zu rechtfertigen? Wann ist Selbstverzicht ein Manko? – Wir haben heute leider keine konkrete Ethik oder Lebenslehre fertig. Aber was den

Ehrgeiz betrifft, so kann man sich vorläufig an das gute Wort von Fichte halten: »Nicht der Ehrgeiz erzeugt große Taten, sondern große Taten erzeugen den Glauben an eine Welt, in der man geehrt sein mag.« Und in dieser Richtung sollte der Mensch sich selbst aufmerksam kritisieren.

3. Von der Selbstkritik ist nur noch ein Schritt bis zu dem eigenartigen Phänomen des persönlichen *Gewissens*. Es soll das dritte Thema sein, bei dem wir verweilen. Ich glaube, jeder ist sich längst darüber klar: Ohne ein waches Gewissen ist Menschlichkeit nicht zu denken. Um so überraschender sind zwei Tatsachen: Wir hören in der gängigen Pädagogik sehr wenig von der Erziehung zum Gewissen. Oder sollte man besser sagen: von der Erziehung des Gewissens? Und ferner: Gerade das Gewissen ist heute unter den Schlitten gekommen. Deshalb der Verlust an echtem Menschentum und das Anwachsen des Massenmenschentums, ja des Unmenschentums.

Es wird uns nichts übrigbleiben, als diesen Teil der Landkarte von der inneren Welt zuerst einmal zu vervollständigen. Es kann natürlich nur in großen Zügen geschehen.

Das Gewissen ist der zentrale Vorgang innerhalb jener Ichspaltung, von der wir ausgegangen sind. Da urteilt ein höheres Selbst in uns über das einfach dahinlebende, oft nur getriebene Ich. Es handelt sich aber nicht nur um ein kühles, gleichsam theoretisches Konstatieren: Du bist schlecht oder du bist in Gefahr, schlecht zu werden. Es ist uns allen bekannt, daß die Gewissensregungen und das, was ihnen entgegenwirkt, sehr viel leidenschaftlicher sind und daß sie sehr viel Leiden schaffen. Das Geheimnis des Gewissens geht aber noch tiefer. Es ist der einzige Regulator in uns, der nicht in *allgemeinen* Normen für typische Verhaltensweisen redet. Sondern er wirkt in doppeltem Sinne höchst singulär: Er wendet sich ganz intim an mich, nämlich diesen, der gerade ich bin, und an mich in dieser ganz einzigartigen Situation, für die unter Umständen die geltende Moral noch gar keine stereotypen Regeln bereithält. Im Gewissen spricht eben nicht das anonyme »Man« der kollektiven Moral, sondern es kommt da etwas aus verborgenen Tiefen des Lebens, die schwer zu durchleuchten sind.

Eine aufgeklärte Zeit ist immer geneigt, Geheimnisse wegzudeuten. Im vorliegenden Fall hätte man es gar nicht gründlicher tun können als durch die bekannte Theorie: Das Gewissen sei nichts anderes als – *»nichts als«* – der Ausspruch der gehäuften gesellschaftlichen Erfahrung über das, was für die Gesellschaft und also für den ihr eingegliederten Einzelnen nützlich bzw. schädlich sei. Diese soziologische Theorie des Gewissens, die sich vor allem seit Herbert Spencer ausgebreitet hat, ist ebenso flach und falsch wie die beliebte Behauptung: Sittlichkeit bestehe in dem größtmöglichen Glück der größtmöglichen Zahl. Hüten wir uns doch ja, mit diesem Irrlicht das Wesen der Menschlichkeit zu beleuchten! Hört man auf, im Gewissen den Durchbruch eines metaphysischen Regulators zu erblicken, so hat man es völlig stumpf gemacht. Dies Gewissen ist nicht *Resultat* von irgendwelchen Erfahrungen (allenfalls nur seine feinere *Durch*bildung ist Lebensresultat). Wenn es irgendein Apriori gibt, das an der Wurzel des Menschenwesens sitzt, so ist es das Gewissen in seinen verschiedenen Erscheinungsformen, bei denen ich hier nicht verweile. Es hängt mit jenem früheren Phänomen, der Ehre, die der Mensch vor sich haben kann und soll, eng zusammen. Lauscht man nämlich aufmerksamer auf diese innere Stimme, so bezieht sie sich gar nicht primär auf diese oder jene inhaltliche Entscheidung oder Tat. Die besten wie die schlimmsten Taten werden in der äußeren Welt bald vergessen; der größte gesellschaftliche Schaden heilt sich wieder aus. Aber auf *mir*, dem Täter, bleibt es sitzen. In jener inneren Welt der Menschlichkeit, von der wir reden, ist meine Tat nicht auszulöschen, weil ich sie gegen mich selbst getan habe. Und mehr: In der Stimme des Gewissens ist immer ein *Ewigkeitsbezug* enthalten. Hier öffnet sich die Dimension des Vertikalen, über der horizontalen Dimension der Zeitlichkeit, die immer fließt und alles verschlingt. Diese metaphysische Deutung des Gewissens gibt wieder ein gutes, kurzes Wort von Fichte: »Das Gewissen ist der Strahl, an dem wir von dem Unendlichen ausgehen.« Wir können es aber auch in der religiösen Sprache ausdrücken: In den Regungen des mahnenden, abratenden, strafenden Gewissens begegnen wir Gott selbst, der durch unser höheres Selbst hindurch sich uns verständlich zu machen sucht. –

Dieses Intermezzo über das Wesen des Gewissens war notwendig, obwohl hier nur von der Erziehung die Rede sein sollte. Denn wie könnte jemand zum Gewissen erziehen oder das Gewissen erziehen, der selbst nicht weiß, was es eigentlich bedeutet? »*Zum* Gewissen erziehen«, das muß von vornherein als ausgeschlossen gelten. Denn das sieht so aus, als ob man ein Gewissen pflanzen könnte, wo der Keim dazu fehlt. Aber in das langsam wachsende, sich verfeinernde und vertiefende Gewissen stärkend eingreifen, das kann man. Ist es das Göttliche, das im Gewissen redet, dann ist es gewiß nicht *diese* Seite des Gewissens, die durch Erziehung gefördert werden könnte. Jedoch zeigt es andere Seiten, die man zu bilden vermag. Schon im Wort »Gewissen« ist die Seite des Wissens angedeutet. Es besteht in dem Wissen um sich selbst, aber auch um Lebensverhältnisse, die sittlich bedeutsam werden können und deren Verflechtung der Gewissensträger überschauen muß. – Zur gewissenhaften Entscheidung gehört ferner *Mut*. Diese Kraft des Durchhaltens kann man durch fein erwogene Hilfeleistung erhöhen. Endlich geht es ja in kritischen Situationen immer wieder um die Läuterung des Ehrgefühls vor dem höheren Selbst, in das ein göttliches Walten eingreift. Im Evang. Joh. 5, 44, heißt es: »Wie könnt ihr *glauben*, die ihr Ehre nehmt voneinander, und die Ehre, die von Gott allein ist, nehmt ihr nicht?« – So führt unser Gedankengang wieder auf den zweiten Punkt zurück, von dem die Rede war.

Das ganze Bemühen möchte ich *Gewissenspflege* nennen. Sie ist eine sehr schwere Aufgabe, aber Erziehung zur Menschlichkeit ist eben schwer. Auch der Lehrer bemühe sich, nicht Gewissensschrecknis zu sein, sondern Gewissensrat. Auf evangelischer Seite gibt es darin leider wenig Erfahrung, weil man eine bis ins Einzelne gehende Beichte religiös nicht für fruchtbar hält. Wie man darüber auch denke: Ein Beichtbedürfnis besteht bei jungen Menschen ebenso wie das Verlangen nach einer Gewissenshilfe im konkreten Fall. Sollte man in der zünftigen Pädagogik keine Fälle von Gewissensnot der Jugendlichen kennengelernt haben, so empfehle ich, sich in Romanen, die vom Jugendleben handeln, Anschauungsmaterial zu holen. Ein guter Dichter ist notwendig auch ein guter Psycholog, vielleicht gerade deshalb, weil er gezwungen ist, immer in Beispielen aus dem vollen Leben zu reden. Ob er auch ein guter Pädagog ist, mindestens durch die Gestalten der Erwachsenen hindurch, die er den Kindern begegnen läßt – nun, das prüfe man an seinen Erzählungen, und man wird dadurch den eigenen Blick schärfen.

Wie Menschen aussehen, deren Gewissen nicht gepflegt worden, ja vielleicht planmäßig erstickt und ausgerodet ist, das lehren uns die totalitären Staaten. Propaganda wendet sich nie an das selbständige Gewissen, diese Sonne des Sittentages, sondern schläfert es ein, was manchen die Bequemlichkeit der Existenz zu erhöhen scheint. Aber eben dies hat zur Unmenschlichkeit geführt. Also darf ich wohl das Umgekehrte als zugegeben betrachten. Keine Erziehung zur Menschlichkeit ohne Weckung und Wachhaltung des vor Gott stehenden Gewissens, dieses eigentlichen Edelsteins im Menschentum. – Die schwere Frage, ob das Gewissen von sich aus unfehlbar sei, muß ich für heute übergehen. Hegel hat darüber sehr Tiefes gesagt.

4. Was ich bisher über Erziehung zur Menschlichkeit ausgeführt habe, hat wahrscheinlich stark individualistisch geklungen. Es konnte nicht anders sein. Denn da wir Bewußtsein nur als Ausstattung des Einzelnen kennen, so gibt es ein sittliches Bewußtsein ebenfalls – wenn mir der Ausdruck gestattet ist – nur als »Privatbesitz«. Sittliche Entscheidungen und

Konflikte müssen auf dem Boden des Individuums ausgetragen werden. Deshalb Hegels grandioses Wort: »Ich bin der Kampf.«

Wenn es auch im Gewissen zuletzt immer um das Heil *meiner* Seele geht, so wird doch der Sachverhalt, der Situations*gehalt*, um den es sich im gegebenen Falle dreht, nicht bloß egoistisch auf mich bezogen sein. Im Gegenteil: Ein Hauptmoment, ein besonders beachtlicher Spezialfall in den Gewissenserfahrungen ist es, daß ich *Verantwortung* trage. Demgemäß ist Erziehung zum Verantwortungsbewußtsein das vierte Thema, bei dem ich kurz verweile. Ich, dieser Einzelne, arbeite nicht nur an mir selbst, sondern ich wirke in eine sittliche *Welt* hinein, und an dieser Stelle wurzelt mein Gebundensein an sittliche Ordnungen, die in meine Intimitätssphäre übergreifen.

Eine Phänomenologie der Verantwortung wird man hier nicht erwarten. Ganz äußerlich steht fest: Man kann Verantwortung tragen für Sachliches, für einen Menschen, für eine kleine Gruppe oder eine sehr große, wie etwa das ganze eigene Volk. In jedem Falle »trägt« man. Das heißt: In den engen Raum der Seele sind große Gewichte gelegt. Das gehört mit zu den Kennzeichen des Menschentums, von dem wir deshalb in der Philosophie sagen: Über das bloß seelische Individuum hinaus wölbe sich der *Geist* mit seinen Gehalten und Gemeinschaftsbildungen, mit seinen Sachnormen und Sozialnormen. Verantwortung trägt nur die vom Geist durchdrungene Person. »Es wächst der Mensch mit seinen höhern Zwecken.« *Wem* er antworten muß, Rede stehen muß, Rechenschaft ablegen muß, das tue ich kurz ab mit der schon einmal gebrauchten Wendung: auch wieder seinem höheren Selbst, durch das und in dem er dem Göttlichen begegnet.

Erziehung zum Verantwortungsbewußtsein ist eine weitere schwere Aufgabe. Durch Ermahnen und Predigen wird man sie nicht lösen. Es muß anfangen mit ganz kleinen Verantwortungen, wie ein junger Mensch sie verstehen und bewältigen kann. Um sie *verstehen* zu lehren, muß der geistige Horizont erweitert werden. Um sie *bewältigen* zu helfen, muß man konkrete Erfahrungen machen lassen, auch solche des Mißlingens. Hier also hat die alte Wortpädagogik ihr Ende, und es beginnt Erziehung *durch* Tun *zu* sittlich gewissenhaftem Tun. Der Weg führt auch hier von dem autoritären Stil zur Erweckung des Selbstwollens. Viele haben Angst vor dem Wort »Autonomie«. Es bedeutet hier aber nicht Hybris, sondern nur Aufgerufensein zu einem Dienst, den man innerlich bejahen muß, mag der Dienst einer Sache oder einer Person oder einer ganzen Gruppe gelten. Die Verantwortung für Sachliches kommt hier nur hinein, insofern es für Menschen einen Wert repräsentiert. Dahin gehört die ganze große, auf Sachen bezogene Arbeitswelt. In ihr muß jeder das Seine gewissenhaft tun. Es ist bekannt, wie sehr durch sorgsame Arbeit die Menschlichkeit im Arbeiter veredelt wird.

Gleichviel aber, von welchem Tun die Rede sei, von Sachbearbeitung oder Dienst an Menschen oder Menschenführung: Überall gibt es noch zwei Stufen. Es genügt nicht die bloße Ausführungsverantwortung, der ein bestimmter Auftrag zugrunde liegt. Höher noch steht die Initiativverantwortung, d. h. der freiwillige Einsatz für überindividuell bedeutsame Aufgaben. Auf jedem, auch dem Geringsten, liegt ein Teilchen vom Schicksal der Welt. Ein Mensch, der nichts von dem Ernst seiner Verantwortungen weiß, ist zur Menschlichkeit noch nicht erwachsen. Insbesondere gilt der Satz: »Demokratie ist die Schule der Verantwortungen.« Mit ihm tut sich ein weites Feld und ein reiches Gewebe von Freiheit und Pflicht auf. Jedoch erlasse man mir die Ausführung, damit ich zu dem letzten Punkte komme, der – wie es sich gebührt – die wichtigste und größte Seite unseres Themas bedeutet.

5. *Erziehung zur Menschlichkeit ist Erziehung zur Liebe.* Ein wuchtiger Satz, mit dem aber noch gar nichts Bestimmtes gesagt ist! Ich könnte lange dabei verweilen, die vielen Bedeutungen von Liebe auseinanderzuwirren, die die deutsche Sprache – und nicht nur sie – unter einem einzigen Terminus zusammengefaßt hat. Dieser Tatbestand hat einen sehr tiefen Grund. Denn alle Arten von Liebe kommen schließlich aus *einer* metaphysischen Wurzel her. Andrerseits folgt aus jener weiten Bedeutung eine gefährliche Verwaschenheit des Sprachgebrauchs. Insbesondere denkt man sich bei den Ausdrücken Menschenliebe und Nächstenliebe gar nichts »Verantwortliches« mehr. Erziehung zur Menschlichkeit sei Erziehung zur Menschenliebe und Nächstenliebe – das ist eine deutliche Absage an den bloßen Individualismus und Egoismus. Aber positiv bleibt alles noch unklar.

So etwas wie eine allgemeine Menschenliebe, die die Selbstliebe völlig auslöscht, gibt es in der Welt nicht und wird es in ihr nicht geben. Sehr mit Recht behauptet Rousseau: »Tel philosophe aime les Tartares, pour être dispensé d'aimer ses compatriotes.« Mein Nächster mindestens ist immer derjenige, der mich in meinen Lebenskreisen etwas angeht und dem ich sittlich etwas schuldig bin.

Fassen wir das große Problem von einer scheinbar ganz zufälligen Einzelheit her an! Nachdem Faust vom Osterspaziergang in seine Studierstube zurückgekehrt ist, in der die Lampe freundlich brennt, sagt er – also in der Einsamkeit! – zu sich selbst:

Entschlafen sind nun wilde Triebe
Mit jedem ungestümen Tun:
Es reget sich die Menschenliebe,
Die Liebe Gottes regt sich nun.

Was heißt das? – Es bedeutet: Hier waltet eine tiefe Stille, eine heilige Sammlung. In diesem Zustand fühlt die Seele den großen Zusammenhang, in dem ihr Einzelleben mit dem Universum steht. Da wird etwas von ihrer schmerzlichen Individuation aufgehoben. Da, in dieser gesammelten Stille, fühlt man, daß es ein und dasselbe menschliche Leben ist, das durch alle Menschenwesen hindurch pulsiert. Von der Seele heißt es dann in jener Faustszene:

Sie sehnt sich nach des Lebens Bächen,
Ach! nach des Lebens Quelle hin.

Aus solchem Untergrunde des Daseins wächst ein Gefühl des Verbundenseins mit allem und allen hervor. Jede Art von Liebe enthält Verbundensein, aber auch *Ge*bundensein; das höchste Gebundensein – lateinisch religio – gilt dem Göttlichen als der alles zusammenhaltenden und tragenden Urmacht. Was aber die Menschenliebe betrifft, so ist sie ebenso eine Ahnung, daß alle Menschen aus dem gleichen heiligen Urquell herkommen, daß man sie im Sinne dieser *metaphysischen Solidarität* zu schonen und zu achten, zu ehren und zu lieben hat. Bloß gesellschaftliche Solidarität ist Zweckverbundenheit, also etwas viel Flacheres. In jenem stillen Beisichselbstsein aber leuchtet der geheimnisvolle Urgrund alles Lebens auf. Da liegt die intelligible Wurzel aller Menschlichkeit und Menschenliebe. In echter Menschlichkeit waltet die Ahnung seelischer Allverbundenheit: Der Mensch als solcher ist heilig.

Zur Liebe erziehen, schon zu den einfacheren Stufen der Liebe erziehen, ist schwer. Ich habe dafür keine Rezepte bereit. Denn das kann man nicht so wollen wie das Erziehen zur Reinlichkeit und Pünktlichkeit. Da gibt es gar nichts anderes, als daß man selbst von jener großen Liebe durchdrungen sei, und was wäre mehr geeignet, sie zu schüren, als der Anblick jugendlichen reinen Lebens? Man erinnert sich: Den Kindern gehört das Himmelreich! So hat es auch der große Pestalozzi gemeint: Es ist keine Erziehung denkbar, die diesen Namen verdient, als das Miteinander im Medium der Liebe. Sie wächst nun von kleinen nahen Kreisen immer weiter und umfaßt schließlich alles Gottentstammte mit ihrem tief metaphysischen Bande. Dazu gehört große Reife, und man kann zunächst nicht mehr erreichen, als den kleinen Funken der Glut, den die Familie erzeugt, wachzuhalten. Wer nicht geliebt worden ist, wird niemals lieben können. Vom Kapital der frühen Liebesgemeinschaft muß man das ganze Leben hindurch zehren. Nicht anders Jean Paul! Auf die Frage, wie man zur Liebe erziehen könne, antwortete er mit dem lakonischen Imperativ: »Liebt!«

Freilich: Im Lande des Liebens gibt es keine Imperative. Die gegenwärtige Kulturwelt ist arm geworden an Liebe. Und der Dichter klagt:

Weh mir, wo nehm ich, wenn
Es Winter ist, die Blumen, und wo
Den Sonnenschein
Und Schatten der Erde?
Die Mauern stehen
Sprachlos und kalt, im Winde
Klirren die Fahnen.

In Prosa: Wo nehmen wir die Temperatur her, um in jenem Geiste zu erziehen? In der abendländischen Kultur gibt es keine Stille und Sammlung mehr. Die Familie ist auseinandergerissen, nicht nur in Kriegsländern, die Natur ist zu Nutzkräften geworden, in kalten Mauern rattern die Maschinen. Wir *wissen* gar nichts mehr von den tragenden Untergründen der Existenz. Unser Wechselverkehr erfolgt nicht mehr in Liebe, sondern in Geld. In der Sprache des Emmentals geredet: Das *Geld* hat den *Geist* erstickt, den alten frommen Geist der Liebe nämlich.

Fichte hat von der Menschheitserziehung gefordert, sie müsse vordringen bis an die Wurzel der Lebensregung und -bewegung. Er meinte die Stelle im Menschen, wo sich die große *Liebe zur Idee* erzeugt, und Idee bedeutet ihm das tätliche Ergreifen des göttlichen Lebens im erscheinenden Leben. Was ist denn bei uns die Wurzel der Lebensregung und -bewegung? Ich fürchte eben, sie ist gar nicht mehr da. Das alte kultische Theater ist für uns um eine volle Dimension gekürzt worden; der Film ein Gleichnis unserer Welt! Die einlinigen Straßen, auf denen Autos jagen, zum Geschäft oder zum Vergnügen, sie sind Symbole der Art, wie wir durch das Dasein rasen. Die dritte Dimension, die vertikale nach oben, oder, mit anderem Bilde: die zur Tiefe hin, also der Bezug zum allumfassenden Göttlichen, ist uns verlorengegangen.

Deshalb, zum Schluß, machen wir uns ganz klar, welche ungeheure Aufgabe uns mit der Erziehung zur Menschlichkeit gestellt ist, wenn sie nicht eine auf Tagungen beliebte Redensart bleiben soll. Schon dies ist bezeichnend: Wenn wir das Eigentümliche des Menschen charakterisieren wollen, rühmen wir ihn als die Überbietung des *Tieres* und überbieten wieder den Menschen durch die Zucht des Übermenschen, der eine Machtbestie werden kann. Alte, fromme Zeiten haben den Menschen zu verstehen gesucht, indem sie ihn dem *Göttlichen* gegenüberstellten. Auch dies ist eine große Kühnheit! Zweierlei schien dazu zu berechtigen: seine Teilhabe am Schöpfertum und seine Teilhabe an den Strömen der Alliebe, die *unter* allem Lebendigen rauschen und das Herz stark machen, wenn sie *durch* das Herz hindurchrauschen. Das erste ist dann zum Sieger geworden über das zweite. Wir sind stolz darauf, was der Mensch alles schaffen kann. Was kann er denn schaffen? Seelenlose Maschinen. Das Mechanische hat ihn schließlich selbst aufgefressen. Das Lebendige bleibt in Gottes Hand. Der Mensch kann es nur ehrfürchtig pflegen. Und Pflege ist die Urbedeutung von Kultur. Das Geistige endlich bleibt überall von der Gnade abhängig, die Erleuchtung spendet. Das Licht, das in jungen Menschen das eigentlich Geistige, also eigentlich Menschliche zum Erwachen bringt, kommt nicht aus einer Überlandzentrale, sondern aus *der* Überweltzentrale.

Seien wir ehrlich: Sentimentale Sehnsucht nach Menschlichkeit, Wortkampf gegen die heranflutende Unmenschlichkeit bewegen gar nichts. Der Mensch muß erst wieder eine Seele bekommen, die fähig ist, das Wehen des echten Geistes überhaupt zu spüren, dieses echten Geistes, der immer ein heiliger Geist ist. Wir wollen durch Erziehung »kulturfähig« machen. Aber eine entseelte Kultur lohnt diese Mühe kaum noch. Und »machen« können wir überhaupt nichts. In der Sphäre der Intimität soll jenes höhere Selbst *geweckt* werden, welches die Brücke ist zu den Höhen, aus denen Licht, Liebe, Leben kommt. Nur wer in der Liebe bleibt, bleibet in Gott und sieht das wahre Licht und empfängt das höhere Leben des Geistes. – Sind wir selbst schon in diesem Lande, nun wohl, so mögen wir es versuchen, wie Sokrates sagte: andere besser zu machen. Sind wir noch nicht da, dann müssen wir bei uns selbst anfangen mit Selbstbesinnung, Selbstkritik, Gewissen und Verantwortung. Soll es uns trotz aller Widerstände der heutigen Welt ein wenig gelingen, so doch nur in demütigem Aufblick zu den *Liebesboten*, von denen der Pater profundus singt:

Sie verkünden,
Was ewig schaffend uns umwallt:
Mein Inn'res mög' es auch entzünden,
Wo sich der Geist, verworren-kalt,
Verquält in stumpfer Sinnesschranken
Scharfangeschloßnem Kettenschmerz!
O Gott, beschwichtige die Gedanken,
Erleuchte mein bedürftig Herz!

Das bedürftige Herz des Erziehers selbst, die Sehnsucht, die in seiner Liebe lebt, und die Sehnsucht *nach* Liebe, die er fühlt – sie allein können die verschüttete Menschlichkeit in unseren Tagen wieder aufwecken.

Phantasie und Erziehung

I

Nirgendwo hat das stückhafte Denken unsrer Psychologie der Erkenntnis menschlicher Lebenszusammenhänge so geschadet wie in dem Bezirk seelischer Erscheinungen, die wir die Einbildungskraft, manchmal auch die Phantasie, nennen. Mit den Begriffen von Vorstellungsmosaik, Assoziation, Reproduktion u. dgl. kommt man an das Wesentliche nicht heran. Ganz falsch ist vor allem die Meinung, die Einbildungskraft sei ihrem Wesen nach »das gesetzlos Schweifende«. Ihr Geheimnis liegt vielmehr in den eigentümlichen Strukturgesetzen, denen ihre Produkte unterliegen. Um sie hat sich wohl als erster Kant gekümmert in dem genialsten Kapitel seiner ›Kritik der reinen Vernunft‹, das die Überschrift: ›Der Schematismus der reinen Verstandesbegriffe‹ trägt. Dort bedient er sich des Ausdrucks »produktive Einbildungskraft«, im Gegensatz zu der reproduktiven, die auch kurz Erinnerung heißen könnte. Aber es geht ihm *hier* nicht um die produktive Einbildungskraft des Künstlers, z. B. des Phantasiegestalten bildenden Dichters, sondern gemäß der erkenntnistheoretischen Absicht seines Hauptwerkes gerade um diejenige Einbildungskraft, die schon als Rahmenkonstruktion für den Aufbau der erfahrbaren Wirklichkeit erforderlich ist. Sie liefert uns ein Schema von der Ordnung der Dinge und Geschehnisse in Raum und Zeit. Dieses »Weltschema« ist anschaulich und zugleich begrifflich. In ihm liegen nicht Bilder wirr durcheinander, sondern sie sind durch Bänder zusammengehalten, die den grundlegenden Erkenntnisformen des Verstandes entsprechen. Da diese Erkenntnisformen zugleich die Gegenstände mitkonstituieren, bestimmen sie den Grundriß der für uns erfahrbaren Realität oder das Umrißsystem, in das alle Einzelerfahrungen laufend eingetragen werden.

Es ist hier nicht von entscheidender Bedeutung, ob Kant das richtige und vollständige Kategoriensystem aufgestellt und somit das notwendige und hinreichende Gerüst, auch bloß für die sog. Natur, schon geliefert hat. Nur auf den Grundgedanken kommt es an: Es gibt im »Geist« des Menschen *präformierte* Gesetze für die Konstruktionen seiner Einbildungskraft, und solche sind schon notwendig, um der Erfahrung der Wirklichkeit einen Rahmen zu verleihen.

Erst wenn dies festgestellt ist, ist eine Bezugsebene gegeben, auf die die Verhaltungsweisen der freien beweglichen Einbildungskraft, die wir nun »Phantasie« nennen wollen, zurückbezogen werden können. Alle nämlich werden bestimmbar 1. nach ihrer Entfernung von dieser Ausgangsebene, 2. nach ihrer *abweichenden* inneren Gesetzlichkeit. Was der Dichter erfindet z. B., kann nicht grenzenlos »phantastisch« sein. Es muß sich immer noch in einigem Grade an die Realität halten; sonst wird es ungenießbar und wirkt pathologisch. Entsprechend bei den anderen Künsten. Einige Gesetze der Wirklichkeit müssen erhalten bleiben; andere werden leicht abgewandelt. Jedoch läßt sich nicht apriori bestimmen, wie weit die Entfernung von den Gesetzen der Wirklichkeit gehen darf und *welche* abweichenden Strukturgesetze noch zulässig sind. Das erprobt erst der Schaffende, und insofern ihm eine neue Provinz zu erobern gelingt, ist er »entdeckerisch«. Es ist bekannt, daß alle unsre Künste heute bereits an den äußersten Grenzen experimentieren.

Dies ist jedoch nicht das Thema, um das es sich im vorliegenden Zusammenhang handelt. Die besondere Rolle der Phantasie im Erziehungsvorgang soll erörtert werden. Und zwar werden zunächst drei Gesichtspunkte verfolgt, von denen in der Literatur bisher nur sehr gelegentlich und fragmentarisch die Rede gewesen ist. Das Problem kann allerdings nur in ziemlich groben Linien umgrenzt werden.

1. In jedem heranwachsenden jungen Menschen finden sich von einem gewissen Alter an Phantasieentwürfe über seine eigene Zukunft. Im Anfang sind sie noch sehr spielerisch, enthalten mehr phantastische Träume als »gebundene Einbildungskraft«; sie erstrecken sich vielleicht nur auf die nächsten Ferien. Niemals aber beschränken sie sich auf die eigne innere Haltung oder Gestalt in der Zukunft. Stets betreffen sie ein Seele-Leib-Weltverhältnis. Der junge Mensch sieht sich in einer bestimmten Umwelt agieren und reagieren. Er hat sich dabei »leibhaft« vor Augen. Mannigfache Motive geben diesem Phantasiebau sein Gefüge. Er bleibt aber in hohem Grade »Luftschloß«. Vielleicht stürzt er in wenigen Stunden ein, vielleicht in Tagen und Monaten. Trotzdem hat er schon irgendeine Struktur, die man analysieren und seelisch aufhellen kann. Dieser »Vorentwurf« der »Vorbildungskraft« (Jean Paul) gehört mit zum *Keim* der Persönlichkeit. Von einem *Kern* der Persönlichkeit darf man noch nicht sprechen; mindestens ist er noch unerkennbar. Aber gleichgiltig sind solche Träume

für das innere Werden nicht. Schon immer hat jede oberflächliche psychologische Diagnose mit der Frage begonnen: »Was willst du werden, und warum?« Dabei wäre allerdings zu beachten, ob der Betreffende schon so weit ist, etwas werden zu *wollen*. Möglicherweise will er nur etwas haben, etwas spielen, etwas in der Phantasie genießen. Jedoch formen solche unverbindlichen Entwürfe bereits an der inneren Gestalt mit, die einmal herauskommen wird.

2. Auch der reife Mann hat noch sein von der vorgreifenden Einbildungskraft geformtes Zukunftsbild von sich. Auch er sieht sich in der Zukunft auf bestimmte Art handeln. Aber die Möglichkeiten sind enger geworden. Er hat seine Pläne, und er stellt sich ausdrücklich Aufgaben. Ist er Erzieher, sei es durch Naturbestimmung oder von Beruf, so muß er außerdem ein umrißhaftes Bild von dem, was der Mensch überhaupt (und speziell der seiner Zeit) sein sollte, in sich entwickelt haben. Nicht jener Privatentwurf, sondern dieses Normbild, dieses Bildungsideal, interessiert uns hier. Es lebt in der Phantasie einer ganzen Generation, allerdings nur umrißartig; es bleibt bereit, sich in Anwendung auf eine gegebene Individualität weiter zu konkretisieren. Es unterliegt immer Parteiungen und hört nicht auf, umkämpft zu sein. Bliebe es aber aus religiöser Demut oder aus Vorsicht oder aus Unproduktivität ganz fort, so hätte das sog. Erziehen überhaupt keinen Sinn. Denn Erziehen ist kein beliebiges Unternehmen der älteren Generation, sondern ihre Pflicht. Deshalb ist auch das Bildungsideal keine ästhetisch beliebige Dichtung, sondern ein Normbild, dem der Erzieher ebenso untersteht wie der Zögling. So sollte es wenigstens sein. Trotzdem ist diese Norm eingekleidet in ein von der Einbildungskraft entworfenes Bild, das die Gestalt des Menschen, wie er sein sollte, vor das innere Auge stellt, wiederum in Umrissen, als ein »Schema«. Entstehen, Leben und Vergehen von Bildungsidealen ist im übrigen ein Thema für sich.[1]

3. Erziehung, so pflegt man heute zu sagen, sei »Begegnung« zwischen der gefestigten Person des Erziehers und der werdenden, zunächst noch schwankenden Wesensart des Zöglings. Der Ausdruck scheint mir nicht ganz glücklich, weil wir unter Begegnung einen schicksalsartigen Augenblick verstehen. Er kann ganz zufällig bleiben; er kann höchst fruchtbar werden. Aber das Erziehen ist nicht auf Gelegenheiten gestellt, sondern auf *dauernden Umgang*. Zu viel Begegnungen können überwältigen oder zerstreuen. Im Begriff der Erziehung liegt außerdem, daß sie ein planvol-

[1] Eduard Spranger, Betrachtungen über Entstehen, Leben und Vergehen von Bildungsidealen. Herman Nohl zum 75. Geburtstag. In: International Review of Education. Vol. I, 1955. S. 17–33.

les Tun ist. Jeder Plan, ebenfalls ein Vorentwurf, muß an bestimmter Stelle ansetzen. Welches die geeignete Stelle des pädagogischen Ansetzens ist, macht das Kernproblem der zugehörigen Theorie aus.

Im folgenden soll die Aufmerksamkeit darauf gelenkt werden, daß der Erzieher sich der bildsamsten Seite des jungen Menschen bemächtigen muß, nämlich seiner noch schwebenden Zukunftsentwürfe. Diese kommen aus seinem Inneren, und insofern dürfen sie »frei« genannt werden. Was von anderen Menschen her auf sie einwirkt, kann und darf nicht den Charakter des Zwanges tragen. Suggestion ist keine eigentliche Erziehung. Wohl aber durchweben sich im Vorgang des Erzogenwerdens die eignen Leitbilder mit denen, die der Erzieher ihm anbietet, ja sogar zumutet. Damit wäre dann der Ort gefunden, an dem die wichtigsten Vorgefechte der Erziehung stattfinden. Weshalb es nur Vorgefechte sind, davon später!

II

»Vor jedem steht ein Bild, des, das er werden soll.«

Die Biologie kommt bei der Betrachtung von Lebewesen nicht ohne die Hypothese aus, daß ihrer »Entwicklung« eine Zielstrebigkeit innewohne: jedes Individuum scheint in die seiner Gattung und Art gemäße Form = reife Gesamtgestalt des Lebens und Funktionierens hineinzustreben. Diese Hypothese ist es, die bei Aristoteles den Namen »Entelechie« (= das sein Ziel in sich Tragende) erhalten hat. Heute wird zugegeben, daß es sich bei dieser Anschauung noch nicht um eine wissenschaftliche Erklärung der Entwicklungs- und Lebensvorgänge handelt, sondern mehr um eine antizipierte Leitlinie, der die nähere Erforschung zu folgen hat. Keineswegs darf man annehmen, daß bei tierischen Wesen die Endgestalt im Bewußtsein repräsentiert sei, d. h. im Bewußtsein vorweggenommen werde. Auch für den Menschen trifft der Gedanke, der in dem Rückertzitat formuliert ist, durchaus nicht so zu, daß allen Menschen von früh an bewußt sei, was sie werden sollen – nicht einmal, was sie werden *wollen*. Rückert denkt an den vergeistigten Menschen, der »ein Ideal seiner selbst« hat. Außerdem steht er unter dem Einfluß der klassischen Denkweise von der »geprägten Form, die lebend sich entwickelt«. Wiederholt habe ich betont, daß man so über die Entwicklung eines Menschen allenfalls in der konstruierenden Rückschau reden kann. In der Frühzeit steht jede menschliche Entwicklung in der Gefahr des dunklen Dranges, der sich des rechten Weges *nicht* bewußt ist. Irrtum, Verfehlung, Kampf sind nicht wegzudenken. Insbesondere ist es gerade das Sittliche, das sich *nicht* von selbst versteht, d. h. in diesem Falle: sich nicht zielsicher von selbst entwickelt.

Aus alledem folgt für die pädagogisch-psychologische Besinnung, daß man die noch flüchtigen, spielenden, tastenden Vorentwürfe des Menschen in seiner Jugendzeit sorgsam studieren muß. Die Psychologie tut es, um seelische Entwicklungserscheinungen zu erkennen, die Pädagogik, um helfend und regulierend in die Entwicklung einzugreifen.

Wiederum ist aber darauf hinzuweisen, daß selbst die primitivsten Vorgriffe in die eigne Zukunft mehr als bloße Seelengestalten oder intime Subjektqualitäten meinen; sie betreffen immer ein *Seele-Weltverhältnis*. Es wird also immer ein Stück Welt mit vorgestellt, wie man es sich für die Zukunft wünscht. Die stille Rede lautet auch niemals nur: so sollte *ich* einmal sein; stets ist hinzugedacht: auch *meine Welt* sollte so oder so sein. Jede Psychologie, die das auseinanderschneiden will, ist falsch.

Da derartige Träume sehr verborgen werden, ist es schon psychologisch schwer, an sie heranzukommen und sie auf ihre entscheidenden Motive hin zu analysieren. Experimente, die zu diagnostischen Zwecken erdacht werden, enthalten immer Fehlerquellen; das wird an einem Punkte sogleich erläutert werden. Entsprechend schwer ist es nun auch, pädagogisch lenkend und erweckend an solche stillen Werdeprozesse heranzukommen.

Bei der psychologischen Analyse ist vor allem darauf zu achten, wie weit im einzelnen Falle das *Realitätsbewußtsein* schon entwickelt ist. Dafür kann ich umschreibend sagen: Es muß geprüft werden, was noch als in der gegebenen Welt möglich gilt und was nicht mehr als möglich gilt; ferner: ob der stärkere *Wert*akzent auf den Bezirk des Real-Möglichen oder auf die Forderungen, die das Innere der Welt entgegenwirft, zu liegen kommt. Jeder, der sich einmal mit der Kritik der Wirklichkeitserkenntnis und mit der Psychologie des Wirklichkeitsbewußtseins beschäftigt hat, weiß, daß immer nur ein gewisser Kern des Begegnenden den Charakter der eindeutigen Realität erhält. Um diesen Kern werden noch manche subjektiven Fäden gewoben. Denn das jeweils vorhandene Wertbewußtsein gibt dem Wirklichkeitsbewußtsein ein eigentümliches Relief. Ein und dieselbe Wirklichkeit kann für verschiedene erlebende Subjekte ganz verschiedene »Bedeutungen« haben. Wirklichkeit ist für jede Epoche, für jede geistig geeinte Gruppe etwas Standardisiertes oder Genormtes. Für den Verkehr, besonders für die lebenserhaltenden Funktionen (etwa der Wirtschaft) ist festgelegt: so oder so ist unsre gemeinsame Realität. Jeder Beteiligte glaubt auch daran, daß es eine für alle »maßgebende« identische Wirklichkeit gibt. Trotzdem lebt jeder auch »in seiner Welt«, d. h. in einer gerade seiner Individualität und Lebensausrichtung konformen Bedeutungswelt. Was für den Gelehrten Realitätscharakter hat, hat es nicht für den Handwerker. Aber in gewissen Bereichen müssen sie das Gleiche als

Realität anerkennen. Es ist bekannt, daß besonders das Geld heute betonter Realitätsfaktor ist.

In der jugendlichen Seele sind Traum und Wirklichkeit noch auf eine schwer durchschaubare Weise ineinander gewoben. Wenn wir die von uns Erwachsenen anerkannte Welt als Wirklichkeitsschema zugrunde legen, so tun wir dieser Seele eigentlich Unrecht. Sie lebt stärker in ihrer intimen Welt, mindestens in ihrer altersgemäßen Welt als wir, die wir bereits im »Geschäftsverkehr« stehen. Auch wir würden uns dagegen wehren, daß die Natur, die Kant in der ›Kritik der reinen Vernunft‹ (vgl. oben) herausgearbeitet hat, schon das Ganze unsrer Wirklichkeit darstelle. Trotzdem: irgendeine Bezugsebene muß die Psychologie natürlich als maßgebend setzen, um überhaupt »bloße« Phantasie und Wirklichkeit (= gebundene Einbildungskraft) unterscheiden zu können. Und es muß gleich vorweggenommen werden: *Pädagogisch* ist dieser Ansatz nicht günstig. Denn wir wollen ja nicht zum »bloßen« nackten Wirklichkeitsbewußtsein erziehen. Das Ideal hat gerade hier sein unbestreitbares Recht, und das Ideal wäre ohne vorbildende Phantasie nicht möglich. Das Ideal steht zur jeweils anerkannten Wirklichkeit in einem Spannungsverhältnis. Diese Spannung darf der jugendlichen Seele nicht genommen werden.

III

Wo sich ein Zukunftsbild vom Zögling, das der Seele des Erziehers entstammt, mit dem eigenen Zukunftsbild des Zöglings begegnet, da liegt ein wesentlicher Ansatzpunkt für die Erziehung. Dieses Aufeinandertreffen kann zunächst durch zwei Sätze veranschaulicht werden: »So mußt du sein; denn so verstehe ich dich!« und – im günstigen Falle – »Du verstehst mich so, wie ich mein eignes Idealbild ahne«. Jedoch fehlt dabei noch der dritte Satz, dem beide Parteien unterworfen sind: »Es gibt ein Hochbild vom Menschentum, das jedem fordernd, mit dem letzten Ernst, entgegentritt, und das individuelle Ideal ist nur soweit berechtigt, wie es sich in den Grenzen dieser Norm hält.«

Die höchst wichtige Frage der pädagogischen Theorie, woher dies verpflichtende Ideal eigentlich stamme, wie es sich selbst legitimiere und wie es sich zu den wechselnden geistesgeschichtlichen Lagen verhalte, kann hier nicht nebenbei mitbehandelt werden. Genug, daß unsre Zeit in dieser Hinsicht sehr unsicher geworden ist und manchmal der Gefahr unterliegt, das vom jeweils herrschenden Staat für seine Schulen gesetzte Bildungsideal schon für das zu halten, was im letzten Sinne normativ ist.

Aber hier interessieren andere, mehr psychologische Probleme. Bei dem

Sichbegegnen zwischen zwei Phantasiebildern, dem Leitbild des Erziehers für seinen Zögling und dem schwankenden Leitbild des jungen Menschen für sich selbst, würde gar nichts Fruchtbares herauskommen, wenn *alles* nur in dem weichen Element der Vorbildungskraft verharrte. Ein Faktor ernstester »Wirklichkeit« muß dabei sein, nicht bloß »handgreiflicher« *materieller Wirklichkeit,* sondern *sittlicher Wirklichkeit* – denn das letzthin Maßgebliche ist immer sittlicher Art. Dieser Faktor ist das Stück ethischer Realität, das der Erzieher repräsentiert. Andernfalls bliebe es bei schönen Träumen, die sich in einer »bloß« ästhetischen Phantasie abspielen. In der Sprache des Umgangs wird der hier gemeinte Gedanke einfacher so ausgedrückt: Der Erzieher muß *»Vorbild«* sein können, und der Werdende muß bei seiner noch schwankenden Suche nach Vorbildern von ihm gepackt werden, so daß er ihm nicht ganz entrinnen kann. Etwas Vorbildhaftes muß gegeben sein. »Suche nach einem Vorbild« muß als ursprünglicher geistiger Trieb vorausgesetzt werden. Diesen darf man sich aber nicht so denken, als ob er mit Sicherheit den rechten Mann aus hundert Auswahlbildern schon herauserkennte. In der Jugend stellt sich das Vorbildhafte meistens noch ganz stückhaft dar. An einem wirklichen Menschen der Umgebung kann »etwas« sein, das magisch anzieht, wäre es auch nur die Art zu sprechen, oder der Gang, oder das forsche Auftreten in einer ethisch recht zweifelhaften Situation.

Das Zwischenland zwischen der Erzieherpersönlichkeit und dem mit sich noch experimentierenden Wesen des jungen Menschen muß man sich als ein recht wildes Gebiet denken, in dem es noch wenig Straßen, dafür aber allerhand Schlupfwinkel gibt. Hierhin gehört zunächst ein Seelenkenner, der es erforscht; dann ein Seelenführer, der es kontrolliert. Daß man sich der Phantasie des Zöglings in bildender Absicht bemächtigen müsse, ist der etwas verschleierte Sinn von Herbarts Programmschrift: ›Die ästhetische Darstellung der Welt als das Hauptgeschäft der Erziehung‹ (1806). Aber ehe man sie bilden kann, muß man die jugendliche Phantasie kontrollieren. Das ist sehr schwer, 1. weil sie zu den intimsten Seelenvorgängen gehört, auch schon *vor* dem Alter, in dem derartiges sorgsam verborgen wird; und 2. weil das moderne Leben, vor allem in der Großstadt, eine Fülle von Phantasiereizen aussendet, die pädagogisch unerwünscht sind. Davon ist bis in die Tageszeitungen hinein zur Genüge geredet worden. Trotzdem ist noch nicht voll erkannt, wo das Gift eigentlich sitzt. Es kann nicht darin gefunden werden, daß beispielsweise in Filmen das Abenteuerliche übertrieben wird, daß einmal ein Mord passiert, ja nicht einmal darin, daß eine erotische Grenzsituation vorkommt. Vielmehr muß beachtet werden, in welche Art von »Weltordnung« diese Einzelheiten eingebettet sind. Entweder nämlich können in ihr Wertakzente ganz falsch gesetzt werden, so daß das Vorbildhafte an verkehrte Stellen rückt; oder das Vorbildhafte kann so grob und aufdringlich herausgearbeitet sein, daß die Freiheit und Echtheit der inneren Stellungnahme dadurch bedroht wird. Natürlich ist das erste schlimmer als das zweite. Jedoch ist der verbreitete Satz von Friedrich Theodor Vischer »Das Moralische versteht sich immer von selbst«, ebenfalls verhängnisvoll. Denn darin liegt eine Verlockung zu routinehafter Setzung der Wertakzente. Im Gegenteil: es darf nie vergessen werden, daß das Sittliche schwer ist, daß die gegebene gesellschaftliche Wirklichkeit es ebensowenig rein darbietet wie jene Sensationsstücke, und daß es immer Selbstüberwindung fordert. Das Alter der Zuschauer spielt dabei eine erhebliche Rolle. Was ein Elfjähriger ohne Schaden sieht, kann auf einen Vierzehnjährigen unheilvoll wirken. Man muß sich nämlich klar machen, daß es auf die innere Verarbeitung des Dargebotenen ankommt. Filmstücke wirken schon deshalb ungünstig, weil sie viel zu schnell ablaufen, als daß man zu dem Gang der Ereignisse innerlich Stellung nehmen könnte. Es bleiben nur Einzelszenen haften, die stark suggestiv wirken. Das eigentliche Theater dagegen, wenn es etwas wert ist, hat sein wohlberechnetes poetisches Tempo. Es mutet dem Zuschauer nicht mehr zu, als er mit seiner innren Beteiligung bewältigen kann; es kennt noch das Gebot einer richtigen Dosierung. Beim Film ist das technisch viel schwerer. Es ist aber nach meinem Eindruck überhaupt noch nicht ernsthaft angestrebt worden. Die Folge ist, daß der Film nach außen zieht, während ein echtes Theaterstück *ergreifen* will, also nach innen zieht. So seltsam es klingt: das hängt mit den alten, von Lessing her bekannten »drei Einheiten« zusammen. Die Möglichkeit des Lichtbildes, beliebig oft den Ort der Handlung und damit auch den Standort des Betrachters zu wechseln, verhindert die Besinnung. Was technisch ein Triumph ist, kann ästhetisch ein schwerer Mangel sein. Es bringt dann auch einen »Effekt« hervor, der ethisch ungünstig ist.

IV

Das Hauptergebnis dieser Überlegungen kann in dem Satz zusammengefaßt werden: Die Gestalt, die ein werdender Mensch mit Bewußtsein annimmt, ist zuerst in einer Fülle phantasiemäßig entworfener Möglichkeiten mitenthalten und wird auf dem Wege einer Auslese aus ihnen herausgehoben als diejenige, zu der er – sei es leise oder entschieden – Ja sagt. Der Erzieher muß versuchen, einigen Einfluß auf die Richtung zu gewinnen, in der dieses »Ja« geht.

Dazu wäre eine nähere Analyse der Art von Einbildungskraft erforderlich, der der Entwurf eines persönlichen Leitbildes zuzuschreiben ist. Sie ist 1. durchzogen von Strukturgesetzen, die der (jeweils anerkannten) Wirklichkeit entnommen sind; unter Wirklichkeit ist hier nicht bloß die Seite des Seelischen, sondern das fest eingespielte Seele-Welt-Verhältnis zu verstehen. Das Wirklichkeits*bewußtsein* hat im Individuum eine Entwicklung. 2. Darüber hinaus ist diese Einbildungskraft einer freier spielenden Gesetzlichkeit unterworfen, die wir noch nicht genügend untersucht haben. In ihr herrscht z. B. der Druck und Zug von Trieben sehr verschiedener Stärke, eine vorläufige, oft zerbröckelnde Sinngebung und eine demgemäß unfertige Wertordnung. Hierhin gehört alles, was wir als »Lokkungen der Phantasie« bezeichnen und was schon die Stoiker als sittliche Hauptgefahr erkannt haben. 3. Endlich also waltet bis in die Phantasie hinein auch eine sittliche Normativität. Zu dem Phänomen des Gewissens gehört z. B. die »Ausmalung« dessen, was kommen wird, wenn man sich so oder so entscheidet. Normalerweise hält die Erziehung Leitbilder (Vorbilder) bereit, die den anerkannten sittlichen Normen entsprechen. Gerade hieran ist unsre Zeit arm geworden, weil sie selbst unsicher ist über das, was der Mensch eigentlich sein sollte. Diese Orientierungslosigkeit ist die wesentliche Ursache für das Mißglücken unsrer Erziehungsbemühungen. Sie können freilich nicht mehr leisten als »Hilfe« bei der Selbstwerdung. Wo sie dabei anzusetzen hat, ist ihr nicht mehr ganz klar. Teils oktroyiert sie Ideale, teils läßt sie sie wild wachsen. Teils vergißt sie, daß sie *nur* auf dem Wege über die sich selbst bildende Phantasie eingreifen kann, teils überläßt sie diese Entwürfe einem Übermaß von Freiheit = Willkür.

Herbart hat mit Goethe, oder vielmehr mit dem Abbé in ›Wilhelm Meisters Lehrjahren‹, darüber gerechtet, ob das Gewissen mit in die Oper gehe oder nicht. Dahinter liegt ein großes Problem. Der Abbé hält eine bloß ästhetische Erweiterung des Menschen, ohne Moralisieren, für wünschenswert. Herbart hat tief gesehen, daß das Gewissen schon gegenüber der bloß ästhetischen Bilderwelt voll Stellung nimmt und daß diese gleichsam ein Vorspiel, ein Vorübungsfeld für spätere Ernstentscheidungen ist. Auch Plato und Schiller könnten zu diesem Thema gehört werden. Aber das muß den Überlegungen anderer vorbehalten werden.

Hier erinnere ich nur an ein weises Verfahren, das in der humanistischen Bildungstradition herausgearbeitet worden ist. Sie enthält überhaupt eine reiche Weisheit, die bewußt nicht zu einem eigentlichen »System der Pädagogik« verdichtet worden ist. Nämlich: so etwas wie *die* Humanitätsidee gibt es in dieser sich über Jahrhunderte erstreckenden Bewegung nicht. Man bietet eine Fülle von wertvollen und hohen Vorbildern zur Anschauung dar; man läßt es auch an Gegenbildern nicht fehlen, gibt ihnen jedoch vorsichtig die pädagogisch richtige Bedeutung. So entfaltet sich ein »Spielraum«, in dem sich die eignen Zukunftsentwürfe des jungen Menschen allmählich entfalten können. Dies alles erfolgt an einer »fernen historischen Realität«. Aber es wird darauf gerechnet – vielleicht ist dies ein Wagnis – daß irgendwann einmal der Augenblick kommt, wo die Entscheidungen einer stark gewordenen Innerlichkeit = Phantasie auf die eigne Gegenwart, d. h. auf die eigne sittliche Aufgabenwelt mutatis mutandis übertragen werden. Sollte dieser Zeitpunkt ausbleiben, dann, aber erst dann, wäre einzugestehen, daß die historisch fundierte Bildungsidee des von der Antike ausgehenden Humanismus gescheitert ist. Also kommt viel darauf an, dem Festwerden der inneren Bilder, aber auch ihrer Anwendung auf die Problematik des gegenwärtigen Lebens planmäßig Hilfe zu leisten.

Das Rätsel Sokrates

1954

Vorbemerkung: Diese allgemeinverständlich gehaltene Skizze über Sokrates ist nicht gedacht als eine Repetition aus der Geschichte der Pädagogik. In dem geistigen Ringen der wahrhaft großen Erzieher ist immer etwas enthalten, was uns heute noch angeht und alle künftigen Erzieher angehen wird. Kierkegaard hat recht, wenn er Sokrates im Gebiet der Menschenerweckung den Zweitgrößten neben Jesus nennt. Ich bin überzeugt: Wer gar nichts Sokratisches in sich trägt, ist überhaupt kein echter Erzieher. In dem vorliegenden Beitrag möchte ich eine Anleitung geben, wie man sich mit den »sokratischen Dialogen« von Platon beschäftigen soll. Man analysiere in sorgfältiger *Denk*arbeit den inneren Aufbau jedes einzelnen. Und man wird die Erfahrung machen, daß man *ethisch* ein Stück weiter gekommen ist. Man hat dann nämlich an einem Sachproblem sich selbst besser kennengelernt. Wie weit man diesen »Weg zu sich selbst« auch im praktischen Umgang mit jungen Menschen heute noch fruchtbar machen kann, wird niemandem unklar bleiben. Nur muß man ihn vorher selbst gegangen sein.

Der englische Philosoph John Stuart Mill hat in seiner Schrift ›Über die Freiheit‹ [1] gesagt: »Die Menschheit kann kaum oft genug daran erinnert werden, daß es einst einen Mann namens Sokrates gegeben hat.« Es ist so. Aber man muß gleich hinzufügen: Dieser Sokrates ist kaum jemals ganz vergessen worden, obwohl er nun seit rund 2350 Jahren tot ist. Vielmehr geht er mit einer unheimlichen Lebendigkeit in seltsamen Verwandlungen und Verkleidungen durch die Jahrhunderte. Für ein Zeitalter, das seine wesentlichsten Eindrücke dem Geschriebenen und Gedruckten entnimmt, ist dies um so auffallender, als Sokrates selbst nie eine Zeile geschrieben

---

[1] John Stuart Mill, Über die Freiheit. 1859.

hat – während wir etwa von Platon, Aristoteles oder Cicero viele Bände besitzen.

Der Hauptgrund für die ungeheure Nachwirkung des Sokrates liegt nahe: Soviel wir wissen ist dieser Mann der erste im Abendlande, der aus Treue zu seiner philosophischen Überzeugung freiwillig den Tod auf sich genommen hat. Daß jemand für sein Vaterland stirbt, für seine Nationalgötter, für seine Hausgötter, das war den Alten natürlich vertraut. Aber daß jemand, obwohl er sich hätte retten können, sein Leben opferte für seine geistige Art zu sein, oder – moderner gesagt: für seine Weltanschauung, das war in jenen Tagen etwas Unerhörtes. Wir heute denken dabei sofort an ein noch größeres Ereignis, das sich 400 Jahre später in einem unbedeutenden Winkel des römischen Kaiserreiches vollzogen und die ganze Menschheit im Tiefsten aufgewühlt hat, an den Kreuzestod Jesu Christi. Beide Male ging es nicht um Machtfragen der großen Politik, sondern um die Seele, die intime Innerlichkeit des Menschen. In der christlichen Zeit sind beide Tragödien naturgemäß immer wieder miteinander verglichen worden, wäre es auch nur deshalb geschehen, um trotz vieler Ähnlichkeiten die Unvergleichbarkeit beider Fälle zu betonen. Niemand aber, der ernst zu nehmen ist, hat die Würde und Größe des Sokrates bestritten.

Auf *seiner* Seite begegnet dem Historiker noch etwas sehr Merkwürdiges. Worin die Botschaft, das Evangelium, Jesu Christi bestanden hat, darüber herrscht unter den Nachfahren in der Hauptsache Einigkeit. Welches aber die Botschaft oder die Lebenslehre des Sokrates gewesen ist, das ist bis heute noch umstritten, wie es unmittelbar nach seinem Tode unter seinen Anhängern strittig war. Fast möchte man sagen: Noch heute hat jeder, für den die innere Begegnung mit dem alten Weisen überhaupt etwas bedeutet, *seinen* Sokrates, gleichviel, ob es sich um die gelehrten historischen Forscher oder um selbst prophetische Naturen handelt, wie etwa Nietzsche und Kierkegaard. Auch in dieser Skizze kann nicht einfach mit historischer Treue *das* Bild des Sokrates gezeichnet werden. Der Leser muß sich selbst erst einmal von der philosophischen Unruhe ergreifen lassen, die die Voraussetzung dafür ist, daß man der seltsamen Gestalt näher kommt. Er muß zu inneren Verwandlungen bereit sein, die nicht jedem sofort gelingen. Vor allem muß er sich darauf gefaßt machen, daß ihm Sokrates genau so begegnen wird, wie er schon seinen Zeitgenossen begegnet ist, als

der große Frager,

nicht als ein Lehrer, der feststehende Wahrheit fertig übermittelt. Darin liegt sein Geheimnis, in das jeder, der den Unterschied zwischen dem Lehren und dem eigentlichen Erziehen begreifen will, einmal eingedrungen sein muß: Er erweckt uns, die zunächst naiv Lehrenden, er erschüttert unsere Existenz, er elektrisiert uns; und zwar mit der einen entscheidenden Frage, die *seine* Frage war, die Frage seiner Jünger, die Frage der 24 Jahrhunderte seitdem: *Wie sollen wir denn leben, damit unsere Seele so gut als möglich werde?* Vielleicht ist schon etwas Großes geschehen, wenn auch nur die *Frage* in einem Menschengemüt so durchgebrochen ist, daß sie vor dem inneren Ohr nie wieder verstummen kann.

I

Zunächst einiges über sein Leben. Ins helle Licht der Geschichte tritt Sokrates eigentlich erst, als er schon 70 Jahre alt ist. Und zwar durch eine Anklage wegen Frevels an den Göttern seiner Vaterstadt Athen. Er hatte sich einen sog. Asebie-Prozeß zugezogen (399 v. Chr.). Wir besitzen den Wortlaut der Anklage: »Sokrates frevelt, indem er nicht an die Götter glaubt, an die die Stadt glaubt, sondern neue dämonenartige Mächte einführt und derartiges auch den Jünglingen beibringt.« Wir wissen aus manchen Quellen, daß dieser Greis sich den ganzen Tag auf dem Markt oder in den Sporthallen (Gymnasien und Palästren) herumtreibt, sich besonders an die Jünglinge und Knaben heranmacht und sie in Gespräche (Dialoge) verwickelt. Wie sie auch anfangen mögen: bald ist er bei solchen Fragen wie: Was ist Gerechtigkeit? Was ist Besonnenheit? Was ist die Tugend überhaupt? Durch die Aufforderung, hierbei mitzureden, machte er das junge Volk frech und aufsässig. Man muß annehmen, daß sie dann auch zu Hause die Eltern mit ihren Naseweisheiten verärgerten. Manche aus dem Kreise des Sokrates waren überdies politisch übel beleumundet, so Kritias, einer von den 30 Tyrannen, und vor allem Alkibiades, dies liederliche Genie, das doch glänzend begabt war und trotz seiner Laster ein Liebling der Masse blieb. In seinen Gesprächen wird Sokrates auch häufig erwähnt haben, er höre bisweilen eine innere Stimme, etwas Dämonenartiges. Sie rate ihm aber immer nur ab und zeige nie den positiv zu wählenden Weg. Darauf bezieht sich wohl jene Anklage wegen Einführung neuer dämonenartiger Mächte.

Man würde gern wissen, was dieser 70jährige Herumtreiber sonst noch gewesen ist, besonders in seiner früheren Zeit. Wir heute interessieren uns natürlich für die innere Entwicklungsgeschichte eines Originals. Aber eine solche Fragestellung kannte man damals noch nicht, und selbst über das äußere Leben sind die gesicherten Überlieferungen nur spärlich. Er war der Sohn eines Bildhauers und einer Hebamme – später sind diese Tatsachen zu Symbolen für das bildende und helfende Tun des Sokrates umgeschaffen worden. Er war verheiratet, im Doppelsinne »fabelhaft« schlecht; aber wie denkt man über einen solchen Ehegatten! Er hatte drei Kinder, war selbst sehr arm und bedürfnislos, erfreute sich aber wohlhabender Freunde. Sein Äußeres war so unschön, daß es den empfindlichen Augen der Griechen beinahe Schmerz bereiten mußte. – In seinen Mannesjahren hat Sokrates sich bei drei Feldzügen tapfer bewährt; er hat nur selten Ämter in der Stadt übernommen, aber auch dabei hervorragende sittliche Festigkeit bewiesen. Sonst aber hat er sich an der Politik aktiv wenig beteiligt, was ihm als Mangel an bürgerlichem Pflichtgefühl ausgelegt worden ist.

In der Verteidigungsrede (Apologie), die Platon dem Sokrates in den Mund legt – wesentliche Züge aus ihr müssen ja wohl historisch richtig sein – führt der Verklagte aus, er betrachte seine Lebensweise als einen Auftrag vom Gott Apollo. Einer seiner frühesten Anhänger habe einmal das Orakel zu Delphi befragt, ob jemand unter den lebenden Griechen noch weiser als Sokrates sei; das Orakel (indirekt also der Gott) habe mit Nein geantwortet. Jeder in Athen wußte, daß an dem delphischen Heiligtum der Spruch stand »Erkenne dich selbst«. Jeder mußte jene Weisheit also in der Richtung der Selbsterkenntnis deuten. So fährt denn auch Sokrates fort: Er selbst sei sich über seine Unwissenheit klar. Wenn ihm trotzdem eine besondere Weisheit nachgesagt würde, so könne diese höchstens in dem *Bewußtsein* seiner Unwissenheit bestehen. Um aber den Gott zu widerlegen, gehe er nun in der Stadt umher und suche festzustellen, ob er irgendeinen wirklich »Wissenden« fände. Zunächst habe er die Staatsmänner »geprüft«, dann die Dichter, schließlich die Handwerker. Diese Aufzählung nach Berufen könnte zu der Meinung verführen, als ob er ihre Kenntnisse in ihrem Fach erfragt hätte. Aber darauf kann er es nicht abgesehen haben. Vielmehr muß sich seine Inquisition auf das gerichtet haben, worauf es im Leben »eigentlich ankommt«, nämlich auf die richtige Lebensführung und auf die Fähigkeit, darüber »Rechenschaft abzulegen«. Wenn das nun keiner konnte, so war Sokrates ihnen allen mindestens darin überlegen, daß er sich auch nicht einbildete, darüber etwas zu wissen. Dieses Wissen um das Nichtwissen – so entwickelt Sokrates weiter – müsse der Gott eigentlich gemeint haben, also eine Art von wissender Unwissenheit (lateinisch: docta ignorantia). Er betrachte seine eigene Lebensführung, dieses Ausfragen der Menschen über das Wichtigste, was sie *alle* wissen müßten, als einen großen Dienst, den er ihnen leiste. Ja, es sei *seine* Art von Gottesdienst, *seine* ihm von Apollo aufgetragene Mission; ein Leben, das nicht in dieser Richtung erforscht sei, sei nicht lebenswert, und für ihn selbst empfange das Leben erst dadurch Sinn, daß er anderen in solcher Weise zu Hilfe käme. Schon jetzt freue er sich darauf, wenn er bald in die Unterwelt gelange, dort auch die Schatten der Großen der Vergangenheit mit derartigen Fragen zu bedrängen. Denn – noch einmal sei dieser zentrale sokratische Satz, der nicht ganz leicht ins Deutsche zu übersetzen ist, zitiert:

Ein unausgeforschtes Leben ist nichts wert.

Das heißt in unserer Sprache etwa: eine Existenz, die nicht problematisch gemacht worden ist, ist zum vollen Menschentum noch gar nicht erwacht. Selbstprüfung und Fremdprüfung müssen dabei verflochten werden. Das ist der tiefe Sinn der vielfach spielerisch scheinenden *sokratischen Gespräche*.

Viel mehr als diese Deutung des eigenen Berufes, bei der vielleicht schon der größte Jünger, nämlich Platon, seine Hand mit im Spiele hat, wissen wir von dem Vorleben des 70jährigen Angeklagten nicht.

Nur eines ist noch zu erwähnen, das allerdings von großem Belang ist. Schon Jahrzehnte früher hatten griechische Komödiendichter die auffallende und schwer durchschaubare Gestalt des Sokrates satirisch auf die Bühne gebracht. Das berühmteste Stück dieser Art waren die ›Wolken‹ des Aristophanes, deren Urfassung 423 aufgeführt wurde. Hier finden wir den Sokrates als einen höchst seltsamen Gesellen, der sich mit Himmelserscheinungen beschäftigt und selbst – ein erster Luftfahrer – auf einer Schaukel sitzend doziert. Zugleich bringt er jungen Leuten für teures Geld fragwürdige Advokatenkünste bei, die darauf hinauslaufen, die ungerechte Sache in eine gerechte zu verdrehen. Die Handlung der Komödie zeigt einen jungen Mann, den sein von Schulden erdrückter Vater in diese Schule schickt, der dort unsaubere Künste der Bereicherung lernt und schließlich seinen eigenen Vater verprügelt. – In der ersten Funktion wird also Sokrates mit den älteren Naturphilosophen in Verbindung gebracht, in der zweiten mit dem neuen Geschlecht der Sophisten, die schon dadurch anstößig waren, daß sie für ihren Unterricht in der Redekunst und in politisch-juristischen Kenntnissen Geld nahmen. Beiden Gruppen war gemeinsam, daß sie mit der gutbürgerlichen Tradition brachen und als bedenkliche Neuerer erschienen. Als einen solchen »Neuerer« stellt also Aristophanes auch den Sokrates dar, um den gefährlichen Zeitgeist zu kritisieren, wobei es ihm, nach Weinreichs einleuchtender Auslegung, wohl mehr auf die Mitläuferei solcher Lumpen wie Vater und Sohn ankam, als gerade auf Sokrates. – Dieser selbst erklärt denn auch in der ›Apologie‹ von Platon, daß er von beiden modernen Errungenschaften nichts verstehe. Daß er kein Geld für seinen angeblichen »Unterricht« nahm, muß den

Athenern bekannt gewesen sein. Immerhin hat man sich gefragt, wie Aristophanes zu einem solchen Sokratesbilde kommen konnte. Es ist, nach anderen Zeugnissen, nicht ausgeschlossen, daß Sokrates sich in früheren Jahren auch einmal um die Lehrer der Naturphilosophie in Athen gekümmert habe. Aber gerade dies war ja nun der Bruch, den er mit der gesamten Vorsokratik vollzog, daß er überzeugt war, auf diesem Wege könne der Mensch über das für ihn Wichtigste, die rechte Lebensführung, keinen Aufschluß gewinnen, sondern nur auf dem *Wege nach innen.* Und mochte sein Tun für den Außenstehenden auch einige Ähnlichkeit mit der Pädagogik der neuen Wanderprofessoren, der Sophisten, haben – die Hauptzeugen lassen ihn doch immer im schärfsten Gegensatz zu diesen Leuten auftreten, die übrigens im Anfang echte Erzieher der reichen Jünglinge sein wollten und erst später zu der bedenklichen Kunst abschwenkten, die schlechte Sache als die bessere erscheinen zu lassen. Sokrates selbst zieht sich bei der Verteidigung gegen den Vorwurf, er habe solche Neuerungen betrieben, in seine eigentümliche Burg zurück: »Ich *weiß* überhaupt nichts«, und er fügt die auffallende Bemerkung hinzu, er sei »niemals jemandes *Lehrer* gewesen«.

Aber irgend etwas Positives muß er doch in sich gehabt haben, wenn er seinen Umgang mit den Jünglingen, der freilich im Ausfragen gipfelte, als eine ihm von Gott bestimmte Sendung bezeichnete. Aus Platons Apologie und Dialogen ergeben sich einige Sätze des Sokrates, die als echt gelten dürfen. An der Spitze steht die Forderung: jeder müsse vor allem für seine Seele sorgen, daß sie so gut wie möglich werde. Umgekehrt: nichts schädigt die Seele so sehr, wie Unrechttun. Ja: Unrechtleiden ist besser als Unrechttun – ein Satz, der für das Empfinden der Griechen jener Zeit eine unerhörte Zumutung bedeutete. – Sehr überraschend bei einem Mann, der immer sein eigenes Nichtwissen betont, ist die aufs beste beglaubigte These: *»Die Tugend ist ein Wissen«.* Bei ihr bleibt natürlich noch offen, ob dieses Wissen von der gleichen Art ist wie das der Fachleute: der Ärzte, Baumeister, Kapitäne usw. Dieser Unbestimmtheit (die erst später beseitigt werden kann) müssen wir uns bei der letzten grundlegenden Behauptung bewußt bleiben: Wer um das Gute weiß, der tut es auch. Umgekehrt lautet sie: »niemand tut freiwillig unrecht.« Das Wort freiwillig ist dabei im Griechischen so abgeblaßt wie im Deutschen: es kann heißen »mit Willen«, es kann heißen »mit Wissen«, aber auch: »mit Wissen und Willen«. Schlechtigkeit muß demnach soviel wie Unwissenheit sein, wenn nämlich der Satz vorangeschickt ist: »Tugend ist ein Wissen«. Aber man beachte noch einmal: *dieses* Wissen muß von ganz besonderer Art sein, und nur von dieser Art her muß man auch die immer wiederholte Beteuerung des Sokrates verstehen: »Ich weiß nichts«. Vielleicht hätte er auch sagen können: ich bin noch nicht am Ende damit.

Wenn also die Tugend (= das Tüchtigsein) »ein« Wissen ist und wenn Sokrates von sich selbst sagt, er besitze es nicht, und wenn diese Aussage bei ihm mehr ist als ein Zum-besten-haben der Gesprächspartner, dann liegt das Rätselhafte eben an dieser Stelle:

Sokrates zwischen Wissen und Nichtwissen.

Zunächst ist die Erzählung von dem weiteren Schicksal des Sokrates noch zu ergänzen. Es ist ja weithin bekannt. Er wurde bei einer Gesamtzahl von 501 Stimmen mit der geringen Mehrheit von 30 für schuldig erklärt. Nach athenischem Recht durfte der Verurteilte sich dann über das Strafmaß äußern, das er selbst für richtig hielte. Bei der herrschenden unsicheren Stimmung hatte er eine große Chance, mit einer geringen Buße davonzukommen. Aber jetzt schlägt sein bisher bescheidener Ton auffallend in das stärkste Selbstbewußtsein um: Wenn es recht zuginge, so müsse er wegen seiner Verdienste um Athen fortan auf dem Rathaus (Prytaneion) ehrenhalber verpflegt werden. Solle er aber statt dessen eine Strafe beantragen, so käme Verbannung nicht in Betracht; denn außerhalb seiner erweckenden Tätigkeit an den Mitbürgern hätte sein Leben keinen Sinn mehr. Es bleibe also nur eine Geldstrafe übrig. Aus eigenen Mitteln könne er nicht mehr als eine Mine aufbringen. Aber mit Hilfe seiner Freunde wolle er sich zu 30 Minen erbieten. (Eine Mine wird mit reichlich 100 Mark vergleichbar sein.)

Diese ganze Rede mußten die Richter als eine Verhöhnung empfinden. Ihr Spruch lautete nunmehr auf den Tod. Sokrates erhält noch einmal das Wort. Er spricht tief ernst und mahnend. Er wägt die Güter dieses Lebens ab. Ist es nicht besser, schuldlos zu sterben als mit einer befleckten Seele leben zu müssen? Was der Tod eigentlich sei, bekennt er, nicht zu wissen. Aber das steht ihm fest: »daß es für den guten Mann kein Übel gibt, weder im Leben noch im Tod.« –

Es darf als sicher gelten, daß es dem Sokrates möglich gewesen wäre, mit Hilfe seiner Freunde aus dem Gefängnis zu entkommen. Die inneren Gründe dafür, daß er es von sich wies, entwickelt Platons kleiner Dialog ›Kriton‹: Man muß den Gesetzen des Vaterlandes auch dann gehorchen, wenn sie sich einmal gegen das eigene Leben wenden.

Die Hinrichtung durch die Darreichung eines Schierlingsbechers zog sich ziemlich lange hinaus, weil während einer kultischen Schiffahrt zum Heiligtum des Apollo in Delos die Stadt »rein« bleiben mußte, also kein Todesurteil vollstreckt werden durfte. Die letzten Stunden des Sokrates schildert in weihevoll-ernster Form Platons unsterblicher Dialog ›Phaidon‹, den jeder noch heute mit Andacht lesen wird. Aber dabei ist folgendes zu beachten: Die Szenerie, die äußeren Vorgänge, die Abschiedsstimmung mögen echt sein. Platon selbst war nicht dabei, weil er krank war. Auch mögen sich die Gespräche um die Vorbereitung zum Sterben und um den Tod gedreht haben. Aber was in rein philosophischer Diskussion an Beweisen für die Unsterblichkeit der Seele ausgeführt wird, gehört so gut wie sicher dem Platon allein an. Das muß man schon deshalb annehmen, weil Platon selbst in der ›Apologie‹ den Sokrates hatte sagen lassen: er wisse nicht, ob es ein Leben nach dem Tode gebe. Der echte Sokrates wird auch hier in der Zurückhaltung des Nichtwissens verharrt haben. Fraglich ist auch die Echtheit des letzten Wortes von Sokrates: »O Kriton, wir sind dem Asklepios (dem heilenden Gott) einen Hahn schuldig. Opfert ihm den und versäumt es ja nicht!« Es klingt orphisch. Daß das Leben der in den Leib eingekerkerten Seele eine Krankheit sei, paßt nicht zu der hellen Bejahung des Daseins, die sonst auch bei Platon aus dem Verhalten des Sokrates spricht. Nur wo von dem tragischen Ende die Rede ist, drängt sich in dem Schüler der tröstende Jenseitsglaube der orphischen Erlösungsreligion ganz stark hervor. So überbietet er die gleichsam »existentiell« ganz auf sich selbst gestellte innere Gewißheit des Meisters durch seine eigene, bereits weiter ausgeführte Philosophie.

II

Wie steht es überhaupt mit unserem Bilde vom »historischen« oder »echten« Sokrates?

Erst nach dem Prozeß und seinem tragischen Ende begann eigentlich der Geisteskampf um Sokrates. Er hat mindestens zwei Jahrzehnte lang die Gemüter der Athener beunruhigt. Jeder der namhaften Anhänger des Hingerichteten hatte seine eigentümliche Auffassung von der rätselhaften Gestalt. Die Feinde spürten immer eifriger die Seiten an ihr auf, die als Schuld ausgelegt werden konnten. Unter diesem zeitbezogenen Gesichtspunkt muß man auch Platons Dialoge vom ›Kriton‹ bis zum ›Phaidon‹ – diesem *zweiten* Abschied von dem geliebten Freunde – lesen. Er greift mit *seinem* Sokrates in die Auseinandersetzungen ein. Sie werden sogar immer deutlicher zu Kampfrufen: »Ihr habt den einzigen Staatsmann eurer Stadt getötet, der ein wahrer Erzieher war!«

Etwas anderes kommt hinzu. Damals kannte man noch nicht die moderne historisch-kritische Denkweise. Man fragte noch nicht mit Entschiedenheit danach, was ein Verstorbener wirklich gewesen war, getan hatte, gesagt und gelehrt hatte. Man ließ ihn um so stärker als Gegenwartskraft fortleben. Mit anderen Worten: die Gestalt des Sokrates wird bald mythisiert. Gerade Platon webt bekanntlich an diesem Mythos bis in seine eigene späte Zeit fort. In einem Brief (Nr. 2) sagt er einmal von seinen Schriften: sie seien nur Werke »eines verjüngten und verschönten Sokrates«. Also war es ihm zu tun um den »idealen Sokrates«. Wenn wir nun heute den wirklichen Sokrates suchen, sind schon so viele Schleier um ihn »gedichtet«, daß wir nur mit Hypothesen an ihn selbst herankommen können.

Wir kennen sehr vielfältige Reflexe von ihm in seinen Nachfolgern. Man hat sich gewöhnt, von den »einseitigen Sokratikern« zu sprechen. Jede Gruppe hat sich angeeignet, was ihr gerade verständlich war und was sie ihren eigenen Anliegen einfügen konnte. Hier kann ich nur bei zwei Augenzeugen verweilen, denen dann ein dritter Berichterstatter anzureihen ist, obwohl er Sokrates nicht mehr als Lebenden gekannt hat.

Verweilen wir zuerst bei der Schilderung, die Xenophon gegeben hat, hauptsächlich in dem Buch, das lateinisch Memorabilien genannt wird, auf deutsch mit dem altertümlichen Titel ›Sokratische Denkwürdigkeiten‹. Xenophon ist von Beruf General, daneben praktischer Landwirt. Er hat in seiner Jugend zum Kreise des Sokrates gehört, ist aber dann lange auf Kriegszügen fern von Athen gewesen. Erst im Ruhestande verfaßt er die Schriften, deren lehrhaften Gehalt er überwiegend auf Sokrates zurückführt. Er schreibt so spät, daß er die Werke von Platon, die den Sokrates verherrlichen, schon gekannt haben kann. Seine eigenen wirken manchmal wie beabsichtigte, allerdings sehr magere Gegenstücke. Denn die Geistesart dieses Generals a. D. ist die eines reinen Praktikers und Nützlichkeitspredigers. In seiner Verständigkeit und seiner Tendenz auf alles Gemeinnützige erscheint er wie ein Vorläufer der aufgeklärten Philanthropen des 18. Jahrhunderts. In solchem Licht sieht er die Gestalt des Sokrates: er läßt ihn als Mahner zur Tugend auftreten, weil für den Menschen nichts so nützlich ist wie eine verständige Lebensführung. Aber sein Rat bezieht sich nicht nur auf die Tugend, sondern auch auf Hauswirtschaft, Ehesachen und sogar auf die Kriegskunst. Die Gespräche, in denen Sokrates mit seinen Anhängern nach der Definition einer Tugend sucht, sind reine Scheingespräche. Im Grunde hat der Meister für jedes »Was ist das?« die Antwort schon wie im Katechismus bereit. Auch in dieser Hinsicht ist es so, wie bei dem mißverstandenen »sokratischen Verfahren« der Aufklärer des 18. Jahrhunderts. Man hat den Eindruck, daß Xenophon über Gespräche berichtet, deren Pointe er selbst gar nicht verstanden hat (abgesehen vielleicht von Mem. IV, 2). Wenn Xenophon, wie es scheint, den echten Sokrates zu kennen glaubt, so haben wir hier den bekannten Fall vor uns, daß man beim besten Willen in das Wesen eines Menschen nicht eindringen kann, wenn man sich nicht auf dessen geistig-sittliches Niveau erheben kann. Der nüchterne Moralprediger, der hier geschildert wird, ist bestenfalls der »Sokrates des Wissens«. Der Sokrates des produktiven Nichtwissens fällt ganz aus dem Rahmen der Darstellung Xenophons heraus. Sein Sokrates ist ein ehrenwerter Mann, aber nicht wert, daß man sich Jahrhunderte hindurch über ihn aufregt. Beklagenswert ist, daß Nietzsche sich seine Auffassung von Sokrates, wie manche klassische Philologen bis heute, vorwiegend nach dem Zeugnis des Xenophon gebildet hat, – wohl in der Meinung, daß er nicht fähig gewesen sei, von sich aus viel in Sokrates hineinzugeben, also ein zuverlässiger Berichterstatter sei. –

Bei Platons Schriften hingegen besteht der umgekehrte Verdacht, daß er von vornherein zu selbständig gewesen sei, um nichts von sich aus in Sokrates hineinzudichten. Abgesehen von einigen spätesten Dialogen läßt er Sokrates immer als den eigentlichen Führer des Gespräches auftreten. Man wird heute noch die Ansicht vertreten dürfen – obwohl auch sie nicht unangefochten geblieben ist –, daß wir von dem Augenblick an, wo Sokrates die Lehre von den Ideen entwickelt (und dabei sehr stark in den einfach lehrenden Ton verfällt), nicht mehr mit dem historischen Sokrates zu tun haben, auch nicht mehr mit dem platonisch gesehenen Sokrates, sondern mit Platon selbst; allenfalls könnte man sagen: mit der *Idee* des Sokrates, wie sie in Platon weiterarbeitete. Als Quellen, von denen aus man mit einiger Sicherheit auf den historischen Sokrates zurückschließen könnte, blieben dann die sog. kleinen »sokratischen Dialoge« übrig, die auch nach den Ergebnissen der sprachstatistischen Stilanalyse der Frühzeit von Platon angehören. Diese Reihe reicht etwa bis zum ›Protagoras‹. Der ›Gorgias‹ bildet schon den Übergang zum Durchbruch der Ideenlehre im ›Menon‹. Jene »sokratischen Dialoge« im betonten Sinne sind fast sämtlich kleine Stücke mit reizvoll und heiter ausgemalten Situationen. Man soll sie durchaus als literarische Kunstwerke auf sich wirken lassen. Inhaltlich beziehen sie sich auf das Suchen nach der zutreffenden Definition einer einzelnen Tugend (wie Tapferkeit, Besonnenheit, Gerechtigkeit) oder doch eines sittlichen Lebensverhältnisses (wie der Freundschaft). Schon äußerlich gesehen tragen sie den gemeinsamen Zug, daß am Schluß der Definitionsversuch scheitert. Sie enden mit einer »Verlegenheit« (Aporie). Was es damit auf sich hat, wird näher zu prüfen sein. Beachtlich ist von vornherein, daß damit der Sokrates des *Nichtwissens* zur Geltung zu kommen scheint, für den bei dem Aufklärer Xenophon kein Raum war.

Ehe wir uns mit einer Probe der kleinen Dialoge beschäftigen, ist noch der dritte Hauptzeuge heranzuziehen, bei dem wir mindestens das Definitionsverfahren des Sokrates (wie auch bei Xenophon, Mem. I,16 und

IV,6,1) bestätigt finden. Aristoteles sagt nämlich an berühmter Stelle: zweierlei habe Sokrates aufgebracht: das Verfahren des Definierens (von dem Oberbegriff aus) und das Verfahren der Induktion (Metaphysik, M 4,1078b). So wertvoll diese bekräftigende Nachricht ist, muß sie in uns doch eine sehr ernste und wichtige Frage aufrufen: Sollen wir wirklich glauben, daß das wesentliche Anliegen des Sokrates die Durchführung zweier formallogischer Grundoperationen gewesen sei? Sollen wir annehmen, *dafür* sei er in den Tod gegangen, und eben dies trockene Geschäft wolle er im Auftrage des Gottes auch noch mit den Schatten im Hades weiterbetreiben? Welchen Sinn hat eigentlich bei Sokrates das ständige Bemühen um eine schulgerechte Definition der Frömmigkeit oder der Freundschaft? – Aristoteles hat den Sokrates nicht mehr gekannt. Seine Gestalt stand für ihn nicht mehr im Zentrum eigener Lebenskämpfe. Er berichtet an jener Stelle nur, welche Rolle der Philosoph in der Geschichte der Logik beanspruchen kann, die nun für Aristoteles eine besonders wichtige Sache geworden war. In anderem Zusammenhang (Nikomachische Ethik) berichtet er kritisch von Sokrates, daß er das Wesen des Sittlichen zu intellektualistisch aufgefaßt habe; er kennt also seinen Satz vom Tugendwissen, übergeht aber das Nichtwissen.

Bisher ist uns aus der Zeugenvernehmung noch nicht klar geworden, was Sokrates eigentlich gewollt hat. Die Sache würde noch komplizierter werden, wenn wir auch die einseitigen Sokratiker hinzunähmen. Die Verlegenheit ist schon groß genug: die Tugend soll ein Wissen sein – aber Sokrates besitzt es nicht. Fände man die richtige Definition – wird jemand dadurch sittlich, daß er die Tugend definieren kann? Sokrates will die Jugend besser machen – aber er behauptet, niemandes Lehrer gewesen zu sein. Er betrachtet es als einen Auftrag von Gott, die Leute auszufragen, – ohne selbst etwas zu wissen! Wenn nun einer gar keine Gewißheit hat und doch den Tod auf sich nimmt, weil er nicht anders leben will – ist da irgend ein Zusammenhang erkennbar?

Es wird nichts anderes übrig bleiben, als einmal eines jener kleinen Stücke von Platon als Modellfall vorzunehmen. Vielleicht kommen wir dann besser voran. Ich wähle dazu den sokratischen Dialog ›Laches‹, der von der Tapferkeit handelt.

III

A. Wie in den meisten der kleinen sokratischen Dialoge ist auch im ›Laches‹ die Szenerie breit ausgemalt, offenbar in der Absicht, die beteiligten Charaktere schon ein wenig hervortreten zu lassen. Wir finden zwei verantwortungsbewußte Väter, die darüber beratschlagen, ob sie ihre Söhne in einer hochmodernen Art des Kunstfechtens ausbilden lassen sollen. Dazu haben sie zwei Sachverständige hinzugebeten, und auch Sokrates ist dabei, – ungebeten, aber von alt und jung rühmend begrüßt, sobald man ihn gewahr wird. Die Sachverständigen sind die beiden alten Generäle Laches und Nikias, die wir aus der attischen Geschichte als Feldherren kennen. Aber, wie es zu gehen pflegt: die Kenner sind sich nicht einig. Nikias stimmt für den Unterricht, Laches dagegen. Nun soll Sokrates den Ausschlag geben; er wehrt sich aber sofort gegen die Anerkennung des Mehrheitsprinzips: »auf Grund von Kenntnis der Sache muß entschieden werden, nicht nach Stimmenzahl«. Er schiebt zugleich den Streitfall auf ein anderes Geleise, indem er die Frage aufwirft, *wer* denn hier eigentlich sachverständig sei. Es geht nicht um das Fechtenkönnen, sondern um die Seelen der Jünglinge. Der richtige Sachverständige müßte sich durch seine Erfolge in dem Dienst an der Seele (Seelentherapie) von jungen Menschen ausweisen. Er selbst sei »in solchen Dingen« weder Meister noch »angelernt«. Man müsse zunächst nach dem großen, bewährten Pädagogen suchen und den befragen; denn es gehe um das größte Anliegen.

Nikias, der von allen Anwesenden den Sokrates am besten kennt, warnt davor, diese Worte ernst zu nehmen. Er gibt eine ausgezeichnete Charakteristik von ihm: Wer ihm nahe komme im Gespräch, werde gezwungen, und hätte es auch mit etwas ganz anderem angefangen, sich rastlos von ihm herumhetzen zu lassen, bis er über sich selbst Rechenschaft ablege, auf welche Art er jetzt lebe und wie er sein vergangenes Leben gelebt habe. Habe ihn Sokrates aber da, so werde er ihn nicht eher loslassen, als bis er dies alles gut und gründlich untersucht habe. Nikias schließt mit dem gewichtigen Wort: »Ich habe es schon gewußt, daß mit Sokrates nicht von den Knaben die Rede sein würde, sondern von uns selbst.« Darin liegt ein deutlicher Hinweis, wie alles folgende zu verstehen ist. Laches, weniger Freund von vielen Reden, läßt sie sich gefallen, wofern sie dem Idealfall nahekommen, nämlich der vollen Übereinstimmung zwischen dem Charakter des Redenden und seiner Rede. »Und ein solcher Mann scheint mir der eigentlich Musikalische zu sein, der den schönsten Einklang gestimmt, nicht die Leier oder sonst ein Spielinstrument, sondern wahrhaft zu leben sich gestimmt hat sein eigenes Leben: zusammenklingend mit den Worten die Werke, in echt dorischer Tonart, nicht jonisch, auch wohl nicht phrygisch oder lydisch, sondern nach jener einzigen echt hellenischen Tonart.« (Nach Schleiermachers Übersetzung.)

So ermuntert, kann Sokrates die Unterredung auf sein gewohntes Ziel hinsteuern: Was wir hier beraten, geht doch schließlich darauf hinaus, wie wir in den jungen Menschen Tugend hervorbringen. Wir müssen also vorher *wissen*, was Tugend ist. (Das »Tugendwissen!«) Aber es wäre zu schwer, gleich nach der *ganzen* Tugend zu fragen. Reden wir also von dem Teil, der im vorliegenden Fall offenbar angestrebt ist, – von der Tapferkeit! – Damit ist das Thema gestellt: »Was ist Tapferkeit?« Das übliche Suchen nach der richtigen Definition setzt ein. Dabei ist im I. Teil Laches der Gesprächsführer, im II. Teil Nikias. Wer sollte besser über die Tapferkeit Bescheid wissen, als zwei erprobte Generäle?

I. Teil: Laches geht tapfer heran und stellt den Satz auf: »Tapferkeit *ist, wenn* jemand pflegt, in Reih und Glied standhaltend, die Feinde abzuwehren und nicht zu fliehen«. (Definition I) Der Einwand des Sokrates, man könne sich auch auf der Flucht noch tapfer verhalten, stürzt diesen ersten Versuch über den Haufen. Er leidet außerdem daran, daß nur ein Beispielsfall genannt ist, während die Tapferkeit ganz allgemein definiert werden sollte; sie spielt ja nicht nur im Kriege eine Rolle, sondern in *allen* Lebensverhältnissen. Laches verbessert seine Aussage und behauptet nun, »Tapferkeit sei eine gewisse Beharrlichkeit der Seele«. (Definition II)

Wir wollen statt Beharrlichkeit »Energie« einsetzen. Denn Laches vertritt den Standpunkt, Tapferkeit sei eine *Willens*tugend. Diese Bestimmung macht Sokrates fraglich, indem er erstens den Zusatz fordert: Energie mit Verstand, dann aber wieder den bedenkenlosen (unbedachten) Mut rühmt. Das geht in verwirrendem Hin und Her durcheinander. Zunächst also wünscht Sokrates den Zusatz »vernünftige Beharrlichkeit« (Definition IIa); denn nicht jedes wilde Drauflosgehen verdient das sittliche Wertprädikat Tapferkeit. Und doch kann der Anteil der Einsicht auch übertrieben werden. Wenn jemand sich über die ganze Situation »vergewissert« hat und dann klug vor allen Gefahren drückt, würde man sein Verhalten kaum Tapferkeit nennen. Auch seien z. B. diejenigen, die nicht Schwimmen gelernt hätten und doch furchtlos ins Wasser sprängen (also die *Nicht*kundigen), mutiger als die Kundigen. Es droht die Definition IIb: »Tapferkeit ist besinnungsloses Draufgehen« herauszukommen.

Der alte General Laches ist unfähig, diese durchsichtigen Kunststücke zu widerlegen. Er gerät in Eifer und kennzeichnet seine Lage ausgezeichnet mit den Worten: er habe es doch offenbar »in sich«, was Tapferkeit sei, und ärgere sich furchtbar, daß er es nur nicht in Worten ausdrücken könne. Wesensart und Rede stimmen bei ihm noch nicht überein.

II. Teil. Nun greift Nikias ein. Es zeigt sich wieder, daß er den Sokrates besser kennt als Laches. Er hat schon etwas läuten hören von der Ansicht des Sokrates, daß alle Tugend auf Wissen beruhe (nämlich auf dem Wissen um das wahrhaft Gute). Aber man beachte wohl: er *übernimmt* diesen Satz nur, ohne ihn eigentlich verstanden zu haben. Er läßt sich von Sokrates bis zu dem Punkte führen, daß auch die Tapferkeit eine Art von Einsicht sei. (Def. III) Weiter befragt, auf welche Sachverhalte sich denn diese Erkenntnis beziehe, kommt er zu der gar nicht üblen Leistung: »Tapferkeit ist die Erkenntnis des Gefährlichen wie des Nichtgefährlichen, sowohl im Kriege wie in allen anderen Dingen.« (Def. IIIa) Laches macht sich in höhnischer Weise über diese seltsame These lustig: Wenn Tapferkeit nichts ist, als das Wissen um das Gefährliche und Nichtgefährliche, dann müßten ja z. B. die Ärzte die tapfersten Leute sein und jeder kundige Fachmann der »Tapferste« in seinem Fache. Auch der heutige Leser sträubt sich gegen die Zumutung, die in dieser Wesensbestimmung liegt. *Wir* bringen uns ihren Sinn wohl näher, wenn wir sie so umschreiben: der alltägliche Mensch fürchtet sich meistens vor Gefahren, die gar keine wahren Übel für seine Seele bedeuten, und strebt »mutig« nach Siegen, die von der Seele aus als Niederlagen zu bewerten wären. So etwa kann man sich den Satz: »Tapferkeit ist die richtige Einsicht in das, was zu fürchten ist und was nicht zu fürchten ist«, zurechtlegen. Oder: Keine Tapferkeit ohne *Vorsicht* im guten Sinne!

Sokrates bricht den erregten Wortstreit zwischen den beiden Generälen ab und wendet sich zur sachlichen Prüfung des Gesagten. Er und Nikias sind sich darüber einig, daß Tiere, z. B. ein wilder Eber, nicht tapfer genannt werden können, weil ihnen die Besinnung bei ihrem Verhalten fehlt. Man kann Tiere furchtlos nennen, ihnen aber nicht das ethische Prädikat »tapfer« beilegen. So scheint die Frage eine bloß terminologische zu werden. Aber Sokrates lenkt mit folgenden Erwägungen zum Ausgangspunkt zurück: Es ist vereinbart worden, daß man die Untersuchung auf eine spezielle Art der Tugend beschränken wolle, eben auf die Tapferkeit. (Den Griechen war schon damals eine Liste der Kardinaltugenden vertraut; sie zählten auf: Weisheit, Tapferkeit, Besonnenheit, Gerechtigkeit und vielleicht noch Frömmigkeit.) Wenn nun speziell die Tapferkeit definiert werden soll und wenn »Tugend überhaupt« als ein Wissen definiert wird, dann ist es notwendig, diejenige Art des Wissens oder der Erkenntnis anzugeben, die speziell bei der Tapferkeit eine Rolle spielt. Es gelingt dem Sokrates, seinen Mitunterredner dazu zu bringen, daß es sich hier um die Erkenntnis zukünftiger (drohender) Übel handelt, nicht um die von vergangenen oder gegenwärtigen. Dann käme das Resultat heraus: »Tapferkeit ist die richtige Erkenntnis oder das Wissen in bezug auf künftige Übel und – so muß man ergänzen – Nichtübel, vielmehr echte Güter« (Def. IIIa).

Sofort aber meldet Sokrates wieder ein Bedenken an: So etwas wie ein Wissen, das sich *nur* auf Zukünftiges bezöge, kann es nicht geben. Echtes

Wissen betrifft Sachverhalte, die immer gleich sind, in Vergangenheit, Gegenwart und Zukunft. Wir heute würden in dieser Behauptung des Sokrates wieder eine kleine Taschenspielerei finden. Natürlich gibt es beides: die Erkenntnis wandelbarer, zeitbedingter Tatsachen und das Wissen um zeitentbundene Sachverhalte, »ewige Wahrheiten«. Der Gesprächsführer ist also im Irrtum, oder er will unter der Hand andeuten, daß das *ethische* Wissen notwendig zu der Klasse der ewigen Wahrheiten gehört. Oder – er will nur den ganzen bisherigen Bau zum Einstürzen bringen. Denn nun wird es nötig, die 3. Definition so zu korrigieren: »Das Wissen des Tapferen bezieht sich auf die Güter, wie sie sind, gewesen sind und sein werden; entsprechend auch auf die Übel.« (Def. IV) Was soll aber dann für die *ganze* Tugend noch übrigbleiben, wenn schon die Sondertugend Tapferkeit so bestimmt wird? Man hat – aus Versehen (?) – die Tugend überhaupt, die ganze Tugend, definiert. Wer Tapferkeit in *diesem* Sinne besäße – was braucht der noch Besonnenheit und Gerechtigkeit und Frömmigkeit? Er hätte ja schon als Tapferer die Tugend schlechthin.

Sokrates zieht daraus nicht die Konsequenz, daß es unmöglich sei, eine einzelne Tugend zu haben, ohne die ganze Tugend zu haben. Die Tugend sei nur Eine, das wird Platon in einem vermutlich späteren Dialog, dem ›Protagoras‹, ausführen. Hier aber läßt er das ganze Unternehmen unter Zustimmung aller Beteiligten und unter sichtlicher Schadenfreude des von Nikias beinahe übertrumpften Laches für mißlungen erklären. Die volle Aporie ist da: »Wir haben also nicht gefunden, o Nikias, was die Tapferkeit ist.« –

Die Versammelten sind nun geneigt, dem Sokrates die Sorge für die jungen Leute anzuvertrauen – immerhin ein Resultat, wenn anfangs an Kunstfechter und Klopffechter gedacht war. Der Mann der docta ignorantia aber lehnt ab, da er sich selbst ja ebenso unwissend gezeigt habe, wie die anderen. Sein Rat lautet vielmehr: »Wir müssen alle gemeinschaftlich zuerst für uns selbst den besten Lehrer suchen, den wir bekommen können; denn wir bedürfen seiner; dann aber auch für die jungen Männer, und weder Geld dabei schonen noch sonst etwas. Es aber dabei bewenden zu lassen, wie es jetzt mit uns bewandt ist, das rate ich nicht. Sollte uns aber jemand auslachen wollen, daß wir, so alt schon, noch Lehrer besuchen wollen, so dünkt mich, müssen wir uns mit dem Homerischen Wort decken:

Nicht ziemt Scham dem darbenden Manne.«

Fragt der Leser zum Schluß, worin denn die Bettlerarmut der sämtlichen Gesprächsteilnehmer bestehe, so kann die Antwort zwiefach lauten. Erstens: die gesuchte Definition ist nicht gefunden worden. Zweitens: die dorische Harmonie, der Zusammenklang der menschlichen Charaktersubstanz und der Rede, ist nicht erreicht worden. Es bedarf wohl kaum der Begründung, daß nur das zweite gemeint sein kann.

B. Die kurze Wiedergabe des Dialoges ›Laches‹ ist hier nur des Beispiels wegen eingefügt worden. Er eignet sich als besonders klares Modell. Andere sokratische Dialoge von Platon, z. B. der ›Charmides‹ und der ›Lysis‹ (der vielleicht der späteste in dieser Reihe ist), sind noch reizvoller und amüsanter. Alle aber gehen von Definitionsaufgaben aus und alle schließen scheinbar resultatlos. Auch dieser Tatbestand ist wieder einer doppelten Auslegung fähig. *Entweder* nämlich steckt das zutreffende Ergebnis irgendwo in der Mitte; es wird nur wieder zerstört, um die Aufmerksamkeit der Gesprächsteilnehmer wie der Leser zu schärfen; denn niemand wird damit zufrieden sein, daß soviel Aufwand ohne jeden Erfolg vertan wird. Oder die Aufgabestellung, z. B. die Freundschaft zu definieren, ist nur ein äußerer Apparat, mit dessen Hilfe in Wahrheit etwas ganz anderes geprüft oder wachgerufen werden soll.

Wendet man die erste Auslegung auf unseren Dialog an, so würde sie bedeuten: die These III ist durchaus der Ansicht des Sokrates gemäß; Tapferkeit im echten Sinne beruht auf dem Wissen von dem, was wahrhaft zu fürchten und was nicht zu fürchten ist. Es ergibt sich nebenbei, daß man gar keine einzelnen Tugenden definieren, geschweige denn haben kann, ohne zugleich das Ganze der Tugend zu kennen und zu besitzen, nämlich die Einsicht in das Gute überhaupt. Im Dialog ›Protagoras‹ ist dies eines der beiden Hauptthemen; dort wird ganz ausdrücklich noch einmal die Tapferkeit als pièce de résistance behandelt, weil es bei ihr weniger als bei der Besonnenheit oder der Gerechtigkeit einleuchtet, daß sie in einem *Wissen* um die wahren sittlichen Güter wurzelt. *Eins* ist not, eben dieses *Wissen*, das sich freilich von allen Fachwissenschaften merklich unterscheidet. Bei dieser Auslegung bleibt jedoch die Frage unbeantwortet, weshalb Sokrates die Ahnung der Wahrheit, die schon aufzuleuchten beginnt, mutwillig zerstört, oder warum sich die Teilnehmer ausnahmslos nasführen lassen. M. a. W.: diese Deutung betont zu einseitig den Sokrates des *Wissens*.

Die andere Deutung würde in unserem Falle so verlaufen müssen: Nikias hat zwar – in Def. III und IV – das Richtige gesagt; jedoch nicht mit voller selbsterlebter (existentieller) Evidenz. Er hat die Lösung nur vom Hörensagen. Sein und Rede stimmen auch bei ihm nicht dorisch zusammen. Deshalb ist nichts Eigenes und Eigentliches geboren worden. Es ist nur ein Windei zutage gekommen. *Insofern* hat das Gespräch kein Resultat. Um dies ganz zu verstehen, muß man wissen, daß Sokrates anderwärts seine Absicht auf doppelte Art kennzeichnet.

Manchmal legt er den Ton darauf, daß es gar nicht um die Person gehe, sondern allein um die Sache. Es komme nicht darauf an, was »du« meinst oder was »ich« meine, sondern nur auf die Wahrheit, die der objektive Sachverhalt fordert. Deshalb könne man solche Probleme nicht nach der Majorität der Stimmen entscheiden. Unter Umständen genüge die Aussage eines Einzigen, nämlich desjenigen, der mit voller Sacheinsicht urteilt. Das ist ein Prinzip, das bis heute für jede Wissenschaft als maßgebend anerkannt geblieben ist.

Aber wir finden auch eine darüber hinausgehende Einstellung: Indem wir ganz unvoreingenommen nur die Sache prüfen, mag es wohl sein, daß zugleich auch »du selbst« geprüft wirst, nämlich was du als sittliche Person schon wert bist oder noch nicht wert bist. Es kommt darauf an, daß du im Tiefsten mit dir selbst einig bist. Solange du dich noch mit dir selbst in Widersprüche verwickelst, bist du im sittlichen Sinne noch nicht reif. Und wer weiß, ob je ein Mensch ganz reif werden *kann*. Dies ist dem Gott vorbehalten. *Wir bleiben Problematiker*, d. h. wir sind immer nur auf dem Wege zum Gutsein. – Handelte es sich im ersten Falle um streng wissenschaftliche Wahrheit, so im zweiten um das, was wir heute existentielle Wahrheit nennen. Sie sitzt gleichsam auf der suchenden und ringenden Person drauf; sie wächst mit ihr und verfällt mit ihr. In ethischen Fragen gibt es so etwas, wie ein unbeteiligtes Wissen um die reine Sache überhaupt nicht. Aber an der Prüfung der Sache enthüllt sich das ethische Niveau der Person.

Es läßt sich nicht leugnen, daß beide Deutungen der Absicht des Sokrates, wie Platon ihn schildert, möglich sind. Aber wir müssen diesem Rätsel noch weiter nachgehen.

IV

Das Rätsel, wer Sokrates gewesen ist und was er gewollt hat, kann natürlich auf Grund der Analyse eines einzigen Dialoges von Platon nicht gelöst werden. Immerhin haben wir nun ein Modell seines Verfahrens kennengelernt und können – die Rollen umkehrend – den großen Frager unsererseits befragen. Er selbst würde vermutlich diese Einstellung fruchtbar finden und uns ermuntern, von den weiteren Gesprächen Kenntnis zu nehmen, die sein Schüler Platon – sagen wir vorsichtig: in seinem Geiste gedichtet hat. Dabei wären wohl folgende drei Hauptpunkte zu beachten.

A. Sokrates ist, trotz der zitierten Aristotelesstelle, kein Logiker um der Logik willen gewesen. Diese Auffassung ist durch das gelehrte Werk von Heinrich Maier, Sokrates, Tübingen 1913, gründlich zerstört worden. Sie ist, auch ohne so sorgfältige Prüfung der Quellen, aus inneren Gründen nicht wahrscheinlich.

1. Die Gesprächsthemen des Sokrates müßten sich sehr bald erschöpft haben, wenn er immer wieder nur die Kardinaltugenden definieren ließ. Möglicherweise hat sich gerade Platon – als der künftige Fachphilosoph – für diese Gedankenübungen besonders interessiert. Allerdings bezeugt auch Xenophon die »Lust am Definieren«; aber ihm lagen die Schriften von Platon schon vor. Sokrates wird auch andere Lebensfragen freier erörtert haben.

2. Nehmen wir selbst den Fall an, daß jemand durch besonderen logischen Scharfsinn eine zugängliche Definition der Gerechtigkeit zur Welt brächte – ist damit schon gewährleistet, daß er auch von Gesinnung gerecht wäre? Das wird doch im Ernst keiner glauben. So weit konnte selbst der radikalste Vertreter des Intellektualismus nicht gehen.

3. Wäre die logische Kunstleistung der eigentliche Hauptzweck, dann wäre die leichtfertige Art, wie Sokrates oft mit seinen eigenen Beweisen pro und contra verfährt, logisch und moralisch gleich anstößig. Man hat vielfach den Eindruck, er wolle den anderen nur aus dem Begriffssattel heben, wobei er sich wie ein listiger Odysseus beträgt und den anderen geradezu übers Ohr haut. Die Auskunft, damals sei man in der Logik noch nicht weit genug gewesen, um fehlerhafte Begriffsoperationen sofort zu bemerken, verfängt nicht, denn es handelt sich oft um Trugschlüsse, die schon ein Kind durchschauen könnte.

Man muß also annehmen, daß der Auftrag, zu definieren, nur ein äußerer Kunstgriff war, mit dem etwas anderes erreicht werden sollte, gleichsam ein Angelhaken, mit dem ein anderer Fisch als ein Begriff gefangen werden sollte. Wer nämlich sagen soll, z. B. was Freundschaft ist, wird dadurch genötigt, sich über sich selbst zu besinnen. Im Grunde lautet der Imperativ: »Geh' einmal in dich, denke über deine Seele nach, über die verborgenen Voraussetzungen deiner Lebensführung!« Dann erst hat es einen Sinn, von dem berühmten elektrischen Schlag zu reden, von dem sich die Gesprächsteilnehmer getroffen fühlten. Sie wurden aufgewühlt, sie wurden aus dem Schlummer der angewöhnten Selbstverständlichkeit erweckt, sie wurden zum Stutzen gebracht – und eben dies Gewahrwerden ihres Nichtwissens wurde ihnen zur Förderung. Sie standen nun plötzlich da, wo Sokrates sie hinhaben wollte: zwischen Nichtwissen und Wissen. Diesen Standpunkt nennen wir *»Problembewußtsein«*. Sokrates hielt es für *sittlich* heilsam, den selbstsicheren Menschen vor ein Problem zu stellen und ihn damit in sich selbst problematisch zu machen. Wer ein Problem erfaßt, *weiß* die Antwort noch *nicht;* aber er lernt allmählich, richtig zu fragen. Und da es um sein Inneres (nicht um ein physikalisches Problem) geht, so muß er in seine Tiefen hinabgraben, wobei er dann mit sich selbst immer bessere Bekanntschaft macht. Wenn man den Menschen den (noch ungewohnten) *Weg nach innen* zeigen will, läßt sich gar kein besseres Verfahren denken. Es wird an *einer* Stelle der platonischen Texte mit der Geburtshilfe, der Kunst der Mutter des Sokrates, verglichen. Das Bild ist auch deshalb ausgezeichnet, weil man ethische Überzeugungen niemandem von außen her fertig geben kann. Er muß diese Art von Wahrheiten selbst gebären. Geht es doch geradezu um die geistige Geburt seiner selbst. Die Hilfe des *Erziehers,* (der wirklich kein *Lehrer* ist), besteht nur in dem geschickt gewählten Anstoß, einmal über sich selbst nachzudenken. Auch der Ausdruck »Erwecken« ist hier am Platze. Und das »Überführen« bedeutet nicht, daß bloß begriffliche Widersprüche nachgewiesen werden. Der eigentliche Sinn ist: »Du bist mit dir selbst noch nicht in Ordnung. Da ist noch ein Bruch in dir.« Ob er im Menschen je ganz geheilt werden kann, das haben wir früher schon offen gelassen. Vielleicht gelangt der so Aufgeweckte nie darüber hinaus, daß das Problembewußtsein unablässig in ihm weiterarbeitet. In dieser Hoffnung entläßt Sokrates seine Opfer.

B. Wenn das Problembewußtsein sowohl ein Wissen wie ein Nichtwissen in sich schließt, so verstehen wir jetzt, weshalb wir es immer mit dem »Sokrates zwischen Wissen und Nichtwissen« zu tun haben. Beide Seiten betrachten wir noch gesondert.

1. Der eine Hauptsatz des Sokrates lautete: *Die Tugend ist ein Wissen.* Er wurde aufgestellt in einer Zeit, in der die Wissenschaft anfing, für das Leben der griechischen Menschen belangvoll zu werden. Vor allem blühte die wissenschaftliche Medizin auf. Neben ihr aber gab es schon eine Fülle von Berufen und Gebieten, die ein Fachwissen entwickelt hatten. Diese durch Fachverstand unterbauten Betätigungen nannte man technai, d. h. theoretisch fundierte Künste. Auf sie nimmt Sokrates bei seinen Analogieschlüssen, die Aristoteles als Induktionen bezeichnet hat, immer Bezug. Aber er weiß – oder mindestens sein Jünger Platon ist sich darüber immer klarer geworden –, daß es zwei ganz verschiedene Dinge sind, ob einer sein Fach versteht, wie der Baumeister, der Kapitän usw., oder ob er »weiß«, wie er in sittlichem Sinne sein Leben führen sollte. Darüber fand ja Sokrates die kundigsten Leute von Athen ganz *unwissend.* Und nur auf diese höhere Art des Wissens kam es ihm an. Die Analogie trägt also eigentlich nicht so weit, wie Sokrates es erscheinen läßt; auch sie ist ein Kunstgriff, um etwas anderes locker zu machen. Um Kenntnisse zu erwerben, muß man in viele Lehrbücher blicken. Um zu wissen, wie man sein Leben gestalten soll, muß man in sich selbst hineinblicken. Diese Art von

Wissen muß jeder aus seinem Innern hervorholen, durch ständige Selbstbesinnung und fortschreitende Selbsterkenntnis. Sehr bald bildet sich im Sprachgebrauch der Philosophen ein eigener Name für die *ethische* Einsicht heraus: sie heißt nun Phronesis (Besinnung).

Aber Sokrates kann kaum die Absicht gehabt haben, diese Art von Wissen zu einem vollständigen System der Ethik auszugestalten. Eine Ethik, die alle grundlegenden Lebensverhältnisse berücksichtigt und normiert, hat es auch bei Platon und Aristoteles nicht gegeben und gibt es bis heute nicht. Gesetzt, sie bestünde, so würde doch niemand nach einem solchen Lehrbuch handeln. Denn die Situationen, in denen man sich sittlich entscheiden muß, sind ganz singulär. Nicht einmal das Recht kann alle juristisch belangvollen Lebensverhältnisse voraussehen und im voraus regeln. – Damit treten wir hinüber auf die Seite des Nichtwissens bei Sokrates.

2. Weshalb betont Sokrates immer wieder, auch er selbst wisse (in ethischer Hinsicht) nichts? Gibt er sich nur den Anschein, hat aber die richtige Lösung seiner Probleme schon im Kopf? Dann wäre sein Nichtwissen bloß Ironie. Ironie, ursprünglich Fragehaltung bedeutend, ist erst durch Sokrates zu einem berühmten Geistesphänomen geworden. Ist die Frage, die als Thema gestellt wird, keine echte Frage (insofern als der Fragende die Antwort schon kennt), dann ist sie bloß ironisch; der Fragende macht sich dabei über den armen Narren lustig, der sich so sehr plagen muß. Die Ironie kann aber auch die abweichende Form annehmen, daß man überhaupt keine Antwort als richtig gelten läßt. Auch wenn sie sich dem Richtigen nähert, wird sie zerpflückt und zerstört. Dieser Negativismus hat für den Gesprächsführer den Vorteil, daß *er* immer oben bleibt. Er weiß es immer noch besser, er hebt jeden aus dem Sattel, während sein eigener Standpunkt unerreichbar bleibt, weil er sich bei jedem Angriff auf weitere Negationen zurückziehen kann. Man kann das auch Selbstreserve nennen, weil immer neue Reservestellungen bezogen werden. – Im Sinne dieser »romantischen Ironie« etwa von Friedrich Schlegel hat Kierkegaard in seiner Dissertation von 1841 den Sokrates interpretiert.[2] Eigentlich handelt es sich dann um ein Nichtwissen zweiter Potenz. Denn eine solche Haltung führt immer nur zu negativen Sätzen, nie zu etwas Positivem. Wenige Jahre darauf finden wir jedoch bei Kierkegaard, in den ›Philosophischen Brocken‹, eine viel tiefere, positive Deutung des sokratischen Nichtwissens.

Kein Zweifel, daß auch von diesen beiden Arten der Ironie Einzelzüge

[2] Sören Kierkegaard, Über den Begriff der Ironie mit ständiger Rücksicht auf Sokrates. Deutsch von H. Schaeder. München 1929.

in Platons sokratischen Dialogen zu finden sind. Dahin gehört es auch, daß sich Sokrates so stellt, als ob er von den Jünglingen erotisch bezaubert wäre. Aber das ist nur ihre scherzhafte Seite. Wo es ganz Ernst wird, da gilt: Sokrates weiß wirklich nichts, jedoch mit dem Zusatz: er weiß nichts in der *begrifflichen Form,* die beim Definieren das Vordergrundsziel ist. Aufs neue zeigt sich, daß das Definierenlassen nur ein geschickter Umweg ist. Zunächst, wie schon erwähnt, deshalb, weil selbst der Besitz einer zutreffenden Definition ihren Inhaber noch nicht sittlich machen würde. Wesentlicher ist, daß die Instanz, auf die eigentlich zurückgegangen werden soll, nicht das Wissen, sondern *das Gewissen* ist. Das Gewissen ist, wie sein Name sagt, wohl ein Wissen, aber kein Wissen »aus Begriffen«. Man kann in ihm nicht wie in einem Handbuch der Moral nachsehen. Hegel hat geradezu behauptet, Sokrates sei der Entdecker des persönlichen Gewissens gewesen; vorher hätten sich die Leute bei wichtigen Entscheidungen an irgendwelche Orakel gehalten.

Wenn man sich daran erinnert, daß Sokrates sich auf ein Daimonion in seinem Innern berufen hat, so scheint das in die gleiche Richtung zu deuten. Weshalb aber behauptet er, daß diese innere Stimme, dieser höhere seelische Regulator, ihm immer nur abrate? Der Grund ist ganz klar. Hätte das Gewissen dieser Art auch positiv den sittlichen Weg gezeigt, so wäre es bloß ein sittlicher Instinkt gewesen, etwas dumpf Funktionierendes. Nun legte ja aber Sokrates das höchste Gewicht darauf, daß der Mensch über seine sittliche Bestimmung nachdächte, daß er sich selbst prüfte und nach immer tiefer dringender Selbsterkenntnis strebte. Zu dieser Selbstprüfung wollte er Hilfe leisten. Deshalb betrachtete er das äußerlich scherzhafte Ausfragen der Menschen als eine heilige Mission, und das Sichausfragenlassen als das Heilsamste für den Betroffenen. Hier liegen noch große Geheimnisse. Aber wir müssen uns für diesmal hinsichtlich des Nichtwissens bei Sokrates mit dem Resultat begnügen: Es bleibt beim Nichtwissen, weil das sonst gängige begriffliche Wissen zum Besserwerden nichts nützt. Es bleibt auch deshalb beim Nichtwissen, weil der Mensch als Mensch über das Fragliche in sich selber nicht hinauskommt. Er hat immer nur die sittliche Problematik, er ist immer nur auf dem Wege, nie am Ziel des Guten selbst. Jedoch ist diese innere Unruhe, dies ständige Suchen in sich selbst, gerade der befreiende Prozeß, den der Meister einleiten will. »Gut mag wohl nur Gott selbst sein.« Dem Menschen aber ist die Aufgabe der ständigen sittlichen Reflexion, der Selbstbesinnung, gestellt. So wird er allmählich besser.

Endlich aber müssen wir uns noch einmal zu der Seite des Wissens zurückwenden. Denn Problematik bedeutet ja das Stehen *zwischen* Wissen und Nichtwissen. Wir behandeln hier von Anfang an das Thema:

Sokrates zwischen Wissen und Nichtwissen.

C. Der Statue, die wir hier für ihn errichten, fehlt vorläufig noch der Sockel. Er ist keine beliebige Zutat, sondern das Feste, das alles übrige trägt. Wer stirbt freiwillig für das Geschäft des Definierens? wer stirbt für ein Nichtwissen? wer opfert sich aus dem bloßen Problembewußtsein? Lauter innere Unmöglichkeiten! Sokrates aber hat für den Sinn seiner Lebensführung freiwillig den Tod auf sich genommen. Nicht staatliche Gewalt hat ihn getötet – das ist eindeutig bezeugt – er selbst hat diese letzte Konsequenz seiner »Mission« auf sich genommen, weil sie ohne eine solche »Beglaubigung« nicht vollendet worden wäre.

Man stirbt freiwillig nur für die unbedingte *Gewißheit*, für den festesten Glauben. Dem Nichtwissen tritt also Gewißheit gegenüber. Was Wissen genannt worden ist, nimmt den Charakter von Gewißheit an. In Sokrates lebt die unerschütterliche Überzeugung, es gebe für den Menschen ein unbedingtes Gutes. Daß er von dieser seiner Basis hartnäckig geschwiegen hat – erst im ›Gorgias‹ läßt selbst Platon sie feierlich hervortreten – das eigentlich ist seine rätselhafte Ironie. Jene heiteren und ernsten Gespräche konnten noch als ein geistreiches Spiel erscheinen. Daß dahinter der Ernst des entschiedensten Verantwortungsbewußtseins lag, enthüllte sich ganz und überwältigend erst in der Todesstunde. Wenn nun Wissen und Nichtwissen, gleichsam an der Oberfläche spielend, einen absoluten Glauben zum Fundament hatten, so fragen wir wohl mit Recht: »Worauf stützte sich denn dieser Glaube?«

Die Antwort ist schwer. Sie kann auch nur ganz kurz gegeben werden. Denn viele Worte würden sie nicht verständlicher machen. Sokrates lebt in einer Zeit, in der alle tradierten religiösen Anschauungen, alle Normen der Moral, alle mythischen Begeisterungen sich auflösten. Es war die Aufklärungsepoche von Athen. Er sieht dieses hereinbrechende Chaos. Er fühlt sich aufgerufen, den Menschen dieser Zeit eine neue, feste Stütze zu geben, fester, als die Vielwisserei, die die Sophisten ausboten. Nietzsche hat Sokrates für den eigentlich Schuldigen am Ruin der schönen altgriechischen Kultur erklärt. Er hat sich seinen Anklägern angeschlossen und ihm, dem Sinne nach, zugerufen:

Weh! Weh!
Du hast sie zerstört,
Die schöne Welt,
Sie stürzt, sie fällt.

Er hat nicht verstanden, daß es gerade Sokrates war, der sich den rettenden Anruf zu eigen gemacht hatte:

Prächtiger baue sie wieder,
In deinem Busen baue sie auf!

Ohne poetische Einkleidung: Sokrates war der Überzeugung, daß der Mensch, wenn er in seine eigene Tiefe zurückginge, dort die sicheren Leitsterne für seine sittliche Orientierung finden würde: »Wirst keine Regel da vermissen: Das selbständige Gewissen ist Sonne deinem Sittentag!« Deshalb wollte er seine Mitmenschen anleiten, ihre eigenen Tiefen aufzugraben, um dort den kostbarsten Edelstein zu entdecken. Er selbst, in der Exponiertheit zwischen Wissen und Nichtwissen, ahnte die göttliche Führung in seiner Seele, die ihn, den unablässig Suchenden, in ein Reich des Guten und der innersten Beseligung geleitete. In der eigenen Brust hörte er die unüberhörbare Stimme des Gottes. Seine Pädagogik hatte das eine, wesentliche Ziel, die Menschen zu öffnen für das Hinhören auf den letzten tragenden Sinn des Daseins, der sich in der eigenen Tiefe offenbart.

Und dieser Sokrates ist *nicht* gestorben. Es wandelt auch heute unter uns umher und stellt jeden von uns zur Rede: »Wie sorgst du für deine Seele, daß sie so gut wie möglich werde?« Deshalb kann die Menschheit nicht oft genug daran erinnert werden, daß es einmal einen Mann namens Sokrates gegeben hat.

Wichtigste Literatur: Adolf Busse, Sokrates. Berlin 1914. Werner Jaeger, Paideia. Bd. II. Berlin 1944. Helmut Kuhn, Sokrates. Berlin 1934. Heinrich Maier, Sokrates. Tübingen 1913. Julius Stenzel, Sokrates. In: Pauly-Wissowa, Realencyklopädie der klassischen Altertumswissenschaft. Band III A. Stuttgart 1926.

Der geborene Erzieher*

1958

Vorwort

Gegen die Fassung des Titels dieser Schrift können Bedenken erhoben werden; sie sind im Text berücksichtigt.

Ich glaube, im deutschen Schulleben unserer Tage gewisse Klimaveränderungen zu bemerken, die nach der Seite der Trockenheit hingehen. Aus der Sorge heraus, daß die Austrocknung zu groß werden könnte, habe ich vor zwei Jahren das kleine Heft ›Der Eigengeist der Volksschule‹ veröffentlicht. Hier folgt eine zweite Herzensergießung. Sollte es trotz meines hohen Alters noch so weiter gehen, käme vielleicht eine Schriftenreihe zustande, der ich die Sammelbezeichnung geben würde: ›Mehr Freude an der Schule!‹

Die vorliegende Schrift ist aus einem Vortrag entstanden, den ich im Frühjahr 1956 bei der Entlassungsfeier der Studenten des Pädagogischen Instituts in Weingarten gehalten habe. Die Stimmung, die in jenem Kreise herrschte, ist mir in angenehmster Erinnerung geblieben und strafte eigentlich Lügen, was ich soeben gesagt habe. Man schien meine Worte als Bestätigung eigener innerer Gesichte zu empfinden, in dem Augenblick, wo man dem Lehramt entgegeneilte. Das bestärkte mich in der Absicht, meinen Wandersegen auch anderen jungen Erziehern zugänglich zu machen.

Wenn man aber einen Festvortrag für den Druck ausgestaltet, pflegt sich immer das Gleiche zu ereignen: »Gesichtspunkte«, die man beim Reden wie Lichtbilder an die Wand wirft und durch ein Stampfen mit dem Zeigestock schnell wieder verabschieden kann, erweisen sich als verwickelte »Themen«. Die Verantwortung wird schwerer; die Abschnitte dehnen sich.

Sollte das Ganze nicht den Umfang eines Buches annehmen, mußte es vielfach bei sehr gedrängten Sätzen bleiben. Diese sind mit Philosophie

* Carl Diem, dem Hüter der Olympischen Flamme, in dankbarer Freundschaft.

geladen und bitten darum, daß der Leser selbständig mitdenkt, nötigenfalls auch Widerspruch erhebt. Bei einer hochschulmäßigen Lehrerbildung ist eine derartige Zumutung ja selbstverständlich. Sollten manche Ausführungen allzu kurz geraten sein, so betrachte man sie nur als Thesen, die neu beginnenden Lehrern Leitlinien für eine eingehendere Diskussion unter sich selbst bieten wollen. Der Wert solcher Erörterungen besteht ja nicht darin, daß der Leser fertige Ergebnisse in sich aufspeichert, sondern daß in seinem Inneren etwas in Bewegung gerät. Mir wenigstens kommt es vor allem darauf an, daß er sich an einer Stelle getroffen fühle, die ganz in der Nähe seines persönlichen Zentrums liegt.

Einleitung

»Nichts Großes in der Welt ist ohne Leidenschaft vollbracht worden.« In diesem Wort von Hegel bedeutet »Leidenschaft« genau genommen den Anteil, der von den übergreifenden Geistesbewegungen für das Individuum abfällt. Der flüchtige Einzelne arbeitet an den Angelegenheiten des Weltgeistes nicht ohne Beimischung egoistischer Motive; seine partikulare Glückssehnsucht wird dabei irgendwie befriedigt. Das ist die »List der Vernunft«. Sie setzt Leidenschaften ins Spiel, verwirklicht aber damit Ziele in der großen geschichtlichen Welt, von denen »die vielen«, die in das Werk eingespannt sind, nichts wissen.

Diese Lehre von der List der Vernunft und von der Befriedigung der Leidenschaften, die noch untervernünftig sind, erinnert an den Stil des absolutistischen Regierungssystems. Der Herrscher betreibt die Angelegenheiten der großen Politik. Die Untertanen müssen dafür opfern; sie werden nicht gefragt. Aber ein wenig sollen sie doch auch auf ihre Rechnung kommen. Es wird für ihre Wohlfahrt gesorgt; ihre bescheidenen Ansprüche an häusliches Glück, an leibliche Genüsse und äußere Sicherung werden befriedigt – wenn nicht gerade Krieg ist.

Der Wucht des Wortes, das am Anfang steht, ist mit der vorgetragenen Deutung doch nicht Genüge getan. Selbst dann nicht, wenn man hinzunimmt, daß es bei dem führenden Geistesträger ähnlich verläuft: auch seine privaten Glücksbedürfnisse werden befriedigt. Mindestens ist immer sein Ehrgeiz beteiligt: es geht ihm nicht nur um die Sache, sondern auch um den Ruhm seiner eigenen Person. Jedoch bleibt es in diesem Falle noch dabei, daß die Leidenschaft im Gesamtgeschehen einer Schicht niederen Ranges angehört. So hatte schon Kant behauptet: aus dem Antagonismus der Triebregungen bilde sich ohne Wissen und Wollen der Beteiligten etwas Höheres, Übergreifendes: die zähmende Rechtsordnung.

Eine dritte Deutung ist möglich, die im stillen bei Hegel schon mitklingt: der Geist selbst entfaltet seine Leidenschaften. Nichts Großes in der Welt ist ohne den inneren Aufschwung der Geistträger vollbracht worden, und aus ihm nimmt der überindividuelle Geist seine stürmische Kraft. Dann könnte das Wort verwandelt so lauten: »Nichts Großes in der Welt ist ohne Begeisterung geschehen.«

Es ist nicht zu viel gesagt, wenn man behauptet, das Wort »Begeisterung« sei aus unserem Sprachgebrauch so gut wie verschwunden. Also ist wohl auch die damit gemeinte Lebensbewegung in der heutigen Welt erloschen. Wir kennen keinen echten Enthusiasmus mehr. Blickt man auf das politische Gleichnis zurück, so würde folgen: Mit der Verwandlung des absolutistischen Systems in eine Demokratie hätten alle das Recht empfangen, sich als aktive Mitträger des Geistes zu fühlen. Er war nun zu ihrer eigenen Sache geworden. In den Anfängen fehlte es auch nicht an der Leidenschaft des inneren Beteiligtseins. Fichte rief ausdrücklich dazu auf. Diese Töne aber sind längst verklungen. Wir wissen gar nichts mehr von dem überindividuellen Geistesleben, das wir mittragen. Wir kennen nur noch eine Dynamik der Gesellschaft.

Es wäre interessant, einmal zusammenhängend von den »Leidenschaften des Geistes« zu reden. Sie treten in vielen Spielarten auf. Aber da sie uns so fremd geworden sind, fassen wir sie wohl am besten von einer Stelle aus, an der sie schlechthin unentbehrlich sind, auch wenn wir sie verleugnen möchten. Eigentlich geistige *Berufe* bedürfen dieses Feuers. Wird es nicht geschürt, so verkrustet sich das Geistesleben. Wir wissen alle, daß wir diesem Schicksal schon weithin verfallen sind.

Das Wort Beruf kommt von »Berufensein« und bewahrt insofern einen Anklang an religiöse Vorstellungen. Seitdem man aber das gesellschaftliche Leben nur als ein Spiel sehr einfach feststellbarer, ja z. T. berechenbarer Kräfte betrachtet, ist der Mensch bei der Berufswahl nur noch ein Eigenschaftsträger. Man fragt nach der Berufsbegabung und untersucht sie wie bei einem chemischen Experiment durch Tests. Man läßt auch die Berufs*neigung* ein wenig mitsprechen. Aber dabei denkt man fast nur an das »Mögen« oder »Nichtmögen«. Von der Seite der Wirtschaftskunde und Soziologie her werden noch Berufsanforderungen, Berufsaussichten, vorgeschriebene Ausbildungswege und Aufstiegsmöglichkeiten beleuchtet. Eine so unterbaute Berufsberatung trägt allen beteiligten Faktoren aufs beste Rechnung, nur nicht – dem Geist. Von der Leidenschaft des inneren Müssens, mag auch dagegenstehen, was will, sieht man ab. Die günstigste Deutung dafür ist, daß der Fall, in dem so etwas mitspielt, von vornherein aus dem Rahmen bloßer »Seelenvermögen« herausfällt.

Tatsächlich gibt es eine Fülle von Berufen, für die die Leidenschaft des Geistes ein Luxus wäre. In ihnen ist irgend eine gesellschaftliche Funktion zu erfüllen, die ebenso gut auch ein anderer übernehmen könnte. Diese Auswechselbarkeit der Personen kommt darin zum Ausdruck, daß man den Grad der Wünschbarkeit solcher Berufe auf *einen* Nenner bringen kann. Sie werden geschätzt nach dem Geldertrag, den sie abwerfen. Und farblos, wie das Geld, ist dann auch das Aussehen der »Stellungen« selbst. Man tut den Tag über, was man zu tun sich vertraglich verpflichtet hat. Im übrigen freut man sich auf die Freizeit des Abends und der Wochenenden. Auf sie verspart man die »Leidenschaft«, die der Beruf in keiner Weise beansprucht. Diese Charakteristik trifft nicht nur auf niedrig bezahlte, sondern auch auf einige sehr hoch bezahlte Berufe zu. Selbst solche, für die eine besondere Vorbildung erforderlich ist, können noch so ausgeübt werden. In der heutigen Gesellschaft fällt sogar die Begabung bisweilen unter den Gesichtspunkt einer Ware, die man auf dem »Arbeitsmarkt« zur Verfügung stellt.

Bei eigentlich geistigen Berufen sollte es durchweg anders sein. Aber auch Tätigkeiten, für die eine hochschulmäßige Vorbildung nötig ist, sind vielfach zur bloßen Marktware herabgesunken, die man in Annoncen ausbietet. Da unsere Kultur leider in weitem Umfang zu einem »Betrieb« geworden ist, geht es zur Not auch so. Wo dieser Zustand anfängt, gefährlich zu werden, müßte in anderem Zusammenhang einmal erwogen werden. Hier soll nur von einem Beruf die Rede sein, der völlig seinen Sinn verliert, wenn er nicht mit der »Leidenschaft des Geistes« ergriffen wird, nämlich von dem des Erziehers, in den der des Lehrers wesensmäßig miteingeschlossen ist.

Wenn man heute vom »Wehen des Geistes« redet, gerät man in den Verdacht, aus einer versunkenen Zeit zu stammen, in der man noch mit Pathos etwas ausrichten konnte. Man muß sich daher auf Fälle zurückziehen, in denen es wirklich ohne »Inspiration« nicht geht. Bei dem schöpferischen Künstler redet man ausdrücklich vom »Genie«. Man bedient sich dann nur des lateinischen Wortes genius für das Besessensein von einem Daimon. Jeder denkt dabei sogleich an das Daimonion, dessen Stimme Sokrates in sich zu hören behauptet hat. Was er damit eigentlich gemeint hat, ist immer noch strittig. Es gibt wirklich sehr verschiedene Geister, die durch Menschen hindurch wirken können. Auch dies wäre ein interessantes Unternehmen, zu studieren, welche Dämonen in unserer Zeit der »Entmythologisierung« etwa übrig geblieben sind. Später wird sich herausstellen, daß der »Geist der Erziehung« von dem des künstlerischen Schaffens grundsätzlich verschieden ist. Kein Zweifel aber, daß es auch so etwas gibt, wie pädagogische Genialität. Sie ist mehr als Neigung, mehr als Begabung; sie bedeutet ein inneres Getriebensein zur Menschenbildung, und dieser Drang kann unter Umständen eine Seele so ganz ausfüllen, daß er – um mit Fichte zu reden – das Leben in ihrem Leben wird.

Derartige Phänomene sind freilich selten. In der Lehrerbildung werden sie als Muster vorgeführt, damit etwas von ihrem Geiste auf die Jünger überspringe. Das ist in jedem Falle besser als der bloße Hinweis auf die Erziehungs*wissenschaft*, gegen die nichts gesagt sein soll, wenn man nur nicht von ihr erwartet, daß sie »Wunder« tue *ohne* den »Geist«. Jene pädagogische Genialität tritt nach Zeiten und Anlagen in sehr verschiedenen Strukturen auf. Man kann nicht jede ihrer Erscheinungsformen gleichzeitig Zug für Zug nachahmen. Das ergäbe eine gestaltlose Mischung. Vielmehr sind alle diese Bilder nur Lockmittel, um unter den Bedingungen unserer Kultur und in meistens sehr viel bescheideneren Naturen einen verwandten Geist wachzurufen, eben den Geist des Erziehen*müssens*, der als etwas Zeitloses alle Verwandlungen und Einkleidungen durchwaltet. Der Anfänger soll in sich hinablauschen, ob nicht in ihm etwas Ähnliches antwortet. Wäre es auch nur ein Funke, der da herausspringt: vielleicht kann er zur Flamme werden, die einmal den ganzen Menschen auflodern läßt.

Man kann nicht verschweigen, daß der Quell des Erziehungsgeistes heute nur noch dürftig sickert. Wodurch er in letzter Zeit bei den Deutschen verschüttet worden ist, werden die meisten noch wissen. Schwerer wäre es zu sagen, welche Bedingungen dazu gehören, ihn wieder lebendig werden zu lassen. In der Familie ist eine Wiedererstehung kaum zu erhoffen, wenn diese ursprünglichste Gemeinschaft durch irgendwelche Nöte – materieller oder seelischer Art – unterhöhlt ist, wenn ringsum keine moralische Ordnung herrscht und wenn kein Ziel mehr gesehen wird, das dem Miteinander einen wertvollen und verbindlichen Inhalt gibt. Aber wir wollen hier mehr von der Schule reden. Sie wurde innerlich beflügelt von der Generation, die durch die eigentliche, aus dem Wandervogel entstandene Jugendbewegung hindurchgegangen war. Das Geheimnis der Befähigung dieser Generation liegt wohl darin, daß sie ihren eigenen Bildungsprozeß stark bewußt durchlebt hatte. Sie war durch Gegenbeispiele erweckt worden und hatte den entschiedenen Drang in sich, es mit den Nachwachsenden besser zu machen. Sie wußte etwas von der Jugendlichkeit der Seele und empfand sie als ein Heiligtum.

Wenn es nun so sein sollte, daß in unseren Tagen – es gibt darüber keine Statistik – der Genius, der nach Hölderlins Wort von Land zu Land wandert, wenn der hier gemeinte pädagogische Genius sich zur Zeit anderwärts befinden sollte, so wäre es angebracht, um so lauter von ihm zu reden, weil er dadurch vielleicht zu uns zurückbeschworen werden könnte. Allerdings: eigentliche Genien sind selten. Wir wollen im Rahmen erreichbarer Ideale bleiben und uns mit Menschen von einer Geistesart begnügen, in der »das Pädagogische« als zentrales Lebensmotiv wirksam ist. Wie sollen wir diese – nicht gerade genialen, aber vom Geist ergriffenen Naturen nennen?

Es gibt keinen Beruf, zu dem man weniger »geboren« sein könnte, als den des Erziehers. Denn zu seinem Wesen gehört eine beträchtliche Reife. Wenn es aber eine Art von innerem Vorgeformtsein auch für geistige Leistungen gibt, zu deren Entfaltung ein langer Bildungsweg nötig ist, so kann man wohl in einem übertragenen Sinne vom »geborenen Erzieher« sprechen. Die Bezeichnung ist dann ein Ausweichen vor dem Fremdwort »der genuine Erzieher«, meint aber das Gleiche, nämlich den Pädagogen von so echter Art, »als ob« er für das Erziehertum geradezu geboren wäre. Wir sagen ja auch: »der geborene Feldherr«, und doch kann niemand zum Feldherrn, geschweige denn »als Feldherr« im wörtlichen Sinne geboren werden.

Im 18. Jahrhundert liebte man es, dem Gedankengang, den man entwickeln wollte, eine Parabel voranzustellen, aus der sein Kern schon hervorleuchtete. Bedienen auch wir uns dieses Verfahrens!

Tief im Urwald sitzt ein Mann und arbeitet emsig an einem Jagdbogen. Ein Knabe schleicht sich heran und beobachtet neugierig die Entstehung des kunstvollen Schnitzwerkes. Der Mann unterbricht seine Arbeit und erklärt dem Knaben, worauf es dabei ankommt. Er läßt ihn die Biegbarkeit des Holzes probieren, gibt ihm selbst das Schnitzmesser in die Hand und zeigt ihm den Ansatz. Er wendet sich also von der Sache, an der ihm gelegen ist, zurück zu einer Seele, um sie mit dieser Sache in eine fruchtbare Berührung zu bringen. Vielleicht ist er ein großer Meister in der Kunst des Bogenschnitzens. Aber er ist ihr nicht so restlos verfallen, daß er nicht Zeit hätte, andere auf dem Wege zu diesem Meistertum nach sich zu ziehen. Welcher Drang nun in ihm überwiegt, der Drang zur Sachgestaltung oder der zur Seelengestaltung, das wollen wir in unserer Geschichte offenlassen. Wäre aber das letztere der Fall, so läge in ihm der zündende Funke zum Menschenbildnertum, und die Herstellung des Bogens wäre für ihn nur ein gelegentlicher Ansatzpunkt, der auch durch einen anderen ersetzt werden könnte.

Vom »geborenen« Pädagogen gilt ganz allgemein: Er *ist* etwas und er *kann* etwas; er hilft dem Werdenden zur Lebensmeisterschaft empor; er *muß* so handeln; denn dies ist sein geistiger Grundtrieb.

Der geborene Erzieher *muß*, der gelernte *kann*, der Anfänger – *möchte*.

Schleiermacher hat zwei Arten von Naturen mit Gestaltungsdrang unterschieden: die Werkbildner und die Selbstbildner. Die ersten lenken ihre formende Energie nach außen; die anderen auf sich selbst. Warum erwähnt er nicht auch jene dritte Art: die Menschenbildner, die sich für das Selbstwerden eines anderen einsetzen? Man darf wohl vermuten, daß niemand ein Menschenbildner werden kann, der nicht vorher ein tüchtiger und eifriger Selbstbildner gewesen ist.

In der Gesellschaft und ihrer Kulturarbeit werden beide Typen gebraucht: die Sachgestalter und die Seelengestalter. Der Rhythmus des Lebens fordert es so. Wenn nämlich – ganz allgemein gesprochen – die äußeren Werke der Kultur nicht immer wieder in den flüssigen Aggregatzustand des seelischen Erlebtwerdens, Verstandenwerdens und Gepflegtwerdens zurückverwandelt würden, so könnte es dahin kommen, daß die Menschheit bald ihre Seelen fortgegeben hätte an Gebilde der äußeren Welt und daß die nachfolgende Generation ganz leer und arm bliebe. – Das ist nicht nur eine Parabel.

I. Das Hebelproblem

Dem ersten Problem, das in der Seele des geborenen Erziehers eine produktive Unruhe hervorruft, gebe ich den Namen *das Hebelproblem*. Will man eine Last bewegen, so muß man wissen, wo man den Hebel am zweckmäßigsten ansetzt. In der Erziehung sind keine körperlichen Massen zu bewegen, sondern Seelen. Wie dort Kenntnis der Mechanik, so ist hier ein psychologischer Sinn erforderlich. Jedoch darf man die Parallele nicht übertreiben. Sonst käme man zu der heute nicht seltenen Verwechselung von Pädagogik und Psychotechnik. Gewiß hat Herbart recht, wenn er dem Erzieher die Aufgabe zuschreibt, den Willen seines Zöglings zu bestimmen, zu »determinieren«. Aber er hat unrecht, wenn er es (gelegentlich) so hinstellt, als ob man einen psychischen Effekt in der Seele des jungen Menschen durch die einfache Setzung der geeigneten seelischen Ursache hervorbringen könnte. Diese Art von Kausalität, wenn sie im Psychischen überhaupt vorkommt, gehört dem außerethischen Bereich der Seele an. Erziehung ist immer Erweckung. Anders gesagt: Gerade *weil* es keine unentrinnbar kausalgesetzlichen Zusammenhänge in der Seele gibt, deren man sich funktionssicher bedienen könnte, gerade deshalb steht das Hebelproblem, nunmehr wesentlich erschwert, für den Erzieher im Vordergrund aller seiner Sorgen.

Wenn er abwarten sollte, bis das Geheimnis der Freiheit von den Philosophen geklärt wäre, oder auch nur, bis feststünde, welche Art von Freiheit und welches Maß von Freiheit beim Zögling vorausgesetzt werden darf, dann hätte es in der Welt überhaupt noch keine Erziehung gegeben. Im mutigen Handeln gelingt vieles, wofür die Theorie noch nicht gefunden ist. Trotzdem reflektiert der geborene Menschenbildner darüber, wie er eingreifen und bewegen kann. Das Hebelproblem würde er so formulieren: »Wo muß ich und wie muß ich in einer jungen Seele, ja in *dieser* jungen Seele, Einfluß zu gewinnen streben, um sie für die Dauer zu bilden, d. h. ihr allmählich zu einem höheren geistigen Leben emporzuhelfen?« Der Erzieher sieht also den jungen Menschen wesentlich unter dem Gesichtspunkt seiner *Bildsamkeit,* und die Bezeichnung »Hebelproblem« ist nur ein Gleichnis für die Bildsamkeitsfrage.

Im Ausbildungsgange des Lehrers erscheint die Psychologie in mannigfachen Gestalten. Sie bezeichnet sich als Allgemeine Psychologie (manchmal erweitert zur Anthropologie, die aber unvermeidlich eine philosophische Gesamtsicht fordert), als Entwicklungspsychologie (Psychologie der Lebensalter), als Differentielle Psychologie (etwa der seelischen Konstitutionen, Anlagen und Begabungen). Hinzu tritt die Heilpsychologie, heute besonders als Tiefenpsychologie. Die Befürchtung, daß sich die Pädagogik ganz und gar in bloße Psychologie verflüchtigen könnte, liegt nicht fern. Aber das wäre ein Irrweg. Pädagogisch bedeutsam werden alle jene schönen Kenntnisse und Wissenschaften erst dann, wenn ihre Beiträge sämtlich im Lichte der zentralen Frage gesehen werden: »Wie bewege ich, wie bilde ich? Wie dringe ich bis in den Kern der Gesinnung vor?« Der geborene Erzieher weiß: die Formbarkeit des Sichentfaltenden kann weder ganz geleugnet werden, noch ist sie ohne alle Grenzen. In der Mitte zwischen diesen Extremen liegt irgendwo die fruchtbare Möglichkeit. *Wo* sie aber liegt, nun gar in diesem besonderen Falle liegt, darüber denkt er ohne Unterlaß nach.

Wenn also die Psychologie, die er *eigentlich* braucht, nur *eine* ist, nämlich die Pädagogische Psychologie, so steht diese doch nicht fertig zum bequemen Gebrauch bereit. Die Psychologie nimmt überhaupt ganz verschiedene Gestalten an, je nach dem Sinnzusammenhang, von dem aus das innere Leben durchleuchtet wird. Der Politiker sieht anderes als der Seelsorger, der Mann der Wirtschaft trifft auf andere Motive als der Offizier. In der Erziehung rückt alles unter den Blickpunkt der Bildungsintention. Das heißt aber nicht, daß nur eine einzelne Provinz des Gemütes in Betracht gezogen würde. Sondern wirklich »alles« ist Gegenstand dieser Art von Erforschung seelischer Zusammenhänge. Das Wort von Heraklit, daß man die Tiefen der Seele nicht ausschöpfen könne, bleibt ewig wahr, und sein Zusatz: »wenn du auch alle Dimensionen abschrittest«, deutet eben auf die verschiedenen Sinnrichtungen, in denen man psychologisch fragen kann.

Sollte der Sonderzweig »Pädagogische Psychologie« schon zu einigen Ergebnissen gelangt sein, dann ist eine weitere Bescheidung am Platze. Sie so wenig wie etwa die politische Psychologie erhebt den Anspruch: »Dieses von der Forschung herausgearbeitete Gesetz wirst du ausnahmslos bestätigt finden.« Dazu ist das innere Leben viel zu kompliziert. Die Psychologie öffnet nur die Augen für Faktoren, auf die zu achten ist. Also: »Findest du dein erlerntes (präsumptives) Gesetz bestätigt, dann gut! Findest du es aber nicht bestätigt, dann hat es dir doch den Dienst geleistet, dich auf die Mitwirkung anderer Faktoren aufmerksam zu machen, die du nun weiterverfolgen mußt.« Insofern lehrt die Psychologie *sehen*. Aber man hüte sich davor, in die Gegebenheiten immer nur eine fertige Theorie *hineinzusehen*. Ein hervorragender Pädagoge wie Zulliger bietet in seinen Schriften viele Beispiele für das Herantreiben an diese gefährliche Klippe: Die Individualitäten werden zu bloßen Beispielen für theoretisch feststehende »psychische Mechanismen«.

Wie es mit den »Gesetzen« im Seelischen überhaupt steht, können wir hier nicht erörtern, weil es in schwierigste Tiefen hineinführen würde. An diesem Abgrund wandern wir einstweilen harmlos vorbei. Jedenfalls handelt es sich um ganz andere Arten von Gesetzlichkeit als etwa in der Physik, und wo das eigentlich Ethische anfängt, hört die Gültigkeit von bloßen Ablaufsgesetzen überhaupt auf.

Es kann auch nicht die Absicht sein, hier inhaltliche Beiträge zur pädagogischen Psychologie zu liefern. Nur der Brennpunkt des Seelischen, auf den alles hinzielt, muß noch näher bezeichnet werden.

Hinter jeder Art von Unterricht liegt für den Erzieher die Frage: »Wie setze ich das denkende Erkennen in Bewegung?« Und hinter allen Maßnahmen der Erziehung im engeren Sinne liegt die Frage: »Wie setze ich das denkende Wollen und Tun in Bewegung?« Beim ersten ist das Ziel, kurz gesagt, Weltkenntnis; beim zweiten das Wollenkönnen und Wirkenkönnen. Jedoch ist es mit diesen beiden Leistungen noch nicht getan. Denn das denkende Erkennen kann man zum Guten und Bösen einsetzen. Das Wollen kann ebenfalls dem Bösen wie dem Guten dienen. Damit das Gute »wirke, wachse, fromme«, muß der Erzieher auf einen Innenbezirk der jungen Seele hinzielen, den ich »das Regulierwerk« oder »das Steuerungssystem« nenne. Man kennt diese Erscheinung von einem einfachsten Fall her: Wo kein bloßer physiologischer Reflex vorliegt, da ist zwischen den sinnlichen Reiz und die Reaktion ein Gefühl oder eine emotionale Spannung zwischengeschaltet, wodurch die Richtung der Rückwirkung bestimmt wird. Dieser dreigliedrige Prozeß mag noch als bloßer Naturapparat funktionieren. Soll aber ein Wesen zum Geist erweckt werden, so liegen an der bezeichneten Stelle viel kompliziertere Zwischenglieder. Nun heißt es nicht mehr: »Alles ist Gefühl«; sondern hier müssen allmählich mannigfache Werte erlebt werden, Entscheidungen zwischen ihnen müssen getroffen werden, ein waches Gewissen muß richtunggebend einspringen, und die getroffenen sittlich bestimmten Entscheidungen müssen sich schließlich als Gesinnungen verfestigen.

Der Ort, an dem dies alles geschieht, ist das sich allmählich über dem triebhaften Ich aufbauende höhere Selbst. Sein Kern ist das Gewissen. In Wilhelm Meisters ›Lehrbrief‹ sagt Goethe in ähnlicher, an Sokrates erinnernder Bedeutung: »Der Geist, aus dem wir handeln, ist das Höchste. ... Niemand weiß, was er tut, wem er recht handelt, aber des Unrechten sind wir uns immer bewußt«.[1]

Es ist klar, daß der Erzieher dieses innere Regulierwerk nicht von außen her aufbauen kann. Gerade von ihm gilt der zeitlose Grundsatz des Idealismus: »Es ist in dir, du bringst es ewig hervor«. Der Erzieher kann nur still lenkend eingreifen, aufwecken helfen, »entbinden« – im echten sokratischen Sinne. Bequeme Rezepte für diese Hilfe zur Freiheit stehen nicht zur Verfügung. Aber der geborene Erzieher ist unablässig darauf bedacht, Stellen der Bildsamkeit zu erspähen. Es ist sein Stolz, allmählich zu entdecken, wie man im ganzen und im einzelnen an dieses Mysterium der inneren Geburt herankommen kann. Alle großen Pädagogen haben sich darüber den Kopf zerbrochen. Wir »denken ihnen nach«.

Im Grunde zielt dieses Bemühen auf immer neue Umschmelzungen des Inneren. Man denke an den Knopfgießer in Ibsens ›Peer Gynt‹! Wo geschmolzen werden soll, ist ein Feuer nötig. Ohne Bild: nur in der Temperatur der Liebe gelingt es, Menschen in ihrem Kern zu beeinflussen. Ihre Wärme durchwaltet das ganze Gemüt und strahlt aus auf die Begegnung von Erzieher und Zögling. Das haben wir oft gelesen, besonders bei Pestalozzi; ebenso bei Kerschensteiner. Aber man glaube nicht, daß mit diesem Zauberwort das letzte Rätsel gelöst sei. Vielmehr fängt nun das Gebiet erst an, auf dem der geborene Erzieher seine Kraft entfalten muß.

---

[1] Johann Wolfgang von Goethe, Sämtliche Werke. Cottasche Jubiläumsausgabe. Stuttgart, Berlin 1902–07. Bd. 18. S. 259 f.

Liebe ist ein vieldeutiges Wort. Es gilt, diejenige Art ins Spiel zu setzen, die dem Geist der Erziehung gemäß ist. Es kommt auch darauf an, ihre Temperatur richtig zu temperieren. Darüber gibt es kein Vorschriftenbuch. Vielmehr ist es eben der geborene Erzieher, der hier aus einem tiefen geistigen Instinkt heraus das Richtige trifft. Die anderen mögen ihm zusehen und ihm ein wenig von dieser Kunst ablernen. In Autobiographien finden wir Gestalten von Müttern, die schon die Natur mit einer wunderbaren Liebesfülle ausgestattet hat. Noch lehrreicher aber sind wohl die Bilder von Vätern, deren ernste Lebensführung von einer verhaltenen Liebe durchdrungen ist. Sie läßt sich immer finden, wenn es not tut. Aber sie strömt nicht einfach; sie stellt ihre Bedingungen, und erst deshalb ist sie für den Bildsamen eine bildende Liebe.

II. Auf der Suche nach Bildungsgütern

Das Hebelproblem kennzeichnet die Grundeinstellung des Erziehers am schärfsten; aber es genügt keineswegs zur Bestimmung seiner Geistesart. Denn mit dem Thema: »Wie kann ich bildend in Seelen eingreifen?« verbindet sich ein sinnentsprechendes Verhalten in anderen Bereichen. Das zweite Thema lautet: »Wie finde ich die für eine solche Erziehungsabsicht passenden und verfügbaren Geistesgüter?«

Unter Gütern sollen hier nur Sachgebilde verstanden werden, obwohl ein weiterer Sprachgebrauch auch in der Pädagogik vorkommt, z. B. bei Kerschensteiner.[2] Dinge und dinghaft gebundener (objektivierter) Geist sind dann Güter, wenn sie geeignet sind, das Leben der Menschen zu erhalten oder zu erhöhen. Wir sprechen von Naturgütern, d. h. solchen, die die noch unbearbeitete Umwelt darbietet, und von Kulturgütern, an deren Herstellung menschliche Arbeit mindestens *mit*gewirkt hat. Kulturgüter können rein als materielle Gebilde geschätzt werden (Kunststoffe, Werkzeuge, Kleidung, Behausung); oder sie dienen auch der Erfüllung geistiger Bedürfnisse (Kunstwerke, Bücher, Musikinstrumente, Kultgegenstände). Die Erzeugung, Pflege und sinngemäße Verwertung geistiger Güter ist eine wesentliche Seite der Kulturarbeit.

Eine alte Parabel erzählt von der Goldgier des Königs Midas. Die Götter erfüllten ihm die Bitte, daß alles, was er mit seiner Hand berührte, zu Gold würde. Bis auf den unglücklichen Ausgang der Geschichte läßt sie sich gleichnishaft auf den geborenen Erzieher übertragen: Für ihn wird

[2] z. B. Georg Kerschensteiner, Theorie der Bildung. 3. Aufl. Leipzig 1931. S. 344 ff.: Die Wertgemeinschaft als Bildungsgut.

unter seinen Händen alles zu pädagogischem Gold. Das heißt: alle Kulturgüter interessieren ihn vor allem deshalb, weil sie und soweit sie für den Bildungsprozeß wertvoll werden können.

Ganz wie bei der Bildsamkeitsfrage, zeigt sich auch hier wieder die vorwiegende Hinwendung des Erziehers zur *Seele*. Der schaffende Mensch, auf welchem Gebiete er auch schöpferisch sein mag, stellt Gebilde aus sich heraus. Er gibt ein Stück seiner Seele an die Sachwelt hin; er verleiht ihr Sinnbetonungen, die für den Menschen bedeutsam sind. Der Menschenbildner vollzieht eine Art von Rückverwandlung. Er findet Geisteswerke schon vor. Aber er läßt sie aus dem verfestigten Zustande des objektivierten Geistes wieder in den flüssigen Zustand des Seelischen, nämlich des adäquaten Erlebtwerdens, zurückkehren. Das geschieht nun zwar in dem vielverwobenen Kulturleben unablässig. Beide Haltungen wechseln wie Ausatmen und Einatmen. Erst wenn die Rückverwandlung in seelisches Verstehen und Aneignen ausdrücklich den besonderen Sinn empfängt, daß die Seele sich daran bilde, daß sie sich ausweite und mehr in die Höhe wachse, erst dann ist die Rückverwandlung von Kulturgütern in seelische Prozesse eigentlich pädagogisch. In diesen Zusammenhang hineinverwoben, empfangen die allgemeinen Kulturgüter den Charakter von *Bildungsgütern*.

Dabei hat der geborene Erzieher eine ganz spezifische Problematik zu erleben und denkerisch zu bewältigen. An sich dienen die meisten Kulturgüter ganz anderen Zwecken als pädagogischen. Das wirtschaftliche Gut befriedigt Bedürfnisse, von den leiblichen empor bis zu den höheren. Das künstlerische befreit vom Druck der Realität, befruchtet die Phantasie und gibt an einer neuen Sicht der Weltordnung Anteil. Das wissenschaftliche Gut verwandelt das einzeln Auftretende ins Allgemeine und befestigt die flüchtige Erscheinung mit dauernden Gedanken. Daß Natur- und Kulturwerke auch »Bildendes« enthalten, ist eine sekundäre Eigenschaft, die man ihren »Bildungswert« nennen kann. Unter diesem Gesichtspunkt treten sie in einen neuen Sinnbezug und in die Ordnung eines anderen spezifischen Lebensgebietes ein. Der Bildungswert eines Kulturproduktes kann stark oder gering sein; er kann sich auf sehr verschiedene Provinzen des Gemütes beziehen. Er kann, wie eine Metallader, offen am Tage liegen oder sehr verborgen sein.

Das ist nun das eigentümliche Geschäft des Erziehers von innerer Berufung, die in den Kulturgütern schlummernden Bildungswerte zu entdecken, sie im Hinblick auf ein Bildungsziel zu prüfen und zu konkreten Bildungsmitteln auszumünzen. Eine solche Auslese und Zubereitung ist schwer. Es gibt Gebiete, auf denen frühere Generationen viel Vorarbeit geleistet haben, wie z. B. hinsichtlich der bildenden Werte des klassischen Altertums. Es gibt andere, auf denen noch fast nichts geschehen ist, wie für die höchst problemreiche politische Erziehung.

Das »Heraussehen« des fruchtbaren Bildungsverfahrens ist natürlich abhängig von der Besonderheit des Bildungsstoffes und von dem jeweiligen Teilziel im Ganzen der Bildungsaufgabe. Es ist ein Unterschied, ob eine einfache Handfertigkeit gelehrt werden soll oder ein an Kunst heranstreifendes Können. Das Lehrverfahren in der Physik und Mathematik muß ganz anders sein als in der Geschichte. Auf einem Gebiet ist die Fähigkeit, gut zu erzählen, die Haupttugend; auf einem anderen die scharf gezielte Denkfrage. Das bloße »Abfragen« kann allerdings nur der Kontrolle von Gedächtnisleistungen dienen.

Wo von dem »geborenen Erzieher« ganz allgemein die Rede ist, spielt der gute Lehrmeister nur die Rolle einer Teilperson in ihm, gewiß einer sehr wichtigen. Das selbständige Suchen kann diesem Lehrer im Erzieher nicht abgenommen werden. Nur dann wird er auch gute Einfälle haben. Dem Trägen fällt meistens nicht viel ein. – Aber ein paar ganz allgemeine Hinweise sind doch möglich.

Die didaktische Reflexion und die Unterrichtskunst muß sich an drei Wegbestimmungen orientieren: 1. an dem Gesetz der Sache (wobei Sache im weitesten Sinne zu verstehen ist als der Sachverhalt, auf dessen eigentümliche Beschaffenheit und Gesetzlichkeit sich die Lehrabsicht bezieht;) 2. an dem Gesetz der Seele, nämlich der Art, wie sich ein seelisch-geistiges Subjekt Derartiges überhaupt innerlich anverwandeln kann; 3. an der seelischen Entwicklungsstufe und geistigen Reife, mit der im besonderen Fall zu rechnen ist. – Am Ende des unter solchen Gesichtspunkten betretenen Weges soll immer ein stilles »Aha!« stehen, d. h. das Erlebnis der Lernenden, daß ihnen »etwas aufgegangen« ist oder etwas »eingeleuchtet hat«. Bleibt dieser Erfolg aus, so darf man sich darauf verlassen, daß überhaupt nicht viel geschehen ist und daß der »Stoff«, welcher Art er auch sein möge, sehr bald wieder aus dem Bewußtsein ausgestoßen sein wird. Der geborene Erzieher unterscheidet sich von dem bloß »gelernten« dadurch, daß ihm ein solcher Mißerfolg so leicht nicht begegnet.

Nirgendwo geht es beim Lehren ohne das *Vereinfachen.* Das »Einfache« ist aber wieder auf jedem Unterrichtsgebiet etwas anderes. Erschöpfend kann deshalb in unserem Zusammenhange davon nicht gesprochen werden. Nur ein Bild sei gestattet: Beim Anhören von Musik, wenn man sie eigentlich »verstehen« will, kommt es darauf an, immer wiederkehrende Themata oder Melodien oder Leitmotive herauszuhören, auch wenn sie sich in der Verwebung zu einem musikalischen Ganzen stark verwandeln.

Ja gerade ihr Identischbleiben in der Verwandlung muß erfaßt werden; sonst wird nur ein unbewältigtes Durcheinander von Klängen gehört.

Ähnlich ist es, wie jeder weiß, etwa mit dem Anschauen der Natur. Sie arbeitet mit Gestalten und mit Teilvorgängen, die immer wiederkehren, jedoch in zahllosen Variationen. Ähnlich ist es auch mit der Menschenwelt und der menschlichen Kultur. Einige einfache Sinnelemente gehen durch alles hindurch. Man findet sie nicht, wenn man bei Teilen stehen bleibt, die bloße »Stücke« sind. Überall muß man auf die *Sinn*zusammenhänge achten, deren gliedhafte Bestandteile eine bestimmte Sinnfunktion ausüben. Im ersten Falle darf man von Urgedanken der Natur reden, im zweiten von Urphänomenen des im Schoße der Natur zum Geistigen emporringenden Lebens. Der wahre Erzieher hat einen Sinn gerade für einfache Linien, Gestalten und Motive. Er muß aber zuvor in sich selbst durch ein solches »Heraussehen« Ordnung geschafft haben, ehe er anderen auf ihrem Bildungswege behilflich sein kann.

Bisweilen ist es auch erlaubt, sog. »reine Fälle« zu konstruieren. Wenn es dem Denken des Menschen möglich ist, das Aufbaugesetz eines Gebildes oder eines Geschehens zu ergründen, dann ist ein Höchstfall von Einsicht erreicht. Denn wo der Gedanke und die Sache sich beinahe decken, fast identisch werden, da ist der wichtigsten Wesensbestimmung der Wahrheit Genüge getan. Man sieht dann die Sache gleichsam von innen; sie ist völlig durchleuchtet; der Optimalfall des Erkennens und Verstehens, *die Evidenz,* ist erreicht. Natürlich schlingen sich in der Wirklichkeit immer noch die Geflechte zufälliger Konstellationen um dies »reine« gedankliche Gerüst. Aber der Kern ist freigelegt. Nur wo dies gelingt, ist eigentlich »exemplarisches Lehren« und »exemplarisches Lernen« möglich. Denn hier steht wirklich ein Fall für alle. Es ist das genaue Gegenteil des »paradigmatischen Lehrens und Lernens«. Sucht man nämlich Beispiele (Paradigmata) für eine Erfahrungsregel, so geht man von dem vorweggenommenen Gesetz in die Fülle der vorkommenden Tatsachen hinaus und findet es mehr oder weniger bestätigt. Der reine Fall aber ist der Triumph des Gedankens über das Gewirr des Erfahrbaren. Besonders deutlich wird er da, wo Mathematik anwendbar ist, weil Mathematik das Gegenständliche nach evidenten Gesetzen konstruiert, die ihre Heimat im Denken haben.[3]

[3] Vgl. Martin Wagenschein, Das »exemplarische Lehren« als ein Weg zur Erneuerung der Höheren Schule. Hamburg 1954. (Schriften zur Schulreform. H. 11.) Zu beachten sind ferner die Thesen des gleichen Verfassers in der Zeitschrift: Die Deutsche Schule Jg. 49, Heft 9. 1957. S. 397. – Josef Derbolav, Das »Exemplarische« im Bildungsraum des Gymnasiums. Düsseldorf 1957.

Bei solchen und anderen Vereinfachungen kann es aber nicht bleiben. Die anfängliche Isolierung der beteiligten Sinnelemente fordert die nachfolgende Totalisierung. Jedes Einzelne ist, was es ist, doch nur durch seine Stelle und Funktion in einem »weitstrahlsinnigen« Ganzen (Goethe). Dieses Ganze schließt sich nur auf, wenn vorher orientierende Leitlinien gezogen sind.

Schön wäre es, wenn jedes Sondergebiet des Lehrverfahrens durchweg so stark von der hier maßgebenden spezifischen Eigengesetzlichkeit durchtränkt wäre, daß der Neuling in ihm wie in einem ganz eigentümlichen Element atmete und sich bewegte. Dies ist es, was *Hugo Möller* »elementarisches Lernen« im Unterschied vom »elementaren Lernen« genannt hat. Der geborene Lehrer ist wohl auch dieser Begnadung teilhaft, daß er seine Jünger ganz in das Element der geistigen Provinz hineinzieht, mit deren Gehalt er ihre Gemüter durchdringen und erfüllen möchte. Ob es sogleich im Anfang möglich ist, bleibt fraglich.[4]

Bei der didaktischen Bearbeitung des Objektes muß aber auch der Entwicklungsstufe des Subjektes, nämlich des zu Bildenden, Rechnung getragen werden. Jedes Lebensalter hat seine eigentümliche Seelenstruktur. Von ihr her bestimmt sich die Aneignungsfähigkeit und Aneignungsweise. Dem geborenen Erzieher verwandelt sich sein Bildungsgut, obwohl es seinerseits eindeutige Forderungen an den Aufnehmenden stellt, unter der Hand doch ganz von selbst, je nachdem, ob er sich an das magische Alter oder an das folgende, für das wir keinen übergeschlechtlichen Namen haben, oder an das Reifungsalter wendet. Ein und dieselbe Geschichte z. B. muß da ganz verschieden erzählt werden. Es wäre für den Anfänger lehrreich, solche »didaktischen Variationen« über ein Thema einmal fixiert vor Augen zu haben.

Bei alledem wird der Erzieher nie vergessen, daß zum Schluß eine sachgerechte Verstehensleistung erzielt werden soll. Für den Unterricht trifft der Satz, daß etwas vereinfacht werden muß – also »ad usum Delphini« zubereitet werden muß – ebenso zu wie der andere, der ursprünglich nur für die Mathematik gemeint war, daß es keinen Sonderweg für Könige gibt. Das eine gehört an den Anfang, das andere, die reine Hingabe an den Gehalt des Lehrstoffes, steht als Ziel vor Augen. Es wird um so vollkommener erreicht, je weniger die vorangehenden psychologischen »Einbettungen« zur Hauptsache gemacht worden sind. Sie sind Entwicklungshilfen und Entwicklungshüllen. Die Hüllen fallen ab, wenn der Durchbruch

---

[4] Hugo Möller, Elementarischer Unterricht. In: Westermanns Pädagogische Beiträge. Jg. 9, Heft 2. 1957.

zum vollen Verständnis erfolgt ist. Manche vorbereitenden Denkwege sind wie Hilfslinien für eine Zeichnung, die wieder weggelöscht werden müssen. *Friedrich Copei* hat in seinem Buch: ›Der fruchtbare Moment im Bildungsprozeß‹ Beispiele gegeben, wie der Durchbruch zur vollen Sinnerfassung in den Gebieten aussieht, auf denen eine Art von Evidenz des Einleuchtens erreicht werden kann.[5] Am reinsten ist ein solches adäquates Erfassen in der Mathematik herbeizuführen. Man soll sich aber hüten, das Beispiel der Mathematik auf Bildungsgüter von ganz anderer Sinnstruktur zu übertragen. Ethische Einsichten lassen sich trotz Spinozas tiefer Philosophie nicht more geometrico demonstrieren. Und in Einsichten erschöpft sich das Ethische überhaupt nicht.

Allgemein gilt: der geborene Lehrer und Erzieher ist unablässig darauf bedacht, die verwirrende Fülle geistig geformter Weltgehalte auf einfache und der jeweiligen seelischen Entwicklungsstufe des Werdenden zugängliche Modelle zurückzuführen. Die wegen ihres Bildungswertes ausgelesenen »Stoffe« können so leichter angeeignet werden, und es strahlt von den Grundphänomenen auch ein Licht auf strukturverwandte Gegenstände hinüber. Die Kunst der Verwandlung von Kulturgütern in Bildungsgüter und die didaktische Durchgliederung der Bildungsgüter ist somit eine zweite Grundrichtung, die die Geistesart des Menschenbildners auszeichnet.

III. Im Geflecht der Gemeinschaften

Bei den deutschen Idealisten, z. B. bei Schiller und Wilhelm von Humboldt, findet sich manchmal die Wendung, der Mensch bilde sich dadurch, daß er »Welt in sich aufnehme«. Obwohl hier »Welt« nicht nur Dinghaftes bedeuten wird, sondern auch Persönlichkeitsbilder, Geschichte und Gegenwartsgeist, klingt der Ausdruck so, daß man an ein überwiegend beschauliches Verhalten denken muß. »Bildung« im schöngeistigen Sinne mag aus solcher Beschaulichkeit hervorgehen. Zu sittlicher Erziehung aber gehört Willensformung. Sie greift in die Entfaltung der inneren Energien ein. Der Unterricht bildet zur Sachlichkeit, d. h. zum unvoreingenommenen Auffassen von Tatbeständen. Sittliche Beeinflussung kann nur im Medium des lebendigen Umgangs mit Menschen erfolgen. Das hat schon Herbart betont, obwohl er dann den Weg des »erziehenden Unterrichts« bevorzugte. Mitexistierende Menschen aber halten der Betrachtung nicht so stand, wie Unterrichtsstoffe. Sie stimmen zu oder widersprechen, sie fordern oder fördern. Konkretes Leben trifft hier auf Leben. Es antwortet

[5] 3. Aufl. Heidelberg 1955.

etwas, dem man wieder Antwort schuldet. Alles spielt auf einer Ebene, auf der der Mensch »Verantwortung« trägt.

Der geborene Erzieher hat es im Gefühl, daß sittliche Erziehung nicht durch bloßen Unterricht bewirkt werden kann. Gewiß soll auch der Unterricht zur Erziehung beitragen, und die mannigfachen Theorien vom »erziehenden Unterricht« haben aufzuhellen versucht, wie dies geschieht. Aber ehe planmäßiger Unterricht beginnen kann, ist Erziehung längst am Werke. Sie ist nicht nur zeitlich früher, sondern auch sachlich wichtiger. Wenn in dieser Darstellung Betrachtungen über Bildungswerte und Bildungsgüter vorweggenommen sind, ist es nur deshalb geschehen, weil sie vom Flächenhaften her durch Hinzufügung weiterer Dimensionen immer plastischer zu werden strebt. Erziehung ist nur *in* menschlicher Gemeinschaft und *durch* die Kräfte menschlicher Gemeinschaft denkbar.

Jeder weiß, daß schon die *Begegnung* mit einzelnen Menschen für die eigene Wesensformung von schicksalhafter Bedeutung werden kann. Manchmal veredelt sie, manchmal zieht sie herab. Noch stärkeren Einfluß erfährt man dadurch, daß man Glied einer Gruppe ist und mit ihr lebt. Hier aber liegt die Quelle verbreiteter Täuschungen. Es ist nicht so, daß der Gruppengeist, weil er etwas Überindividuelles ist, ohne weiteres besser wäre als das Individuum. Die Lehre, es komme vor allem darauf an, daß sich in und über dem »Ich« ein »Wir« bilde, ist falsch. Mindestens muß dieses Wir einen sittlich wertvollen Geist entfalten.

Auch die Theorie der sog. »funktionalen Erziehung« bedarf der Berichtigung. Man muß entschieden festhalten, daß Erziehung immer das Werk bewußten Wollens ist. Sie beruht auf einem Plan. Die sog. »geheimen Miterzieher«, d. h. einfach vorgefundene Milieufaktoren, üben gewiß auch einen Einfluß auf den Werdenden; aber ein sittlich schlechtes Milieu verführt zum Schlechten. Nur eine von sittlich gutem Geist erfüllte Umwelt kann emporheben. Derartige »sittliche Mächte«, wie sie die idealistischen deutschen Historiker genannt haben, entstehen aber nicht von ungefähr. Sie haben durch bewußte Veredlungsarbeit, manchmal von Generationen, Gestalt empfangen. An sie denkt man, wenn man seit einiger Zeit, weil man den Kontakt mit dem Ertrag der alten deutschen Philosophie des Geistes verloren hat, von »funktionaler Erziehung« spricht.

Es kommt also nicht einfach darauf an, daß eine Gemeinschaft da ist, in der und für die erzogen wird, sondern es kommt auf die sittlichen Gehalte an, zu denen sich die Gemeinschaft gleichsam wie das tragende Gefäß verhält. Deshalb kann diese Art der formenden Einwirkung auch niemals sich selbst überlassen bleiben, wie etwas, das sicher und gut »funktioniert«. Es muß immer eine Persönlichkeit da sein, die die Wirkungen auswählt und lenkt. Der Gruppengeist bedarf der Kontrolle und der ständigen Reinigung durch das Gewissen. Ein Gewissen aber hat immer nur der Einzelne. Entscheidend ist, solange es noch der Hilfe und Führung bedarf, *das Gewissen des Erziehers.*

Der echte Erzieher stellt derartige philosophische Reflexionen kaum an. Er besitzt ein ursprüngliches Organ für die Bahnen, in denen der durch ihn hindurchwirkende Geist weht. Dieser Geist hat in Gemeinschaften, zu denen wesensmäßig »das Erzieherische« gehört, wie etwa in Familie und Schule, seine eigentliche Heimat. In andere wird der geborene Pädagoge ihn hineintragen; ja er wird immer den Drang empfinden, eine Jüngerschaft um sich zu versammeln, gleichsam eine Sekte im Dienst der Menschenveredlung.

Eine *soziologische Pädagogik* hätte die Aufgabe, zu durchleuchten, wie die Erziehung eines Volkes durch seine allgemeine Gesellschaftsstruktur und ihre Verzweigungen bestimmt wird. Eine *pädagogische Soziologie* untersucht die in der Erziehungsprovinz selbst sich herausbildenden, gerade *ihr* eigentümlichen, durch *ihren* zentralen Sinn geforderten Formen des Zusammenlebens und des Verbundenheitsbewußtseins. Die Grenzen zwischen der gesellschaftlichen Bestimmtheit von außen und der von innen mögen im einzelnen nicht scharf sein. Das aber steht fest, daß nur das zweite einigermaßen der Gestaltung durch den Erzieher unterliegt. Die Gesellschaftsverhältnisse ringsum muß er nehmen, wie sie sind. Nur wenn er sich auf die Stufe des *Volkserziehers* erhebt und zugleich ein wenig zum Sozialpolitiker wird, kann er seine Mission auch in diese Weiten erstrekken. Wo er dabei ansetzen sollte, wird am Schluß dieses Abschnittes angedeutet werden. Zunächst verweilen wir bei der – öffentlichen oder privaten – Schule unserer Tage, als derjenigen Verbandsform, in der sich der pädagogische Geist bestimmungsgemäß am reinsten darstellen sollte.

Es ist kein Geheimnis, daß sich diese schöne Hoffnung nicht immer erfüllt. Ein Gebäude mit Klassenzimmern, ein staatlich oder anderswie beauftragter Leiter, eine Schulordnung und ein Stundenplan gewährleisten noch nicht, daß sich in diesem Rahmen der eigentliche Geist der Erziehung verwirklicht. Dazu gehört ein Schwung besonderer Art, der auch für ein hohes Gehalt nicht ohne weiteres zu haben ist. Worauf es beruht, daß in einem solcher Häuser Funken heiligen Feuers sprühen, in einem anderen aber nur eine kümmerliche Flamme schwelt, ist vielleicht gar nicht auszusprechen. Genug: man merkt es schon beim Hineintreten.

Die passive Müdigkeit, die so leicht in einer Klasse Platz greift, kann nur dadurch überwunden werden, daß alle mit allen ins Gespräch kommen und sich um etwas bemühen, das ihnen interessant ist. Interesse heißt

»Dabei-sein«. Was getrieben wird, geht jeden an. Der Lehrer hört dadurch, daß er die Individualitäten eine Zeitlang frei walten läßt, nicht auf, Autorität zu sein. Er vermag die allgemeine Fröhlichkeit sofort wieder in Ernst zu verwandeln, wenn genug gelacht worden ist. Vor allem aber: seine Sache verbreitet deshalb immer eine wohltuende Temperatur, weil sie immer darauf angelegt ist, daß man innerlich an ihr wächst. Wo dieses Gefühl durchbricht, ist ein guter Resonanzboden da. Wo es noch nicht erzielt werden konnte, behält der bestgemeinte Bildungsprozeß etwas von Abrichtung.

Eine Schule sollte nicht nur Unterrichtsanstalt sein, sondern eine jugendliche Lebensgemeinschaft – auch da, wo ihr nicht der ganze Tag zur Verfügung steht. Natürlich läßt sich in einer vollen Gemeinschaft des Existierens mehr erreichen. Aber die Familie sollte ohne Not nicht entrechtet werden. Vielmehr ist es eine besondere pädagogische Kunst, zwischen der Familie und der Schule Fäden zu spinnen, keineswegs solche, an denen das Kind von beiden Seiten hin- und hergezerrt wird, sondern solche, die auch das unsicher tastende Elternhaus mit einem guten pädagogischen Geist umspinnen. Wenn das auch nur selten gelingt, ist es wertvoll. Denn zur echten Beeinflussung junger Seelen gehört ein contagium, etwas Berührendes, ja Ansteckendes, wie man es in Zeiten magischen Glaubens mit frommer Scheu betrachtet hat: der wahre Erzieher ist auf seine Art ein Zauberer und ein Bezaubernder.

Es ist sicher eine nachteilige Folge unserer modernen Kulturdifferenzierung, daß sich so viele Instanzen in die Erziehung teilen. Neben das Elternhaus hat sich seit langem die Schule gestellt, und bei uns in Deutschland wirkt durch sie zugleich der Staat. Jeder Berufszweig hat sich eigene Einrichtungen für die Heranbildung seines Nachwuchses angliedern müssen; dabei genügt die einfache Werkstatt oder der konkrete Wirtschaftsbetrieb nicht mehr; auch hier ist zusätzlich eine Schule notwendig geworden. Frei gebildete Jugendgruppen treten hinzu, und endlich beansprucht die Kirche einen dem Geiste nach sehr wesentlichen Anteil an der Erziehung, allerdings heute oft in merklicher Absonderung von jenen anderen »Erziehungsberechtigten«, die für das Diesseits sorgen.

Darin zeigt sich ein Wandel im Wesen der Schule gegenüber ihrer ursprünglichen Bestimmung. Auch im Abendlande ist sie aus der Tempelschule hervorgegangen. Sie hat dann zusätzlich die Aufgabe der Tradition von wissenschaftlichen und künstlerischen Geistesgütern übernehmen müssen. Dies »Zusätzliche« ist immer mehr zur Hauptsache geworden. Der Staat hat sich der vorgefundenen Einrichtung angenommen und sie in weitem Umfang pflichtmäßig gemacht. Die Familie wird nie ganz aus ihrer Erziehungsverantwortung entlassen werden können. Wir wollen optimistisch sein und betonen, daß sie auch heute noch den guten Willen dazu hat. Aber in ihr ist nun – gleichviel, wer die Schuld daran hat – der sichere geistige Instinkt und die aus ihm erwachsene sichere Erziehungstradition vielfach verloren gegangen. Also marschiert unter den Erziehungsmächten die Schule an der Spitze. Man muß es ihr danken, daß sie das selbst verstanden hat und über ihren ursprünglich vorwaltenden Unterrichtsauftrag von Generation zu Generation weiter hinausgreift. Sie ist unverkennbar auf dem Wege, für die Jugend zur Lebensgemeinschaft zu werden.

Vorläufig ist damit noch ein Mißstand verbunden, der sich aus der Vorgeschichte erklärt: die Erziehung ist scholastisch geblieben. An allen Mauern der Schule kleben unsichtbar gleichsam Plakate: »Hier wird erzogen«. Wie es Wirtschaftsbetriebe gibt, haben wir auch richtige Erziehungsbetriebe. Die spezifische Aufgabe der Institution drängt sich so sinnfällig hervor, daß man sie unablässig greift und sieht und hört. In einem Elternhaus mit gesundem Erziehungsgeist war das nicht so. Im allgemeinen merkte der Eintretende nichts von der ständigen Behütung und Lenkung der Kinder. Das machte sich im stillen von selbst.

Seitdem das Erziehen und Unterrichten ein eigener, überdies noch staatlich approbierter Beruf geworden ist, könnte man dem Irrtum verfallen, dem geborenen Erzieher müsse man es ständig anmerken, was er tut. Unablässig greife er regulierend ein; er gehe umher als »ein Vorbild der Herde«[6], und die Vortrefflichkeit, zu der er heranzubilden habe, leuchte an ihm selbst hervor wie Licht von höherem Lichte. Man braucht nur so zu sprechen: dann fühlt jeder, daß wir nicht weit von einer Karikatur des echten Erziehers entfernt sind. Wirklich Geistiges vollzieht sich in der Stille. Stärkste Wirkungen kommen auf Taubenfüßen. Man kann aus dem Erziehen kein Gewerbe machen, das immer mit einem spezifischen Betriebslärm verbunden ist.

Es mag viel verlangt sein – aber wir träumen ja hier von einem Ideal: Gerade das Selbstverständliche, Unmerkliche seines Tuns macht den vollendeten Erzieher aus, und das pädagogisch gemeinte Zusammenleben ist eben ein Miteinander von reifen und heranwachsenden Menschen, bei dem Wertvolles geleistet wird, jedoch ohne den lauten Ausruf: »Hier wird erzogen«. Das sollte die Regel sein. Natürlich gibt es »Ausnahmezustände«, bei denen die stille Intention deutlicher hervortritt.

Falls jemand an dieser Stelle um nähere Auskunft bäte, *wie* denn ein so

[6] Preußisches General-Landschulreglement 1763, § 12.

schönes Ziel zu erreichen sei, so kann man ihn leider nicht auf einen bestimmten Paragraphen eines Lehrbuches der Erziehungswissenschaft verweisen. Aber unsere von vornherein als mißverstehbar bezeichnete Redeweise vom »geborenen Erzieher« kann doch durch weitere Aufhellung der Zusammenhänge verbessert werden. Zum Erzieher gehören eben Eigenschaften, die nicht auf Einsicht beruhen und daher weder lehrbar noch lernbar sind. Vor allem bedarf er der ständigen Selbstdisziplin. Man kann die Behauptung wagen: der wahre Erzieher lebt von dem Maß der Selbsterziehung, das er an sich geleistet hat. Das Kapital von Energie und Methodik, das dabei angesammelt worden ist, setzt sich täglich in die kleine Münze des Einflusses auf andere um. Das Schönste dabei ist, daß es nie erschöpft werden kann, es sei denn bei völliger Erschöpfung der eigenen physischen Kräfte, die allerdings bei einer so anstrengenden Tätigkeit wie der des Pädagogen eine immer nahe Gefahr bedeutet.

Schon das Geheimnis des Disziplinhaltens klärt sich von diesem Zusammenhang her auf.[7] Mancher besitzt diese Gabe vom ersten Augenblick an. Wer sie nicht hat, mag sonst ein sehr ehrenwerter Mann sein; aber zum rechten Erzieher fehlt ihm Wesentliches. Das Ordnunghalten kann man auch nicht »lernen«. Man muß vielmehr sein eigenes Inneres sorgfältig revidieren, ob in ihm die Verhältnisse von Willensmacht und Unterordnung richtig verteilt sind. Mit der sicheren Herrschaft über sich selbst fängt alles Regieren von Menschen an. Äußere Zwangsmittel helfen wenig. Innere Qualitäten sind entscheidend. Man muß freilich hinzufügen: es sind besondere Eigenschaften, die der Jugend je auf ihren verschiedenen Stufen imponieren. Wer gerade über sie nicht verfügt, mag im Rate der Weisen viel gelten: unser »geborener Erzieher« ist er nicht.

Zusammenfassend könnte man mit bewußter Übertreibung sagen: Der echte Menschenbildner wird immer die Neigung haben, nicht-pädagogische Lebensgemeinschaften mit pädagogischem Geist zu erfüllen, die entschieden erziehlich gerichteten aber zu entpädagogisieren. Das letztere bedeutet: er wird das Apparathafte seines Berufes möglichst verbergen, wie ein bildender Künstler seine Hilfskonstruktionen nicht sehen läßt. Der Grund liegt nicht nur darin, daß die Absicht, wenn man sie merkt, verstimmen könnte. Wichtiger ist: je mehr sich der Erzieher als voller, reifer Mensch unter den ihm Anvertrauten bewegt, um so freier wird sich in seinem Kreise das Menschliche ausbreiten, das als letztes Ziel gemeint ist.

---

[7] Vgl. Max Zollinger, Über die menschlichen Voraussetzungen des Unterrichts an höheren Schulen. In der Festschrift: Erziehung zur Menschlichkeit. Tübingen 1957. S. 351 ff.

Anders ausgedrückt: Man kann nur Vorbild sein, wenn man nicht Vorbild sein *will*. Selbst die Liebe entartet, wenn man lieben *will*.

Es folgt aus der Struktur des Geisteslebens, daß die Erziehung, die das Regulierwerk des werdenden Menschen in den richtigen Gang bringen will, durch die Gemeinschaften und Institutionen nur hindurchstößt, um den eigentlichen Stoß in die Seele des Einzelnen zu führen. Gruppenerziehung ist nur ein abkürzender Ausdruck. Man kann kein Kollektivum unmittelbar erziehen. Da nur der Einzelne Seele hat, ist er der einzige bewußte Träger aller übergreifenden Objektivitäten. Deshalb kommt auf ihn so viel an. Deshalb schützt der demokratische Staat so sorgsam seine Freiheit. Deshalb aber ist es auch für die Gesamtheit so grundlegend wichtig, daß der Einzelmensch erzogen werde.

Umgekehrt gibt es jedoch überindividuelle Geistesmächte, die vorausgesetzt werden müssen, wenn jener pädagogische Stoß ins Herz gelingen soll. Nur eine von ihnen sei hier näher beleuchtet, weil sie uns leider ins Dunkel entschwunden ist. Sie ist aber für das Werk des Pädagogen unerläßliches Medium, so daß er sich ihrer annehmen muß, falls sie ins Absinken geraten sein sollte. Ich meine die *Volksmoral*.

Das Sittliche erscheint in zwei Gestalten: als eine von den meisten anerkannte und befolgte normative Ordnung des Zusammenlebens, in der zum Ausdruck kommt, welche Werte man gemeinsam bejaht. Erst auf diesem Boden oder auf diesem Hintergrund entfalten sich die sittlichen Erlebnisse und Verhaltungsweisen des Einzelnen: die persönliche Sittlichkeit. Zu allen Zeiten ist der Einzelne von autoritativen, rings um ihn geltenden und oft geradezu geheiligten moralischen Regeln (mores) abhängig. Er wird in eine solche Wertordnung hineingeboren, wie er in einen Sprachraum hineingeboren wird. In sich selbst aber findet er eine noch andere, sehr geheimnisvolle Instanz: das persönliche, sogar auf die ganz einzigartige Situation seiner Entscheidung zugespitzte Gewissen. Beide Mächte, die äußere überindividuelle und die ganz einsame innere, können in Konflikt miteinander geraten. Wird dabei sittliches Neuland entdeckt, so gehen die stellvertretend durchgekämpften persönlichen Entscheidungen vielleicht in das allgemeine Bewußtsein über und schlagen sich allmählich als anerkannte moralische Normen nieder. In diesem Wechselspiel vollzieht sich das sittliche Leben. Erst wenn der Individualismus in einem Volke weit vorgeschritten ist, d. h. wenn die Individuen sich von der Autorität der Moral stark emanzipiert haben, setzt die philosophische Reflexion ein. Daher enthält sie mehr die Theorie der persönlichen Sittlichkeit (Ethik von »Ethos«) als die traditionellen Regeln (Moralphilosophie von »mores«).

Es ist nicht leicht, mit wenigen Strichen anzudeuten, was eine Gruppenmoral eigentlich ist und wie sie »auf« einem gesellschaftlichen Ganzen »lebt«. Die wichtigsten Umrisse müssen hier genügen.[8]

Eine Moral ist kein geschlossenes System, das sich als eine eindeutige Dogmatik entwickeln ließe. Sie bekundet im Wandel, daß sie lebt; sie differenziert sich mit der Vielfalt und dem Wechsel der Kulturverhältnisse im Volk. Greifbar wird sie, wie die englischen Moralphilosophen des 18. Jahrhunderts richtig gesehen haben, vor allem an Akten der Billigung und Mißbilligung, mit denen die Gesamtheit (»man«) auf das gesinnungsmäßig bestimmte Verhalten der Zugehörigen reagiert. Der Ursprung derartiger Werturteile ist geheimnisvoll. Spitzen sie sich auf das Gebaren eines Einzelnen zu, so empfängt er durch sie einen guten oder schlechten Leumund. Diese Art von Ehregewährung oder Ehrentziehung ist die einzige Durchsetzungsform, über die die Moral verfügt. Das Recht stützt sich auf einen sichtbaren Apparat von Personen und Institutionen. Es kann notfalls zwingen. Die Moral ist weniger greifbar; sie wirkt wie eine Atmosphäre. Aber es dürfte dem Widerstrebenden sehr schwer sein, sich in der Gesellschaft zu erhalten, wenn er einmal als ein »Unehrlicher« oder »Ehrloser« gestempelt worden ist.

Manche Forderungen der Moral sind schon in Lebensordnungen verfestigt (wie Ehe und Familie), andere laufen um in Sprichwörtern, die die sittliche Erfahrung vieler Generationen ausdrücken. Nur selten aber gibt es in Lehrsystemen niedergelegte (kodifizierte) Moral. Wenn geistige Führer mit dieser Arbeit anfangen, ist die eigentlich moralschöpferische Epoche des Volkes schon vorbei (Konfuzius, Moses, die späten Verfasser der sog. Tugendspiegel sind Beispiele für dies Stadium).

Wenn wir es wagen, von »der« Moral zu reden, die in einem Volk oder in einem Stande »gilt«, ist das eine ebenso grobe nachträgliche Vereinfachung wie bei der Wendung »*die* Sprache«. Das unendliche Hin und Her der einzelnen Lebensäußerungen von Sprache und Moral kann eigentlich niemand einfangen. Faßbar sind nur gewisse Grundstrukturen und einige Grundwertungen.

Der »Gerichtshof« der Moral – schon dieser Ausdruck ist ein unzuläng-

---

[8] Auf das Phänomen der Volksmoral habe ich bereits hingewiesen in der Rede: Volkstum und Erziehung. In: E. Spranger, Der Bildungswert der Heimatkunde. Leipzig 1943, und in: E. Spranger, Gedanken zur staatsbürgerlichen Erziehung. (Schriftenreihe der Bundeszentrale zur staatsbürgerlichen Erziehung. 26.) Bonn 1957. S. 37 ff. – Vgl. ferner Otto Friedrich Bollnow, Einfache Sittlichkeit. Göttingen 1947.

liches Bild aus der Sphäre des Rechtes – ist unsichtbar. Das »Gerede« mit all seiner möglichen Fragwürdigkeit ersetzt ihn. Die deutlichste Urform der Schranken, in die die Moral den Einzelnen einspannt, ist die dörfliche oder kleinstädtische Nachbarschaftskontrolle. »Man« verfügt nur über eine dürftige Psychologie und recht durchschnittliche Wertmaßstäbe. Trotzdem wagt die Moral es, weiter zu gehen, als es Rechtssprüche im allgemeinen zu tun pflegen. Denn sie beurteilt nicht nur Taten, die eindeutig nach außen treten; sie übt eine Zensur über den Wert des *ganzen* Menschen bis hinein in seinen Kern, nämlich in seine Gesinnung.

In der Epoche der Vereinzelung und der Selbstherrlichkeit der Person ist es üblich geworden, von der historisch gewachsenen Moral gering zu denken. Sie bleibt aber die Vorbedingung für die Entfaltung persönlicher Sittlichkeit, und ihre Werturteile gehen mit in die Kämpfe des Gewissens ein. Da sie selbst wieder aus den einsamen Gewissensentscheidungen führender Geister gespeist wird, hat in ihr die Weisheit zahlloser Generationen Gestalt gewonnen. Es war aber ein Irrtum der Sozialutilitaristen, von denen besonders noch Herbert Spencer nachwirkt, zu meinen, die Moral sei nichts als ein Interessenarrangement zwischen der Gesellschaft und den Individuen; sie diene ausschließlich der Selbsterhaltung und dem »Nutzen« der Gesellschaft. Sittliche Erfahrungen gehen viel tiefer ins Metaphysische und Religiöse hinab.

Auch heute noch richtet sich der Heranwachsende an der Autorität der Moral aus, die um ihn herum gelebt wird. Ist sie schlecht, so fördert sie den Verfall. Ist sie rein, so bedeutet sie selbst eine einflußreiche Erziehungsmacht. Das ist es wohl, was man mit dem Stichwort »funktionale Erziehung« gemeint hat. Weshalb die Moral heute schwach geworden ist, bedarf hier kaum näherer Ausführung. So viel wird jedem klar sein: Hörte sie ganz und gar auf, maßgebend zu sein, so müßten selbst die primitivsten sittlichen Entscheidungen von jedem noch einmal ganz persönlich durchgekämpft werden. Aber von vielen moralischen Grundeinstellungen dürfen wir tatsächlich sagen: sie »verstünden sich« heute »von selbst«. Das also ist das wichtigste Ergebnis: die jeweils geltende Volksmoral und ihre Besonderungen gemäß »Lagen und Umständen« (Pestalozzi) liefern dem Einzelnen Vorentscheidungen und sichern mindestens ein durchschnittliches Niveau des Zusammenlebens.

Eine so lange, der Philosophie entlehnte Zwischenrede ist nur dann zu rechtfertigen, wenn sie zu dem Thema in einer ganz wesentlichen Beziehung steht. *Der geborene Erzieher fühlt sich als Hüter echter Moral und nimmt sie in seine Verantwortung mit auf*, obwohl er den entscheidenden bildenden Stoß immer nur in das sittliche Regulierwerk eines Einzelnen führt. Die damit vollzogene Erweiterung des Begriffs »geborener Erzieher« zu dem eines echten *Volkserziehers* ist keine beliebige Zutat. Sie folgt aus den Zusammenhängen des Lebens, die die Tätigkeit des Erziehers bedingen. In einer völlig verrotteten Gesellschaft kann man die Heranwachsenden nicht »besser machen«, wie der Lieblingsausdruck von Sokrates lautete. Rousseau glaubte sich unter derartigen Umständen dadurch helfen zu können, daß er seinen Zögling vor dem Gifthauch der Pariser Aufklärungskultur aufs Land in Sicherheit brachte. Er wurde »Isolationist« in der Pädagogik. Aber er hat bekannt, daß sein ›Émile‹ doch nur ein Gedankenexperiment, keine praktische Anweisung wäre. Mit diesem Buch wandte er sich nicht nur an Erzieher, sondern an seine Zeitgenossen überhaupt. Er kritisierte die allgemeine Moral seiner Umwelt, und auch dies war pädagogisch gemeint.

Der geborene Erzieher übt zu allen Zeiten ein Wächteramt im Bereich des Moralischen. Dabei steht ihm keine ungewöhnliche Macht zur Verfügung. Wie die Moral selbst, ist er auf das Urteilen und Verurteilen angewiesen. Zunächst sorgt er für die Reinigung in dem kleinen Kreise, auf den sein Wirken ausstrahlt. Vielleicht ist er nebenbei Schriftsteller, vielleicht kann er durch den Rundfunk sprechen. Jedenfalls fühlt er Verantwortung auch gegenüber den Erwachsenen. Die Bestrebungen der Volkshochschule werden ihm nicht gleichgültig sein.

Wenn er aber so über die engen Räume der Schule hinaus Strahlen seiner Geistesart ins Weite sendet, dann muß er etwas wissen von dem übergreifenden Gefüge, das ich hier Volksmoral genannt habe, und zwar mehr wissen, als vorhin skizziert werden konnte. Er muß sich ernstlich darum kümmern. Sollte er ein Freund der Heimatkunde und der Volkskunde sein, so kann er beiden sogar durch eigene Forschung über die Sitten Wertvolles hinzufügen. Die heutige Volkskunde leidet daran, daß sie sich über ihr eigentliches Zentralgebiet kaum klar geworden ist: Sie sammelt umfangreiches Material, stellt es aber nicht in die Lebensstrukturen hinein, die den entscheidenden Rahmen liefern sollten: *Volksmoral* und *Volksreligion*.

Solche Leistungen wären freiwillig. Auf die Frage aber, *wie* denn der wahre Volkserzieher seine Aufgabe praktisch anfaßt, kann ich antworten, indem ich zum Schluß einen Kunstgriff verrate. Moderne Zauberformeln wirken allerdings nur, wenn man lange über sie nachdenkt. Hier folgt in Kürze die Runenschrift:

Alle Erziehung in der Gemeinschaft, durch die Gemeinschaft, für die Gemeinschaft hat ihr Hebelwerk darin, daß man die Ehrbegriffe reguliert

(»Begriffe« bedeuten hier natürlich nicht bloß Einsichten, sondern für das Verhalten maßgebende Einstellungen). Dabei ergibt sich ein Kreislauf. Man fängt damit an, daß man die Autorität der Moral geltend macht: »Was sage ich über Dich? Was sagen die Leute über Dich?« Man läßt dann erfahren, daß das nicht die letzte Instanz ist. Diese entfaltet sich langsam, nicht ohne Hilfe, als persönliche Selbstkritik. Vor ihr zu bestehen, ist mehr als der gute Ruf bei den Mitmenschen, deshalb nämlich, weil in dem hier gemeinten Selbst ein tiefer metaphysischer Bezug lebendig ist. Es gibt eine Ehre vor sich selbst. Wer ist es aber, der in der Selbstkritik und im Gewissen mißbilligt? Nicht ich, der zufällige Einzelne, sondern eine göttliche Stimme, die durch mein höheres Selbst hindurch spricht. Ihr zu gehorchen, ist Sache des wahrhaft Ehrbaren. Da es aber seltsam klingt, daß der Mensch vor Gott »Ehre« erlangen sollte, wollen wir lieber sagen: er solle sich mühen, vor Gott *rein* dazustehen. Wirkt er aus dieser Reinheit des Herzens auf seine Gemeinschaft zurück, so richtet er höhere und bessere Maßstäbe in ihr auf, wenigstens in seiner begrenzten Reichweite. Sobald diese zur Geltung kommen, veredelt sich die moralische Autorität, mit der wir angefangen haben.

In diesen Kreislauf schaltet sich der geborene Erzieher mit leise lenkender Hand bescheiden ein. Er versucht, die Ehrbegriffe der Heranwachsenden zu regulieren.

IV. Erziehungsziel und Bildungsideale

Eigentlich schweben alle bisherigen Erörterungen in der Luft. Es ist die Rede gewesen von der Absicht des Emporbildens, von dem Wert, den Kulturgüter in dieser Hinsicht empfangen können, von Erziehungsgemeinschaften, Pflege der Volksmoral und persönlicher Sittlichkeit. In welcher Richtung aber das »Empor« des Emporbildens liegt, das ist noch ganz offen geblieben. Vielleicht deshalb, weil nichts dem geborenen Erzieher so deutlich in der Seele liegt, wie das Bildungsideal, an dem sich sein Tun ausrichtet?

Es hat viel Staub aufgewirbelt, als kürzlich in einer Vorrede zu neuen Lehrplänen die Bemerkung stand, die gegenwärtige Generation in Deutschland verfüge über kein verpflichtendes Menschenbild. Als man aber anfing, sich über das Erziehungsideal, das man doch in der Brust zu tragen glaubte, die Köpfe zu zerbrechen, ergab sich, daß man nicht imstande war, eine Formel dafür zu finden, die von allen Beteiligten anerkannt worden wäre.

Die »Aufstellung« von Bildungsidealen ist von manchen als ein grundsätzlich zweifelhaftes Unterfangen angefochten worden.[9] Das Wort Bildung bezeichnete ursprünglich die äußere Gestalt. Plato schilderte das Tun des bildenden Künstlers so, daß dieser – hinblickend auf eine Idealgestalt – ihr Abbild in der Realität schaffe. Im Kreise J. J. Winckelmanns und seiner neuhumanistischen Jünger vollendete sich dann die Vergeistigung des Ausdruckes »Bildung«. Nun aber bezog sich das Bilden auf ein ganz anderes Material. Statt Ton oder Stein war es die lebendig sich entwikkelnde Seele eines Menschen. Wenn aus ihren leiblich-seelischen Anlagen das nicht herauszuholen ist, was die Idee fordert, so bleibt das Bildungsideal unwirksam. Welcher Erzieher könnte nicht von dieser Tragik für beide Seiten berichten! Das platonische Gleichnis sollte man, als ungeeignet, lieber fallen lassen.

Auf der anderen Seite kann man nicht leugnen, daß jedem Volk, das noch kräftig ist, ein Idealtypus vom Menschen vorschwebt, der den ganzen Stil der Erziehung bestimmt. Ein solches Bild kann man vielleicht mit zu jenen Gehalten der herrschenden Moral rechnen, von denen die Rede war. Es liegt gleichsam »in der Luft«. Wäre dies noch zu viel behauptet, so müßte man darauf hinweisen, daß jede Schule, sei sie staatlich oder privat, doch mindestens einen *Bildungsplan* haben muß. Durch den Lehrplan aber schimmert schon etwas von einer idealen Geistesgestalt des Menschen hindurch; sie »schwebt« dabei »vor«. Es gibt sehr verschiedene Schularten. Entsprechend muß es verschiedene Menschenbilder geben, die man als Zielsetzungen bejaht. Sie liegen aber alle innerhalb des Lebensstiles der Gruppe, die um ihren Nachwuchs berechtigte Sorge trägt. So locker man die Forderungen fassen möge, so bescheiden man über den Erfolg derartiger Prägungsabsichten denken möge: ganz ohne ein Erziehungsideal geht es nicht.[10]

Dann aber muß man weiter fragen: Wo stammt es her? Wo nimmt der Erzieher es her? Wir kehren also zu der Formel zurück: »Gibt es heute in Deutschland ein verpflichtendes Menschenbild?« Ihr steht die Antithese gegenüber: »Es gibt kein verpflichtendes Menschenbild mehr«. – An dieser Stelle sind viele Schlingen ausgelegt.

A) Sind wir uns auch nur darüber einig, was hier die Wendung heißt: »Es gibt«? Unmöglich kann sie bedeuten: »Es ist empirisch durchweg vor-

[9] Vgl. Theodor Litt, Führen oder Wachsenlassen. 4. Aufl. Stuttgart 1949. S. 30 ff.

[10] Das große Thema wird hier nur von einer Sonderperspektive aus behandelt. Man vgl. die in die Tiefe dringende Schrift von Wilhelm Flitner, Die abendländischen Vorbilder und das Ziel der Erziehung. Godesberg 1947. – Josef Derbolav, Der philosophische Begriff des Menschen und die Rolle der Menschenbilder in der Pädagogik. In: Die deutsche Berufs- und Fachschule. Bd. 53. 1957 (Juliheft).

findbar«. Denn »es gibt« immer Menschen, die sich dem Verpflichtenden entziehen oder sich überhaupt keine Gedanken darüber machen. Das »es gibt« ist also nicht im Sinne einer Erfahrungsfeststellung zu verstehen. Auch das würde nicht genügen, wenn wir statt »es gibt« sagten »es gilt«, in dem Sinne, daß sich doch wohl eine ansehnliche Mehrheit fände, die »das betreffende« Menschenbild bejahte und zur Richtschnur ihres Verhaltens wählte. Man mag über die Würde der Majorität oder bloß der großen Zahl sehr hoch denken: innerlich ethisch verpflichten kann sie diejenigen, die gewissensmäßig andere Überzeugungen hegen, bestimmt nicht. Steigen wir aber zum dritten Grad empor und setzen wir statt »es gilt« nun »es gilt unbedingt«, so befinden wir uns auf dem Boden, auf dem Kant seine Ethik aufgebaut hat. Er behauptete, daß mit dem geistigen Wesen des Menschen selbst, das er noch in alter Weise als Vernunft bezeichnete, eine absolut gültige Norm gesetzt sei, der die Person auch dann zu folgen verpflichtet sei, wenn sie keinerlei Neigung dazu treibe und sie sich ihr faktisch entziehe. Es wird uns mit dieser Wendung jedoch nicht viel anders ergehen, als es Kant ergangen ist: er kam über die Setzung, »der kategorische Imperativ gilt unbedingt«, nicht weit hinaus.[11] Immerhin ist nun apriori vorausgesetzt: »Wir stehen in unserer Lebensführung unter unbedingt verpflichtenden Forderungen«.

Das ist ein Bekenntnis. Jede lässige Beliebigkeit der Lebensgestaltung ist damit vor dem ethischen Forum ausgeschlossen. Im übrigen aber fängt die konkrete Problematik jetzt erst an. So wenig nämlich mit dem Satz: »Gerechtigkeit soll unbedingt herrschen« schon irgend etwas darüber ausgemacht ist, worin denn für unsere Zeit, in unserem Volk, für typische Situationen, schließlich für diesen Fall, Gerechtigkeit besteht, so wenig ist mit der Behauptung: »Es gilt hinsichtlich des Erziehungszieles eine unbedingte Verpflichtung« bereits entschieden, wie dieses verpflichtende Menschenbild heute aussieht. Wir werden also zu seiner näheren Ausmalung aufgefordert.

B) Um uns die Aufgabe nicht zu schwer zu machen, wollen wir die Richtung aufs Konkrete nicht sogleich bis zu den äußersten Punkten verfolgen. Sonst müßten wir uns Rechenschaft darüber ablegen, wie das Bildungsideal eines guten Kaufmanns oder eines tüchtigen Offiziers, eines »rechtschaffenen Gelehrten« (Fichte) oder eines idealen Technikers aussähe. Das Problem taucht ja schon bei den sogenannten *allgemein*bildenden Schulen auf. Dort geht es um Grundlagen und Grundbestimmungen

---

[11] Vgl. die Herleitung des kategorischen Imperativs aus dem Alten Testament bei Friedrich Delekat in der Festschrift für Eduard Spranger: Erziehung zur Menschlichkeit. Tübingen 1957. S. 393.

des Menschentums überhaupt. Vielleicht lassen sie sich so angeben, daß gewisse Züge hervortreten, die zur verpflichtenden »Humanität« gehören. Der Ausdruck Humanität ist längst über seine Ursprünge hinausgewachsen. Er bezeichnet nicht mehr bloß die in der griechisch-römischen Kultur herausgearbeitete humanitas, sondern erhöhtes und veredeltes Menschentum überhaupt.

Im Vorbeigehen sei ein Blick auf die Problematik der antik-klassischen Humanität geworfen. Es ist ganz klar, daß die innere Gestalt des Menschentums (Humanität), die »die Alten« in den Jahrhunderten zwischen dem Kampf um Troja und dem Kampf um Rom verwirklicht haben, oder auch nur als Ideal kultiviert haben, in einer unüberschaubaren Fülle von Spielarten auftritt. Niemand kann sie alle zum Vorbild nehmen; dem Bildungsuchenden wird eine reiche Auswahl von hochwertigen Lebensformen zur Erhebung dargeboten.

Oder sollte man sich nicht besser so ausdrücken: »Das Griechentum« und »das Römertum« sind selbst keine Bildungsideale, sondern Bildungs*güter*? An der Kultur der Griechen und Römer ist vieles zu finden, was auch für uns noch Bildungswert besitzt, also für die Bildung unserer Jugend wirksam gemacht werden kann und soll. Bei den deutschen Klassikern, besonders aber in der Zeit Hegels, besteht noch die Neigung, diese Kultur auf einen einheitlichen »Geist« zurückzuführen, den Griechengeist und den Römergeist. Dieser Geist habe sich in den Schöpfungen beider Nationen gleichsam auseinandergelegt. Aus einer solchen Denkweise stammt auch der Ausdruck »*die* Antike«. Das metaphysische Prinzip »Graecität« z. B. gebiert in die Erscheinungswelt hinein große Persönlichkeiten; diese wieder formen *im Rahmen* des Volksgeistes, der durch sie hindurchlebt, mannigfache Werke von zugleich persönlicher Prägung aus. Für uns, die neuen Völker, – so sagt man weiter – besitzen diese opera noch eine verpflichtende (vorbildliche) Kraft. Oder – schon gemildert! – wir können in der Auseinandersetzung mit ihnen »am besten« zu unserer *eigenen* höchsten Kulturkraft gelangen.

Die hier gekennzeichnete Denkweise mußte erschüttert werden, als man aufhörte, jede nationale Kultur aus einem hinter ihr liegenden »geistigen Prinzip« abzuleiten. Man konnte schließlich nicht übersehen, daß zwischen der Geisteswelt Homers, der Platos, der Ciceros und der eines Tacitus doch die allergrößten Unterschiede bestehen. Mit dem Siege der im strengeren Sinne »historischen« Auffassung trat dann der Gedanke in den Vordergrund, daß die christlich-abendländische Kultur, in der wir heute leben, auf den Schultern der alten griechisch-römischen steht. Die Griechen und die Römer sind im geistigen Sinne unsere Vorväter, wir ihre Nachkommen (wenn auch nicht blutsmäßig!). Wir sind entscheidend durch das historische Schicksal bestimmt, daß wir die Erben und Fortführer ihrer grundlegenden kulturellen Errungenschaften sind. Aber es wird nicht mehr behauptet, daß die sogenannte Antike eine einheitliche Weltanschauung entfaltet habe, die in den Bildungsprozeß des jungen Menschen von heute als eine feste Größe eingestellt werden könnte.

Die Historisierung »des« Altertums, die an die Stelle seiner Idealisierung tritt, bedeutet noch nicht, daß es damit ganz und gar in das spezielle Unterrichtsfach Geschichte verwiesen werden müßte. Es bleibt ein ungewöhnlich reicher Schatz von Bildungs*gütern*. Es bleibt auch gleichsam eine Bildergalerie möglicher Bildungs*ideale*, die sehr wohl in die Breite erhöhten Menschentums und echter Humanität fallen. Da gibt es Helden von gewaltiger Tapferkeit, Männer, die sich für das Vaterland opfern, große Staatsführer, gerechte Fürsten, tiefste Denker, zu schweigen von den einzigartigen Künstlern, die wir an ihren noch erhaltenen Werken ahnen. Es gibt jene großen Charaktere in der Realität, und gleichsam noch ein zweites Mal, nämlich in der Dichtung. Diese hat auch das Tragische im Menschenleben an Gestalten zur Darstellung gebracht, die vielleicht unerreichbare Urphänomene bleiben.

Auf der anderen Seite läßt sich nicht leugnen, daß gewisse Ausprägungen des Menschentums gar nicht oder nur in blasseren Andeutungen zutage treten: der Held der schöpferischen Arbeit hätte noch nicht den erforderlichen gesellschaftlichen Boden gefunden. Die Moral der helfenden Liebe stand noch nicht hoch im Kurse. Die mystische Versenkung in Gott kam erst in der Auflösungszeit zur Geltung. Es ist kein Zufall, daß neuerdings wieder die Tendenz ganz stark hervorgetreten ist, christliche Grundmotive in die Geisteswelt des Altertums hineinzudeuten, womit natürlich eine Stilunklarheit hervorgebracht wird.

Kurz: Wir heute haben an der alten griechisch-römischen Geisteskultur noch ein reiches Reservoir von Bildungs*gütern*. Konkrete Bildungsideale, die für uns unverändert normativ werden könnten, finden wir kaum noch, abgesehen von *einem* Fall, der sogleich nach Gebühr hervorgehoben werden wird. Dafür entschädigt uns die unbestreitbare Tatsache, daß wir am klassischen Altertum den Modellfall einer, ja zweier nach allen Seiten hin ausgestalteter und ausgereifter Gesamtkulturen haben und daß gerade diese es sind, von denen wir, die sogenannten neueren Völker, in unserer Jugendzeit das Entscheidende gelernt haben. Gewiß! von ihnen haben wir erst gelernt, was *Paideia* eigentlich ist! [12]

Die eigentümliche Lage, in die uns der Gedankengang geführt hat, muß man sich ganz klar machen. Es ist zugegeben worden, daß sehr verschiedene konkrete Bildungsideale ihre Berechtigung haben können. Es ist zugleich behauptet worden, daß ein Bildungsideal unbedingt verpflichtet, daß es also nicht dem Belieben ausgeliefert ist. Beides kann nur neben-

[12] Vgl. hierzu Fritz Blättner, Die Gymnasialpädagogik Schleiermachers, und Theodor Haering, Die gemeinsame Wurzel der modernen Kulturprobleme; beide in: Erziehung zur Menschlichkeit. Tübingen 1957.

einander bestehen, wenn sich die beiden Sätze auf verschiedene Seiten an dem Bildungsideal beziehen: Es hat einen Kern, der eine absolute Norm enthält; es hat einen Mantel, der freier gestaltet werden kann, sofern nur der Kernforderung Genüge getan ist.

Gibt es in der Welt die Menschenart, die wir als den geborenen Erzieher bezeichnet haben, so kann ihm dieser Sachverhalt nicht neu sein. Höchstens kann ihm die philosophische Einkleidung als ungewohnt erscheinen. Umgekehrt: ist die Formulierung richtig, so wird sie nur ausdrücken, was jeder echte Erzieher von selbst betätigt. Dächte und verführe jemand in der Praxis anders, so müßte man ihm das Prädikat des wahren Pädagogen versagen.

Wir vergewissern uns dieses Sachverhaltes, indem wir auf eine Persönlichkeit hinblicken, in der »das Erzieherische« nach unserer Kenntnis zum ersten Male ganz rein auf die Erde herabgestiegen ist. Wenn eine solche erste Offenbarung erfolgt, wird sie in der Regel anfangs nicht richtig verstanden. Es muß, bildlich gesprochen, außer dem Redenden noch ein zweiter da sein, der zu hören versteht. Dieser zweite ist es dann, der das verkündete Wort in Umlauf bringt und die zündende Kraft des Feuers behütet.

So ist das Verhältnis zwischen Sokrates und Plato. Daß Sokrates mit seinen jungen Leuten Gespräche geführt hat, in der Absicht, »sie besser zu machen«, das haben alle Zeitgenossen bemerkt, die nicht gerade zu den Feinden und Verleumdern des Sokrates gehörten. Aber *wozu* der Meister die Jünger eigentlich bilden wollte, dieser Inhalt der pädagogischen Verkündigung erfuhr eine so mannigfaltige Ausdeutung, daß die Gestalt des Sokrates für uns bis heute nur in einem Nebel erscheint.[13] Selbst wenn man der Platonischen Führung in *der* Richtung folgt, daß Sokrates die jungen Leute zum Philosophieren habe anleiten wollen, bekommt man vielleicht schon etwas zu Gesicht, was gerade Plato von seiner Grundtendenz aus hineingetragen hat. Nur an *einer* Stelle hat er ganz schlicht ausgesprochen, worauf es dem Sokrates eigentlich angekommen ist und was ihn zum Chorführer aller noch folgenden Erzieher hat machen müssen. Es ist der Satz in der Apologie: man solle für nichts anderes mehr sorgen, als für die eigene Seele, damit sie so gut wie möglich werde (Apologie XVII). Alle anderen Aufgaben und Güter seien sekundär; denn sie empfingen ihren Wert erst von dem Wert der Seele her, die sie betreibe und begehre.

[13] Olof Gigon, Sokrates. Sein Bild in Dichtung und Geschichte. Bern 1947. – Eduard Spranger, Das Rätsel Sokrates. In: Blätter für Lehrerfortbildung. VI, Heft 7. Ansbach 1954 (vgl. in diesem Band S. 257 ff.).

Will man auch hier einen kategorischen Imperativ formulieren, so würde er lauten:

»Haltet vor allem eure Seele rein!«

Der Glaube an diesen Vorrang der Seele vor allem, was sie etwa im einzelnen liebt und leistet, bestimmt das Ziel, für das der wahre Erzieher arbeitet. Diese Grundidee geht durch das ganze Abendland hindurch. Im Altertum huldigen ihr Plato und die Stoiker. In den Evangelien und Episteln weisen tausend Stellen darauf hin. Augustinus hat im christlichen Weltkreise bis heute das Tiefste darüber gesagt. Generation folgt auf Generation. Bei Kant und Fichte, bei Pestalozzi und Goethe treten wieder ganz andere Einkleidungen auf. Aber das Urphänomen bleibt dem Sinne nach identisch: der Erzieher bemüht sich um Formung der wertprüfenden Seele, weil von *ihrer* Beschaffenheit abhängt, ob den Dingen der Welt der rechte Rang in der Ordnung der Güter zugemessen wird. »Sorget zuerst für Eure Seele!« Indem der Erzieher sich der jungen Seelen annimmt, nimmt er alles mit in Pflege, was in der Menschenwelt echten Wert hat. Hier hat das Bildungsideal seinen Kern; das übrige ist abgeleitet.

»Seele« ist in diesem Zusammenhang kein Wort aus der wissenschaftlichen Psychologie. Sie ist eine volkstümliche Bezeichnung für die Innerlichkeit, in der alle Dinge »gerichtet« werden, d. h. in die richtige Ordnung gestellt und auf ihren Wert hin geprüft werden. Aber in dieser inneren Welt wird auch der Mensch selbst gerichtet. Er hört die Stimme des Gewissens und erfährt in ihr seinen wesensmäßigen Bezug auf die metaphysische Ordnung, aus der er herstammt. Wie die Konfessionen und Weltanschauungen die Erschließungen der Innerlichkeit im einzelnen ausgedeutet haben, wird hier *absichtlich* nicht weiter verfolgt. Es soll nur herausgehoben werden, was für alle gleichmäßig verpflichtend ist.

Ein gutes Symbol bietet der Ausspruch von Goethe: »Im Innern ist ein Universum auch.«

Was dem Menschen in dieser verschwiegenen Welt begegnet, läßt sich nicht mit wenigen Sätzen ausschöpfen. Die Hauptsache ist, daß sich dem Werdenden der Blick in solche Tiefen überhaupt erst öffnet. Es handelt sich gleichsam um den Zugang zu einer neuen Dimension, die auf der Ebene der Alltäglichkeit, der Raum-Zeitlichkeit, senkrecht steht. Man muß sich wieder daran erinnern, daß es *nur* diese durch ständige Selbstprüfung gereinigte Innerlichkeit ist, in der alles Wertgebende, alles Maßgebende, alles Verpflichtende vernehmbar wird. Bis an diese Wurzeln muß die Erziehung heran. Alles andere ist nur Material. Fichte war so radikal zu sagen: »Die Welt ist das Material meiner Pflicht.«

Nun ist aber von dem »geborenen Erzieher« nicht zu verlangen, daß er die ganze philosophische Problematik, die hier im Hintergrunde liegt, voll durchdacht habe. Derartig zentrale Dinge des Menschenlebens sind den tiefer veranlagten Naturen intuitiv gegenwärtig. Man darf geradezu sagen: wenn nicht alle gesundsinnigen Erzieher von jeher diese Einstellung gehabt hätten, dann bestünde der Verdacht, daß die ganze Erörterung falsch wäre. In so entscheidenden Fragen gibt es nicht viel Neues zu entdecken. Allenfalls kann die Formulierung neu sein, so daß sie zunächst befremdet. Der Gedanke selbst ist alt.[14]

In der Tat: zu allen Zeiten wäre man darüber einig gewesen, daß am Zögling vor allem anderen das sittliche Bewußtsein gebildet werden solle. Man höre genau heraus, was die alte Sprache gemeint hat, wenn sie von einem »recht-schaffenen« Menschen redete. In Schönherrs ›Glaube und Heimat‹ nimmt der Vater in tragischer Stunde von seinem Sohn mit dem schwerwiegenden Wort Abschied: »Werd' ein rechter Mensch!« Diese Wendungen bedeuten: es geht um einen Menschen, der jederzeit auf die Wahrung der rechten Wertordnung eingestellt ist. Er soll die Aufgaben und die Güter des Lebens in der richtigen Rangordnung schätzen. In normalen Situationen hilft ihm dazu die geltende echte Moral; in kritischen Situationen, also in Konflikten, hilft ihm sein persönliches Gewissen; der innere Regulator muß richtig funktionieren. Wer richtig wertet, wird seinerseits wieder hoch gewertet. Er ist ein »ehrenwerter Mann«, eine »ehrbare Frau«. Wo es daran fehlt, mögen die schönsten Talente und Vorzüge sonst vorhanden sein: der wahre Erzieher wird von solchen Naturen nicht viel wissen wollen.

Das ist gleichsam das feststehende Apriori jedes Bildungsideals: die Entfaltung eines sittlich orientierten Wertorgans. Die inhaltlichen Aufgaben differenzieren sich mit der fortschreitenden inneren Gliederung der Kultur. Über die konkreten Ausgestaltungen der Humanität müssen die Erzieher daher viel nachdenken. In den grundlegenden Bildungsanstalten, in der Volksschule, der Mittelschule, den höheren Schulen, bleibt alles noch sehr im Allgemeinen. Hier erfolgt eine erste Vororientierung für das künftige Leben. Im Vordergrunde stehen die Verhältnisse, mit denen es *jeder* einmal zu tun bekommen wird. Eine Abstufung ergibt sich nur aus dem Maß der sich andeutenden Begabung und aus der Zahl der Jahre, die für diesen Vorbereitungsweg zur Verfügung stehen. Je länger er dauert, um so reicher kann die Bilderwelt sein, die gleichsam zur Auswahl dargeboten wird. Es ist auch nur die vorwegnehmende Phantasie, die hier zur Übung des ethi-

[14] Ähnlich äußert sich *Kant* in einer Anmerkung zu der ›Vorrede‹ der ›Kritik der praktischen Vernunft‹.

schen Wertorgans aufgerufen wird. Das altsprachliche Gymnasium breitet sogar, wie wir gesehen haben, eine ganze untergegangene Geisteswelt aus, an der die Seele ihren Horizont erweitern kann. Neben den Vorbildern stehen da auch Gegenbilder.

Schwieriger wird es, wenn man eine höhere Altersstufe mit den Anforderungen eines Sonderberufes bekannt zu machen hat. In der Regel geht hier der Streit um die »notwendigen und hinlänglichen« Stoffe. Sehr oft vergißt man, daß auch jetzt noch das Zentrum in der Herausarbeitung einer Form der Humanität liegt. Es genügt nicht, mit Wissensstoffen und Fertigkeiten auszurüsten. Jeder Beruf hat sein eigentümliches Berufsethos. Bleibt dieses außer Betracht, so wird nur die Hälfte der Aufgabe erfüllt. Die wichtigere Seite ist immer die Erweckung der richtig wertenden Gesamtperson, die den betreffenden Beruf zum Gehalt ihres Daseins machen soll. Heute hat der Beruf vielfach den Menschen. Natürlich ist es das Anliegen des geborenen Erziehers, daß es ein »Mensch« sei, der den Beruf hat. Ein »Mensch« aber heißt hier: ein Subjekt, das in seiner besonderen Wirkungssphäre sittliche Entscheidungen treffen kann, Verantwortungen trägt und sich in Konflikten an einem wachen Gewissen ausrichtet.

Es gibt eine »Humanität des Technikers«, eine »Humanität des Kaufmanns«, eine »Humanität des Unternehmers«. Aber man darf nicht behaupten, daß solche Berufsbilder schon bis in das zugehörige Berufsethos hinein ausreichend durchgearbeitet seien. Das Bewußtsein dieser Notwendigkeit ist neu, und die Durchführung ist schwer. Derartige Erwägungen gehören aber nicht mehr zu unserem Thema. Vielmehr sind hier noch zwei Fragen anzureihen, die damit zusammenhängen, wie das »maßgebende« Bildungsideal in der Seele des Erziehers lebendig ist. Damit streifen wir noch einmal an philosophische Probleme heran, die einige Anforderungen an das Mitdenken stellen.

1. Wie ist das Bildungsideal legitimiert, unter dessen Zeichen der Erzieher seinen Umgang mit einer sich entfaltenden Individualität stellt?

Falsch ist die Meinung, er selbst dekretiere es und verfahre gemäß dem Wort: »Hier sitze ich, forme Menschen nach *meinem* Bilde.« Ebenso falsch ist die Ansicht, die ihm anvertraute Individualität schreibe ihm das Ziel vor, und er habe nur sie, nur ihr inneres Entwicklungsgesetz, recht sorgsam zu schonen, gemäß einer früher verbreiteten Parole: »*Alles* vom Kinde aus«. Vielmehr: beide, der Erzieher und der Zögling, begegnen einander im Dienste einer dritten Geistesmacht, der sie gleichmäßig verpflichtet sind. Diese hat man vielfach dem Dreigestirn des Guten, Wahren, Schönen gleichgesetzt. Auch heute noch wäre ein solches Bekenntnis nicht schlecht. Aber wir würden doch gern etwas konkreter erfahren, worin unter gegebenen Bedingungen der rechte Dienst an dieser dreieinigen Idee besteht. Es wurde schon gesagt: Gerechtigkeit sei eine abstrakte Idee, die sich für jede Kulturlage erst mit einem ihr angemessenen Inhalt erfüllen müsse. Ähnlich liegt es bei dem »maßgebenden« Bildungsideal. Es scheint, als ob gerade dies der höhere Auftrag des Erziehers sei, das unbedingt verpflichtende Bildungsideal samt dessen Differenzierungen für seine Zeit und sein Volk plastisch herauszuarbeiten.

2. Dieser Auftrag kann bejaht werden, wenn er in richtigem Sinne verstanden wird. Es handelt sich darum, ob wir in der Lage sind, das jeweils »zeitgemäß Verpflichtende« sicher zu erkennen, ähnlich etwa, wie das ewig gültige Naturrecht historisch-elastisch gemacht werden müßte, um das für eine bestimmte Epoche »richtige Recht« zu finden. Dazu würde eine fertige Philosophie der Geschichte gehören, durch die der Sinn der jeweils gegenwärtigen Epoche im Rahmen des Gesamtsinnes der Menschheitsgeschichte genau festgelegt wäre. Hegel hat geglaubt, ein solches System aufstellen zu können, weil er der Meinung war, nicht nur am Ende der Zeiten, sondern *über* den Zeiten zu stehen. Marx hat voraussagen wollen, was unter allen Umständen kommen *müsse*, wenn sich der volle Sinn des historisch-gesellschaftlichen Prozesses erfüllen solle. Derartige »Sicherungen« durch den philosophischen Gedanken sind für den Menschen nicht erreichbar.

Man hat deshalb den Geistesführer je auf der Schwelle seiner Gegenwart in das volle Wagnis der persönlichen Entscheidung hineinstoßen wollen. Er müsse ganz und gar auf seine persönliche Verantwortung nehmen, was er an verpflichtenden Gedanken für die Zukunft aufstelle. Dieser reine »existentielle« Standpunkt führt zum Subjektivismus und zur völligen Zersplitterung des Geisteslebens.

In Wahrheit entscheidet sich der Erzieher, der in die Zukunft hineinplant, in dem er sich zugleich mit den Forderungen der Zukunft und mit den tragenden Mächten der Vergangenheit auseinandersetzt, aber gebunden durch sein Gewissen und die Verantwortung, die ihn auf der Schwelle der Gegenwart an das Ewige kettet. Neben ihm tun andere Zeitgenossen das Gleiche. Auch mit ihnen setzt er sich auseinander. So entsteht ein Ringen der Richtungen, das man die *Demokratie des Geistes* nennen könnte. Denn der demokratische Staat will *seiner Idee nach* die äußere Form bieten für die friedliche Auseinandersetzung der Gewissen und Gewissensstandpunkte untereinander. Daß er in der Wirklichkeit sehr viel weniger ist, entbindet uns nicht davon, diese Idee als sein Hochbild immer im Bewußtsein zu behalten.

Der geborene Erzieher ist nächst dem führenden Politiker derjenige, der am stärksten in die noch ungeformte Zukunft hineinplant. Denn er will ja Einfluß nehmen auf die ethische Geistesverfassung der kommenden Generation. Nicht jeder, der pflichtgetreu an der pädagogischen Front steht, wirkt an den großen Kämpfen um das Bildungsideal mit. Aber wir dürfen vermuten, daß es eine Genialität des Erziehertums gibt, die – bei aller ethischen Verantwortung und Gebundenheit – das verpflichtende Menschenbild in der Vorahnung besitzt. Das wäre dann das Wehen des Geistes, das ganz im Anfang erwähnt wurde. Auch mit Bezug auf diese Gipfelerscheinung wäre zu sagen: »Sie ist selten wie die Goldader im Gestein. Das entbindet uns aber nicht davon, ein solches Hochbild immer im Bewußtsein zu behalten«.

Die hier behandelten Fragenbereiche lassen sich auch noch von einer anderen Seite her beleuchten. Im psychologischen Teil wurde es als Hauptanliegen des Erziehers bezeichnet, auf das seelische Regulierwerk seines Zöglings Einfluß zu gewinnen. Da auf früher Entwicklungsstufe ein kontrollierter Motivationszusammenhang noch gar nicht da ist, kann man nur bedingt sagen, daß er sich des Regulatoriums »bediene«. Er muß vielmehr zu seinem Durchbruch erst mithelfen. Mit anderen Worten: über dem einfachen, noch in sich selbst befangenen Ich muß sich ein *höheres Selbst* herausgestalten. Deshalb ist für alle Bildungsideale, wie sie inhaltlich auch bestimmt sein mögen, die Formel berechtigt, es gehe um die Freilegung eines höheren Selbst.

Ob die Anschauungen der modernen Tiefenpsychologie über die Entstehung des Über-Ich oder des Kontroll-Ich oder des geistigen Selbst richtig sind, bleibe in diesem Zusammenhang außer Betracht. Sie sind sämtlich ein bißchen alchimistisch, insofern aus unedlen Stoffen Gold, hier aus bloß Triebhaftem, Tierischem, Geistiges gemacht werden soll. Wenn nicht wenigstens der Keim zu einem geistigen Subjekt vorgegeben ist, wird seine »Hervorbringung« kaum glücken. Eine andere Folge dieser Theorien ist, daß sie mit der Wendung, das Über-Ich sei »nichts anderes als« sublimiertes Triebleben, das erzielte Produkt herabwerten; denn »das Eigentliche« bleibt dann eben das Triebhafte, und von anderer Seite wird uns ja empfohlen, unser »Eigentliches« zu verwirklichen. Welche Ansicht der Erzieher darüber hat, ist keineswegs nur theoretisch belangvoll. Es geht auch um weltanschauliche Grundhaltungen, die sich praktisch auswirken. Will der Erzieher »emporbilden«, so muß in ihm eine feste Gewißheit über das, was »das Höhere« ist, lebendig sein. Aber diese Grundlagenfrage der Psychologie kann hier nicht nebenbei mitbehandelt werden.

Wohl aber sind einige Andeutungen darüber erforderlich, was denn unter dem höheren Selbst eigentlich zu verstehen ist. Es soll nur in ganz kurzen Thesen ausgesprochen werden, die geeignet sind, das höhere Selbst gerade in seiner Funktion als inneres Regulierwerk zu erläutern.

a. Das höhere Selbst ist das denkende Selbst über dem bloß anschaulich-sinnlich erlebenden Ich. Das Denken vermag die Gebundenheit des Subjektes an seinen räumlichen und zeitlichen Standort in erstaunlichem Maße zu erweitern. Es baut gedanklich eine für alle Menschen identische Welt auf, die der ichbezogenen Erlebnisumwelt oder Eigenwelt zum festen Hintergrund dient. Damit beginnt der Prozeß der Vergeistigung. Der Geist ist nicht *nur* Denken, aber er ist *nicht ohne* Denken. In jedem Bildungsideal, wie es auch im einzelnen zugespitzt sei, ist daher ein verpflichtendes, Allgemeingültigkeit mindestens anstrebendes Weltbild mitenthalten. Die Sorge für diese Teilaufgabe ist dem Unterricht anvertraut, der nicht nur fertige Resultate gibt, sondern zum Denken »erziehen« soll.

b. Das höhere Selbst hat außer der streng objektiv gedachten Welt eine Wertwelt oder Wertordnung zum Korrelat. Werte, die ein Subjekt anerkennt, sind mehr als Gegenstände von flüchtigen Gefühls- oder Triebregungen. Sie sind verfestigt zu dauernden Richtungskonstanten, die an einzelnen Gütern des Lebens nur ihre Erfüllung finden (Wert*gesinnung).* Das höhere Selbst hört nicht auf, nach dem konkreten Ausbau einer solchen verpflichtenden Wertordnung zu streben. Dabei leisten ihm Wertsysteme, die in der Geschichte schon durchgestaltet sind, den Dienst von Vorbildern oder Gegenbildern. Auch die früher geschilderten kollektiven Moralen, gedanklich zu Moralsystemen verdichtet, wirken dabei mit. Jedes Bildungsideal enthält eine bestimmte Ausprägung und Rangordnung verpflichtender Werte. Sie liegen der Innerlichkeit näher als bloß sachgebundene Kenntnisse und bestimmen schließlich die ganze Persönlichkeit als ein Zentrum der Wertbejahung und Unwertverneinung. Wer ein Bildungsideal, das ihm die Geschichte darbietet, näher analysiert, findet in ihm eine relativ festgewordene, aber immer noch tieferer Durcharbeitung zugängliche Wertschichtung.

c. Das höhere Selbst ist die Durchbruchsstelle für die Einwirkungen, die aus metaphysischen Gebundenheiten des Geistes herkommen. Die Regulierung durch das Gewissen bleibt ein Geheimnis. Auch die genialste Erziehung ist außerstande, dem werdenden Menschen ein Gewissen zu »machen«. Sie kann nur sein Lautwerden verstärken. Sie kann verhüten, daß es übertäubt wird, etwa durch die zahlreichen modernen Theorien, die seinen einzigartigen Ernst wegzudeuten bemüht sind. Der echte Erzieher muß daher in seinem Zentrum selbst »gewissenhaft« sein und durchdrungen von der Überzeugung, daß in der Stimme des Gewissens das Herz des geistigen Lebens schlägt. – Aber es kommt noch etwas besonders Schweres hinzu. Das Gewissen hört jeder, der überhaupt zum Geist erwacht ist. Nur fehlt oft die *Kraft,* die dieser Regulierung zum Siege über Verlockungen anderen Ursprungs verhilft. Wie man die *sittliche Energie* im Zögling stärken kann, das ist das größte Geheimnis der Erziehung. Sie ist keineswegs identisch mit Vitalenergie, leiblicher Kraft, nicht einmal mit dem Mut in äußeren Kämpfen auf dem Schlachtfelde. Das Durchhalten in sittlichen Konflikten gelingt nur dem, der aus metaphysischen, also geistigen Kräften heraus existiert. Sie zu stärken, ist deshalb so schwer, weil der echte Seelengrund in unserer gegenwärtigen Welt aus der Sicht gekommen ist. Das höhere Selbst bildet sich aber nicht, wo diese Wurzeln abgestorben sind.

Die Erweckung des nunmehr in seinen drei Grundaspekten beleuchteten höheren Selbst vermag nur ein Mensch zu bewirken, in dem der Geist selbst lebendig ist. Der »geborene« Erzieher ist nicht, wie man nach dieser schon früher entschuldigten Benennung glauben könnte, bloß eine Persönlichkeit mit guten pädagogischen »Anlagen«, die der Berufsberater feststellen könnte. Auch der »gelernte Erzieher« steht nicht besser da. Nur wo die Leidenschaft des Geistes weht, entfaltet sich die Kraft, andere emporzubilden. Wenn man das nicht zugibt, sollte man sich zu dem Geständnis bereit finden: »Erziehen können wir heute überhaupt nicht mehr; allenfalls mit Kenntnissen ausstatten und extreme Wildheiten zähmen.« Unter den deutschen Philosophen hat Fichte das Beste über den Geist der sittlichen Kraftbildung gesagt. Pestalozzi ist erst durch ihn zu seiner eigentlichen pädagogischen Selbstfindung, zu seiner »Meisterwahrheit«, gelangt. Aber wer von uns liest noch Fichte? –

Von der Höhe, auf die uns der Gedankengang dem Wesen des »Pädagogischen« gemäß führen mußte, zurück zu der Problematik des Bildungsideals! Es bleibt dabei, daß es viele konkrete Gestalten annehmen kann, nach Zeiten, Individualitäten, Berufen und Schulformen. Ist aber in dem Bildungsentwurf die Entbindung des höheren Selbst nicht das eigentlich Bestimmende und Belebende, dann mag es noch ein »Programm« heißen; aber ein Ideal, d. h. ein Wurf nach der verpflichtenden Idee des Menschen, ein entschiedener Aufschwung zur Humanität, ist es nicht. Es ist in Schwäche geboren und kann nur ein schwaches Geschlecht zeugen.

In den vorangehenden Ausführungen klingt manches anders, als man es sonst zu lesen gewöhnt ist. Vor allem die Erneuerung des Gedankens von Sokrates, man müsse zuerst für seine Seele sorgen, wirkt befremdlich, noch dazu als Formel für ein Bildungsziel. Man wird einwenden: es sei doch jedem klar, daß man heutzutage bei der Jugendbildung eine ganz andere Art von Daseinsvorsorge im Auge haben müsse. Außerdem weise die Rede von dem »brauchbaren Mitglied der menschlichen Gesellschaft« in eine viel verständlichere Richtung.

In Punkten, die das Zentrale betreffen, kann man kein Entgegenkommen beweisen. Eben dies sollte betont werden: Die Maßstäbe für Wert und Rangordnung aller Lebensgüter liegen in einer gebildeten Innerlichkeit, die sich vor ihrem Gewissen sorgsam prüft. Dem wahren Erzieher ist es die wichtigste Verpflichtung, seinem Schützling für die Wanderung ins Leben richtige Maße und Gewichte mitzugeben. Der Proviant im einzelnen muß doch später immer neu eingekauft werden. Es soll dabei keine Verkürzung am Nötigen und Nützlichen eintreten. Alles, was »gebraucht« wird, z. B. was zum Bedarf und Betrieb der industriell-technischen Gesellschaft gehört, soll durchaus auch zur Geltung gelangen. Aber der Lernende soll eine Ahnung bekommen, was er daran hat und was er daran nicht hat. Dies unterscheidet eben den Humanismus in der Erziehung vom bloßen Utilitarismus oder Pragmatismus. Ich habe also sagen wollen und beharre darauf mit vollem Bewußtsein der Tragweite dieser Stellungnahme: Wer *nur* an das wirtschaftlich Brauchbare denkt, der ist nicht »der geborene Erzieher«. Ich habe aber nicht sagen wollen, daß der, der andere ins Leben führen will, ihnen das Brauchbare und Nützliche vorenthalten soll. Er soll es adeln, dadurch, daß er es in der Rangordnung der Werte an die richtige Stelle setzt.

Ganz in der Nähe dieser Problematik, die noch sorgsam weiter durchdacht werden muß, liegt ein verwandtes Thema: »Wie steht es mit der *Erziehung zum modernen Menschen*?« Indem ich es aufwerfe, spüre ich, daß für den geborenen Erzieher die großen Lebensfragen keineswegs von vornherein durchsichtig offenliegen, sondern daß er sehr viel nachdenken muß.

Nicht zu tadeln scheint die Auffassung: die Geistesart des Erziehers finde darin ihre Krönung, daß er mehr als jeder andere in seiner Seele das Bild des Menschen der Zukunft vorwegnehme; er solle nicht gerade eine Eschatologie entwickeln; aber als Anwalt der Jugend habe er ein Organ für alle produktiven Strömungen ringsum, und so schaue er denn im Geiste das Ideal des Menschen von morgen. Darin erblicke er das ihn und zugleich seinen Zögling verpflichtende Bildungsideal.

Ich will nicht leugnen, daß ein besonders genialer Mensch – allzu jung dürfte er freilich nicht sein – einmal in dieser Weise zum geistigen Schöpfer werden könnte. Trotzdem muß geprüft werden, wie groß das Wagnis wäre, das er unternähme.[15] Es erinnert ein wenig an das des Eroberers, der einen ganz neuen Staat gründen will. Hinterher zeigt sich doch, daß er alte bewährte Formen übernimmt, daß kein ganz neues Recht über Nacht geschaffen werden kann und daß die Sache zwar großartig anfängt, aber nicht lange hält. Es gibt nicht wenige Zeitgenossen, die grundsätzlich die Überzeugung hegen, der »Mensch«, der diesen Namen wahrhaft verdiene, werde erst spät auf der Bühne der Weltgeschichte auftreten; demgemäß sei auch das humanum, die echte Humanität, noch nichts Gefundenes, sondern ein erst zu Findendes.

Unweifelhaft liegt hier ein echtes Problem vor. Der Gegenpartei, die die Antithese vertritt: erziehen könne man nur am Gehalt bereits »bewiesener und bewährter« Geistesmächte; andernfalls begebe man sich ins Ungewisse – diesen »Konservativen« könnte man vorwerfen, es fehle ihnen eben an Wagemut und an Schöpferkraft. Auf diese Art käme die Menschheit niemals ein Stück vorwärts. Es gehöre zum Wesen des Ideals, also auch des Bildungsideals, daß es ein Entwurf in die *Zukunft* hinein sei.

Für welche Seite entscheidet sich der geborene Erzieher?

Er antwortet möglicherweise: diese Entscheidung sei ihm abgenommen, weil er – als beamteter Lehrer – an das Bildungsideal einer öffentlichen Schule gebunden sei, und über dieses habe eine staatliche Behörde bereits entschieden. So leicht entwischen soll uns der Gefragte nicht. Denn nunmehr suchen wir ihn inmitten jener Behörde, die ja, hoffentlich, gerade die geborenen Pädagogen an sich gezogen hat. Dort also forschen wir zunächst weiter, was mit den »bewiesenen und bewährten Geistesmächten« gemeint sei. Sie werden wohl antworten, der Boden, auf dem wir stünden, sei unwiderruflich historischer Boden. In ihm sei viel von erarbeiteter und durchgearbeiteter sittlicher Substanz enthalten. Daran könne man so wenig vorbeigehen, wie am aufgeschichteten Geistesgehalt der Sprache, die wir sprechen, mit ihrem Reichtum und ihrer Tiefe. Im übrigen aber wird unter den erprobten Meistern der Erziehung niemand der optischen Täuschung verfallen, das Alte sei deswegen gut, weil es alt sei, und das Neue deswegen schlecht, weil es neu sei. Das Gegenteil wäre ebenso falsch. Gemeint ist vielmehr wiederum *der* Gehalt, der einer immer erneuten pädagogischen Gewissensprüfung standhält. Dem Gewissen ist es eigentümlich, daß es »das Ewige im Augenblick« zum Bewußtsein bringt. Wie in dem höheren Selbst etwas von Überzeitlichkeit Gestalt gewonnen hat, so

[15] Zum folgenden vgl. Eduard Spranger, Die Generationen und die Bedeutung des Klassischen in der Erziehung. In: Jugendführer und Jugendprobleme. Festschrift für G. Kerschensteiner. Leipzig 1924. – Erich Weniger, Bildsamkeit und Bildungserbe unserer Zeit. In: Erziehung zur Menschlichkeit. Tübingen 1957.

leistet auch dieser Probierstein eine Prüfung auf das hin, was mitten im Fluß der Zeit standhält, weil es »aus dem Guten ist«.

Der echte Erzieher wird immer von neuem das Ideal prüfen, in dessen Dienst er sich mit seiner Arbeit stellt. Dem Klassischen wird er seine Pietät nicht versagen, sondern alle Mühe darauf verwenden, den zeitüberwölbenden Kern darin wieder zu einer belebenden Kraft werden zu lassen. Ganz gewiß aber ist es seine Pflicht, auch für die Herausarbeitung neuer sittlich wertvoller Lebensgestalten zu sorgen, die zwar noch nicht »bewiesen und bewährt« sind, aber schon als Bildungsforderungen deutlich hervortreten. So – auf der Schwelle der Gegenwart mit wachem Gewissen stehend – wird er Gehalte der Vergangenheit, die noch von Wert sind, verbinden mit dem Werdenden, das als neues Glied dem alten Geistesbestande hinzugefügt werden soll. Das ist ja überhaupt die Haltung, in der der sittlich verantwortliche Mensch seine Auseinandersetzung mit der Geschichte durchführt. Das »maßgebende« Bildungsideal hat immer eine existentielle Wurzel. Es soll *hier und jetzt* lebendig werden. Aber es erwächst nie aus der Einsamkeit bloßer Subjektivität; vielmehr erfüllt es sie mit den Gehalten des übergreifenden Geisteslebens, den früher errungenen und den noch zu erringenden. Der Kampf um den echten Bildungsgehalt muß von jeder Generation und von jedem denkenden Erzieher immer wieder ausgefochten werden. Diese Auseinandersetzungen sind fruchtbar, sofern sie sich in einem höheren Stile vollziehen als in dem des Kampfes aller Fächer mit allen – um eine Stunde im Lehrplan mehr! –

Nachdem wir den »geborenen Erzieher« bis auf diesen Gipfel seiner Pflichten und Leistungen begleitet haben, ist seine Gestalt von allen wesentlichen Seiten her beleuchtet. Es bliebe nur noch von dem Feuer zu reden, das in seinem eigenen Inneren glüht und ihm für sein Werk erst die innere Wärme verleiht.

V. Die pädagogische Liebe

Jeder geistige Beruf hat seine eigentümliche Stellung und Funktion im Sinnganzen der Kultur. Jede geisttragende Seele hat, neben ihrer letzten Intimität, auch durch ihren Beruf einen eigenartigen Kontakt mit dem Metaphysischen. Das Metaphysische ist der durch die Tiefe der Seele wahrnehmbar werdende sinn*gebende* Weltgrund, der sich in der räumlich-zeitlichen Welt nur gleichnishaft erschließt. Das Geistesleben hat seine Wurzeln im Metaphysischen. Die »Leidenschaft des Geistes« ist ein metaphysisches Getriebensein, das Walten eines Genius in der Seele. Berufensein ist mehr, als einen Beruf haben. Der Erzieher hat eine »Sendung«, wie Goethe ursprünglich seinem ›Wilhelm Meister‹ eine »theatralische Sendung« zugeschrieben hat. Wo ein besonderer Geist weht, bildet sich eine Atmosphäre mit eigentümlichen Schwingungsrhythmen. In ihr muß atmen, wer dem Geist an dieser Stelle dient.

Der »Geist der Erziehung« lebe nur in dem Element der Liebe; er bilde um sich eine Hülle von Liebe: das ist eine alte Anschauung, die sich ebensowohl auf Plato wie auf Pestalozzi beruft. Ob sie zu allen Zeiten selbstverständlich war, ist nicht erwiesen. Historisch gesehen, scheint es, als ob die Liebe manchmal ganz und gar von der Strenge aufgesogen worden wäre. Auch in anderer Hinsicht bedarf die Behauptung der Nachprüfung. Denn wer sich gleichzeitig auf Plato und Pestalozzi beruft, hat so verschiedene Zeugen beigebracht, daß noch halb im Dunkeln bleibt, was eigentlich bezeugt werden soll.

Der nächstliegende Gedankengang stammt wohl aus der Beobachtung des »Lebens« in schlichtester Bedeutung. Bei höheren Tieren bemerken wir eine Sorgfalt für Erhaltung und Pflege ihrer Jungen, die die gleiche metaphysische Wurzel zu haben scheint, wie die menschliche Mutterliebe. Allerdings ist die tierische Fürsorge, sei sie Brutpflege oder Säuglingspflege, von der bildenden Natur *so* »angestiftet«, daß sie radikal aufhört, wenn sie nicht mehr »nötig« ist. Wir nennen diesen zeitlich begrenzten, im einzelnen fein durchstrukturierten Drang einen Instinkt. Mit dem Geistigen ist ihm doch mindestens so viel gemeinsam, daß es eine übergreifende, lenkende Macht ist, die hier durch die Individuen hindurchwirkt. Die Hilfsbedürftigkeit und Pflegebedürftigkeit des menschlichen Kindes dauert – freilich am neutral-mathematischen Zeitbewußtsein, also biologisch falsch gemessen – viel länger als bei irgend einem Tier. Der Vergleich legt es aber nahe, die Tatsache, daß alle Erziehung in dem Medium der Liebe vor sich geht, auf eine ganz einfache biotische Wurzel zurückzuführen. Die pädagogische Liebe, wo sie sich auch beim Menschen zeige, wäre dann nur eine Sublimierung ganz ursprünglicher Lebenstriebe, die die Natur in den Menschen hineingelegt, in ihm angestiftet hat. (»Instinkt«)

Was verstehen wir also unter pädagogischer Liebe? In welchem Sinne ist sie das Element, das Medium, die Hülle, in denen das Aufziehen (τρέφειν) jungen Lebens geborgen ist? Man vermutet, daß sie es sein wird, die dem Erzieher den Schwung gibt, sowohl zum Emporstreben, wie zum Durchhalten bei seinem Bemühen, dem Erziehen (παιδεύειν).

1. Die einfachste Deutung ist hiermit vorweggenommen: die Elternliebe scheint das Urbild jedes Dranges zur Erziehung zu sein. In ihr waltet

die Temperatur des Blutes. Was gibt es Höheres in der Welt als den Opfersinn des mütterlichen Herzens? Wer kann treuer für die Heranwachsenden sorgen als der Vater? Wenn diese Grundordnung des Zusammenlebens auch oft genug durch Schuld oder Schicksal entstellt wird – es gilt als fast selbstverständlich, daß der Geist der Erziehung seine Geburtsstelle in der Familie habe und daß, wer sonst noch erziehe, den Vatersinn und den Muttersinn dabei zum Vorbild nehme, ja ihn als einen Drang in sich trage, der mit dem eigenen Geschlechtscharakter »von Natur« gegeben sei.

Wollte man die Stellen zählen, an denen das große Vorbild pädagogischer Liebe, Pestalozzi, sich auf Vatersinn und Muttersinn beruft – man käme nicht zu Ende. Und doch ist der Gedanke nicht so selbstverständlich, wie er uns durch Worte der Bibel und Ausrufe Pestalozzis geworden ist. Das Hegen und Pflegen, die tägliche Ernährung, die in dem Miteinanderexistieren gewährte Entwicklungshilfe – sie darf man in jeder ordentlichen Familie voraussetzen. Dafür sorgen tatsächlich ein Instinkt und eine hinzutretende Tradition. Aber ist das schon jenes pflichtbewußte Emporbilden, das wir meinen, wenn wir den Geist der Erziehung beschwören? Damit ist es oft doch recht dürftig bestellt. Die Sage, in den sog. »gebildeten« Familien stehe es durchweg besser als bei den einfachen und wirtschaftlich beengten, ist nur begrenzt richtig. Die erstgenannten verfügen über reichere »Mittel«, in der Form äußeren wie inneren Besitzes. Aber wer Mittel hat, kann über die Art ihrer Anwendung, also über das »maßgebende« Ziel und den rechten Weg, noch sehr im Unklaren sein. Die Mutter kann nicht alles Emporbildende aus ihrem mütterlichen Instinkt hernehmen. Das hat schließlich Pestalozzi selbst eingesehen. Sonst hätte er nicht so viel Mühe darauf verwandt, die Mutter für ihre Aufgabe mit dem rechten Geist zu erfüllen. Väter greifen, wenn sie einmal erziehen wollen, oft in erstaunlicher Weise daneben. Kurz: »Mitgegeben« mit dem Vatersein und dem Muttersein, selbst mit der Liebeswärme beider, ist der Geist des echten Erziehers keinesfalls. Er muß als etwas aufgefaßt werden, das hinzutreten *kann*, aber nicht von Natur aus *muß*. Wäre es anders, dann würden ja die Eltern nicht so oft Rat suchen bei einem »geborenen Erzieher«, der ihnen gerade erreichbar ist. Die mütterliche und die väterliche Liebe als solche sind *noch nicht* pädagogische Liebe, wie wir sie meinen. Sie sind Naturgaben. Die Erziehung setzt den seiner selbst sich bewußt gewordenen Geist voraus.

Die Halbwahrheit aber, daß die pädagogische Liebe ihr Urbild in der Liebe der Eltern zu ihren Kindern habe, stammt aus einem historischen Tatbestand her: Jene Moral, von der wir gesprochen haben, hat die Familienerziehung geheiligt. Die Religionen machen es den Eltern zur sittlichen Pflicht, auch über die bloße biotisch gerichtete Pflege hinaus für ihren Nachwuchs zu sorgen. Wer sollte es auch sonst tun? In einfachen Kulturen sind andere Träger der Erziehung als die Verwandten im allgemeinen nicht da. Später greifen für den Kultus und für den Kriegsdienst – für das Musische und für das Gymnastische, wie die alten Griechen sagten – auch andere Instanzen ein. Aber der allgemeine kulturelle Besitz des Stammes oder Volkes wird in der Familie bewahrt, weitergegeben und vermehrt. So bildet sich in jeder einfachen Kulturgemeinschaft eine Erziehungs*tradition*. Aus ihr stammt die pädagogische Weisheit der Eltern, nicht aus dem bloßen Pflegeinstinkt, der natürlich die erste Grundlage bleibt und die Wärme hergibt.

Im christlich beeinflußten Kulturbereich ist die Erziehungspflicht der Eltern religiös festgelegt. Alle Einzelheiten sind religiös durchgeformt. Es ist also doch schon der *Geist*, der hier zu wirken beginnt, nicht die bloße Naturgabe des Instinktes. Dabei hat der *pädagogische* Geist im stillen sein besonderes Werk getan. Wir übernehmen unendlich viel aus dieser wertvollen Tradition. Sie ist ein kostbarer Besitz des Hauses, der auch heute noch ehrfürchtig gepflegt werden sollte.

Aber er allein reicht nicht mehr aus. Denn einmal ist alles, was Tradition heißt, in unserer »modernen« Welt schwach geworden. Sodann haben sich auch im guten Sinne ganz neue Verhältnisse entwickelt, für die neue Erziehungsformen gebildet werden müssen. Ein Kernbestand bleibt zeitlos. Das Neue muß erst durchgearbeitet werden, wie seiner Zeit das Alte durchgearbeitet werden mußte. Dazu bedarf es der pädagogischen Liebe, die eine geistige Liebe ganz besonderer Art ist. Hier muß der »geborene« Erzieher, d. h. der gerade von dieser Leidenschaft des Geistes ergriffene Mensch, aufgerufen werden. Mit ihm ist sehr viel mehr gemeint als der sogenannte pädagogische »Fachmann«.

Wenn also festgestellt werden muß, daß Vatersinn und Muttersinn allein keine Erziehungswunder tun, so soll doch nicht geleugnet werden, daß das Gefühl, es sei Blut von meinem eigenen Blute, dem ich meine Fürsorge zuwende, den Schwung des pädagogischen Geistes verstärkt, wie dadurch auch die Verpflichtung erhöht wird. Die naturhaften Faktoren bleiben überall für das Leben, auch für das *Geistes*leben, unüberspringbare Bedingungen. Durch uns alle strömt ja »das Menschliche« hindurch, und wir alle nennen uns »Menschenkinder«. Wer aber nichts mitbringt als diese Art von Menschlichkeit, ist noch nicht zum Erzieher berufen. Dazu gehört, daß man an sich selbst ernsthaft gearbeitet habe. In solche Höhen reicht der bloße Erziehungsinstinkt, also auch die natürliche Elternliebe, nicht hinauf. Im Reifungsalter, in dem sehr viel mehr verlangt wird als die »Nestwärme«, beginnen das die Kinder selbst zu spüren.

2. In einem ganz anderen Zusammenhang hat die pädagogische Liebe, wie Plato sie versteht, ihre Heimat. Er macht den Versuch, die päderastischen Unsitten seiner griechischen Zeitgenossen zu bekämpfen, indem er ihnen einen tief vergeistigten Sinn unterlegt. Auch hier wird eine naturhaft-sinnliche Neigung vorausgesetzt. Der Erzieher liebt in seinem Zögling ursprünglich die Jugendschönheit. Das ist es, was ihn anzieht, ja im guten Fall »begeistert«. In seiner philosophischen Dichtung ›Das Gastmahl‹ versucht Plato, den Trägern des (gleichgeschlechtlichen) *Eros* ihre Leidenschaft so zu deuten: eigentlich liege in ihr die Ahnung eines Mysteriums, das den Halbgott dieses Namens umspielt.

Der Eros als solcher, noch ehe er pädagogisch wird, hat Stufen, die die Seherin Diotima dem Sokrates offenbaren muß, weil er selbst sich ja immer als der Nichtwissende gibt. Die erotische Bewegung beginnt mit der Liebe zu *einem* schönen Leibe. Wenn der Eros sich *allen* schönen Leibern zuwendet, ist er vergeistigt, weil er im stillen schon *das* (allgemeine) Schöne liebt, das in vielen Gestalten erscheinen kann. Der Grieche Plato zögert nicht, vorauszusetzen, daß hinter der Schönheit des Leibes notwendig eine schöne Seele liege – ein verführerischer, aber irriger Gedanke. Der Eros wird also weiter vergeistigt, wenn er – auf der dritten Stufe – der schönen *Seele* gilt, wobei zunächst noch offen bleibt, ob er sie als schön vorfindet oder aus seiner inneren Kraft heraus veredeln will.

Die beiden folgenden Stufen bedeuten Umschreibungen für Eigenschaften, die die Seele schön machen. Schön ist nach griechischer Vorstellung alles, was Maß, was ebenmäßige Form hat. Für die Seele sind es die schönen Kenntnisse, die sie adeln. Auf der fünften Stufe strahlen sie in das praktische Verhalten aus.[16] Der Eros gilt dann der schönen Lebensführung (wie wir ein eigenartiges griechisches Wort übersetzen wollen). Nun erst wird der Gipfel erreicht. Auf allen bisher gekennzeichneten Stufen war nur von den Hüllen die Rede, durch die das Letzte, Eigentliche hindurchschimmert: die Idee des Schönen oder »das Schöne selbst«. Die Ahnung dieses Überirdischen hat der Seele den Schwung zu ihrem Anstieg verliehen. Endlich schaut sie, wie es mit leidenschaftlicher Betonung heißt: »Jenes an sich selbst mit sich selbst eingestaltig Immerseiende«.

Das Schöne selbst ist nach Plato identisch mit dem Guten selbst. Diese Gleichsetzung wird man nur verstehen, wenn man den Sinn findet, der

[16] Die Reihenfolge wird in der Rede der Diotima nicht streng festgehalten.

alle drei Ideen miteinander verbindet. Für den Griechen Plato ist das Schöne das, was *Maß* hat. Das Urschöne ist es, das in dem geschmückten Universum (»Kosmos«) das letzthin *Maßgebende* darstellt. Daher bestimmt es, gleichsam nach unten strahlend, das Gute, die rechte Ordnung des Verhaltens von allem. Wenn aber die Seele sich zu dieser letzten Höhe erhebt, so schaut sie zugleich das Eine, letzte Wahre. Wahrheit (griechisch ἀλήθεια) heißt nämlich dem ursprünglichen Wortsinn nach: die Unverborgenheit. Wer so hoch emporsteigt, sieht das, was die Welt zusammenhält, ohne jede Hülle. Der Anstieg selbst aber erfolgt kraft der Flügel des Eros. Anfangs nimmt er noch die erscheinende Gestalt, z. B. den einzelnen Leib und seine Schönheit, für den wahren Gegenstand seiner Leidenschaft. Sie reinigt sich aber zu einer Leidenschaft des Geistes. »Wenn ihr einen schönen Knaben sinnlich liebt«, so will Plato seinen Landsleuten zurufen, »ahnt ihr noch nicht, was selbst den großen Sokrates erst die Seherin Diotima lehren mußte, nämlich daß ihr eigentlich das weltgestaltende Schöne selbst im einzelnen Abbild liebt.« Das Urschöne ist zugleich die Wahrheit und das Gute. In dem Glanz dieser dreieinigen Idee verblaßt für den Edlen das sinnlich verlockende Bild. Geblendet von dem unendlichen Licht, weiß er nicht, was ihm geschieht. Aber »das Ewig-Ideenhafte zieht ihn hinan«. –

Dieser für den Griechen, der zur Plastik drängt, charakteristische Gedankengang ist an sich noch nicht pädagogisch. Aber er nimmt eine pädagogische Wendung, sobald der Eros zum Element wird, das den *geistigen* Verkehr zwischen dem Jüngling und dem von ihm geliebten Knaben bestimmt. Beide unterstellen sich dem Ideal, dem Hochbilde, in dem die Forderung der Idee lebt. Dadurch veredeln sie sich gegenseitig. Der Ältere begehrt eigentlich, in der Seele des Jüngeren das Ewige und Unsterbliche zu zeugen.

Platos unvergleichliche Dichtung mußte in Kürze wiedergegeben werden, damit der ursprüngliche Sinn des Eros hervorträte. In der Nachfolge Platos haben viele Erzieher den pädagogischen Eros, der nicht gleichgeschlechtlich gerichtet zu bleiben braucht, zu einem Typus und zu einer Grundeinstellung entwickelt. Besonders die Renaissance hat ihn gepflegt. Später ist er durch Winckelmanns Schönheitsenthusiasmus im Kreise der Neuhumanisten neu belebt und mit einem allgemeinen Griechenkultus verwoben worden.[17] Der ästhetische Grundzug ist unverkennbar. Aber auch die Gefahren eines solchen idealen Schwunges kann man nicht über-

---

[17] Vgl. die Aufsätze ›Eros‹ und ›Ewige Renaissance‹. In: Eduard Spranger, Kultur und Erziehung. 4. Aufl. Leipzig 1928.

sehen. Abgesehen von der Unverbindlichkeit der ästhetischen Begeisterung, die schon Kierkegaard gegeißelt hat, klingt in dem pädagogischen Eros ein sexueller Unterton mit. Nicht immer ist die in ihm enthaltene Triebkomponente zu bändigen. In dem Augenblick aber, wo die Herrschaft der reinen Idealität nicht mehr gesichert ist, gerät »das Pädagogische« an die Grenzen des Lasterhaften. So befruchtend der Enthusiasmus ist, der dem Erzieher aus der Erotik zuwächst, muß er sich doch mit der strengsten Askese verbinden. Also ist nicht zu verbergen, daß wir hier wiederum nicht das Phänomen vor uns haben, das wir zu suchen ausgezogen sind: die wahre, ganz in der Reinheit der Gesinnung wurzelnde pädagogische Liebe. Wertmindernd kommt die aristokratische Einseitigkeit hinzu: Nicht die Schönheit der jugendlichen Erscheinung, nicht einmal die Seelenschönheit soll es sein, die die Leidenschaft des Erziehungsgeistes entfacht. Beide sind Gaben des Glücks. Ihr Zusammenhang mit echter Sittlichkeit ist zweifelhaft. Das »Rassige« hat seinen Wert; aber er steht in weitem Abstand vom höchsten Wert.

Nur als eine gelegentlich fördernde Zutat können wir uns den rein seelischen Eros gefallen lassen. Es entspricht aber nicht mehr einer Lebensanschauung, die durch die Schule des Christentums vertieft worden ist, wenn man an Schuld und Leid, an Not und Tod vorbeigeht und der Seele nur die Bestimmung zuschreibt, zu ihrer höchsten Schönheit aufzublühen. Mag in diese Schönheit auch alles hineingedeutet werden, was göttlich zu heißen verdient: der ganze Gedankengang drängt geradezu dahin, in seinen Gegenpol umzuschlagen, wodurch wir wieder auf die Seite Pestalozzis hingeführt werden, nunmehr aber zu *dem* Moment in seiner pädagogischen Liebe, das christlichen Ursprungs ist.

3. Gerade der leidenden und verkümmerten Seele zu helfen, ist christliches Liebesgebot. Von dieser religiösen Haltung aus wird die pädagogische Liebe oft so verstanden, als ob sie *nur* durch die negativen Seiten des Menschen nötig würde und nur sie zu bekämpfen hätte. Es fehlt gewiß nicht an Erscheinungen im Menschenleben, durch die das Minus belegt würde. Der Mensch ist endlich und den mannigfachsten leiblichen Bedrohungen ausgesetzt. Sein Ausgeliefertsein an die Zeitlichkeit ist Quelle unzähliger seelischer Leiden. Gemessen an dem Bilde, das er nach der christlichen Lehre in der ursprünglichen Schöpfungsordnung darbot, ist er entartet und der Erbsünde verfallen. Das Schuldigsein sitzt also im Kern seines Wesens. Nimmt man hinzu, daß alle Schwachheiten im unreifen Alter besonders groß sein müssen, – spricht doch eine tiefenpsychologische Richtung sogar von dem wesensmäßigen Minderwertigkeitsgefühl des

Kindes und Jugendlichen! – dann scheint es sich von selbst zu verstehen, daß man dem Kinde nur voll Mitleid und Erbarmen begegnen kann, aber auch nur mit Trauer über seinen Sündenstand.

Unter den Kindern verdienen nun wieder diejenigen besondere Hilfe, die durch die Mängel der Gesellschaftsordnung in wirtschaftliche Not und sittliche Verwahrlosung hineingestoßen sind. In den Anfängen des Hochkapitalismus kam es bekanntlich zu einem Massenelend der Kinder und Jugendlichen. Die industriell-technische Gesellschaft hat immer der Eingliederung der Jugend erhebliche Schwierigkeiten entgegengestellt. So ist es verständlich, daß warmherzige Erzieher sich ganz besonders der leidenden Kinder annahmen. Aus ihrem Erfahrungsbereich folgte, daß sie geneigt waren, die pädagogische Liebe ganz mit dem Willen zur Nothilfe zu identifizieren. Manche handelten einfach aus Mitleid. Andere betätigten das hohe sittliche Ethos, für das die helfende, Leiden mildernde, Seelen rettende Nächstenliebe das Zentrum des Sittlichen ist. Es ist hier nicht der Ort, auf die feinen Schattierungen einzugehen, in denen diese Grundhaltung noch verstanden und verwirklicht werden kann. Schon die griechische Agape und die römische Caritas sind nicht ganz dasselbe. Die im 19. Jahrhundert auftretende christlich-soziale Bewegung hat wieder neue Züge hinzugebracht; gerade sie hat sich im Erziehungsleben höchst segensreich ausgewirkt.

So verehrungswürdig die christliche Liebesgesinnung ist, so hoch sie mit ihren mannigfaltigen Ausprägungen in der sittlichen Welt steht, wäre es doch ein Irrtum, die spezifisch pädagogische Liebe einfach mit ihr gleichzusetzen. Sie kann mit der Agape, der Caritas, der christlich-sozialen Nothilfe verbunden auftreten, und Persönlichkeiten, in denen diese Verbindung Gestalt gewonnen hat, gehören zu den größten Erscheinungen der Erziehungsgeschichte. Aber die Eigentümlichkeit des pädagogischen Geistes wird dadurch nicht ausgeschöpft. Er hat seine ureigene Intention, die auch dann notwendig wäre, wenn Sünde und Wirtschaftsnot und Seelenleid nicht als die zentralen Bestimmtheiten des Menschenlebens angesehen würden.

Die Erwägungen, die uns hier beschäftigen, sollen ausschließlich mit philosophischen Mitteln durchgeführt werden. Eine Auseinandersetzung mit religiös fundierten Standpunkten liegt außerhalb der Grenzen, die wir uns bewußt gezogen haben. Offenbarungsreligionen können nicht kritisiert werden. Aber einfache Tatsachenfeststellungen sind möglich.

Wenn die pädagogische Liebe im Zusammenhang des Kulturlebens mit anderen Formen der geistigen Liebe verwachsen auftritt, so wird der Grad, in dem sie miteinander unmittelbar verträglich sind, verschieden hoch sein.

Wo der Glaube an die wesensmäßige Verderbtheit des Menschen vorwaltet – das Ererbthaben der Sünde mag dabei ganz spirituell verstanden werden –, da wird die Emporbildung zur Reinheit der Gesinnung zwar doppelt notwendig; aber sie wird auch zu einem fast hoffnungslosen Unternehmen, zumal da ja auch der Erzieher selbst jenem Verhängnis verfallen ist. Niemand wird leugnen, daß der Mensch zwischen Gut und Böse steht, wie er wesensmäßig zwei Welten angehört. Der geborene Erzieher aber wird von der Zuversicht erfüllt sein, daß sein redliches Bemühen nicht von vornherein aussichtslos ist. So nüchtern er über den Befund denkt, so innig glaubt er an die besseren Möglichkeiten. Er will diesem doppelsinnigen Geschöpf, diesem Wanderer zwischen zwei Welten, mit seinen bescheidenen Kräften ein wenig nach oben helfen. Wenn er dabei von einem grundsätzlichen Pessimismus erfüllt ist, so mag dies religiös tief fundiert sein; aber »das Erzieherische« in ihm wird dadurch gelähmt.

Rousseau bekennt sich mit einem erstaunlichen Wagemut zu der Überzeugung, daß der Mensch »von Natur« gut sei. Streng genommen gibt es von Natur kein Gut und Böse. Es kann auch keinen reinen Optimismus geben. Denn wenn nicht stärkster Anlaß zum Pessimismus bestünde, hätte er ja keinen dynamischen Sinn. Ebenso übrigens umgekehrt! Es kann sich also nur darum handeln, daß man auf die eine oder die andere Seite den stärkeren Ton legt. Der Erzieher muß daran glauben, daß das Gute siegt. Damit ist schon ein wesentliches Moment der echten pädagogischen Liebe hervorgehoben.

Der ganze Gedankengang muß hier allerdings fragmentarisch bleiben. Es ist gewiß, daß *jede* höhere Liebe den Menschen, der sie verstehend empfängt, auch schon veredelt. Sie veredelt zugleich den Liebenden. Jede Liebe, die rein ist, hebt empor. Trotzdem fällt weder der seelische Eros noch die Caritas mit der pädagogischen Liebe einfach zusammen. Sie kann an beiden als eine starke begleitende Intention beteiligt sein, und diese Verwachsungen sind historisch als große Geistesmächte nachweisbar. Jedoch muß schon die Tatsache, daß »das Pädagogische« bald die eine, bald die andere Ausprägung erfahren konnte, darauf hinweisen, daß es für sich genommen etwas Eigentümliches ist. Und eben diese spezifisch pädagogische Liebe muß erst herausgearbeitet werden. Dann werden die Amalgamierungen besser zu beurteilen sein.

4. Persönliche Liebe, ganz allgemein genommen, entfaltet sich in zwei Bezügen: Sie ist erstens die geistige Einstellung einer Person, in der sie sich mit warm umfangender und fördernder Neigung einer anderen Seele zuwendet, und zwar dieser in ihrer Ganzheit. Wenn ich nur etwas Be-

stimmtes »an« ihr liebe, so ist die volle Intention, welche Liebe heißt, nicht da. Liebe ist zweitens ein Verbundensein zweier bereits zum Geist erwachter Persönlichkeiten, wofern die Zuneigung wechselseitig besteht. Liebe unter Dreien ist nur möglich, wenn von jedem zu jedem eine Ich-Du-Beziehung dieser Art besteht. Die Sympathie mehrerer untereinander, die zur Bildung eines »Kreises« führt, ist noch weit entfernt von persönlicher Liebe. Diese ist immer betonte Ich-Du-Beziehung. Sobald aber das Du auch seinerseits liebt, wird die einseitige Intention zur Wechselbeziehung und es besteht ein Verbundensein. Nicht immer tritt dieser Fall ein. Gerade die pädagogische Liebe *kann* einseitig bleiben. So wird es immer dann sein, wenn sie einem Wesen gilt, das noch nicht zum Geist erwacht ist und folglich den Sinn, in dem es geliebt wird, noch gar nicht versteht.

Pädagogische Liebe ist notwendig einer Einzelperson zugewandt. Der Sprachgebrauch gestattet zwar die Ausdrucksweise, daß man die Italiener liebe oder die Jugendlichen oder die Brünetten. Aber diese abgeblaßten Bedeutungen kommen hier nicht in Betracht. Gewiß kann ich sagen, daß ich meine Quartaner »liebe«. Dann habe ich sie gern, bin ihnen wohlgesinnt. Das ist ganz etwas anderes als die pädagogische Liebe. Sie gehört zu jener höheren Stufe: eine Individualität umfaßt eine andere. Mit dieser Feststellung erhebt sich allerdings sogleich die Frage, ob man zu einer großen Zahl von Individuen gleichzeitig in einem solchen Verhältnis stehen könne. Man muß wohl zugeben, daß das in vollem Sinne *nicht* möglich ist. Wir haben uns gewöhnt, mit Pestalozzi zu behaupten, Erziehung setze das Medium der Liebe voraus. Aber vielleicht hat man nicht genug darüber nachgedacht, wie das gemeint ist. »Das Medium der Liebe« deutet auf ein Klima, in dem man miteinander lebt. Persönliche Liebe fordert zu sehr den ganzen Menschen, als daß sie auf beliebig viele verteilt werden könnte. Das gilt auch von der pädagogischen Liebe. Im folgenden kann also nur ein Ideal entwickelt werden. Wie das Bild des geborenen Erziehers, das wir hier entwerfen, überhaupt eine Idealkonstruktion ist, so ist auch mit der pädagogischen Liebe ein Höchstfall gemeint: Es wird erwartet, daß jeder echte Erzieher »etwas« von dieser geistigen Einstellung in sich trage. Das allgemeine Medium oder das Klima der Liebe ist sehr viel weniger. Daß ich an der Jugendlichkeit als solcher Freude habe, darf man von mir verlangen, wenn ich den Beruf des Lehrers gewählt habe. Erzieher werde ich erst dann, wenn mindestens ein Funke von jener höheren persönlichen Liebe in mir lebendig ist, die zentral pädagogisch ist. Sie soll nun näher charakterisiert werden.

Jede Art von persönlicher Liebe enthält, obwohl sie den ganzen Menschen meint, einen bestimmten vorherrschenden Sinn. Pädagogische Liebe ist eine solche Sonderform. In ihrer Bezeichnung liegt, daß sie den anderen *emporbilden* will. Daraus folgt als erstes auffallendes Merkmal, daß es sich diesmal um eine *fordernde* Liebe handelt. Echte Liebe ist durchweg uneigennützig. Sie fordert nichts, sie hofft alles, sie schenkt auch alles. Die emporbildende Liebe ist ebenfalls uneigennützig. Sie will dem Geliebten emporhelfen, um seiner selbst willen. Sie antizipiert dabei, daß die Gestalt, die mit Liebe von ihm »gefordert« wird, seinen Wert erhöht und daß er dadurch noch liebenswerter wird. Die Legitimation dieser Zuwendung liegt ganz im Metaphysischen, nämlich in dem *Glauben* an den verpflichtenden Wert dessen, was hier verlangt wird. Wo dieser Glaube fehlt, ist überhaupt kein echtes pädagogisches Verhältnis möglich. Der bloße amtliche Auftrag *schafft es nicht*; er schafft keinen pädagogischen Wesensbezug – und er »schafft es nicht«, d. h. er erreicht die tiefere Veredlung nicht, weil dazu über den Auftrag hinaus jene »Leidenschaft des Geistes« gehört, die wir durchweg als den Kern des »Erzieherischen« herausarbeiten möchten.

Da der Zögling die Eigenschaften noch nicht besitzen *kann*, die der Erzieher halb unvermerkt als Forderungen an ihn heranbringt, muß es etwas anderes sein, um dessentwillen er geliebt wird. Damit tritt ein zweites Merkmal der pädagogischen Liebe hervor: sie liebt die im werdenden Menschen gegebenen *Möglichkeiten*. Im Schein des Feuers, mit dem wir sie verglichen haben, werden diese Möglichkeiten erst sichtbar. Sie hat die besondere Gabe, aus dem noch Unentfalteten *herauszusehen*, wonach er, der Vermutung gemäß, einmal frei von innen heraus drängen wird. Die vom Erzieher bejahten Möglichkeiten sind teils solche, die ganz allgemein das Wesen des geistigen Menschen und sein höheres Selbst betreffen; teils solche, die sich gerade in *dieser* einzigartigen Individualität andeuten. »So mußt du sein, denn so verstehe ich dich!« Mit dem Individualisieren verstärkt sich der Schwung der Liebe, weil sie Edles zu erblicken glaubt. Sie wird dadurch aber auch zu einem erhöhten Wagnis. Und welche Liebe wäre ohne Wagnis!

Die fordernde Haltung des Erziehers entnimmt ihr Recht nicht nur der verpflichtenden Norm, die über den Menschen und zwischen den Menschen waltet, sondern auch den geltenden Sachnormen. Die Natur unterliegt unabänderlichen Gesetzen. Der menschliche Geist, der sie erkennt, kann sie nicht abändern, sondern muß ihnen gehorchen, selbst wenn er hier und da lenkend in den Ablauf des Geschehens einzugreifen vermag. Die einzelnen Gebiete der Kultur zeigen je eine spezifische Sinngesetzlichkeit, der gemäß sie aufgebaut sind und *im* Ganzen *für* das Ganze funktionieren. Die Wissenschaft hat ihr Eigengesetz, ebenso die Wirtschaft, die

Technik, die Kunst. Soll der Mensch künftig auf diesen Gebieten etwas »leisten«, so gilt wiederum: er kann die jeweils geltende Sachnorm nicht außer Kraft setzen. Er kann und muß diese Sondergebiete nur seinem Handlungsganzen (Lebensaufbau), gemäß der ethischen Gewissensforderung, abgestuft einordnen.[18] Es ist keine Erziehung denkbar, die nicht Leistungen *forderte*. Selbst für das größte Genie gibt es keine Beliebigkeit. Im Gegenteil: Genialität besteht in der Ahnung ewiger gesetzlicher Zusammenhänge. Die pädagogische Liebe will künftige Enttäuschungen verhüten. Sie muß *heute* streng sein, damit das Schicksal nicht künftig über einen Blinden hereinbreche. Sie *fordert* diesmal und ist darauf gefaßt, daß es nicht verstanden wird, wie viel lenkende Liebe in solchen Ansprüchen liegt. Auch sehr warmherzige Pädagogen haben das bisweilen nicht verstanden. Ein Besonnener muß ihnen vorwerfen, daß sie deshalb nicht die »rechte« Liebe gehabt haben. Das Dritte also, das zu ihr gehört, ist die milde Hinführung zum Anerkennen der – untereinander sehr verschiedenen – Gesetzlichkeiten, denen alles naturhafte und geistige Leben unterworfen ist. Nur auf dieser Grundlage kann die »rechte« Freiheit erwachsen. Wahre Liebe will den Geliebten frei machen.

Die pädagogische Liebe stiftet deshalb auch Gemeinschaften von eigener Art. Sie können nicht dem Spiel der Beliebigkeit überlassen bleiben. Sie können nicht so eingerichtet sein, daß sofort möglichst viel Gegenliebe erweckt wird. Auch hier gelten Forderungen. Die Caritas, die aus anderen Intentionen geboren ist, mag in Sonderfällen auf manches verzichten. Dann besteht dafür ein tieferer Grund, den man verstehen kann. Aber die liebevolle Lenkung einer Jugendgemeinschaft hat niemals nur die Gegenwart, sondern immer auch die Zukunft im Auge. Macht der Erzieher mit seinen Schützlingen auf eine freundliche und heitere Art »gemeinsame Sache«, so bleiben dabei doch die Gesetze der Sache und das Gesetz des Sittlichen in Kraft. Sie können nicht in Liebe aufgelöst werden. Auch Jesus hat das Gesetz nicht aufgelöst, sondern hat es erfüllen wollen, nämlich mit dem Geist der freien Zustimmung von innen. Und auf diesen Geist kommt es auch in der Erziehung zuletzt an. Die ganze Kunst gipfelt darin, das Gebot: »Liebet eure Pflichten«, so in die Herzen der Werdenden hineinzuschreiben, daß sie mehr und mehr spüren: diese Forderungen kommen *aus* Liebe. Das vierte Kennzeichen der pädagogischen Liebe ist

[18] Ein sehr eindrucksvolles Beispiel für die Art der Mitberücksichtigung der Eigengesetzlichkeit von Kulturgebieten bei Gewissensentscheidungen findet sich in H. Thielickes großer Rede auf dem Hamburger Parteitag der Christlich-Demokratischen Union. Vgl. Helmut Thielicke, Christliche Verantwortung im Atomzeitalter. Stuttgart 1957.

also, daß sie *mit* Liebe eine Saat sät, die *als* Liebe aufgehen kann. Sie tut es mit warmer Hingabe, aber nicht mit lässiger Nachgiebigkeit und nachlässiger Beliebigkeit.

Kommt es dazu, daß auch der Zögling den Erzieher liebt, so ist eine wunderbare Kraft geweckt. Er fühlt sich nun in den Reiferen empor und ahnt sein Wesen. Auch hierbei findet eine Idealisierung statt. Zum Vorbild wird nicht einfach die gegebene Person mit all ihren Zufälligkeiten und Mängeln, sondern ihre Idealität. Die geistige Natur hat es so eingerichtet, daß gerade in dem erwachenden Jugendlichen die Kraft des Idealisierens von Menschen aufblüht. Dieses Veredeln aus einer *inneren* Schau heraus gehört zum Geheimnis des Bildungsprozesses. Nur mit dem Werthaltigen »soll« die Identifizierung erfolgen, nicht mit allem Zufälligen, das sonst noch an der Erzieherpersönlichkeit vorfindbar ist. Echte Liebe muß auch auf der Seite des Emporreifenden wirksam werden, nicht wahllose Nachahmung. Die Tiefenpsychologie vergißt oft, daß der triebhafte Vorgang, in dem man sich versuchsweise mit Erwachsenen identifiziert, noch kein eigentlicher Bildungsprozeß ist.

Es kann so zu einer wechselseitigen Erhöhung des ganzen Persönlichkeitsstandes kommen. Dies Verhältnis gehört zu den schönsten, die im Menschenleben auftreten. Nicht ohne Grund haben Dichter es ebenso gefeiert, wie die Begegnung der männlichen und weiblichen Seele in dem Eros, der zur totalen leiblich-seelisch zeugungsfähigen Vereinigung führt.

Es hängt mit der biotisch-naturhaften Bedingtheit des menschlichen Lebens zusammen, daß normalerweise die emporbildende Liebe von dem Älteren auf den Jüngeren gerichtet ist. So durchgeistigt sie ist, ruht sie doch auf dem Grunde des Generationenverhältnisses. Die Nachgeborenen bedürfen der liebevollen Hilfe von seiten der Reifen; die letzteren tragen die Verantwortung dafür, daß die Jüngeren »ihren« richtigen Weg in das Geistesleben hinein finden. Der Fall, daß sich gerade die pädagogische Liebe noch einem Älteren zuwendet, ist daher durch ihren eigentümlichen Sinn so gut wie ausgeschlossen. Zu ihrer Wärme trägt ja auch immer die Freude am jugendlichen Leben bei. Aber unter Gleichaltrigen kann etwas der geschilderten »Leidenschaft des Geistes« Ähnliches noch auftreten. Daß junge Menschen, die einander freund sind, in ihren Freundschaftsbezug auch die Intention der wechselseitigen Emporbildung einschließen, ist nicht selten; ja eigentlich gehört es mit zum Wesen einer wahrhaft geistig fundierten Freundschaft: man strebt gemeinsam zu der verbindlichen Idealität empor, die für jeden von beiden in einer eigentümlichen Gestalt erscheint und geschaut wird. Indessen: so schön auch dieses Verbundensein ist: es gehört nicht mehr unter das Thema »Der geborene Erzieher«. –

Wohl aber ist noch nachzutragen, daß die gekennzeichnete pädagogische Liebe mit den verschiedenen Erziehungsstilen vereinbar ist, von denen ich in meinem Buch ›Pädagogische Perspektiven‹ gesprochen habe.[19] Ich will nicht ausführlich darauf zurückkommen. Ein Irrtum ist es, wenn man glaubt, nur der sog. liberale Stil sei mit der Liebe vereinbar. Liebe waltet auch in dem gebundenen. Denn die Bindung erfolgt ja aus einer vorausschauenden Sicht auf den Menschen, wie er einmal sein sollte. Wie das Freilassen in der Erziehung der schwerere Weg ist – denn es kann dabei leicht zum Verlust der eigentlich erziehenden Grundhaltung kommen – so ist die Strenge der gebundenen Erziehung nicht notwendig Härte. Die alte religiöse Erziehungstradition bei uns bevorzugt sogar die festen Formen, weil sie um künftige Schicksale des Menschen weiß und Irrwege ersparen möchte.

Auch hier aber muß betont werden: man darf nicht launenhaft aus einem Stil in den anderen fallen. Der »geborene Erzieher« trägt ein sicheres Stilgefühl in sich. Entweder läßt seine Liebe frei: dann muß er immer wieder heranholen. Oder sie bindet: dann darf er den Augenblick nicht versäumen, wo es seine Pflicht ist, allmählich frei zu lassen. Gebundene Freiheit ist die Bestimmung des Menschen. Wer nur die eine der beiden Hälften dieser Wahrheit kennt, hat einen falschen Begriff vom Menschen und taugt deshalb nicht zum Erzieher.

Manche wissen nicht, daß es auch eine zürnende Liebe geben kann, eine über den anderen trauernde, eine abwartende, ja eine zeitweise sich zurückziehende Liebe. Nur wird sie immer hilfreich bleiben und niemals zurückstoßen. Sonst verdiente sie ja ihren Namen nicht. Wenn es schwer ist, die echte pädagogische Haltung zu charakterisieren, so ist es erst recht schwer, sie im Zusammenleben zu betätigen; denn sie kann nicht, wie andere Formen der Liebe, einfach quellen oder glühen. Sie ist notwendig mit Reflexion verbunden und wohl noch reicher an Schmerzen als jede andere.

Für die theoretische Analyse tritt die Schwierigkeit hinzu, daß die hier zum Mittelpunkt gemachte pädagogische Liebe oft mit anderen Gestalten der Liebe verwoben auftritt. Eben deshalb mußte sie zunächst für sich betrachtet werden. Nunmehr dürfte es möglich sein, deutlich zu spüren, was an der elterlichen Liebe zu den Kindern spezifisch pädagogisch ist oder unter welchen Bedingungen seelisch-erotische Einstellungen eine echte emporbildende Intention enthalten. Ebenso tritt hervor, daß die

---

[19] Eduard Spranger, Pädagogische Perspektiven. 5. Aufl. Heidelberg 1958. S. 93 ff.

»Fürsorge« für das verwahrloste Kind nicht ohne weiteres Erziehung einschließt. Es muß noch ein anderer Geist hinzutreten als der der sog. sozialen Betreuung. Ja selbst die aus Religiosität geborene Seelenpflege muß noch eine besondere Wendung nehmen, um spezifisch seelen*bildend* zu werden. Natürlich bleibt die frühere Behauptung bestehen, daß *jede* ganz tiefe und echte Liebe zuletzt im Religiösen wurzelt.

Nach einer anderen Seite hin aber hat sich ergeben, daß es nicht zweckmäßig war, den Idealtypus von menschlicher Geistesbestimmtheit, der sein Lebenszentrum in der Liebe hat, als den »sozialen« zu bezeichnen. Das »Soziale« deutet zu einseitig auf das bloße Miteinander, auf die Kräfte der Gemeinschaftsbildung. Wenigstens die persönliche Liebe, zu der die pädagogische entschieden als eine Unterart gehört, stammt aus einem metaphysischen Urgrund, der gerade in der modernen societas nur noch sehr schwach zutage tritt. Eine »Leidenschaft des Geistes« ist mehr als eine »Kraft der Vergesellschaftung«.

Diese Bemerkung ist eine kritische Korrektur an der Namengebung für den vierten Idealtypus in meinen ›Lebensformen‹. Sie betrifft auch Kerschensteiners Buch ›Die Seele des Erziehers‹ insofern, als der große Pädagoge, meiner Benennung folgend, den geborenen Erzieher als eine Spielart des »sozialen Menschen« dargestellt hat. Endlich aber wird auch Pestalozzi mit betroffen. Bei ihm bildet die »Liebe zum armen, verwahrlosten Kinde« das Zentrum der pädagogischen Leidenschaft. Man kann nicht zweifeln, daß sie bei ihm wirklich aus metaphysischer Tiefe herkam. Das aber sollte man im Auge behalten und nicht so tun, als ob in jeder Schulstube, in der die Kinder freundlich behandelt werden, schon ein solches Zentralfeuer glühte. Die echte pädagogische Liebe ist ein sehr hohes und deshalb seltenes Phänomen. Gewiß! Der geborene Erzieher sollte aus einer solchen Wesensmitte heraus existieren und wirken. Aber wir reden davon nicht so, als ob jeder, der ein bißchen »kinderlieb« ist, diesen Geist schon hätte. Vielmehr wird hier ein Ideal gezeichnet, das man vor dem inneren Auge haben sollte, wenn man sich zum Erziehertum »bekennt« – jedoch im Sinne jenes Bibelwortes: »Nicht, daß ich es schon ergriffen hätte! Ich eifere ihm aber nach, daß ich es ergreifen möge!« Man wird eben doch nicht als Erzieher geboren, sondern man muß sich langsam zu der Forderung, die diese Geistesart stellt, emporverwandeln und emporveredeln.

Dabei ist ein anderer Irrtum zu verhüten, vor dem zum Schluß noch gewarnt werden muß. Vielleicht ist es auch überflüssig, eigens zu betonen: Die Liebe allein tut es auch nicht. Jede Liebe bedarf, und zwar in sehr verschiedenem Sinne, eines Gehaltes. Glaubt man, daß schon das warmherzige Interesse an einem Jugendlichen genüge, um ihn »besser zu machen«, so wäre das nicht viel anders, als wenn man zwar ein Segel hätte, aber kein Schiff und keinen Wind. Dann bewegt sich nichts. Man muß etwas sein, um Vorbild zu werden; man muß etwas haben, um geben zu können; man muß selbst Energie aufgewendet haben, um Energie wecken zu können. Es bedarf keiner Ausführung, was das im Konkreten bedeutet. Früher habe ich gesagt: das Maß der Fähigkeit zu erziehen, sei proportional dem Maß an Kraft, das man auf seine Selbsterziehung verwendet habe. Der echte Pädagoge besitzt eine innere Fülle des Lebens, die gleichsam überfließt und die benachbarten Gefilde befruchtet. Es ist in ihm ein Zug nach oben, der andere mitreißt. Das sind jedoch nur bildliche Wendungen für etwas Konkretes, das sich in seiner Vielstrahligkeit nicht auffangen läßt. Wer nicht selbst unter den Bedingungen seiner Umwelt und gemäß seinen »Möglichkeiten« etwas aus sich gemacht hat, was fest im Leben der Gegenwart steht, wie will der anderen die Hand zur Hilfe bieten? Und trotzdem ist noch ein Geheimnis dabei, das viele nicht beachten: In dem echten Erzieher spielt immer ein Ungenügen an sich selbst mit, ein Ungenügen gerade an dem ethischen Kern seines Wesens: »Es ist dir nicht ganz so gelungen, wie es wohl hätte sein können und sollen. Hilf diesem hoffnungsvollen jungen Wesen, daß es ihm besser gelinge. Das sei dein Ersatz für vergeblich Erstrebtes!«

So wären wir denn wieder bei der tiefen Weisheit des sokratisch-platonischen Erziehungsgeistes, zu dessen Tempeln jeder Jünger der Pädagogik wallfahren muß: Aus dem Reichtum der Idee und dem schmerzlichen Gefühl menschlicher Armut nimmt er seine Kraft. Indem er schenkt, wird er selbst innerlich reicher. Aber niemals kommt für ihn der Augenblick, in dem er sagen könnte: »Nun ist es erfüllt!« Er bleibt immer auf dem Wege, begleitet von der Sehnsucht und – einer verschwiegenen Hoffnung.

Schluß

Der Bogenschnitzer im Urwald diente uns als Sinnbild für die erste leise Wendung von der Werkbildung zur Menschenbildung. Inzwischen hat sich die »Leidenschaft des Geistes«, die aus dem Sinn »des Erzieherischen« geboren wird, als eine große gestaltende Macht erwiesen. Damit wächst auch unser Ausgangssymbol ins Große.

Wer Jagdbogen herstellt, ist in seinem Stamm unentbehrlich und genießt das Ansehen, das seiner Meisterschaft gebührt. Trotzdem bleibt er ganz in den Vorhöfen der Kulturarbeit. Denn so lange er nicht schießt, hat er es nur mit dem Instrumentalen zu tun, und allenfalls mit dem Ornamentalen, insofern er das Werkzeug schmückt. So lange er nicht schießt, bringt er nicht das bescheidenste Wildpret heim; niemand kann von seiner Arbeit leben. So lange er nicht auf einen Feind anlegt, bleibt ihm auch jeder ethische Konflikt erspart, ob das Anlegen des Bogens ehrenhaft sei. Als ein bloßer Helfer im Bereich der Werkzeugbeschaffung kann unser Bogenschnitzer nicht zur Rechenschaft gezogen werden für das, was nachher mit seinem Bogen gemacht wird. Unentbehrlich ist er; aber sein Handwerk liegt noch vor der Schwelle, wo Gutes und Böses sich scheiden.

Ähnliches gilt von den Bogenschnitzern unserer Tage. Dabei steht der Bogen stellvertretend für unübersehbar mannigfaltige Werke, die im Frieden und im Kriege als Mittel dienen.

Wer aber auf menschliche Seelen wirkt, der steht von vornherein unter der größten Verantwortung und unmittelbar vor dem Auge Gottes. Wirkungen dieser Art durchziehen das ganze Gewebe des menschlichen Verkehrs. Sie reichen vom Unscheinbarsten bis zum Verursachen entscheidender Schicksale empor. Niemals sind sie ethisch gleichgültig. Erst wenn Dinge und Mittel in Zusammenhänge eintreten, von denen Seelen betroffen werden, erhalten sie einen ethischen Bezug. Auch die »Stoffe«, *an* denen die Menschenbildung erfolgt, empfangen durch diese Eingliederung einen moralischen Akzent, sei es auch nur am Rande. Ihre Auswahl wird zur Angelegenheit des wertprüfenden Gewissens.

Der schaffende Künstler will *durch* sein Werk und *an* seinen Werken auf Seelen wirken. Er tut es aber nur indirekt. Vielleicht zündet er gar nicht an der Stelle, wo er einen Funken zum Aufglimmen bringen wollte. Wer aber nicht durch ein Werk, sondern durch Umgang (συνεῖναι) auf heranreifende junge Menschen Einfluß nehmen möchte, der steht an der verantwortlichsten Stelle, die es gibt. Denn er arbeitet unmittelbar an der ethischen Substanz der Seelen, die einmal die Kultur seines Volkes tragen werden. Sie werden nicht nur ihren Sachgehalt tragen müssen, sondern auch die Mitverantwortung für den Wert oder Unwert dieser Kultur selbst. Aus Verantwortung also arbeitet der Erzieher daran, daß die heranwachsende Generation zu fühlen lerne, was Verantwortung bedeutet. Er stellt sich die eigentümliche Aufgabe, regulierend in das sittliche Regulierwerk anderer einzugreifen – so haben wir es am Anfang ausgedrückt.

Jeder, wenn er reif geworden ist, muß sein Leben selbst steuern. *Selbst* steuern, das heißt: aus Freiheit. Es heißt aber auch: aus Gehorsam gegen die höhere Bestimmung, die dem Menschen gesetzt ist. Dies Mysterium des Verflochtenseins von Gehorsam und Freiheit muß erst in der Brust des Menschenbildners gelegen haben, ehe er den Sinn dafür in jungen Seelen weckt. Das ist sehr viel schwerer, als die schönsten Bogen zu schnitzen; ohne Bild gesagt: als technische Wunderwerke zu vollbringen. Es ist die höchste Aufgabe, die überhaupt gedacht werden kann. Wenn sie nicht mit der vollen Leidenschaft des pädagogischen Geistes vollbracht wird, fehlt die Sicherheit und die Kraft des Zaubers, der hier nötig ist. Denn etwas Magisches im edlen Sinne bleibt daran. Es soll ja nicht nur die Richtung des Steuerns beeinflußt, sondern auch die *Kraft* zum Steuern und zum Festhalten der Richtung gestärkt werden. In der sittlichen Kraft waltet eine Magie, die der Mensch nie von seinem Pfad entfernen sollte. Die Künste des Mephistopheles sind äußere Zaubertaten. Der Aufschwung zum Guten und Göttlichen setzt eine Aufwühlung voraus, die das Herz von Grund auf verändert. Es muß ihm der Schwung nach oben gegeben werden.

Der geborene Erzieher betreibt nur *diese* Art von Magie. Er bemüht sich, soweit es in seinem Vermögen liegt, zunächst die ethische Substanz in den Werdenden zu veredeln und zu stärken. Dann stattet er die ihm Anvertrauten auch mit anderen Gaben aus, aber immer in dem klaren Bewußtsein, daß sie nur von Wert sind, wenn sie auf einer verantwortungsbewußten Seele aufruhen und von ihr in sittlichem Sinne gebraucht werden. Das ist das Bildungsideal, das sich als überzeitlich maßgebend herausgestellt hat. Das Inhaltliche wechselt mit den Zeiten und Bedürfnissen.

Menschen, die in diesem Geiste erzogen sind, sind auch für eine sittliche Willensgemeinschaft erzogen. Volkserziehung ist nur möglich über die Erziehung des Einzelnen. Ein gesunder Staat lebt aus einer gesunden Volksordnung. An einer übernationalen Vereinigung der Völker kann nur gebaut werden, wenn die Staaten gelernt haben, sich als rechtlich verfaßte, *sittliche* Machtgebilde zu verstehen. Denn erst durch seinen Staat wird ein Volk als Ganzes willensfähig und handlungsfähig.

Aber die Ausblicke, die sich hier eröffnen, würden für diesmal zu weit führen. Es ging hier nur um das tiefere Verständnis der Kulturaufgabe des Erziehers. In ihm lebt mehr als seine eigene zufällige Individualität.

Gekettet an das Göttliche, das über ihm waltet und durch ihn hindurchwirkt, ausgeweitet durch den echten Wertgehalt der Kultur, die um ihn herum aufgebaut ist, wendet er sich an junge Seelen, um ihnen emporzuhelfen. Aus der Fülle der Kulturgüter entnimmt er Bildungsgüter, *an* denen sich das Werk der Veredlung vollziehen soll. Aber eigentlich zielt er doch nur in den zentralen Punkt der Seele hinein, der ihr ethisches Regulierwerk bedeutet und den Ansatzpunkt für die Gestaltwerdung des höheren Selbst bietet. Das Bewußtsein dieser vielstrahligen Verwebung lebt in ihm als eine ganz eigentümliche Begabung. An Erfahrungen und Enttäuschungen wächst allmählich seine Kraft. Vielleicht wird er erst spät der Leidenschaft des Geistes inne, die durch seine Persönlichkeit hindurchdrängt. Vielleicht gelangt er erst spät dazu, die pädagogische Liebe in ihrem echten Sinn zu verstehen. Trotzdem nennen wir ihn *den geborenen Erzieher*, weil wir annehmen, daß er damit die ihm gemäße Bestimmung gefunden habe. Denn der Geist ist es, der das bloß Naturhafte allmählich aufsaugt, es mit seinem höheren Sinn erfüllt und die Kraft verleiht, auch in schweren Stunden die dem Erzieher aufgetragene Arbeit durchzuhalten: die Befreiung des höheren Selbst.

Erziehung zum Verantwortungsbewußtsein

1959

»Erziehung zum Verantwortungsbewußtsein!« Jeder ist sich im voraus darüber klar, daß das eine besonders wichtige Seite der Gesamterziehung ist. Sie wird um so wichtiger und schwerer, je verschlungener das Gewebe von Pflichten und Rücksichten wird, dem sich der einzelne mit seinen Leistungen einzufügen hat. Über den Wert des Zieles sind wir einig. *Wie* man es aber anzufangen hat, um aus einem spielenden, träumenden, herumlungernden Kinde einen verantwortungsbewußten Menschen werden zu lassen, das ist nicht leicht zu sagen. Ich will gar nicht so boshaft sein, meine Rede an das betreffende Kind mit den Worten zu beginnen: »Du weißt, daß wir dich zur Freiheit erziehen wollen, und so wird es dir auch klar sein, daß wir dich mit allen möglichen Lasten bepacken werden, daß wir dich in die verschiedensten Leistungssysteme hineinzwängen werden und daß du deine Jugendzeit wie in einem vergitterten Raum verbringen wirst.« Der Knabe müßte sich eigentlich sehr wundern. Aber dagegen hilft eine Tatsache, die zu den liebenswürdigen Einrichtungen der Welt gehört: In den Kinderjahren weiß niemand recht, was mit ihm geschieht, wenn er erzogen wird. Man antwortet auf die Zumutungen nur mit sehr primitiven Gefühlswallungen. Aber man erhebt keinen weltanschaulichen Protest. Und so ist denn das Entscheidende schon geschehen, wenn der junge Mensch reif wird, darüber nachzudenken, was er denn eigentlich von seiner Freiheit hat. Dieser Augenblick ist dann allerdings *gefährlich.*

Um so ernster hat der Erzieher von Anfang an mit sich selbst die Gewissensprüfung vorzunehmen, welche Verantwortung *er* für seine Person damit auf sich nimmt, daß er einen Heranwachsenden in die Welt der Verantwortungen hineinbildet. Er wird sich zunächst einmal Rechenschaft ablegen müssen, was »Verantwortung« überhaupt bedeutet. Dann erst kommt die viel schwerere Frage: »Durch welche Art von Einwirkungen kann man zur Verantwortungsbereitschaft erziehen?«

I

»Verantwortung haben« besagt – wie schon der Wortursprung erkennen läßt –, daß man irgendwem über das eigene Tun Rede und Antwort stehen muß. Im Hintergrunde liegt die Vorstellung von einem Gerichtshof, dem man auf Fragen in dieser Hinsicht zu antworten, vor dem man sich zu verantworten hat. Jeder ordentliche Mensch weicht den Begegnungen mit dem Strafrichter nach Kräften aus. Es gibt aber eine Art von Vergehen, in die man sich verstricken kann, ohne eine verbrecherische Gesinnung zu haben: die Fahrlässigkeitsverfehlungen. Die Verschuldung scheint gering; die böse Absicht fehlt ganz; nur die Folgen der Handlung sind schlimm. Wenn das Gesetz solche Verhaltensweisen mit Strafe belegt, so äußert sich darin gleichsam der Imperativ, den der Gesetzgeber dem Rechtsgenossen zuruft: »Achte auf dich selbst!« Man muß ergänzen: »Denn du bist nicht nur für deine sorgsame Willensbildung verantwortlich, sondern auch noch für die Folgen deines Tuns, die du normalerweise voraussehen mußtest. Ja mehr: Du bist sogar noch für deine Unterlassungen verantwortlich und mußt auch das erwägen, was aus deinem Nichthandeln folgen kann.«

Das alles gehört in das Gebiet des Rechtes. Aber Verantwortung gibt es schon im rein moralischen Bereich. Wir haben die Rechtsordnung nur gestreift, weil wir von dort den Imperativ mitnehmen wollten: »Achte auf dich selbst und auf alles, was du durch dein Tun und Unterlassen bewirkst!« Wer zu dieser Selbstbesinnung auf Grund seines Lebensalters oder seiner abnormen Geistesverfassung nicht fähig ist, dem kann auch keine Verantwortung auferlegt werden.

Wer ist es denn nun aber, der zur Verantwortung zieht, wenn es sich um Fälle handelt, die den Strafrichter nichts angehen? Offenbar ist es die moralische Gemeinschaft, die nunmehr Forderungen aufstellt und Werturteile fällt. Im Hintergrunde des Verantwortlichseins liegt – wenn kein Gericht – so doch eine moralische Solidarität der Mitmenschen. Jedes mündige Gemeinschaftsglied ist vor diesem unsichtbaren Richterstuhl verantwortlich. Das ist allerdings nur eine vorläufige Stellungnahme zu der Frage: »Vor wem ist man verantwortlich?«

An sie schließt sich sogleich die zweite Frage an: »*Wofür* ist man verantwortlich?« Nun, für den ganzen Bezirk, auf den sich das eigene Wirken erstreckt: für Sachgüter, Pflanzen, Tiere, vor allem für Menschen: Sie alle sollen heil bleiben; es soll ihnen durch unser Zugreifen oder unsere Nachlässigkeit kein Schade widerfahren. Die Inhalte, auf die sich unsere Verantwortung bezieht, sind also unerschöpflich. Immer aber ist das handelnde oder nicht handelnde Subjekt dabei: kurz gesagt »unser Selbst«.

Wieder also läßt sich alles auf den einen Imperativ bringen: »Achte auf dich selbst!« Und mit einem Schlage verwandelt sich die Verantwortung für allerlei in die *eine* große Verantwortung für uns selbst und vor uns selbst: »Wenn du dich selbst in Zucht nimmst, so ist darin die treue Fürsorge für alles, was in deinen Pflichtenkreis hineingehört, schon mit eingeschlossen.«

Erziehung zur Verantwortung ist demgemäß nur eine besonders wichtige Seite der Erziehung zum sittlichen *Selbst*. Das Selbst ist mehr als das Ich. Zum Ich braucht man niemanden zu erziehen. Das setzt sich von allein durch. Es wächst sogar unter Umständen wie ein wucherndes Kraut. Aber das Selbst ist das veredelte Ich, das kultivierte Ich. Es beginnt schon mit der Entfaltung des Denkens, das weit über die zufälligen Erlebnisse hinausgreift und einen objektiven Weltzusammenhang erfaßt. Damit wachsen aber auch die Zielsetzungen, die Wirkungsbereiche und – die Pflichten dieses Subjektes. Nur ein solches denkendes, vernünftig wollendes Selbst kann »*Träger* von Verantwortungen« werden.

Mit dieser Wendung hilft uns die Weisheit der Sprache weiter. Sie sagt, daß man Verantwortungen »trage«. Das Bild deutet darauf hin, daß in der Enge des Ich, des dürftigen *Ego*, etwas Raum gefunden hat, was »Mehr-als-Ich« ist, nämlich Gehalte geistig-sittlicher Art. Mit ihnen gewinnt das Subjekt an Würde. Ein tiefes Wort von Schiller lautet: »Es wächst der Mensch mit seinen höhern Zwecken.« Daraus entstehen aber auch Bindungen, Verantwortungen. Mit jenem Bilde könnte man fortfahren: Die zum Selbst erhöhte Persönlichkeit ist einem Pfeiler vergleichbar, der eine Brücke stützen hilft. Über die Brücke selbst bewegen sich die mannigfachen Kulturwerte und Kulturzwecke, die die Gemeinschaft zu pflegen hat. Die Brücke versinnbildlicht auch die Solidarität der Gesinnung und des Handelns, ohne die alles individualistisch zerflattern würde. Die Pfeiler aber müssen unerschüttert standhalten. Ein einziger schwacher unter ihnen gefährdet das Ganze. Ohne Bild: Auf der Verantwortungsbereitschaft und der verantwortlichen treuen Pflichterfüllung beruht der Bestand der Gesamtheit, das Schicksal der beteiligten Menschen und das sittliche Niveau, das die Gruppe erreicht hat. – Wie aber kann die Erziehung den Willen wachrufen, mittragender Pfeiler zu werden?

II

Pädagogisch ist zuerst zu erörtern, ob es eine Vorübung für das Tragen von Verantwortungen gibt, sei es am täglichen Leben selbst, sei es an planmäßig konstruierten Aufgaben. Die Übung führt zur Gewöhnung, und im günstigen Fall gesellt sich die echte Gesinnung hinzu. Unverkennbar bietet eine Familie, in der mehrere Geschwister zugleich aufwachsen, eine gute »Vorschule der Verantwortung«. Die älteren müssen für die jüngeren sorgen. Nicht immer geschieht es »aus Liebe«, oft genug nur »aus Pflicht«. Verantwortungserfüllung ist aber tatsächlich nicht bloß Neigungssache, sondern ernste Pflicht. Das einzige Kind findet in der Familie wenig Gelegenheit zu solchen Vorübungen.

Der Eintritt in die Schule bedeutet die Eingliederung in eine erheblich größere Gemeinschaft. Es ist immer wieder beklagt worden, daß die deutsche Schule nur ein Zusammen*lernen* ist, kein volles Zusammen*leben*. Vom Lehrer geht der pädagogische Strahl auf jeden einzelnen Schüler. Aber die Einwirkungen der Schüler aufeinander werden noch nicht genug für die moralische Erziehung ausgenützt. Der Vorrang des Unterrichts vor der Erziehung ist unverkennbar. Das war nicht schlimm, solange das Elternhaus noch fähig und geneigt war, für die Charakterbildung aufzukommen. Die Tradition der bloßen Lernschule ist zäh. Noch einmal: man lernt in der Klasse miteinander, man *lebt* aber nicht miteinander, am wenigsten *für*einander. Vielleicht ist in einer Halbtagsschule nicht mehr zu erreichen. Die kleinen Modelle, die man konstruiert, um an ihnen Verantwortungen erleben zu lassen, sind belanglos. Was ist das schon für ein »Amt«, die Sorge für Schwamm und Tafel! Die »Musterschule« in Frankfurt a. M. hat um 1910 zuerst die Erziehung der Schüler zur Selbstverwaltung eingeführt. Aber wo nicht viel zu verwalten ist, liegt die Gefahr nahe, daß das Modell zum Spielzeug wird und daß nur eine Vielrederei herauskommt. Der volle Ernstcharakter geht in das verkleinerte Modell nicht ein.

Es ist kein Zufall, daß gerade die Landerziehungsheime die Erziehung zur Verantwortung als besonders dringliche Aufgabe auf ihren Schild geschrieben haben. Sie können ein volles Zusammenleben ihrer Zöglinge unter pädagogischen Gesichtspunkten durchgestalten. Eine reiche Beispielsammlung dafür findet man in den kleinen Aufsätzen, die der geistige Begründer des Landerziehungsheims Salem, Kurt Hahn, soeben veröffentlicht hat. Er hat dem ganzen Heft ausdrücklich den Titel *Erziehung zur Verantwortung* gegeben. Sogenannte »Projekte«, das heißt langfristig vorbereitete Arbeitsvorhaben, bei denen eine wohlüberlegte Arbeitsteilung stattfindet, verlangen, daß man sich bei der Ausführung auf jeden Teilhaber verlassen kann. Derartige Erziehungskräfte wollte auch schon Kerschensteiner in Bewegung setzen. Exkursionen fördern ebenfalls den Gemeinschaftsgeist. Der Unterricht gewinnt dabei, und es werden zugleich sittlich bedeutsame Situationen herbeigeführt, die viel fruchtbarer sind, als der alte »erziehende Unterricht« der Herbartianer je erreichen konnte. Außerhalb des Unterrichts, in der Freizeit, bei Spiel und Sport, haben die Heimschulen viele Möglichkeiten, jene »Vorschule der Verantwortung« zu entwickeln, die von den Anstalten mit fünf bis sechs Stunden Tagespensum gerechterweise kaum verlangt werden kann.

Wir wollen aber noch kurz bei einer psychologischen Vorerwägung verweilen. Wodurch werden Kinder vor der Pubertät überhaupt dazu bewogen, kleine Verantwortungen willig zu übernehmen? Weil es ihr Selbstgefühl erhöht, wenn man sie schon an irgendeiner Stelle der Ernstwelt braucht und ihnen etwas zutraut. Dadurch wird das niedere egoistische Ich eine Stufe emporgehoben in der Richtung auf das höhere Selbst. Auf diese Verwandlung des Geltungsstrebens in Bereitschaft zur sittlichen Pflichterfüllung hat Friedrich der Große seine ganze Moralauffassung gegründet. Er war zu sehr Menschenkenner, um den Durchschnittsnaturen gleich das erhabene Ethos der Pflicht zuzumuten. Er spekulierte aber darauf, daß die Eigenliebe *(amour propre)* empfänglich sein werde für jede Anerkennung des Wertes der eigenen Person und daß sie hoch über der bloßen *amour de soi* (Eigensucht) stehe. Diese Dynamik funktioniert auch heute noch. Schon ein Hund edler Rasse zeigt an seinem ganzen Gehabe, wie stolz er darauf ist, die Aktentasche seines Herrn im Maul nach Hause tragen zu dürfen. Auch Kinder sind stolz darauf, wenn man ihnen eine verantwortungsvolle Aufgabe anvertraut. Sie wachsen daran innerlich. Daraus lernen sie auch schon den Imperativ: »Achte auf dich selbst!« verstehen. Das ist zugleich eine Stufe zum Verständnis des anderen Gebotes: »Achte dich selbst.« Für die Zeit vor der Pubertät wollen wir uns also eine solche Vorschule der Verantwortung gefallen lassen.

Schön ist es, wenn die Entwicklung dann geradlinig weiter verläuft und dieser Quell der Selbstachtung immer kräftiger sprudelt. Aber wie, wenn schon in der Kindheit die Ansätze ausbleiben? In der Mehrzahl der Fälle überwiegen im kindlichen Gemüt der Leichtsinn, die Hingabe an die Verlockung des Augenblicks, die verantwortungslose Genußsucht. Es fehlt ja noch die Einsicht in die Verkettungen des Zusammenlebens, aus denen die Verantwortungen hervorgehen. Und sollte die Einsicht nicht fehlen, so fehlt doch die moralische *Kraft*, gemäß der Einsicht zu handeln, die Einsicht praktisch durchzuhalten. Es fehlt der »lange Wille«.

Da liegt nun das zentrale Problem der Erziehung zum verantwortlichen Handeln. Soviel aber hat sich schon rein psychologisch herausgestellt: Diese Erziehung ist beinahe identisch mit der Erziehung zur *Selbstverantwortung*. Wer nicht so viel auf sich selbst hält, daß er von sich selbst um seiner eigenen Ehre willen Zuverlässigkeit verlangt, dem werden die fremden

Menschen, Lebewesen und Dinge, die ihm anvertraut sind, auch nicht ehrwürdig sein.

Man erschrecke nicht, wenn ich den Rat gebe, bei den Versagern, die sich nicht selbst disziplinieren können, gelegentlich auch auf den militärischen Stil zurückzugreifen: Mit den Leichtfertigen müssen Verantwortungen gleichsam exerziert werden. In der geschlossenen Gruppe stärkt sich auch die Kraft der Schwachen, und man wird an Ehrbegriffe gewöhnt, die das Herausspringen aus der Reihe als verächtlich erscheinen lassen. Wem dieser Vergleich mit dem Soldatentum nicht gefällt, den verweise ich auf die Schiffsmoral. Auf See kann man nicht warten, bis sich der einzelne seiner Verantwortung erinnert: Wenn keine höheren Motive wirksam sein sollten, so muß jeder einzelne schon um seiner selbst willen bei der Stange bleiben.

Es ist ein Irrtum, wenn man glaubt, daß solche Bindungen mit dem Geist der Demokratie nicht vereinbar seien. Im Gegenteil: die Demokratie ist die Staatsform, die am meisten auf die Herausbildung eines Gesamtwillens und Gemeinwillens angewiesen ist. Er muß geradezu in jedem einzelnen drinsitzen. Denn der demokratische Staat muß von *jedem* mitgetragen werden. Ein solcher Staat kann überhaupt nicht leben, wenn in seinen Bürgern das Verantwortungsbewußtsein für das Ganze nicht zur politischen Grundtugend geworden ist. In ihm gibt es nicht die Gleichgültigkeit des *laissez faire, laissez aller*.

Der Jugendliche in der Pubertätszeit aber ist in der Regel voll von einem unbändigen Drang nach Freiheit. Ich habe im Anfang einen »gefährlichen Augenblick« bezeichnet, in dem der Heranwachsende gewahr wird, daß man seine Freiheit durch allerlei Bindungen verkürzt hat. Diesem Erwachen ist nur dadurch eine fruchtbare Wendung zu verleihen, daß man dem Aufsässigen Leistungen überträgt, die ihm das Gefühl geben, daß man ihn braucht und daß auf ihn gezählt wird. Andernfalls wird er zum Ausbrecher aus der Ordnung der Gesellschaft. Das vielerörterte Problem der Halbstarken ist das Problem derer, die in der Tiefe Großes wollen, aber nicht den Boden finden, wo sie Wertvolles leisten und zugleich dem Drang ihrer Phantasie Genüge tun könnten. Geld brauchen sie nicht; das haben sie heute genug. Aber sie wollen *Geltung*. Dann würden sie auch allmählich in Verantwortungen hineinwachsen. Hiermit ist ein soziologisches und pädagogisches Zentralthema berührt.

III

Es fehlt noch vieles, was unter den Stichworten »Verantwortung« und »Erziehung zum Verantwortungsbewußtsein« behandelt werden müßte.

Soeben wurde festgestellt: In demselben Augenblick, in dem der junge Mensch reif geworden ist, zu verstehen, was Verantwortung eigentlich bedeutet, erwachen in ihm auch die Gegenkräfte, die ihn reizen, die Fesseln der Verantwortung abzuwerfen. Das uralte Menschenlos: die Erkenntnis des Guten trägt schon die Verlockung zum Bösen in sich! Oder hat der Heranwachsende doch noch nicht verstanden, was beim Mündigwerden von ihm erwartet wird? Jedenfalls: es gibt mehrere *Stufen der Bereitschaft*, für sittliche Verpflichtungen einzustehen.

In einem ersten Stadium bilden sich die Motive dazu auf sehr primitive Art. Es wird jeweils ein bestimmter Auftrag erteilt, und der Zögling wird zur Verantwortung gezogen, wenn er ihn nicht erfüllt. So entsteht ein Katalog von kleinen Pflichten auf der einen, ständige Erfüllungskontrolle auf der anderen Seite. Damit allein kann sich aber ein sittliches Gemeinwesen noch nicht zufriedengeben. Im günstigen Falle ergibt sich aus den Einzelbindungen eine allgemeine Diszipliniertheit. Von da ist noch der entscheidende Schritt zu tun bis zur freiwilligen Übernahme von Aufgaben, die kein Vorgesetzter gestellt hat und deren Erfüllung niemand überwacht. Damit wäre dann das *Ethos der Freiheit* erreicht, das so langer, umständlicher Vorbereitungen bedarf. Ich nenne die Unterstufe: *Auftragsverantwortung* (beziehungsweise *Ausführungsverantwortung)*; die Oberstufe: *Initiativverantwortung*. Bei der letzteren ist nicht mehr, wie Schiller sagt, »die abgeängstigte Pflicht« maßgebend, sondern der freie Wille des Edlen, der die Sorge für Angelegenheiten der Allgemeinheit übernimmt, ohne daß ihn jemand dazu nötigte. Er ist zum Mittragen von Diensten bereit, die ihm nichts einbringen. Das sind die Menschen der starken Schultern im sittlichen Sinne. Die »Ganzstarken« könnte man sie nennen, in Erinnerung an den Gegenpol: die Halbstarken, die mit dem Unfug großtun.

In der Tiefe seines Herzens möchte jeder zu jenen Vornehmen im Geist gehören. In jedem lebt ein Geltungstrieb. Nur verfehlt er manchmal den richtigen Weg nach oben. Es kommt darauf an, daß die Erziehung den Hebel an der Stelle ansetzt, wo der Mensch seine maßgebenden Ehrbegriffe bildet. Leider haben wir in Deutschland in dieser Hinsicht keine so tatkräftige Tradition, wie sie etwa in England besteht. Zum Gentleman gehört ein Gemeinsinn, der die Angelegenheiten der Grafschaft, des Landes, des Empire spontan mitzutragen bereit ist. Die Ehrbegriffe in Deutschland haben eine abweichende Geschichte. Sie haben ihre Stärke in anderer Richtung.

Um den Geist der Verantwortungsbereitschaft in den entscheidenden Jahren zu beleben, sollte man eine Zwischenstufe verwerten, die sich von selbst anbietet. Es gehört seit Urzeiten zum Stil des Jugendlebens, daß sich die Sechzehn- bis Zwanzigjährigen in freien Gruppen zusammenschließen. Ihr Gehalt reicht von der Pflege bloßer Jugendfröhlichkeit, die immer geneigt ist, über die Stränge zu schlagen, bis zu ernsten und großen Vorhaben, die selbst über die erwähnten »Projekte« von Kurt Hahn hinausgehen. Von Zeit zu Zeit tauchen sogar Jugendbünde auf, deren Mitglieder sich irgendwie als Verschworene einer besseren Zukunft fühlen. Diese Gruppen müssen klein bleiben, weil die Kraft für große Kulturaktionen noch nicht ausreicht. Man muß das Ziel in einer führenden Persönlichkeit, die für jeden sichtbar ist, verkörpert finden. Sich gegenüber einer anonymen Macht verantwortlich zu binden, wäre man noch nicht fähig. Sehr oft hat sich der Stil der alten Gefolgschaften in solchen Kreisen noch lebendig erhalten. Der Name erweckt in uns allerdings ebenso unerfreuliche Erinnerungen wie der ursprünglich edelsinnige Ausdruck für Bruderschaften: »Orden«. Und doch haben die Wegbereiter der Zukunft vielfach den soziologischen Charakter von Orden gehabt. Auf die geistlichen Orden folgten Ritterorden, die sich schon großen Werken der weltlichen Kultur gewidmet haben. Selbst in der säkularisierten Welt von heute bleibt in den Jugendbünden noch etwas vom ritterlichen Ideal lebendig: Aus freiem Entschluß einer hohen Sache zu dienen, darin den Maßstab der persönlichen Ehre zu finden, für beide zu kämpfen und zu opfern – das ist für die Jungen von heute verlockend. Die Erscheinungsformen wandeln sich; der gesellschaftliche Grundtypus beharrt.

Seit dem Kriegsende sind schon wieder einige solcher Verbandsformen sichtbar geworden, in denen man lernt, was es heißt, freiwillig Verantwortung zu übernehmen. Vorläufig handelt es sich um das Wiederaufleben älterer Gruppen, in denen noch nicht der volle Geist gerade unserer Gefährdungen, Aufgaben und Verantwortungen weht: Nachbarschaftsgilden, Pfadfinder, Jugend-Rotkreuz und andere. Wir wollen uns darüber freuen, ebenso wie über konfessionelle oder berufliche Jugendvereinigungen. Es ist üblich geworden, alle Problematik unserer Tage auf die vielberufene industriell-technische Gesellschaft zurückzuführen. Ganz allein aber bestimmt sie weder unser Schicksal noch die uns gestellten Lebensprobleme, etwa Wiedervereinigung Deutschlands, Europa-Idee, Hilfe für die unterentwickelten Völker. Das wahrhaft Wesentliche kann nicht der Welt der *Mittel* entnommen werden. Zuletzt kommt es auf sittliche Neuschöpfungen an und auf den sehr tief liegenden Glauben, der allein dazu Kraft gibt.

Zu den noch nicht voll gelösten Aufgaben in Deutschland gehört auch der Ausbau der Demokratie. Die Demokratie ist die Staatsform, in der die verschiedensten Richtungen, auch weltanschaulicher Art, nebeneinander Raum und Recht finden sollen. Sie ringen miteinander, durch Spannung streben sie zum Ausgleich. So entsteht die doppelte Verantwortung einerseits für die Überzeugung der Gruppe, zu der man sich bekennt, andererseits für das größere Ganze, das immer mitgetragen und immer neu gestaltet werden muß. Da ist nichts fertig, alles ist noch Aufgabe. Der Staat eines Volkes aber trägt zuletzt Verantwortung für die Menschheit und die Lenkung ihres Weges nach oben – zu einer sittlichen Humanität.

Gemessen an so großen Dimensionen können die Jugendgruppen immer nur »Vorschulen« der Verantwortung sein. Man übt sich, den sittlichen Gehalt einer kleinen Gemeinschaft mitzutragen, und lernt auch schon, ihr in der Mitwelt zu Ansehen zu verhelfen, dadurch, daß man den eigenen Schild rein erhält und für das Volksganze an seiner bescheidenen Stelle Wertvolles leistet.

Das alles aber bleibt Vorstufe und Vorschule für höhere und ernstere Anforderungen, die einmal kommen werden. Die *Schule der großen Verantwortungen* ist die Sache von reifen Männern, die das Leben im Beruf, im Staat und in den Religionsgemeinschaften als sittliche Aufgaben begriffen haben. Dafür muß man vieles vom Privatleben zum Opfer bringen. Man muß sich als Pfeiler im flutenden Meer bewähren. Diese Schule der großen Verantwortungen endet nicht, solange man auf Erden wandelt und wirkt, Schicksale bewältigt und Neues gestaltet.

Mein Stufenbau wölbt sich einer Spitze entgegen. Da muß nun endlich auch ausgesprochen werden, vor *wem* man denn diese Verantwortungen trägt. Die zur Reife Gelangten sind alle frei. *Wer* darf sie denn binden?

Man trägt diese Pflichten vor den menschlichen Gemeinschaften, denen man angehört und für die man arbeitet.

Noch mehr: man trägt sie vor sich selbst, vor dem eigenen höheren Selbst, dessen überirdische und überzeitliche Abkunft sich in der geheimnisvollen Stimme des Gewissens bekundet.

Endlich: Man trägt diese Verantwortungen in gehorsamer Hingabe an das höchste Wesen, in dem alle unsere Freiheiten und unsere Bindungen ihren sinngebenden Ursprung haben. Mit unseren letzten und tiefsten Verantwortungen stehen wir unmittelbar vor Gott.

Das Gesetz der ungewollten Nebenwirkungen in der Erziehung*

1962

Vorwort

Das dritte Heft, das sich den beiden früheren, im gleichen Format erschienenen Abhandlungen: ›Der Eigengeist der Volksschule‹ und ›Der geborene Erzieher‹ wider Erwarten hinzugesellt, hat mit ihnen die Absicht gemeinsam, ein Beispiel zu geben, wie man an den Ausbildungsstätten für künftige Lehrer philosophisch-pädagogische Gedankengänge durchführen kann. Es kommt – wie bei einer botanischen Exkursion – darauf an, einen Weg zu wählen, auf dem man möglichst viele interessante und problematische Stellen berührt. Im vorliegenden Fall ist außerdem ein Kunstgriff angewandt worden. Wenn ich im voraus verriete, worin er besteht, verlöre er seinen Reiz.

Eben dieser Kunstgriff aber hat einen etwas langatmigen Titel des Ganzen zur Folge. Warum ich nicht den von Wilhelm Wundt her bekannten Ausdruck »Das Prinzip der Heterogonie der Zwecke« übernommen habe, ist im Text begründet worden …

Ein »erwünschter Nebenerfolg« dieser Schrift wäre es, wenn die Enthusiasten der Schulreform einsähen, daß es die absolut gute Organisation des Bildungswesens nicht geben kann. Überall muß man Nachteile mit in Kauf nehmen, die von den Vorzügen unabtrennbar sind. Im 18. Jahrhundert wußte man besser über das Gesetz der »Kompossibilität« Bescheid als wir heute. Wenn sich in einem Entwurf allzuviele ungern geschlossene Kompromisse vereinen, kommt keine charaktervolle Gestalt heraus, hinter der ein entschiedenes Wollen läge. In dieser Schrift ist der Versuch gemacht worden, auf das eine *Bildungsziel zurückzugreifen, das überall und immer nottut. Es ist dasjenige, das aus dem Grundgedanken einer* Päd-

* Meinem lieben Freunde Hans Walter Bähr.

agogik der Freiheit *folgt. Man kann ihm in der Wirklichkeit noch mannigfache Ausprägungen und Ausweitungen geben, die nicht Beliebigkeiten und nicht Kompromisse wären, sondern in der Gesamtstruktur des modernen Kulturlebens je an ihrem Platze eine tiefe Berechtigung hätten.*

Der Kunstgriff, von dem ich gesprochen habe, ist zuerst angewandt worden in einem Vortrag, den ich auf Einladung der Bezirkslehrerschaft in Kirchheim/Teck am 18. November 1960 gehalten habe. Die Lieblichkeit des Ortes wie die Liebenswürdigkeit der Gastfreundschaft sind mir in freundlicher Erinnerung geblieben. Im hohen Alter braucht man nicht wie Ben Akiba dem Gefühl zu verfallen, es begegne einem immer und überall nur das Gleiche. Im Gegenteil: man gewinnt ein stärkeres Gefühl für die Seltenheiten jeder Art ...

I. Teil

I. Umgrenzung des Gesetzes

Der Titel dieser Betrachtungen mag befremdlich wirken. Die Sache, um die es sich handelt, ist jedem aus eigener Erfahrung bekannt. Was ist alltäglicher, als daß unsere Absichten, auch die bestdurchdachten, vom ernsten Gang des Schicksals oder vom törichten Zufall durchkreuzt werden? Wir können planen, wollen, handeln; die Erfolge haben wir nicht in der Hand. Auf keinem Gebiet tritt dies so deutlich und enttäuschend zutage, wie auf dem der Erziehung. Darüber ein eigenes Buch zu schreiben, scheint überflüssig; denn jeder weiß das ohnehin. Es scheint sogar gefährlich, weil es die frohgemute Zuversicht junger Erzieher lähmen könnte.

Aber der Ton liegt gar nicht auf den Fehlwirkungen oder den ungewollten Nebenwirkungen als solchen. Der Titel will gelesen werden: ›Das *Gesetz* der ungewollten Nebenwirkungen‹. Es geht nicht darum, noch einmal über »des Lebens labyrinthisch irren Lauf« zu klagen. Wenn von einem Gesetz gesprochen werden darf, erfährt das unheimlich Irrationale doch eine Art von Milderung, und was zum Pessimismus Anlaß geben könnte, wird zugleich von dem tröstlichen Schimmer gefärbt: hier waltet ein Regelfall des Lebens. Ein solcher darf dem Pädagogen nicht fremd bleiben; denn er will ja fürs Leben erziehen. Also muß er in seinem eigenen Handeln auf Zusammenhänge gefaßt sein, die aus der Menschenwelt nicht zu entfernen sind. Er wird sie entweder von vornherein miteinkalkulieren und möglichst zum Besten kehren. Oder er wird sich innerlich damit abfinden müssen, eben weil ihm, dem Menschenerzieher, nichts Menschliches fremd sein darf.

Zunächst aber muß er sich einmal über das Gesetz besinnen. Es besagt in allgemeiner Fassung nur, daß bei unserem Handeln immer noch etwas anderes herauskommt, als was wir gewollt haben. Jedoch wechselt seine Tragweite je nach den Regionen, die es beherrscht, weil die Faktoren wechseln, die dabei eine Rolle spielen. Man darf erwarten, daß es einen erheblichen Unterschied macht, ob wir nur auf Sachen oder auch auf beseelte Wesen, ja gar Personen einwirken. Mit der Durchprüfung solcher Möglichkeiten muß die Erörterung beginnen.

A. Die Tätigkeit des Erziehers ist eine Art des menschlichen Zweckhandelns. Dieser Zwecksetzung liegt ein ganzer Plan zugrunde. Seine Durchführung aber erfordert eine Fülle kleiner Einzelakte, von denen jeder seinen besonderen Zweck verfolgt. Solange das pädagogische Handeln noch nicht in seiner vollen Eigenart charakterisiert ist, mag ein Bild erlaubt sein, das noch sehr unbestimmt bleibt: Der Wille zu erziehen beruht auf einer Art von Formungsabsicht. Der Erfolg des Erziehens soll eine Form oder Gestalt des Menschen sein. Aber das Formen überhaupt verläuft sehr verschieden je nach der Beschaffenheit und Eigengesetzlichkeit des Materials, das geformt werden soll. Es kann aus totem Stoff bestehen. Das ist der Fall bei jeder Art von Handbearbeitung oder Handwerk; (das Wort »behandeln« hat da seinen Ursprung). Es kann aus Lebendigem bestehen, seien es Tiere oder Pflanzen. Hier ist ein viel geringerer Spielraum für die Formung gegeben. Alles Lebendige hat seine eigene innere Formtendenz. Wir reden von Zucht und Pflege. Aus diesem Bereich stammt der Name her, der sich für das Ganze sinnvoller Gestaltung der materiellen und geistigen Umwelt des Menschen eingebürgert hat: *Kultur*. Denn das lateinische Wort cultura ist von colere, pflegen, abzuleiten. Das entsprechende Wort im Neugriechischen πολιτισμός entstammt einem anderen Denkansatz: es betont die Siedelung als Grundlage. Wir stocken ein wenig, wenn drittens auch die Erziehung unter den Gesichtspunkt der Formung gebracht wird und der sich entfaltende Mensch dabei die Rolle des Materials spielen soll. Das ist mindestens ein Anzeichen für das sich aufdrängende Gefühl: In dieser dreistufigen Folge wird die Erreichung des Zieles immer schwieriger, der Widerstand des sog. Materials immer größer.

Widerstand fehlt aber auch auf den früheren Stufen nicht. Überall gilt für unser Zweckhandeln und Formen: Das Erreichte deckt sich niemals ganz mit der Vorstellung, die wir vom Erfolg in uns entworfen haben. Der Erfolg, den wir eigentlich »gewollt« haben, wird nicht genau erreicht. Es geht immer in irgendeiner Hinsicht »schief«. Die Billardkugel nimmt nicht ganz die Laufrichtung, in die wir sie stoßen wollen, und wenn sie gar auf den Rand des Tisches trifft, beginnen ganz andere Faktoren sie mitzudirigieren. Wir sind überzeugt, daß die Bewegungsrichtung und die Ablenkung nie zufällig sind. Überall gelten Bewegungsgesetze. Aber diese wirken sich – wenn man dieses Bild gebrauchen darf – von Anfang an nicht genau im Sinne der Richtung aus, die wir vorschreiben, d. h. »wollen«. Von Anfang an handeln wir in eine Außenwelt hinein, deren Faktoren einer Eigengesetzlichkeit unterliegen. An dieser Grenze beginnt etwas »Fremdes« sein Recht geltend zu machen. Nur indem wir uns diesen Bestimmtheiten unterwerfen, haben wir Erfolg. Naturam parendo vincimus. Und doch bleibt immer ein Rest, der sich mit unserem Wollen nicht deckt.

Mit Bezug auf diesen Rest – nämlich eben »die ungewollten Nebenwirkungen« – sei sogleich bemerkt: Er kann auf Grund weitergehender Erfahrungen zu einem Teil schon vorausgesehen werden. Anderes aber erscheint – »erscheint« – denn auch dahinter mag noch ein regelhafter Zusammenhang liegen – als ganz unberechenbar, zufällig (kontingent), dämonisch oder wie man es nennen will. Diejenigen ungewollten Nebenwirkungen, die sich voraussehen, vielleicht sogar im Sinne unserer Werttendenzen mildern lassen, mögen als Nebenwirkungen erster Ordnung bezeichnet werden. Die der zweiten Ordnung sind störender, aufregender. Die Grenze zwischen beiden Arten ist nicht scharf, weil durch fortschreitende Erfahrung und Erkenntnis gesetzliche Zusammenhänge in der von uns unabhängigen Weltordnung entdeckt werden können, die anfangs unbekannt waren. Eine Frage ganz anderer Art soll vorläufig im Hintergrund bleiben, nämlich die, ob die voraussehbaren Nebenerfolge (also die der ersten Ordnung) in irgendeinem Grade oder irgendeiner Richtung gemäß unserem Wollen lenkbar sind. Das ist von Fall zu Fall sehr verschieden.

B. Unser Gesetz kann zu keiner Zeit ganz unbemerkt geblieben sein. Ausdrücklich als Gesetz formuliert aber hat es nach meiner Kenntnis erst der universale Denker Wilhelm Wundt (1832–1920). Es führt bei ihm einen etwas anderen Namen, der mir nicht ganz glücklich gewählt zu sein scheint. Wundt spricht von dem Gesetz der *»Heterogonie der Zwecke«*. Eine Andersartigkeit (Heterogonie) liegt in der Tat vor. Die Nichtdeckung besteht zwischen den im Wollen vorweggenommenen Zweckvorstellungen und den vom Handeln tatsächlich hervorgebrachten *Erfolgen*. Mir scheint also die Fassung: »Heterogonie der Wirkungen« angemessener. Es kann hier unberücksichtigt bleiben, daß das Gesetz der Heterogonie der Zwecke in der Philosophie von Wundt eines der drei Universalgesetze ist, die auf den verschiedensten Gebieten – in z. T. beträchtlichen Abwandlungen – Geltung haben sollen. Auch wenn man bei der einfachsten Form bleibt, nämlich bei der Diskrepanz von Wollen und Vollbringen, ist es ja kein bloß psychologisches Gesetz, sondern eine Aussage über Ereignisse bei der Auseinandersetzung zwischen dem wollenden Subjekt und dem (vom Wollen unabhängigen) objektiven Weltlauf.

Ich begnüge mich, diejenige Formulierung bei Wundt zu zitieren, die den einfachen Grundgedanken am klarsten zum Ausdruck bringt. Jedoch bezeichne ich meine abweichende Terminologie sogleich durch Zusätze in Winkelklammern: »Regelmäßig überschreitet der objektiv erreichte Zweck ⟨= der Erfolg des Handelns in der Außenwelt oder außerseelischen Welt⟩ das ihm vorausgehende Zweckmotiv ⟨= die den Erfolg vorwegnehmende, das Wollen begleitende Erfolgsvorstellung oder das eigentlich Gewollte⟩. Überall, wo Zweckvorstellungen als kausale Bedingungen in den Verlauf des Geschehens eingreifen, da fällt das als Ursache wirkende Zweckmotiv ⟨die antizipierte Erfolgsvorstellung⟩ keineswegs mit dem als Wirkung dieser Ursache erscheinenden objektiven Zweck ⟨= dem tatsächlichen Erfolg⟩ zusammen, sondern der letztere überschreitet die ihm vorangehende Zweckvorstellung in größerem oder geringerem Maße, oder er bleibt auch, unter dem Einfluß entgegenwirkender Bedingungen, hinter ihr zurück.« [1]

»Jedes nach Zwecken handelnde Wollen erreicht daher Zwecke ⟨Erfolge⟩, die nicht gewollt, weil nicht vorausgesehen waren ...« [2]

Nur flüchtig sei zu dem zweiten Zitat bemerkt, daß das »weil« im letzten Satz befremdlich ist und besser durch ein »und« ersetzt würde. Ferner ist die Fassung im ersten Teil zu speziell. Daß bei unserem Handeln manchmal mehr, manchmal weniger herauskommt, als wir gewollt haben, ist nicht der allein interessierende Fall. Die Formulierung: »der Erfolg enthält anderes, als das Wollen« ist vorsichtiger und allgemeiner.

Zu der einleitenden Orientierung, die hier gegeben worden ist, gehört noch ein letzter Gesichtspunkt: In der sprachlichen Wendung »Ungewollte Nebenwirkungen« liegt nicht notwendig, daß es sich um unerwünschte, zweckwidrige oder gar schädliche Begleiterscheinungen im Erreichten handelt. Es können auch Fälle von der Art vorkommen, daß Saul auszieht, um seines Vaters Eselinnen zu suchen, dabei aber ein Königreich findet. Von Plato hat man gesagt, er habe das Wesen des Guten gesucht und habe die Wissenschaft gefunden. Die folgenden Betrachtungen aber sollen auf die im Wertsinne *unerwünschten* Nebenwirkungen beschränkt bleiben, auf diejenigen also, die, gemessen an dem vom Wollen gesetzten Zweck, einen

---

[1] Wilhelm Wundt, System der Philosophie. 4. Aufl. Leipzig 1919. I, S. 326.

[2] a. a. O., I, S. 327.

negativen Charakter tragen. Erfahrungen dieser Art, mögen sie nun von den rationalisierbaren Nebenwirkungen erster Ordnung oder von den irrationalen, die wir der zweiten Ordnung zurechnen, ihren Ursprung nehmen, wirken nachträglich korrigierend auf das Wollen, seine emotionalen und sachlichen Momente, zurück. Lebenserfahrungen sind immer lehrreich. Die Menschheit verdankt den summierten Erfahrungen manchen echten Fortschritt. Was aber die Korrekturen an dem sachlichen Verhalten auf Grund der tatsächlichen Ergebnisse betrifft, so kann darüber, wie betont, nichts Allgemeines ausgesagt werden. Bei dem Thema, auf das wir lossteuern, nämlich bei den Erscheinungsweisen unseres Gesetzes im Bereich der Erziehung, wird auch diese Frage wieder aufklingen.[3]

II. Erläuterung an vorläufigen Beispielen

Ein Naturgesetz pflegt die eindeutige Aufeinanderfolge zweier begrifflich (ja unter Umständen zahlenmäßig) genau bestimmter Geschehenskomplexe gedanklich isolierend festzulegen. Die Regel, mit der wir uns hier beschäftigen, ist kein Naturgesetz in diesem Sinne. Eher könnte man von einer Unsicherheitsrelation reden. Denn die Regel behauptet, daß immer und notwendig ein Inkongruenzverhältnis eintritt zwischen einem klar umgrenzten Wollen und seinem realen Ergebnis. Wir könnten auch den Ausdruck »Prinzip« anwenden. Es bestätigt sich auf den verschiedensten Gebieten durchgängig, so daß es fast auch als Forschungsmaxime dienen könnte: »Suche stets nach dem Anteil der Handlungserfolge, der *nicht* im Wollen des Handelnden vorgebildet war!« Inhaltlich ist er nicht apriori zu bestimmen, sondern er muß als etwas Faktisches hingenommen werden.

Es ist noch eine ganz andere Fassung möglich, in der die Meinung abgewehrt wird, der nicht gewollte Überschuß unterliege überhaupt keiner Ordnung des Geschehens. Unser Handeln in die von uns unabhängige

[3] Wilhelm Wundt behandelt sein Gesetz der Heterogonie der Zwecke im Grundriß der Psychologie, 10. Aufl. Leipzig 1911, hauptsächlich unter dem Gesichtspunkt der seelischen *Entwicklung*. In Verbindung mit den von Wundt früher aufgestellten durchgehenden Prinzipien des Seelenlebens, vor allem dem der schöpferischen Resultanten, soll das erwähnte Gesetz die wesensmäßige Steigerung des Seelenlebens aussprechen. Wird es vorwiegend auf klar umrissene Willensvorgänge bezogen, so hat es besondere Bedeutung für die Ethik. An dieser Stelle lautet Wundts Formulierung folgendermaßen: »Hier stellt sich ... das Verhältnis der *Wirkungen* zu den vorgestellten Zwecken so dar, daß in den ersteren stets noch Nebeneffekte gegeben sind, die in den vorausgehenden Zweckvorstellungen nicht mitgedacht waren, die aber gleichwohl in neue Motivreihen eingehen und auf diese Weise entweder die bisherigen Zwecke ⟨Zwecksetzungen⟩ umändern oder neue zu ihnen hinzufügen.« S. 405.

Welt hinein trifft immer auf Eigengesetzlichkeiten, die in ihr maßgebend sind. Manchmal ist die Eigengesetzlichkeit der betreffenden Bereiche noch unbekannt; manchmal ist sie schon erforscht, so daß man von Anfang an mit ihr »rechnen« muß. Manchmal kann man auch diesen »Widerstand« noch beeinflussen und lenken, manchmal kann man es nicht. Das alles bleibt in der Schwebe. Sicher ist nur der Zusammenstoß unseres Handelns mit Faktoren, die einer Eigengesetzlichkeit unterliegen, und die Inkongruenz zwischen dem Inhalt des Wollens und dem erzielten Effekt. Mehr soll unser »Prinzip« oder »Fundamentalgesetz« nicht besagen.

»Die von uns unabhängige Welt.« Sie kann beginnen an jener rätselhaften Grenze, an der Eigenseelisches sich in Nichtseelisches (Physisches oder Geistiges) umsetzt. Sie kann auch erst dort beginnen, wo unser Eigenleibliches auf außerleibliche Materie (Dinghaftes) trifft. Dieses hochmetaphysische Problem wollen wir unerörtert lassen, weil wir sonst schwerlich zu den praktischen Fragestellungen gelangen würden; wir begnügen uns hier mit den populären Anschauungen.

Wenn wir nun erläuternde Beispiele suchen, werden wir sie nach Gebieten gruppieren müssen, die verschiedene Arten von Eigengesetzlichkeit repräsentieren. Auch darin verfahren wir gemäß den gängigen Unterscheidungen. Wir fragen einfach, auf welche Art von Wirklichkeit unser vom Wollen gelenktes Handeln »auftrifft«.

A. Beispiele aus dem Bereich der unbelebten Materie

Wir pflegen dieses Gebiet mit dem Zuständigkeitsbereich der physikalischen Konstruktion gleichzusetzen. Das ist nicht unzweckmäßig. Denn das tragende Sein der Kräfte und Stoffe bleibt verborgen. Wir wissen aber, daß wir überall, auch bei den Organismen, Geistträgern und Geistesgebilden, eine Schicht vorfinden, die mit den Begriffen und Methoden physikalischer Untersuchung erforscht werden kann. Also bestimmen wir das Sachgebiet von den geeigneten Mitteln seiner gedanklichen Erfassung her.

1. Wenn ich mir den Zweck setze, zwei parallelstehende senkrechte Mauern zu überdachen, so treten bei der Wahl horizontal liegender Balken nur geringe Nebenwirkungen auf. Wähle ich aber ein Giebeldach, so entsteht von oben her ein seitlicher Druck auf die Mauern, der sie nach außen drängt. Dieser nicht gewollte Nebenerfolg nötigt mich, die Mauern in geeigneter Weise zu verstärken. An sich habe ich an solchen Stützpfeilern kein Interesse. Sie werden mir auferlegt durch Gesetze der Statik und Dynamik. Jedes Kind macht mit seinem Baukasten bereits Erfahrungen

dieser Art. Jeder Baumeister muß unablässig seine rein gedanklichen Konstruktionen gemäß den Nebenwirkungen korrigieren, die sich bei der Umsetzung in die Stoffwelt bemerkbar machen.

2. Der Motor meines Automobils funktioniert zweckentsprechend. Aber nach einiger Zeit erhitzt er sich. Zur Abwehr dieses ungewollten Nebenerfolges muß ich einen Kühler einbauen. Ich als Maschinenbauer habe kein Interesse an der Kühle. Aber die Eigengesetzlichkeit, die in der materiellen Welt herrscht, zwingt mir die zusätzliche Einrichtung auf.

Beide – sehr einfachen – Beispiele haben gemeinsam, daß die Unschädlichmachung der ungewollten Nebeneffekte leicht gelingt. Das ist nicht immer der Fall. Es gibt für den Menschen Grenzen der technischen Möglichkeiten. Die Wirkungen der Schwerkraft sind nicht auszuschalten. Ein Perpetuum mobile läßt sich nicht konstruieren, weil das Gesetz von der Erhaltung der Kraft nicht überwunden werden kann.

B. Aus dem Bereich des Organischen

1. Wenn ein Landwirt einen Wald abhaut, um aus dem Holz Gewinn zu ziehen, verändern sich in der ganzen Gegend die klimatischen Verhältnisse, die Flora und die Fauna. Große Landstriche sind durch Maßnahmen solcher Art, die an sich unbedenklich schienen, unfruchtbar geworden.

2. Die Ausrottung von Tierarten, die als Insektenvertilger nützlich sind, läßt schädliche Insekten überhand nehmen. Will man diese bekämpfen, muß man eine andere Tiergattung ansiedeln, die jenen Insekten feindlich ist. Die neue aber schadet vielleicht der erwünschten Pflanzenwelt in einem Grade, auf den man nicht gefaßt war. So geht der Prozeß des Gedeihens und Vernichtetwerdens hin und her: das Leben bewegt sich nach seinen eigenen Gesetzen und nimmt nicht Rücksicht auf die Eingriffe des Menschen mit seinen sehr einseitigen Zwecksetzungen. In seinem ›Murnauer Tagebuch‹ erzählt Walter v. Molo eine amüsante Geschichte. Er will aus einem versumpften Teil seines Besitzes die lästigen Kröten vertreiben, legt einen Weiher an und besetzt ihn mit Karpfen, den Kaulquappenvertilgern. Aber nun überwuchern die Karpfen, und nach weiteren Maßnahmen des unbeholfenen zweiten Weltschöpfers endet die Kette damit, daß die Kröten wieder da sind.[4]

---

[4] Walter v. Molo, Die Weiher-Tragödie. In: Wo ich Frieden fand. München 1959. S. 224.

C. Aus dem menschlichen Gesellschaftsleben

1. Man will die Löhne der Arbeiter um ihres Wohlstandes willen erhöhen. Infolgedessen steigen die Preise der Gegenstände des menschlichen Bedarfs, die von den Arbeitern erzeugt werden. In kurzer Zeit ist die Kaufkraft des Geldes so gesunken, daß die Arbeiter nicht besser dran sind, als sie es vor der Lohnerhöhung waren. Der circulus vitiosus setzt sich fort.

2. Industrielle Anlagen bestimmter Art fördern die Lebenshaltung der Bewohner eines Gebietes. Durch die Abwässer aber wird die Trinkwasserversorgung geschädigt. Das wirkt auch auf die nichtindustrielle Bevölkerung zurück. Kostspielige Einrichtungen werden nötig, die in der wirtschaftlichen Zwecksetzung selbst gar nicht mitgewollt waren. Fischsterben folgt der Verschmutzung der Wasserläufe. Schwimmvögel gehen an den Ölmassen, die ins Meer geraten, zugrunde. Wir haben noch keine ausreichende Vorstellung von dem vollen Umfang der ungewollten Nebenwirkungen, die die Industrialisierung mit sich bringt und künftig mit sich bringen wird.

3. Um den Verkehr zu regeln, führt man in der Hauptstraße einer Stadt Verkehrssignale ein, die die Durchfahrt öffnen oder sperren und gelegentlich auch einmal einem Fußgänger gestatten, den Fahrdamm zu überschreiten. Nunmehr ergießt sich die Flut der Wagen in eine Parallelstraße, in der sie von solchen Einrichtungen keinen Aufenthalt zu gewärtigen haben, und die Hauptverkehrsader wird leer. –

Die letzten Beispiele haben besonders deutlich hervortreten lassen: Unser Gesetz oder Prinzip spielt in der gesamten menschlichen Kultur eine keineswegs förderliche Rolle. Immer mehr Anstrengungen müssen gemacht werden, um unbeabsichtigte Schäden, die durch eben jene wohltätige Arbeit in die Welt gekommen sind, zu beseitigen. Immer mehr Abwehrmaßnahmen und Korrekturen werden erforderlich. Gerade im gegenwärtigen Stadium von Industrie und Technik empfinden wir besonders stark, daß schwere Kalamitäten als Seitenwirkungen eines an sich heilsamen Tuns emporwuchern. Daraus folgt vielfach schon eine panikartige Unsicherheit des Handelns, also eine psychische Rückwirkung auf das handelnde Subjekt, die den Optimismus von W. Wundt Lügen straft. Man wird an den Ausspruch von Kierkegaard erinnert: »Heirate, du wirst es bereuen; heirate nicht, du wirst es bereuen! Heirate oder heirate nicht: du wirst beides bereuen!«[5]

[5] Sören Kierkegaard, Entweder – Oder. Ein ekstatischer Vortrag. 1842.

Unser Thema ist umrissen. An den Beispielen hat sich nebenbei bestätigt, daß es drei Arten von ungewollten Nebenwirkungen gibt: eine erste Art ist (bei fortschreitender Erfahrung) vorauszusehen und auf Grund der Voraussicht einigermaßen im Sinne unserer eigentlichen Absichten zu korrigieren. Eine zweite Art ist vorauszusehen, aber auf dem einmal eingeschlagenen Wege nicht unschädlich zu machen. Eine dritte Art kann weder vorausgesehen noch kompensiert werden. Dahin gehören einmalige Schicksalskonstellationen, die ganz unberechenbar, unerwartet, unheimlich hereinbrechen und unsere Absichten durchkreuzen. Die Grenzen zwischen diesen Spielarten sind, wie hervorgehoben, fließend; schon deshalb, weil die beteiligten handelnden Subjekte mit ungleichen Begabungen und Kenntnissen ausgestattet sind.

Allen ungewollten (meist auch unerwünschten) Nebenwirkungen aber ist gemeinsam, daß sie auf das Bewußtsein des wollenden und handelnden Subjektes *zurückwirken*. Ist die Umbildung der Sinnesart, die sie dort hervorbringen, von ethischer Bedeutung, so ergeben sich neue Gesichtspunkte der Betrachtung. Gerade beim Übergang zur Anwendung unseres Prinzips auf das pädagogische Gebiet werden sie sehr wichtig sein. Ihnen wird daher ein besonderer Abschnitt gewidmet werden müssen.

III. Vorblick auf das Gebiet der Erziehung

Es soll geprüft werden, ob das Gesetz der ungewollten Nebenerfolge und ihrer Rückwirkung auf den Handelnden auch in der pädagogischen Provinz, also für die Erziehung, gilt. Unter Erziehung soll hier jede Art von bewußter Tätigkeit verstanden werden, die einen Menschen in seinem Wesen und Verhalten formen will. Darin ist also eingeschlossen sowohl Wissensbildung wie Charakterformung, sowohl Hineinbildung in die Gemeinschaft wie Anbau einer rein inneren Wertwelt. Kein Zweifel kann daran sein, daß diese vielgegliederte Tätigkeit unter den Oberbegriff »Zweckhandeln« fällt. Nicht ein gelegentliches Handeln ist gemeint, sondern ein planmäßiges Einwirken, das sich lange fortsetzt und aus einer Fülle von kleinen gezielten Akten besteht. Das »Material«, das geformt oder gebildet werden soll – wir bedienen uns dieses Ausdrucks immer nur zögernd –, ist ein Individuum; nur indirekt über den Einzelnen kann auch eine Gruppe erzogen werden. Und meistens ist dieses Individuum ein noch in der Entwicklung befindlicher »heranwachsender« Mensch.

Der Erzieher ist es, in dessen Bewußtsein die Zwecksetzung stattfindet. Das ist allerdings eine vereinfachende Formulierung. Denn durch die ›Seele des Erziehers‹ (wie Kerschensteiner sein 1921 zuerst erschienenes

Buch nannte [6]) wirken mannigfache Geistesmächte überindividueller Art hindurch: Tradition, aufgeschichtete Geistesgüter, Volksgeist, Zeitgeist, evtl. ein auftraggebender Staatswille – kurz: der Gehalt einer ganzen Kultur und der mit ihr gesetzten verbindlichen Normen.

Auch den Zögling darf man sich nicht als ein isoliertes Wesen denken. Der Erziehungsvorgang ist nicht so, wie man ein Werkstück mit dem Werkzeug bearbeitet. Schon der junge Mensch ist eingelagert in eine vorgegebene Geistesatmosphäre. Er erfährt andere, z. T. ungeregelte Einwirkungen von der ihn umgebenden Welt, zu der außer der Natur ein gegliederter Gesellschaftszusammenhang und mannigfache bereits geprägte Geistesgüter gehören, die er allerdings nur langsam zu verstehen lernt. Aber auch unverstanden wirken sie schon irgendwie, zum Heil oder zum Unheil, formend auf ihn ein.

Getragen von so mannigfachen Geistesmächten, begegnen sich Erzieher und Zögling. Es entsteht zwischen ihnen eine Wechselwirkung, bei der keineswegs alles geplant sein kann. Manches ergibt sich aus dem bloßen Zusammenleben nebenher. Aber unsere Aufmerksamkeit ist gerichtet auf die ausdrücklich gewollten pädagogischen Einwirkungen und auf diejenigen Rückwirkungen des Zöglings, die ebenso ausdrücklich als Antworten auf Erziehungsabsichten angesehen werden müssen.

Um eine einzelne, klar umgrenzte Zielvorstellung handelt es sich also bei pädagogischen Zwecksetzungen in der Regel nicht. Wie komplex die beteiligten Vorgänge sind, wird sich im Fortgang der Betrachtung immer mehr herausstellen. Aber die vereinfachende Ausdrucksweise, der Erzieher wolle etwas aus seinem Zögling »machen«, ist nicht unerlaubt. Sie findet sich sogar bei J. G. Fichte häufig, obwohl gerade er wie kaum ein anderer den zugrunde liegenden Sachverhalt richtig erfaßt hat. In der 2. Rede der ›Reden an die deutsche Nation‹ heißt es z. B. über das Verhalten des Erziehers zum werdenden Menschen: »Willst du etwas über ihn vermögen, so mußt du mehr tun, als ihn bloß anreden; du mußt ihn machen, ihn *also* machen, daß er gar nicht anders wollen könne, als du willst, daß er wolle.« [7]

Das ist bewußte Übertreibung, eine mächtige Aufwallung des pädagogischen Pathos. Trotzdem: es ist von entscheidender Bedeutung für den ersten Schritt in die pädagogische Geisteswelt, daß man sich von dem Irreführenden des Bildes, das hier gebraucht wird, freimache. Grundfalsch ist die verbreitete, durch Mißverständnis von Äußerungen Herbarts noch ge-

---

[6] Georg Kerschensteiner, Die Seele des Erziehers. Leipzig, Berlin 1921.

[7] Johann Gottlieb Fichte, Reden an die deutsche Nation. (Philosophische Bibliothek. N. F. Bd. 204.) Leipzig 1943. S. 31.

stützte Meinung: wenn für die Menschenbildner das *Ziel*, nämlich der so und so zu formende Mensch, feststehe, dann habe der Erzieher sich nur noch an die wissenschaftliche Psychologie zu wenden, um die geeigneten *Mittel* zu finden. Die Psychologie nämlich belehre über die eigengesetzliche Bewegung der Seele, wie die Physik die Gesetze der Bewegung von Körpern zur Verfügung stelle. Daß diese Art von Vereinfachung unzulässig ist, muß jeder einsehen, wenn er sich daran erinnert, daß alles Lebendige – sowohl leiblich wie seelisch – einem von innen zielstrebig gesteuerten Entwicklungsprozeß unterliegt. Man müßte sich also mindestens an *Entwicklungs*gesetze der Seele halten. Wendet man aber ein: schließlich müsse doch in der Seele etwas in Bewegung gesetzt werden, so verfällt man dem radikalen Grundfehler, die pädagogischen Einwirkungen nach dem Modell einer Psychotechnik zu konstruieren.[8]

Man argumentiert dann so: Das Bildungsideal bedeute das Ziel, auf das hin alle seelischen Vorgänge in Bewegung zu setzen seien; es komme also darauf an, diejenigen seelischen Konstellationen herbeizuführen, bei denen es nur noch eines Anstoßes in der gewünschten Richtung bedürfe, wie etwa beim Billardspiel. Man gibt wohl zu, im Seelischen sei alles viel komplizierter als in der materiellen Welt; die vom Erzieher geübte Technik sei also nicht so funktionssicher; aber damit werde es allmählich besser werden, wenn die Psychologie die zu erwartenden Fortschritte mache.

Dieser Vergleich der Erziehung mit einer technischen Einwirkung auf seelische Prozesse gehört einer überwundenen Epoche des Denkens an. Er mußte schon mit dem Aufkommen der Entwicklungspsychologie hinfällig werden. Auch die Ganzheitspsychologie trug dazu bei, ihn verdächtig zu machen. Beide Einsichten haben allerdings immer noch nicht zu der Art von Psychologie geführt, die für die Bewältigung pädagogischer Probleme ausreichen könnte. Solange nicht die Eigenart des Geistigen gegenüber dem Physischen und Psychischen anerkannt ist, werden die entscheidenden Sachverhalte nicht einmal richtig beschrieben, geschweige denn richtige Steuerungen eingeleitet.

Die mit unserem Thema aufgeworfene Frage aber betrifft etwas ganz Spezielles: Es ist zu untersuchen, ob das Gesetz der ungewollten Nebenwirkungen des Handelns auch dann noch seine Gültigkeit behält, wenn die

---

[8] Psychotechnik bedeutet zweierlei: 1) Psychologische Erforschung der Vorgänge, die beim technischen Verhalten des Menschen eine Rolle spielen. Das ist eine unanfechtbare Fragestellung. 2) Behandlung und Beeinflussung des Seelischen nach dem Muster der Technik. Das ist von vornherein ein verfehlter Gedanke. – Herbart selbst ist trotz der Zweck-Mittel-Formel *nicht* Psychotechniker, weil er den Zögling auf die pädagogischen Einwirkungen mit ethisch-ästhetischen Urteilen reagieren läßt.

irrige Analogie mit technischer Lenkung und mit der bloßen Unterstützung von Entwicklungsvorgängen schon überwunden ist. Es wird sich herausstellen, daß das im Gesetz behauptete Inkongruenzverhältnis nicht nur bestehen bleibt, sondern gesteigert auftritt. Damit werden die Hoffnungen auf die erreichbare Funktionssicherheit pädagogischer Methoden enttäuscht, die wahren Ansatzpunkte aber erst in ihrer ganzen Tiefe erkannt.

IV. Zwei pädagogische Fundamentalbeispiele

Da im Gebiet der Erziehung die einzelnen Zweckhandlungen erst von dem Ganzen eines Erziehungsplanes her ihre Bedeutung gewinnen, wird es erlaubt sein, schon als erste grundlegende Beispiele sehr komplexe Zwecksetzungen zu wählen. Es läßt sich zeigen, daß jeder Plan, den der Erzieher aufstellt, ungewollte Nebenwirkungen zur Folge hat. Und zwar erscheint das »Ungewollte« in beiden Fällen, die wir heranziehen, ganz deutlich in der Gestalt des »Unerwünschten«. Das erste Beispiel stammt aus der Problematik der Unterrichtsgestaltung; das zweite wurzelt vorwiegend auf dem Felde der sittlichen Erziehung. Beide Male ist keine erschöpfende Darstellung beabsichtigt; gerade die entscheidenden Umrisse sollen skizziert werden.

A. Beim Unterricht handelt es sich um die Belebung selbständigen Denkens, wozu auch schon gebietsbezogene »Kategorien« gehören, und um den Anbau – ich wähle absichtlich den ungebräuchlichen Ausdruck! – um den Anbau von Kenntnissen. Beim zweiten wird der reiche Wissensbesitz, dessen sich die moderne abendländische Menschheit bereits erfreut, vorausgesetzt. Aus ihm muß unter Bildungsgesichtspunkten (die etwas anderes sind als Bedarfsgesichtspunkte!) ausgewählt werden. Die Auswahl erfolgt nach der sachlichen Wichtigkeit für den Umriß eines Weltbildes, nach der Angemessenheit des Wissens an die jeweils in Betracht kommende Altersstufe, endlich unter dem Gesichtspunkt des formalen Bildungswertes. Das große Problem, das mit der letzten Bezeichnung berührt wird, kann hier nicht nebenbei erledigt werden. Vielleicht begnügt man sich mit der Erklärung: »Formalen Bildungswert haben intellektuelle Einzelgüter und Verstandesübungen dann, wenn sie über die in ihnen gegebene konkrete Erkenntnis hinaus das Denken und Erkennen überhaupt wie auch das Ganze der werdenden geistigen Person zu fördern geeignet sind.«

Im Rahmen der dreistrahligen intellektuellen Bildungsaufgabe sind nun zwei Wege möglich, zwischen denen sich der Lehrer (oder die ihn beauftragende Stelle) grundsätzlich entscheiden muß: Entweder wird der Unterricht nach Fächern aufgeteilt, etwa so, wie es in der wissenschaftlichen

Forschung vorwiegend üblich ist; oder die Kenntnisse werden gemäß den Zusammenhängen angebaut, in denen sie stehen. Das ist noch sehr vieldeutig. Es kann sich um sachliche Ordnungen handeln: Alles in der Welt hängt mit allem zusammen. Es können theoretische (begriffliche) Abhängigkeiten gemeint sein. Endlich aber ist auch an die praktischen Lebenszusammenhänge zu denken, in denen die Gegenstände des Erkennens dem Menschen begegnen; und hier wäre wohl auch die Spezialisierung angebracht: »dem Jugendlichen in seiner Welt zuerst begegnen«.

Man bemerkt: das zweite Prinzip ist von vornherein mit allerhand Unbestimmtheiten belastet. Auch der Name, unter dem es in der Didaktik geführt wird: »Gesamtunterricht« ist nicht sehr glücklich.[9] Denn was ist hier »das Gesamte«? Ist ein System des Wissens gemeint oder eine Lebensverflochtenheit? Da es aber hier bei einer skizzenhaften Darstellung bleiben darf, schneide ich das Problem kurz ab und wähle das Stichwort: *Lebenskreise*. Damit ist sowohl dem Sachzusammenhang wie dem Erlebniszusammenhang Genüge getan. Auch können sich Lebenskreise, um deren Erkenntnis es sich handelt, mit wachsendem Alter und eingehenderem Verstehen sowohl erweitern wie differenzieren. Als Modell für dieses didaktische Prinzip kann man die erste Denkform von Pestalozzi wählen, die ich in der Schrift ›Pestalozzis Denkformen‹[10] darzustellen versucht habe. Es handelt sich um den Kreis der Familie, des Berufslebens und des Staatslebens, zu denen man noch den letzten religiösen Bezug als alles umfassend hinzunehmen mag. Henning und Harnisch sind Pestalozzi auf diesem Wege mit produktiven Erweiterungen und speziellen Anwendungen gefolgt.[11]

Die Alternative, in der sich der Lehrende bei der Aufstellung seines Unterrichtsplanes entscheiden muß, lautet also: Entweder gliedert er den Stoff nach Wissensfächern oder unter dem Leitgedanken der Lebenskreise, in denen überfachlich betrachtete Gegenstände (bzw. Vorgänge) gemäß ihren Sinnbezügen auf das menschliche Subjekt erhalten bleiben. Ich wiederhole: der Name »Gesamtunterricht« für dieses Verfahren beweist, daß seine Vertreter ebenfalls nur von einer nicht ganz geklärten Gesamtvorstellung geleitet waren.

In neuester Zeit ist viel gegen das herkömmliche Verfahren geeifert worden, den Schulunterricht nach Sachgebieten oder »Fächern« zu gliedern, wie es in der Wissenschaft seit uralten Zeiten mindestens Ausgangs-

[9] Über die Vieldeutigkeit der Bezeichnung »Gesamtunterricht« vgl. Franz Vilsmeier, Der Gesamtunterricht. Weinheim 1960.

[10] Eduard Spranger, Pestalozzis Denkformen. 2. Aufl. Heidelberg 1959.

[11] Vgl. Oskar Singer, Harnischs Weltkunde. Leipziger Diss. 1914.

punkt war. Hier waltet das Gesetz der Sache, nicht das der leichteren Aneignung durch den Lernenden. Für den Schüler, besonders den Anfänger, ist es hart, sich in die Abstraktionen zu fügen, die mit dem Prinzip der Gliederung nach Fächern unvermeidlich verbunden sind. Alles wird ihm zerstückt vorgesetzt. Der Vogel Strauß z. B. gehört in die Zoologie. Er ist ein Thema für sich. Vielleicht wird schon ein Skelett von ihm vorgezeigt. Aber wenn sein Lebensraum, die Wüste, in Frage kommt, dann muß eben die Stunde der Erdkunde abgewartet werden, in der ein derartiger Erdstrich als Thema erscheint. In der Wirklichkeit gibt es noch schlimmere Zerschneidungen als die im Beispiel angedeutete. Denn die Lebensräume der Tiere wird man heute gewiß in der Zoologie mitbehandeln. Aber das ist sicher, daß der fachlich gegliederte Unterricht etwas Lebensfernes behält. Er kann nicht danach fragen, ob für die vorgeführten Gegenstände oder die erzählten Begebenheiten schon ein entgegenkommendes Interesse vorhanden ist. Die Folge ist, daß sich im aufnehmenden Bewußtsein nicht genügend Assoziationen bilden. Das Gedächtnis findet nicht genug Stützen und scheidet daher das Fremdgebliebene schnell wieder aus, wenn nicht geradezu »memoriert« wird. Der »Erlebnisunterricht« – auch an ihn ist bei dem Stichwort »Gesamtunterricht« mitgedacht – sucht überall Anknüpfung an schon Bekanntes. Wo derartige »Apperzeptionshilfen« fehlen, tritt leicht jene Zerstückung (Isolierung) der Vorstellungsmassen ein, von denen schon Herbart gesprochen hat. Bloße Fachausdrücke, Jahreszahlen, Klassifikationen (Schubfächer) bleiben im Gedächtnis haften, aber nur kurze Zeit. Wenn der Lernende dieses »neutralisierte« Wissen nicht mehr braucht, nicht einmal mehr für ein zu befürchtendes Examen, wird das Gelernte wieder abgestoßen, noch ehe die Stunde kommt, in der es seine Wichtigkeit voll beweisen könnte. Wie oft ist über diese seelenlose, unbeteiligte Art des Lernens in der Schule geklagt worden!

Sollten wir uns also nicht endlich zur Anordnung aller Stoffe nach Lebenskreisen entschließen, bei der sowohl die Zusammenhänge der Lehrstoffe unter sich wie ihr Zusammenhang mit den Interessen des lernenden Subjektes gewahrt bleiben? Gerade das letztere, die »Lebensverbundenheit« müßte doch alles erleichtern!

Wir werden dabei der Bestätigung unseres Gesetzes von ungewollten und unerwünschten Nebenwirkungen leider nicht entgehen. Sie sind leicht vorauszusehen, noch ehe man darüber Einzelerfahrungen gesammelt hat.

Die Nachteile, die von dem Unterrichtsverfahren auf der Grundlage von Lebenskreisen unabtrennbar sind, seien nur in kurzer Aufzählung angedeutet: 1. Alles kommt nur »gelegentlich« vor – wie es gerade das Hin und Her des Gedankens mit sich bringt. 2. Es kommt bestimmt nicht alles vor, was man über eine einzelne Erscheinung wissen müßte; denn im jeweils gegebenen Zusammenhang bietet sich nur eine ihrer Seiten als belangvoll dar. 3. Nichts kann wirklich bis in seinen Kern verfolgt werden, weil sonst das Ganze, in das es eingebettet ist, aus den Augen verloren würde. Am Brunnen vor dem Tore gäbe der Wasserstrahl, der aus der Röhre fließt, wohl Veranlassung, nebenbei daran das Gesetz vom Parallelogramm der Kräfte zu demonstrieren. Aber dann reichte die Zeit nicht für den Lindenbaum, und in ein Gedicht läßt sich Physikalisches überhaupt schwer einfügen, ohne daß man aus dem ästhetisch bedeutsamen Lebenskreise herausfiele. Das Argument ist natürlich eine scherzhafte Übertreibung. 4. Wenn eine sorgfältig behandelte Einzelheit in einer anderen Verwebung auftritt, wird sie nicht immer und nicht leicht wiedererkannt. Die Fachwissenschaft hingegen stellt das Objekt erst begrifflich fest. Dann kann es daraufhin beobachtet werden, welche variablen Eigenschaften und Bedeutungen es in verschiedenen Sinnzusammenhängen hervorkehrt.

Die Hinwendung zu dem Prinzip des sog. Gesamtunterrichtes hatte ihre guten Gründe. Aber sie hat auch ungewollte Nebenwirkungen gebracht, und zwar so viele, daß man unvermeidlich auf das Prinzip der Gliederung nach Fächern zurückblickt. Auch bei ihm zeigen sich unverkennbare und unabtrennbare Nachteile. Jedoch: schon die eine Tatsache, daß ein Unterricht nach Lebenskreisen nur sehr langsam fortschreiten kann, wird vermutlich dazu führen, daß man dieses Verfahren nur in den ersten Anfängen wählt. Solange die engste Umgebung, die Heimat, noch unbestrittenes Zentrum ist, kann man Fäden des Wissens hin- und herspinnen, um erst einmal das Staunen, Fragen und Verstehen anzuregen. Wer aber würde sich die Kunst zutrauen, einen ganzen Schullehrplan nach dem Prinzip der Lebenskreise aufzubauen? Gewiß, der Mensch muß ein Zentrum haben, ja ein Zentrum sein und bleiben. Das wird aber im Bildungsverfahren nur erreicht, wenn er lange genug aus sich heraus- und über sich hinausgeführt worden ist. Nur dann wird er zuletzt ganz seiner selbst Herr werden.

B. Auch das zweite Fundamentalbeispiel, dem Gebiet der sittlichen Erziehung entnommen, bedeutet mehr ein pädagogisches Programm als eine einzelne Zweckhandlung. Es handelt sich um die Frage, ob im eigentlichen Pubertätsalter, also in der Zeit etwa vom 14. bis zum 19. Lebensjahr, die außerhäusliche Erziehung von Knaben und Mädchen getrennt oder gemeinsam erfolgen soll. Für jede der beiden möglichen Entscheidungen lassen sich gute Gründe anführen; jede aber bringt auch ungewollte Nebenwirkungen. Da die letzteren auf ihren sittlichen Wert hin geprüft werden müssen, greift das Thema stark ins Weltanschauliche hinüber.

Wir erörtern es wieder nur skizzenhaft. Daß in der Familie Schwestern und Brüder gemeinsam aufwachsen und – einigermaßen! – in gleicher Weise erzogen werden, gilt als selbstverständlich und als problemlos. Hingegen ist es in Deutschland alte Tradition gewesen, daß in der höheren Schule und in Erziehungsheimen beide Geschlechter während der bezeichneten Lebensjahre getrennt unterrichtet wurden. Schulreformer haben, eigentlich erst seit unserem Jahrhundert, darin Nachteile für die Entwicklung gesunder seelischer Beziehungen zwischen beiden Geschlechtern gefunden. Das weibliche Wesen werde für den männlichen Teil auf diese Art ein Geheimnis, was es eigentlich gar nicht sei. Es entwickle sich eine schwüle Atmosphäre, eine Überbetonung des bloß sexuellen Verlangens. Umgekehrt werde »das Männliche« nur aus der Ferne gesehen, und daraus ergebe sich wiederum eine falsche Perspektive. Jene »Selbstverständlichkeit« des Zusammenlebens in der Familie gehöre auch in die Schulen und in Erziehungsheime. Die Koedukation werde ohne Zweifel der Versittlichung des Verhältnisses zwischen beiden Geschlechtern zugute kommen. Man solle nicht viel Aufhebens machen von der Verschiedenheit ihrer Wesensart. Später müßten beide doch zusammenleben. Also solle man früh daran gewöhnen und den ersten Begegnungen den Zug des »großen Wunders« nehmen.

Diese Denkweise ist ihrerseits in den letzten Jahrzehnten so »selbstverständlich« geworden, daß die unerwünschten Nebenwirkungen gar nicht mehr auffallen. Die Nivellierung des Unterschiedes von Mann und Frau, vor allem auf der Ebene der Arbeitskameradschaft, ist so weit gediehen, daß das Geschlechtliche als ein bloßes Beiwerk gilt, das die Natur nun einmal nötig gemacht habe. Für das übrige Zusammenleben habe es keinen großen Belang; sei doch die Ehe heutzutage im wesentlichen nur Erwerbsgemeinschaft, und die alte Arbeitsteilung der Geschlechter verliere mehr und mehr ihren Sinn.

Bei einer solchen Einstellung werden die »Nebenwirkungen« kaum noch bemerkt. Sie können daher weder als ungewollt noch als unerwünscht ins Bewußtsein treten. Soll dies wieder geschehen, so müßte die moderne Menschheit eine weltanschauliche Wandlung durchmachen, die zum Teil eine Rückkehr zum Alten, zum Teil aber eine produktive Neubildung bedeuten würde.

Der leiblich-seelisch-geistige Unterschied der Geschlechter ist kein künstliches Produkt einer rationalisierten Gesellschaft, sondern eine Veranstaltung der geistdurchwirkten Natur, und daher der Verfügungsmacht des Menschen weithin entzogen. Diese Differenzierung reicht in metaphysische Tiefen hinab. Es kann daher nicht Erziehungsziel sein, sie zu verharmlosen. Das Geheimnis, das sie umschwebt, *soll* bestehen bleiben. Es verdient Ehrfurcht, weil es produktive Kräfte entfaltet.

Die Koedukation hat Erscheinungen mit sich gebracht, die auf die pädagogische Zielsetzung zurückwirken sollten, in dem Sinne, wie Abschnitt VIII es weiter ausführen wird. Unser Wertbewußtsein bedarf in dieser Hinsicht der Korrektur. Dadurch, daß man der Begegnung der Geschlechter in einem seiner selbst noch unsicheren Alter den Ernst und die Tiefe nimmt, setzt man das Sexuelle der Gefahr aus, zu einem ganz oberflächlichen, verantwortungslosen Spiel zu werden. Negative Erfahrungen an Schulen und Erziehungsheimen liegen in Fülle vor. Die Verfechter der Gemeinschaftserziehung sind gegenüber solchen Tatsachen oft merkwürdig blind. Aber es braucht noch nicht von Gefahren die Rede zu sein. Es ist ein in sich durchaus berechtigtes Programm, daß jedes Geschlecht erst einmal in seiner Eigentümlichkeit erzogen werde und einige Sicherheit in sich selbst erlange. Die Ernstbegegnung *kann* dann auf einer höheren Ebene erfolgen. Schleifen aber Knaben und Mädchen in einem zu frühen Lebensalter ihre spezifische Wesensart aneinander ab, so tritt unvermeidlich eine Verflachung ein. Zarteres Empfinden und eigentliche Produktivität gehen dabei verloren. Es siegt – »was uns alle bändigt, das Gemeine«. Dabei ist das letzte Wort gar nicht sogleich in einem unschönen Sinne auszulegen. Der Dichter denkt an das ganz Alltägliche, Oberflächliche, Sinnentleerte.

Diese Betrachtungen, die sich – wie ich wohl bemerke –, über die Feststellung von Tatsächlichem erheben und im stillen schon ein wenig das Wünschenswerte zur Geltung kommen lassen, dürfen natürlich nicht so verstanden werden, als ob man einfach zu alten, längst entschwundenen Lebensformen zurückkehren könnte oder sollte. Vielmehr: die Beobachtungen von unerwünschten Nebenwirkungen des an sich harmlosen Programms der Koedukation sollten (!) zu produktiven Gedanken über die Neugestaltung dieser wichtigen Seite der Erziehung, der sexuell-erotischen, anregen. Da wir das Thema nur als ein Beispiel herangezogen haben, kann es hier nicht weiter verfolgt werden. Nur drei Gesichtspunkte möchte ich zum Schluß noch anfügen.

1. Wenn unser Gesetz zutrifft, dann wird natürlich auch das System der getrennten außerhäuslichen Erziehung der Geschlechter nicht ohne Nebenerscheinungen bleiben, die man nicht gewollt hat. Jeder Erziehung, die eine gegebene Individualität zu sehr in sich beschränkt läßt, fehlt etwas. Die Mädchen werden es mehr empfinden, wenn das männliche Element ganz fern bleibt, als die Knaben, wenn kein weiblicher Einfluß sich be-

merkbar macht. Da im heutigen deutschen Schulwesen die Koedukation überwiegt, war es weniger nötig, ihr zu Hilfe zu kommen. Die andere Seite mußte hier eine Verstärkung erfahren, weil man sonst ihr Recht vielleicht gar nicht verstanden hätte.

2. Wir begegnen in unserer Gedankenführung hier zum ersten Mal der Tatsache, daß die Zöglinge eine individuelle Veranlagung mitbringen. Das sog. »Material« reagiert also nicht auf gleiche Einwirkungen immer gleich. Es gibt Naturen, für die die gemeinsame Erziehung der Geschlechter heilsam ist, und es gibt andere, denen sie nachteilig ist. So schlimm sind die Folgen im allgemeinen nicht, daß der erziehliche Einfluß bei dem einen oder anderen Verfahren ganz scheitern müßte. Es soll aber zur Anschauung gebracht werden, daß es den absolut besten und allein richtigen Weg der Erziehung nicht gibt. Wenn wir schon früher von der Eigengesetzlichkeit dessen, worauf der zwecksetzende Mensch sein Handeln richtet, gesprochen haben, so trat bei Gelegenheit dieses Beispiels die Einsicht hinzu, wie stark die singuläre Bestimmtheit dieser Eigengesetzlichkeit bei der Erziehung mitspricht. »Jede Individualität reagiert anders.« Das darf der Erzieher nie vergessen. Und auch dies fällt unter das Gesetz von den ungewollten Nebenwirkungen in der Erziehung.

3. Das Beispiel ist nicht um seiner selbst willen, sondern nur zur Erprobung des behaupteten gesetzlichen Zusammenhanges herangezogen worden. Die Problematik, die sich aus dem Hineinspielen sexueller und erotischer Anwandlungen in das Gemeinschaftsleben während der Pubertätszeit ergibt, ist also auch nicht erschöpfend behandelt worden. Die Tatsache, daß sich in den Pausen Knaben und Mädchen voneinander zu sondern pflegen, spricht noch nicht gegen die Koedukation. Das dunkle Gefühl des Ähnlichseins und Andersseins begünstigt das schnelle Zueinanderstreben bzw. Sichmeiden, wie auch gleiche Altersklassen sich gern zueinander gesellen. Während der Pubertät kann ebensowohl Scheu wie Schamlosigkeit zutage treten. Auch dies hängt von den Individualitäten ab.

Anders gestaltet sich die Frage für das reife Alter. Wer die deutsche Universität noch vor der Einführung des Frauenstudiums gekannt hat, weiß, daß damals das Verhalten in den Räumen der Hochschule entschieden sachlicher und ernster war, mochte auch das Liebesspiel sofort vor ihren Toren beginnen. Heute geht ein Teil der Aufmerksamkeit für Flirt und liaisons verloren. Aber es gibt auf beiden Seiten einen Typus, der sich nicht ablenken läßt. Und ich möchte auch nicht die beflügelnde Kraft des Eros in der wissenschaftlichen Gemeinsamkeit entbehren, wenn der Eros rein und durchgeistigt ist. Aber noch einmal: das alles gehört nicht hierher, und es ist nur flüchtig als Anhang erwähnt worden.

V. Das Gesetz und die Grundstile der Erziehung

Die Reihe der Beispiele für die Geltung des Gesetzes, daß bei allem sorgsam überlegten Handeln doch ungewollte Nebenwirkungen eintreten, könnte bis zu ganz konkreten Maßnahmen der Erziehung fortgesetzt werden. Aber eine solche »Kasuistik« würde in Situationen hineinführen, deren vollständige Darstellung in Worten nur schwer gelänge. Es empfiehlt sich daher, bei sehr umfassenden Planungen zu bleiben, wie ich sie in einem früheren Aufsatz unter dem Titel: ›Grundstile der Erziehung‹ erörtert habe.[12] An diese Gedankengänge knüpfe ich hier wieder an; wie man sehen wird: mit leichten Abwandlungen und unter Zuspitzung auf den Nachweis, daß jeder Grundstil unvermeidlich seine Nachteile hat, d. h. zu Erscheinungen führt, die der Erzieher nicht gewollt haben kann, weil sie dem Geist der Erziehung gefährlich werden können. Bei der wiederum skizzenhaften Darstellung soll nach Möglichkeit kein inhaltlich schon festgelegtes Bildungsideal vorausgesetzt werden. Es gibt Erziehungsresultate, die unter allen Umständen bedenklich sind. Natürlich können diese »Rückstände« (Herbart) in dem einen System harmloser sein als in einem anderen. Was in der grundlegenden Schule (Volksschule oder Gymnasium) noch erträglich ist, kann in der militärischen Erziehung verhängnisvoll sein. Ebenso stellt jeder Zweig der Berufserziehung spezifische Anforderungen, an denen die Nebenerfolge gemessen werden müssen. Es ist lehrreich, sich dies im einzelnen zu überlegen. Man erfährt dann, wie bedenklich es ist, in der Pädagogik ganz allgemeine Sätze und Regeln aufzustellen.

Unter »Grundstilen der Erziehung« verstehe ich Rahmenplanungen, durch die die Organisation und der Geist eines Erziehungsganzen bestimmt wird. Sie lassen sich zweckmäßig als Alternativen formulieren, zwischen denen der Erziehungsgestalter wählen kann, ohne »von vornherein« falsch zu verfahren. Das heißt: auf jeder der beiden Seiten liegt ein berechtigter pädagogischer Gedanke.

Das Neue, das nunmehr hinzuzufügen ist, besteht in der Feststellung, daß jeder dieser Stile vermöge seiner Einseitigkeit Nachteile zeitigt, die man mit in Kauf nehmen *muß*, nachdem man einmal gewählt *hat*. Ob sich ein geschlossenes System aller denkbaren und praktisch möglichen Kon-

[12] Eduard Spranger, Pädagogische Perspektiven. 6. Aufl. Heidelberg 1960. S. 93–121.

zeptionen dieser Art konstruieren läßt – wie etwa Kant meinte, seine Kategorientafel sei aus einem eindeutigen Prinzip abgeleitet – dieser Frage käme wohl in einer systematischen Pädagogik erhebliches Interesse zu. Im vorliegenden Zusammenhang aber liegt der Ton auf einem anderen Thema. Man könnte dabei eher an Kants Tafel der Antinomien denken: Jeder These entspricht eine Antithese, die auch etwas Berechtigtes in sich hat: man muß sich aber für eine von beiden Seiten entscheiden, wenn man handeln will. – Die nunmehr schnell hingeworfenen Umrisse der Antithesen muß der Leser aus seiner Einbildungskraft heraus mit Leben erfüllen. Hier werden nur Idealtypen gezeichnet.

1. Der inselhafte (isolierende) und der weltnahe Stil

Der erste beruht auf der Überzeugung, daß man nur in einer gewissen Ferne vom Gewirr der wirklichen Lebens, insbesondere vom Einfluß des herrschenden Zeitgeistes, wirksam erziehen könne. Die Jugend – so argumentiert man – bedürfe in ihrer Werdezeit noch der Schonung; sie müsse aus den Kämpfen der Zeit herausgehalten werden und Schutz vor dem Druck der vollen Realität finden.

Eine Schule, worin sie auch unterrichte, ist niemals schon das Leben selbst. Sie ist ein Sperrbezirk, von dem störende Einflüsse abgewehrt werden. Sie stellt eine künstliche Umwelt her; insbesondere auch eine sittlich umhegte Umwelt. Daß die Gelehrtenschulen ursprünglich Klosterschulen waren, erklärt sich zwar historisch daraus, daß der Klerus im Mittelalter zugleich die antike Wissenschaft tradierte. Aber den klösterlichen Geist übernahm man auch später nicht ungern, weil eine Klausur pädagogisch als heilsam erschien. Und was den Gehalt der Lehre betrifft: das altsprachliche Gymnasium wählte seine Bildungsgüter vorwiegend aus einer bereits abgeschlossenen Kulturepoche, weil sie nicht mehr von der Leidenschaft aktueller Kämpfe umtobt war. Auf einer solchen Insel stiller Sammlung konnte man lernen, was eine Kultur ist, wodurch sie gedeiht und wodurch sie verfällt.

J. J. Rousseau wurde der große Klassiker des isolierenden Stiles. Er hat den aufwühlenden Gedanken in die Welt gebracht, daß man unter Umständen – und in gewissem Maße – auch *gegen* den herrschenden Geist erziehen müsse. Das sollte nie wieder vergessen werden, so seltsam auch vieles an der Durchführung des Gedankens war. Die Erziehungsheime weltlicher Art, die seit den Philanthropisten aufkamen, wurden nicht nur aus Gesundheitsgründen überwiegend aufs Land verlegt. Es war auch ein Sperrgürtel beabsichtigt. Immer spielte der Gedanke mit, nur aus abgeschlossenen Erziehungsgemeinschaften könne wieder »der reine Mensch« hervorgehen. Heute ist der Gedanke nicht sinnlos geworden: man wäre glücklich, wenn man die Reizüberflutung ein wenig von der Jugend abdämmen könnte. Allerdings: ein klassisches Gymnasium mitten in der Großstadt, zu dem die Schüler in Kraftwagen kommen, und dessen Umgebung nichts als Technik predigt, ist ein Stilwiderspruch in sich.

Es gehört nicht viel Phantasie dazu, sich die negative Seite dieses Systems auszumalen. »Weltfremdheit« ist zunächst das Schicksal des jungen Menschen, der ausschließlich Theorien und literarische Berichte über die Wirklichkeit kennen gelernt hat. Mit Mühe und Not ist ihm *eine* lebende Sprache bekannt geworden. Von der Technik versteht er nicht viel: allenfalls ist er in ihre mathematischen Vorbedingungen eingedrungen. Er bewegt sich unsicher auf dem Parkett, sei es nun der Politik oder des Wirtschaftslebens oder der schöngeistigen Salons. Das hat schon Lessing erfahren, als er von St. Afra kam. Ist es möglich, *über* den Dingen zu stehen, wenn man noch nicht in ihnen drin gestanden hat? Die Kategorien, mit denen man vertraut geworden ist, müssen doch sehr erheblich umgedacht werden, um auf die moderne Welt zu passen. Mindestens ist eine Zeit des Übergangs notwendig, ehe die eingeheimsten Bildungsschätze Zinsen tragen. Das gibt jeder zu; es versteht auch jeder. Der Wert der »Abseitsbildung« muß auf einem ganz besonderen Geheimnis beruhen. Deshalb ist es so schwer, ihn zu verteidigen, deshalb auch so bemerkenswert, daß es noch Menschen gibt, die es tun.

Der andere aber, der am vollen Gewühl der umgebenden Welt gebildet worden ist, hat sich von früh auf tätig eingeschaltet; er hat sich – wie ein altes Wort lautet – den Wind um die Ohren wehen lassen und gelangt früh zu Leistungen, die anerkannt werden. Der Glasperlenspieler muß schließlich einsehen, daß ihm seine Artistik für das alltägliche Dasein wenig nützt.

Damit ist das Problem jedoch noch nicht erledigt. Die Frage bleibt, ob derjenige, der so sicher in seiner Zeit drinsteht, jemals dazu gelangen wird, *über* ihr zu stehen. Vielleicht ahnt er nicht einmal von fern, was das heißt. Denn es fehlt ihm jeder Vergleichsmaßstab.

2. *Der freie (liberale) und der gebundene Stil*

Dieser Gegensatz ist der Kern des klassisch gewordenen Buches von Theodor Litt ›Führen oder Wachsenlassen?‹.[13] Schärfer läßt er sich vielleicht in politischen Kategorien und in französischer Sprache formulieren: Gouverner

[13] Theodor Litt, Führen oder Wachsenlassen? 1. Aufl. Leipzig 1927.

ou laisser faire, laisser aller? Aber weder in der Politik noch in der Pädagogik kann gemeint sein, daß man irgendeinen Zweck erreichen könne, indem man die Hände in den Schoß legt und abwartet, was sich ereignen wird. Der liberale Stil kann nur darin bestehen, daß man innere Kräfte wachzurufen sucht, die produktiver wirken als alles, was man durch äußere Führung erreichen kann. Vielleicht ist der Name »Wachsenlassen« nicht ganz glücklich für das hier gemeinte pädagogische Verfahren. Es kommt doch darauf an, geistige Selbständigkeit, sittliche Freiheit ins Spiel zu setzen. Dazu gehört die größte pädagogische Kunst. Und auch sie schützt nicht immer vor der unerwünschten Nebenwirkung, daß bei dem Lockerhalten der Leine nichts als Ungebundenheit herauskommt. Goethe hat sich den alten Spruch angeeignet: ὁ μὴ δαρεὶς ἄνθρωπος οὐ παιδεύεται (Ohne Härte gibt es keine Erziehung). Und zwar hat er das Motto gerade für die Frühstadien seines Lebensweges gewählt. Für den Anfang scheint sich jene Methode des »Gewährenlassens« wenig zu eignen, und sie paßt auch nicht für jede Individualität. Der Schwache bleibt schwach und unsicher. Eine feste Hand würde vielleicht noch etwas aus ihm »machen«.

Man beachte, daß an dieser Stelle unseres Gedankenganges auch unsere Urteile unsicher werden. Sie bewegen sich in Wendungen wie »vielleicht« und »unter Umständen« und »bei manchen Naturen«. Das ist mindestens ein Hinweis darauf, daß wir über die Eigengesetzlichkeit, auf die die Erziehung trifft, noch sehr im Unklaren sind. Wenn man vom »freien Stil« redet, bekommt man es unvermeidlich mit der Sphäre der Freiheit zu tun. Was aber ist und leistet Freiheit? Zwei pädagogische Probleme drängen sich hervor: 1. ist das menschliche Wesen – wenn auch nur in seiner Jugend – so sicher determinierbar, daß man bei der Wirkung klar scheiden kann zwischen dem, was man gewollt hat, und dem, was ungewollt herausgekommen ist? Viel weiter geht die andere Frage: 2. Was *will* man eigentlich erzielen? eben das Hervortreten der sittlichen Freiheit (Entscheidungskraft) im Zögling, oder ein Subjekt, das Ordre pariert?

Wie nun, wenn bei der Bejahung des zweiten Zieles die seltsame Verschränkung einträte, daß man nur durch eine Vorschule des Gehorchens zur inneren Freiheit und Selbständigkeit geführt werden kann? Oder ist es so, daß nur der sog. freie Stil zur Freiheit führt und nur der gebundene zum Gehorsam in einem festgelegten, überpersönlichen Ganzen (wie beim Militär)? Lassen sich beide Methoden miteinander verbinden? Kann man ein bißchen von dem einen pädagogischen Medikament mit einem bißchen von dem anderen zusammentun, so daß der gerühmte heilsame Mittelweg herauskäme?

Dies sind offenbar komplizierte Zusammenhänge, wie sie uns in den bisherigen Erwägungen noch gar nicht begegnet sind. Unser Ansatz war das Bild oder Gleichnis, daß etwas »in Bewegung gesetzt werden« sollte. Daß die bewegende Kraft nicht einfach in physischem Druck und Stoß bestehen könnte, haben wir wohl vorausgeahnt. Die Wendung »Motive setzen« klingt auch noch an das Bild vom »Bewegen« an. Aber wir müssen uns eingestehen, daß wir bei dem zweiten Grundstil der Erziehung in ein noch viel zu wenig erforschtes Terrain von »Eigengesetzlichkeit« geraten sind, und daß wir hier mit unseren einfachen Antithesen nicht mehr vorwärtskommen. Die Vieldeutigkeit des Wortes Freiheit hüllt vorläufig alles in Zwielicht.

Fahren wir trotzdem noch einen Augenblick in der alten Tonart fort, so ist an folgende bekannte Aspekte zu erinnern: Goethe hat die beiden Erziehungsstile, um die es hier geht, in ›Wilhelm Meisters Lehrjahren‹ (Buch 8, Kap. 3) diskutieren lassen. Ein Vertreter der Knabenerziehung macht sich zum Anwalt des liberalen Standpunktes: man solle die Jugend ruhig durch ihre eigenen Irrtümer hindurchgehen lassen: der eigene Irrtum sei produktiver als die gedankenlose Befolgung fremder Weisheit. Die unerwünschten Begleiterscheinungen dieses Verfahrens sind: Es gehört ungeheuer viel Zeit dazu (wie man bei Rousseau feststellen kann, der den isolierenden mit dem freilassenden Stil verband). Man ist nicht sicher, daß nach vielen Irrwegen schließlich das Wahre und Rechte in der suchenden Seele aufleuchtet. Die Kraft des Widerstandes gegen eigene Neigungen wird nicht genug gestählt; die Forderung der Sache und die Forderung der Sitte erscheinen nicht in ihrer ganzen Unbedingtheit usw.

Für den gebundenen Stil tritt bei Goethe die Erzieherin junger Mädchen ein. Auf diese Rollenverteilung wollen wir nicht viel Gewicht legen. Sie erklärt sich nur zum Teil daraus, daß in jener Zeit die herrschenden Anschauungen der Frau weniger Freiheit zubilligten als dem Manne. Aber an anderer Stelle hat Goethe dies Thema tiefer erörtert (Wahlverwandtschaften, Teil II Kap. 7). Genug: Wer sich für den gebundenen, mit Gehorsamsforderungen arbeitenden Stil entscheidet, muß auch seine Mißlichkeiten mit in Kauf nehmen: Es kommt kaum etwas Eigenes in der jungen Seele auf; alles wird vom Fremdwillen erstickt. Man muß sich darauf gefaßt machen, daß am Ende einer solchen Erziehung zunächst ein maßloser Drang ins Freie entsteht, durch den der junge Mensch doch noch verloren gehen kann. Jedenfalls: der erhoffte »Sprung in die Freiheit« – nämlich in die sittliche Freiheit = Selbstbestimmung und Freiheit unter dem Gesetz – kann ausbleiben. Dann hat man nichts als willfährige Naturen, ja Automaten, hervorgebracht, denen vor allem die Fähigkeit fehlt, sich in einer ganz neuen, ungewohnten Situation sittlich zurechtzufinden usw.

So gefährdet, zwischen Scylla und Charybdis gezwängt, könnte der Erzieher daran denken, entweder einen maßvollen Mittelweg einzuschlagen, oder mit dem strengen Stil zu beginnen und allmählich mehr Freiheit zu gewähren; oder er könnte nach Lebenskreisen differenzieren, indem er auf dem einen Gebiet Spielraum gewährt, auf dem anderen aber »die unbedingte Forderung« (Ibsen) geltend macht. All dieses Ausweichen und Standhalten wird ihn der Pflicht nicht überheben, sich erst einmal klar zu werden über die Art von Eigengesetzlichkeit, die ihm hier begegnet. Sollte er sich das Ziel setzen, *zur sittlichen Freiheit* zu erziehen, so darf er die verschiedenen Bedeutungen des Wortes Freiheit nicht miteinander vermischen. Er muß ferner darüber nachdenken, ob ihm die landläufige Psychologie ein richtiges Bild von den ungewollten Nebenwirkungen vermittelt, mit denen er an dieser entscheidenden Stelle seines Tuns zu rechnen hat.

Die beiden weiteren Grundstile der Erziehung haben dies gemeinsam, daß es bei ihnen um die Frage geht, in welchen Grenzen auf die Individualität des Zöglings – die schon vorgegebene, die gegenwärtige und die zukünftige – Rücksicht zu nehmen ist. Man könnte sie auch als Sonderfälle zu dem Zentralproblem: »freier oder gebundener Stil« betrachten. Weil dieser Gesichtspunkt hier allein interessiert, kann über sie kurz berichtend hinweggegangen werden.

3. Der vorgreifende und der entwicklungsgemäße Stil

Jede planmäßige Erziehung, besonders jede schulische Bildungsgemeinschaft, greift der spontanen Entwicklung und dem ungelenkten geistigen Fortschritt vor. Bei der immer größer werdenden Differenz zwischen den Forderungen einer hochentwickelten Kultur und dem, was bei dem freien Wachstum der jungen Menschen herauskommt, wird die künstliche Beschleunigung des Lerntempos immer nötiger. Entschließt man sich grundsätzlich für das Vorwegnehmen, so wird der unerwünschte Nebenerfolg nicht ausbleiben, daß vieles über die Köpfe, vieles auch über das Wertverstehen der jungen Menschen hinausgeht. Was aber nicht assimiliert wird, verflüchtigt sich leicht wieder oder richtet sogar Verwirrung an. Die Hoffnung, das Dargebotene und Zugemutete werde sich später noch mit adäquatem Verständnis erfüllen, ist ungewiß. Vielmehr bestätigt sich oft der Satz »Was man nicht nützt, ist eine schwere Last«, und zwar nicht nur hinsichtlich des alltäglichen Gebrauchenkönnens, sondern auch im Sinne eines geordneten Aufbaues der stellungnehmenden Persönlichkeit.

Wählt man das umgekehrte Verfahren, wartet man nämlich ab, bis der jeweils erforderliche Reifezustand eintritt und nur Antworten gegeben werden, die einem spontanen Fragen entgegenkommen, so wird man oft sehr viel Zeit verlieren. Oder man muß, wie Rousseau es getan hat, einen umständlichen Apparat aufbieten, um wenigstens dem Schein nahezubleiben, als ob alles von innen käme. Daß das Prinzip »Alles vom Kinde aus«, radikal durchgeführt, scheitern muß, haben die Reformpädagogen um die Jahrhundertwende reichlich erfahren. Der ganz entwicklungstreue Stil ist pädagogisch geradezu falsch. Man kann jedoch nicht leugnen, daß auch das Verfrühen sehr unerwünschte Wirkungen haben kann. Wiederum erweist es sich als schwere Kunst, den Mittelweg zu finden. Es gehört dazu ein fein entwickeltes Organ für die Individualität, mit der man es zu tun hat: für ihre Möglichkeiten und ihre Grenzen. Damit wären wir beim vierten Grundstil angelangt. Ob die Aufzählung vollständig ist, sollte, wie hervorgehoben, hier nicht erörtert werden.

4. Der uniforme und der individualisierende Stil

Statt Individualität des Zöglings können wir auch sagen: die Eigengesetzlichkeit, mit der er, im Unterschied zu anderen, sich handelnd und leidend verhält, z. B. auf Erziehungseinflüsse reagiert. Die Frage, ob man bei der pädagogischen Zielsetzung schon auf solche Besonderheiten Rücksicht nehmen soll, ist nicht ausschließlich psychologisch zu beantworten. Sie ist Sache ethischer Entscheidung und weltanschaulicher Stellungnahme. Hat man sich aber entschieden, so treten außer den Wirkungen, die man auf Grund vertrauter psychologischer Regeln erwarten darf, auch Nebenwirkungen auf, die der Individualität zuzuschreiben sind. Ihre Spielarten sind unübersehbar. Hier kann es nicht um sie gehen, sondern nur um die grundsätzliche Stellungnahme, ob man *überhaupt* auf Individualität als Ansatzpunkt und als Erziehungsziel Rücksicht nehmen soll, oder ob man, speziell in einer Schulklasse, alle gleich behandeln und von allen Gleiches fordern soll.

Ein besonders wichtiger Sonderfall dieses Problems ist uns schon bei der Erörterung der gemeinschaftlichen Erziehung der Geschlechter begegnet. Schon damals mußte betont werden, daß die Frage von *Normen* (Sollwerten) abhängt, die für den Erzieher maßgebend sind. Schon damals also ging es um Kritik der *Ziel*setzung. Psychologie aber kam insofern mit in Betracht, als alle Erziehung ja durch seelische Prozesse vermittelt wird. Das Thema: »Ungewollte Nebenwirkungen« veranlaßt zunächst nur zu psychologischen Betrachtungen. Angenommen, das eine oder das entgegengesetzte Ziel sei gewählt, was ist dann an seelisch-geistigen Nebenwirkungen zu erwarten? Jedoch: die Entscheidung selbst hängt von ethischen Faktoren ab. Also ganz allgemein gefaßt: Fordert es die Gerechtigkeit, von allen Gleiches zu verlangen, oder besteht Gerechtigkeit vielmehr darin, jeden gemäß seiner Art, seinen Kräften und Schwächen zu behandeln? Damit taucht die bekannte Verlegenheit wieder auf, die auch den Juristen begegnet, wenn sie de lege ferenda diskutieren: Wie ist die Idee der Gerechtigkeit zu fassen? Dieser Gesichtspunkt wird uns noch beschäftigen. Im Augenblick wird nur gefragt: Welche Nebenwirkungen ergeben sich beim uniformen Erziehungsverfahren? Welche beim individualisierenden?

Wenn ich alle pädagogisch gleich behandle, so werden doch nicht alle gleichmäßig reagieren. Die Natur hilft sich selbst. Es kommt unvermeidlich Verschiedenes heraus. Die uniforme Bildung (z. B. Typenerziehung) trifft auch auf solche, die sich dem Schema widersetzen. Die Motive des Widerstandes können höchst verschiedenartig sein. Wirklich prägen und pressen läßt sich nur derjenige, der wenig Eigenes mitbringt.

Wenn der Erzieher aber der Individualität Rechnung trägt (was noch in sehr verschiedenem Grade geschehen kann), dann kann er nur so viel berücksichtigen, wie ihm schon bekannt ist. Wer jedoch blickt so sicher in eine sich entfaltende Seele hinein? Und glückt es, entsteht dann nicht der Nachteil, daß der junge Mensch nie genötigt wird, zu sein und zu treiben, zu fühlen und zu wollen, was *gegen* seine mitgebrachten Anlagen geht? Es besteht also die Gefahr, daß nicht genügend Energie geweckt wird. Der an zweiter Stelle erwähnte Grundstil spricht hier mit. Wer niemals etwas *soll*, wird der eigentlich erzogen?

Bei der Einführung der Wahlfreiheit auf der Oberstufe der höheren Schulen werden als unerwünschte Nebenfolgen hervorgehoben: es käme dann keine ausgewogene Gesamtbildung zustande, wie sie durch den Sinn der Reifeprüfung als Abschluß einer grundlegenden Schule gefordert sei. Außerdem werde mancher Schüler sich die Wahl »leicht« machen und den Anstrengungen aus dem Wege gehen, die ein von ihm nicht geliebtes Fach fordere. Das künftige Leben nehme auch keine Rücksicht auf Neigungen und Abneigungen; gewisse sachliche Dinge, gewisse Gesellschaftsleistungen müsse man eben beherrschen. – Die andere Partei aber fürchtet, daß die innere Entwicklung junger Menschen durch das Vielerlei sehr heterogener Stoffe frühzeitig geschädigt werde. Das führe notwendig zur Abstumpfung. Interesseloses Lernen sei gerade auf dieser Altersstufe doch unfruchtbar, und eine Rettung vor dem Spezialistentum sei heutzutage doch aussichtslos.

Also – das scheint wieder das Ergebnis zu sein: jeder Weg hat seine von ihm unabtrennbaren Nachteile. Es hilft nichts, als die ungewollten Nebenerfolge mit in Kauf zu nehmen.

In diesem resignierten Abwägen von Vorteilen und Nachteilen bewegen wir uns nun schon seit geraumer Zeit hin und her. Ja es hat fast eine geheime Freude bereitet, jenes Gesetz der ungewollten Nebenwirkungen immer wieder bestätigt zu finden, gleichviel, ob wir einen Nagel in die Wand schlagen wollen oder ein Kind zur Menschlichkeit emporbilden.

Je weiter wir aber in der Reihe der Beispiele vorwärtsschritten, um so mißtrauischer mußten wir wohl gegen die Tragweite der Analogien werden. Ob ich den Hammer senkrecht auf den Kopf des Nagels auftreffen lasse oder mit einer leichten seitlichen Abweichung, das ist eine reine Zweckmäßigkeitsfrage; denn daß ich den Nagel irgendwie in die Mauer hineinkriegen will, steht fest. Wenn ich aber ein Kind erziehen will, so steht es zwar fest, daß es sich auch ohne meine Bemühungen bei geeigneten biotischen Existenzbedingungen irgendwie entwickeln wird. Aber das eben genügt nicht. Diese Eigengesetzlichkeit gerade ist es, die *nicht* so bleiben soll, wie sie ist. Als Erzieher muß ich mir vorher genau überlegt haben, welchen Sinn- und Wertgehalten ich in einem sich entfaltenden Bewußtsein zur Herrschaft verhelfen will. Dazu muß *ich*, das erziehende Subjekt, mich selbst sehr gründlich mit solchen Wert- und Sinngehalten auseinandergesetzt haben. Und was ich erreichen will, ist nicht etwa, daß der Zögling mir folge wie die künstliche Spiel-Ente dem vorgehaltenen Magnetstabe. Sondern er soll so behandelt werden, daß in ihm allmählich die Fähigkeit – Einsicht und Kraft – wachwerde, sich seinerseits mit geistigen Gehalten, vor allem aber mit sittlichen Werten und Normen, auseinanderzusetzen. Dies und nichts anderes ist der Sinn der Erziehung. Wenn man es sehr schwierig findet, wird man den ersten Schritt in der pädagogischen Besinnung getan haben. Vorher nicht! Auch das Unterrichten hat man vorher nicht verstanden, obwohl es – verglichen mit der sittlichen Aufwühlung – die einfachere Seite des Erziehens ist.

Solange man diesen Kern nicht erfaßt hat, bleibt man immer noch in jenem verhängnisvollen Irrtum befangen, als ob Erziehen ein Sonderfall der Psychotechnik sei. Der Vergleich beginnt schon im Vorstadium zu wanken. Will ich etwas Technisches bewirken, so weiß ich im allgemeinen von Anfang an ganz klar, *was* erreicht werden soll. Nur das *Wie* mag noch sehr viele Überlegungen erfordern. Will ich aber einen Menschen erziehen, so muß ich lange über mich selbst (über »das Menschliche« in mir) und über das Ziel nachgedacht haben, ehe ich zur Frage nach den möglichen Wegen gelange.

II. Teil

VI. Die menschliche Eigengesetzlichkeit

»Stellungnahme« heißt das große Leitwort der geistigen Welt. Die Eigengesetzlichkeit, die den Menschen vor allen anderen Wesen und Dingen auszeichnet, ist das Vermögen, anzunehmen und abzulehnen. Das Können aber erhöht sich zur Verpflichtung. Das Stellungnehmen setzt voraus, daß der Mensch intellektuelle Sinngehalte verstehen kann, humane Wertgehalte fühlen kann, sich bewußt und willentlich zwischen solchen Gehalten entscheiden kann. Dies ist so sehr der Kern des Menschen, daß man sogleich hinzufügen darf: in diesen drei Bestimmungen sei auch schon das Erziehungsziel aller Zeiten formal umschrieben. Denn sie bedeuten in ihrem Zusammenwirken ein Steuerungssystem. Seine Besonderheit besteht weiter darin: es ist nicht durch Vererbung festgelegt, sondern muß in der Kulturgemeinschaft durch die ältere Generation erst erweckt und reguliert werden, bis es von sich aus – im Sinn von Normen – zu funktionieren beginnt.

Der werdende und sich entwickelnde Mensch wird nicht durch Druck und Stoß bewegt, sondern auf Grund eigenen Stellungnehmens. Die Kräfte des Sinnvernehmens und sinnbestimmten Wollens wachzurufen, ist also die Zentralaufgabe der Erziehung. Sie ist leicht zu formulieren, jedoch äußerst schwer durchzuführen. Um sich dem geeigneten Wege zu nähern, muß man das Grundgefüge des Menschenlebens erst einmal verstanden haben.

A. Das Stellungnehmen kann man nur lernen und üben im Miteinanderleben. In aller Gemeinsamkeit ist ein sittlicher Geist wirksam. Der Mensch *will* nicht nur; er unterliegt auch einem *Sollen*. Obwohl in Kants Ethik eine große Tiefe liegt, die nicht mit wenigen Worten abzutun ist, besteht das Sollen nicht in einem kahlen kategorischen Imperativ. Es entfaltet und verzweigt sich als *normativer Geist*, der in allen Gesellungsformen und Sachgebieten der Kultur wirksam wird, also sehr vielgestaltig auftritt. Die bekannteste Verdichtung liegt in der jeweils maßgebenden »Moral« vor, einem Phänomen, das in der modernen Welt viel zu wenig studiert worden ist.[14] Unter Berücksichtigung dieses zentralen Momentes lautet nunmehr die Wesensbestimmung der Erziehung: »Wachrufen der

---

[14] Vgl. meinen Aufsatz: Die moralbildende Kraft in unserem Zeitalter. In: Universitas. XVI. 1961; auch in der 3. Auflage meiner Aufsatzsammlung: Kulturfragen der Gegenwart. Heidelberg 1961.

Stellungnahme zu den Gehalten der Kultur *in sittlichem Geiste.«* Die Mittel dazu sind nicht kausaler Art. Noch einmal: der Mensch wird nicht durch Druck und Stoß bewegt. Wer ihn bilden will, muß ihn »emporheben«.

Das Stellungnehmen auf Grund des Zusammenwirkens von Sinnverstehen, Wert-Erleben und Sichentscheiden setzt voraus, daß man zu diesem dreieinigen Aktgefüge reif geworden ist. Jeder erwachsene Mensch nimmt unablässig Stellung gegenüber Personen, Gruppen (Gemeinschaften) und Werken. Die letzteren bestehen zwar losgelöst von Personen und Gruppen. Es ist aber in sie ein geistiger *Gehalt* hineingelegt worden, der ebenfalls Sinndeutung, Werterleben und Kritik, also kurz Stellungnehmen, verlangt. Alle Erziehung muß das Sinndeuten, das Werten und das Messen an Normen fördern. Da jedes Wesen, ehe es zu diesen Leistungen angeleitet werden kann, einer biotischen Entwicklung unterliegt, die die Herausbildung solcher Kräfte ermöglicht, fängt zwar jede Erziehung mit Ernährung, Pflege, Entwicklungshilfe usw. an. Aber das alles kommt schon beim Tier vor und ist nur Vorstufe eigentlicher Menschenbildung. Das Neue und Schwere ist eben das Hervorlocken jener Kräfte des Verstehens von Bedeutungen, des Wertvernehmens und Normerlebens. Man kann diese dreistrahlige Aufgabe als Selbständigmachen oder kurz als »Erziehung zur Freiheit« bezeichnen. Es geht um ein *Antworten* von innen her. Die ersten und wichtigsten Antworten aber sind »Ja« und »Nein«.

B. Am dringlichsten ist es für den, der sich über Ziel und Weg der Erziehung besinnen will, zu verstehen, was *Gehalte* sind. Sie sind zu kennzeichnen durch den Gegensatz einerseits zu physischen Trägern, andererseits zu seelischen Prozessen; beide sind gleichsam nur Gefäße. Ein an die Tafel geschriebener Lehrsatz ist weder das Holz noch die Kreide, vermöge deren Schriftzüge zustande gekommen sind. Die Materie ist hier nur Trägerin eines geistigen Gehaltes, und es wird niemandem einfallen, Chemie von Holz und Kreide heranzuziehen, um den Lehrsatz besser zu »verstehen«. Diese Träger sind für den gedanklichen Sinngehalt so gleichgültig, daß sie ohne Schaden gegen Papier und Tinte ausgewechselt werden können. Aber auch die psychophysischen Vorgänge, die beteiligt sind, um den Gedanken*gang* ablaufen zu lassen, sind nur Stützen für den Gehalt. Es gehört wohl zur Entwicklung des Gedankenganges Sehen, Sprechen, Zuhören, Aufmerksamsein, Sicherinnern u. dgl. Aber der Gedanke, die Einsicht, die Wahrheit, die auf solchen Vorgängen wie Reiter draufsitzen, sind etwas ganz anderes; sie sind etwas »Geistiges«.

Man kann zur kontrastierenden Kennzeichnung weiter anführen: Gehalte sind in hohem Grade, oft sogar wesensmäßig, raumentbunden und zeitentbunden. Ein poetisches Kunstwerk ist z. B. nicht *da*, wo ein Buch liegt, in dem es gedruckt ist, und ein Lehrsatz gilt nicht nur so lange, wie er dargestellt, bewiesen und begriffen wird. Die Gehalte, so helfen wir uns kurz, liegen immer in anderen Seinsschichten, als in der räumlich-zeitlich-materiellen Wirklichkeit.

Gehalte werden drittens oft von Gesellschaftsgebilden und -vorgängen getragen. Aber sie empfangen ihren Sinn und Wert nicht durch die Gemeinschaftlichkeit. Ein Satz z. B., den viele für richtig halten, gewinnt dadurch noch nicht echte und strenge Allgemeingültigkeit. Ein Gebilde, das »man« oder »die vielen« oder eine Gruppe oder eine Generation für »schön« erklären, braucht deshalb noch nicht einmal ein echtes Kunstwerk, geschweige denn ein hohes Kunstwerk zu sein. Gemeingültigkeit ist noch nicht wesensmäßige Allgemeingültigkeit. Soziologie als Lehre von Gruppen, Gemeinsamkeiten und gesellschaftlichen Tendenzen ist daher noch keine Kultur- (bzw. Geistes-)philosophie, sondern nur ein Zweig von ihr. Im einzelnen mögen die Grenzen schwer zu ziehen sein.

Positiv bedeutet »Gehalt«: einen *nach geistigen Gesetzen* gestalteten Sinnzusammenhang, der als Sinn auch einen Wert hat. Dieser Wert kann noch ziemlich an der Oberfläche des Lebens liegen, er kann aber auch sehr tief wurzeln. Gehalte sind daher Zugangspforten zu dem sich nur allmählich und bruchstückhaft enthüllenden Sinn des Daseins. Bloße Zuständlichkeiten (Stimmungen, Anwandlungen etc.) haben diese Tragweite noch nicht. Es muß eine Tendenz über das Zeitlich-Flüchtige und das Räumlich-Zerstreute spürbar sein.

Diese wenigen Andeutungen mögen genügen, um den Satz zu rechtfertigen: Menschenbildung kann nur an *Gehalten* erfolgen, in die eine sittliche Tendenz hineingelegt worden ist, so daß man ihnen ein ethisches Niveau nachsagen kann.

C. Das menschliche Lebensgefüge ist in höchstem Grade kompliziert. Im vorliegenden Zusammenhang können nur einige Hilfslinien gezogen werden.

Die erwähnten Sinngehalte können sehr verschiedenen Sinngebieten angehören. Sinn haben heißt, eine konstituierende Funktion im Aufbau des Geisteslebens üben. Jedem Sinngehalt entspricht ein eigentümlich gefärbter Wert. Der Wert gibt sich u. a. in seiner motivierenden Kraft kund. Wirtschaft, Wissenschaft, Kunst sind die drei Hauptprovinzen der Kultur, geschieden durch die je eigentümliche Intention der sie aufbauenden Akte. Es gibt eine einfühlende Kunst (schöne Kunst) und eine durch Wissen fundierte Kunst (= Technik). Dem ökonomischen, theoretischen und ästhetischen Wert entsprechen als Einzelgegebenheiten Gebrauchsgüter, Erkenntnisgüter und Kunstgüter. Zu solchen Gehalten sinngemäß Stellung nehmen zu können, ist eine wesentliche Leistung des geistigen Lebensvollzuges; folglich ist die Anleitung dazu auch Aufgabe jeder Erziehung.

»Gehalte« können aber auch an den mannigfaltigen Formen biologisch ursprünglicher und späterer rationaler Gruppenbildung zutage treten. Darunter ist einmal der *Sach*zweck zu verstehen, der gemeinsam verwirklicht werden soll: z. B. Gattungserhaltung, Lebenserhaltung und Lebensförderung; andererseits auch die ethische Gesinnung (= Werteinstellung), aus der heraus eine Gemeinschaft lebt. Beides ist bis zur Unlösbarkeit ineinander verflochten. Der spezifische Sachgehalt aber ist niemals aus den bloßen Formen des Miteinander und Füreinander, Übereinander bzw. Untereinander herzuleiten. Soziologie ist daher keine Universalwissenschaft.

Jede pädagogische Einwirkung auf Menschen, deren Wesensart sich noch in der Bildung befindet, arbeitet mit der Darbietung von »Gehalten« zur inneren Aneignung. Pädagogisch geht es also nicht um bloßes Determinieren zu einem einzelnen Verhalten, wie man etwa jemanden zur Teilnahme an einem Unternehmen veranlaßt. Bildung ist immer Wesens*formung*. Dazu gehört mannigfaches Sinnverstehen, Werterleben, Sich-besinnen und Sich-entscheiden. Nur eine Psychologie, die die Einlagerung des lebendigen Subjektes in ein so geartetes Gesamtgefüge des geistigen Lebens strukturgemäß berücksichtigt, kann der pädagogischen Theorie Dienste leisten. Eine Psychologie, die nur innerseelische *Prozesse* beschreibt, reicht nicht aus, am wenigsten, wenn es ihr nur um die Zuordnung von Seelischem zu leiblichen Organen und Funktionen zu tun ist.[15]

D. Wo liegt das zusammenhaltende Band in diesem viel verflochtenen Lebensgefüge? Anders gefragt: Von wo aus sollen diese zahlreichen Steuerungssysteme *zuletzt* gesteuert werden?

In der zweiten Frage tritt die Kategorie des *Sollens* auf. Sie ist nicht etwa

[15] Nach dem Erscheinen von Diltheys berühmter Abhandlung von 1894 hat bereits *Hugo Münsterberg* in der Einleitung zu seinem Werk ›Grundzüge der Psychologie‹. I., Leipzig 1900, eine objektivierende und eine subjektivierende Psychologie unterschieden. Der letzteren wagt er aber noch nicht den Namen »geisteswissenschaftliche Psychologie« zu geben. – S. 15: »Der Standpunkt des vorliegenden Buches ... läßt sich dahin zusammenfassen: das Geistesleben kann sowohl als Objekt wie als Funktion des Subjekts betrachtet werden; insofern es objektiviert wird, ist es Gegenstand der Psychologie, insofern es subjektiviert wird, Gegenstand der Geisteswissenschaften.«

ein nachträglicher Zusatz. Durch alle Lebenszusammenhänge ziehen sich gleichsam Adern hindurch, die die entscheidenden Stellen mit Blut versorgen. Überall kommt es auf »richtige« Sinnerfüllung an. In dem Wort »richtig« klingt etwas von Richtschnur mit, lateinisch norma. In den geisteswissenschaftlichen Analysen unserer Epoche ist das Normative sehr zu kurz gekommen, weil wir das Erkenntnisinteresse ausschließlich auf das Studium von kausalgesetzlichen Abläufen gelegt haben, wie es zur Unterbauung der Technik notwendig ist. Wo aber von Sinnverstehen, Werterfahrungen und Entscheidungen die Rede ist, kommt man mit der bloßen Kausalität nicht aus.

Es gibt ein ökonomisch Richtiges und ein ökonomisch Verkehrtes. Es gibt ein zutreffendes Erkennen und ein Verfehlen der Wahrheit. Es gibt ästhetisches Gelingen und Mißraten. In der Technik bleibt die Erfahrung nicht aus, daß es auf diese oder jene Weise »geht«, auf eine andere Weise aber noch nicht oder überhaupt nicht geht. Das sind alles Ursprungsstellen des normativen Geistes.

Die menschliche Gesellschaft, (die ja als ein Ganzes noch nicht eigentlich da ist), ist ein Ineinander, Nebeneinander und Gegeneinander zahlreicher Gruppenbildungen und Gesellschaftsarten. Jedes Kollektiv für sich aber ist durchzogen von normativen Regeln, die ein bestimmtes Verhalten fordern und ein anderes verwerfen. Die eingegliederten Individuen vernehmen die Sollensrufe und *nehmen zu ihnen Stellung:* zustimmend oder widerstrebend, gehorsam oder kämpferisch. Art und Grad der Verbindlichkeit des Sollens können hier nur flüchtig angedeutet werden: Sitte, Moral, Recht, politische Ordnung sind die bekanntesten Grundformen. Aber sie differenzieren sich stark nach Sachgebieten der Kultur, nach Machtkonzentrationen und Gesellschaftsschichten, nach Stämmen und Staaten, Zeitlagen und religiösen Grundeinstellungen. Jeder bereits erzogene Mensch reagiert gemäß der Formung, die er durch dieses vielverzweigte Normengefüge empfangen hat. Geistesleben ist überall historisch bedingt. Jeder Mensch aber, der erst erzogen werden soll, wird gelenkt gemäß einem von der betreffenden Gruppe als gültig anerkannten (normativen) Ideal. Ihm fügt er sich oder sucht er sich zu widersetzen. Das ganze sich so ergebende Lebensgewebe ist zunächst wie ein Labyrinth. Und es kann nicht erwartet werden, daß in dieser eiligen Übersicht ausreichende Ariadnefäden verteilt würden.[16]

Aber zwei Hilfsvorstellungen sollen noch erwähnt werden.

[16] Näheres über diese Grundstrukturen des Geisteslebens enthält mein Beitrag: ›Das Leben bildet‹ in der Festschrift für Wilhelm Flitner: Pädagogische Wahrheiten und Halbwahrheiten. Heidelberg 1959.

Man nehme eine noch lebende Kultur als Ganzes – wobei allerdings vorausgesetzt würde, daß man die Kriterien für eine in sich abgeschlossene Kultur»einheit« besitze – dann ist sie durchzogen von einer Fülle sehr verschiedener Normen, die bald dies sachgerichtete, bald dies zwischenmenschliche Verhalten regeln. Sie laufen einander unter Umständen zuwider und führen zu mannigfachen Konflikten. Man kann sich aber doch das Ganze wie einen durchgehenden Sog nach oben denken. Es geht um das Maximum der (kompossiblen) Wertverwirklichung. Jedoch keineswegs im Sinne eines eindeutigen tatsächlichen Fortschrittes. Schwere Rückschläge fehlen nicht. Aber im günstigen Fall bringen sie das, was eigentlich erreicht werden *sollte*, deutlicher zum Bewußtsein. Diese innere »ethische Direktive« einer Kultur könnte man mit einer zusammenraffenden Konstruktion ihren »sittlichen Geist« nennen.

Die Wendung: »deutlicher zum Bewußtsein bringen« nötigt zum Aufhorchen. Denn jener überindividuelle normative Geist als solcher hat ja kein Bewußtsein. Im Geistesleben aber wirkt nur, was – obwohl es überseelisch ist – doch durch bewußtes Erleben hindurchgeht. Es wird immer nur abgeschattet der Fall sein; Nicolai Hartmann spricht von inadäquater Repräsentation im Bewußtsein. Wo es sich um tiefgreifende sittliche Entscheidungen handelt, werden sie auch in den Erlebnisblickpunkt rücken. Es wird sich herausstellen, daß es *eine Tiefe des Menschen gibt, wo er mit dem Urquell der Normativität in metaphysischer Verbindung steht.* Das Individuum *muß* sich in solchen Konflikten entscheiden; es muß die ganze Last übergreifender Geistesmächte auf seinen Schultern tragen. Darin besteht seine Gefährdung und seine Würde. An dieser Stelle eröffnet sich eine Innerlichkeit, die die Richtung des Gesollten erfassen und – das ist noch mehr – die Kräfte für das Durchhalten des Gesollten aufbringen muß. Bei Goethe heißt es so:

Sofort nun wende dich nach innen;
Das Zentrum findest du da drinnen,
Woran kein Edler zweifeln mag.
Wirst keine Regel da vermissen:
Das selbständige Gewissen
Ist Sonne deinem Sittentag.

Tröstlich klingt die Zeile: »Wirst keine Regel da vermissen«. Aber so ist es doch nicht, daß der Maßstab für jede sittliche Entscheidung von Anfang an klar zutage läge (etwa so, wie man es gemäß Schelers apriorischer Werteschau erwarten könnte). Es wird schwer um den Anspruch des echten Gewissens gekämpft werden müssen. Es gehört dazu ein tiefes und weites Verstehen für den Sinn der Situation, ein reines und sicheres Wertgefühl, ein Wille, der gegen die Lockungen der »Welt« Widerstand aufzubringen vermag. Denn hier stehen wir an der Grenze der Überwelt.

Wenn *das Gewissen* die Gabe ist, die den Menschen von allen Wesen, die wir kennen, unterscheidet, dann wird man als die zentrale Aufgabe der Menschenbildung die Erziehung zum Gewissen bezeichnen dürfen. Die Formulierung ist allerdings sehr allgemein. Gewissen bedeutet auf verschiedenen Kulturstufen, bei verschieden gearteten Völkern und im Wirkungsfelde konkreter religiöser Überzeugungen nicht genau das Gleiche. In Untersuchungen darüber einzutreten, wäre sehr interessant; aber am Rande unseres Hauptthemas läßt sich das nicht leisten. Schon dies ist fraglich, ob man sagen soll: »zum Gewissen erziehen«; dann ist gemeint, daß bei der Entfaltung des Organs der inneren Selbstkontrolle vorarbeitende Hilfe geleistet werden muß; oder ob der Ausdruck besser wäre: »das Gewissen erziehen«; dann handelt es sich nur um die Verfeinerung des keimhaft schon vorausgesetzten ethischen Kontrollorgans. Es bedarf der Horizonterweiterung, der Übung in Selbstbeobachtung erster und zweiter Instanz, der Kraft, dem Erkannten standzuhalten und danach zu handeln. Vorläufig wollen wir annehmen, daß beide Aufgaben zu berücksichtigen seien. Dann ist die Formel angemessen: Ziel der Erziehung ist »der gewissenhafte Mensch«.

Fernzuhalten ist nur die Auffassung, als ob diese Erziehung etwas in den Menschen hineinbringen sollte, was ihm zunächst wesensfremd ist. Sie hilft vielmehr nur seiner *höchsten Eigengesetzlichkeit* heraus. Der alte Gedanke von Aristoteles, daß jedes Ding, jedes beseelte Lebewesen, jeder bewußt lebende Mensch eine Richtschnur seines Werdens und Verhaltens in sich trage, hat eine große Tiefe. Überall ist die Welt durchzogen von Gesetzen je einer inneren Direktive. Sie erscheint unter sehr verschiedenen Namen. Oft bedeutet der Name so viel wie Weg, rechter Weg. Die Chinesen haben diesen Gedanken am entschiedensten in die Mitte gerückt.

Je mannigfaltiger aber die Betätigung der Menschen wird, je komplizierter die Gruppenbildungen werden, desto singulärer werden die Situationen, die eine Entscheidung fordern, desto mehr muß über die fertige Moral hinaus in einsamen Überlegungen und Selbstprüfungen um das Gerechte oder das Richtige (ὀρθόν) gekämpft werden. So tritt denn das *innere* Zentrum immer mehr in den Blickpunkt: »Im Innern ist ein Universum auch.« Das Gewissen wird zum entscheidenden Führer beim Aufbau der Person; Gewissenserziehung wird wertkritische Erprobung auf dem Wege zur Menschwerdung.

VII. Das verwandelte Gesetz

A. Das Gesetz der ungewollten Nebenwirkungen scheint nach diesem Zwischenspiel in weite Ferne gerückt zu sein. Nachdem die Eigenart des menschlich-geistigen Lebensgefüges in Umrissen angedeutet worden ist, kann die Versuchung, pädagogische Einwirkungen als kausale Nötigungen zu betrachten, kaum noch aufkommen. Zugleich aber ist die Möglichkeit planmäßiger Erziehung überhaupt fraglich geworden. Denn wenn die wesentlichen Akte, in denen sich die Menschwerdung bekundet, ganz aus der Tiefe des Subjektes gleichsam »geboren« werden, wie will man von außen auf ihre Entstehung Einfluß gewinnen? Wie will man ihnen heraushelfen?

Im letzten Satz haben sich ganz von selbst die Bilder eingestellt, die aus dem sokratischen Kreise her vertraut sind.[17] Im Geiste dieser Redeweise aber muß man fortfahren: »Man kann dem Werdenden bei der Geburt seines geistigen Selbst allenfalls Beistand leisten; gebären muß er selbst.« Der platonische Sokrates legt immer das größte Gewicht darauf, daß er seinen Jüngern nichts Fertiges gebe, nichts einfach in ihr Bewußtsein hineinfülle, sondern alles nur aus ihnen herauslocke. Die geistige Geburt muß ihre eigene Leistung sein, wenn sie ethischen Wert haben soll.

Der ständige Kunstgriff des Sokrates ist *die Frage*. Wir würden aber dieses Fragen falsch verstehen, wenn wir annähmen, der Meister habe, trotz der wiederholten Versicherung seines Nichtwissens, die richtige Antwort im Kopf bereit. Denn die Antworten, auf die es ihm ankommt, sind nicht bloße Urteile oder gar bloße Definitionen. Sie sind oder sollen sein ethische Stellungnahmen der ganzen Person: Denkbewegungen, die von Lebensbewegungen und Totalverwandlungen getragen sind. Ethische Probleme können ja nie rein intellektuell »erledigt« werden. Ihnen gegenüber wird ein inneres Handeln erfordert, bei dem tatsächlich ein neuer Mensch »geboren« wird. Und dieses Werden ist ebensowenig mit einer einzelnen Stellungnahme in Worten »erledigt«; der Prozeß muß dauernd im Gange bleiben.

Man kann nicht leugnen, daß uns trotzdem diese Bekehrungen und Belehrungen des Sokrates als zu einseitig intellektuell erscheinen. Wir müssen

---

[17] Allerdings ist gerade dies zweifelhaft, ob der historische Sokrates, zu dem wir immer noch gern durchdringen möchten, sich des Gleichnisses von der Mäeutik (Geburtshelferkunst) bedient hat. Es tritt bei Plato nur in dem Dialog Theaitetos (St. 149 f. und 210) ausdrücklich auf. Für unseren Gedankengang aber ist es erlaubt, Sokrates-Plato in *eine* Gestalt zu verschmelzen. Beiden ging es, wie uns, um die Begründung einer tieferen Erziehungsphilosophie.

aber bedenken, daß wir die literarischen Zeugnisse, die wir Plato verdanken, in einer unangemessenen Perspektive sehen. Gewiß hatten die Griechen jener Zeit eine Freude am Wortstreit als Wettstreit (Agon), weil sie mit Meistern der Rhetorik – den Sophisten – zu kämpfen hatten. Uns konnte nichts anderes überliefert werden, als die Auseinandersetzungen in Worten. Es muß aber hinzugedacht werden, daß dies Miteinanderreden ein Miteinanderleben zur Voraussetzung hatte und daß die Gegenwart einer Persönlichkeit wie Sokrates *Kräfte* ins Spiel setzte, die wir nur ahnen, obwohl Plato alles getan hat, das Wunder anschaulich zu machen.[18] Es steht wohl fest, daß *eigentliche* Erziehung nur da wirksam werden kann, wo Erzieher und Zögling ein gemeinsames Leben führen.

Aber lassen wir das sokratische Gespräch als Ersatz dafür gelten, und betrachten wir das Prinzip, das in dem Verfahren der hervorlockenden Frage enthalten ist, einer Frage, die nicht aufgesammelte Kenntnisse, sondern innere Stellungnahmen wachrufen will! Dieses Prinzip ist etwa so zu formulieren:

»Tiefgreifende Erziehung wird nur da geleistet, wo es dem Pädagogen gelingt, geistige Situationen herbeizuführen, in denen eine aus dem Innern des Zöglings kommende Eigenleistung – ein Denken oder Werten oder Wollen – von selbst durchbricht. Jedes andere Verfahren ist ›noch nicht‹ Erziehung.«

Obwohl jeder dieser Akte ein geistiger Totalakt sein wird, kann er doch mehr intellektuell, mehr ästhetisch oder mehr sittlich-religiös gefärbt sein. »Fruchtbare Denksituationen« bestehen darin, daß der Lernende durch den Mitvollzug aller vorbereitenden, sorgfältig analysierenden Akte sich vor ein Problem gestellt findet, dessen Klarheit sofort das von innen kommende Evidenzbewußtsein aufleuchten läßt: »nur so kann die Lösung sein«. Zum selbständigen Denken kann man nur erziehen, wenn man Probleme »brennend macht«. Die Erweckung des ästhetischen Sinnes erfolgt auf ähnliche Weise. Nur muß bei der »Hinführung« im Lehrenden schon Klarheit über die Grundstruktur des ästhetischen Gebietes bestehen. Sonst kommt etwas ganz anderes heraus als das ästhetische Ergriffenwerden (z. B. Sachkenntnisse oder der Kitzel der Zeitgemäßheit oder bloße vom Stoff ausgehende Spannung). – Am schwierigsten gestaltet sich das Verfahren beim Wachrufen sittlicher Stellungnahmen. Der jugendliche Mensch hat zwar Ideen und Maßstäbe (wie etwa Gerechtigkeit) schon in

[18] Über die Kraftweckung, die mit dem Ideenwissen verbunden sein müßte, habe ich in der Magyar Paedagogia 1943 einen Aufsatz veröffentlicht, der nur in ungarischer Sprache zugänglich ist. (vgl. Theodor Neu, Bibliographie Eduard Spranger. Tübingen 1958, Nr. 500.)

sich. Aber die Anwendung auf eine ganz konkrete Situation gelingt zunächst nicht, weil die singulären Konstellationen zu verwickelt sind. Die Gewissensevidenz liegt nicht immer klar am Tage; es muß um sie schwer gerungen werden. Hier vermag dann die große Dichtung Dienste zu leisten, die in der Mitte zwischen der abstrakten Idee und der verwirrenden Verschlungenheit des wirklichen Lebens steht. – Überall also kommt es für die Menschenbildung auf die Herbeiführung fruchtbarer Situationen an, bei denen die ursprüngliche unbestechliche innere Stellungnahme herauszuspringen vermag.

Wer sich die verschiedenen Erlebnisbereiche des inneren Erwachens ganz klar machen will, muß zunächst einsehen, daß es um die eigentliche Erziehung herum eine Fülle von Veranstaltungen gibt, die sie unterstützen und vorbereiten, aber selbst noch keine Erziehung bedeuten. Wo nur Kenntnisse vermittelt werden sollen, wird das Gedächtnis angesprochen, aber noch nicht die verstehende, wertende, zur Entscheidung reifende Person. Wo Maßnahmen zur Aufrechterhaltung der Disziplin getroffen werden, braucht von Erziehung noch nicht die Rede zu sein. Denn eigentlicher Zwang kommt in der Erziehung nicht vor, so nützlich er unter anderen Gesichtspunkten gelegentlich einmal sein mag. Man könnte zu der Parole, die in der Werkerziehung eine Rolle spielt: »Eisen erzieht«, die Gegenlosung aufbringen: »Pensum erzieht nicht.«

Glückliche Beispiele für diese Auffassung von Erziehung finden sich in der Dissertation von Friedrich Copei ›Der fruchtbare Moment im Bildungsprozeß‹.[19] Die Sachverhalte lassen sich mit einer Psychologie, die von der Eigenständigkeit des Geistigen nichts weiß, nicht angemessen darstellen. Copei hat u. a. starke Anregungen erfahren von dem Buch von Th. Erismann ›Die Eigenart des Geistigen‹[20], obwohl es im Text nicht genannt wird. Copei legte wohl mehr Gewicht auf die ethische Problematik und auf den gemeinsamen Ahnherrn aller Pädagogen: Sokrates.

Was dieser Sokrates nun eigentlich in die Welt gebracht hat, ist der Gedanke, daß im geistigen Sinne jeder sich selbst gebären muß. Das heißt aber: Jeder trägt der Möglichkeit nach ein höheres Selbst in sich: das Subjekt des allgemeingültigen Denkens, das Subjekt des Sinnverstehens und sinnvollen Stellungnehmens zu Werten, das Subjekt der Entscheidung dazu, das Höhere gegenüber dem Niederen anzuerkennen und energisch durchzuhalten. Der Erzieher kann dabei nur Hilfe leisten. Über diese innere Dynamik muß er durch Selbsterziehung zur Klarheit gelangt sein.

---

[19] Friedrich Copei: Der fruchtbare Moment im Bildungsprozeß; zuerst erschienen Leipzig 1930, 5. Aufl. Heidelberg 1960.

[20] Theodor Erismann: Die Eigenart des Geistigen. Leipzig 1924.

Andernfalls setzt er sich Zwecke, mit denen er scheitern muß. Mindestens aber erfährt er dann Nebenwirkungen und Gegenwirkungen, auf die er in keiner Weise gefaßt sein konnte.

B. Nach all diesen Vorerwägungen kann die Prüfung unseres Gesetzes der ungewollten Nebenwirkungen im Bereich pädagogischer Zielsetzung nur ergeben, was zu erwarten war. Es verliert – als ein Gesetz des menschlichen Handelns überhaupt – seine Gültigkeit nicht. Aber seine Bedeutung wandelt sich entsprechend der veränderten Eigengesetzlichkeit dessen, worauf hier eingewirkt wird. Erziehung richtet sich auf den einer psychophysischen Entwicklung (einem naturhaften Wachstum) unterworfenen Menschen. Sie will nicht nur die Entwicklung pflegen, schützen, in gesunde Bahnen lenken, sondern auch einem Geistesleben heraushelfen. Das Geistige ist zwar dem Entwicklungsprozeß eingelagert und ohne ihn nicht möglich, hat aber doch seine ganz eigentümlichen Strukturen. Die Gesetzlichkeit des Geistigen ist eine Sinngesetzlichkeit. Wer zum Geistigen erwacht, beginnt, Sinngebilde zu verstehen, Wertgehalte zu erleben und aktiv Stellung zu nehmen. Abkürzend gesagt: Erziehung will richtigen Stellungnahmen den Boden bereiten. Die einfachste Form der Stellungnahme ist die Antwort. Aber es geht nicht um das sinngemäße, richtige Reden, sondern um Voraussetzungen im Innern der Person, aus denen das rechte Handeln folgt.

Bei einer solchen Zielsetzung werden unerwünschte Erfolge ebensowenig ausbleiben, wie bei technischen Verfahrensweisen oder Pflanzenzucht oder Tierpflege. Das ist schon deshalb ganz selbstverständlich, weil die Zusammenhänge, in die hinein der Erzieher handelt, viel komplizierter sind als die der anderen Gebiete. Dem Techniker stehen klar erkannte Kausalgesetze zur Verfügung. Was nicht gelingt oder »daneben« gelingt, zeigte sich uns als ein unbewältigter »Rest«, mit dem man sich noch so oder so abfinden konnte. Die gesetzlichen Zusammenhänge in der geistigen Welt sind von völlig anderer Art. Sie sind immer noch wenig erforscht; und noch schlimmer: ihre Eigenart ist vielen Erziehern noch völlig verborgen.

Demgemäß »mißlingt« im pädagogischen Bereich außerordentlich viel. Beispiele dafür aufzuzählen, ist leicht. Wichtiger aber ist es, genau zu dem Punkte hinzuführen, wo sich zeigt, daß das Nicht-voraus-berechnen-Können im zentralsten *Wesen* der Erziehung begründet liegt. Ist nämlich der Sinn der Erziehung das »Selbständigmachen«, so wäre jedes pädagogische Unternehmen geradezu gescheitert, wenn nicht – unbewältigte Reste übrig blieben! Ihnen also muß die Hauptaufmerksamkeit gelten. Was vorangeschickt wird, darf als bekannt gelten, wenn es auch in neuer Beleuchtung erscheint.

1. Eine schwierige Vorfrage ist es schon, ob die Entwicklungsdiagnose richtig gelingt. Denn wenn ein gewisser allgemeiner Entwicklungsstand (Reifegrad) dafür Voraussetzung ist, daß geistige Akte im Innern aufleuchten können, so muß man mit dem »Hinführen« zu solchen Leistungen warten, bis der geeignete Zeitpunkt gegeben ist; man darf ihn aber auch nicht ungenützt vorübergehen lassen. Die Erwägungen in Abschnitt V des I. Teiles rücken somit in eine etwas schärfere Beleuchtung. Das Problem ist aus dem Rechenunterricht besonders vertraut. Es erstreckt sich jedoch durch alle Geistesgebiete hindurch. Zum Beispiel: lyrische Gedichte zu behandeln, ehe die feinere Gefühlswelt erwacht ist, hat seine Bedenken. Mindestens besteht die Gefahr, daß kostbares Pulver vorzeitig ohne Erfolg verschossen wird. Das Denken in politischen Kategorien setzt ein Sinnverstehen von Gegenseitigkeitsbeziehungen und Machtverhältnissen voraus, zu dem schon einige Lebenskenntnis gehört. Sind diese inneren Anschauungen nicht vorhanden, so bleibt es bei leerem Wortverstehen. Der Deutsche entwickelt sich nach dieser Seite hin bekanntlich spät. Am liebsten würde er die Dynamik der Macht überhaupt ignorieren und den Staat als einen genossenschaftlichen Verein aufbauen. Um so notwendiger ist es, die Elementarakte, die das Verstehen der politischen Welt ermöglichen, durch kunstvolle Analysen frühzeitig zu mobilisieren. Verkehrte Ansichten über die beteiligten Lebenszusammenhänge haben die Nebenwirkung verkehrter politischer Maßnahmen.[21]

Ganz allgemein: Einsicht in den vorhandenen Reifegrad, Kenntnis der Elementarkategorien der Kultur und vorsichtiges Hinführen zu den entsprechenden sinnvollen Geistesakten müssen aufeinander abgestimmt werden. Geschieht dies nicht, so kommt gar nichts Vernünftiges heraus, sondern *nur* unerwünschte Nebenwirkungen.

2. Was man pädagogisch erreichen möchte, wird oft dadurch vereitelt, daß der Zögling die erwünschten Verhaltungsweisen einem falschen Motivzusammenhang einordnet. Man vergegenwärtige sich diese Erscheinung an folgender Stufenreihe! Ein »gutartiges« Kind befolgt manchmal alles, was von ihm gefordert wird, einfach in stumpfer Nachahmung. Diese dauernd imitative Einstellung täuscht günstige Erziehungsresultate vor. In Wahrheit ist gar nichts bewirkt, was ethischen Wert hätte. Oder der Zögling tut alles aus einer noch ganz naiven, unkritischen Liebe zum Er-

[21] Vgl. meine Abhandlung: Gedanken zur staatsbürgerlichen Erziehung. Bonn 1957. (Schriftenreihe der Bundeszentrale für Heimatdienst. Heft 26.)

zieher, nicht, weil es unabhängig von diesem wegen seines Eigenwertes gefordert ist. Eine solche blinde Nachfolge bedeutet kein echtes Erziehungsverhältnis. Oft gelingt es den Erziehern, in ihren Schützlingen einen kräftigen Ehrgeiz zu erwecken. Er mag zu beträchtlichen Leistungen führen. Aber wenn nicht der *richtige* Ehrbegriff rege gemacht worden ist, so sind die echten Motive verfehlt, und es ist nichts gediehen, als eine gefährliche Scheinsittlichkeit.

Eine alte gute Regel lautet: »Der Erzieher muß warten können.« Er muß sogar sehr lange warten können. Der Techniker vermag schon morgen zu beurteilen, ob »es« ohne zu störende Nebeneinflüsse gegangen ist oder nicht. Eine Persönlichkeit aber muß innerlich »reifen«. Wenn gerade gar keine Steuerung stattfindet, wenn überhaupt nichts zu geschehen scheint, kann insgeheim das Allerwichtigste vor sich gehen. Da können noch Nachwirkungen hervortreten. Es können aber auch ungewollte Nebenwirkungen sichtbar werden, von denen man lange Zeit nicht das mindeste bemerkt hat. Die erwähnten »gutartigen«, sich leicht fügenden Kinder pflegen in dieser Hinsicht Überraschungen zu bereiten.

Es wäre eine sehr triviale Weisheit, die hier vorgetragen wird, wenn nichts weiter bewiesen werden sollte als dies, daß es bei der besten Erziehungsabsicht und der achtbarsten Erziehungskunst vielfach schief geht. Das weiß jeder. Man hat den Sachverhalt auch noch nicht richtig erfaßt, wenn man die betrübliche Erfahrung nur damit begründet: »Es sind zu viele Faktoren bei diesem Werk in Anschlag zu bringen. Wer will da alles sicher vorausberechnen?« Gerade die Rede vom Vorauskalkulieren und Voraussagen ist völlig fehl am Platze und zeugt immer noch von der gefährlichen Verwechslung der Erziehung mit einem psychotechnischen Verfahren. Wir erreichen den Gipfel unserer Überlegungen erst dann, wenn wir uns eingestehen, daß das Mißraten unserer Pläne und das Auftreten von störenden Faktoren zum *Wesen* der Erziehung gehört. Denn es soll nicht ein Mensch »gemacht« werden, wie man ihn haben möchte, sondern es soll sich eine selbständige Person mit sittlichem Zentrum bilden. Unter Umständen kann es eine heilsame Gegenwirkung sein, wenn sie ihre eigenen Wege geht.

3. *Die pädagogische Begegnung ist ein Kampf*. Das muß man zunächst begreifen. Wenn das Reifwerden darin besteht, sittlich selbständig zu werden und Stellung zu nehmen, so wird der Durchbruch dazu nicht in einem bestimmten Moment erfolgen (wie es juristisch einen Termin des Mündigwerdens gibt). Der Drang, sich als Eigenwesen zur Geltung zu bringen, erwacht früh und tritt auch wieder zurück. Das Kind experimentiert mit ihm. Das sittliche Moment am Selbständigsein bleibt meist noch verhüllt.

Denn dazu würde gehören, daß schon ein Ehrbewußtsein erwacht ist, welches der metaphysischen Vertiefung fähig wäre. Anfangs ist nichts da, als der natürliche Unabhängigkeitsdrang. Dieser bedarf lange der vorsichtigen Lenkung; dabei muß die sich andeutende Willens*kraft* geschont werden, die Motivbildung aber ständig kontrolliert werden. Diese pädagogische Intention ist eigentlich paradox und die Durchführung glückt nur bei feinem Taktgefühl und reicher Erfahrung. Das Paradoxe liegt schon darin, daß jede Erziehung sich zuletzt überflüssig machen und in Selbsterziehung übergehen soll. Das Befremdliche tritt noch mehr zutage, wenn man die Formel wählt: Die Erziehung soll den Werdenden zu *seiner* Selbständigkeit »hinführen«! Kein Wunder, daß mehr oder weniger deutlich ein ständiges Ringen stattfindet.

Wir begegnen hier einem Urproblem des Lebens, das nur Plato in voller Schärfe gesehen hat. Der Grundtrieb nach Macht steckt von Natur in jedem Menschen. Jeder reagiert im Sinne seiner Selbsterhaltung und seines »Obenseins«. Dieser Drang kann nicht anders versittlicht werden als durch Selbstregulierung. Jede äußere Schranke behielte etwas von Suggestion und Zwang. Sittlich ist aber nur, was aus der Freiheit kommt. Also muß die Naturfreiheit sich langsam in sittliche Freiheit verwandeln, nämlich in Selbstzucht und Selbstbegrenzung. Das wurde für Plato seit dem Gorgiasgespräch zum Kern seines Nachdenkens.

Wir sind auf das Thema: Naturfreiheit und geistige Freiheit bei der Erörterung des liberalen und des gebundenen Erziehungsstiles gestoßen. (Vgl. oben S. 369 ff.). Damals zeigte sich die gefährliche Vieldeutigkeit des Wortes »Freiheit«. Wer nicht über sie nachgedacht hat, wer nicht auf diese sokratische Weise selbst frei geworden ist, kann nicht im Geist der Freiheit und zu echter Freiheit erziehen. Und wer schon den Zweck nicht klar setzt, darf sich nicht wundern, daß bei seinem Handeln nur Unklares herauskommt. Das alles deutet auf Voraussetzungen, die im Erzieher erfüllt sein müssen, wenn ihm sein schweres Werk gelingen soll. Ein großes Thema für sich!

Herrscht aber in ihm selbst noch Unklarheit und mischt sich diese mit der Steuerlosigkeit des jugendlichen Wesens, so *bleibt* eben die Erziehung ein Kampf, eine Art von Naturzustand. Der so entstehende Kleinkrieg ist das klassische Terrain für die Erfahrung von ungewollten Nebenwirkungen. Der Vergleich soll nicht übertrieben werden. Das Verhältnis des Lehrers zu seiner Klasse z. B. kann durchaus gut sein; aber es bleibt dabei, daß sich zwei Parteien gegenüberstehen; immer liegt eine gewisse Spannung in der Luft. Reformpädagogen, die das wegbringen wollten, waren von guter Absicht beseelt, verkannten aber völlig unabänderliche Tatsachen des Lebens, folglich auch den Sinn der Erziehung überhaupt. Man erinnere sich an die Behauptung einiger Naturrechtler, daß nach Herstellung einer Rechtsordnung, ja einer staatlichen Macht der streitbare Zustand unter der Decke der Verträge noch fortdauere. Ähnlich ist es zwischen dem Erzieher und den Erzogenen. Der erste sitzt nie ganz sicher auf seinem Thron. Plötzlich kann eine Revolte ausbrechen. Gezielte Maßnahmen können ganz anders auslaufen, als zu vermuten war.

Noch einmal: ich rede vom Kleinkrieg nur in scherzendem Ton. Es wäre nicht der Mühe wert, bei so alltäglichen Erscheinungen zu verweilen, wenn das Urphänomen: der Kampf um das Rechthaben und um das Rechte, nicht auch in einer sehr ernsten Gestalt auftreten könnte. Die Behauptung, daß das Erwachen des Geistes ganz aus der Tiefe komme, wird von unseren Zeitgenossen als verstiegener Idealismus belächelt. Es gibt aber ein Grenzphänomen, an dem deutlich wird, mit welcher ursprünglichen Energie das »Ideenhafte« (wie ich mich kurz ausdrücken will) auch heute noch in der Jugend durchbricht. Das zeigt sich an der Leidenschaftlichkeit der Enttäuschung, wenn sich herausstellt, daß die vorgefundene Welt solchen Normen in keiner Weise gemäß ist. Der »Rückschlag« kann dann zur Verzweiflung, zum Verbrechen und zu völligem Nihilismus führen. Haben wir heutzutage das erste: den Glauben an den inneren Regulator nicht mehr, so haben wir des zweiten die Fülle. Man kennt die seelische Kontrastreaktion unter dem gängigen Namen »Ressentiment« oder umschreibt sie mit der Formel: »Ja-Nein-Niemals«.[22] Aber man gibt nicht zu, daß es sich dabei um entscheidend Wurzelhaftes, also um metaphysische Erschütterungen handeln kann.

Unter diesen Grenzphänomenen ist wieder das zentralste die Erschütterung des Normbewußtseins überhaupt und damit die Außerkraftsetzung des Gewissens. Sicher ist, daß der junge Mensch sittlich strenge Lebensführung früher von den Erwachsenen fordert, als von sich selbst. Aber wenn er nicht wesensmäßig eine Ahnung von solcher Verpflichtung in sich trüge – wie sollte er darauf kommen, andere überhaupt an Normen zu messen? Mit der Anerkennung des Sollens leuchtet ja überhaupt erst der Gedanke auf, daß das Menschenleben einen *Sinn* hat, den man erfüllen, aber auch verfehlen kann. Wird nun dieses früheste Gesicht durch reale Erfahrungen enttäuscht, so tritt eine Krisis ein, die *alles* in Frage stellt und nur äußerst schwer wieder aus der jungen Seele herauszubringen ist.

Wenn die Jugenderziehung in einer Welt stattfindet, in der ethische Forderungen gestellt werden, aber ringsum unerfüllt bleiben, so *müssen*

---

[22] Fritz Künkel, Charakter, Wachstum und Erziehung. Leipzig 1931. S. 14.

die pädagogischen Maßnahmen die Nebenwirkung haben, daß sie auch von der Jugend nicht mehr ernst genommen werden. Diesem Resultat geht vielleicht ein sehr schmerzlicher Konflikt voran, oder es ereignet sich nur ein stumpfes Abgleiten. Der erste Fall ist lehrreicher für uns, weil in ihm noch etwas von der Wucht des metaphysischen Abfalls nachzittert. Ich nenne den Vorgang den *nihilistischen Choc*. Er ist die schärfste Form der ungewollten Nebenwirkungen pädagogischer Zielsetzungen. Ihre eigentliche Ursache ist die innere Unwahrhaftigkeit der Gesellschaft, da erziehen zu wollen, wo echte Erziehungsresultate eigentlich nicht gewollt, mindestens nicht geschätzt werden.

4. Unser durchgehendes Thema ist: unerwartete Rückwirkungen aus der Welt, auf die sich unser planmäßiges Handeln richtet. Sie erklären sich daraus, daß wir auf Eigengesetzlichkeiten stoßen, die die Verwirklichung unserer Zwecke umbiegen oder gar verhindern. Bei der Erziehung ist es zunächst der Zögling, der »abweichend« reagiert. Er ist aber kein isoliertes Wesen, sondern steht seinerseits dauernd unter dem Einfluß seiner naturhaften und gesellschaftlichen Umwelt. Mit ihr setzt er sich ebenso auseinander, wie mit den Intentionen, die ihn formen wollen. In diesem Wechselspiel entsteht ein Grenzphänomen, bei dem wir verweilen; denn es bedeutet einen dialektischen Rückschlag von schicksalhafter Wucht.

Es war schon ein Wagnis, in unserer Epoche zu behaupten, daß das Erwachen zum Geist ein ganz innerer Vorgang sei und daß die Jugend – heute wie zu allen Zeiten – das aus ihrem Innern aufbringen müsse. Für den Bezirk der logischen Evidenz wird man es allenfalls noch zugeben. Denn eine mathematische Einsicht zum Beispiel kann der Lehrer zwar analysierend vorbereiten. Aber mitdenken und schließlich »verstehen« muß der Lehrling selbst. Oder anders formuliert: Der Geist, der potentiell in ihm ist, muß schließlich einspringen und Ja sagen. In bezug auf ethische, ästhetische und weltanschauliche Stellungnahmen darf man weniger darauf rechnen, daß unsere Zeitgenossen bereit seien, derartige »innere Wunder« zuzugeben. Gerade hiervon aber hängt das Entscheidende in der Erziehung ab. Es gibt in ihr einen Punkt, an dem Fehlwirkungen unausbleiblich sind, wenn nicht ein bestimmtes Moment schon in der Planung mitwirkt. Man könnte es ein Glaubensmoment nennen.

Als Beispiel wählen wir das Zentrum, von dem alles andere abhängt. Wo nicht schon in der ersten Intention anerkannt ist, daß der Mensch wesensmäßig einem inneren geistigen Sollen unterworfen ist und mit einem inneren Organ kontrollieren kann, ob er sich in der Linie zu seiner wahren Bestimmung hin oder von ihr wegbewegt, da kann die Erziehung höchstens noch den Sinn haben, den jungen Menschen für allerhand gesellschaftliche Funktionen auszurüsten oder abzurichten. Ob aber diese Funktionen dem sittlichen Aufbau dienen oder nicht, dafür gibt es dann kein Kontrollorgan mehr. Man kann es dem Werdenden auch nicht einpflanzen oder ihm nachträglich einen Ersatz dafür mitgeben. Das persönliche Gewissen muß schließlich aufwachen und freiwillig die Steuerung übernehmen. Das wird sich aber nicht ereignen in einer »gewissenlosen« Welt. Hat es nicht schon an der Wurzel der pädagogischen Intention mitgewirkt — als »ungewollte Nebenwirkung« wird gerade *diese* Kraft nicht herausspringen!! Darin aber liegt jenes Glaubensmoment: Fehlt das Gewissen als Voraussetzung, so verliert nicht nur die Erziehung ihren Sinn, sondern das Dasein überhaupt.

In den frühen Stadien der Jugendentwicklung ersetzt Autorität die eigentliche verantwortliche Entscheidung. Gut behütete und gut geartete Zöglinge leben sich in eine sittliche Atmosphäre ein. Aber irgendwann – sei es allmählich oder durchbruchartig – muß die sittliche Entscheidung auch den Charakter des *eigenen* Wagnisses annehmen. »Das Gerechte« scheint die erste Idee zu sein, die mit auffallender Radikalität zutage tritt. Die Unbedingtheit zeichnet überhaupt die jugendlichen Wertungen aus. Fein abgeschattete Erfahrungen fehlen ja noch. Platos Dualismus ist früher als der vermittelnde Standpunkt des Aristoteles – wenn man Plato und Aristoteles zu Typen der Denkweise steigern darf. Die geistige Natur legt in die aufblühende Seele den Hauch der »Reinheit«.

Der Geist allein erzeugt immer wieder Geist. »Reinheit« bedeutet ursprünglich Freisein von entstellenden fremden Bestandteilen. Schon auf einfachsten Kulturstufen ist Reinigung ein Symbol für Verehrung eines Höheren. Sittlichkeit ist eine Art von Reinhaltung der Seele. Es kommt darauf an, ein »reines« Gewissen zu haben. Die rationalistische Erkenntnistheorie nennt die Seite der Erkenntnisfunktionen »rein«, die aus der Vernunft (ratio) selbst herstammen, ohne Beimischung von wechselnden Einzelerfahrungen. Kants Interesse gilt fast ausschließlich der »reinen« Vernunft. Seine Philosophie gipfelt in der Herrschaft der reinen praktischen Vernunft.

Gewiß ist dieses hell Leuchtende nicht das einzige, was aus der zu sich selbst erwachenden Seele emporsteigt. Es kommt auch allerhand Triebhaftes – allzu Triebhaftes zum Vorschein. Die moderne Psychoanalyse hat genug dafür getan, uns in diesen ganz andersartigen Seelengrund hinabblicken zu lassen. Der Geist hat schwer zu arbeiten, um sich gegen das bloß Naturhafte, ja Perverse durchzukämpfen. Aber auch er hat sein Eigenrecht. Das höhere Selbst ist im Menschen ursprünglich angelegt und nicht etwa das nachträgliche Ergebnis einer »Zensur«, deren Herkunft ohne das höhere Urprinzip ja ganz rätselhaft bleiben müßte.

Es ist daher auch heute noch berechtigt, anzunehmen, daß das Erwachen des Geistes in der Jugendzeit in einer Weise erfolge, die Goethe in dem berühmten Brief an Gustchen Stolberg den »Geist der Reinheit« genannt hat.[23] Aber vielleicht geschieht dies oft in einem einzigen flüchtigen Moment. Jedenfalls: das so aufstrahlende höhere Selbst ist anfangs äußerst verletzlich, noch unsicher und daher gefährdet. Es bedarf des besonderen Schutzes von seiten der Erziehung. Fehlt er, so kommt ein Gegenschlag, der die gleiche Radikalität hat wie der erste Anhauch durch die Idee. Auf diese Rückwirkung gerade in der Pubertätszeit muß der Erzieher wie auf ein gesetzlich eintretendes Geschehnis achten.[24] Die Begegnung mit der Welt, wie sie nun einmal ist, besteht oft darin, daß ein einzelnes Erlebnis oder die gesamte Lebenslage den Glauben an den Sinn der Arbeit für eine höhere Ordnung der Dinge entwurzelt. Er wird häufig nicht nur »verloren«, sondern mit entschiedenster Energie »abgeschworen«. Die negierende Stellungnahme kann den konkreten Anlaß weit überschreiten. Es tritt ein innerer Bruch ein. Ohne den ersten ideenhaften Durchbruch wäre seine Heftigkeit nicht zu verstehen. Dies Phänomen ist es, das ich den nihilistischen Choc nenne.

Der Ursprung der metaphysischen Erschütterung kann an sehr verschiedenen Stellen liegen: Sturz aus wahrhaft durchseelter reiner Liebe, verwundetes Ehrgefühl, Enttäuschung im Beruf, Mißlingen leidenschaftlich erstrebter Leistungen usw. Entsprechend der jugendlichen Seelenart wird die Erfahrung, daß eine Persönlichkeit dem Ideal, das man sich von ihr gebildet hat, nicht standhält, am gefährlichsten sein. Eltern und Erzieher stehen dabei im Vordergrunde.

Es kann also der Fall eintreten, daß eine Erziehung mißlingt, weil ihr Träger nicht »echt« ist, d. h. als sittliche Person nicht das darstellt, was sie zu sein vorgibt. Dann fehlt ihrem Tun die »Beglaubigung«. Nimmt man aber den umgekehrten Fall, daß nämlich der reife Mensch einwandfrei ist, der junge Mensch hingegen schon von Anlage her verdorben, dann »antwortet nichts«. Das ganze Unternehmen bleibt sinnlos, weil der Erzieher nur dem höheren Selbst heraushelfen, es aber nicht machen oder pflanzen

---

[23] Man erinnere sich an die berühmte Äußerung Goethes in dem Brief an Gräfin Auguste v. Stolberg vom 18. September 1775, er wolle sein Leben allein der heiligen Liebe widmen, »die nach und nach das Fremde durch den Geist der Reinheit, der sie selbst ist, ausstößt und so endlich lauter werden wird wie gesponnenes Gold.«

[24] Wolfgang Fischer, Der junge Mensch, ein Beitrag zur Psychologie der Reifezeit. Freiburg 1958. S. 115 ff.

kann. Da das Nichtgelingen niemals von vornherein feststeht, darf der Optimismus des Pädagogen nicht frühzeitig erlahmen. Denn der Glaube, daß etwas Positives herauskommen werde, ist ein wesentlicher Teil der Kraft, die er einzusetzen hat, viel wichtiger als methodische Kunst und reiches Wissen.

Das verwandelte Gesetz stellt sich also bei dem Grenzphänomen, zu dem wir gelangt sind, folgendermaßen dar: Die ungewollte Wirkung kann bestehen im Ausbleiben positiver Erfolge überhaupt oder – was selten sein wird – in einem Überschuß: der Zögling gelangt *trotz* schlechter Erziehung zu sittlicher Selbstzucht. Dazwischen aber liegt ein wechselvoller »Kampf«: manchmal gelingt ein Stück guter Erziehung, manchmal siegt ein Stück »guter Natur« (worunter hier die Eigenkraft des erwachenden Geistes zu verstehen ist). So wenig dieses Wechselspiel apriori darstellbar ist – zwei Sätze können mit Sicherheit aufgestellt werden: Nur der gewissenhafte Erzieher kann das Gewissen im werdenden Menschen wecken und durch immer erneute Einwirkungen bei Kräften erhalten. Und: wo weder dies geschieht, noch eine ursprüngliche sittliche Kraft von selbst durchbricht, da verläuft der ganze Vorgang resultatlos. Denn selbst ein bloßer Unterrichtserfolg bliebe ohne inneren Wert, weil echte Erkenntnis immer eine ethische Leistung sein muß.

VIII. Die Rückwirkung auf den Erzieher

Der Mensch verändert nicht nur durch sein Tun die ihm gegenüberstehende Welt; sein Tun verändert auch ihn selbst. Es hängt daher mit seiner seelischen Tiefe enger zusammen, als im Abendland beachtet wird. Das Karma des Buddhisten gilt als etwas, das nie wieder ganz austilgbar ist. Hingegen interessiert den Abendländer, je »aufgeklärter« er wird, die nach außen tretende Leistung. »Die Gesinnung«, so denkt man, »ist doch unkontrollierbar. Damit mag sich jeder für sich in seinem verschwiegenen Innern auseinandersetzen. Wir prüfen das, was dabei – im wörtlichsten Sinne! – *heraus*gekommen ist.«

A. In Wahrheit aber ist das Handeln von der willensbestimmenden Gesinnung an bis zum außerseelischen Erfolg eine Sinneinheit. Dies wird auch dadurch bestätigt, daß bei wiederholten Handlungen der Erfolg auf das wollende Bewußtsein zurückwirkt. Die Intention wird nachträglich »korrigiert«. Korrigieren kann hier allerdings sehr Verschiedenes bedeuten.

Damit beginnt eine veränderte Betrachtungsweise unseres Gesetzes. Bisher war die Rede vom (objektiven) Effekt in seinem Verhältnis zur (subjektiven) Zielsetzung. Es ergab sich, daß der Erfolg immer etwas anderes enthält als die seelische Erfolgsvorstellung enthalten hat. (Wundt: »Heterogonie der Zwecke«.) Das »andere« konnte, gemessen am Zweck, nachteilig sein oder auch – seltener! – ein erfreulicher Überschuß. Jedenfalls war es *ungewollt*. Jetzt gehen wir vom Ergebnis rückwärts zur Intention. Wir bleiben aber nicht bei dem Vergleich zwischen beiden stehen; ihn haben wir auf den verschiedensten Gebieten immer wieder vorgenommen. Wir fragen vielmehr, wie das Erlebnis des Gesamterfolges umbildend auf das Bewußtsein des Handelnden zurückwirkt. Da kann z. B. Ärger über ein »dummes« Mißlingen entstehen oder moralische Reue über das, was man angerichtet hat, oder sogar Schmerz darüber, daß man »so ist«. Bedeutung für künftiges Verhalten kann eine solche Reflexion nur bei wiederholbaren Handlungen haben. Streng genommen ist jede Tat etwas absolut Singuläres. Nichts wiederholt sich in der Welt genau gleich. Gemeint ist folglich nur ein neues Handeln, das seiner Grundintention nach mit früherem vergleichbar, ihm also ähnlich ist. Der Sinn der Rückwirkung, der uns allein interessiert, kann in dem Selbstgespräch formuliert werden: »Du mußt es künftig anders anfangen.«

Eine solche Einsicht kann sehr fruchtbar werden. Wilhelm Wundt hat das Gesetz wesentlich unter diesen Gesichtspunkt gestellt und aus ihm große Bewußtseinsfortschritte abgeleitet. Uns beschäftigt seine Fruchtbarkeit auf einem Sondergebiet, nämlich für den Erzieher. Zwei mögliche Hauptfälle sind zu unterscheiden. Es wurde schon angedeutet: die Korrektur, welche spätere Zwecksetzungen vom Erlebnis der Wirkung her erfahren, kann sehr Verschiedenes »bedeuten«. Die vier Fälle, die ich hervorhebe, sind in einer Stufenleiter angeordnet.

1. Die Belehrung betrifft ausschließlich die Wahl der Mittel. Ich erfahre, daß ich für meinen Zweck nicht ganz geeignete Mittel angewandt habe. Die Differenz zwischen Absicht und Resultat ist zu groß. Vielleicht erreiche ich auf anderem »Wege«, d. h. mit anderen Mitteln, besser, was ich gewollt habe. Vielleicht bleibt dann ein Teil der unerwünschten Nebenerfolge aus, oder – da sie nie ganz ausbleiben – die Rückwirkungen sind dann für meine Absichten weniger störend. Bei künftigen Handlungen ändert sich in diesem Fall an der Zwecksetzung nichts; aber an den Methoden wird herumprobiert, und die geeignetsten werden bevorzugt. Das ist ein Vorgang, der sich im Bereich der Technik alle Tage abspielt. Denn in der Technik steht der Zweck fest. Man darf dabei Technik in sehr weitem Sinn nehmen; es ist nicht nur Handwerk oder Maschinenwerk gemeint. Was hier behauptet wird, ist eigentlich nur eine Folgerung aus der Definition von Technik. Technik als Theorie ist Erwägung der zweck-

mäßigsten Mittel, Technik als Praxis ist die Anwendung geeigneter Mittel für einen bereits gesetzten Zweck.

Im Kulturleben redet man von Technik in einem noch weiteren Sinne. Man denkt dann an schöpferisches Planen und Herstellen von Werken, bei denen der Entwurf ganz besondere Erfindungsgabe fordert: Häuserbau, Fabrikanlagen, Verkehrsmittel, Flußregulierung u. dgl. Andererseits gibt es innerhalb *jedes* Kulturgebietes eine technische Seite: die verfeinerte Reflexion über das Wie? Dahin gehören: die Technik der geistigen Arbeit, Technik des Klavierspiels und der Malerei, Technik der Gesetzgebung, der Rechtsprechung, der parlamentarischen Wahlen. In diesen Fällen steht der zu erreichende Zweck fest. »Die technische Seite« ist dadurch gekennzeichnet, daß sie im allgemeinen von ethischer Problematik frei ist, auch von sonstiger Werterwägung, z. B. der ästhetischen. Diese Entbundenheit ist wesentlich. Also bleibt die Hauptdefinition berechtigt, Technik betrifft Mittel und Methoden.[25]

2. Viel stärker als bei solcher Korrektur der Mittelwahl ist die Rückwirkung, wenn konkrete Erfahrungen den Handelnden veranlassen, auch seine Zwecksetzungen zu ändern. Er entschließt sich z. B., keine Luftschiffe nach Art des Zeppelins mehr zu bauen, sondern Flugzeuge, weil dabei gewisse lästige Nebenerscheinungen, wie Schwierigkeiten beim Landen, fortfallen. Jeder Einzelzweck ist ja ohnehin nur ein Glied in einem ganzen Geflecht von Zwecken. Bildlich: ein Telos schiebt das andere vor sich her und zieht ein anderes hinter sich mit. Zwecke als angestrebte Veränderungen in der *äußeren* Welt sind immer relativ. Man wechselt einen einzelnen aus, wenn eine Gesamtplanung dadurch in irgendeinem Sinne fruchtbarer wird.

3. Aber was heißt fruchtbar? Das Wort deutet sehr unbestimmt auf irgendeinen Wert hin, »um dessentwillen« ein Leistungserfolg erstrebt wird. Dieser seelisch fühlbare Wertakzent sitzt schon auf der vorwegnehmenden Zielvorstellung. Wird er nicht ganz erfüllt, so ändert man vielleicht das Ziel, den gewollten Zweck. Oder – das ist nun der dritte Fall – man läßt sich von einem anderen Wert bestimmen, d. h. es ändert sich *das Motiv*, die wertende Schätzung, die das Subjekt zum Handeln bewegt. Wenn ich lange etwas aus Erwerbslust getan habe, so veranlaßt mich die Beobachtung, daß ich damit auch anderen Menschen einen Dienst getan habe, möglicherweise im Alter zu karitativer Tätigkeit mit gleichen Sachleistungen. Ein und dasselbe Verhalten kann sehr verschiedene Motive haben. Die deutsche Sprache denkt sich die einzelnen Wertgebiete wie Zonen,

---

[25] Vgl. Hermann Josef Meyer, Die Technisierung der Welt. Tübingen 1961.

»aus« denen ein Handeln herkommt. Ein und dasselbe Tun kann »aus« Selbstsucht oder »aus« Menschenliebe oder »aus« Leistungswillen oder »aus« Ruhmbegierde usw. erfolgen. Die entsprechende »Tönung« gibt der Zweckvorstellung schon je ihren eigentümlichen Sinn. Im günstigen Falle *erfüllt* der Enderfolg den intendierten »Sinn«, auch er trägt dann den betreffenden Wertcharakter.

Aber es ist schwer, das »eigentliche« wahre Motiv menschlicher Handlungen zu ergründen. Meistens sind verschiedene Motive ineinander verschlungen.

4. Noch schwerer ist es, die Gesinnung eines Menschen zu ergründen. Gesinnung wollen wir das relativ *dauernde,* in sich gegliederte und abgestufte *Ganze* der Wertintentionen nennen, aus denen heraus ein Mensch lebt und wirkt. Der wichtigste Fall jener Korrektur der Zwecksetzung durch Erfahrung von Erfolgen des eigenen Handelns wäre offenbar eine dadurch hervorgerufene Gesinnungsänderung. Man kann aus einem Saulus ein Paulus werden, wenn man spürt, daß man ethisch falsch gelebt hat. Man kann aus einem Tierquäler ein Tierschutzförderer werden; aber auch aus einem Menschenfreund ein Menschenfeind, aus einem Titus ein Nero. Man *kann* es. »Wie« eine solche Revolution möglich ist, steht hier nicht in vollem Umfang zur Erörterung. Wir denken ausschließlich an *solche* Umwälzungen des Inneren, die durch die Rückwirkung des *eigenen* Handelns auf die Gesamteinstellung der Person hervorgerufen werden.

Dabei steuern wir auf den Fall hin, daß ein Erzieher auf Grund der Erfahrungen, die er mit dem Erfolg seiner Maßnahmen macht, seine pädagogische Gesinnung ändert. Und zwar meinen wir *ethische* Korrekturen, d. h. solche, die eine Veredelung und Vertiefung bedeuten. Wenn wir jene Erfahrungen als ein *Wissen* betrachten, das man durch Tun erlangt, so stoßen wir hier auf eine verbreitete Meinung: Wissen als solches vermöge überhaupt nicht auf wertende Stellungnahmen einzuwirken. Sie nötigt uns, ein Intermezzo einzufügen, das nicht nur von pädagogischem, sondern von ganz grundsätzlichem Belang ist.

B. *Aus Mißerfolgen lernt man.* Das ist eine alte Wahrheit. Über die Art dieses Lernens aber bestehen Meinungsverschiedenheiten. Es wäre ein Lernen, das nicht sehr tief in die Substanz des Menschen eindringt, wenn man nur darüber klar würde, daß man sich in den Mitteln vergriffen habe. Wenn wir jedoch das Lernen über dieses Kausaldenken hinaus erweitern wollen, begegnen wir einer haltgebietenden Wissenschaftstheorie. *Max Weber* hat in seiner berühmten Rede von 1919: ›Wissenschaft als Beruf‹ der Wissenschaft die Berechtigung abgesprochen, zu Werten Stellung zu nehmen.[26] Es sei nicht möglich, im Namen der Wissenschaft Werturteile zu fällen. Sie könne ihrem Wesen nach eigene und fremde Wertpositionen weder legitimieren noch widerlegen. Weltanschauliche Stellungnahmen seien im Leben zwar notwendig und berechtigt; aber das Wissen reiche an sie nicht heran und sei an ihrem Zustandekommen nicht beteiligt. Also könne die Wissenschaft auch nicht darüber belehren, wie man handeln *solle*. Die einzige, freilich wertvolle Hilfe, die die Theorie dem »Leben« bringen könne, bestehe darin, daß sie auf Grund von Einsichten in die kausalgesetzlichen Zusammenhänge der Welt ein *Vorausberechnen* von Ereignissen ermögliche. Diese Möglichkeit erstrecke sich auch noch auf die Mittelverkettung bei menschlichen Zweckhandlungen. Wissenschaftlich könne man feststellen, aus welcher (vorgegebenen) Wertposition jemand sein Handeln gestalte und welche Chancen (d. h. Erfolgsaussichten) es gemäß kausalen Gesetzlichkeiten habe, bzw. nicht habe. Die Ausgangsstellung selbst aber – als eine nun einmal festgelegte *Wert*einstellung – könne wissenschaftlich nicht als wahr begründet, nicht kritisiert, nicht als falsch widerlegt werden.

Es ist deutlich zu erkennen, daß dieser Wissenschaftsgedanke sich an denjenigen Naturwissenschaften orientiert, die ausschließlich nach Kausalgesetzen forschen und das savoir nur wegen des prévoir betreiben. Der Naturwissenschaft fällt die Enthaltung von Wertungen im allgemeinen nicht schwer. In den Gesellschaftswissenschaften, nun gar in den zentralen Geisteswissenschaften, ist es schwerer, zu erkennen, ganz ohne zu werten. Mindestens müssen sie, schon wenn sie bloße Tatbestände feststellen wollen, mit Wertbezogenheiten arbeiten (H. Rickert). Ob nun auch Werteinstellungen (z. B. Weltanschauungen) noch unter die Zuständigkeit der Wissenschaft fallen (wie M. Scheler behauptet hat), mag für unser Thema unerörtert bleiben. Sicher ist, daß jene »möglichen Positionen« durch tatsächliche Erfolge oder Mißerfolge des daraus entspringenden Handelns, also durch wachsende Einsicht, korrigiert werden können, und zwar im Sinne des Imperativs »Ändere deine Wertsetzungen!« Wertungen sind überall ins Leben verflochten. Wissenschaft muß sich, wenn sie das Leben erkennen will, auch auf Wertstandpunkte richten. *Nebenerfolge des wertgesteuerten Handelns können auch aufklärend auf Weltanschauung und Ethos zurückwirken.* Mehr soll hier nicht behauptet werden.

Es ist deutlich festzustellen und tritt schon in den sprachlichen Formulierungen zutage, daß Max Weber das Modell des technischen Wissens vor

---

[26] Abgedruckt in Max Weber, Gesammelte Aufsätze zur Wissenschaftslehre. Tübingen 1922. S. 524 ff.

Augen hat. Für den Bereich der Geisteswissenschaften, vor allem für diejenigen, die ein praktisches Verhalten unterbauen möchten, also Soziologie, Ökonomik und Politik, reicht die Analogie nicht aus. Max Weber redet echt positivistisch von der Aufgabe der Theorie, Geschehnisse vorauszuberechnen und durch Berechnung zu beherrschen – ausdrücklich: »technisch zu beherrschen«.[27] Dem Sinn des Lebens aber komme man damit nicht näher; ja, wo Werturteile anfingen, höre schon das volle Verstehen auf.

Demgegenüber hat *O. F. Bollnow* mit Recht die Ansicht vertreten, daß schon das bloße *Verstehen* von gegebenen Sachverhalten und Zusammenhängen des Geistes- und Gesellschaftslebens ohne stilles Werten nicht möglich sei.[28] Man erhofft aber von jenen Wissenschaften darüber hinaus, daß man aus ihnen irgend etwas für das sinngesteuerte Verhalten *lerne*. Es wäre wenig, wenn man immer nur erführe, wie Geschehnisse in der geistig-gesellschaftlichen Welt »ablaufen«.

Natürlich ist es sehr viel schwerer, Beiträge zur Theorie der Werte und Motive oder gar zur Theorie der verbindlichen Normen zu liefern, als Kausalgesetze aufzustellen. Aber erstens gibt es in der *geistigen* Welt keine sinnfreien Kausalgesetzlichkeiten. Und zweitens ist es geradezu unmöglich, die von Weber geforderte Enthaltsamkeit zu üben. Das von uns in den Mittelpunkt der Erörterung gestellte Gesetz schließt nämlich ein, daß durch die Erfahrung ungewollter Nebenerfolge auch die Wertintentionen (Motive, Gesinnung, Normbewußtsein) des Handelnden umgebildet werden können.

Diese Rückwirkung des eigenen Tuns auf den *Erzieher* zu zeigen, ist das Ziel dieses Abschnittes. Vorher aber seien Wendungen aus dem Vortrag von Max Weber eingefügt. Sie sollen belegen, daß Wissenschaft für den großen Gelehrten, wenn man nur *diese* seine begrenzte Äußerung heranzieht, eigentlich eine bloße *Technologie* (d. h. Lehre von der richtigen Wahl der zweckbezogenen Mittel) ist. Die Zitate können nur bruchstückhaft gegeben werden, weil die Gedankenführung des Vortrages ziemlich locker ist.

Was leistet die Wissenschaft Positives für das »Leben«? – »Zunächst natürlich: Kenntnisse über die Technik, wie man das Leben, die äußeren Dinge sowohl wie das Handeln der Menschen, durch Berechnung beherrscht.« Zweitens: »Methoden des Denkens, das Handwerkszeug und die Schulung dazu.« Drittens: Klarheit, hauptsächlich in folgender Hinsicht: »*Wenn* man die und die Stellung einnimmt, so muß man nach den

[27] a. a. O., S. 535 f., 540 f., 545.

[28] Otto Friedrich Bollnow, Existenzphilosophie und Pädagogik. Stuttgart 1959. S. 105 ff.

Erfahrungen der Wissenschaft die und die *Mittel* anwenden, um sie praktisch zur Durchführung zu bringen.« Die Wahl selbst ist nicht mehr Wissenssache; die Theorie stellt nur die Richtungen dar, *zwischen* denen zu wählen ist. Viertens: die Wissenschaft lehrt, daß man bei einmal gewähltem Zweck »die und die Nebenerfolge, die dann erfahrungsgemäß eintreten«, mit in Kauf nehmen muß.[29]

Also immer wieder: Vorausberechnen und beherrschen, gleichviel, von welchem Wertstandpunkt aus! Der letztere liegt jedenfalls außerhalb jeder wissenschaftlichen Begründung. Das Wissen ist wertneutral, also auch ethisch wertindifferent. Max Weber nennt dieses rationalisierende Verfahren »die Entzauberung der Welt«. Es bleibt bei einem Pluralismus der Wertstandpunkte, ähnlich dem Polytheismus alter Zeiten. Man bediene sich des bereitgestellten Wissens! Es wird sich niemandem versagen. Denn da es für Weltanschauung nicht zuständig ist, wagt es sich auch nicht in ethische Reflexionen und in Normenkritik hinein.

C. Es wäre eine lockende Aufgabe, den beiden berühmten Vorträgen von Max Weber: ›Wissenschaft als Beruf‹ und ›Politik als Beruf‹ einen dritten hinzuzufügen: »Erziehung als Beruf«. Über dieses Thema ist freilich schon mancherlei geschrieben worden. Gleich im Anfang müßte man wohl erwägen, daß Beruf im Sinne der Volkszählung nicht dasselbe ist wie inneres Berufensein. Auch das von der Natur begründete Berufensein: der Stand des Vaters, der Mutter, des nahen Verwandten, gewährleistet noch nicht jene innere Eigenschaft, die in unserem Falle geradezu ein Begnadetsein bedeuten sollte. Der Beruf, von dem zu reden wäre, erfordert ein besonderes Charisma.

Jede lange fortgesetzte Tätigkeit führt zu aufgehäuften Erfahrungen. Sie sind durch keine vorher fertige Theorie zu ersetzen.[30] Ein Teil dieser Erfahrungen ist auch auf dem Erziehungsgebiet beinahe technischer Art. Man bemerkt, daß man für etwas Bestimmtes, das man im Zögling erreichen wollte, z. B. Pünktlichkeit, Reinlichkeit, Ordnung, nicht die geeigneten Mittel angewandt hat, mögen sie nun überhaupt »unzweckmäßig« gewesen sein oder nur im jeweils vorliegenden Fall unangebracht. Dieses ganze Feld des Klügerwerdens soll hier nicht näher beleuchtet werden. Die Rückwirkung des eigenen Verfahrens auf den Pädagogen interessiert uns nur, sofern sie ein Besserwerden bedeutet. Wir könnten auch nach der begleitenden Seelenlage unterscheiden: Mißmut darüber, daß man un-

---

[29] a. a. .O., S. 549.

[30] Vgl. meinen Essay: Lebenserfahrung. Tübingen 1947.

geschickt vorgegangen ist, und Reue darüber, daß man ethisch unrecht gehandelt, dem Schützling oder den Schützlingen Unrecht getan hat. Das zweite bedeutet den Punkt, an dem das Werk des Erziehers für ihn selbst menschlich fruchtbar wird. Der damit eingeleitete Prozeß sollte nie aufhören; denn im Ethischen lernen wir niemals aus. Wer nicht unablässig über die Individualitäten, mit denen er es zu tun hat, nachdenkt, bleibt seiner Aufgabe schon höchst Wichtiges schuldig. Aus solchem Nachdenken soll aber auch eine neue Praxis hervorgehen. Der ethische Gewinn liegt dann auf beiden Seiten. Man kann nicht Menschenbildner sein, ohne dauernd an sich selbst zu bilden. Vertiefte Einsicht in die Art, wie sich die ethische Substanz eines jungen Wesens herausformt, beeinflußt den gleichen Kernvorgang auch in dem handelnden Subjekt. Es ist der Fall, den Max Weber für unmöglich erklärt hat: Umbildung der Werteinstellung durch Erkenntnis dessen, was in der geistigen Welt aus dem Handeln gemäß einer vorgegebenen Werteinstellung folgt.

Es gibt unter den Erziehern, besonders unter den berufsmäßig Beauftragten, Doktrinäre, die sich auf ein ganz bestimmtes Programm eingeschworen haben und von ihm beinahe die Erlösung der Welt erhoffen. Die Parteileute der Schulreform sind oft noch hitziger als die Gefolgsleute der politischen Parteien. Wenn man aber im Einzelfall bemerkt, daß das angeblich Heilsame nicht zum Heil einer sich andeutenden Individualität ausschlägt, so sollte man »sich bekehren« und »in sich gehen«. Schon für die leiblichen Konstitutionen ist nicht jedes sonst bewährte Medikament gleich gut. Die geforderte Offenheit des Blickes bedeutet zugleich ein immer waches pädagogisches Gewissen. Rückwirkungen und Rückschläge sollen das Gewissen schärfen. Dies ergibt eine innere Lebendigkeit, die pädagogisch produktiv macht. Es gehört nämlich auch zum Erziehen eine bestimmte Art von Phantasie. Gemeint ist damit nicht das fahrlässige Experimentieren mit Mitteln und Mittelchen. Das Nachdenken soll vor allem die Zielsetzung mitumfassen, die ja bei individualisierter Erziehung für jeden Heranwachsenden eine etwas andere ist.

Wir nehmen an, daß jeder wahre Erzieher eine intensive Selbsterziehung durchgemacht hat, ja noch mehr, daß er über Ziel und Weg dieses Selbstformungsprozesses höchst aufmerksam nachgedacht hat. Denn das bleibt doch das ewige Rätsel: »Wo ist der Hebel anzusetzen?« [31]

Die tiefstgreifende Frage ist: wie kann man auf das werdende Gewissen Einfluß gewinnen? Denn es geht ja nicht darum, diese oder jene »guten« Verhaltensweisen anzugewöhnen und habituell zu »machen«, sondern

[31] Vgl. Eduard Spranger, Der geborene Erzieher, 2. Aufl. Heidelberg 1960. S. 17 ff.

an den Charakterkern in den Epochen seiner inneren Entstehung heranzukommen und die Kraft zu »wecken«, die dauernd wachbleiben wird. Dieser Kern ist das Gewissen als das normgemäße Steuerungssystem und als immer neu sich erzeugende Energiequelle. Das Verfahren, das hier allein helfen kann, besteht darin, daß der Erzieher anfangs die Gewissensregungen des jungen Menschen begleitet und gleichsam ein Gewissen *für* ihn hat. So stellt sich der ganze Prozeß der Menschenführung unter dem Bilde einer Ellipse dar. Von Brennpunkt zu Brennpunkt müssen gleichsam Funken ständig überspringen, wie in einem Akkumulator des sittlichen Lebens.

Im allgemeinen beachtet man nur, wie dabei der Erzieher als der eine, kräftigere Brennpunkt wirkt. Es findet aber auch die umgekehrte Beeinflussung statt. Der junge Mensch, aus dem im günstigen Falle »reine« Stellungnahmen und sittliche Urforderungen emporsteigen, trägt seinerseits zur Korrektur des reifen Bewußtseins etwas bei. Gewissen begegnet dem Gewissen. Das eine ist gleichsam nur ein Strahl aus einer höheren Welt, das andere hat sich schon im Gewirr des vielverflochtenen Lebens durchkämpfen und bewähren müssen. Beide haben sich gegenseitig etwas zu geben.

Jener »Kampf« also – wie wir das Erziehungsverhältnis zu nennen geneigt waren – ist da, wo er wirklich in die ernsten Tiefen geht, äußerst fruchtbar, und zwar gerade deshalb, weil hier noch metaphysische Bindungen zur Geltung kommen, die in unserer modernen Gesellschaft bis auf bescheidene Reste verschwunden sind. Die jugendliche Idealität kann in keiner Gesellschaft entbehrt werden.

Eine der vielen ungewollten Nebenwirkungen, die sich beim pädagogischen Tun unvermeidlich ergeben, ist also die Rückwirkung auf den Handelnden selbst. Bisher haben wir optimistisch angenommen, sie sei immer beflügelnd und vertiefend, sie gehe von der Korrektur der gewählten Mittel bis zur Schärfung des Gewissens, und nicht nur des pädagogischen Gewissens allein. Es gibt aber auch die umgekehrte Erscheinung. Wer nur Rückschläge erlebt, wird entmutigt, verliert die Liebe zu seinem Beruf und verfällt schließlich einer stumpfen Gleichgültigkeit. Der gute alte Salzmann hat empfohlen, der Erzieher solle die Ursache für alle Fehler seiner Zöglinge zuerst in sich selbst suchen. Das kam aus dem tapferen Rationalismus jener Zeit. Heute würde man mehr Beifall finden, wenn man behauptete, am Mißlingen der Erziehung sei die allgemeine Verrottung der Gesellschaft schuld. Daraus ist dann schon gefolgert worden – erst von Rousseau, dann von Fichte, schließlich von der klassischen Jugendbewegung und einigen Enthusiasten –, der Jugendführer müsse mit seiner

Schar einen Bund *gegen* den Ungeist der Zeit schließen. Das mag er ganz in der Stille und mit der gebotenen Bescheidenheit tun. Jeder Erzieher soll in einigem Grade ein Kulturkritiker sein. Aber die Hoffnung, die man immer wieder aussprechen hört und die wohl auch der pädagogischen Übergeschäftigkeit unserer Tage zugrunde liegt, man könne alle Kulturschäden der Zeit durch Erziehung heilen, ist ein Irrlicht. Manchmal hat es sogar den Anschein, als wolle die reife Generation eine gewisse Gruppe von Fachleuten damit beauftragen, die Menschheit von Grund auf zu erneuern, z. B. durch andere Schulformen und neue Lehrpläne – mit dem stillen Zusatz: »Wir machen inzwischen so weiter wie bisher.« Daß es auf diese Art nicht geht, sollte die erste Einsicht sein. Bei der Gesamtheit der Erwachsenen müßte die Umkehr beginnen. Dazu bedürfte es einer ethischen Korrektur der Vorstellungen von dem tieferen Sinn des Lebens. Was nämlich bei der herrschenden Weltanschauung herausgekommen ist, das sehen wir am Zustande weiter Kreise der gegenwärtigen Jugend. Wir haben ihrem Dasein keinen wertvollen Inhalt zu geben vermocht. Wie sie ihre »Freizeit« versteht, zeugt deutlich genug von dem, was *in* ihr ist. Betrachten wir dies Bild mit Aufmerksamkeit und mit gewissenhafter Selbstprüfung, so muß es auf jeden von uns erweckend zurückwirken.

IX. Grenzgedanken

Jedes Gedankenganze hat ein Fundament, auf dem es steht, oder eine Achse, um die es sich dreht. In unserem Falle war es die Voraussetzung, daß es verpflichtende Normen gibt und daß die Auseinandersetzung mit ihnen ihr Zentrum in der Intimität des Gewissens hat. Die inhaltliche Bestimmtheit der maßgebenden Normen aber konnte nicht entwickelt werden, so wenig man, wenn man einen Maßstab setzt, alles vorführen kann, was an ihm im Lauf der Zeiten gemessen wird.

Die hier geübte Beschränkung bedeutet aber nicht, daß es keine Moralwissenschaft, keine Ethik, keine Kritik juristischer Normen geben könne. »Es gibt sie«, nämlich in dem Sinne, daß ihre Geltung an sich begründet ist. Es gibt sie außerdem tatsächlich in Gestalt hervorragender philosophischer Werke, wie die von Max Scheler und Nicolai Hartmann. Hingegen: die *Einzel*wissenschaften des Geistes haben sich im 20. Jahrhundert wenig um das Problem der Normativität gekümmert.[32] Gerade ihnen hätte die Aufgabe obgelegen, zu zeigen, wie diese Normativität sich mit dem histori-

[32] Vgl. Erich Kaufmann, Gesammelte Schriften. Bd. 3: Rechtsidee und Recht. Göttingen 1960. Vorwort.

schen Wandel der Lebensstrukturen ändert und wie trotzdem ein zeitloser Kern des Gesollten erhalten bleibt.

Es versteht sich von selbst, daß diese meine Abhandlung nicht die Absicht haben kann, die moralwissenschaftlichen und ethischen Probleme selbst zu behandeln, geschweige denn die Differenzierung der Sachnormen (der Wissenschaft, der Wirtschaft, der Kunst) oder der Sozialnormen (nach Verbindlichkeitsarten und Gruppenbildungen) zu verfolgen.

Das Urphänomen selbst: die im Gewissen gegebene Steuerung des geistigen Lebens, steht fest. Und weil es das Zentrum ist, mag man von ihm behaupten, die Gewißheit, mit der es seine Ansprüche erhebt, sei »existentielle Gewißheit«. Diese aber ist vergleichbar der inneren Sicherheit darüber, daß ich selbst existiere.

»Das Existentielle« scheint der Definition des Wortes gemäß dasjenige zu sein, *was nicht theoretisiert werden kann,* das heißt: sein Anspruch zu gelten kann wissenschaftlich nicht weiter abgeleitet werden. Aber man kann immer noch darstellen, wie dieses Moment in die vielgegliederte geistige Lebensstruktur eingelagert ist und welche Wirkungen es in ihrem Ganzen hervorbringt. Für die wissenschaftliche Pädagogik wird dies sogar eine Hauptaufgabe sein. Es sind aber auch andere Umschreibungen des »Existentiellen« aufgetreten. Aus ihnen ergeben sich dann natürlich andere Konsequenzen für die pädagogische Theorie.

Das Bildungsziel, den jungen Menschen bis an seine existentielle Mitte: das Gewissen, heranzuführen, gilt für alle Zeiten und für alle Völker, für alle Gesellschaftsformen und alle Berufe. Der gewissenhafte Mensch geht dem homo politicus, dem Wirtschaftsmenschen, dem ästhetischen Menschen und allen sonstigen Lebensgestaltungen voran. Jedoch: wie der Mensch mit Gewissen in der Politik und Wirtschaft, in der Wissenschaft und Gesellschaftsordnung des 20. Jahrhunderts nun konkret aussieht, das muß an der Front des wirklichen Lebens herausgearbeitet werden, in harten Mühen und dialektischen Gefechten. Stünde dies alles apriori fest, so könnte man ja um das konkrete Dasein und seine Pflichten herumgehen. Dies aber wäre die schlechteste Art pädagogischer Führung. –

Es hat eine Blütezeit des menschlichen Geistes gegeben, in der die Vorstellung geboren wurde, der Mensch trage von Natur eine Bildungskraft in sich, die seinen Leib adlig und schön mache. Daran schloß sich der Gedanke, daß in einem schönen Leibe auch eine schöne, in sich geordnete Seele wohnen müsse. Es war ein aristokratisches Denken. Nur langsam eröffnete sich die innere, nichtsinnliche Welt. Der häßliche Sokrates war die Widerlegung des sinnlichen Schönheitskultus. Immerhin: Das Ideal einer inneren Harmonie hat seinen Glanz nie verloren, auch dann nicht, als das Christentum gerade den tragischen Bruch im Wesen des Menschen zum Mittelpunkt der Weltdeutung erhoben hatte. Die Harmonie war nun nicht mehr das Höchste. Wenn der Mensch das wesentlich zum Leiden geborene Geschöpf war, so konnte die letzte Überwindung nur in der heilenden Liebe und im ewigen Heil liegen. »Erst muß das Herz der Welt brechen, ehe ihr höheres Leben vollkommen offenbar wird.«[33]

Das Erlebnis des Tragischen ist die erschütterndste Form, in der der Mensch die Rückwirkungen seines Handelns in der Welt erfährt. Nicht im sieghaften Erfolg, sondern im Leiden und Lieben offenbart sich das Geheimnis des Menschseins ganz. Es enthüllt sich, daß die Welt, an der wir arbeiten, unserem Innersten nicht genügt. Und doch ist es so, daß wir durch diese Welt mit allem Ernst, mit aller Leidensfähigkeit, mit aller Geduld hindurchwandern müssen, um unseres höheren Selbst ganz inne zu werden.

Diese Rückkehr in den Quell, aus dem alles Geistige kommt, vergißt unsere Epoche in dem Eifer des täglichen Kampfes nur zu leicht. Interpretieren wir aber das Gesetz, das wir von den Niederungen an bis zur Höhe verfolgt haben, in seiner entscheidenden Bedeutung, so besagt es: »Das Ungewollte gerade ist das, was dich stark macht. Das harte Schicksal erst treibt die Kraft der Liebe in dir empor.« So stellt es die Fausttragödie dar. So ist Fichtes Wort zu verstehen: die Welt sei das Material unserer Pflicht. Oder mit einem gleichsinnigen Bekenntnis von Pestalozzi:

»Die Religiosität, dieses höhere Resultat aller menschlichen Bildung, ist durchaus kein Erzeugnis und kein Beförderungsmittel der sinnlichen Menschlichkeit und ihrer Bestrebungen, Mittel und Kräfte als solcher. Die Welt ist ihr nichts; aber sie braucht die Welt und alle ihre Mittel und Kräfte zum Dienst des Höheren und Göttlichen, das in ihr lebt, und dies mit einer Aufmerksamkeit, Sorgfalt und Tätigkeit, als wäre sie im Dienst der Welt selber. Aber sie ist es nicht; sie darf es nicht sein.«[34]

---

[33] Georg Wilhelm Friedrich Hegel: Philosophie der Weltgeschichte. Hg. v. G. Lasson. Leipzig 1923, II, S. 647.

[34] Johann Heinrich Pestalozzi, Sämtliche Werke. Hg. von L. W. Seyffarth. Bd. 12. Liegnitz 1902. S. 399 f.

Erziehungsethik

1951

Einleitung:

Das Wort Erziehungsethik ist in unsrem wissenschaftlichen Sprachgebrauch nicht üblich. Es ist aber klar,
was es bedeuten soll.
Keineswegs fällt sein Sinn mit dem Begriff
ethische Erziehung oder sittliche Erziehung
zusammen.
Vielmehr bezieht sich Erziehungsethik
als *Theorie* – besser als *Besinnung* –
auf das *Ethos des Erziehers*
auf die sittliche Gesinnung des Erziehers.

Warum gibt es keine für sich ausgeführte
Erziehungsethik?

1) sie verstand sich früher von selbst,
   solange die alte, fromme Gesinnung
   die Erziehung beherrschte.
   Man hatte die Worte des Alten und Neuen Testaments
   in Herz und Kopf, die den Erziehungs-
   auftrag als einen unmittelbar von Gott
   erteilten Auftrag deuteten.
2) Seitdem diese religiösen Wurzeln weithin
   schwach geworden sind,
   »Verweltlichung«
   herrscht nicht mehr die alte Sicherheit
   im Werk der Kindererziehung
   weder in der Familie
   noch in der Schule
   noch im ganzen Volk.

Es ist eine Problematik aufgekommen.

braucht nicht

Das ist nicht nur Verlust,
sondern kann ein *Gewinn* sein,

wenn nämlich die neu erwachsenen Probleme
= Problematik des Erziehers
mit tiefem Ernst und mit wachem Gewissen
durchdacht werden.
Das wollen wir für einige
Hauptpunkte nachher versuchen.

Zuvor noch ein Wort über das unleugbare
Absinken der traditionellen Erziehungs-
kräfte.
Es ist natürlich eine Folge des Absinkens
der Volksmoral selbst.
Die moralische Atmosphäre, die
ganz von selbst miterzieht,
ist nicht mehr da.
Hauptursachen sind
a) der Verlust der religiösen
Lebensorientierung
Erwerbssinn — b) einseitig wirtschaftlich tech-
Naturbeherrschung — nischer Sinn
Entseelung — Eiltempo des Kapitalismus
c) die Entfaltung des Großstadtlebens
{ ohne Nachbarschaftshilfe
u. Nachbarschaftskontrolle }
die letzte Folge — d) der falsche Individualismus
u. eine falsche Persönlichkeitsidee
das Ideal der *leistungs-*
starken Persönlichkeit
der Stil der Rivalität aller mit
allen und der niederkämpfenden
Konkurrenz.
Wir bemerken infolgedessen das Absterben
der ursprünglichen, instinktsicheren
Erziehungskräfte, -weisheit, -wege
{ in der Familie,
H. Lietz
in der Meisterlehre – eine billige? Kraft,
in der Schule (Unterrichten ist
das Wichtigste)
in der Universität (heute abend }
Rektor Thielicke:
Erziehungsverantwortung
der Universität).

Interessant, diesen Prozeß zu verfolgen,
nicht erfreulich.
Vielleicht noch in der Diskussion.

Heute wende ich mich der Zukunft zu
Wie sollte es denn positiv sein?
Jedoch sondere ich einen wichtigen Teil
meines Themas ab, weil
a) selbstverständlich [sein] sollte
b) zu oft schon darüber geredet [wurde]:
die Selbsterziehung des Erziehers
als Vorbedingung seines Tuns.
Er muß nicht nur an sich gearbeitet *haben*
Er muß es ständig tun,
ethisch
intellektuell
nicht fertig sein
immer ein Werdender
in diesem Sinne *jung*
Er muß – heutzutage cf. oben –
dauernd den Ernst der *Lebensprobleme* ganz
stark empfinden
»offen sein« (nicht starr.)
Er muß unablässig *Selbstkontrolle* üben.
Damit sind wir schon beim 1. Punkt meiner
Ausführungen:
I. Die Verantwortung des Erziehers
(Pflichtenlehre)
es werden folgen:
II. Die Kardinaltugenden des Erziehers
(Tugendlehre)
III. Seine Stellung zur Problematik
des Persönlichkeitsideals
u. der Persönlichkeitserziehung
(höchstes Gut,
also Güterlehre)

I. Teil: Die Verantwortung(en) des Erziehers. (Pflichten)
A. Das Wort Verantwortung deutet auf eine
Instanz, vor der der Erzieher über
sein Wollen und Tun gleichsam Rede und
Antwort zu stehen hat.
Es gibt verschiedene Stufen, in denen
diese Instanz ausgedeutet werden kann

1) vor dem irdischen Auftraggeber.
Wenn der Berufserzieher (Lehrer, Hauslehrer) nur so denkt, rede ich von einer bloßen *Ausführungsverantwortung*.
{ Das ist mir aufgetragen,
das habe ich zu erfüllen.
(Sehr eng)

2) Davon unterscheide ich
Initiativverantwortung
breitere Auffassung:
(nicht übel)
vor dem deutschen Volk.
(Nazigesinnung reicht nicht)
vor der Menschheit
reicht auch nicht
Wohlfahrtssystem.

auch was mir nicht amtlich abverlangt wird, nehme ich auf m. Schultern

3) Die höchste Instanz wäre die, unter deren Richterspruch ich mein ganzes Leben zu stellen habe:
das Höchste in mir, das mich mit Gott, dem Göttlichen verbindet:
das Gewissen.
Damit ist nur der Ort bezeichnet an dem die Bindung empfunden wird.
Das ist sehr viel:
mein Gewissen, d. h. *Ich* bin Richter, insofern ich mich und mein Tun an dem höchsten Willen messe =
Gottes Willen.
Irdische Instanzen (auch vorgesetzte Amtspersonen) stehen nicht über dieser Instanz.
Der Lehrer als Beamter kann sich nicht verpflichtet fühlen, in der Erziehung etwas zu tun, was
gegen sein Gewissen ist
totalitäre Systeme
(tragisch:) jetzt in Ostdeutschland.
Die Sprache stellt willig Worte zur Verfügung. Aber:
Das alles muß der Erzieher einmal

durchdacht haben,
in seiner Ausbildung muß er dazu angeleitet worden sein.
Erst dann nämlich, wenn er über die *Zusammenhänge der sittlichen Welt* nachgedacht hat, weiß er, was er zu tun hat, = gedankenlos
andernfalls = stumpfsinnig.
Daran fehlt es. Wir haben keine Landkarte der sittl. Welt mehr. Heute viel komplizierter als etwa zu Schillers Zeit.
Punkt der Diskussion

Bisher: Verantwortung vor wem?
Nunmehr:
B) Verantwortung für was?
Erziehungsauftrag (im höchsten Sinne) kann auch ganz falsch verstanden werden. Man hört nicht selten die Rede: der Erzieher solle aus seinem Zögling etwas *machen*
z. B. ein *brauchbares* Mitglied der menschl. Gesellschaft.
Das sieht so aus, als wäre der Zögling das gelungene *Fabrikat* des Erziehers.
Und zwar so:

Die Seele als *Mittel*

Der Erzieher studiert Psychologie etc. damit er die Mittel kennen lernt, durch die er seinen Zögling zu einem bestimmten Ziel in Bewegung setzen kann.
Dann wäre Erziehung ein Spezialfall der Technik,
Pädagogik eine Art von *Psychotechnik.*
Verbreitet!
absolut falsch.
1) Analogie mit Triebwerk (Maschine, Billardkugeln)
2) besser: Analogie mit Pflege eines Lebendigen
cultura

Geist hat eigene Struktur

3) am besten: *Herausholen* geistiger Leistungen aus geistfähigem Wesen.

Dies Herausholen geht nicht ohne eigenes Tun des geistfähigen Wesens,

muß von innen kommen aufbringen

schlummern
erwecken
sowohl intellektuell einsehen
wie willensmäßig:
Richtung u. Kraft = *Idee*
zum Idealen erwecken
nicht abgetan!

Idee (etwa bei Fichte) eine richtunggebende dem naturhaften Leben überlegene *Kraft.*

Zusatz:

Lähmung

Im 3. Reich waltete biologische Anschauung
Vererbungstheorie
Ererbtes mächtiger als Umwelteinfluß;
auch ein Herausholen und Pflegen
dies ist richtig, aber nur im Biologischen.
Die Erbmasse ist für *geistige* Einflüsse nur Material.

1) Auch gegen die Erbmasse
Stärken
2) Erwecken – das Schlummernde
Fünkchen
3) Sich nicht entmutigen lassen.
Mancher sagt a limine: Da ist nichts zu machen.

Fichte – wohl polemisch:
Der Mensch solle sich selbst »machen« mit Freiheit.
Diese Selbstverständlichkeit ist nicht Frevel vor Gott, sondern göttl. Bestimmung, begründet Verantwortung vor Gott.

II. Teil: Die Kardinaltugenden [des Erziehers].
Wir wünschen dem Erzieher *alle* Tugenden, die nur in einem schwachen Menschen vereint sein können.
Aber es gibt natürlich spezifische *Erzieher*tugenden.

Dazu gehört, wie ich gleich erwähnen will, eine nicht
nämlich das *Vorbild-sein-wollen.*
Sobald einer das will, führt es sofort zum

Pedantismus
Pharisäismus
oder Schauspielerei.

Wenn einer als Vorbild wirkt, ist das Begnadung. Aber er darf es nicht *wollen*, nicht einmal *wissen*. Er bemühe sich, ein ordentlicher Mensch zu sein.
In einer Familie gab es eine besondere Tante für Anstand u. gute Sitte.
Das wirkt komisch.
Vorbilder gibt es nur vom Werdenden aus gesehen.

Um welche Eigenschaften soll sich der Erzieher für seine Person besonders bemühen?
Ich will nicht vollständig sein.

Das Wichtigste:

1) Selbstbeherrschung
nicht Leidenschaften verfallen
nicht launisch sein
nicht jähzornig.
Der alte Salzmann
Sei *gleichmäßig*
fehlt oft den besten Müttern.
Sei konsequent in Deinem Tun,
nicht aus einem Erziehungssystem in das andere fallen.
»Grundstile der Erziehung«.
Es fehlt am sicheren Stilgefühl,
habe Geduld
sei nicht selbstbezogen.

2) Gerechtigkeit
gleichviel ob Einzelzögling oder Gruppe. Der Sinn für Gerechtigkeit erwacht in den Kindern früher als jedes andere ethische Wertorgan.

Aber Gerechtigkeit bedeutet zweierlei:

schon in der Rechtswissenschaft eine Schwierigkeit!

1. { Allen das Gleiche
2. { Jedem das Seine proportional seinem Verdienst.

Die Kinder fordern Nr. 1

Die (juristische) Regel:
Gleiche sollen gleich behandelt werden.

Der weise Erzieher stuft ab, er individualisiert die Gerechtigkeit:

{ dem Schwachen helfen
{ den Ehrgeizigen zügeln.

Das ist ein großes Problem der Erziehungsethik. Jeder Weg hat seine Nachteile. *Verdacht des Vorziehens.*

Trost: Eine Erziehungsgemeinschaft ist keine bloße Rechtsgemeinschaft. (stellet alles sich ins Rechte)

3) Hieran unmittelbar anschließend:
Es gehört zu der *Tugend* des Erziehers, sich um *Menschenkenntnis* zu bemühen, nicht *nur* um Kinderkenntnis, aber besonders darum.

nicht nur ein Wissen eine *Tugend!*

Psychologiestudium ist nicht Gewinn von Menschenkenntnis, nur ein *Hilfsmittel* dazu.

{ Psychotechnik
{ Tests mit Vorsicht
{ Typen mit Vorsicht.

Die (altersgemäße) Individualität des Kindes *verstehen.*

Entwicklungsphänomene oft als Laster gedeutet

Kein Verstehen gelingt ohne Liebe, aber eine besonnene Liebe, keine Affenliebe.

Die pädagogische Liebe ist das Stichwort, das mich zum 3. Teil hinüberleitet.

III. Teil: Die Stellung des Erziehers zur Problematik des Persönlichkeitsideals und der Persönlichkeitserziehung.

Früher wagte man in Schulordnungen zu sagen: die Schüler sollten zu harmonischen

sittlich-religiösen Persönlichkeiten
erzogen werden.
Heute ist es um die Formulierung:
Erziehung zur Persönlichkeit
ziemlich still geworden.
Entmutigung
d. h. es ist zweierlei problematisch geworden:
A. Ist das Ideal in sich selbst nicht vieldeutig und mißverstehbar?
B. Wenn man es genauer und einwandfreier faßt: Geht das? Kann man das leisten? Ist das nicht eine Hybris, wenn man glaubt, das zu können?

zu A) Das Persönlichkeitsideal
a) kann in einem individualist. Sinne mißverstanden werden,
besonders, wenn es den ästhetischen Ton empfängt, wie etwa bei W. v. Humboldt.
Der Mensch als Kunstwerk,
vielseitig (literarisch)
schöne Individualität.
»Der interessante Mensch blüht zu einer entzückenden Schönheit auf«
Schiller schöne Seele
durch sein bloßes Dasein sei er eine Wohltat für die anderen.
Er sei sich selbst genug. Selbstvollendung, Selbstgenügsamkeit.
(Klassische Epoche des *Liberalismus*, *ästhetisch-ethischer* Liberalismus)
Nachglanz
Herbart: ethische Urteile sind Geschmacksurteile.
Das ist für uns kein Lebensideal mehr.
Damals innere Form } cf. Winckelmann
schöne Form } »Bildung«
b) Die sozialgesinnte Persönlichkeit.
Lebe für die anderen
gib Dich ihnen hin
fördere fremdes Leben.
Dadurch *wirst* Du erst zur Persönlichkeit
also Selbstentäußerung der Anfang;
viele Stufen denkbar

von der Philanthropie (Geldstiften)
über soziale Wohlfahrtspflege
zur tieferen Liebesgesinnung

nicht Selbstvollendung *direktes* Ziel!

Wer sein Leben gewinnen will, der
wird es verlieren.
Wer sein Leben aufgibt um meinetwillen,
der wird es gewinnen.

Wahrheit

Durch Selbstverzicht zum
höheren Selbst
übrigens nicht nur von Person zu
Person, sondern:
nimm die allgemeine Last auf Dich
arbeite für alles, was die
Menschheit veredeln kann.
Pestalozzi: alles für andere
nichts für sich selbst.
In *diesem* Sinne soll (nach unserer
Überzeugung) das *höhere Selbst*
Ziel der Erziehung sein.

B) Kann man das erreichen? Ist das, besonders
diese Kraft, nicht *Gnade*, die geschenkt
werden muß
so sagen die evangelischen Theologen heute.
Erziehungsglaube fast eine Versündigung!
Man mache sich klar, weshalb das so
schwierig ist:

Persönlichkeit schließt ein:

a) Erziehung zur Freiheit
b) Erziehung zum Gewissen
u. Erziehung des Gewissens
c) Erziehung zum Leben für andere
und im andern (Nächsten)
weitgehender »Selbstverzicht«

ad a) Wir alle heute wissen noch garnicht,
was es eigentlich heißt:
zur Freiheit erziehen,
es ist allgemeines *Schlagwort* geworden.
Seinen Hauptinhalt empfängt es heute
durch Kontrast,
α) nicht so wie unter Hitler
blinde, gewissenlose Gefolgschaft,
β) nicht so wie im Osten:
bloße, willige Funktionäre

der Gesellschaft,
»systemgebundene Menschen«.
Aber wie denn positiv?
nicht zur Willkür
Freiheit hier gemeint als die persönliche Entscheidung zur Übernahme höherer Bindungen.

1) Die Wahrheit macht frei
2) politisch: Freiheit unter dem Gesetz. Daher zugleich Verpflichtung u. Verantwortung,
3) ethisch: Würde des Menschen BGG (nicht bloßer Durchgangspunkt)

ad b) Die höchste Bindung des Menschen ist das Gewissen, das sich selbst prüfende Gewissen (2. Potenz).
Was ist das Gewissen – ein schweres Thema
Das höhere Selbst richtet über das niedere Selbst.
Kann man dazu erziehen? Das muß sich doch ganz selbständig im Menschen regen!
Wie erziehen wir zum Gewissen?
Wie erziehen wir *das* Gewissen?
Dadurch, daß wir den jungen Menschen immer mehr darauf hinweisen, daß es für ihn darauf ankommt, dies höhere Selbst zu hören, es rein zu erhalten, (feinhörig)
daß wir die *Kraft* in ihm stärken, gemäß diesen Entscheidungen (Aussprüchen) des Gewissens auch zu *handeln*.
(Das Durchhalten ist so schwer.)

vor Dir selbst, nicht vor den Menschen. religiöse Ausdeutung.

ad c) Erziehung zur Liebe.
(Menschenliebe
Hingabebereitschaft.)
Dafür gibt es kein Rezept. Nur das eine [ist zu sagen]:
Die ganze Erziehung muß im *Klima* der Liebe erfolgen.
Jean Paul: »liebt«!!

eine sehende Liebe
eine verstehende Liebe
eine tätige Liebe.

Dazu muß der Egoismus, der *Selbstsinn* erst weggeschmolzen werden.

Zustand

Unsre Welt heute ist eine Welt des verfeinerten Egoismus, allenfalls des Gegenseitigkeitsstandpunktes. (Interessenarrangement.)

Es gibt nur *Inseln* der Liebe, aber diese sind es, in denen

der Ausgestoßene
der Gescheiterte
der Heimatlose
der Sterbende

allein eine Heimat findet.

Weltüberwindung

Wie also?

Der lieblose (der herzlose) Erzieher kann nicht zur Menschenliebe erziehen.

Alle Erziehung gedeiht nur in einem Element der Liebe.

Pädagogische Liebe

Stufen der Liebe, der pädagogischen:

1) kinderlieb sein
2) die erotische Liebe,
   Schönheit der Jugend
   u. der Jugendblüte (Plato)
3) die humanitäre Liebe,
   Hilfe am Kinde etc.
4) die religiöse Liebe,
   Auf die Seele kommt es an.
   Jede kleine Seele unmittelbar zu Gott.
   Liebe aus Gott und in Gott.

Gedankenlos hören wir von Pestalozzis Liebe.

Die Art der Pestalozzischen Liebe: alles aus der Mutterliebe entwickelt.

Instinkt des Lebens
Durchseelung der Dinge (Heimat)
Opferbereitschaft

{ Liebe in Gott = Gleichnis für alles,
was in der Welt göttlich ist.

im Lichte der Liebe wird alles leichter.

»Das höhere Leben«
kein höheres Leben ohne Liebe.
(Fichte)
Was Du liebest, das lebst Du.

Von diesem Gipfel nun zurück zur *Persönlichkeitserziehung:*

Persönlichkeit ohne Liebe ist nichts wert.
Ja, in der Liebe löst sich die Persönlichkeit (das um das Selbst Herumgelagerte) wieder auf.
Liebe ist mehr als Persönlichkeit sein.

Natürlich: um des höheren Lebens willen muß der werdende Mensch erst zu sich *selbst* kommen.

Selbstfindung,
Pubertät.

Dazu soll ihm die sehende und verstehende Liebe des Erziehers helfen.
Aber bei dieser Verselbstung darf es nicht bleiben.
Die Vertiefung in der ersten echten Liebe der Geschlechter zu einander schon Frauenliebe:

Vor ihrem Blick, wie vor der Sonne Walten
Vor ihrem Atem, wie vor Frühlingslüften
Zerschmilzt, so längst sich eisig starr gehalten,
Der Selbstsinn tief in winterlichen Grüften.
Kein Eigennutz, kein Eigenwille dauert,
Vor ihrem Kommen sind sie weggeschauert.[1]

Diese Liebe ist metaphysisch.

[1] Johann Wolfgang von Goethe, Sämtliche Werke. Cottasche Jubiläumsausgabe. Stuttgart, Berlin 1902–07. Bd. 2. S. 209.

Sie liegt »auf dem Wege zu«
der Erlösung.

Faustschluß.

Goethe hat dieses Geheimnis auch in
Prosa als tiefsten Lebenssinn
ausgesprochen:
Genug, wenn nur erkannt wird, daß
wir uns in einem Zustande befinden,
der,
wenn er uns auch niederzuziehen
und zu drücken scheint,
dennoch Gelegenheit gibt, uns zu er-
heben und die Absichten der Gottheit
dadurch zu erfüllen, daß wir,
indem wir von einer Seite uns
zu *verselbsten* genötigt sind,
von der anderen in regelmäßigen
Pulsen uns zu *entselbstigen* nicht
versäumen.[2]
Ich füge hinzu: Das ist der gesunde
Atemzug des Lebens.

[2] Dichtung und Wahrheit. Schluß des achten Buches, a.a.O., Bd. 23. S. 166.

Rede über Erziehung

1906

Ein vermessenes Unternehmen, vor Euch von Erziehung zu reden, die Ihr dem Volke der Pädagogen angehört und mit dem Geiste der Wissenschaft zugleich den Geist deutscher Erziehung in Euch eingesogen habt; die Ihr teils selbst Pädagogen seid, teils zu dem Werke des Jugendbildners mit Verehrung emporblickt, teils richtet und ratet, wie der alten Aufgabe neue, angemessene Formen zu geben seien. Wahrlich, ein Publikum von Verächtern der Erziehung vermöchte wohl keiner in deutschen Landen um sich zu sammeln. Was also gibt mir den Mut, vor Euch hinzutreten und mit schwachen Worten von *meinen* Erziehungsgedanken mit Euch zu reden? Eine neue Methode? Ein neues Bildungsziel? Eine unzufriedene Klage? – Vielleicht steht mir selbst in dieser Stunde der Titel noch nicht deutlich genug vor Augen, auf den ich meine Reden zu Euch verpflichten soll. Wie sich in der Seele des Musikers ein Thema emporringt von dunklem Ahnen zu rhythmischer Klarheit, so liegt vielleicht auch in mir nur ein Gefühl, das nach Worten drängt und einmal gestaltet sein will, wäre es auch nur im flüchtigen Spiele der Kunst, würde ihm auch nie der stolze Name einer »philosophischen Pädagogik« zuteil!

Ihr freilich seid im Besitze stolzer Systeme und klarer begrifflicher Gedankenbildungen. Ihr leitet die Erziehung ab aus der Natur der Seele und den Zwecken des Menschen; Ihr wißt vom Inhalte der Kultur und vom gemessenen Gange der Geschichte; von der Stellung des Geistes in der Wirklichkeit, und von den Werten, die hoch über Zeit und Raum und Einzelleben gelten. In Begriffen besitzt Ihr den Gehalt des Lebens, und mit der Strenge des Systems steht vor Euch, was Ihr tut, wenn Ihr Euch dem Werke der Erziehung widmet. Zwar seid Ihr über dieses hohe Wissen noch nirgends zur Einigkeit gelangt, sondern ein jeder lebt in seines Vaters Hause, [feierlich] bewahrt gegen jeden Angriff; aber darin stimmt Ihr überein, daß die philosophische Einsicht allein der Erziehung den Boden gebe, und daß sie ruhe auf den unverlierbaren Grundwahrheiten des metaphysischen Idealismus oder irgend eines anderen festgeschlossenen Systems.

Ich empfinde meine Armut, wenn ich vor Euch bekenne, daß für meine Augen das Bild der Welt noch nie so klar herausgetreten ist, daß die unendliche Fülle mich verwirrt und erdrückt und daß der Begriff, um den Sinn des Daseins zu fassen, in meinem Bewußtsein noch nicht Gestalt gewonnen hat. Ihr steht fest und sicher auf Euch selbst und genießt das Bewußtsein Eurer autonomen Vernunft. Ich besitze nichts als die traumhafte Erinnerung an den Strom des Lebens, den ich an mir vorüberrauschen hörte, und das Bewußtsein dieses Lebens selbst, in dem Menschen und Meinungen, Besinnung und Betäubung bunt mit einander wechseln. Ich weiß nichts von der Welt allgemeingiltiger Normen, die dem Menschen ins Herz geschrieben sind und in denen sich seine Weltbestimmung ankündigt; ich weiß nichts von der Sendung des Menschengeistes in der naturhaft begrenzten Stätte unsres Wirkens. Aber ich weiß auch nichts von der weltbildenden Materie und von der Allmacht der wirtschaftlichen Bedürfnisse im gesellschaftlichen Dasein; von einem Willen, der unersättlich nach Erlösung von sich selbst strebt, von einem personalen Ich, das den verhüllten Kern der Wirklichkeit bildet.

Und doch will ich reden von der Erziehung, von ihrem Wert und ihrem Ziel, ihrer Gestalt und ihrer Gewalt – fürwahr, ein seltsames Unterfangen nach jenem freien Bekenntnis und ein Unterfangen gewiß, das der aufrichtigsten Rechtfertigung bedarf.

Keine andre Rede bietet sich mir zu diesem Zwecke dar, als die Berufung auf das große Evangelium, mit dem sich die neue Innerlichkeit der Neuzeit ankündigte, das Evangelium von der Rechtfertigung durch den *Glauben*. Mit diesem Bekenntnis steht und fällt der ganze Umfang meiner Überzeugungen. Denn der Glaube betrifft nicht nur die himmlischen Dinge, sondern er durchdringt unser ganzes Leben von oben bis unten; wer keinen Glauben hat im weitesten Sinn, bleibt bei aller Fülle seines Wissens und Könnens ein toter Mensch. Alles Große, was der Mensch leistet, geht zurück auf ein Gefühl unüberwindlicher Gewißheit, das in seiner Brust lebt. Alle großen Taten des Geistes wurzeln in dieser Gewißheit. Die Philosophie hat die mannigfaltigsten Bilder gebraucht, um sie auszudrücken; verstanden hat sie doch nur, wer ein gleiches Feuer in sich zu entzünden wußte und mit innigster Kraft die Gewalt des Lebens nachempfand, das hinter den blassen Worten atmete. Platos Ideenwelt, die eherne Tatwelt eines Fichte, das Geistesleben in den Werken eines tiefen, zeitgenössischen Denkers, sind nur Symbole für das eine, was ich oben den Glauben nannte. Und von diesem Glauben sagte ich, daß er die Welt durchdringe, daß er allein selig mache; auf diesen Glauben mich berufend, wage ich es, von den Gewißheiten, die mich erfüllen, vor Euch zu reden.

So schwindet denn freilich auch eine Eurer stolzesten Hoffnungen: die Meinung, aus der bloßen Kraft des Denkens die Welt voraussetzungslos entstehen zu lassen. Ich halte *nichts* von der Ansicht, daß man das Leben ohne Voraussetzung betrachten, seinen warmen Atem auflösen könne in ein System logischer Abhängigkeiten und Beziehungen; ich halte *nichts* von jenem Ideal des Denkens, das sich anmaßt, die Dinge des Himmels und der Erde gleichsam noch einmal zu »*machen*«, indem es sie in Begriffen nachkonstruiert. Gewiß, auch dieses Tun hat an seinem Orte seinen Wert. Nur glaube man nicht, mit solchen Methoden in die lebendige Brust lebendiger Menschen greifen zu können. Wenn Ihr nicht feiner zu lauschen vermögt, nicht höhere Kräfte in Euch entwickeln, nicht künstlerischer gestalten könnt, so laßt die Hände von der Erziehung und versucht es mit den Werken der Technik. Nicht einen Zug Soldaten vermögt Ihr so zu regieren, geschweige denn die Geister.

Welche Gewißheit ich Euch denn biete? Nun, nicht die Gewißheit des bloßen Intellektualismus. Das Gesetz von Grund und Folge erschöpft nicht den Bezirk geistiger Wirklichkeiten. Aus einer anderen Quelle muß die Gewißheit entspringen, die als ein beherrschender Stern über dem Leben leuchten soll: Sie muß sein ein Nicht-anders-können, ein mit den Wurzeln des Daseins verwachsenes Grundgefühl, kein Satz, keine These, sondern eine Art zu sein und zu handeln, die da ist vor aller Reflexion. Aber freilich will ich Euch hier führen eben *zur* Reflexion, zum Nachdenken über die unausgesprochenen Voraussetzungen jenes Tuns und über den Inhalt des Glaubens, von dem ich soeben sagte, daß er dem Erzieher unentbehrlich sei. Zögernd bekenne ich in einer Zeit, die bereits so tief in sich selbst geblickt und dabei so manchen schmerzlichen Riß in ihrem Innern entdeckt hat, was mir mit einem Worte den Inhalt jenes Glaubens zu bezeichnen scheint: es ist nichts anderes und wirkt nichts anderes als *der absolute Optimismus*. Die Kühnheit und Kraft, das Leben zu sehen, die sich in dieser Anschauung ausspricht, will ich im einzelnen vor Euch entwickeln. Möge die Erinnerung an Plato und Fichte uns Ausdauer geben, daß unsre Flügel nicht erlahmen im Emporstreben zu diesen sonnenhaften Höhen. –

Wie sich die Erziehung immer an den Einzelnen wendet, so ist sie auch ganz getragen und bedingt durch den

(1) *Glauben an den einzelnen Menschen.* Daß dieses jugendliche Menschenwesen, so wie es vor mir steht, zu dem Höchsten berufen sei, wozu sich menschliches Leben zu gestalten vermag, ist die absolute Voraussetzung des wahren Erziehers. Wenn er das unendliche Wunder vor sich sieht, wie mit dem Leibe die Seele wächst und immer mehr Blütenblätter in reichen Farben sich entfalten, wie der verschlossene Kelch immer reichere, fruchtbarere Organe schamhaft in sich verhüllt, so muß ihn eine unendliche Liebe gerade zu diesem Wesen und seiner besonderen Natur erfassen. So gering er sein eigenes Vermögen anschlägt, so innig wird er bemüht sein, die geheimnisvollen Bildekräfte der Natur walten zu lassen, alle schädlichen, zerstörenden Einwirkungen fernzuhalten und dem Werk der geheimnisvollen Schöpferkraft an seinem Teil zur Vollendung zu helfen. Wenn ich sage, daß ihn dabei der Glaube beseelt, gerade dieses Wesen sei neben den andern zu dem Herrlichsten berufen, so zeihe man mich doch nicht eines verstiegenen Idealismus. Denn das Herrlichste gedeiht nicht da, wo auf den so[genannten] Höhen des Lebens ein schneidender Wind fährt; es hat seine Stätte auch in den kleinen Verhältnissen und in der Sphäre der einfachen Pflichten. Wer sich den Blick geschärft hat für die Schönheit und Herrlichkeit des menschlichen Wesens, die auf diesem Boden gedeiht, wird wissen, daß mein Glaube auf nichts Unmögliches gerichtet ist.

Die kindliche Natur ist an sich so rein, daß der Erzieher selbst sich ihr gegenüber moralisch klein fühlen muß. Darin läge ein gänzliches Hindernis aller Erziehung, wenn der gereifte Mensch nicht wüßte, wie das Leben den Werdenden in seine Schule nimmt und wie die ursprüngliche Reinheit im Kampf mit diesen Stürmen einmal gefährdet werden muß. Aber selbst das Sündhafte, das unverkennbar bereits in der Kinderseele schlummert, vermag jenen Glauben nicht zu erschüttern. Denn über diesem Glauben steht noch ein höherer, älterer, aus dem er selbst Kraft und Richtung empfängt: ich meine die christliche Überzeugung, daß auch das Unreine die Hoheit und den Wert der menschlichen Seele nicht zu vernichten vermag, daß sie unverlierbar die Fähigkeit behält, sich über die Schlacken ihrer Natur zur sittlichen Größe zu erheben. Deshalb ist es, wie ich nebenbei bemerke, religiös ein Mißgriff, das Wesen Jesu über alle Sünde erhaben zu denken; erst dadurch empfängt das Evangelium seinen kraftverleihenden Wert, daß es als der Ausdruck des größten sittlichen Kampfes, der jemals gekämpft, des größten Sieges, der jemals errungen, erscheint. Und so stellt es das Evangelium selbst durchgängig dar. Aber wir sehen damit, daß der pädagogische Glaube zuletzt tief in den christlichen Überzeugungen wurzelt. Wie wäre es auch denkbar, daß das System der Erziehung ohne die innigste Beziehung zu denjenigen Geistesmächten dastünde, die am tiefsten an dem Werden unsrer Kultur und Welt gearbeitet haben. Hier zunächst ist es der Glaube an den unendlichen, unverlierbaren Wert der Menschenseele, den die Erziehung dem Christentum entnimmt. Nichts als ein unüberwindlicher Glaube versichert uns, daß diese stille, geheimnisvolle Innenwelt des Menschen, sein tiefes Leiden von den Tagen der Kindheit bis zur Abendröte des Alters mit den zentralen Werten der Weltwirklichkeit zusammenhängt. So entsteht über der sichtbaren, greifbaren Welt mit ihrer unverständlichen, mechanischen Gesetzlichkeit ein Reich der Werte, eine Sphäre der Arbeit, in der die beiden anthropomorphen Mächte herrschen: das Tun und die Liebe. Wir nennen diese neue Welt mit der religiösen Bildersprache: *das Reich Gottes*. In zahllosen Ausgestaltungen geht es durch das Denken und Sehnen der Menschen; ja es gibt auch solche, die nicht ahnen, wo es in ihnen selber liegt, worin für sie das Gottesreich besteht. Sie sind die Schlechtesten nicht; denn vielleicht hat nur die tätige Arbeit an diesen Pflichten sie gehindert, sich in müßigem Nachdenken über die theoretischen Zusammenhänge klar zu werden. Gewiß aber bleibt es, daß die Erziehung ganz hineinfällt in die Sphäre dieser neu zu schaffenden Welt. Denn sie steht nicht fertig vor uns, sondern will stets neu erzeugt werden. Und eine solche Erzeugung ist auch die Arbeit an der einzelnen Menschenseele. Auch in ihr kann das Gottesreich gegründet werden, in seiner eignen, neuen Gestalt, so, wie es eben nur in dieser Seele zu entstehen vermochte. Dieser Glaube durchglüht den Erzieher: so verborgen diese Welt, so unverlierbar die Werte, die in ihr geschaffen werden. Freilich kann er nicht mehr, als Samenkörner legen; zur Pflanze, zur Frucht, ja zu einem weiten, lachenden Felde wird dies alles erst spät, und vielleicht erreicht es dies goldne Ziel niemals. Gibt es doch auch unter den scheinbar Reifen solche, die die Wesenhaftigkeit des Gottesreiches leugnen, bloß weil ihr armer Verstand, der sich allein von Anschauungen und Begriffen nährt, gleichsam nicht weiß, wo er diese Welt lokalisieren soll. Ihnen eben ist die Wahrheit und Gewißheit nicht aufgegangen, die im Glauben liegt; sie lassen sich die unentbehrlichsten Lebensüberzeugungen niedertreten, nur um ein paar physikalische Gesetze oder gar eine vage Metaphysik zu retten. So weit darf sich der Bildner lebendiger Menschen nie dem bloß intellektuellen Bedürfnis unterwerfen: Er soll Leben verbreiten und Leben lehren; welches Buch, welche Wissenschaft enthielte aber das Leben selbst? Weg mit den wandelnden Kompendien, die da Kenntnisse vermitteln, als wären Kenntnisse als solche wert, daß der Mensch sich um ihretwillen auch nur eine Minute glücklichen Träumens raubte!

Drinstehen im Leben also muß der Erzieher; er muß selbst leben, und nicht als ein Beherrschter, sondern als ein Herrscher über das Dasein. Aber wie vielfältig und verzweigt ist dieses Dasein. Nicht vermag er es, sich mit seinem Zöglinge in eine eigne, enge Welt abzuschließen. Über sie beide hinweg rauscht der Strom der Geschichte und der Kultur. Der Erzieher allein ist es, der ein Bewußtsein hat von diesen Mächten, die das ihm anvertraute Leben bilden, und die Andacht vor diesem Wunder, das Staunen vor diesem Grundgeheimnis muß seine Seele einmal mächtig durchzittert haben, ehe er sich zu seinem Berufe entschloß.

Auf den Fittichen der Zeit enteilt dieses Leben, dessen Sinn wir nicht begreifen, sondern nur im Erleben selbst besitzen. Lustvoll und leidvoll strömt es durch unsre Adern, und wir wissen nicht, was sein wird, wenn wir selbst dahinsinken. Da aber kommen neue Generationen, die gleiche wundersame Fahrt anzutreten; wir wissen ihnen nicht zu sagen, wohin sie geht. Nur eine unergründliche, sorgenvolle Liebe zieht uns zu ihnen hin; wir möchten ihnen helfen, daß ihr Weg leicht sei, daß der Gehalt des Daseins reiner, freier von Irrungen und Verfehlungen in ihrer Seele heraustrete. Ja noch mehr: wir wollen ihnen geben, was wir erarbeitet haben, wir wollen sie an den Werktisch setzen, von dem wir ermüdet abgerufen werden. Wie oft schon sind die stolzen Gefühle, die uns dabei erfüllen, in Zweifel gezogen worden. Die ersten Schriften eines Rousseau, der Pessimismus Schopenhauers waren die frühesten Zeichen, daß unsre Welt müde zu werden beginnt. Freilich Rousseau fand neue Kräfte, neue Ideale, und das Schopenhauertum, nicht weniger unklar als jener, gesundete an Nietzsche. Also scheint es eine Frage der *Kraft*, wie wir uns zur Kultur, und das heißt zu der Geschichte, ja zur Welt überhaupt stellen. Denn die Frage, ob wir die Kultur wollen oder nicht wollen, ist gleichbedeutend mit der Frage, ob wir das Leben wollen oder nicht wollen. Es gibt kein Leben wider die Kultur. Andrerseits handelt es sich nicht darum, ob wir uns zu den Werten der Kultur ansichtsweise bekennen oder nicht; sondern die Stellungnahme zu ihnen ist Sache der *Tat*, und sie werden nicht anders besessen als durch *Arbeit*, durch die Entwicklung unablässiger lebendiger Kräfte. So hat derjenige recht gehabt, der unsre ganze geistige

Welt mit dem Namen der *Arbeitswelt* belegte; denn sie ist ein in beständiger Erzeugung begriffener Komplex von Werten.

Dieser Komplex tritt nun auch in das pädagogische Lebensverhältnis ein. Die Überzeugung von dem Wertgehalt und der Zweckbestimmtheit der geschichtlichen Entwicklung gehört zu den Vorbedingungen alles erzieherischen Tuns. Das bedeutet natürlich kein bejahendes Verhältnis zu all den Faktoren, die uns heute umgeben; kritische Prüfung ist auch hier unerläßlich. Wohl aber muß die Gewißheit da sein, daß in der bisherigen Arbeit irgendwelche Werte errungen sind, und diese Gewißheit ist nichts anderes als der Glaube an den Wert des Lebens überhaupt und seine durchgängige teleologische Bestimmtheit. Die Frage ist nur, ob wir den Bezirk objektiver Werte heute bereits mit wissenschaftlichen Gründen fixieren können. Nun ist alle Wissenschaft, alle Philosophie ein Reflektieren über die Kultur im Ganzen oder doch einzelne Faktoren, die bestimmend mit in ihren Zusammenhang eintreten. Daher ist ein gewisser Grad von Besinnung über das Kulturleben im einzelnen heute bereits möglich. Aber im Ganzen, in der Frage nach Sinn und Ziel der Geschichte überhaupt gibt es so wenig eine antwortende Formel, als sich der Wert des Lebens überhaupt mit Gründen belegen läßt. Diese Gewißheiten und Werte können nur im Erleben besessen werden, und dies ist die

(2) *zweite Form des Glaubens, die ich bei dem Erzieher voraussetze:* Er kann unmöglich aller geistigen Daseinswerte und Ziele, aller Arbeitsrichtung bar sein, sondern er muß in etwas leben, das ihm wertvoll ist, er muß ein Ideal vom Leben besitzen und von der Begierde brennen, ihm in andern zur Gestalt zu helfen.

Hiermit aber berühre ich einen entscheidenden Punkt. Ich nenne das Ideal des Erziehers, sofern es eine Kraft und ein Leben ist, *Glauben*. Aber dieser Glaube treibt unmittelbar zur Wissenschaft, vermöge der geheimnisvollen Verkettung unter den menschlichen Seelenkräften. Der Wert, das Ziel ist Sache des künstlerischen Schaffens und Erlebens; aber die Welt der Mittel ist zugänglich nur auf Grund einer tiefen Kenntnis der gesetzlichen Zusammenhänge, die unser natürlich-geistiges Leben durchziehen. So tätig und schöpferisch der menschliche Geist in den Stunden des Gestaltens ist, so fein muß er die Natur und die Gesetze des Wirklichen belauschen, wenn er sie als dienende Glieder in seine Zwecksysteme aufnehmen will. Wer nicht weiß, wie die Natur beschaffen ist, kann sie nicht beherrschen; wer den Menschen nicht in seinen Tiefen kennt, kann ihn nicht lenken. Daher das ungeheure Übergewicht des Systems der Wissenschaft im Ganzen der Kultur. Daher die Allgewalt des Intellektualismus, der doch, seinerseits zur Theorie erhoben, wieder absolut unwissenschaftlich ist.

Also auch der *Glaube an die Wissenschaft* gehört zu der Ausstattung des Erziehers, da er ja die Kultur als Ganzes bejaht. Aber das Wissen als bloßes Wissen entbehrt in ihm aller Lebensfähigkeit. Da er es nicht als Positivist, rein um die immanente Entwicklung eines Forschungsgebietes zu fördern, suchen kann, sondern überall den Punkt im Auge behält, wo es innig mit den Wurzeln des Lebens verwachsen ist, so muß es die größte Angelegenheit seiner Selbstbildung sein, den Zusammenhang der Kenntnisse mit den Fragen und der Gestaltung des Lebens herzustellen. Das Problem, auf das ich hier anspiele, wird in das Zentrum dessen rücken, was ich Euch zu sagen habe. Persönlichkeit und Humanität sind heute so verwaschene Phrasen geworden, daß man sich schämt, sie noch zu gebrauchen. Man hat keine Empfindung dafür, daß auch das Wissen in künstlerischer Weise zu einem Ganzen gestaltet werden muß; wo man aber dieses Bedürfnis noch fühlt, da übersieht man, daß dieses Gestalten doch immer nur ein individuelles, ethisch bestimmtes Tun ist, ein Streben nach Harmonie und Totalität, das über die interne Angelegenheit *bloß* wissenschaftlicher Forschung weit hinausgreift in ein andres Gebiet: eben in das Gebiet produktiver Lebensgestaltung und ethischer Schöpfung. Der Erzieher *muß* sich bewußt sein, daß das, was er ist und was er aus sich gemacht hat, nur den *Ausschnitt* der Welt widerspiegelt, der sich gerade seinem Auge dargestellt hat, daß dieser unlöslich gerade mit *seiner* Individualität und *seinem* Temperament verwachsen ist. Nur so wird er kraftvoll auf sich selbst stehen und doch zugleich die Fähigkeit haben, andre Individualitäten nicht nur zu sehen, sondern auch *ihrem* Daimon gemäß zu fördern. Wie *er* Kultur und Geschichte ansieht, wie er die in ihnen waltenden Werte und Ziele erlebt, ist nur *eine* Art, sie zu sehen. Aber es ist eine Art, in der sie Leben und Plastik gewonnen haben und daher fortzeugend wirken können. Der Glaube an die Berechtigung der Individualität und den unverlierbaren Wert des individuellen Tuns ist unabtrennbar von jedem Erziehungswerk in höherem Sinne. Ich schicke ihn hier gleichsam als apriori der Erziehung voran, um seine Wirksamkeit und Bedeutung später weit in ihre Verzweigungen hinein zu verfolgen. Denn auf dieser Tatsache ruht alles das, was wir als nationales oder als persönliches Bildungsideal bezeichnen. Daß alle diese Formen ein Recht haben, daß ein objektives Ferment in ihnen ruht, gibt ihnen erst Lebenskraft. Auf diesen Rädern bewegt sich die Geschichte vorwärts, und vielleicht liegt in jeder ihrer Umdrehungen bereits der *Wert*, den wir in einer begreiflichen Symbolik an ihr Ende verlegen.

Damit greifen wir hinein in die pädagogische Schöpfungstat und erkennen ihren Weltcharakter, den uns tiefe Denker wie Fichte und Eucken mit ihrer unvergleichlichen Kraft gepredigt haben. Wir dürfen sagen: nicht die *Arbeit* allein, sondern näher die *pädagogische Arbeit* macht die Geschichte im höheren Sinne, und weil jedes ihrer Differentiale nur in solchen kraftvollen Ringen erzeugt wird, schreiben wir ihr als Ganzem den Fortschrittscharakter zu, den wir mit den Mitteln der Wissenschaft nicht zu demonstrieren vermögen. Nichts andres gilt gegen Rousseau und Schopenhauer als diese auf unüberwindlicher Liebe und Kraft ruhende unüberwindliche Gewißheit:

> Siehe, voll Hoffnung vertraust Du der Erde den goldenen Samen
> Und erwartest im Lenz fröhlich die keimende Saat.
> Nur in die Furche der Zeit bedenkst Du Dich Taten zu streuen,
> Die, von der Weisheit gesät, still für die Ewigkeit blühn?

Aber auch über diese Bestimmungen können wir noch hinausgehen, zusammenfassend, was im letzten Grunde in ihnen allen gelegen ist. Nicht nur auf die einzelne Menschenseele, auf Kultur, Geschichte und Individualität richtet sich der Glaube, den wir vom Erzieher fordern, sondern

(3) sein Optimismus gilt dieser Welt *überhaupt*. Wäre er ein weltflüchtiger Eremit, ein pessimistischer Betrachter der menschlichen Dinge, der nach Erlösung seufzt und hinter dieser Wirklichkeit eine ihm noch tiefer am Herzen liegende Wirklichkeit sucht, so daß er das Hier und Jetzt über der Ewigkeit und Unendlichkeit verachtet – nimmermehr könnte ihn ein pädagogischer Enthusiasmus erfüllen. Daher muß seinem Wesen ein nüchternes Pflichtbewußtsein und eine freudige Hingabe für die Aufgaben der Diesseitigkeit eigen sein. Er muß in ihnen einen Wert sehen, der gilt und Bestand hat, auch wenn wir für ihn keinen anderen Rechtstitel nachweisen können, als die Kraft, die aus ihm für die Gestaltung des Daseins selbst entspringt, als seine Fähigkeit, die Hemmungen dieser Welt zu überwinden und zur Herrschaft über sie zu verhelfen. Also realistischer Optimismus, keine Mystik, kein Transzendenzbedürfnis sind die Grundlagen der Erziehung. Und diese Grundlagen sind, wie ich nach allem Vorangegangenen jetzt sagen darf, *religiöser Art*. Es ist eine Form von Religiosität, die die Seele des Pädagogen erfüllt, eine Form, das Leben zu bewerten und in diesen Werten zu wurzeln, auf keine andere Gewißheit hin, als weil diese Werte mit unüberwindlicher Gewißheit und Daseinsnotwendigkeit erlebt werden.

Und bleibt denn für die Transzendenz überhaupt kein Raum? Sicherlich nicht in dem Sinne der alten Religiosität, die die Arbeit an den Werten dieser Erde verachtet, um sich in einer andern, erträumten und erhofften Welt anzusiedeln. Wie oft war dies nur ein Deckmantel, sich mit gutem Scheine den nächsten und wahren Pflichten zu entziehen. Aber es bleibt ein Sinn, in dem das Symbol der zweiten Welt sein gutes Recht hat. Sie ist ein Ausdruck für die Unendlichkeit des Strebens, die Überfülle der Werte und Ideale, die in unsrer Brust glühen und die unter den Hemmungen einer widerstrebenden Wirklichkeit nie in die volle Realität hinaustreten. Sind sie darum weniger wahr, sind sie darum nicht in uns keimhaft angelegt? Ja, sie vermögen es, Treiber unseres ganzen Daseins zu werden; auf ihnen ruht es mehr noch als auf der materiellen, greifbaren Basis. Der eiserne Wille, sich diese Gewißheiten nicht rauben zu lassen, sondern sie durchzusetzen gegen alle andern Realitäten, mit denen wir zusammenstoßen, er ist es, der sich in dem Bilde der Ewigkeit, Vollendung und Heiligkeit ausprägt, und als Stütze dieses unendlichen Strebens hat die Bildersprache von der andern Welt ihren tiefen, unverlierbaren, ewigen Sinn. So glaubte ein Wilhelm von Humboldt fest an die Unsterblichkeit, schon deshalb, weil sonst alle die Probleme, mit denen unser Geist bis zur Ermattung ringt, auf immer ungelöst bleiben müßten. Ich sehe keine Gewißheit, die fester stünde als diese. Denn auf ihr ruht, wenn wir uns ernstlich prüfen, die Möglichkeit unsres Daseins überhaupt, nicht auf den Einzelformeln, die der Verstand uns, geleitet von diesem Leben-wollen, mühsam zusammenstückt. Was meinen wohl die Metaphysiker, was sie uns an Lebenswerten geben? Nicht ein Körnchen, das nicht schon vorher lebendig gewesen wäre und gestrebt hätte, zu wachsen und zu werden. Der Glaube also ist das Prinzip des Lebens, und wo er in seiner Kraft erlahmt, vermag keine Schärfe des Denkens den entseelten Leichnam neu zu beleben. So seht Euch denn um nach den Leichnamen, die um Euch wandeln. Nur zu viele sind ihrer, und sie leben von den Brosamen derer, in denen noch eignes, ursprüngliches Leben pulst. Haltet sie fern von dem heiligen Geschäfte der Erziehung, wenn Ihr nicht wollt, daß statt einer webenden und schaffenden Natur bald ein Treibhaus von Topfgewächsen diese Erde bedecke. Laßt Euch aber auch nicht niederdrücken von der Unvollendbarkeit Eures Strebens; sondern wirket Euch aus nach dem Maß der Kräfte, die in Euch sind. Ein Gott wird schon Regen und Sonnenschein geben, daß die Saat gedeihe, die Ihr gelegt habt getrieben von der unüberwindlichen Gewalt des pädagogischen Glaubens.

Ob es kritische Einwände gegen diese Theorie des Glaubens von wirklicher Beweiskraft geben kann, weiß ich nicht. Denn da es sich nicht um Bestimmungen rein logischer Art handelt, sondern um ein Aussprechen tatsächlich erlebter Werte, so kann auch ein bloß logisches Verhältnis jene Tatsachen nicht vernichten. Wir finden daher diesen Grundtypus zu sein in allen Zeiten, so vielfach die Vorstellungswelt und die rein logische Einkleidung dieser Überzeugungen sich geändert haben mag. Eine Widerlegung dieses Standpunktes wäre also nur dadurch möglich, daß dieser Glaube im Laufe der tieferen Erfahrungen des Lebens sich selbst vernichtet und der stolze Flug mit gebrochener Kraft endet. In der Tat droht der beschriebenen Überzeugung eine solche Gefahr, und wir müssen daher die Lebensfähigkeit des pädagogischen Idealismus noch etwas näher prüfen. Tritt er mit den Tatsachen und Zusammenhängen des Lebens in einen realen Widerspruch, an dem er zu Grunde geht und sich aufreibt?

Wir antworten: Ja, es liegt etwas von dieser ernsten Realistik in den Erfahrungen der Pädagogen, in den Erfahrungen einer langen Kulturepoche. Fast scheint es der Inhalt dieses ganzen Kulturstrebens, allmählich die Flügel der Menschheit an diesem stolzen idealistischen Schwunge erlahmen zu lassen; und vielleicht haben die Wissenden schon bis hierher mit mitleidigem Lächeln gelesen. Wir reden also *nunmehr* von dem pädagogischen Realismus und schärfen uns den Blick für die Lehren der entgegenstrebenden Wirklichkeit, wie wir bisher das Bewußtsein unsrer eignen Innerlichkeit ausgesprochen haben.

Die Macht der Erziehung hat ihre scharfen Grenzen; an der Zeit, am Zöglinge selbst, an seiner Grundnatur und seiner Umgebung. So kämpft der Künstler mit dem widerstrebenden Material, ihm das herrliche Bild, das er in sich trägt, mit plastischem Triebe einzuprägen. Und immer mehr geht von dem Geschöpf seiner Phantasie verloren, je mehr es in der Wirklichkeit Gestalt empfängt. Es ist eben nicht der Künstler selbst, sondern die Vermählung seines Geistes mit den Gesetzen einer fremden Welt, was uns im Kunstwerk entgegentritt. Sollte nun nicht gerade in dieser Dualität der eigentliche Wert jeder produktiven Tätigkeit liegen?

Dies allerdings ist die Überzeugung, von der meine Reden getragen sind: nur die tiefste Kenntnis des Materials und seiner Möglichkeiten macht den vollendeten Erzieher. Sein Enthusiasmus muß es vertragen, so weit gebrochen zu werden, daß er Mittel und Wege nach den Maßen der Wirklichkeit bemißt. Oder wenn wir es anders sagen: er muß sein ein großer Psychologe; und nicht nur dies: er muß sein ein tiefer, scharfer Kenner der Welt. Sein Zögling ist kein Abstraktionsprodukt, ist so wenig ein Vorstellungsmechanismus wie ein Spielwerk von Trieben; sondern er ist ein Glied der lebendigen Welt, wurzelnd mit tausend Fasern in all den Realitäten und Menschen, die ihn umgeben, und innerlich bestimmt durch das rätselhafte System seiner ursprünglichen Anlage. Dieser Wirklichkeit gegenüber ist Radikalismus kein Verdienst und bloßer Idealismus ein Verbrechen. Hier heißt es sehen und lernen, Erfahrungen sammeln, Wünsche bemeistern, auf Hoffnungen verzichten. Auch diese schwierigste Arbeit muß die pädagogische Liebe dem Erzieher abgewinnen, wie sie dem Politiker nirgends erspart bleibt. Und dies ist der Punkt, an dem wir mit Stolz hinausgehen dürfen und müssen über die Idealisten der unbedingten Selbsttätigkeit, vor allem über einen Fichte, der Punkt, an dem wir das tiefe Leiden eines Pestalozzi verstehen und die nüchterne Vorstellungspsychologie eines Herbart zu schätzen beginnen.

Aber eines folgt aus dieser Tatsache nicht: die Vernichtung des ursprünglichen Triebes und die Ertötung des Glaubens. Ich habe es nie begreifen können, daß die feinere Kenntnis der Mittel und des Erreichbaren unsre Begeisterung für das Ziel abschwächen sollte. Wir sehen es ja deutlich genug im politischen Leben: Sein Gang ist durch die wissenschaftlichen Einsichten, die durch Geschichte, Nationalökonomie und Statistik erwachsen sind, ruhiger, gemessener geworden. Die Zeit der großen Stürmer ist vorbei, aber auch die Zeit der ganz schweren Katastrophen, sofern die wissenschaftliche Besinnung der Führenden gegen diese elementaren Kräfte überhaupt etwas vermag. Und so ist es auch in der Erziehung. Ein Quantum Nüchternheit, ein realistischer Blick muß sich mit dem Idealismus vermählen. Wer dies nicht über sich vermag, ist kein Erzieher, sondern höchstens ein wohlmeinender Dichter oder ein jugendlicher Schwärmer, der sich noch nicht an dem harten Stoff der Wirklichkeit müde gerungen hat.

Hat man Mut zu diesem Kampf, so ist meine Rechtfertigung gelungen: die Rechtfertigung eines positivistischen Idealismus, die Rechtfertigung einer Philosophie der Erziehung auf realistischer Grundlage.

Quellenverzeichnis und Anmerkungen

Von einigen aus stilistischen Gründen beibehaltenen Gepflogenheiten abgesehen wurde die Schreibweise in den vorliegenden Texten der neueren Rechtschreibung angeglichen. An einigen Stellen war es nötig, Zusätze E. Sprangers durch 〈 〉, solche der Herausgeber durch [ ] zu kennzeichnen. Die bei der Beschreibung der Formate der Druckunterlagen verwendeten DIN-Kennzeichen sind nur i. S. einer allgemeinen Orientierung zu verstehen.

Die bibliographischen Angaben (Abkürzung: B. + Nummer) beziehen sich auf die Bibliographie E. Sprangers, die nach dem Erscheinen der Gesammelten Schriften vorgelegt werden soll. Bis dahin bleiben für den Textnachweis die folgenden Bibliographien maßgebend, deren Numerierung auch im endgültigen Verzeichnis beibehalten wird:

Theodor Neu (Bearb.): Bibliographie Eduard Spranger. Tübingen 1958. 117 S.

Ludwig Englert und Siegfried Mursch (Bearb.): Bibliographie Eduard Spranger 1957-1962, in: Pädagogische Rundschau. 16. Jg. 1962. S. 631–644.

Grundlegende Bildung, Berufsbildung, Allgemeinbildung (1918)

Der vorliegende Aufsatz wurde von E. Spranger Anfang Februar 1918 fertiggestellt (vgl. zur Datierung den Brief an G. Kerschensteiner vom 11. 2. 1918, der eine instruktive Erläuterung der Absichten enthält, in: Georg Kerschensteiner – Eduard Spranger, Briefwechsel 1912–1931, hg. und eingeleitet von L. Englert, München, Wien, 1966. S. 120 u. 336). Er erschien in der Preußischen Fortbildungszeitung Nr. 3 März 1918 (B. 118, dort die zusätzliche Angabe: Jg. 9) S. 65–77. 1919 wurde der Text in den Sammelband ›Kultur und Erziehung‹ aufgenommen und behielt dort seinen Platz durch alle Auflagen (vgl. B. 128, B. 179, B. 201, B. 254; Übersetzung ins Japanische: B. 717, B. 742 und B. 802, Übersetzung ins Spanische: B. 481). Neudruck in: E. Spranger, Grundlegende Bildung – Berufsbildung – Allgemeinbildung. Besorgt und eingeleitet von J. H. Knoll. Heidelberg 1965. S. 8–23.

E. Spranger hat den Text für die Neuauflagen mehrmals überarbeitet. Die Herausgeber glauben seinen Intentionen am ehesten dadurch gerecht zu werden, daß sie Verbesserungen, die der Präzisierung und der stilistischen Durchformung dienen, aus den späteren Fassungen aufnehmen, dagegen die Stellen im Zustand der ersten Fassung belassen, welche sich auf die aktuelle Situation von 1918 beziehen. Für die Textbearbeitung standen u. a. zwei Druckexemplare mit eigenhändigen Korrekturen Sprangers zur Verfügung: ein Exemplar von B. 118 mit Bleistiftkorrekturen am Rand, vermutlich für B. 128, und ein Exemplar von B. 128 mit Bleistiftkorrekturen und Blaustiftbezifferung für die Textanordnung in B. 179.

Die sprachlichen Verbesserungen werden hier nicht im einzelnen vermerkt. Hingewiesen sei auf folgende inhaltliche Veränderungen: In der Fassung B. 201 (1925) wird dem 1. Absatz S. 7 die Fußnote angefügt: »Inzwischen habe ich diesen Gegenstand eingehender behandelt in meinem Beitrag zu dem ›Handbuch für das Berufs- und Fachschulwesen‹, hg. v. Kühne. Leipzig 1923, unter dem Titel: ›Berufsbildung und Allgemeinbildung‹«. S. 10 2. Absatz kommt zu der Stelle »Die 12jährige Dauer ...« in B. 201 (1925) die Fußnote: »Neuerdings beträgt die gesamte Schulzeit im allgemeinen 13 Jahre«. S. 14 unten macht der Verfasser bei dem Satz »Endlich treten zu der Veranlagung (dem inneren Beruf) die objektiven Forderungen der gesellschaftlichen Berufsleistung (des soziologischen Berufes) hinzu« noch einmal auf den Aufsatz ›Berufsbildung und Allgemeinbildung‹ aufmerksam. S. 15 4. Absatz macht er in B. 128 einen Zusatz, den er in B. 201 durch eine Fußnote wieder in Frage stellt. Der Text lautet in der ersten Fassung: »Für die Oberstufe der höheren Schulen schwebt mir ein viersemestriger Lehrgang in ›Vaterlandskunde‹ vor, der auf Grund elementarer geschichtlicher und geographischer Voraussetzungen der Reihe nach in die wirtschaftlichen, sozialen, rechtlichen und politischen Verhältnisse der Gegenwart unsres Landes einführt«. In B. 128 lautet der revidierte Text: »Für die Oberstufe der höheren Schulen schwebt mir ein viersemestriger Lehrgang in ›Vaterlandskunde‹ vor, der auf Grund elementarer geschichtlicher und geographischer Voraussetzungen, *jedoch in besonderen Stunden*, [Hervorhebung v. d. Hg.] in die wirtschaftlichen, sozialen, rechtlichen und politischen Verhältnisse der Gegenwart unsres Landes einführt«. 1925 merkt der Verfasser in B. 201 an dieser Stelle mit einer Fußnote an: »Ob hierfür besondere Stunden gefordert werden sollen, ist mir inzwischen zweifelhaft geworden. Das inhaltliche Ziel bleibt bestehen. (1925)«. S. 17 3. Absatz schreibt E. Spranger in der ersten Fassung: »Sollte aber die Fortbildungsschule von ihren sechs Stunden zwei für den verbindlichen konfessionellen Religionsunterricht abgeben, so würde ihr ganzer, mühsam geschaffener Aufbau zerstört werden«. Die entsprechende Stelle lautet in B. 128 und den späteren Fassungen: »Sollte aber die Fortbildungsschule von ihren sechs Stunden *auch nur eine* [Hervorhebung v. d. Hg.] für den verbindlichen konfessionellen Religionsunterricht abgeben, so würde ihr ganzer, mühsam geschaffener Aufbau zerstört werden«. Der anschließende Text wurde in B. 201 (1925) gegenüber den Fassungen B. 118 (1918) und B. 128 (1919) ganz neu formuliert; erhalten blieb lediglich der letzte Abschnitt. Da es sich dabei um ein für die Beurteilung der damaligen Verhältnisse aufschlußreiches Dokument handelt, soll die Textvariante von 1925 wiedergegeben werden:

Die Berufsschule braucht nicht irreligiös zu sein, wenn sie bekennt, daß sie die Pflege des religiösen Lebens anderen und geeigneteren Gemeinschaften überläßt. Die bestimmte und klar umgrenzte Aufgabe der Berufsschule sollte auch nicht durch Hinübergreifen in das schwierige Gebiet religiöser und religiös-politischer Gegensätze gefährdet werden.

Trotzdem gehört politische Erziehung in die Pflichtberufsschule, aber in ganz bestimmtem Sinne. *Keine* staatliche Schule sollte irgendwie zum Instrument für parteipolitische Zwecke benutzt werden; also auch die Berufsschule nicht. Das schließt aber nicht aus, daß sie mehr als andre Schulgattungen die Aufgabe politischer Erziehung zu leisten hat; denn sie greift stärker und unmittelbarer als die anderen in die praktischen Realitäten der Gegenwart ein. Gewiß ist es sehr schwer, staatsbürgerlichen *Unterricht* ganz frei von einer bestimmten wertenden Staatsauffassung zu erteilen. Mit der bloßen Erläuterung der geltenden Verfassung ist noch lange nicht erreicht, was zum Verständnis politischen Lebens erforderlich ist. Und noch schwerer scheint staatsbürgerliche *Erziehung* ohne jede einseitige Stellungnahme.

Aber vielleicht scheint nur uns Deutschen dies alles so schwer, weil uns die rechte Grundeinstellung zum Staatsleben überhaupt schwer fällt. Das Selbstverständliche in jedem Gemeinwesen, das nicht hoffnungslos erkrankt ist, muß für alle Zeiten die Einstellung auf das *Ganze* sein. Denn wenn überhaupt ein Staat sein soll, so kann er nur, um mit Hegel zu reden, durch den »substantiellen Willen« lebendig bleiben, der in jedem Staatsgliede und jeder eingeordneten Körperschaft das kraftvolle Bestehen von Volk und Staat bejaht. So sollte also auch die Berufsschule jeden ihrer Schüler dahin führen, das Staatliche in sich selbst zu entdecken. Man bringt ihn, wie Kerschensteiner richtig gesehen hat, am leichtesten dahin, wenn man ihm sein eignes Verflochtensein in Leben und Macht des Ganzen zeigt: dies unwiderrufliche Gebundensein aller Volksgenossen aneinander und an ihre überindividuelle, historisch gewordene Macht- und Rechtsorganisation. Daraus ergibt sich dann von selbst, daß wirtschaftliche Interessenstandpunkte und einseitige Ausprägungen des Staatsideals nur Sinn haben, sofern sie dieses Ganze als das Frühere anerkennen und als das Höhere bejahen. Ich halte es nicht für unmöglich, die Notwendigkeit und subjektive Teilberechtigung der Parteistandpunkte schon in der Pflichtberufsschule zu erörtern. Unvermeidlich wird dabei die besondere Perspektive zur Sprache kommen, von der aus gerade diese oder jene Berufsgruppe den gegebenen Staat sehen muß. Es wird von Rechten und Ansprüchen die Rede sein, aber auch von Pflichten und Verflochtenheit. Bei der Rangbemessung zwischen beiden aber wird hoffentlich der alte deutsche Gedanke nicht vergessen werden, den Gneisenau im Sinne Kants so formulierte:

Begeistre Du das menschliche Geschlecht
Für seine Pflicht zuerst, dann für sein Recht.

Alle ausgesprochene Parteiagitation jedoch, sei es von rechts oder von links, hat in der Berufsschule wie in allen Staatsschulen zu unterbleiben, weil sonst mehr an der Auflösung als an der Festigung des Staates gearbeitet würde. Das Gemeinsame und aneinander Bindende also soll voranstehen. In seinem Rahmen erst entfaltet sich das Gegeneinanderwirken der Kräfte, das nicht ausgelöscht werden kann, ohne daß dem Staat selbst Leben und Fortentwicklung genommen würde. Wer eine Berufsgruppe zu einem wahren Ethos der Arbeit erziehen will, kann das politische Ethos, das mit diesem Beruf innerlich zusammenhängt, nicht bekämpfen. Er muß vielmehr bemüht sein, es zu veredeln und das für den Staat Positive aus ihm herauszuholen. Auch hier wiederholt sich also der Fortgang von der Berufsbildung zur Allgemeinbildung, nun aber in besonderer Anwendung auf die politische Erziehung. Die durch die Zugehörigkeit zu einem Beruf und einer Klasse gegebene Parteigesinnung muß geläutert und erweitert werden zu einer Staatsgesinnung. Wollte man die aus den realen Lebensverhältnissen geborene politische Gesinnung ausrotten, so würde man damit den wichtigsten und einzigen Hebel ausschalten, den man besitzt. Es kommt also darauf an, daß man ihn zu benutzen wisse, um jenes weitere Verstehen zu erzeugen, das den Staat trägt und bejaht. –

(Vgl. die Textstellen B. 118 S. 75–76 oder B. 128 S. 38–40 und B. 201 S. 174–176.)

Die Abhandlung ›Grundlegende Bildung, Berufsbildung, Allgemeinbildung‹ wird vor dem Hintergrund der Bildungstheorie beurteilt werden müssen, die E. Spranger in seiner im Winter 1916/17 abgefaßten ›Philosophischen Pädagogik‹ entwickelt hat. Der unveröffentlichte Text, ein Manuskript von 220 Seiten im Format DIN A 5, befindet sich (einschließlich zweier voneinander abweichender Dispositionen) im Spranger-Nachlaß.

Auf die Weiterführung seiner Gedanken in dem Aufsatz ›Berufsbildung und Allgemeinbildung‹ hat der Verfasser selbst hingewiesen (vgl. Handbuch für das Berufs- und Fachschulwesen, hg. v. A. Kühne. Leipzig 1923. S. 24–38 (B. 182) sowie 2. Aufl. 1929. S. 27–42 (B. 276)). Zum gleichen Themenkreis kann man die in der Zwischenzeit abgefaßte ›Fortbildungsschulrede‹ von 1920 zählen; das unveröffentlichte Manuskript umfaßt 32 Seiten im Format DIN A 6 und ist in der für Spranger typischen Weise für den Vortrag ausgearbeitet (vgl. etwa den Beitrag ›Erziehungsethik‹ in diesem Band). Es befindet sich im Spranger-Nachlaß.

Der gegenwärtige Stand der Geisteswissenschaften und die Schule (1922, 2. Aufl. 1925)

E. Spranger hielt die Rede unter diesem Titel auf der 53. Versammlung deutscher Philologen und Schulmänner in Jena am 27. 9. 1921. Es liegen folgende gedruckte Fassungen vor: Der gegenwärtige Stand der Geisteswissenschaften und die Schule. Rede gehalten auf der 53. Versammlung deutscher Philologen und Schulmänner in Jena am 27. September 1921. – Leipzig, Berlin 1922, 57 S. (B. 167). 2., ergänzte Auflage. – Leipzig, Berlin 1925. VI, 76 S. (B. 200). Übersetzung ins Serbische: B. 345; Übersetzung ins Spanische: B. 371, B. 481, B. 786.

Der Text wird in der erweiterten Fassung der 2. Auflage (B. 200) wiedergegeben. In einer Vorbemerkung vom 21. März 1925 schreibt E. Spranger:

Der Wortlaut der Rede von 1921 ist unverändert geblieben, weil sie den Stand der Geisteswissenschaften, wie er *damals* war, gleichsam durch einen Querschnitt zur Anschauung bringen soll. Hingegen habe ich mich bemüht, in den Anmerkungen alle wichtigen Arbeiten, die in der angedeuteten neuen Linie liegen, wenigstens mit dem Titel, gelegentlich auch mit kurzer Charakteristik des Grundstandpunktes, anzuführen. So kann die kleine Schrift vielleicht auch heute noch demjenigen zur Orientierung dienen, der sich über die Ziele und den Umfang der neuen Bewegung in den Geisteswissenschaften ein zusammengedrängtes Bild verschaffen will.

Kleinere sprachliche Korrekturen lassen sich trotz Sprangers Versicherung an rund 30 Stellen nachweisen. Die Zahl der Anmerkungen hat sich von 36 in B. 167 auf 46 in B. 200 vermehrt. E. Spranger hatte Ende 1920 die 2. Fassung der ›Lebensformen‹ abgeschlossen. Die vorliegende Abhandlung zieht auf der Grundlage des nun erreichten Verständnisses der geisteswissenschaftlichen Methode ein erstes Mal in umfassender Weise Folgerungen für den Unterricht an den höheren Schulen.

Die Generationen und die Bedeutung des Klassischen in der Erziehung (1924)

Der vorliegende Beitrag (B. 192) steht am Ende der von E. Spranger und A. Fischer in Verbindung mit zehn weiteren Autoren herausgegebenen Festschrift für G. Kerschensteiner (Jugendführer und Jugendprobleme. Festschrift zu Georg Kerschensteiners 70. Geburtstag, hg. v. Aloys Fischer u. Eduard Spranger. Leipzig, Berlin 1924 (B. 199). S. 307–332).

(Vgl. auch den Brief E. Sprangers an G. Kerschensteiner vom 27. 7. 1924 in: Georg Kerschensteiner – Eduard Spranger. Briefwechsel. A. a. O., S. 204 f.)

Die Korrektur »Urbild« statt »Abbild« (S. 79 1. Absatz) wurde aus E. Sprangers Handexemplar übernommen.

Über ›Die Kontrastbewegung der Generationen‹ hat sich E. Spranger schon sehr früh geäußert (vgl. das unveröffentlichte Manuskript mit diesem Titel vom 24./25. 3. 1905 von 17 Seiten im Spranger-Nachlaß). Seine weit ausgreifende Beschäftigung mit dem Phänomen des Klassischen im einzelnen zu belegen, wäre nicht sinnvoll. Man kann wohl am ehesten von einer Anknüpfung an die abschließenden Gedanken der Abhandlung ›Der gegenwärtige Stand der Geisteswissenschaften und die Schule‹ (B. 167 u. B. 200) sprechen. Hingewiesen sei auch auf den unveröffentlichten Vortrag ›Das Klassische im Kampf der Zeiten‹ vom 30. 3. 1935, ausgearbeitet in der für Spranger typischen Weise (Sentenzen, stichwortartige Aufzeichnungen, Disposition) auf 40 + 8 Seiten im DIN A 6-Format. Das Manuskript befindet sich im Spranger-Nachlaß.

Die wissenschaftlichen Grundlagen der Schulverfassungslehre und Schulpolitik (1928)

Die Abhandlung wurde von E. Spranger am 24. 11. 1927 in der Sitzung der phil.-hist. Klasse der Preußischen Akademie der Wissenschaften vorgelegt. In der gedruckten Fassung wurde sie am 24. 3. 1928 ausgegeben. Es liegen folgende Ausgaben vor:
Die wissenschaftlichen Grundlagen der Schulverfassungslehre und Schulpolitik. (Auch Einzelausgabe). Aus den Abhandlungen der Preußischen Akademie der Wissenschaften Jg. 1927. Phil.-hist. Klasse. Nr. 3. Berlin 1928. 51 S. (B. 259). Übersetzung ins Spanische: B. 311, B. 317 (nur II. Abschnitt). Die 2. Auflage in deutscher Sprache erschien nach Abschluß der Bibliographie von L. Englert/S.

Mursch: Die wissenschaftlichen Grundlagen der Schulverfassungslehre und Schulpolitik. Bad Heilbrunn/Obb. 1963. (Klinkhardts Pädagogische Quellentexte). 67 S.

Der Text wird in der Fassung der 2. Auflage von 1963 wiedergegeben. Die Herausgeber der Reihe ›Klinkhardts Pädagogische Quellentexte‹ geben in einer Vorbemerkung folgende Erläuterung zur Textgestaltung (S. 6):

> Die Schrift von 1928 ist hier unverändert abgedruckt, abgesehen von folgenden, auf Veranlassung bzw. mit Zustimmung des Verfassers vorgenommenen kleinen Änderungen:
>
> 1. Bei den mit römischen Ziffern versehenen Kapiteln der Abhandlung sind die Überschriften, die der Druck von 1928 nur im Inhaltsverzeichnis aufführt, jetzt auch im Text bei den Kapitelanfängen eingesetzt worden.
> 2. Die Anmerkungen Nr. 1 und Nr. 13 haben Zusätze erhalten.
> 3. Auf Seite 27, Zeile 26 von oben, ist hinter dem Wort »selbst« ein Komma eingefügt worden.
> 4. Neu eingesetzt wurden auch die Anführungszeichen auf Seite 14, Zeile 5 von unten, hinter der Zahl »1911« und auf Seite 36, Zeile 1 von oben, hinter dem Wort »ist«.

(Nicht vermerkt ist die Änderung »Reformationszeit« statt »Reformation« auf S. 5, Zeile 7 von oben.)

Als Vorarbeit zu dieser Abhandlung nennt E. Spranger selbst seine Studie: Der Zusammenhang von Politik und Pädagogik in der Neuzeit. Umrisse zu einer Geschichte der deutschen Schulgesetzgebung und Schulverfassung. In: Die Deutsche Schule. Jg. 18, 1914: S. 13–21, 73–80, 152–161, 290–299, 356–366, 424-430, 559–565; Jg. 19, 1915: S. 225–233, 283–293, 355–366, 430–439, 690–701, 748–759; Jg. 20, 1916: S. 204–216; (Schluß nicht erschienen) (B. 92). Im weiteren Sinne gehört in diesen Zusammenhang: Wilhelm von Humboldt und die Reform des Bildungswesens (B. 58, B. 830, 3. Auflage Tübingen 1965). Ferner sei hingewiesen auf: Fünfundzwanzig Jahre deutscher Erziehungspolitik. In: Päd. Blätter. Jg. 44, 1915: S. 449–464, 517–529; Jg. 45, 1916: S. 1–15, 109–123 (B. 94).

Sein Verständnis des Verhältnisses von Weltanschauung und Schule erläutert E. Spranger nach der Vorlage der Akademieabhandlung in einem Brief an G. Kerschensteiner vom 25. 9. 1927 (vgl. Georg Kerschensteiner – Eduard Spranger. Briefwechsel. A. a. O. S. 238 f.).

Pestalozzis ›Nachforschungen‹. Eine Analyse (1935)

Die vorliegende Abhandlung wurde erstmals in den Sitzungsberichten der Preußischen Akademie der Wissenschaften veröffentlicht. Es liegen folgende Druckfassungen vor:

Pestalozzis ›Nachforschungen‹. Eine Analyse. Sitzungsberichte der Preußischen Akademie der Wissenschaften. Phil.-hist. Klasse Jg. 1935. S. 6–29. (Auch Einzelausgabe.) Berlin 1935. 26 S., 1 Tafel (B. 378). Pestalozzis ›Nachforschungen‹. Eine Analyse. In: Pestalozzis Denkformen. 2., stark erweiterte und veränderte Auflage.

Heidelberg 1959. S. 91–115, 1 Tafel im Anhang (B. 807). Nach Abschluß der Bibliographie von L. Englert/S. Mursch erschien 1966 die 3., unveränderte Auflage von B. 807.

E. Spranger hat seiner Interpretation eine Gliederung der Abhandlung Pestalozzis beigegeben und dies in folgender Weise gerechtfertigt:

> Möglicherweise denkt mancher über die Hauptlinien des Gedankenganges anders. Gerade an solchen Auseinandersetzungen entzündet sich dann die erste Fragestellung an das *Ganze* des Werkes, von der aus man weiterzudenken genötigt wird. Ich habe während meiner fast 50jährigen Lehrtätigkeit diese Art der Durchgliederung eines Werkes immer wieder mit Hartnäckigkeit gefordert. Darin liegt keine Pedanterie. Bilde sich doch niemand ein, daß er schon zur Intuition und Kunst reif sei, wenn er die einfachsten Formen des Handwerks noch nicht gelernt hat – oder, auf die Wissenschaft übertragen: daß er Feinheiten verstehen könne, wenn er große Umrisse noch nicht zu sehen vermag! (Vorwort zu Pestalozzis Denkformen. 2. Auflage (B 807), S. 9.)

Gliederung der ›Nachforschungen‹

Einleitung: Thema: Was bin ich? Was ist das Menschengeschlecht? 6–7

I. Teil: Erstes Ins-Auge-Fassen (die Grundlage meiner Nachforschungen) 7–57

Der Mensch im vorsittlichen Zustand

A. Seite der Selbstsucht. 8–34

1. Vor der Frz. Revolution. 8–26
   - a) Kenntnisse. 8
   - b) Erwerb. 10
   - c) Eigentum. 10
   - d) Gesellschaftlicher Zustand. 13
   - e) Macht. 14
   - f) Ehre. 18
   - g) Unterwerfung. 18
   - h) Beherrschung. 20
   - i) Gesellschaftliches Recht. 22
   - k) Adel. 23
   - l) Kronrecht. 25
2. Seit der Frz. Revolution. 26–34
   - a) Freiheit. 26
   - b) Tyrannei. 28
   - c) Aufruhr. 28
   - d) Staatsrecht. 31 (Vorahnung nach Goethe)

B. Seite des Wohlwollens. 34–43

- a) tierisches Wohlwollen. 34
- b) Liebe. 36
  - α) tierische Vorstufe. 36
  - β) als »Göttersinn der Treue«. 37
- c) Religion. 38–43
  - α) als tierischen Ursprungs. 38
  - β) als Saltomortale oder kühnstes Wagstück. 39–43

C. Eschatologischer Schluß: Die nahende Auflösung der Staaten. 44–57

II. Teil: Das Wesentliche des Buches. 57–128

A. Übergang. 57–66

1. Die sittliche Kraft und der ewige Rückfall. 57–62
2. Dialog über die Untreue am gesellschaftlichen Recht. 62–66

B. Erste Darlegung. 66–121

1. Naturzustand: Das sog. Naturrecht vom sittlichen Zustand aus konstruiert. 67–76
2. Gesellschaftlicher Zustand: z. T. veredelt durch gesetzliches Recht. 76–99
   Zusatz: Naturfreiheit und sog. bürgerliche Freiheit. 99–105
3. Sittlicher Zustand: 105–121
   a) für sich selbst betrachtet. 105–109
   b) Einlenkungsmittel zum Sittlichen: »tierisch nahe Gegenstände«. 109–121

C. Resultate (das Wesen meines Buches). 121–128

a) Wiederherstellung der Harmonie des Menschen (Gewissen). 121–127
b) der Mensch als Mittelding. 127–128

III. Teil: Verbindung des neuen Gesichtspunktes mit denen des ersten Teiles. 129–161 ↓

Religion als Einlenkungsmittel. 130

Neue Gliederung in jedem Unterabschnitt:

1. Der Mensch als Werk der Natur.
2. Der Mensch als gesellschaftliches (staatliches) Wesen.
   a) der Natur unterliegend (rückfällig),
   b) das echte (sittliche) Gesetz anerkennend.
3. Der Mensch als Werk seiner selbst.

Reihenfolge:

A. (entsprechend I A).	B. (entsprechend I B).
{ a) Kenntnis. 132	a) tierisches Wohlwollen. 150
{ b) Erwerb. 134	↓
{ c) Eigentum. 134	
d) Recht. 135	
e) Gesellschaftlicher Zustand. 137	
f) Macht. 137	
g) Ehre. 138	
h) Unterwerfung. 138	
i) Beherrschung. 140	
k) Adel. 140	
l) Handlung (neu!). 141	b) Liebe. 150

In der 2. Auflage des Buches ›Pestalozzis Denkformen‹ von 1959 (B. 807) veröffentlichte E. Spranger neben der Studie über Pestalozzis Schrift ›Meine Nachforschungen über den Gang der Natur in der Entwicklung des Menschengeschlechts‹ von 1797 eine ähnlich angelegte Interpretation der Schrift ›Schwanengesang‹ von 1826. Da die Kritische Ausgabe, ›Pestalozzis sämtliche Werke‹, hg. v. Artur Buchenau, Eduard Spranger und Hans Stettbacher, Berlin u. Leipzig 1927 ff. (B. 248) noch nicht vollständig erschienen war und gerade der Band noch fehlte, der den ›Schwanengesang‹ bringen soll, entschloß er sich, nach der folgenden älteren, bisher aber vollständigsten Ausgabe zu zitieren: Pestalozzis sämtliche Werke, hg. v. Dr. L. W. Seyffarth, 12 Bde. Liegnitz 1899–1902. ›Pestalozzis Denkformen‹ von 1959 wurde eine Vergleichstabelle beigegeben, welche die zitierten Stellen der Kritischen Ausgabe und der Seyffarth-Ausgabe zueinander in Beziehung setzt, so weit dies möglich ist (vgl. B. 807 S. 151 f.).

Da die Veröffentlichung in dieser Ausgabe nicht denselben Forderungen nach Einheitlichkeit genügen muß wie im Rahmen des Buches ›Pestalozzis Denkformen‹, haben sich die Herausgeber entschlossen, die Zitate nach der Kritischen Ausgabe nachzuweisen, Um der besseren Lesbarkeit willen wurden die Nachweise als Fußnoten aus dem fortlaufenden Text herausgesetzt. (Besonders wichtige Stellen pflegte Spranger durch einen Stern zu kennzeichnen, vgl. S. 180 Anm. 95.) Die Angleichung der Schreibweise Pestalozzis an die orthographischen Gepflogenheiten unserer Zeit hat E. Spranger vorgenommen.

Sprangers ausführlichere Beschäftigung mit dem Werk Pestalozzis setzt in den zwanziger Jahren ein. 29 Seiten Aufzeichnungen für eine Pestalozzi-Übung von 1920 sind im Spranger-Nachlaß erhalten. In der Abhandlung ›Der Bildungswert der Heimatkunde‹ von 1923 (B. 178) gewinnt diese Beschäftigung systematische Bedeutung. Entscheidend wird aber für E. Spranger das Jubiläumsjahr 1927, in welchem er Gedenkreden am 18. Februar in Zürich (B. 242) und am 27. August in Kronstadt (Rumänien) (B. 775) hält. Schon zu Beginn des Jahres schreibt er an K. Hadlich: »Pestalozzis Bild beginnt sich in mir herauszuarbeiten« (Brief vom 25. 1. 1927, vgl. Georg Kerschensteiner – Eduard Spranger. Briefwechsel. A. a. O., S. 348, Anm. 30). In diesem Jahr hält er auch ein Pestalozzi-Seminar, von dem noch 11 S. an Aufzeichnungen im Spranger-Nachlaß erhalten sind. Der 1933 veröffentlichte Aufsatz ›Vom pädagogischen Genius: Sokrates, Pestalozzi, Fröbel‹

(B. 354) ist ein weiteres beredtes Zeugnis der hohen Einschätzung dieses Klassikers der Pädagogik.

Das Ergebnis der vorliegenden Untersuchung ist drei Jahre später von Walter Feilchenfeld-Fales im Sachanhang zum Text der ›Nachforschungen‹ in der Kritischen Ausgabe verwertet worden (vgl. Pestalozzis Sämtliche Werke. Bd. XII, Berlin 1938. S. 774, 778–780).

Macht und Grenzen des Einflusses der Erziehung auf die Zukunft (1950)

Bei dem vorliegenden Text handelt es sich um einen Vortrag, den E. Spranger am 22. Oktober 1950 vor der Saarländischen Kulturgesellschaft in Saarbrücken gehalten hat. Zusammen mit einigen anderen Beiträgen hat er ihn in den Sammelband ›Pädagogische Perspektiven‹ aufgenommen, dessen Titel die Zeitgebundenheit dieser Aufsätze betonen soll. Der Text ist in folgenden Fassungen veröffentlicht:

Macht und Grenzen des Einflusses der Erziehung auf die Zukunft. Vortrag vor der Saarländischen Kulturgesellschaft in Saarbrücken am 22. Oktober 1950. (Theodor Litt zum 70. Geburtstag.) Heidelberg 1950. (Schriftenreihe der saarländischen Kulturgesellschaft.) (Vorabdruck aus: Pädagogische Perspektiven). 23 S. (B. 586). Ds. in: Pädagogische Perspektiven. Beiträge zu Erziehungsfragen der Gegenwart. Heidelberg 1951. S. 1-24 (B. 602). Weitere Auflagen des Bandes: B 618, B. 696, B. 722, B. 789, B. 826; nach Abschluß der Bibliographie von L. Englert/S. Mursch erschienen: 7. Auflage 1962, 8. Auflage 1964.

Übersetzung ins Japanische: B. 721, Übersetzung ins Italienische: B. 718, Übersetzung ins Spanische: B. 850.

Eine voll ausgearbeitete handschriftliche Fassung des Textes auf 46 einseitig beschriebenen Blättern im Format DIN A 5 befindet sich im Spranger-Nachlaß. Vorhanden sind ferner ein Typoskript von 42 Seiten im Format DIN A 5 mit geringfügigen Verbesserungen und ein Typoskript von 47 Seiten im gleichen Format, das sich vom zuerst genannten durch einen veränderten und erweiterten Schlußteil unterscheidet.

Es entspricht dem Stil der Rede, daß E. Spranger die Herkunft der Zitate in den meisten Fällen nicht nachgewiesen hat. Folgende Angaben seien nachgetragen: S. 189 1. Absatz: Ernst Wiechert: Missa sine nomine, 1950. S. 192 2. Absatz: »Dem harten Muß ...« Aus ›Urworte: Orphisch‹; Gedicht mit der Überschrift: Nöthigung. J. W. Goethe: Sophienausgabe, Bd. 41. Abteilung 1. Weimar 1902. S. 221. S. 193 1. Absatz: »Der eigentliche Unterscheidungsgrund ...« Johann Gottlieb Fichte: Reden an die deutsche Nation. Sämtliche Werke, hg. v. I. H. Fichte, 8 Bde. Berlin 1845/46, Bd. 7. S. 374. Sprangers Zusatz ist durch ⟨ ⟩ gekennzeichnet. S. 199 1. Absatz: »Das Gewissen ist der Strahl ...« Johann Gottlieb Fichte: Die Bestimmung des Menschen, 3. Buch: »Die Stimme des Gewissens, die jedem seine besondere Pflicht auflegt, ist der Strahl, an welchem wir aus dem Unendlichen ausgehen, und als einzelne, und besondere Wesen hingestellt werden; sie zieht die Grenzen unsrer Persönlichkeit; sie also ist unser wahrer Urbestandteil, der Grund und der Stoff alles Lebens, welches wir leben«. (J. G. Fichte: Die Bestimmung des Menschen. Mit Geleitwort v. E. Spranger. Hamburg 2. Auflage 1954. (Philosophische Bibliothek Bd. 226) S. 135 f.) S. 205 3. Absatz: »Es rettet Europa nichts und kan Europa nichts retten als ein entschlossenes Zurüktretten zu den Grundsezen, die mit der [Menschennatur in dem Grad] übereinstimmen, [als] diejenigen, die über sein [nahes] Verderben [entscheiden], von dieser Natur abweichen.« Pestalozzi: Denkschrift an die Pariser Freunde über Wesen und Zweck der Methode. Sämtliche Werke. Bd. XIV, Schriften aus der Zeit von 1801–1803. Berlin 1952. S. 340. »[Und doch ruhet] das Wesen unserer Sittlichkeit, folglich auch das Wesen aller Mittel ihrer [Entwiklung], auf der Erhaltung der [Krafft] und Reinheit unserer inneren Anschauung. Die Welt [kenet] sie nicht mehr; die Moralsysteme unserer Zeit sind so wie die Religion unserer Zeit auf den Sand leerer Worte und Meinungen gebaut, die das [Heiligthum] der inneren Anschauung auf keine Weise mehr als unerschütterlich ewiges Fundament ihrer äußeren Erscheinung rein und hehr in sich selbst tragen.« Sämtliche Werke, Bd. XIV. A. a. O., S. 343 S. 205 4. Absatz: »Ohne eine höhere Ansicht des Lebens ...« J. H. Pestalozzi: An die Unschuld, den Ernst und den Edelmuth meines Zeitalters und meines Vaterlandes (1815). Pestalozzis sämtliche Werke, hg. v. L. W. Seyffarth, 12 Bde., Liegnitz 1899–1902, Bd. 11. S. 79.

Die Rede faßt Denkmotive zusammen, die E. Spranger in der späten Kriegs- und der ersten Nachkriegszeit beschäftigt haben. Die einschlägigen Arbeiten lassen sich hier nicht einzeln aufführen. Hingewiesen sei auf einige unveröffentlichte Texte, die in diesen Zusammenhang gehören: Eine Skizze über Wollen, Müssen und Sollen unter dem Titel ›Die Kategorien der Zukunftssicht‹ (1 S. Manuskript, nicht datiert) und ein Vortrag über Probleme einer neuen Schulerziehung unter dem Titel ›Erziehung zur Innerlichkeit. Bildungsideal‹, gehalten in Zehlendorf am 15. 12. 1945 (12 Seiten Manuskript in der für Spranger typischen Form der Aufzeichnungen für den Vortrag). Die Gefahren einer bloßen Psychotechnik haben Spranger schon in sehr früher Zeit beschäftigt, wie aus der Auseinandersetzung mit Herbarts technologischen Vorstellungen in der Antrittsvorlesung von 1910/11 zu ersehen ist [zum Thema:] Das Verhältnis von Pädagogik und Philosophie (40 S. voll ausgearbeiteter Text und 14 S. Aufzeichnungen in gegliederten Stichworten. Inhalt: Rechtfertigung der Themenstellung. I. Herrschende Ansichten über das Verhältnis; Auseinandersetzung mit Herbart und Natorp. Die Aufgabe der Abgrenzung und Beschreibung des Grundvorgangs. II. Bilden, Bildsamkeit, Bildungsideal, Bildung. Die Frage nach der Lehrbarkeit der Tugend. III. eine ausführliche, aber später verworfene Darlegung.). Die Auseinandersetzung wird in einem Vortrag über ›Erziehungsmittel‹, gehalten in Calw am 6. 3. 1951, wieder aufgenommen (Manuskript von 25 S. im Format DIN A 6, in der üblichen Weise für den Vortrag ausgearbeitet. Inhalt: Die Unterscheidung von Erziehungsmittel und Erziehungsziel bei Herbart. Bedenken gegen den Begriff »Mittel« in diesem Zusammenhang. Die Vorstellung der Pädagogik als Psychotechnik. Das Sowjetsystem. Bedenken gegen die Vorstellung der Erziehung als Kunst der Menschenformung. Was Erziehung eigentlich ist. Inneres Hören auf Normatives aufgrund einer Erweckung.). Die unveröffentlichten Texte befinden sich im Spranger-Nachlaß.

Grundstile der Erziehung (1951)

Über ›Grundstile der Erziehung‹ hielt E. Spranger am 4. April 1949 in Stuttgart einen Vortrag vor Junglehrern. Die hier mitgeteilte Druckfassung unter diesem Titel gehört zum Kernbestand des Sammelbandes ›Pädagogische Perspektiven‹. Vgl.: Grundstile der Erziehung, in: Pädagogische Perspektiven. Beiträge zu Erziehungsfragen der Gegenwart. Heidelberg 1951. S. 93–121 (B. 602); weitere Auflagen: B. 618, B. 696, B. 722, B. 789, B. 826, nach Abschluß der Bibliographie von L. Englert/S. Mursch erschienen: 7. Auflage 1962, 8. Auflage 1964.
Übersetzung ins Japanische: B. 721, Übersetzung ins Italienische: B. 718, Übersetzung ins Spanische: B. 850.

Das Manuskript des Vortrags, der am 4. April 1949 in Stuttgart gehalten worden ist, umfaßt 24 mit Tinte einseitig beschriebene Blätter im Format DIN A 6, es ist z. T. ausführlicher, z. T. stichwortartig abgefaßter Text, mit Bleistift überarbeitet und durch eingeschobene Blätter ergänzt; im Vortragston wirkt es im ganzen etwas individueller als die spätere Druckfassung. Das dem Druck zugrundeliegende Manuskript von 1951 umfaßt 47 Blätter im Format DIN A 5, es ist mit Tinte geschrieben und mit Bleistift überarbeitet. Das ebenfalls vorhandene Typoskript umfaßt 29 Blätter. Die Texte werden im Spranger-Nachlaß aufbewahrt.

Zu den Zitaten seien folgende Angaben nachgetragen: S. 208 1. Absatz: »Und umzuschaffen das Geschaffne ...« aus ›Eins und Alles‹, J. W. Goethe, Sophienausgabe. Bd. 3. Weimar 1890. S. 81. S. 209 1. Absatz: »Wie die einfache Nachahmung auf dem ruhigen Dasein und einer liebevollen Gegenwart beruht, die Manier eine Erscheinung mit einem leichten fähigen Gemüt[h] ergreift, so ruht der Stil auf den tief[f]sten Grundfesten der Erkenntni[ß], auf dem Wesen der Dinge, [in so fern] uns erlaubt ist, [es] in sichtbaren und greiflichen Gestalten zu erkennen«. J. W. Goethe, Sophienausgabe Bd. 47, Abteilung 1, Schriften zur Kunst 1788–1800, Einfache Nachahmung der Natur, Manier, Stil. Weimar 1896. S. 80. S. 213 2. Absatz: E. Spranger: Die Verschulung Deutschlands. In: Die Erziehung, Jg. 3, 1928, S. 273–284 (B. 262), vgl. auch B. 275. S. 213 3. Absatz: »Es bildet ein Talent sich in der Stille ...« Torquato Tasso, 1. Aufzug, 2. Auftritt; Goethe, Sophienausgabe Bd. 10. Weimar 1899. S. 117. S. 215 1. Absatz: »Eine wohlt[h]ätige Gottheit rei[ss]e den [Säugling] [bey Zeiten] von seiner Mutter Brust, nähre ihn mit der Milch eines [bessern] Alters und lasse ihn unter fernem griechischen Himmel zur Mündigkeit reifen. – Wenn er dann Mann geworden ist, so kehre er, eine fremde Gestalt, in sein Jahrhundert zurück; aber nicht, um es mit seiner Erscheinung zu erfreuen, sondern furchtbar wie Agamemnons Sohn, um es zu reinigen.« F. Schiller, Nationalausgabe. Bd. 20, Philosophische Schriften. Teil 1, hg. v. Benno v. Wiese. Weimar 1962. S. 333. S. 224 1. u. 2. Absatz zitiert E. Spranger nach der Cottaschen Jubiläumsausgabe in

40 Bänden, hg. v. Eduard von der Hellen, 1902–12. S. 225 3. Absatz: »[Denn] der Uniform sind wir durchaus abgeneigt...« J. W. Goethe, Wilhelm Meisters Wanderjahre oder die Entsagenden. Buch 2, Kap. 2, Sophienausgabe Bd. 24. Weimar 1894. S. 258.

Erziehung zur Menschlichkeit (1953)

Der Aufsatz geht auf einen Vortrag zurück, der 1952 in Bern gehalten wurde. Gedruckt liegen folgende Fassungen vor: Erziehung zur Menschlichkeit. In: Die berufliche Ausbildung. Bern 1953, Heft 4, S. 145–155. Auch in: Die Deutsche Berufs- und Fachschule, Jg. 1953. S. 705–715 (B. 646). E. Spranger, Erziehung zur Menschlichkeit / J. Amstutz, Die Idee der Akademie und die Bildung zur Menschlichkeit. Schwarzenburg, Schweiz 1954. (Pro humanitate. 2.) (Spranger: S. 1–12) (B. 663). Erziehung zur Menschlichkeit, in: Pädagogische Perspektiven. Beiträge zu Erziehungsfragen der Gegenwart. 3. Auflage. Heidelberg 1955. S. 122–139 (B. 696); in weiteren Auflagen: B. 722, B. 789, B. 826; nach Abschluß der Bibliographie von L. Englert/S. Mursch erschienen: 7. Auflage 1962, 8. Auflage 1964, sowie: Erziehung zur Menschlichkeit, in: Berufliche Erziehung. Bern 1962, Heft 4. S. 161–172. Übersetzung ins Französische: B. 726 (freie Übersetzung), Übersetzung ins Italienische: B. 718, Übersetzung ins Spanische: B. 668 u. B. 850.

E. Spranger hielt den Vortrag 1952 bei der Jahresversammlung der »Internationalen Akademie für Geisteskultur« in Bern und – etwas verändert – beim Schweizerischen Landessender Beromünster (Studio Bern). Im Spranger-Nachlaß sind folgende Textunterlagen vorhanden: ein voll ausgeführtes Manuskript von 29 Seiten, ein unvollständiges Typoskript von 9 Blättern mit 2 Seiten handschriftlicher Ausführungen, sowie ein Typoskript von 36 Seiten im Format DIN A 5 (datiert »18. Mai 1953«), das Korrekturen und Zusätze von Sprangers Hand trägt sowie einige eher redaktionelle Anmerkungen von fremder Hand. Dieses zuletzt genannte Typoskript stellt die Druckvorlage dar. Ihm liegt eine unveröffentlichte maschinenschriftliche Zusammenfassung von etwas mehr als einer Seite im Format DIN A 4 bei.

Zu Sprangers Zitaten seien folgende Angaben nachgetragen: S. 236 1. Absatz: ›An die Jünglinge‹ Fr. Hebbel, Sämtliche Werke, Historisch-kritische Ausgabe, besorgt v. Richard Maria Werner. Bd. 6. Berlin 1904. S. 236. S. 240 1. Absatz: »Die Stimme des Gewissens, die jedem seine besondere Pflicht auflegt, ist der Strahl, an welchem wir aus dem Unendlichen ausgehen, und als einzelne, und besondere Wesen hingestellt werden; sie zieht die Grenzen unsrer Persönlichkeit; sie also ist unser wahrer Urbestandteil, der Grund und der Stoff alles Lebens, welches wir leben« J. G. Fichte, Die Bestimmung des Menschen. Mit Geleitwort v. E. Spranger. Hamburg 2. Auflage 1954. (Philosophische Bibliothek Bd. 226) S. 135 f. S. 242 1. Absatz: » ... Ich bin der Kampf, ...« G. W. F. Hegel, Sämtliche Werke, Jubiläumsausgabe in 20 Bden, hg. v. H. Glockner. Bd. 15. Stuttgart 1928. S. 80. S. 244 1. Absatz: »Entschlafen sind nun wilde Triebe« J. W. Goethe, Faust Teil 1, Studierzimmer, v. 1182 ff., Jubiläumsausgabe. Bd. 13 S. 49. »Man sehnt sich nach des Lebens Bächen, Ach! nach des Lebens Quellen hin« J. W. Goethe, Faust. Teil 1, Studierzimmer, v. 1200 f., Jubiläumsausgabe. Bd. 13. S. 49. S. 245 2. Absatz: »Weh mir, wo nehm' ich, wenn ...« F. Hölderlin, Hälfte des Lebens, 2. Strophe, Stuttgarter Hölderlin-Ausgabe, hg. v. F. Beißner, Bd. 2, Gedichte nach 1800. Stuttgart 1951, S. 117. S. 246 2. Absatz: »... sie verkünden, Was ewig schaffend uns umwallt« J. W. Goethe, Faust. Teil 2, Pater profundus, v. 11882 f., Jubiläumsausgabe. Bd. 14. S. 278.

In ›Erziehung zur Menschlichkeit‹ setzt sich E. Spranger mit Problemen auseinander, die ihn z. T. schon in ›Macht und Grenzen des Einflusses der Erziehung auf die Zukunft‹ (1950) beschäftigt haben. Weitere veröffentlichte Arbeiten zu diesem Themenkreis brauchen hier nicht genannt zu werden. Hingewiesen sei lediglich auf folgende unveröffentlichte Texte: Innere Voraussetzungen des Erziehertums (ein Manuskript von 28 Seiten) und: Ethische Erziehung (28 Seiten Manuskript), beide Texte von 1952 in der für Spranger üblichen Weise für den Vortrag ausgearbeitet; ferner: Erziehung zur Innerlichkeit. Bildungsideal (ein Vortrag von 1945, Manuskript von 12 Seiten), dazu die Ansätze zu einer Theorie des Gewissens: ein Entwurf zur Gewissenserziehung von 1946 (8 Seiten Manuskript), Materialien zur Gewissenstheorie von 1953 (vorwiegend Exzerpte usw.), vor allem aber: Zur Theorie des Gewissens (ein Manuskript von 54 Seiten). Die Manuskripte befinden sich im Spranger-Nachlaß.

Phantasie und Erziehung

Der vorliegende Text ist bisher unveröffentlicht und noch nicht zweifelsfrei datiert. Vermutlich wurde er um die Mitte der fünfziger Jahre abgefaßt. Als terminus a quo kann der Zeitraum um 1955 angenommen werden, da E. Spranger S. 249 auf den Aufsatz ›Betrachtungen über Entstehen, Leben und Vergehen von Bildungsidealen‹, Herman Nohl zum 75. Geburtstag, in: International review of education. Vol. 1, 1955. S. 17–33 (B. 702) hinweist, der um diese Zeit entweder bereits erschienen oder dessen Veröffentlichung doch bereits fest vereinbart war (vgl. den Hinweis auf Publikationsorgan und Erscheinungsjahr).

Das Manuskript umfaßt 26 mit einem Kugelschreiber einseitig beschriebene Blätter im Format DIN A 5 (210 × 147–150 mm), an deren rechter Seite ein ca. 4 cm breiter Rand für Verbesserungen und Textergänzungen freigelassen ist. Die durchlaufende Bleistiftpaginierung S. 1–25 stammt vermutlich von Frau S. Sprangers Hand. Spranger hat wahrscheinlich den Titel ›Phantasie und Erziehung?‹ später hinzugefügt, wie aus der Schrift (Latein- statt Sütterlinschrift) und der Schreibspur (blauer, nicht wie beim übrigen Text schwarzer Kugelschreiber) zu ersehen ist. Das Fragezeichen soll vermutlich offen lassen, ob damit schon die treffende Überschrift gefunden ist.

Einige Randbemerkungen, deren Vorläufigkeit offensichtlich ist, seien im Rahmen der Anmerkungen zur Textgestaltung noch mitgeteilt. S. 247 1. Absatz steht auf der Höhe des Satzteiles »... Erscheinungen, die wir die Einbildungskraft, manchmal auch die Phantasie, nennen« am Rande: »Anmerk: Personifizierung von Seelenvermögen«. Weiter unten wurde im selben Absatz Sprangers Abkürzung »K. d. r. V.« aufgehoben und durch den ausgeschriebenen Titel ›Kritik der reinen Vernunft‹ ersetzt. S. 248 4. Absatz hat der Verfasser in der Klammer hinter »Jean Paul« durch Punkte eine vorgesehene Ergänzung angezeigt und am Rand notiert: »2 Stellen«. Er könnte an folgende Zitate aus der ›Levana‹ gedacht haben:

> Der geistige Bildungstrieb, der höher als der körperliche, nach und durch Willen schafft, nämlich die neue Idee aus den alten Ideen, ist das Abzeichen des Menschen. Kein Wollen bedingt die Vorstell-Reihe des Tiers; im Wachen denken wir selber, im Traume werden wir gedacht, dort *sind*, hier *werden* wir unserer bewußt; im Genie erscheint dieses Ideen-Schaffen als schöpferisch, im Mittel-Menschen nur als besonnen und notwendig; wiewohl der Unterschied nur so klein ist als der im Zeugen, das oft Riesen und Zwerge gibt. Die Entwicklungen der Bildungskraft sind 1) die Sprache und 2) die Aufmerksamkeit, welche beide durch Eingrenzen und Abmarken eine Idee näher vor die Seele bringen – 3) die Ein- oder Vorbildungskraft, welche eine ganze Ideenreihe festzuhalten vermag, damit aus ihr die unbekannte, aber gesuchte und folglich geahnte Größe vorspringt als Teil, Folge, Grund, Symbol, Bild – 4) der Witz – 5) die Reflexion – 6) die Erinnerung.
>
> Indes, was wird denn damit für den geistigen Bildungstrieb getan? Etwas Großes in der Kindheit, die *Vorbildungskraft* wird entfaltet... Da man den Strahl der einfachen Geistestätigkeit schon in den Farben mehrerer Seelenkräfte gebrochen hat: so wird ja noch eine mehr zu benennen verstattet sein, nämlich jene Kraft, welche sowohl von der Einbildungskraft, die nur stückweise auffaßt, als von der Phantasie, die erzeugt, verschieden ist und welche dem Philosophen in seinen Kettenschlüssen, dem Mathematiker in seinen Kettenrechnungen und jedem Erfinder in seinen Plänen beisteht, indem sie ihnen lange Reihen in täglich wachsenden Massen von Ideen, Zahlen, Linien, Bildern nebeneinander schwebend vorhält und anzuschauen gibt. An den langen Zahlen-Gleichungen übt der Pestalozzische Zögling keine schaffende Kraft (diese wendet in der Mathematik nur der Erfinder der *Methode* an), sondern eine vorbildende und überschauende... Die Stärkung der Vorbildungskraft ließe sich später noch vorteilhaft für manche Wissenschaft erneuern (Jean Paul: Levana oder Erziehungslehre. Besorgt v. K. G. Fischer. Paderborn 1963. S. 252 und 263).

S. 249 2. Absatz steht auf der Höhe von »... Entstehen, Leben und Vergehen ist im übrigen ein Thema für sich [1])« am Rand: »[1]) Internationale Zeitschrift: 1955«. Diese Notiz wurde von den Herausgebern durch die entsprechende bibliographische Angabe (B. 702) ersetzt. S. 249 3. Absatz befindet sich auf der Höhe des Satzes »Zu viel Begegnungen können überwältigen oder zerstreuen« am Rand eine Notiz, die sich auf den vorhergehenden Text bezieht und wohl nur aus schreibtechnischen Gründen im Manuskript auf die nächste Seite gelangt ist: »Anmerkung: Zitat aus Herbart, Allg. Päd. ›Kontinuierliche Begegnung‹ «. Es handelt sich um folgende Stelle:

> Die Zucht ist eigentlich nicht sowohl ein Zusammengesetztes aus vielen Maaßregeln, vollends aus getrennten Acten, – als vielmehr eine *continuirliche Begegnung*, welche nur dann und wann des Nachdrucks wegen zu Lohn und Strafe und ähnlichen Mitteln

ihre Zuflucht nimmt. – Der Regierte und sein Regierer, der Lehrling und der Lehrer, sind Personen, die mit einander leben, und sich unvermeidlich angenehm oder unangenehm berühren. Tritt man doch immer wie man einem bekannten Menschen naht, in eine bestimmte Atmosphäre von Empfindungen! *Welche* Atmosphäre? – das darf für die Erziehung nicht vom Zufall abhängen, sondern eine beständige Sorgfalt ist nöthig ... (J. F. Herbart, Allgemeine Pädagogik aus dem Zweck der Erziehung abgeleitet. (1806) In: Sämtliche Werke in chronologischer Reihenfolge, hg. v. Karl Kehrbach und Otto Flügel. 19 Bde., Bd. 2, Neudruck der Ausgabe Langensalza 1887, Aalen 1964, S. 115 f.)

S. 251 2. Absatz hatte sich der Verfasser eine stilistische Verbesserung vorgenommen, wie aus der Bleistiftnotiz »stilist« auf der Höhe von »Wiederum ist aber darauf hinzuweisen ...« zu ersehen ist. S. 252 2. Absatz wurde die Abkürzung »K. d. r. V.« wiederum durch den ausgeschriebenen Titel ersetzt. Auch S. 254 1. Absatz weist eine Notiz »stilist« auf der Höhe des Satzes »Denn darin liegt eine Verlockung zu routinehafter Setzung ...« auf eine vorgesehene sprachliche Verbesserung hin. Im vorhergehenden Satz schreibt Spranger nur »Theodor Vischer«, der Vorname Friedrich wurde von den Herausgebern eingefügt. S. 255 3. Absatz notiert er auf der Höhe des Satzes »Man bietet eine Fülle von wertvollen und hohen Vorbildern zur Anschauung dar; ...«: »Haag«. Die Bemerkung bezieht sich auf den Tübinger Oberstudiendirektor Prof. Dr. Erich Haag, mit dem E. Spranger die Schrift veröffentlichte: Der Sinn des altsprachlichen Gymnasiums in der Gegenwart. Tübingen 1960. 55 S. (B. 829). S. 256 1. Absatz wurde der offenkundige Verschreibungsfehler »mutatis mutatis« in »mutatis mutandis« korrigiert.

Die Beschäftigung mit der Problematik der Bildungsideale und der Rolle der Phantasie zieht sich durch das gesamte Werk E. Sprangers. Aus der angenommenen Entstehungszeit des vorliegenden Textes ist außer dem schon genannten Aufsatz ›Betrachtungen über Entstehen, Leben und Vergehen von Bildungsidealen‹ von 1955 (B. 702) ein z. T. ausgearbeitetes Manuskript von 24 Seiten zu nennen, in dessen Einleitung E. Spranger sich über die Gezeiten der Zuwendung zur Pädagogik im Laufe seines Lebens Rechenschaft gibt und die Aufgabe des Studiums der Pädagogik i. S. der wissenschaftlichen Durchleuchtung der Praxis erläutert. Anschließend versucht er den Begriff des Bildungsideals zu klären und die Bedeutungen des Bildungsbegriffs auseinanderzulegen. Der Text bildete vermutlich die Einleitung für das Kolloquium über Bildungsideale im Tübinger Pädagogischen Seminar im Sommersemester 1954. In den gleichen Zusammenhang gehören wahrscheinlich 12 Seiten handschriftlicher Notizen und Entwürfe sowie ein Typoskript von 8 Seiten. Diese Texte sind im Spranger-Nachlaß aufbewahrt. Von der Bedeutung der Phantasie für die Erziehung handeln zwei kleinere Beiträge aus dieser Zeit: Was uns not tut: Phantasie, in: Freude an Büchern. Jg. 5, Heft 1, 1954. S. 1–3, auch in: Die Deutsche Berufs- und Fachschule. Jg. 50, 1954. S. 418–421 (B. 685) und: Jugend zwischen Sport, Film und Technik, in: Stuttgarter Zeitung. Jg. 12, 1956, Nr. 47 (25. 2.) S. 33, auch in: Die Leibeserziehung. 1956. S. 161–165, Basler Schulblatt. Jg. 17, 1956. S. 114–120,

Musik im Unterricht. Jg. 47, 1956. S. 145–150 (B. 731). Vom Verhältnis von »Phantasie und Realität« handelt im übrigen bereits ein voll ausgearbeitetes Manuskript von 21 Folio-Seiten aus der frühen Berliner Zeit (nicht genauer datiert), das sich ebenfalls im Spranger-Nachlaß befindet.

Das Rätsel Sokrates (1954)

Der Text erschien in: Blätter für Lehrerfortbildung, Jg. 6, Heft 7, 1954. S. 241–253 (B. 682).

Das überarbeitete Manuskript von 1 + 48 Seiten im Format DIN A 5 und das Typoskript von 26 Seiten im Format DIN A 4 sind erhalten. Sie befinden sich im Spranger-Nachlaß.

Die Studie muß in engem Zusammenhang mit Sprangers Seminar ›Der Wandel des Sokratesbildes von der Aufklärung bis zur Gegenwart‹ vom Sommersemester 1953 gesehen werden. Die Unterlagen zu dieser Veranstaltung (insgesamt 70 S.) sind erhalten. Am 11. 3. 1954 hat der Verfasser außerdem einen Vortrag über Sokrates in Nürtingen gehalten; das Manuskript von 37 S. im Format DIN A 6, in der üblichen Ausarbeitung in gegliederten Stichworten und mit Rotstiftzusätzen versehen, ist ebenfalls im Spranger-Nachlaß aufbewahrt.

S. 257 2. Absatz: [»Man kann die Welt nicht oft genug erinnern, daß einst ein Mann Namens Sokrates lebte ...«] John Stuart Mill, Über die Freiheit, aus dem Englischen übersetzt v. E. Pickford, Frankfurt am Main 1860. S. 33.

Um ein vollständiges Bild von E. Sprangers Sokrates-Verständnis zu gewinnen, müssen folgende Arbeiten von ihm herangezogen werden: Eros (1922) (B. 170, B. 179, B. 201, B. 254, Übersetzung ins Japanische: B. 717, B. 742, B. 802, Übersetzung ins Italienische: B. 788); Sokrates (1931) (B. 319; Abdruck 1965); Vom pädagogischen Genius: Sokrates, Pestalozzi, Fröbel (1933) (B. 354); Hegel über Sokrates (1938) (B. 417); Nietzsche über Sokrates (1939) (B. 427, B. 451). Hinzuweisen ist außerdem auf die wichtigen Auszüge zum Kolleg über Sokrates und Plato vom Wintersemester 1944/45 an der Berliner Universität sowie auf die oben genannten Manuskripte aus der Tübinger Zeit. Alle Manuskripte befinden sich im Spranger-Nachlaß.

Der geborene Erzieher (1958)

Aus einem Vortrag, den E. Spranger im Frühjahr 1956 vor Studenten des Pädagogischen Instituts Weingarten hielt, entstand die vorliegende Abhandlung, die heute das mittlere dreier in Stil und Umfang einander entsprechender Opuscula bildet (die beiden anderen sind: Der Eigengeist der Volksschule (1955) (B. 692) und: Das Gesetz der ungewollten Nebenwirkungen in der Erziehung (1962) (B. 878)). Der Text ist in folgenden Ausgaben erschienen: Der geborene Erzieher. Heidelberg 1958. 110 S. (B. 752). 2. durchgesehene Auflage 1960 (B. 824). Nach Abschluß der Bibliographie von L. Englert/S. Mursch erschienen die 3. Auflage 1963, die 4. Auflage 1965 und die 5. Auflage 1968. Übersetzung ins Japanische: B. 806, Übersetzung ins Spanische: B. 822.

Ein Manuskript von 211 Seiten sowie 5 + 20 Seiten, deren Bedeutung für den Zusammenhang noch ungeklärt ist, befindet sich im Spranger-Nachlaß.

Zu den Zitaten im Text seien folgende Angaben nachgetragen: S. 281 2. Absatz: [»... daß nichts Großes in der Welt ohne Leidenschaft vollbracht worden ist«] G. W. F. Hegel, Sämtliche Werke. Jubiläumsausgabe in 20 Bden, hg. v. Hermann Glockner. Bd. 11, Vorlesungen über die Philosophie der Geschichte. Stuttgart 1928. S. 52. S. 289 3. Absatz: »Es ist in dir, du bringst es ewig hervor« F. Schiller, Worte des Wahns, v. 30, Säkularausgabe in 16 Bden, hg. v. E. v. d. Hellen. Bd. 1, Gedichte I. Stuttgart und Berlin 1904. S. 165. S. 294 1. Absatz: »weitstrahlsinniges« Ganzes: J. W. Goethe, Briefe an Gottlob Friedrich Ernst Schönborn (Frankfurt, 1. Juni bis 4. Juli 1774), Sophienausgabe. Bd. 2, Abteilung 4. S. 173. S. 311 4. Absatz: »Im Innern ist ein Universum auch« Goethe, Prooemion, Sophienausgabe. Bd. 3, Gedichte, 3. Teil. Weimar 1890. S. 73, S. 311 5. Absatz: [»Unsere Welt ist das versinnlichte Materiale unsrer Pflicht«] J. G. Fichte, Ausgewählte Werke in 6 Bden, hg. v. F. Medicus. Bd. 3. Darmstadt 1962. S. 129 oder S. 171. S. 312 2. Absatz: »... [und] werd' [mir] ein rechter Mensch, ...« Karl Schönherr: Glaube und Heimat – Die Tragödie eines Volkes, Leipzig 1911. S. 85. S. 313 5. Absatz: »Hier [sitz'] ich, forme Menschen nach meinem Bilde« J. W. Goethe, Prometheus, Jubiläumsausgabe. Bd. 2. S. 60, v. 51 f. S. 324 4. Absatz: in der Übersetzung von Schleiermacher: »...; sondern an und für und in sich selbst ewig überall dasselbe seiend, ...« Platons Werke von Friedrich Schleiermacher, Theil 2, Bd. 2, Berlin 1857 (3. Auflage). S. 301. S. 334 3. Absatz: G. Kerschensteiner, Die Seele des Erziehers und das Problem der Lehrerbildung. 1921, 9. Auflage München und Stuttgart 1965 (mit Geleitwort E. Sprangers).

E. Spranger hat sich mit der Bestimmung dessen, was den genuinen Erzieher ausmacht, immer wieder aufs neue befaßt. In den engeren Umkreis der vorliegenden Abhandlung gehören folgende unveröffentlichte Texte, die im Spranger-Nachlaß aufbewahrt sind:
Lehrerberuf und Lehrerpersönlichkeit (ein z. T. ausführlicher formulierter, z. T. stichwortartiger Vortragstext auf 30 Seiten im DIN A 6-Format, datiert: 31. 3. 51, Inhalt: I. Die im Thema angelegte Spannung; öffentlicher Auftrag – spontanes Ergreifen der Aufgabe. Allgemeine Ratlosigkeit in dieser Zeit. Der nicht systemgebundene, freie Mensch – kein Rezept für dieses Frei-machen. Vieldeutige Freiheit. Erweckung – freies Gehorchen, Halten von Regeln. II. Stillwerden um den Begriff der Erzieherpersönlichkeit. Zur eigenen Auffassung von 1906. Stirb und werde! Wirkung der Existenzphilosophie. Sokratische Grundhaltung. Gewissen. Helfende Liebe.); Erziehungsethik (Vortrag vor der Gesellschaft für christlich-jüdische Zusammenarbeit in Stuttgart vom 5. 12. 51, erstmals veröffentlicht in diesem Band, S. 406 ff.); Innere Voraussetzungen des Erziehertums (datiert: Schwenningen 12. 12. 52, Manuskript von 28 Seiten in der üblichen Form der Aufzeichnungen für einen Vortrag im Format DIN A 6. Inhalt: Was den Berufserzieher trägt: Wissen [Sachwissen. Elementares und Urphänomene, Methode der Über-

mittlung]. Liebe zur Jugend, – Kinderpsychologie genügt nicht. Die Krisenhaftigkeit des Lebens; Kompensation für Fehlendes. Liebe als einzige Kompensation, die Negatives in Positives wandelt. Metaphysische Liebe – Erziehung); [Zum Thema:] Über den rechten Erziehungsgeist (Manuskript von 17 Seiten im Format DIN A 5, mit stilistischen Korrekturen und Hinweisen auf vorgesehene Änderungen in der ersten Hälfte. Bis jetzt nicht genau datiert, mit Sicherheit nach 1951 [vgl. Schreibung »Baden-Württemberg«]. Inhalt: Allgemeines Unbehagen an Erziehung. Schulreform, um zeitgemäß zu sein. Ziel wäre aber: Zeitüberlegenes, um den Erziehungsgeist in Reinheit zu verwirklichen. Entscheidungen, Dialektik des Lebens. Richtigkeit des Standpunktes im Kampf um die Konfessionsschule nicht wissenschaftlich zu erweisen. Erziehungsgeist ausschlaggebend. – Jedes Kulturgebiet muß seine Spannfeder haben. Frage nach dem Wesen des Erziehungsgeistes. Bogenschnitzer-Beispiel. Kinder zum höheren Selbst und zum Werk führen. Das unformbare Wesen Mensch lenkbar machen. Sokrates als Repräsentant des Urphänomens. Wie man junge Menschen in Bewegung setzt. Hilfe zur Selbstwerdung. Funktion der Phantasie. Freiheit ernster Entscheidung. – Leidenschaft zum und Reflexion des Erziehens. Wer nicht vom pädagogischen Eros ergriffen ist, wird auch durch Studium kein guter Erzieher. Über Individualitäten nachdenkender geborener Erzieher. Idealbild als Voraussetzung); Entmutigendes und Ermutigendes im Lehrerberuf (datiert: 25. 6. 54 Tübingen, Manuskript von 31 Seiten im Format DIN A 6, in üblicher Weise für den Vortrag ausgearbeitet). Nach der Fertigstellung der Schrift ›Der geborene Erzieher‹ ist abgefaßt: Der Beruf des Lehrers (Anlage und Ausbildung). AG (an andrer Stelle bezeichnet: AG Keuler) 18. 11. 58, 16 Seiten Manuskript. (Inhalt: I. Der Standort des Lehrers in der Volksschule. II. Erlernbares und nicht Erlernbares. III. Der innere Funke. Berufung und Begabung im höheren Sinne.)

Erziehung zum Verantwortungsbewußtsein (1959)

Der Vortrag wurde von E. Spranger im Rahmen der Sendereihe ›Probleme einer Schulreform‹ des Süddeutschen Rundfunks gehalten. Gedruckt liegen folgende Fassungen vor:
Erziehung zum Verantwortungsbewußtsein. In: Probleme einer Schulreform. Eine Vortragsreihe mit Beiträgen von Hellmut Becker u. a. Stuttgart 1959. (Kröners Taschenausgabe 301) S. 181–195 (B. 810). Erziehung zum Verantwortungsbewußtsein. In: Mitteilungen des Deutsch-Japanischen Kulturinstituts, hg. v. Direktor des Instituts. Kyōtō 1960. Nr. 8, S. 5–13 (B. 834). Erziehung zur Verantwortung. In: Eduard Spranger: Menschenleben und Menschheitsfragen. Gesammelte Rundfunkreden. München 1963 (Das Heidelberger Studio. Eine Sendereihe des Süddeutschen Rundfunks, 30. Sendefolge). S. 90–105.

Von der Verkürzung des Titels abgesehen wurde der Text nicht verändert.

Über ›Erziehung zur Verantwortung‹ hielt E. Spranger bereits am 3. 4. 1954 in Reutlingen einen Vortrag.

Vorhanden sind im Spranger-Nachlaß handschriftliche Fassungen von 24 und 26 Seiten im Format DIN A 5, die Ausarbeitung für den Rundfunk im Umfang von 8 Seiten im Format DIN A 5, das Typoskript von 23 Seiten im Format DIN A 5 mit handschriftlichen Korrekturen sowie ein handschriftlich korrigiertes Druckexemplar.

›Erziehung zur Verantwortung‹ wurde zusammen mit dem biographischen Dokument ›Bilder aus meinem Leben‹ (gesprochen im Wildermuth-Gymnasium Tübingen am 24. 2. 1960) auf eine Schallplatte aufgenommen (Akademische Verlagsgesellschaft).

Das Gesetz der ungewollten Nebenwirkungen in der Erziehung (1962)

E. Spranger stellte 1961 den Plan für eine erweiterte Neuauflage des Buches ›Zur Geschichte der deutschen Volksschule‹ zurück, um den am 18. November 1960 in Kirchheim/Teck gehaltenen Vortrag zum dritten selbständigen Opusculum im Stil der Abhandlungen ›Der Eigengeist der Volksschule‹ von 1955 und ›Der geborene Erzieher‹ von 1958 auszuarbeiten.

Es liegen folgende Druckfassungen vor:
Das Gesetz der ungewollten Nebenwirkungen in der Erziehung. Heidelberg 1962. 129 S. (B. 878). 2. Auflage Heidelberg 1965.

Der im Anhang wiedergegebene Text ›Vom Wissenschaftscharakter der Pädagogik‹ (S. 110–129, zuerst veröffentlicht in: Beiträge zur Einheit von Bildung und Sprache im geistigen Sein. Festschrift zum 80. Geburtstag von Ernst Otto, hg. v. G. Haselbach u. G. Hartmann. Berlin 1957. S. 3–13) (B. 751) wird hier nicht abgedruckt.

Zu Sprangers Zitaten seien einige Angaben nachgetragen: S. 349 4. Absatz: »des Lebens labyrinthisch irren Lauf« J. W. Goethe, Faust I, Zueignung, Jubiläumsausgabe Bd. 13, S. 3, v. 14. S. 356 4. Absatz: »[Verheirate dich], du wirst es bereuen; [verheirate dich] nicht, du wirst es [auch]bereuen. Heirate oder Heirate nicht, du wirst beides bereuen« S. Kierkegaard, Entweder – Oder. Ein ekstatischer Vortrag. (Entweder – Oder. Ein Lebensfragment. Hg. v. Viktor Eremita (Sören Kierkegaard). Aus dem Dänischen v. O. Gleiß. 2. Auflage. Dresden und Leipzig. S. 36). S. 365 2. Absatz: » ... was uns alle bändigt, das Gemeine« J. W. Goethe, Epilog zu Schillers Glocke. Sophienausgabe. Bd. 16. Weimar 1894, 4. Strophe, S. 166. S. 372 3. Absatz: »Was man nicht nützt, ist eine schwere Last« J. W. Goethe, Faust I, v. 684. Jubiläumsausgabe. Bd. 13. S. 30. S. 381 2. Absatz: »Sofort nun wende dich nach innen« J. W. Goethe, Gott und Welt, 3. Strophe von ›Vermächtnis‹, Jubiläumsausgabe. Bd. 2, Gedichte II. Teil, S. 245.

Von dem im November 1960 in Kirchheim/Teck gehaltenen Vortrag liegen zwei Manuskriptfassungen von 15 und 24 Seiten vor, erhalten sind außerdem 23 Seiten von Entwürfen, 13 Seiten Textergänzungen und ein Typoskript von 20 Seiten. Die handschriftlichen Unterlagen zur Schlußfassung der Druckschrift umfassen insgesamt 314 Seiten im Format DIN A 5. Die Texte befinden sich im Spranger-Nachlaß.

Erziehungsethik (1951)

Aus E. Sprangers eigenhändigen Angaben (der Datierung neben der Überschrift auf dem ersten Blatt und der Ortsangabe auf dem Umschlag, in dem der Text aufbewahrt wurde) geht hervor, daß der Vortrag am 5. 12. 1951 vor der Gesellschaft für christlich-jüdische Zusammenarbeit in Stuttgart gehalten worden ist.

Das Manuskript im Spranger-Nachlaß umfaßt 25 einseitig mit Tinte beschriebene Blätter im Format 103 × 170 mm. Es ist vom Autor durchgehend mit Bleistift paginiert. Der Schriftspiegel ist so angeordnet, daß auf der linken Seite ein Rand von 20-40 mm freibleibt. Das Manuskript weist zahlreiche Korrekturen, Einschübe und ergänzende Randbemerkungen mit Bleistift sowie Unterstreichungen und gelegentliche Umrahmungen (oder Einkreisungen) einzelner Wörter mit Rotstift auf, die auf eine zusätzliche Textbearbeitung schließen lassen.

Der Abdruck versucht der Zeilenanordnung des Originals möglichst nahezukommen, um einen Eindruck davon zu vermitteln, wie E. Spranger seine Vorträge abzufassen pflegte. Die Simulation geht allerdings nicht so weit, die Bearbeitungsstufen (etwa durch die Wiedergabe durchgestrichener Formulierungen) sowie die Art der An- und Unterstreichungen auf Kosten der Lesbarkeit im einzelnen darzustellen. Aus demselben Grund wurden einige Abkürzungen des Verfassers durch das ausgeschriebene Wort ersetzt (Erziehungsethik statt E. E., Pestalozzi statt Pest., Bonner Grundgesetz statt BGG usf.). Gelegentlicher Kleinschreibung nach dem Punkt wurde die Großschreibung vorgezogen. An wenigen Stellen wurde die Interpunktion ergänzt; Zusätze der Herausgeber sind durch [ ] kenntlich gemacht. Ein offensichtlicher Verschreibungsfehler wurde korrigiert, eine wohl nur versuchsweise begonnene Figur (S. 416 am Rand auf der Höhe von: »Dadurch, daß wir den jungen Menschen ...« ein Dreiviertelkreis, auf einer Geraden aufsitzend) wurde weggelassen.

Der Vortrag gehört in den Zusammenhang der pädagogischen Themen, die für E. Spranger in den frühen Tübinger Nachkriegsjahren von zentraler Bedeutung sind (Gewissenserziehung, Erziehung zur Freiheit, Besinnung auf die inneren Voraussetzungen des Erziehertums, pädagogische Liebe, Abwendung vom psychotechnischen Modell u. ä.). E. Spranger hat diese Themen aber in diesem Vortrag unter eine ganz eigene Perspektive gerückt.

Eine engere sachliche Beziehung besteht zu dem unveröffentlichten Vortrag ›Lehrerberuf und Lehrerpersönlichkeit‹ (vgl. oben Anm. zu ›Der geborene Erzieher‹), vor allem zum II. Hauptteil. Der Text befindet sich im Spranger-Nachlaß.

Rede über Erziehung (1906)

Die vorliegende Rede über die Erziehung gehört als erste und einzige voll ausgeführte zu einem Projekt aus der frühesten Schaffensperiode E. Sprangers, das fünf Reden umfassen sollte. Zur Begründung des Vorhabens und zum Stil der Rede führt Spranger auf einem beiliegenden Blatt folgendes aus:

> Seit Herbarts ›Allgemeiner Pädagogik‹ (1806) u. Schleiermachers ›Erziehlehre‹ (1849) ist kein nennenswertes Werk auf dem Gebiete der philosophischen Pädagogik

mehr erschienen. Offenbar auch deshalb, weil man an ihrem Recht, ihrem Wert und ihrer Möglichkeit überhaupt zweifelt. Sofern nun Philosophie die Besinnung über den Zusammenhang ist, in dem unser individuelles, zeitliches Tun immer nur einen minimalen Ausschnitt bildet, ist es töricht zu behaupten, daß der Pädagoge diese Besinnung über die Stellung seiner Aufgaben im Zusammenhang des geistigen Lebens nicht brauchte. Nur darf man ihn selbst nicht zu äußerlich fassen. Herbart und Schleiermacher machen, obwohl sie sachlich nachher weit tiefer dringen, zum Ausgangspunkt ihrer Betrachtung den Satz, daß die Pädagogik irgend eine Kombination oder einen Spezialfall von Psychologie, Ethik oder Politik bilden. Das sind aber ganz sekundäre Gesichtspunkte. Die Pädagogik wird problematisch, weil die Existenz und Methode jener Wissenschaften teilweise problematisch ist. Es ist überhaupt ein seltsamer Intellektualismus, der Pädagogik apriori ihren Platz unter den Wissenschaften zu bestimmen, ehe man ihr eigentümliches Objekt selbst in nahen Augenschein genommen hat.

Das Neue, das mir demgegenüber vorschwebt, ist dies, daß ich durchaus anfangen will mit der eigentümlichen *Tatsache* der Erziehung. Es unterliegt für mich keinem Zweifel, daß in ihr *ein absolut primäres und selbständiges Lebensphänomen* vorliegt. Deshalb war es meine Absicht, diesen Gedanken, der schließlich auf einer neuen Art zu sehen beruht, ganz in der Form zu behandeln, wie Schleiermacher die Selbständigkeit der *Religion* in s. Reden (1. Auflage) nach allen Seiten entwickelt hat. Diese Parallele sollte sich möglichst bis in die einzelnen Teile erstrecken. Die 2. Rede wird das ›Wesen der Erziehung‹ behandeln und von der Beobachtung ausgehen, daß die einfache *Tatsache* d. E. alle Lebensverhältnisse unmerklich durchdringt und – zuletzt beherrscht.

Über die geplante Anordnung der Reden geben drei beiliegende Dispositionen Auskunft:

α β

1. Rede. Rechtfertigung.
   Rechtfertigung durch den *Glauben.*
   Der Glaube an die Kultur u. Geschichte.
   Der Glaube an den Menschen.
   Der Glaube an die Welt.
   a. Diesseitigkeit.
   b. Jenseitigkeit.

1. Rede. Rechtfertigung.
   I. Kein philosophisches System, sondern Glaube.
   II. Inhalt dieses Glaubens:
   (Absoluter Optimismus.)
   a. an die einzelne Menschenseele u. ihren Wert.
   b. an die Geschichte u. Kultur.
   c. an die diesseitige Welt
   d. an die jenseitige Welt. (Unvollendbarkeit d. Strebens.)
   III. Kritische Betrachtung dieses Glaubens.
   Beweis des Glaubens u. der Kraft.
   Anknüpfend an meine Grundlagen.

1. Rede.
   Rechtfertigung
   20.

2. Rede. *Das Wesen der Erziehung.* 1. negativ. nicht Psychologie. nicht Ethik. 2. positiv Lebensvorgang. seine Inhalte. 1) Der Zögling. a) Wachstum. b) Bildungsfähigkeit. c) Emporlangen. 2) Der Erzieher. a) Unbewußt. Die Liebe. b) Bewußt. Die Strenge. 3) Die metaphysische Symbolik. 4) Die Erziehungstat. (Das Erarbeiten.)	2. Rede. Das Wesen der Erziehung. I. Ausgangspunkte dieser Betrachtung. II. Der pädagogische Vorgang. a. allgemein. b. Analyse. 1. Der Zögling. α Wachstum und Emporlangen. pädagogische Psychologie. 2. Der Erzieher. α bewußt. β unbewußt. 3. Die pädagogische Lebensgemeinschaft. (Plato, Fichte.) III. Didaktik. IV. Homiletik u. Ethik.	2. Rede. Über das Wesen der Erziehung. 74.
3. Rede. Bildungsideale.	3. Rede. Bildungsideale. (cf. meinen Humboldt-Aufsatz.) I. universelle. II. nationale. III. individuelle.	3. Rede. Über Bildungsideale 21.
4. Rede. Organisation.	4. Rede. Die Organisation. I. Das pädagogische Herrschaftsverhältnis. II. Die Organisationsformen.	4. Rede. Die Organisation der Erziehung. 32.
5. Rede. Erziehungsverhältnisse.		5. Rede. Die Individualität der Erziehung. 41.

Zum Zustand des Manuskripts ist zu bemerken: Die »Skizze der 1. Rede« (so lautet E. Sprangers vorläufige Überschrift in der rechten oberen Ecke der ersten Seite) umfaßt 9 Blätter, mit Ausnahme des letzten Blattes beidseitig beschrieben, also 17 Seiten voll ausgearbeiteten Textes. Die Blätter haben das Format 330 × 210 mm. Sie weisen – im Wechsel rechts und links – einen freien Rand von 50 mm auf; im übrigen reicht der Schriftspiegel sowohl oben und unten wie seitlich fast bis an den Rand. Dazu kommen fünf weitere Blätter desselben Formats: ein Bogen mit drei leeren Seiten, auf dessen erster Seite die oben wiedergegebene Begründung steht (es könnte sein, daß sie etwas später abgefaßt wurde; das verwendete Papier ist weniger vergilbt und weist im Unterschied zu den übrigen

Blättern ein Wasserzeichen auf), ferner drei Blätter mit den oben wiedergegebenen Gliederungsentwürfen, davon einer auf der Rückseite eines mit Blaustift durchgestrichenen Teiles einer Rezension von Sprangers Hand. Das Papier, auf dem der mit Tinte geschriebene Text steht, ist durchweg leicht vergilbt. Nur an wenigen Stellen befindet sich ein Zusatz mit Bleistift. Die Paginierung (S. 1–6 mit Bleistift, S. 7–17 mit Tinte) stammt von E. Sprangers Hand; eine Disposition ist in der rechten oberen Ecke mit αβ, eine andere mit einem kleinen k in Sütterlinschrift gekennzeichnet. Alle Blätter weisen die gleiche in Längsrichtung verlaufende Faltspur in der Mitte auf.

Der im Spranger-Nachlaß aufbewahrte Text wird ungekürzt wiedergegeben. Die unterstrichenen Wendungen sind kursiv gesetzt, einige abgekürzte Wörter wurden ausgeschrieben, wenige Verschreibungsfehler verbessert. Die Orthographie wurde im allgemeinen den heute geltenden Regeln angepaßt.

Im einzelnen ist zur Textgestaltung anzumerken: S. 420 2. Absatz: » . . . in seines Vaters Hause, [feierlich? feindlich? friedlich?] bewahrt . . .« – das Wort ist nicht einwandfrei zu entziffern. S. 421 ist nach dem Absatzende » . . . vor Euch zu reden« ein Textteil von 21 handgeschriebenen Zeilen vom Verfasser gestrichen. Auf die dort vorgetragenen Überlegungen über den Glauben an den Menschen bezieht sich aber die Wendung ». . . über den Inhalt des Glaubens, von dem ich soeben sagte . . .« S. 422 2. Absatz. Die Numerierung 1.)–3.) auf den Seiten 422, 425 und 427 wurde von Spranger mit Bleistift an den Rand gesetzt. S. 422 3. Absatz: » . . . den so[z.ialen?] [g.enannten?] Höhen« ist nicht einwandfrei zu entziffern. S. 424 steht im Manuskript auf der Höhe von »Da aber kommen neue Generationen, die gleiche wundersame Fahrt anzutreten; . . .« am Rand: »* Bild«. S. 426 1. Absatz findet sich über dem Wort Daimon mit Bleistift die griechische Schreibung. S. 428 bemerkt der Verfasser am Rand vor dem Absatz »Ob es kritische Einwände . . .«: »ff. nur skizziert, weil Anwendung meiner Grundlagen d. Geschichtsw.« (E. Sprangers Dissertation: Die Grundlagen der Geschichtswissenschaft. Eine erkenntnistheoretisch-psychologische Untersuchung. Berlin 1905 [B. 6]).

E. Spranger hatte sich schon längere Zeit mit dem Gedanken getragen, einige Reden über die Erziehung abzufassen. Die erste gewann 1906, in der Zeit, als Spranger nach der Promotion seine ersten Unterrichtserfahrungen in einer Mädchenschule sammelte, Gestalt. Am 16. Juni 1906 schreibt er an K. Hadlich: »Den Entwurf der ersten Rede habe ich unter großen inneren Schwierigkeiten fertiggestellt.« In einem weiteren Brief an K. Hadlich vom 6. Dezember 1906 bemerkt er jedoch bereits, daß diese Rede »Fragment bleiben wird«. Man wird wohl annehmen müssen, daß es für ihn in dem Maße schwieriger wurde, an den überschwänglichen Stil der ersten Rede wieder anzuknüpfen, als sich die Aussicht auf eine akademische Lehrtätigkeit konkretisierte und die Arbeit an der Habilitationsschrift seine volle Kraft in Anspruch zu nehmen begann. Zum Vergleich müssen herangezogen werden: Das unveröffentlichte Manuskript ›Gedanken zur Pädagogik‹ von 1902 (32 Seiten im Folio-Format, inhaltlich deutlich unter dem Einfluß Schleiermachers und Diltheys) sowie das unveröffentlichte Manuskript ›Leben und Wissenschaft‹ (datiert »Juli 1905«, ein ausgearbeiteter Text von 18 Seiten mit dem Grundgedanken, »daß man keiner Wissenschaft Gewalt verstatten soll über die Gesamtheit des Lebens ... daß keine Wissenschaft und Forschung hinausführt über die Ursprünglichkeit des Lebens«). Vergleichsmomente mit der Disposition der fünf geplanten Reden weist der Aufbau des Textes ›Grundfragen der philosophischen Pädagogik‹ auf (16 Seiten Folio-Format als Manuskript, vgl. B. 18 [1907]). Eine davon abweichende Gedankenführung enthält dagegen bereits das unveröffentlichte Manuskript ›Philosophie und Pädagogik‹ von 1907 (8 Seiten). Anders angelegt sind auch die öffentliche Habilitationsvorlesung vom 19. 7. 1909 (ein voll ausgearbeitetes Manuskript von 41 Seiten, beiliegend 31 und 33 Seiten Entwürfe u. ä.), der Entwurf einer Pädagogik-Vorlesung Kap. I–VII von 1909 (30 Seiten teils zusammenhängenden, teils stichwortartigen Textes) und die unveröffentlichte Antrittsvorlesung (im Manuskript ohne Titel, handelnd über das Verhältnis von Pädagogik und Philosophie, datiert: 1910/11, 40 Seiten ausgearbeiteter Text und 14 Seiten stichwortartiger Aufzeichnungen). Ungeklärt ist bisher der Stellenwert eines undatierten Manuskripts ›Pädagogik‹ (19 Seiten im Folio-Format und 2 Seiten in kleinerem Format).

Zu den Quellen und Texten

Der Spranger-Nachlaß steht für wissenschaftliche Arbeit in der Universitäts-Bibliothek in Tübingen zur Verfügung. Als umfangreiche Sammlung nun aufgebaut, umfaßt er die Handexemplare der Werke und Veröffentlichungen Eduard Sprangers mit seinen Einträgen, Korrekturen und Einarbeitungen, mehrere Tausend Briefe Eduard Sprangers, seine eigene Bibliothek mit vielen Kommentaren der Werke anderer Autoren sowie zahlreiche Vorträge und Vorlesungen. Im Nachlaß befinden sich ferner die persönlichen Dokumente und biographischen Unterlagen. Die unveröffentlichten Manuskripte sind Eigentum der Bundesrepublik Deutschland, vertreten durch das Bundesarchiv. Veröffentlichungen aus ihnen bedürfen der Zustimmung des von Eduard Spranger testamentarisch eingesetzten Verwalters seines Nachlasses und des Bundesarchivs.

Das Eduard-Spranger-Archiv in München (Widenmayerstr. 39) wurde als Sammlung gedruckter Arbeiten Eduard Sprangers errichtet. Als Forschungsstätte enthält es heute eine Reihe wertvoller Sach- und Namensregister über das Gesamtwerk E. Sprangers (einschließlich einer Bibliographie der Vorträge, Vorlesungen und biographischen Veröffentlichungen), die in München erarbeitet worden sind und zur Benützung bereitstehen.

Nachwort

Die Ausgabe der Gesammelten Schriften Eduard Sprangers soll sein Werk wieder zur Verfügung stellen und die Beschäftigung mit diesem vielseitigen und originalen Denker in größerer Breite ermöglichen. Die Edition beginnt zu einem Zeitpunkt, in dem der Generationenwechsel eine Ablösung in Sprache, Denkstil und Problembewußtsein ebenso herbeiführt wie eine kritische Distanz zu der Epoche, in der Spranger wirkte. Zwar ist er einem großen Kreis von Menschen, die an vielen Stellen im Erziehungswesen und in der Wissenschaft tätig sind, noch unmittelbar präsent. Auch einer breiten Öffentlichkeit, die er durch Schriften für die Hand des Erziehers, in seinen späteren Jahren auch durch moderne Publikationsmethoden anzusprechen vermochte, ist er in seiner Äußerungsform und in seiner persönlichen Erscheinung durchaus noch gegenwärtig. Im In- und Ausland, auch in außereuropäischen Ländern, übt sein Lebenswerk nach wie vor eine vielseitige Wirkung aus.

Man wird fragen, ob es jetzt schon möglich ist, aus dem Gesamtwerk von vielen hundert Titeln diejenigen auszuwählen und wieder zugänglich zu machen, die als kennzeichnend und über ihren unmittelbaren Anlaß und Zeitpunkt hinaus sprechend angesehen werden können. Daß eine Auswahl, wie sorgfältig sie auch verfahren mag, Entscheidungen treffen muß und damit schon Interpretationen vornimmt, daß sie Urteile fällt über die Qualität und über das wissenschaftliche Interesse, das eine Schrift beanspruchen darf, ist unvermeidlich. Dieser Schwierigkeit hätte man aber nur durch eine Gesamtedition entgehen können, die sich nicht nur aus ökonomischen Gründen verbot, sondern die ganz entschieden gegen den Sinn dieser Neuausgabe verstoßen hätte. Diese soll gerade nicht ein Archiv für den Spezialforscher bilden, für den doch die Bibliotheken alles Nötige enthalten; sondern sie soll Sprangers Werk in seiner Weite und an seinem geschichtlichen Ort lebendig in Erscheinung treten lassen; sie soll klären helfen, welche Stellung Sprangers Gedanken und Untersuchungen im Bewußtseinsprozeß unserer Zeit haben.

Jenseits der Auswahlentscheidungen haben sich die Herausgeber dieses Bandes möglichst zurückgehalten und auch ihre Anmerkungen mehr als

Orientierungshilfen denn als Kommentare aufgefaßt. Es kann ihnen nicht darum gehen, ein Bild von Spranger festzulegen; eher schon darum, ihn den eingebürgerten Beurteilungen zu entreißen, die entstandenen Konturen noch einmal aufzulösen und bequeme geistesgeschichtliche Zuordnungen in Frage zu stellen. Sprangers Werk ist vielseitiger, als es seine Interpreten wahrhaben wollen, komplexer wohl auch, als es die Selbststilisierung Sprangers gelegentlich glauben macht.

Selbstverständlich gehören die pädagogischen Abhandlungen, die in diesem Band abgedruckt sind, mit den großen systematischen Werken Sprangers, den ›Lebensformen‹ und der ›Psychologie des Jugendalters‹ zusammen. Daß diese – ebenso wie die Humboldt-Monographien – zunächst nicht in die Gesammelten Schriften aufgenommen sind, sondern erst später angefügt werden sollen, läßt sich für den Zweck dieser Ausgabe als nützlich ansehen. Dadurch entsteht nicht nur Raum für den Abdruck vieler bisher schwer erreichbarer Schriften. Sondern es werden damit die kleineren Abhandlungen nicht von vornherein in den Schatten der großen systematischen Arbeiten gestellt. Sicher behalten die Hauptwerke ihre zentrale Bedeutung, aber die anderen Schriften sind nicht einfach ihnen zu- oder gar unterzuordnen. Überhaupt walten ja in der Wirkung literarischer Werke Eigengesetze der Publizistik, zum Teil auch bloße Zufälligkeiten. Auflagenhöhe und Anzahl der Übersetzungen können nicht in jedem Fall als Gradmesser für die Bedeutung der Schriften gelten, sie sollten eher als Hinweis auf bestimmte Dispositionen der Leserschaft angesehen werden.

Daß eine jede Generation mit den Texten eines Autors auf andere Weise umgeht und umgehen muß, hat Spranger selber oft ausgesprochen. Ob in diesem Sinne die heute wissenschaftlich arbeitende Generation sich schon mit hinreichender Strenge, Unvoreingenommenheit und kritischer Haltung mit Sprangers Werk auseinandergesetzt hat, muß bezweifelt werden. Die Äußerungen der jüngeren Zeit haben mehr den Charakter einer Parteinahme gegenüber Spranger und der geistigen Welt, die er zu repräsentieren scheint. Die geläufigen Interpretationen nähren sich noch zu sehr vom Eigenleben der wenigen großen Bücher und einzelner, immer wieder zitierter Aufsätze und perpetuieren auch den systematischen Anspruch dieser Schriften, den Spranger selber – zum Beispiel gerade im Hinblick auf die ›Lebensformen‹ – vielfach zurückgenommen und in Frage gestellt hatte. Die anderen Arbeiten und die Weiterentwicklung neuer Ansätze werden dabei kaum einbezogen. Daß man Spranger heute historisch verstehen muß, das heißt: zunächst aus den Denk- und Sprachformen seiner Generation heraus, findet sich in der Weise, wie er zitiert wird, oft nicht beachtet. Die Kunst und die Eigenart seiner Sprache, die sich von diesem Hintergrund abhebt, ist heute gelegentlich das am schwersten überwindbare Hindernis, das sich dem Verständnis entgegenstellt. Man muß Spranger auch »gegen den Strich« lesen, um die Probleme zu fassen, die unter der Sprachfläche liegen. Man muß sich üben, den Blick immer wieder auf das Ganze dieses Werks zu richten und auf die Methode, die es strukturiert.

Darüber hinaus freilich werden die Texte ihr Gewicht nur erhalten, wenn man bei ihrer historischen Würdigung nicht stehen bleibt, sondern sie auch sub specie neuer sachlicher Probleme liest. Spranger hat in seinen Vorlesungen und Vorträgen wie in seinen Essays immer so gearbeitet, daß die in der Sache liegende Problematik und Dialektik zum Vorschein kam, und die Klarheit, mit der er verwirrte Fäden zu entknoten wußte, konnte den Hörer und Leser, der ihm folgte, immer zum Weiterdenken des Sachverhalts inspirieren. Wird diese sachliche, kritische Auseinandersetzung nun an seinem eigenen Werk entfaltet, so hat sie auch von manchen Neigungen und Positionen Sprangers zu sprechen, die noch durch ihn selbst überwunden oder durch neue Entwicklungen revidiert worden sind.

Spranger hat unter kaum eines seiner großen Themen einmal einen Strich gezogen. Er nimmt sie in neuen Zusammenhängen und Lebensstadien immer wieder auf, treibt sie weiter, beleuchtet sie von einer anderen Seite. So schien es, auch vom erwarteten Interesse der Leser her, sinnvoll, auch in diesem Band solche inhaltlichen Linien sichtbar zu machen und in der Anordnung die Entfaltung des großen Themas nachzuzeichnen. So deutlich allerdings in seinen Arbeiten klare Grundrichtungen und wiederkehrende Problemkreise anzugeben sind, so wenig läßt sich doch ein solches Ordnungsprinzip konsequent durchführen. Nicht nur die Chronologie und die direkten Einflüsse vorausgehender Änderungen werden dabei vernachlässigt. Es geht auch das Hinüberspielen von einem Thema zum anderen in der Zuordnung verloren. Manche Arbeiten könnten ebensogut in einen anderen Band eingereiht werden, manche entziehen sich der Zuordnung fast ganz und dürfen doch nicht fehlen. Der Beschluß der Herausgeber, eine Schrift hier einzuordnen, behält also oft den Charakter einer pragmatischen Entscheidung und sollte nicht wiederum als interpretierende Aussage über den Schwerpunkt der Schrift verstanden werden.

In der Dreiergruppe der Bände, welche die pädagogischen Schriften sammeln – der zweite soll in der Wissenschaftsproblematik, der dritte in den Arbeiten über »Schule und Lehrerschaft« seinen Schwerpunkt haben –, befaßt sich unser Band mit dem tragenden Motiv, dem philosophisch-moralischen Zentrum und dem Sinnzusammenhang aller Erziehungsschriften. Der Titel »Geist der Erziehung« versucht – mit sprachlicher Anlehnung an den Autor – zu fassen, was man als Antrieb des Denkens, als methodisch noch nicht abgesichertes Begreifen des erzieherischen Grundmotivs bei Spranger bezeichnen könnte. Die am Schluß des Bandes als Dokument noch beigegebene, bisher unveröffentlichte Rede des 24jährigen, in der von dieser unersetzbaren Grundstimmung enthusiastisch gesprochen wird, soll die frühe Bedeutung dieser pädagogischen Konfession belegen, die in mannigfachen Wandlungen bis zu den Altersschriften durchgehalten wird.

Die inhaltliche Gliederung will zwei Gesichtspunkten Rechnung tragen. Einmal gibt es in diesem Band einen chronologischen Aufbau. Damit wird der Versuch gemacht, zu zeigen, in welcher Weise Spranger von den verschiedenen Ausgangssituationen aus Schneisen legt, durch die man zum Zentrum seiner Überlegungen kommen kann. Zugleich wird dann versucht, das Fortschreiten, die Verwandlung und die Bewahrung in diesem Problemkreis sichtbar zu machen, möglichst so, daß alle wichtigen Schaffensperioden des Autors repräsentiert sind.

Zum anderen wurde darauf geachtet, daß verschiedene Arbeits- und Äußerungsformen Sprangers in Erscheinung treten: neben der großen klassischen Akademieabhandlung die Rede, neben der interpretatorischen Analyse eines Werks der didaktisch besonders zubereitete Essay, neben den durchformulierten Gedankengängen das stichwortartige Vortragsmanuskript. Würde man Spranger auf eine Äußerungsform als seine charakteristische festlegen, so käme man gewiß zu Fehldeutungen. So sind die bewußt einfach gehaltenen Reden verfänglich, wenn man sich über die Tonart nicht im klaren ist, die ihm durch den Anlaß und die Situation geboten schien.

Auch die beiden unveröffentlichten Arbeiten wurden unter den genannten Gesichtspunkten ausgewählt. Vollständigkeit konnte nach keiner Richtung angestrebt werden. Wichtige biographisch-geistesgeschichtliche Studien wie die, welche bisher in dem Band ›Vom pädagogischen Genius‹ zusammengestellt waren, werden in einen gesonderten Band (XI) aufgenommen, obwohl sie dem Thema des ersten Bandes eng verbunden sind.

Die Beschränkung und die unvermeidliche Akzentsetzung einer solchen Ausgabe sollen korrigiert werden durch Anmerkungen und Verweise auf andere, hier nicht gedruckte Schriften und auf die reichen Bestände des Spranger-Nachlasses in der Tübinger Universitätsbibliothek. Er ist jetzt so weit geordnet und für die Forschung erschlossen, daß insbesondere bei den Themen und Gedankenkreisen, in denen die Veröffentlichungen den Stand und die Intensität der Beschäftigung Sprangers nicht wiedergeben, auf diese Bestände verwiesen werden kann. Für unseren Band wurden eine Reihe von unveröffentlichten Manuskripten aus dem Nachlaß herangezogen und in den Anmerkungen verwertet. Eine weitere Quelle bildet die umfassende Korrespondenz Sprangers, die ebenfalls im Tübinger Nachlaß aufbewahrt wird und in einer Auswahl bald zugänglich sein soll.

Die Herausgeber und die beteiligten Verlage haben sich auf eine Reihe drucktechnischer und editorischer Gemeinsamkeiten für die gesamte Ausgabe geeinigt, die dazu beitragen sollen, die Lesbarkeit zu verbessern, ohne den Originaltext zu beeinträchtigen. Zu ihnen gehört die Heraussetzung aller Anmerkungen, die in der Originalausgabe zum Teil in den Text eingefügt waren, in der Form von Fußnoten. An wenigen Stellen wurde zudem die Orthographie vereinheitlicht. Über diese geringfügigen Veränderungen gibt der Anhang an gegebener Stelle Auskunft.

Die Anmerkungen zu diesem Bande enthalten ferner einen genauen Quellennachweis und Angaben über weitere Druckfassungen und Übersetzungen. Hinweise auf den genetischen Zusammenhang mit anderen Arbeiten oder auf den Entstehungsanlaß werden nur gegeben, wo gesicherte Daten vorliegen. Einige knappe Hinweise auf unveröffentlichte Texte sollen gründlichere Lektüre und weiterführende Einzelstudien erleichtern. Sie können einen wissenschaftlichen Kommentar selbstverständlich nicht ersetzen.

Eine vollständige Bibliographie der Schriften Sprangers als Fortsetzung der bisher gültigen Verzeichnisse von Theodor Neu und Ludwig Englert/Siegfried Mursch soll am Ende der Ausgabe erscheinen.

Die gesamte Ausgabe ist in dieser Form erst möglich geworden durch die Ordnung und Erschließung des literarischen und brieflichen Nachlasses, die Hans Walter Bähr 1964 bis 1968 in Tübingen vorgenommen hat. Wichtige dokumentarische und bibliographische Hilfe leisteten Wilhelm Brix, Erika Troescher und Gerdi Jonen. Die Stiftung Volkswagenwerk hat die wirtschaftlichen Voraussetzungen für diese Edition und für die Ordnung des Spranger-Nachlasses in dankenswerter Weise bereitgestellt. Außerdem fanden Mittel aus der Spende Verwendung, die E. Spranger zum 80. Geburtstag für wissenschaftliche Zwecke von der Konferenz der Kultusminister der Länder erhielt. An unserem vorliegenden Band wirkten bei den Vorarbeiten auch Mitglieder des Pädagogischen Seminars der Universität Tübingen mit. Das Register hat Ludwig Englert erstellt. Allen sei hier Dank gesagt. Wir hoffen, daß die Ausgabe zu einer gerechten Würdigung und zu einer fruchtbaren Auseinandersetzung mit Eduard Sprangers Werk jetzt und in Zukunft beitragen möge.

Gottfried Bräuer Andreas Flitner

Namenregister

EDUARD SPRANGER

Gesammelte Schriften

BAND 1 Geist der Erziehung

BAND 2 Pädagogik

BAND 3 Schule und Lehrerschaft

BAND 4 Geist und Seele

BAND 5 Kulturphilosophie und Kulturkritik

BAND 6 Grundlagen und Methoden der Geisteswissenschaften

BAND 7 Die Wirklichkeit des Geistes
und die geisteswissenschaftliche Forschung

BAND 8 Staat, Politik und politische Bildung

BAND 9 Der Glaube und der moderne Mensch

BAND 10 Universität und Hochschulreform

BAND 11 Geistige Gestalten – Erzieher zur Humanität

Max Niemeyer Tübingen Quelle & Meyer Heidelberg

Bei Fragen zur Produktsicherheit wenden Sie sich bitte an:
If you have any questions regarding product safety,
please contact:

Walter de Gruyter GmbH
Genthiner Straße 13
10785 Berlin
productsafety@degruyterbrill.com